FLUENT 14 流场分析

张惠　康士廷　编著

人民邮电出版社
北京

图书在版编目（CIP）数据

FLUENT 14流场分析自学手册 / 张惠，康士廷编著
. -- 北京 : 人民邮电出版社，2014.7
（CAD/CAM/CAE自学手册）
ISBN 978-7-115-35047-3

Ⅰ. ①F… Ⅱ. ①张… ②康… Ⅲ. ①流体力学－工程力学－计算机仿真－应用软件－手册 Ⅳ. ①TB126-39

中国版本图书馆CIP数据核字(2014)第056845号

内 容 提 要

本书以 FLUENT 14.5 为平台讲解了流体力学的分析方法。全书共 13 章，第 1 章讲解了流体力学基础；第 2 章为流体流动分析软件的概述；第 3 章讲解了 FLUENT 软件的操作方法；第 4 章讲解了网格生成软件 GAMBIT 的操作方法；第 5 章讲解了 Tecplot 软件入门使用方法；第 6 章讲解了 FLUENT 的高级应用；第 7 章～第 13 章为实例篇，分别讲解了二维流动和传热的数值模拟、三维流动和传热的数值模拟、多相流模型、湍流分析、可动区域中流动问题的模拟、动网格及物资运输和有限速率化学反应模型模拟等工程问题中的方法。

本书所赠光盘中包含了书中所有实例的源文件和视频文件，以方便读者学习使用。

本书可作为科研院所流体力学研究人员，流体力学相关专业硕士、博士、研究生或本科高年级学生的自学指导书或参考用书。

◆ 编　　著　张　惠　康士廷
　责任编辑　俞　彬
　责任印制　彭志环　杨林杰
◆ 人民邮电出版社出版发行　　北京市丰台区成寿寺路 11 号
　邮编　100164　　电子邮件　315@ptpress.com.cn
　网址　http://www.ptpress.com.cn
　三河市海波印务有限公司印刷
◆ 开本：787×1092　1/16
　印张：25
　字数：547 千字　　　　2014 年 7 月第 1 版
　印数：1 -3 500 册　　　2014 年 7 月河北第 1 次印刷

定价：59.00 元（附光盘）

读者服务热线：(010)81055410　印装质量热线：(010)81055316
反盗版热线：(010)81055315

前　言

计算流体动力学（Computational Fluid Dynamics，CFD），用离散化的数值方法及电子计算机对流体无黏绕流和黏性流动进行数值模拟和分析。计算流体动力学是目前国际上一个强有力的研究领域,是进行传热、传质、动量传递及燃烧、多相流和化学反应研究的核心和重要技术，广泛应用于航天设计、汽车设计、生物医学工业、化工处理工业、涡轮机设计、半导体设计、HAVC&R 等诸多工程领域，板翅式换热器设计是 CFD 技术应用的重要领域之一。

计算流体力学的兴起促进了实验研究和理论分析方法的发展，为简化流动模型的创建提供了更多的依据，使很多分析方法得到了发展和完善。更重要的是计算流体力学采用它独有的、新的研究方法——数值模拟方法，研究流体运动的基本物理特性。

FLUENT 是用于模拟具有复杂外形的流体流动以及热传导的计算机程序。它提供了完全的网格灵活性，可以使用非结构网格，例如二维三角形或四边形网格、三维四面体/六面体/金字塔形网格，来解决具有复杂外形的流动。甚至可以用混合型非结构网格。它允许根据具体情况对网格进行修改（细化/粗化）。

FLUENT 具有丰富的物理模型、先进的数值计算方法和强大的前后处理功能，在航空航天、汽车设计、石油、天然气、涡轮机设计等方面都有着广泛地应用。例如，在石油、天然气工业上的应用就包括燃烧、井下分析、喷射控制、环境分析、油气消散与聚积、多相流、管道流动等。另外，通过 FLUENT 提供的用户自定义函数可以改进和完善模型，从而处理更加个性化的问题。

本书以 FLUENT14.5 为平台讲解了流体力学的分析方法。全书共 13 章，第 1 章讲解了流体力学基础；第 2 章为流体流动分析软件的概述；第 3 章讲解了 FLUENT 软件的操作方法；第 4 章讲解了网格生成软件 GAMBIT 的操作方法；第 5 章讲解了 Tecplot 软件入门使用方法；第 6 章讲解了 FLUENT 的高级应用；第 7 章～第 13 章为实例篇，分别讲解了二维流动和传热的数值模拟、三维流动和传热的数值模拟、多相流模型、湍流分析、可动区域中流动问题的模拟、动网格及物质运输和有限速率化学反应模型模拟等工程问题中的方法。

本书由三维书屋工作室总策划，主要由华北电力大学可再生能源学院的张惠老师和石家庄三维书屋文化传播有限公司的康士廷老师编写。另外，王义发、胡仁喜、王敏、王艳池、王玉秋、王培合、刘昌丽、熊慧、张日晶、王艳池、卢园、闫聪聪、孟培等也为本书的出版提供了必要的帮助，在此一并表示感谢。如果读者在学习本书的过程中有需要咨询的问题，可登录网站www.sizswsw.com 或发电子邮件到编者信箱 win760520@126.com。同时，也欢迎广大读者就本书提出宝贵意见和建议，我们将竭诚为您服务，并努力改正。

编 者

2013 年 11 月

目录

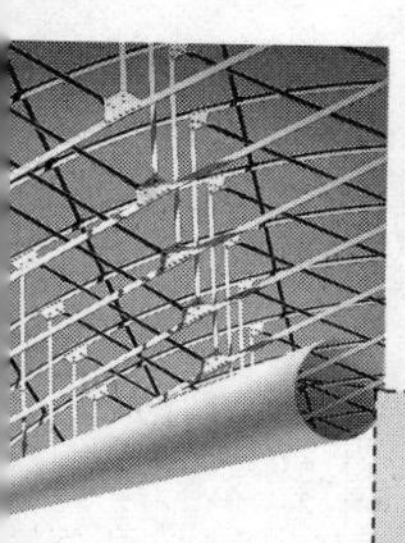

第1章 流体力学基础

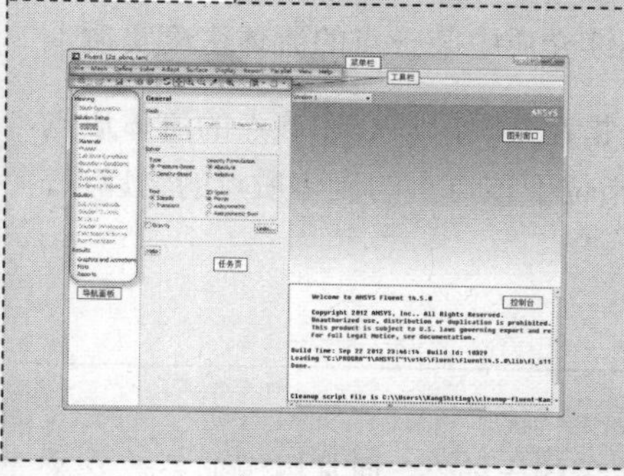

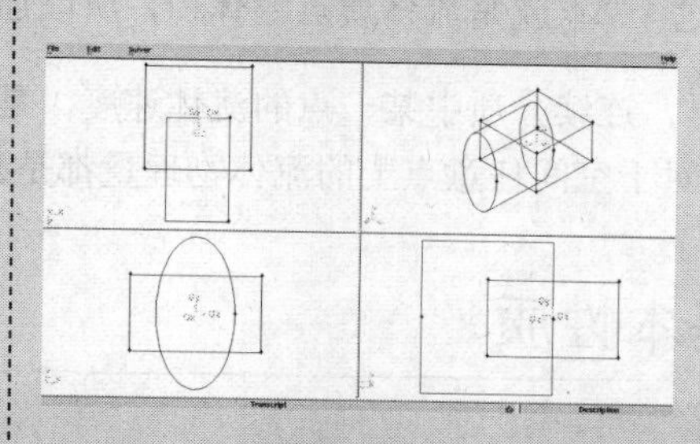

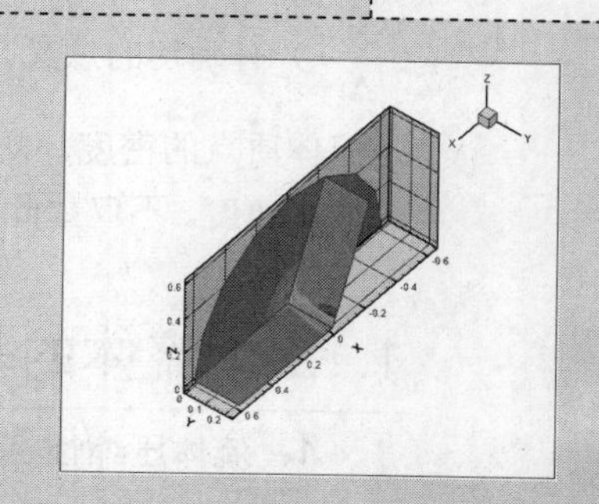

1.1 流体力学基本概念

本节简要讲解流体的连续介质模型、基本性质以及研究流体运动的方法。

1.1.1 连续介质的概念

气体与液体都属流体。从微观角度讲，无论是气体还是液体，分子间都存在间隙，同时由于分子的随机运动，导致不但流体的质量在空间上的分布是不连续的，而且任意空间点上流体物理量相对时间也是不连续的。但是从宏观的角度考虑，流体的结构和运动又表现出明显的连续性与确定性，而流体力学研究的正是流体的宏观运动。在流体力学中，正是用宏观流体模型来代替微观有空隙的分子结构。1753 年欧拉首先采用了“连续介质”作为宏观流体模型，将流体看成是由无限多流体质点组成的稠密而无间隙的连续介质，这个模型被称为连续介质模型。

流体的密度定义为：

$$\rho = \frac{m}{V} \tag{1-1}$$

式中，ρ 为流体密度，m 为流体质量，V 为质量 m 的流体所占的体积。对于非均质流体，流体中任一点的密度定义为：

$$\rho = \lim_{\Delta v \to \Delta v_0} \frac{\Delta m}{\Delta v} \tag{1-2}$$

上式中，Δv_0 是设想的一个最小体积，在 Δv_0 内包含足够多的分子，使得密度的统计平均值（$\frac{\Delta m}{\Delta v}$）有确切的意义。这个 Δv_0 就是流体质点的体积，所以连续介质中某一点的流体密度实质上是流体质点的密度，同样，连续介质中某一点的流体速度，是指在某瞬时质心在该点的流体质点的质心速度。不仅如此，对于空间任意点上的流体物理量都是指位于该点上的流体质点的物理量。

1.1.2 流体的基本性质

1．流体压缩性

流体体积随作用于其上的压强的增加而减小的特性称为流体的压缩性，通常用压缩系数 β 来度量。它具体定义为：在一定温度下，升高单位压强时流体体积的相对缩小量，即：

$$\beta = \frac{1}{\rho}\frac{\mathrm{d}\rho}{\mathrm{d}p} \tag{1-3}$$

纯液体的压缩性很差，通常情况下可以认为液体的体积和密度是不变的。对于气体，其密度随压强的变化是和热力过程有关的。

2．流体的膨胀性

流体体积随温度的升高而增大的特性称为流体的膨胀性，通常用膨胀系数 α 度量，它定义为：在压强不变的情况下，温度上升 1℃流体体积的相对增加量，即：

$$\alpha = -\frac{1}{\rho}\frac{\mathrm{d}\rho}{\mathrm{d}T} \tag{1-4}$$

一般来说，液体的膨胀系数都很小，通常情况下工程中不考虑它们的膨胀性。

3．流体的黏性

在作相对运动的两流体层的接触面上存在一对等值而且反向的力，阻碍两相邻流体层的相对运动，流体的这种性质叫做流体的黏性，由黏性产生的作用力叫做黏性阻力或内摩擦力。黏性阻力产生的物理原因是由于存在分子不规则运动的动量交换和分子间吸引力。根据牛顿内摩擦定律，两层流体间的切应力表达式为：

$$\tau = \mu\frac{\mathrm{d}V}{\mathrm{d}y} \tag{1-5}$$

式中，τ 为切应力，μ 为动力黏性系数，与流体种类和温度有关，$\frac{\mathrm{d}V}{\mathrm{d}y}$ 为垂直于两层流体接触面上的速度梯度。符合牛顿内摩擦定律的流体称为牛顿流体。

黏性系数受温度的影响很大：当温度升高时，液体的黏性系数减小，黏性下降，而气体的黏性系数增大，黏性增加。压强不是很高时，黏性系数受压强的影响很小，只有当压强很高（如几十个兆帕）时，才需要考虑压强对黏性系数的影响。

4．流体的导热性

当流体内部或流体与其他介质之间存在温度差时，温度高的地方与温度低的地方之间会发生热量传递。热量传递有热传导、热对流、热辐射 3 种形式。当流体在管内高速流动时，在紧贴壁面的位置会形成层流底层，液体在该处相对壁面的流速很低，几乎可看作是零，所以与壁面进行的主要是热传导，而层流以外的区域的热流传递形势主要是热对流。

单位时间内通过单位面积由热传导所传递的热量可按傅立叶导热定律确定，表达式为：

$$q = -\lambda\frac{\partial T}{\partial n} \tag{1-6}$$

式中，n 为面积的法线方向，$\frac{\partial T}{\partial n}$ 为沿 n 方向的温度梯度，λ 为导热系数，负号表示热量传递方向与温度梯度方向相反。

通常情况下，流体与固体壁面间的对流换热量可用下式表达：

$$q = h(T_1 - T_2) \tag{1-7}$$

式中，h 为对流换热系数，与流体的物性、流动状态等因素有关，主要是依靠试验数据得出的经验公式来确定。

1.1.3 作用在流体上的力

作用在流体上的力可分为质量力与体积力两类。所谓质量力（或称体积力）是指作用在体积 V 内每一液体质量（或体积）上的非接触力，其大小与流体质量成正比。重力、惯性力和电磁力都属于质量力。所谓表面力是指作用在所取流体体积表面 S 上的力，它是由与这块流体相接触的流体或物体的直接作用而产生的。

在流体表面围绕 M 点选取一微元面积，作用在其上的表面力用 ΔF_S 表示，将 ΔF_S 分解为垂直于微元表面的法向力 ΔF_n 和平行于微元表面的切向力 ΔF_t。在静止流体或运动的理想流体中，表面力只存在垂直于表面上的法向力 ΔF_n，这时，作用在 M 点周围单位面积上的法向力就定义为 M 点上的流体静压强，即：

$$P = \lim_{\Delta S \to \Delta S_0} \frac{\Delta \vec{F}_n}{\Delta S} \tag{1-8}$$

式中，ΔS_0 为和流体质点的体积具有相比拟尺度的微小面积。静压强又常称为静压。

流体静压强具有两个重要特性：

（1）流体静压强的方向总是和作用面相垂直，并且指向作用面。

（2）在静止流体或运动理想流体中，某一点静压强的大小各向相等，与所取作用面的方位无关。

1.1.4 研究流体运动方法

在研究流体运动时有两种不同的方法，一个是从分析流体各个质点的运动入手，来研究整个流体的运动。另一个是从分析流体所占据的空间中各固定点处的流体运动入手，来研究整个流体的运动。

在任意空间点上，流体质点的全部流动参数，例如速度、压强、密度等都不随时间而改变，这种流动称为定常流动；若流体质点的全部或部分流动参数随时间的变化而改变，则称为非定常流动。

人们常用迹线或流线的概念来描述流场：任何一个流体质点在流场中的运动轨迹称为迹线，迹线是某一流体质点在一段时间内所经过的路径，是同一流体质点不同时刻所在位置的连线；流线是某一瞬时间各流体质点的运动方向线，在该曲线上各点的速度矢量相切于这条曲线。在定常流中，流动与时间无关，流线不随时间改变，流体质点沿着流线运动，流线与迹线重合。对于非定常流，迹线与流线是不同的。

下面为一维定常流的 3 个基本方程。

（1）连续（质量）方程。连续方程是把质量守恒定律应用于流体所得的数学表达式。一维定常流连续方程的微分形式为：

$$\frac{d\rho}{\rho}+\frac{dA}{A}+\frac{dV}{V}=0 \quad (1\text{-}9)$$

连续方程是质量守恒的数学表达式，与流体的性质、黏性作用、其他外力作用、外加热无关。

（2）动量方程。动量方程是把牛顿第二定律应用于运动流体所得到的数学表达式。此定律可表述为在某一瞬时，体系的动量对时间的变化率等于该瞬时作用在该体系上的全部外力的合力，而且动量的时间变化率的方向与合力的方向相同。

设环境对瞬时占据控制体内的流体的全部作用力为$\sum\vec{F}$，则根据牛顿第二定律得到：

$$\sum\vec{F}=\dot{m}(\vec{V}_2-\vec{V}_1) \quad (1\text{-}10)$$

上式就是牛顿第二运动定律适用于控制体时的形式。它说明在定常流中，作用在控制体上的全部外力的合力$\sum\vec{F}$，应等于从控制面2流体动量的流出率与控制面1流体动量的流入率的差值。研究流体在流动过程中的详细变化情况时，需要知道微分形式的动量方程：

$$\rho g dz + dp + \rho V dV = 0 \quad (1\text{-}11)$$

上式是无黏流体一维定常流动的运动微分方程，它表明沿任一根流线，流体质点的压强、密度、速度和位移之间的微分关系。

（3）能量方程。能量方程是热力学第一定律应用于流动流体所得到的数学表达式。不可压无黏流体的绝能定常流动的能量方程表达式为：

$$g dz + d\left(\frac{p}{\rho}\right)+d\left(\frac{V^2}{2}\right)=0 \quad (1\text{-}12)$$

1.2 流体运动的基本概念

本节简要介绍流体运动的几个基本概念，这些概念都是有关流体运动的最基本的术语，读者有必要了解一下。

1.2.1 层流流动与紊流流动

当流体在圆管中流动时，如果管中流体是一层一层流动的，各层间互不干扰、互不相混的，这样的流动状态称为层流流动。当流速逐渐增大时，流体质点除了沿管轴向运动外，还有垂直于管轴向方向的横向流动，即层流流动已被打破，完全处于无规则的乱流状态，这种流动状态称为紊流或湍流。流动状态发生变化（从层流到紊流）时的流速称为临界速度。

大量实验数据与相似理论证实，流动状态不仅取决于临界速度，而是由综合反映管道尺寸、流体物理属性、流动速度的组合量——雷诺数来决定的。雷诺数Re定义为：

$$\mathrm{Re}=\frac{\rho V\mathrm{d}}{\mu} \tag{1-13}$$

式中，d为管道直径，V为平均流速，μ为动力黏性系数。

由层流开始转变到紊流时所对应的雷诺数称为上临界雷诺数，用Re_{cr}'表示；由紊流转变到层流所对应的雷诺数称为下临界雷诺数，用Re_{cr}表示。通过比较实际流动的雷诺数Re与临界雷诺数，就可确定黏性流体的流动状态。

（1）当$\mathrm{Re}<\mathrm{Re}_{cr}$时，流动为层流状态。

（2）当$\mathrm{Re}>\mathrm{Re}_{cr}'$时，流动为紊流状态。

（3）当$\mathrm{Re}_{cr}<\mathrm{Re}<\mathrm{Re}_{cr}'$时，可能为层流状态，也可能为紊流状态。

在工程应用中，取$\mathrm{Re}_{cr}=2000$。当$\mathrm{Re}<2000$时，流动为层流运动，当$\mathrm{Re}>2000$时，流动为紊流运动。

实际上，雷诺数反映了惯性力与黏性力之比，雷诺数越小，表明流体黏性力作用越大，能够减弱引起紊流流动的扰动，保持层流状态；雷诺数越大，表明惯性力对流体的作用越明显，易使流体质点发生紊流流动。

1.2.2 有旋流动与无旋流动

有旋流动是指流场中各处的旋度（流体微团的旋转角速度）不等于零的流动，无旋流动是指流场中各处的旋度都为零的流动。流体质点的旋度是一个矢量，用ω表示，其表达式为：

$$\omega=\frac{1}{2}\begin{vmatrix} i & j & k \\ \frac{\partial}{\partial x} & \frac{\partial}{\partial y} & \frac{\partial}{\partial z} \\ u & v & w \end{vmatrix} \tag{1-14}$$

若$\omega=0$，则称流动为无旋流动，否则为有旋流动。

流体运动是有旋还是无旋，取决于流体微团是否有旋转运动，与流体微团的运动轨迹无关。流体流动中，如果考虑黏性，由于存在摩擦力，这时流动为有旋流动；如果黏性可以忽略，而流体本身又是无旋流，如均匀流，这时流动为无旋流动。例如均匀气流流过平板，在紧靠壁面的附面层内，需要考虑黏性影响。因此，附面层内为有旋流动，附面层外的流动，黏性可以忽略，因此可视为无旋流动。

1.2.3 声速与马赫数

声速是指微弱扰动波在流体介质中的传播速度，它是流体可压缩性的标志，对于确定可压缩流的特性和规律起着重要作用。声速表达式的微分形式为：

$$c=\sqrt{\frac{\mathrm{d}p}{\mathrm{d}\rho}} \tag{1-15}$$

当声音在气体中传播时，由于在微弱扰动的传播过程中，气流的压强、密度和温度的变化都是无限小量，若忽略黏性作用，整个过程接近可逆过程，同时该过程进行得很迅速，又接近一个绝热过程，所以微弱扰动的传播可以认为是一个等熵的过程。对于完全气体，声速又可表示为：

$$c=\sqrt{kRT} \tag{1-16}$$

式中，k 为比热比，R 为气体常数。

上述公式只能用来计算微弱扰动的传播速度。对于强扰动，如激波、爆炸波等，其传播速度比声速大，并随波的强度增大而加快。

流场中某点处气体流速 V 与当地声速 c 之比称为该点处气流的马赫数，用 Ma 表示，其表达式为：

$$Ma=\frac{V}{c} \tag{1-17}$$

马赫数表示气体宏观运动的动能与气体内部分子无规则运动的动能（即内能）之比。当 $Ma \leq 0.3$ 时，密度的变化可以忽略，当 $Ma > 0.3$ 时，就必须考虑气流压缩性的影响。因此，马赫数是研究高速流动的重要参数，是划分高速流动类型的标准。当 $Ma > 1$ 时，为超声速流动，当 $Ma < 1$ 时，为亚声速流动，当 $Ma \approx 1$ 时，为跨声速流动，当 $Ma > 3$ 时，为超高声速流动。超声速流动与亚声速流动的规律有本质的区别，跨声速流动兼有超声速与亚声速流动的某些特点，是更复杂的流动。

1.2.4 膨胀波与激波

膨胀波与激波是超声速气流特有的重要现象，超声速气流在加速时要产生膨胀波，减速时一般会出现激波。

当超声速气流流经由微小外折角所引起的马赫波时，气流加速，压强和密度下降，这种马赫波就是膨胀波。超声速气流沿外凸壁流动的基本微分方程表达式为：

$$\frac{\mathrm{d}V}{V}=-\frac{\mathrm{d}\theta}{\sqrt{Ma^2-1}} \tag{1-18}$$

当超声速气流绕物体流动时，在流场中往往出现强压缩波，即激波。气流经过激波后，压强、温度和密度均突然升高，速度则突然下降。超声速气流被压缩时一般都会产生激波，所以激波是超声速气流中的重要现象之一。按照激波的形状，可将激波分为以下 3 类。

（1）正激波：气流方向与波面垂直。

（2）斜激波：气流方向与波面不垂直。例如，当超声速气流流过楔形物体时，在物体前缘往往会产生斜激波。

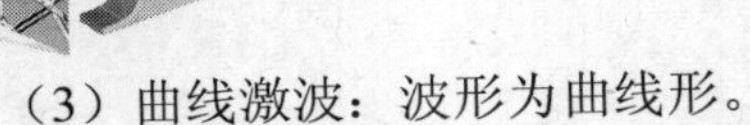

（3）曲线激波：波形为曲线形。

设激波前的气流速度、压强、温度、密度和马赫数分别为v_1，p_1，T_1，ρ_1和Ma，经过激波后突然增加到v_2，p_2，T_2和ρ_2，则激波前后气流应满足以下方程。

连续性方程：

$$\rho_1 v_1 = \rho_2 v_2 \tag{1-19}$$

动量方程：

$$p_2 - p_1 = \rho_1 {v_1}^2 - \rho_2 {v_2}^2 \tag{1-20}$$

能量方程（绝热）：

$$\frac{v_1^2}{2} + \frac{k}{k-1}\frac{p_1}{\rho_1} = \frac{v_2^2}{2} + \frac{k}{k-1}\frac{p_2}{\rho_2} \tag{1-21}$$

状态方程：

$$\frac{p_1}{\rho_1 T_1} = \frac{p_2}{\rho_2 T_2} \tag{1-22}$$

据此，可得出激波前后参数的关系：

$$\frac{p_2}{p_1} = \frac{2k}{k+1} Ma_1^2 - \frac{k-1}{k+1} \tag{1-23}$$

$$\frac{v_2}{v_1} = \frac{k-1}{k+1} + \frac{2}{(k+1)Ma_1^2} \tag{1-24}$$

$$\frac{\rho_2}{\rho_1} = \frac{\frac{k+1}{k-1} Ma_1^2}{\frac{2}{k-1} + Ma_1^2} \tag{1-25}$$

$$\frac{T_2}{T_1} = \left(\frac{2kMa_1^2 - k + 1}{k+1}\right)\left(\frac{2+(k-1)Ma_1^2}{(k+1)Ma_1^2}\right) \tag{1-26}$$

$$\frac{Ma_2^2}{Ma_1^2} = \frac{Ma_1^{-2} + \frac{k-1}{2}}{kMa_1^2 - \frac{k-1}{2}} \tag{1-27}$$

1.3 附面层理论

附面层是流体力学中经常要涉及的一个概念，下面进行简要介绍。

1.3.1 附面层概念及附面层厚度

对于黏性较小的流体绕流物体，黏性的影响仅限于贴近物面的薄层中，在这薄层之外，黏性的影响可以忽略。普朗特把物面上受到黏性影响的这一薄层称为附面层（或边界层），并在大雷诺数下附面层非常薄的前提下，对黏性流体运动方程做了简化，得到了被人们称为普朗特方程的附面层微分方程。

附面层厚度 δ 的定义：如果以 V_0 表示外部无黏流速度，则通常把各个截面上速度达到 $V_x = 0.99V_0$ 或 $V_x = 0.995V_0$ 值的所有点的连线定义为附面层外边界，而从外边界到物面的垂直距离定义为附面层厚度。

1.3.2 附面层微分方程

根据附面层概念对黏性流动的基本方程的每一项进行数量级的估计，忽略掉数量级较小的量，这样在保证一定精度的情况下使方程得到简化，得出适用于附面层的基本方程如下。

（1）层流附面层方程：

$$
\begin{aligned}
&\frac{\partial V_x}{\partial x} + \frac{\partial V_y}{\partial y} = 0 \\
&V_x \frac{\partial V_x}{\partial y} + V_y \frac{\partial V_y}{\partial y} = -\frac{1}{\rho}\frac{\partial p}{\partial x} + \nu \frac{\partial^2 V}{\partial y^2} \\
&\frac{\partial p}{\partial y} = 0
\end{aligned}
\tag{1-28}
$$

上面是平壁面二维附面层方程，适用于平板及楔形物体。方程式（1-28）求解的边界条件如下。

（a） 在物面上 $y = 0$ 处，满足无滑移条件，$V_x = 0$，$V_y = 0$；

（b） 在附面层外边界 $y = \delta$ 处，$V_x = V_0(x)$。$V_0(x)$ 是附面层外部边界上无黏流的速度，它由无黏流场求解中获得，在计算附面层流动时，为已知的参数。

（2）紊流附面层方程：

$$
\begin{aligned}
&\frac{\partial \overline{V}_x}{\partial x} + \frac{\partial \overline{V}_y}{\partial y} = 0 \\
&\overline{V}_x \frac{\partial \overline{V}_x}{\partial x} + V_y \frac{\partial \overline{V}_x}{\partial y} = -\frac{1}{\rho}\frac{\mathrm{d}Pe}{\mathrm{d}x} + \upsilon \frac{\partial^2 \overline{V}_x}{\partial y^2} - \frac{\partial}{\partial y}\left(\overline{V'_x V'_y}\right)
\end{aligned}
\tag{1-29}
$$

对于附面层方程，在 Re 数很高时才有足够的精度，在 Re 数不能比 1 大许多的情况下，附面层方程是不适用的。

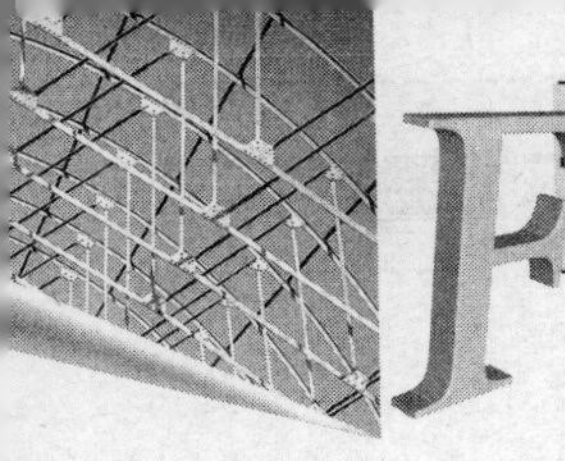

1.4 流体运动及换热的多维方程组

本节将给出求解多维流体运动与换热的方程组。

1.4.1 物质导数

把流场中的物理量认作是空间和时间的函数：

$$T = T(x,y,z,t) \qquad p = p(x,y,z,t) \qquad v = v(x,y,z,t)$$

研究各物理量对时间的变化率，例如速度分量 u 对时间的变化率：

$$\frac{\mathrm{d}\boldsymbol{u}}{\mathrm{d}t} = \frac{\partial \boldsymbol{u}}{\partial t} + \frac{\partial \boldsymbol{u}}{\partial x}\frac{\mathrm{d}x}{\mathrm{d}t} + \frac{\partial \boldsymbol{u}}{\partial y}\frac{\mathrm{d}y}{\mathrm{d}t} + \frac{\partial \boldsymbol{u}}{\partial z}\frac{\mathrm{d}z}{\mathrm{d}t} = \frac{\partial \boldsymbol{u}}{\partial t} + \boldsymbol{u}\frac{\partial \boldsymbol{u}}{\partial x} + \boldsymbol{v}\frac{\partial \boldsymbol{u}}{\partial y} + \boldsymbol{w}\frac{\partial \boldsymbol{u}}{\partial z} \tag{1-30}$$

式中的 $\boldsymbol{u}$、$\boldsymbol{v}$、$\boldsymbol{w}$ 分别为速度沿 x、y、z 三个方向的速度矢量。

将上式中的 u 用 N 替换，代表任意物理量，得到任意物理量 N 对时间 t 的变化率：

$$\frac{\mathrm{d}N}{\mathrm{d}t} = \frac{\partial N}{\partial t} + \boldsymbol{u}\frac{\partial N}{\partial x} + \boldsymbol{v}\frac{\partial N}{\partial y} + \boldsymbol{w}\frac{\partial N}{\partial z} \tag{1-31}$$

这就是任意物理量 N 的物质导数，也称为质点倒数。

1.4.2 不同形式的N–S 方程

下面给出不同形式的 N-S 方程组：

由流体的黏性本构方程得到直角坐标系下的 N-S（Navier-Stokes）方程：

$$\begin{aligned}
\rho\frac{D\boldsymbol{u}}{Dt} &= \rho F_x - \frac{\partial p}{\partial x} + \frac{\partial}{\partial x}\left(\mu\frac{\partial \boldsymbol{u}}{\partial x}\right) + \frac{\partial}{\partial y}\left(\mu\frac{\partial \boldsymbol{u}}{\partial y}\right) + \frac{\partial}{\partial z}\left(\mu\frac{\partial \boldsymbol{u}}{\partial z}\right) + \frac{\partial}{\partial x}\left\{\left[\frac{\mu}{3}\left(\frac{\partial \boldsymbol{u}}{\partial x} + \frac{\partial \boldsymbol{v}}{\partial y} + \frac{\partial \boldsymbol{w}}{\partial z}\right)\right]\right\} \\
\rho\frac{D\boldsymbol{v}}{Dt} &= \rho F_y - \frac{\partial p}{\partial y} + \frac{\partial}{\partial x}\left(\mu\frac{\partial \boldsymbol{v}}{\partial x}\right) + \frac{\partial}{\partial y}\left(\mu\frac{\partial \boldsymbol{v}}{\partial y}\right) + \frac{\partial}{\partial z}\left(\mu\frac{\partial \boldsymbol{v}}{\partial z}\right) + \frac{\partial}{\partial y}\left\{\left[\frac{\mu}{3}\left(\frac{\partial \boldsymbol{u}}{\partial x} + \frac{\partial \boldsymbol{v}}{\partial y} + \frac{\partial \boldsymbol{w}}{\partial z}\right)\right]\right\} \\
\rho\frac{D\boldsymbol{w}}{Dt} &= \rho F_z - \frac{\partial p}{\partial z} + \frac{\partial}{\partial x}\left(\mu\frac{\partial \boldsymbol{w}}{\partial x}\right) + \frac{\partial}{\partial y}\left(\mu\frac{\partial \boldsymbol{w}}{\partial y}\right) + \frac{\partial}{\partial z}\left(\mu\frac{\partial \boldsymbol{w}}{\partial z}\right) + \frac{\partial}{\partial z}\left\{\left[\frac{\mu}{3}\left(\frac{\partial \boldsymbol{u}}{\partial x} + \frac{\partial \boldsymbol{v}}{\partial y} + \frac{\partial \boldsymbol{w}}{\partial z}\right)\right]\right\}
\end{aligned} \tag{1-32}$$

如果忽略黏性的变化，认为黏性系数为常数时，方程式（1-32）简化为矢量形式的 N-S 方程：

$$\rho\frac{D\boldsymbol{v}}{Dt} = \rho F - \nabla p + \mu\nabla^2\boldsymbol{v} + \frac{1}{3}\mu\nabla\left(\nabla\square\boldsymbol{v}\right) \tag{1-33}$$

对于不可压流，$\nabla v = 0$，则由式（1-33）得不可压流常黏性系数的 N-S 方程：

$$\rho \frac{Dv}{Dt} = \rho F - \nabla p + \mu \nabla^2 v \tag{1-34}$$

在处理实际问题时，为提高边界附近数值计算的精度，常常使用贴体的任意曲线坐标系对方程求解。根据直角坐标系中建立的流体力学方程，可利用雅可比（Jacobian）理论导出任意曲线坐标系下的流体力学方程。忽略质量力后，在直角坐标系中流体力学方程的统一形式可写为：

$$\frac{\partial F}{\partial x} + \frac{\partial G}{\partial y} + \frac{\partial H}{\partial z} = \frac{\partial R}{\partial x} + \frac{\partial S}{\partial y} + \frac{\partial T}{\partial z} + K \tag{1-35}$$

式中，R、S、T 为黏性，K 为压力，各表达式为：

$$F = \begin{bmatrix} \rho u \\ \rho u^2 \\ \rho uv \\ \rho uw \end{bmatrix} \quad G = \begin{bmatrix} \rho v \\ \rho uv \\ \rho v^2 \\ \rho vw \end{bmatrix} \quad H = \begin{bmatrix} \rho w \\ \rho uw \\ \rho vw \\ \rho w^2 \end{bmatrix}$$

$$R = \begin{bmatrix} 0 \\ \tau_{xx} \\ \tau_{xy} \\ \tau_{xz} \end{bmatrix} \quad S = \begin{bmatrix} 0 \\ \tau_{yx} \\ \tau_{yy} \\ \tau_{yz} \end{bmatrix} \quad T = \begin{bmatrix} 0 \\ \tau_{zx} \\ \tau_{zy} \\ \tau_{zz} \end{bmatrix} \quad K = \begin{bmatrix} 0 \\ -\frac{\partial p}{\partial x} \\ -\frac{\partial p}{\partial y} \\ -\frac{\partial p}{\partial z} \end{bmatrix}$$

利用守恒方程坐标不变性方程式，将式（1-35）变换为(ξ, η, ζ)坐标系下相应的 N-S 方程组为：

$$\frac{\partial \hat{F}}{\partial \xi} + \frac{\partial \hat{G}}{\partial \eta} + \frac{\partial \hat{H}}{\partial \zeta} = \frac{\partial \hat{R}}{\partial \xi} + \frac{\partial \hat{S}}{\partial \eta} + \frac{\partial \hat{T}}{\partial \zeta} + K \tag{1-36}$$

式中：

$$\hat{F} = \frac{1}{J}\begin{bmatrix} \rho U \\ \rho UU \\ \rho UV \\ \rho UW \end{bmatrix} \quad \hat{G} = \frac{1}{J}\begin{bmatrix} \rho V \\ \rho UV \\ \rho VV \\ \rho VW \end{bmatrix} \quad \hat{H} = \frac{1}{J}\begin{bmatrix} \rho W \\ \rho UW \\ \rho VW \\ \rho WW \end{bmatrix}$$

$$\hat{R} = \frac{1}{J}\begin{bmatrix} 0 \\ \xi_x \tau_x^\xi + \xi_y \tau_y^\xi + \xi_z \tau_z^\xi \\ \eta_x \tau_x^\xi + \eta_y \tau_y^\xi + \eta_z \tau_z^\xi \\ \zeta_x \tau_x^\xi + \zeta_y \tau_y^\xi + \zeta_z \tau_z^\xi \end{bmatrix} \quad \hat{S} = \frac{1}{J}\begin{bmatrix} 0 \\ \xi_x \tau_x^\eta + \xi_y \tau_y^\eta + \xi_z \tau_z^\eta \\ \eta_x \tau_x^\eta + \eta_y \tau_y^\eta + \eta_z \tau_z^\eta \\ \zeta_x \tau_x^\eta + \zeta_y \tau_y^\eta + \zeta_z \tau_z^\eta \end{bmatrix}$$

$$\hat{T}=\frac{1}{J}\begin{bmatrix}0\\ \xi_x\tau_x^{\zeta}+\xi_y\tau_y^{\zeta}+\xi_z\tau_z^{\zeta}\\ \eta_x\tau_x^{\zeta}+\eta_y\tau_y^{\zeta}+\eta_z\tau_z^{\zeta}\\ \zeta_x\tau_x^{\zeta}+\zeta_y\tau_y^{\zeta}+\zeta_z\tau_z^{\zeta}\end{bmatrix}\qquad \hat{K}=\frac{1}{J}\begin{bmatrix}0\\ \rho G_{\xi\xi}-g^{\xi\xi}p_{\xi}-g^{\xi\eta}p_{\eta}-g^{\xi\zeta}p_{\zeta}\\ \rho G_{\eta\eta}-g^{\eta\xi}p_{\xi}-g^{\eta\eta}p_{\eta}-g^{\eta\zeta}p_{\zeta}\\ \rho G_{\zeta\zeta}-g^{\zeta\xi}p_{\xi}-g^{\zeta\eta}p_{\eta}-g^{\zeta\zeta}p_{\zeta}\end{bmatrix}$$

式中，J 为雅可比行列式，其表达式为：

$$J=\frac{\partial(\xi,\eta,\zeta)}{\partial(x,y,z)}=\begin{vmatrix}\frac{\partial x}{\partial\xi}&\frac{\partial x}{\partial\eta}&\frac{\partial x}{\partial\zeta}\\ \frac{\partial y}{\partial\xi}&\frac{\partial y}{\partial\eta}&\frac{\partial y}{\partial\zeta}\\ \frac{\partial z}{\partial\xi}&\frac{\partial z}{\partial\eta}&\frac{\partial z}{\partial\zeta}\end{vmatrix}^{-1}$$

可压方程中，密度是参变量而不是常数，方程组中增添一个能量方程。忽略质量力、化学反应和辐射效应后，在直角坐标系中的雷诺平均 N-S 方程组为：

$$\frac{\partial U}{\partial t}+\frac{\partial E}{\partial x}+\frac{\partial F}{\partial y}+\frac{\partial G}{\partial z}=\frac{\partial E_v}{\partial x}+\frac{\partial F_v}{\partial y}+\frac{\partial G_v}{\partial z} \tag{1-37}$$

式中：

$$U=\begin{bmatrix}\rho\\ \rho u\\ \rho v\\ \rho w\\ e\end{bmatrix}\quad E=\begin{bmatrix}\rho u\\ \rho u^2+p\\ \rho uv\\ \rho uw\\ (\rho e+p)u\end{bmatrix}\quad F=\begin{bmatrix}\rho v\\ \rho vu\\ \rho v^2+p\\ \rho vw\\ (\rho e+p)v\end{bmatrix}\quad G=\begin{bmatrix}\rho w\\ \rho wu\\ \rho wv\\ \rho w^2+p\\ (\rho e+p)w\end{bmatrix}$$

$$F_v=\begin{bmatrix}0\\ \tau_{xx}\\ \tau_{yx}\\ \tau_{zx}\\ \tau_{xx}u+\tau_{xy}v+\tau_{xz}w-q_x\end{bmatrix}\quad E_v=\begin{bmatrix}0\\ \tau_{xy}\\ \tau_{yy}\\ \tau_{zy}\\ \tau_{yx}u+\tau_{yy}v+\tau_{yz}w-q_y\end{bmatrix}\quad G_v=\begin{bmatrix}0\\ \tau_{xz}\\ \tau_{yz}\\ \tau_{zz}\\ \tau_{zx}u+\tau_{zy}v+\tau_{zz}w-q_z\end{bmatrix}$$

式中：

$$e=\frac{1}{\gamma-1}p+\frac{\rho}{2}\left(u^2+v^2+w^2\right)$$

$$q_x=-\left(1+\frac{\mu_T}{\mu}\frac{\mathrm{Pr}}{\mathrm{Pr}_t}\right)k\frac{\partial T}{\partial x}$$

$$q_y=-\left(1+\frac{\mu_T}{\mu}\frac{\mathrm{Pr}}{\mathrm{Pr}_t}\right)k\frac{\partial T}{\partial y}$$

$$q_z = -\left(1+\frac{\mu_T}{\mu}\frac{\mathrm{Pr}}{\mathrm{Pr}_t}\right)k\frac{\partial T}{\partial z}$$

$$\frac{\mu}{\mu_0} = \left(\frac{T}{T_0}\right)^{\frac{3}{2}}\left(\frac{T_0+T_s}{T+T_s}\right)$$

$$k = C_p\left(\frac{\mu}{\mathrm{Pr}}+\frac{\mu_T}{\mathrm{Pr}_t}\right)$$

在以上各式中，Pr 为普朗特（Prandtl）数，可取 0.72。Pr_t 为湍流普朗特数，取 0.9。μ 为分子黏性，由 Sutherland 公式确定。μ_T 为湍流黏性。k 为导热系数。

1.4.3 能量方程与导热方程

描述固体内部温度分布的控制方程为导热方程，直角坐标系下三维非稳态导热微分方程的一般形式为：

$$\rho c\frac{\partial t}{\partial \tau} = \frac{\partial}{\partial x}\left(\lambda\frac{\partial t}{\partial x}\right)+\frac{\partial}{\partial y}\left(\lambda\frac{\partial t}{\partial y}\right)+\frac{\partial}{\partial z}\left(\lambda\frac{\partial t}{\partial z}\right)+\phi \tag{1-38}$$

式中，t、ρ、c、ϕ 及 τ 分别为微元体的温度、密度、比热容、单位时间单位体积的内热源生成热及时间，λ 为导热系数。如果将导热系数看作常数，在无内热源且稳态的情况下，上式简化为拉普拉斯（Laplace）方程：

$$\frac{\partial^2 t}{\partial x^2}+\frac{\partial^2 t}{\partial y^2}+\frac{\partial^2 t}{\partial z^2} = 0 \tag{1-39}$$

用来求解对流换热的能量方程为：

$$\frac{\partial t}{\partial \tau}+u\frac{\partial t}{\partial x}+v\frac{\partial t}{\partial y}+w\frac{\partial t}{\partial z} = \alpha\left(\frac{\partial^2 t}{\partial x^2}+\frac{\partial^2 t}{\partial y^2}+\frac{\partial^2 t}{\partial z^2}\right) \tag{1-40}$$

上式中，$\alpha = \dfrac{\lambda}{\rho c_p}$，称为热扩散率。$u$，$v$，$w$ 为流体速度的分量，对于固体介质则 $u = v = w = 0$，这时能量方程（1-40）即为求解固体内部温度场的导热方程。

1.5 湍流模型

目前处理湍流数值计算问题有 3 种方法：直接数值模拟（DNS）方法、大涡模拟（LES）方

法和雷诺平均 N-S 方程（RANS）方法。RANS 方法是目前唯一能够应用于工程计算的方法，可首先满足动力学方程的湍流瞬时运动分解为平均运动和脉动运动两部分，然后把脉动运动部分对平均运动的贡献通过雷诺应力项来模化，也就是通过湍流模式来封闭雷诺平均 N-S 方程使之可以求解。由于模式处理的出发点不同，可将湍流模式理论分为两大类，一类称为雷诺应力模式，另一类称为涡黏性封闭模式。在工程湍流问题中得到广泛应用的模式是涡黏性模式。这是由 Boussinesq 仿照分子黏性的思路提出的，即假设雷诺应力为：

$$\overline{u_i u_j} = -\nu_t\left(U_{i,\ j} + U_{j,\ i} + \frac{2}{3}U_{k,\ k}\delta_{ij}\right) + \frac{2}{3}k\delta_{ij} \tag{1-41}$$

式中，$k = \frac{1}{2}\overline{u_i u_j}$ 为湍动能，ν_t 称为涡黏性系数。这便是基准涡黏性模式，即假设雷诺应力与平均速度应变率成线性关系，当平均速度应变率确定后，6 个雷诺应力只需通过确定一个涡黏性系数 ν_t 就可完全确定，且涡黏性系数各向同性，可以通过附加的湍流量来摸化，如湍动能 k，耗散率 ε，比耗散率 ω 以及其他湍流量 $\tau = k/\varepsilon$、$l = k^{3/2}/\varepsilon$、$q = \sqrt{k}$。根据引入湍流量的不同，可以得到不同的涡黏性模式，如 $k-\varepsilon$ 和 $k-\omega$ 模式等。对应不同模式涡黏性系数可表示为：

$$\nu_t = C_\mu k^2/\varepsilon \text{（}k-\varepsilon\text{ 模式），}\quad \nu_t = C_\mu\frac{k}{\omega}\text{（}k-\omega\text{ 模式）}$$

为使控制方程封闭，引入多少个附加的湍流量，就要同时求解多少个附加的微分方程。根据要求解的附加微分方程的数目，一般可将涡黏性模式分为 3 类：零方程和半方程模式、一方程模式和两方程模式。

所有一方程和两方程的湍流模型都可写为如下的一般形式：

$$\frac{\partial}{\partial t}(X) + u_j\frac{\partial}{\partial x_j}(X) = S_P + S_D + D \tag{1-42}$$

式中，S_P 为"产生"源项，S_D 为"破坏"源项，D 表示扩散项，其形式为 $\frac{\partial}{\partial x_j}\left[(\ )\frac{\partial X}{\partial x_j}\right]$。

1．SST *k*-*ω* 双方程模型

该模型在近壁处采用 Wilcox $k-\omega$ 模型，在边界层边缘和自由剪切层采用 $k-\varepsilon$ 模型（$k-\omega$ 形式），其间通过一个混合函数来过渡。$k-\omega$ 湍流模型主要求解湍动能 k 及其比耗散率 ω 的对流输运方程，对于 SST $k-\omega$ 双方程模型，其湍动能输运方程为：

$$\frac{\partial\rho k}{\partial t} + \frac{\partial}{\partial x_j}\left[\rho u_j k - (\mu + \sigma_k\mu_t)\frac{\partial k}{\partial x_j}\right] = \tau_{tij}S_{ij} - \beta^*\rho\omega k \tag{1-43}$$

湍流比耗散率方程为：

$$\frac{\partial\rho\omega}{\partial t} + \frac{\partial}{\partial x_j}\left[\rho u_j\omega - (\mu + \sigma_\omega\mu_t)\frac{\partial\omega}{\partial x_j}\right] = P_\omega - \beta\rho\omega^2 + 2(1-F_1)\frac{\rho\sigma_{\omega 2}}{\omega}\frac{\partial k\partial\omega}{\partial x_j\partial x_j} \tag{1-44}$$

两式中，雷诺应力的涡黏性模型为：

$$\tau_{tij} = 2\mu_t \left(S_{ij} - S_{mn}\delta_{ij}/3\right) - 2\rho k\delta_{ij}/3 \tag{1-45}$$

上式中，$\mu_t = \rho k/\omega$ 为涡黏性，S_{ij} 为平均速度应变率张量，δ_{ij} 为克罗内克算子。P_ω 为生成项：

$$P_\omega = 2\gamma\rho\left(S_{ij} - \omega S_{mn}\delta_{ij}/3\right)S_{ij} \tag{1-46}$$

F_1、β、γ、σ_k、σ_ω 均为模型参数，β^* 为模型常数，取 0.09。

2. RNG k−ε 湍流模型

RNG $k-\varepsilon$ 湍流模型是从暂态 N-S 方程中推出的，其中 k 方程和 ε 方程分别为：

$$\frac{\partial}{\partial t}(\rho k) + \frac{\partial}{\partial x_j}(\rho k u_i) = \frac{\partial}{\partial x_j}\left[\left(\mu + \frac{\mu_t}{\sigma_k}\right)\frac{\partial k}{\partial x_j}\right] + G_k + G_b - \rho\varepsilon - Y_M + S_k \tag{1-47}$$

$$\frac{\partial}{\partial t}(\rho\varepsilon) + \frac{\partial}{\partial x_i}(\rho\varepsilon u_i) = \frac{\partial}{\partial x_j}\left[\left(\mu + \frac{\mu_t}{\sigma_\varepsilon}\right)\frac{\partial\varepsilon}{\partial x_j}\right] + C_{1\varepsilon}\frac{\varepsilon}{k}\left(G_k + C_{3\varepsilon}G_b\right) - C_{2\varepsilon}\rho\frac{\varepsilon^2}{k} + S_\varepsilon \tag{1-48}$$

与标准 $k-\varepsilon$ 模型相比，RNG $k-\varepsilon$ 湍流模型考虑了湍流漩涡的影响，并为湍流 Prandtl 数提供了一个解析公式，因而，RNG 模型相比于标准 $k-\varepsilon$ 模型对瞬变流和流线弯曲的影响能做出更好的反应。

3. SA 湍流模型

用 SA 模型求解一个有关涡黏性的变量 $\hat{\nu}$ 的方程为：

$$\mu_t = \rho\hat{\nu} f_{v_1}$$

$$f_{v_1} = \frac{x^3}{x^3 + C_{v_1}^3}$$

$$x \equiv \frac{\hat{\nu}}{\nu}$$

SA 模型方程为：

$$\begin{aligned}&\frac{\partial\hat{\nu}}{\partial t} + u_j\frac{\partial\hat{\nu}}{\partial x_j} = C_{b_1}\left(1 - f_{t_2}\right)\Omega\hat{\nu} + \\&\frac{M_\infty}{\mathrm{Re}}\left\{C_{b_1}\left[\left(1 - f_{t_2}\right)f_{v_2} + f_{t_2}\right]\frac{1}{k^2} - C_{w_1}f_w\right\}\left(\frac{\hat{\nu}}{\mathrm{d}}\right)^2 - \\&\frac{M_\infty}{\mathrm{Re}}\frac{C_{b_2}}{\sigma}\hat{\nu}\frac{\partial^2\hat{\nu}}{\partial x_j^2} + \frac{M_\infty}{\mathrm{Re}}\frac{1}{\sigma}\frac{\partial}{\partial x_j}\left\{\left[\nu + \left(1 + C_{b_2}\right)\hat{\nu}\right]\frac{\partial\hat{\nu}}{\partial x_j}\right\}\end{aligned} \tag{1-49}$$

式中，d 为到物面的最近距离。

$$f_{t_2} = C_{t_3}\exp\left(-C_{t_4}x^2\right)$$

$$f_w = g\left(\frac{1+C_{w_3}^6}{g^6+C_{w_3}^6}\right)^{\frac{1}{6}} = \left(\frac{g^{-6}+C_{w_3}^{-6}}{1+C_{w_3}^{-6}}\right)^{-\frac{1}{6}}$$

$$g = r + C_{w_2}\left(r^6 - r\right)$$

式中：

$$r = \frac{\hat{\nu}}{\hat{S}\left(\frac{\mathrm{Re}}{M_\infty}\right)k^2\mathrm{d}^2}$$

$$S = \Omega + \frac{\hat{\nu} f_{v_2}}{\left(\frac{\mathrm{Re}}{M_\infty}\right)k^2\mathrm{d}^2}$$

$$f_{v_2} = 1 - \frac{x}{1+x f_{v_1}}$$

式中的各个常数为：

$$C_{b_1}=0.1355 \qquad \sigma=\frac{2}{3} \qquad C_{b_2}=0.622 \qquad k=0.41$$

$$C_{w_3}=2.0 \qquad C_{v_1}=7.1 \qquad C_{t_3}=1.2 \qquad C_{t_4}=0.5$$

$$C_{w_2}=0.3 \qquad C_{w_1}=\frac{C_{b_1}}{k^2}+\frac{\left(1+C_{b_2}\right)}{\sigma}$$

如果用湍流模型的一般形式（2.14）表示，令 $X=\hat{\nu}$，则：

$$S_P = C_{b_1}\left(1-f_{t_2}\right)\Omega\hat{\nu}$$

$$S_D = \frac{M_\infty}{\mathrm{Re}}\left\{C_{b_1}\left[\left(1-f_{t_2}\right)f_{v_2}+f_{t_2}\right]\frac{1}{k^2}-C_{w_1}f_w\right\}\left(\frac{\hat{\nu}}{\mathrm{d}}\right)^2$$

$$D = -\frac{M_\infty}{\mathrm{Re}}\frac{C_{b_2}}{\sigma}\hat{\nu}\frac{\partial^2\hat{\nu}}{\partial x_j^2}+\frac{M_\infty}{\mathrm{Re}}\frac{1}{\sigma}\frac{\partial}{\partial x_j}\left\{\left[\nu+\left(1+C_{b_2}\right)\hat{\nu}\right]\frac{\partial\hat{\nu}}{\partial x_j}\right\}$$

$k-\varepsilon$ 模型、$k-\omega$ 模型和 SA 模型都有各自的性能特点，SA 模型对附着边界层的模拟效果与零方程模型相似，除射流外，SA 对自由剪切湍流的计算精度较好；$k-\varepsilon$ 模型是目前为止公认的应用最广泛的湍流模型；$k-\omega$ 模型对自由剪切湍流、附着边界层湍流和适度分离湍流都有较高的计算精度。

1.6 计算网格与边界条件

本节简要讲解计算网格和边界条件。这是流场分析中涉及的一些基本概念。

1.6.1 计算网格

计算网格的合理设计和高质量的生成是 CFD 计算的前提条件。计算网格按网格点之间的邻近关系可分为结构网格、非结构网格和混合网格。结构网格的网格点之间的邻近关系是有序而规则的，除了边界点外，内部网格点都有相同的邻近网格数，其单元是二维的四边形和三维的六面体。非结构网格点之间的邻接是无序的、不规则的，每个网格点可以有不同的邻接网格数，单元有二维的三角形、四边形，三维的四面体、六面体、三棱柱体和金字塔等多种形状。混合网格是对结构网格与非结构网格的混合。结构网格可以方便地索引，可以减少相应的存储空间，而且由于网格的贴体性，流场的计算精度可以大大提高。非结构网格能够方便地生成复杂外形的网格，能够通过流场中的大梯度区域自适应来提高对间断（如激波）的分辨率，并且使得基于非结构网格的网格分区以及并行计算比结构网格更加直接。但是在同等网格数量的情况下，非结构网格比结构网格所需的内存更大、所需的计算周期更长，而且同样的区域可能需要更多的网格数。此外，在采用完全非结构网格时，因为网格分布各向同性，会给计算结果的精度带来一定的损失，同时对于黏流计算而言，还会导致边界层附近的流动分辨率不高。

1.6.2 边界条件

1．入口边界条件

（1）压力入口：在计算喷管热燃气流场时，可以给出压力入口条件，其中需要输入的主要参数有总压、静压和总温等。

（2）质量入口：在模拟冷却通道内的流动时，通常在冷却剂流量已知的情况下，可以给定质量流量入口条件。由于入口边界上的质量流量给定，入口压力在计算的收敛过程中是会变化的，如果将冷却剂在冷却通道内的流动认作为不可压或弱可压，可用速度入口代替质量流量入口。

2．出口边界条件

（1）压力出口：在燃气流场和冷却通道的计算中，都可使用出口压力边界条件。该条件需给定出口边界上的静压强，如果地速超过音速，则需根据来流外推出口边界条件。

（2）无穷远压力边界：在计算某些外流场时，可给出无穷远压力边界条件，该边界条件适用于理想气体定律计算密度的问题。在边界上需给定静压、温度和马赫数。

3．对称边界条件

对具有一定几何特征的物理模型，可取其部分进行计算。例如，轴对称喷管可取半根冷却通道进行计算，截取后的对称平面给定对称边界条件。

第2章

流体流动分析软件概述

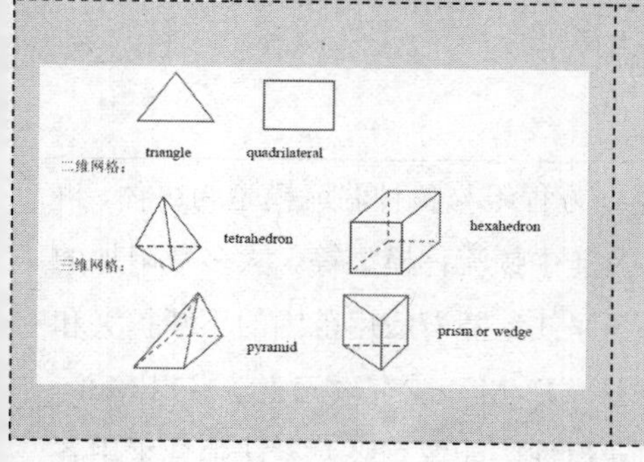

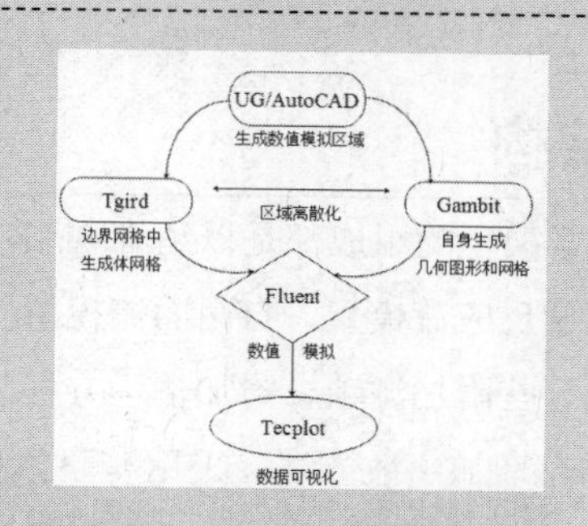

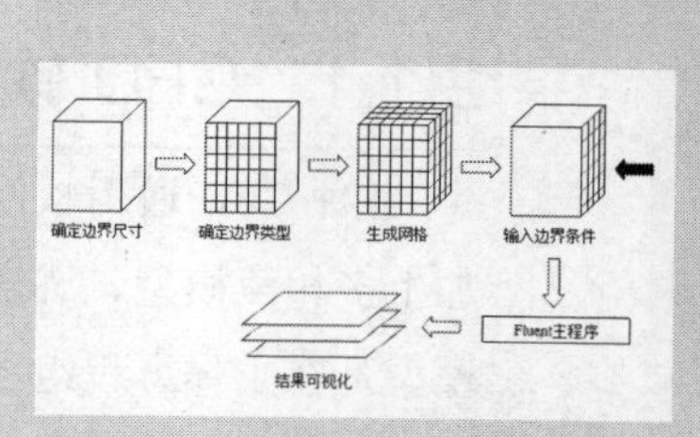

2.1 CFD 软件简介

计算流体力学（Computational Fluid Dynamics，CFD）是 20 世纪 60 年代起伴随计算机技术迅速崛起的一门新型独立学科。它建立在流体动力学以及数值计算方法的基础上，以研究物理问题为目的，通过计算机数值计算和图像显示方法，在时间和空间上定量地描述流场数值解。

经过半个世纪的迅猛发展，各种 CFD 通用性软件包陆续出现，成为解决各种流体流动与传热问题强有力的工具，并作为一种商品化软件为工业界广泛接受。随着其性能日趋完善以及应用范围的不断扩大，如今 CFD 技术早已超越了传统的流体机械与流体工程等应用范畴，被成功应用于如航空、航运、海洋、环境、水利、食品、化工、核能、冶金和建筑等各种科学技术领域。

CFD 通用软件包的出现与商业化，对 CFD 技术在工程应用中的推广起了巨大的促进作用。但由于 CFD 依赖于系统的流体动力学知识和较深入的数理基础，其艰深的理论背景与流体力学问题的复杂多变成为了它向工业界推广的阻碍。如何将 CFD 研究成果与实际应用相结合成为极大难题。在此情况下，通用软件包应运而生。英国 CHAM 公司的 Spalding 与 Patankar 在 20 世纪 70 年代提出了 SIMPLE 算法（半隐式压力校正解法），在 20 世纪 80 年代初以该方法为基础推出了计算流体力学与传热学的商业化软件 PHOENICS 的早期版本。在其版本不断更新的同时，新的通用软件，如 FLUENT、STAR-CD 与 CFX 等也相继问世。这些软件十分重视商业化的要求，致力于工程实际应用，并在前、后处理人机对话等方面成绩卓越，从而被工业界所认识和接受。进入 20 世纪 90 年代，更多的商业化 CFD 应用软件如雨后春笋般出现，涉及范围越来越广。CFD 通用软件以其模拟复杂流动现象的强大功能、人机对话式的界面操作以及直观清晰的流场显示引起了人们的广泛关注。

2.1.1 CFD 软件结构

各种 CFD 通用软件的数学模型的组成都是以纳维-斯托克斯方程组与各种湍流模型为主体，再加上多相流模型、燃烧与化学反应流模型、自由面流模型以及非牛顿流体模型等。大多数附加的模型是在主体方程组上补充一些附加源项、附加输运方程与关系式。随着应用范围的不断扩大和新方法的出现，新的模型也在增加离散方法，采用有限体积法（FVM）或有限元素法（FEM）。由于有限体积法继承了有限差分法的丰富格式，具有良好的守恒性，能像有限元素法那样采用各种形状的网格以适应复杂的边界几何形状，却比有限元素法简便得多。因此，现在大多数 CFD 软件都采用有限体积法。

CFD 通用软件应能适应从低速到高超音速的宽广速度范围。然而跨、超音速流动计算涉及激波的精确捕获，对离散格式精度要求甚高，难度较大。由于跨、超音速流动主要存在于各种飞行器、高速旋转叶轮机械以及高速喷管、阀门等，在其他工程应用中很少出现，所以有些主要面向低速流动的 CFD 通用软件在高速流动方面功能比较弱。

CFD 软件的流动显示模块都具有三维显示功能，可以展现各种流动特性，有的还能以动画形式演示非定常过程。

为方便用户使用 CFD 软件处理不同类型的工程问题，一般的 CFD 商用软件往往将复杂的 CFD 过程集成，通过一定的接口，让用户快速地输入问题的有关参数。所有的商用 CFD 软件均包括 3 个基本环节，即前处理、求解和后处理。与之对应的程序模块常简称前处理器、求解器和后处理器。以下简要讲解这 3 个程序模块。

1．前处理器

前处理器（preprocessor）用于完成前处理工作。前处理环节是向 CFD 软件输入所求问题的相关数据，该过程一般是借助与求解器相对应的对话框等图形界面来完成的。在前处理阶段需要用户进行以下工作。

- 定义所求问题的几何计算域。
- 将计算域划分成多个互不重叠的子区域，形成由单元组成的网格。
- 对所要研究的物理和化学现象进行抽象，选择相应的控制方程。
- 定义流体的属性参数。
- 为计算域边界处的单元指定边界条件。
- 对于瞬态问题，指定初始条件。

流动问题的解是在单元内部的节点上定义的，精度由网格中单元的数量决定。一般单元越多、尺寸越小，所得到解的精度越高，但所需要的计算机内存资源及 CPU 时间也相应增加。为了提高计算精度，在物理量梯度较大的区域，以及感兴趣的区域，往往要加密计算网格。在前处理阶段生成计算网格时，关键是要把握好计算精度与计算成本之间的平衡。

目前在使用商用 CFD 软件进行 CFD 计算时，有超过 50%的时间花在几何区域的定义及计算网格的生成上。使用 CFD 软件自身的前处理器可以生成几何模型，也可以借用其他商用 CFD 或 CAD/CAE 软件（如 PATRAN、ANSYS、I-DEAS 和 Pro/Engineer 协助提供的几何模型。此外，指定流体参数的任务也是在前处理阶段进行的。

2．求解器

求解器（solver）的核心是数值求解方案。常用的数值求解方案包括有限差分、有限元、谱元法和有限体积法等。总体上讲，这些方法的求解过程大致相同，包括以下步骤。

（1）借助简单函数来近似待求的流动变量。

（2）将该近似关系代入连续型的控制方程中，形成离散方程组。

（3）求解代数方程组。

各种数值求解方案的主要差别在于流动变量被近似的方式及相应的离散化过程。

3．后处理器

后处理的目的是有效地观察和分析流动计算结果。随着计算机图形功能的提高，目前的 CFD 软件均配备了后处理（postprocessor），提供了较为完善的后处理功能，包括：

- 计算域的几何模型及网格显示。
- 矢量图（如速度矢量线）。
- 等值线图。
- 填充型的等值线图（云图）。
- XY 散点图。
- 粒子轨迹图。
- 图像处理功能（平移、缩放、旋转等）。

借助后处理功能，还可以动态模拟流动效果，直观地了解 CFD 的计算结果。

2.1.2 CFD 基本模型

流体流动所遵循的物理定律，是建立流体运动基本方程组的依据。这些定律主要包括质量守恒、动量守恒、动量矩守恒、能量守恒、热力学第二定律，加上状态方程、本构方程。在实际计算时，还要考虑不同的流态，如层流与湍流。湍流模型是 CFD 软件的主要组成部分之一。通用 CFD 软件都配有各种层次的湍流模型，通常可分为 3 类，第一类是湍流输运系数模型，即将速度脉动的二阶关联量表示成平均速度梯度与湍流黏性系数的乘积，用笛卡儿张量表示为：

$$-\rho\overline{u_i'u_j'}=\mu_t\left(\frac{\partial u_i}{\partial x_j}+\frac{\partial u_j}{\partial x_i}\right)-\frac{2}{3}\rho k\delta_{ij} \tag{2-1}$$

模型的任务就是给出计算湍流黏性系数 μ_i 的方法。根据建立模型所需要的微分方程的数目，可以分为零方程模型（代数方程模型）、单方程模型和双方程模型。

第二类是抛弃了湍流输运系数的概念，直接建立湍流应力和其他二阶关联量的输运方程。

第三类是大涡模拟。前两类是以湍流的统计结构为基础，对所有涡旋进行统计平均。大涡模拟把湍流分成大尺度湍流和小尺度湍流，通过求解三维经过修正的 Navier-StOKes 方程（简称 N-S 方程），得到大涡旋的运动特性，而对小涡旋运动还采用上述的模型。

1．系统与控制体

在流体力学中，系统是指某一确定流体质点集合的总体。系统以外的环境称为外界。分隔系统与外界的界面，称为系统的边界。系统通常是研究的对象，外界则用来区别于系统。系统将随系统内质点一起运动，系统内的质点始终包含在系统内，系统边界的形状和所围空间的大小可随运动而变化。系统与外界无质量交换，但可以有力的相互作用，及能量（热和功）的交换。

控制体是指在流体所在的空间中，以假想或真实流体边界包围，固定不动形状任意的空间体积。包围这个空间体积的边界面，称为控制面。控制体的形状与大小不变，并相对于某坐标系固定不动。控制体内的流体质点组成并非不变的。控制体既可通过控制面与外界有质量和能量交换，也可与控制体外的环境有力的相互作用。

2．质量守恒方程（连续性方程）

在流场中，流体通过控制面 A_1 流入控制体，同时也会通过另一部分控制面 A_2 流出控制体，在这期间控制体内部的流体质量也会发生变化。按照质量守恒定律，流入的质量与流出的质量之差，应该等于控制体内部流体质量的增量，由此可导出流体流动连续性方程的积分形式为：

$$\frac{\partial}{\partial t}\iiint_V \rho \mathrm{d}x\mathrm{d}y\mathrm{d}z + \iint_A \rho v \cdot n \mathrm{d}A = 0 \tag{2-2}$$

式中，V 表示控制体，A 表示控制面。等式左边第一项表示控制体 V 内部质量的增量；第二项表示通过控制表面流入控制体的净通量。

根据数学中的奥-高公式，在直角坐标系下可将其化为微分形式：

$$\frac{\partial \rho}{\partial t} + u\frac{\partial(\rho u)}{\partial x} + v\frac{\partial(\rho v)}{\partial y} + w\frac{\partial(\rho w)}{\partial z} = 0 \tag{2-3}$$

对于不可压缩均质流体，密度为常数，则：

$$\frac{\partial u}{\partial x} + \frac{\partial v}{\partial y} + \frac{\partial w}{\partial z} = 0 \tag{2-4}$$

对于圆柱坐标系，其形式为：

$$\frac{\partial \rho}{\partial t} + \frac{\rho v_r}{r} + \frac{\partial(\rho v_r)}{\partial r} + \frac{\partial(\rho v_\theta)}{r\partial \theta} + \frac{\partial(\rho v_z)}{\partial z} = 0 \tag{2-5}$$

对于不可压缩均质流体，密度为常数，则：

$$\frac{v_r}{r} + \frac{\partial v_r}{\partial r} + \frac{\partial v_\theta}{r\partial \theta} + \frac{\partial v_z}{\partial z} = 0 \tag{2-6}$$

3．动量守恒方程（运动方程）

动量守恒是流体运动时应遵循的另一个普遍定律，描述为在一给定的流体系统，其动量的时间变化率等于作用于其上的外力总和，其数学表达式即为动量守恒方程，也称为运动方程或 N-S 方程，其微分形式表达如下：

$$\begin{cases} \rho \dfrac{\mathrm{d}u}{\mathrm{d}t} = \rho F_{bx} + \dfrac{\partial p_{xx}}{\partial x} + \dfrac{\partial p_{yx}}{\partial y} + \dfrac{\partial p_{zx}}{\partial z} \\ \rho \dfrac{\mathrm{d}v}{\mathrm{d}t} = \rho F_{by} + \dfrac{\partial p_{xy}}{\partial x} + \dfrac{\partial p_{yy}}{\partial y} + \dfrac{\partial p_{zy}}{\partial z} \\ \rho \dfrac{\mathrm{d}w}{\mathrm{d}t} = \rho F_{bz} + \dfrac{\partial p_{xz}}{\partial x} + \dfrac{\partial p_{yz}}{\partial y} + \dfrac{\partial p_{zz}}{\partial z} \end{cases} \tag{2-7}$$

式中，F_{bz}、F_{by}、F_{yz} 分别是单位质量流体上的质量力在 3 个方向上的分量，p_{yx} 是流体内应力张量的分量。

动量守恒方程在实际应用中有许多表达形式，其中比较常见的有如下几种。

（1）可压缩黏性流体的动量守恒方程：

$$\begin{cases} \rho \dfrac{\mathrm{d}u}{\mathrm{d}t} = \rho f_x + \dfrac{\partial p}{\partial x} + \dfrac{\partial}{\partial x}\left\{\mu\left[2\dfrac{\partial u}{\partial x} - \dfrac{2}{3}\left(\dfrac{\partial u}{\partial x} + \dfrac{\partial v}{\partial y} + \dfrac{\partial w}{\partial z}\right)\right]\right\} + \\ \qquad \dfrac{\partial}{\partial y}\left[\mu\left(\dfrac{\partial u}{\partial y} + \dfrac{\partial v}{\partial x}\right)\right] + \dfrac{\partial}{\partial z}\left[\mu\left(\dfrac{\partial w}{\partial x} + \dfrac{\partial u}{\partial z}\right)\right] \\ \rho \dfrac{\mathrm{d}v}{\mathrm{d}t} = \rho f_y + \dfrac{\partial p}{\partial y} + \dfrac{\partial}{\partial y}\left\{\mu\left[2\dfrac{\partial v}{\partial y} - \dfrac{2}{3}\left(\dfrac{\partial u}{\partial x} + \dfrac{\partial v}{\partial y} + \dfrac{\partial w}{\partial z}\right)\right]\right\} + \\ \qquad \dfrac{\partial}{\partial z}\left[\mu\left(\dfrac{\partial v}{\partial z} + \dfrac{\partial w}{\partial y}\right)\right] + \dfrac{\partial}{\partial x}\left[\mu\left(\dfrac{\partial u}{\partial y} + \dfrac{\partial v}{\partial x}\right)\right] \\ \rho \dfrac{\mathrm{d}w}{\mathrm{d}t} = \rho f_z + \dfrac{\partial p}{\partial z} + \dfrac{\partial}{\partial z}\left\{\mu\left[2\dfrac{\partial w}{\partial z} - \dfrac{2}{3}\left(\dfrac{\partial u}{\partial x} + \dfrac{\partial v}{\partial y} + \dfrac{\partial w}{\partial z}\right)\right]\right\} + \\ \qquad \dfrac{\partial}{\partial x}\left[\mu\left(\dfrac{\partial w}{\partial x} + \dfrac{\partial u}{\partial z}\right)\right] + \dfrac{\partial}{\partial z}\left[\mu\left(\dfrac{\partial v}{\partial z} + \dfrac{\partial w}{\partial z} y\right)\right] \end{cases} \tag{2-8}$$

（2）常黏性流体的动量守恒方程：

$$\rho \frac{\mathrm{d}v}{\mathrm{d}t} = \rho F - \mathrm{grad}p + \frac{\mu}{3}\mathrm{grad}(\mathrm{div}v) + \mu \nabla^2 v \tag{2-9}$$

（3）常密度常黏性流体的动量守恒方程：

$$\rho \frac{\mathrm{d}v}{\mathrm{d}t} = \rho F - \mathrm{grad}p + \mu \nabla^2 v \tag{2-10}$$

（4）无黏性流体的动量守恒方程（欧拉方程）：

$$\rho \frac{\mathrm{d}v}{\mathrm{d}t} = \rho F - \mathrm{grad}p \tag{2-11}$$

（5）静力学方程：

$$\rho F = \mathrm{grad}p \tag{2-12}$$

（6）相对运动方程：

在非惯性参考系中的相对运动方程是研究像大气、海洋及旋转系统中流体运动所必须考虑的。由理论力学得知，绝对速度 v_a 为相对速度 v_τ 及牵连速度 v_c 之和，即 $v_a=v_\tau+v_c$，其中，$v_c=v_0+\Omega\times r$，v_0 为运动系中的平动速度，Ω 是其转动角速度，r 为质点矢径。

而绝对加速度 a_a 为相对加速度 a_r、牵连加速度 a_e 及科氏加速度 a_c 之和，即：

$$a_a = a_r + a_e + a_c \tag{2-13}$$

式中，$a_e = \frac{dv_0}{dt} + \frac{d\Omega}{dt}\times r + \Omega\times(\Omega\times r)$，$a_c = 2\Omega\times v_r$

将绝对加速度代入运动方程，即可得到流体的相对运动方程：

$$\rho\frac{dv_r}{dt} = \rho F_b + \mathrm{div}P - a_c - 2\Omega v_r \tag{2-14}$$

4．能量守恒方程

将热力学第一定律应用于流体运动，把方程式（2-14）各项用有关的流体物理量表示出来，即是能量方程，如下所示。

$$\frac{\partial}{\partial t}(\rho E)+\frac{\partial}{\partial x_i}[u_i(\rho E+p)]=\frac{\partial}{\partial x_i}\left[k_{\mathrm{eff}}\frac{\partial T}{\partial x_i}-\sum_{j'}h_{j'}J_{j'}+u_j(\tau_{ij})_{\mathrm{eff}}\right]+S_h \tag{2-15}$$

式中：$E = h-\frac{p}{\rho}+\frac{u_i^2}{2}$；$k_{\mathrm{eff}}$ 是有效热传导系数，$k_{\mathrm{eff}} = k + k_t$，其中 k_t 是湍流热传导系数，根据所使用的湍流模型来定义；$J_{j'}$ 是组分 j 的扩散流量；S_h 包括了化学反应热以及其他用户定义的体积热源项；方程右边的前 3 项分别描述了热传导、组分扩散和黏性耗散带来的能量输运。

在实际计算时，还要考虑不同的流态，如层流与湍流。在下面的章节中将会详细讲解湍流模型。

2.1.3 常用的 CFD 商用软件

自 20 世纪 80 年代以来，出现了一系列的 CFD 通用软件，如 PHOENICS、FLUENT、STAR-CD、CFX-TASCflow 和 NUMECA 等。PHOENICS 软件是最早推出的 CFD 通用软件，FLUENT、STAR-CD 与 CFX-TASCflow 是目前国际市场上主流软件，而 NUMECA 则使 CFD 通用软件的应用普及更上一层楼。这些软件通常具有如下显著特点。

- 应用范围广，适用性强，几乎可以处理工程界各种复杂的问题。
- 前后处理系统以及与其他 CAD、CFD 软件的接口能力比较简单易用，便于用户快速完成造型、网络化分等工作。同时，用户还可以根据个人需要扩展自己的开发模块。
- 具有较完善的容错机制和操作界面，稳定性较高。
- 可在多种计算机操作系统以及并行环境下运行。

1．PHOENICS 软件

PHOENICS（Parabolic Hyperbolic or Elliptic Numerical Integration Code Series）软件是世界上第一套计算流体动力学与传热学的商用软件，由 CFD 著名学者 D.B.Spalding 和 S.V.Patankar 等提出，以低速热流输运现象为主要模拟对象，目前主要由 Concentration Heat and Momentum Limited（CHAM）公司开发。除了 CFD 软件的基本特征之外，PHOENICS 软件还具有自己独特的功能：

● 开放性。这个软件附带了从简到繁的大量范例，一般的工程应用问题几乎都可以从中找到相近内容，再做一些修改就可计算用户的课题，所以能给用户带来极大方便。

● 多种模型选择。PHOENICS 包含的湍流模型、多相流模型、燃烧与化学反应模型等相当丰富，其中有不少原创性的成分，如将湍流与层流成分假设为两种流体的双流体湍流模型 MFM、专为组件杂阵的狭小空间（如计算机箱体）内的流动和传热计算而设计的代数湍流模型 LVEL 等。

● 多种模块选择。PHOENICS 提供了多种专用模块，用于特定领域的分析计算。如暖通空调计算模块 FLAIR 被广泛应用在小区规划设计以及高大空间建筑的设计模拟；英国集成环境公司（IES）的虚拟环境软件，就用来模拟局部空间的热流现象。

● 双重算法选择。可采用欧拉算法和基于粒子运动轨迹的拉格朗日算法。

● 直角形网格（笛卡儿网格）。PHOENICS 提供了网格局部加密功能与网格被边界切割的补偿功能。

● 优良性价比。软件的价格比其他 CFD 通用软件低得多，其高性价比使之成为国内用户最多的软件。

2．CFX 软件

CFX 是全球第一个通过 ISO9001 质量认证的大型商业 CFD 软件，由英国 AEA Technology 公司开发，2003 年被 ANSYS 公司收购。目前，CFX 已经遍及航空航天、旋转机械、能源、石油化工、机械制造、汽车、生物技术、水处理、火灾安全、冶金和环保等领域，帮助全球 6000 多个用户解决了大量的实际问题。

诞生在工业应用背景中的 CFX 一直将精确的计算结果、丰富的物理模型、强大的用户扩展性作为其发展的基本要求，并以其在这些方面的卓越成就，引领着 CFD 技术的不断发展。与一些 CFD 软件不同的是：

● 除了使用有限体积法外，CFD 还采用了基于有限元的有限体积法。

● 可以直接访问各种 CAD 软件，如 CADDS5、CATIA、Eucllid3、Pro/Engineer 和 Unigraphics，并从任一 CAD 系统例如 MSC/PATRAN 和 I-DEAS，以 IGES 格式直接读入 CAD 图形。

● 采用 ICEM CFD 前处理模块，在生成网络时，可实现边界层网格自动加密、流场变化剧烈域网格局部加密和分离流模拟等。

● 可计算的问题包括大批复杂现象的实用模型，并在其湍流模型中纳入了 k-ε 模型、低 Reynolds 数 k-ε 模型、代数 Reynolds 应力模型、大涡模型等多种模型。

3．STAR-CD 软件

STAR-CD 最初是由流体力学鼻祖——英国帝国理工大学计算流体力学领域的专家教授开发的，他们根据传统传热基础理论，合作开发了基于有限体积算法的非结构化网格计算程序。在完全不连续网格、滑移网格和网格修复等关键技术上，STAR-CD 又经过来自全球 10 多个国家，超过 200 名知名学者的不断补充与完善，使之成为同类软件中网格适应性、计算稳定性和收敛性的佼佼者。最新湍流模型的推出使得其在计算的稳定性、收敛性和结果的可靠性等方面在又得到了更显著的提高。其基本特征如下：

● 前处理器 Prostar 有较强的 CAD 建模功能，与当前流行的 CAD/CAE 软件有良好的接口，可有效地进行数据转换。

● 具有多种网格划分技术（如 Extrusion、Multi-block、Data import 等）和网格局部加密技术，能够很好地适应复杂计算区域，处理滑移网格的问题。

● 多种高级湍流模型，具有低阶和高阶的差分格式。

● 其后处理器具有动态和静态显示计算结果的功能。能用速度矢量图来显示流动特性，用等值线图或颜色来表示各个物理量的计算结果。

4．FIDAP 软件

FIDAP 是由英国 Fluid Dynamics International（FDI）公司开发的计算流体力学与数值传热学的软件。它是一种基于有限元方法和完全非结构化网络的通用 CFD 软件，可解决从不压缩到可压缩范围内的复杂流动问题。FIDAP 具有强大的流固耦合功能，可以分析由流动引起的结构响应问题，还适合模拟动边界、自由表面、相变、电磁效应等复杂流动问题。FIDAP 的典型应用领域包括汽车、化工、玻璃应用、半导体、生物医学、冶金、环境工程和食品等行业。其独特点在于：

● 完全基于有限元方法，不但可以模拟广泛的物理模型，而且对于质量源项、化学反应等其他复杂现象都可以精确模拟。

● 具有自由表面模型功能，可同时使用变形网格和固定网格，也可以导入 I-DEAS、PATRAN、ANSYS 和 ICEM CFD 等软件生成的网格模型。

● 具有流固耦合分析功能，可同时使用固体结构中的变形和应力，从而模拟液汽界面的蒸发与冷凝相变、材料填充和流面晃动等现象。

5．FLUENT 软件

本书着重讲解了该软件，其详细内容可参考以下章节。

2.2 FLUENT 软件介绍

FLUENT 是由美国 FLUENT 公司于 1983 年推出的 CFD 软件，在美国市场占有率达到 60%，可解算涉及流体、热传递以及化学反应等的工程问题。由于采用了多种求解方法和多重网格加速收敛技术，因而 FLUENT 能达到最佳的收敛速度和求解精度。灵活的非结构化网格和基于解的自适应网格技术及成熟的物理模型，使 FLUENT 在转捩与湍流、传热与相变、化学反应与燃烧、多相流、旋转机械、动/变形网格、噪声、材料加工和燃料电池等方面有广泛应用。例如，井下分析、喷射控制、环境分析、油气消散/聚积、多相流和管道流动等。

在工程应用上，FLUENT 主要可以用在以下几个方面：

- 过程和过程装备应用。
- 油/气能量的产生和环境应用。
- 航天和涡轮机械的应用。
- 汽车工业的应用。
- 热交换应用。
- 电子/HVAC/应用。
- 材料处理应用。
- 建筑设计和火灾研究。

简而言之，FLUENT 适用于各种复杂外形的可压和不可压流动计算。对于不同的流动领域和模型，FLUENT 公司还提供了其他几种解算器，其中包括 NEKTON、FIDAP、POLYFLOW、IcePak 以及 MixSim。

2.2.1 FLUENT 系列软件介绍

相比于其他专业化的 CFD 分析软件，FLUENT 的专业化和功能性最强，其系列软件皆采用 FLUENT 公司自行研发的 Gambit 前处理软件来建立几何形状及生成网格，是具有超强组合建构模型能力的前处理器。另外，TGrid 和 Filters（Translators）是独立于 FLUENT 的前处理器，其中 TGrid 用于从现有的边界网络生成体网络，Fliters 可以转换由其他软件生成的网络从而用于 FLUENT 计算。

1. GAMBIT：专用的 CFD 前置处理器（几何/网格生成）

GAMBIT 目前是 CFD 分析中最好的前置处理器，它包括先进的几何建模和网格划分方法。

借助功能灵活，完全集成的和易于操作的界面，GAMBIT 可以显著减少 CFD 应用中的前置处理时间。复杂的模型可直接采用 GAMBIT 固有几何模块生成，或由 CAD/CAE 构型系统输入。高度自动化的网格生成工具保证了最佳的网格生成，如结构化、非结构化、多块或混合网格。

2．FLUENT：基于非结构化网格的通用 CFD 求解器

FLUENT 采用可选的多种求解方法，从压力修正的 Simple 法到隐式和显式的时间推进方法并加入了当地时间步长，隐式残差光滑，多重网格加速收敛。可供选择的湍流模型从单方程、双方程直到雷诺应力和大涡模拟。应用的范围包括高超音流动、跨音流动、传热传质、剪切分离流动、涡轮机、燃烧、化学反应、多相流、非定常流和搅拌混合等。FLUENT14.5 是基于完全并行平台的计算工具，既可应用在超级并行计算机上，又可实现高速网络的分布式并行计算，大大增强了计算能力，具有广阔的应用前景。

3．FIDAP：基于有限元方法的通用 CFD 求解器

一流的流固耦合分析软件。将有限元方法应用于 CFD 领域。应用于聚合体处理、薄膜涂层、生物医学、半导体结晶生长、冶金和玻璃处理等领域。

4．POLYFLOW：针对黏弹性流动的专用 CFD 求解器

基于有限元的 CFD 求解器。其特点是拥有强大的黏弹性计算模块。主要应用于聚合物处理领域，如挤型模设计、吹塑和光纤抽丝等问题。

5．MIXSIM：针对搅拌混合问题的专用 CFD 软件

内置了专用前处理器，可迅速建立搅拌器和混合器的网格及计算模型。

6．ICEPAK：专用的热控分析 CFD 软件

ICEPAK 是一个完全交互式、面向电子冷却领域工程师的热分析软件。借助 ICEPAK 的设计环境可以减少设计成本、缩短高性能电子系统的上市时间。ICEPAK 软件提供了丰富的物理模型，如可以模拟自然对流、强迫对流和混合对流、热传导、热辐射、流-固的耦合换热、层流、湍流、稳态、非稳态等流动现象。另外，ICEPAK 还提供了其他分析软件所不具备的许多功能，如模型真实的几何、真实的风机曲线、真实的物性参数等。ICEPAK 提供了其他分析软件包不具备的能力，包括精确的模拟非矩形设备、接触阻力、各向异性热传导率、非线形风扇曲线、散热设备、外部热交换器以及在辐射传热中 View factor 的自动计算。

最基本的流体数值模拟可以通过以上的软件合作完成，如图 2-1 和图 2-2 所示。

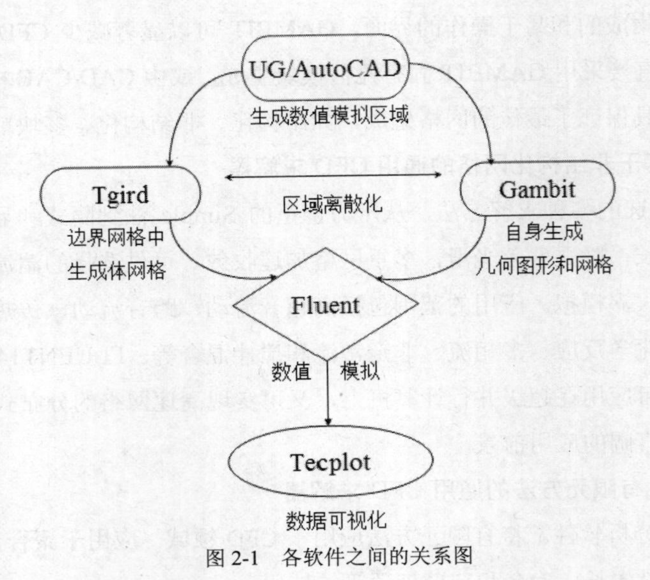

图 2-1　各软件之间的关系图

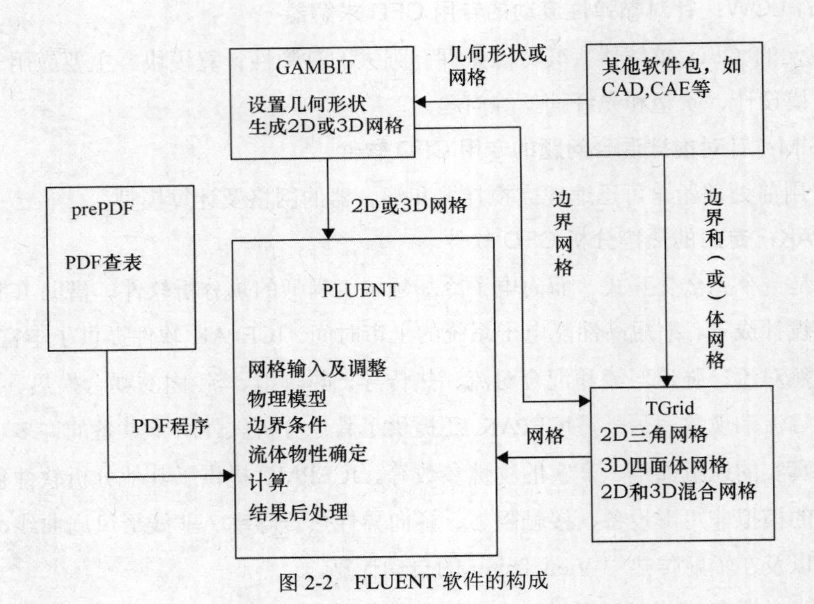

图 2-2　FLUENT 软件的构成

2.2.2　FLUENT 的功能及特点

1. FLUENT 软件的基本结构

FLUENT 软件设计基于 CFD 计算机软件群的概念，针对每一种流动的物理问题的特点，采用适合于它的数值解法以在计算速度、稳定性和精度等方面达到最优。

FLUENT 软件的结构由前处理、求解器及后处理三大模块组成。FLUENT 软件中采用

GAMBIT 作为专用的前处理软件，使网格可以有多种形状。对二维流动可以生成三角形和矩形网格；对于三维流动可以生成四面体、六面体、三角柱和四棱锥体等网格；结合具体计算，还可以生成混合网格。其自适应功能，能对网格进行细分或粗化，或生成不连续网格、可变网格和滑动网格。

FLUENT 软件采用的二阶上风格式是 Barth T J 与 Jespersen D C 针对非结构网格提出的多维梯度重构法，后来进一步发展，采用最小二乘法估算梯度，能较好地处理畸变网格的计算。FLUENT 率先采用非结构网格使其在技术上处于领先。

FLUENT 软件的核心部分是纳维- 斯托克斯方程组的求解模块。用压力校正法作为低速不可压流动的计算方法，包括 SIMPLE、SIMPLER、SIMPLEC 和 PISO 等。采用有限体积法离散方程，其计算精度和稳定性都优于传统编程中使用的有限差分法。离散格式为对流项二阶迎风插值格式——QUICK 格式（Quadratic Upwind Interpolation for Convection Kinetics scheme），其数值耗散较低，精度高且构造简单。而对可压缩流动采用耦合法，即连续性方程、动量方程和能量方程联立求解。湍流模型是包括 FLUENT 软件在内的 CFD 软件的主要组成部分。

FLUENT 软件配有各种层次的湍流模型，包括代数模型、一方程模型、二方程模型、湍应力模型和大涡模拟等。应用最广泛的二方程模型是 $k_2\varepsilon$ 模型，软件中收录有标准 $k_2\varepsilon$ 模型及其几种修正模型。

FLUENT 软件的后处理模块具有三维显示功能来展现各种流动特性，并能以动画功能演示非定常过程，从而以直观的形式展示模拟效果，便于进一步分析。该软件的使用步骤如图 2-3 所示。

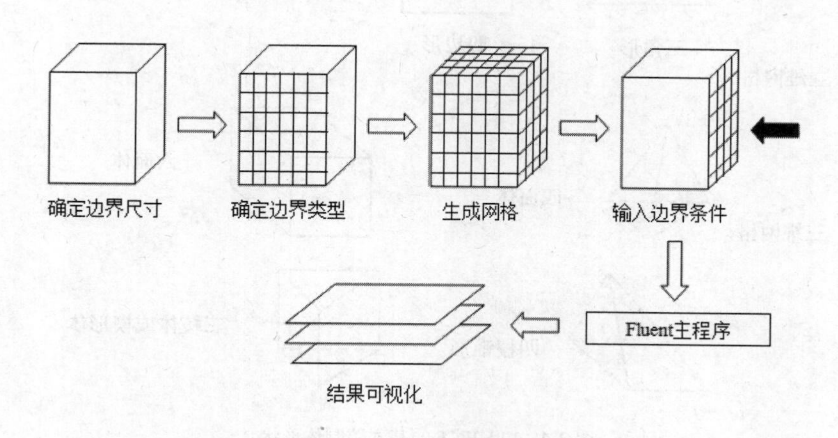

图 2-3 FLUENT 软件应用程序

FLUENT 软件程序模拟能力如下：

- 无黏流、层流和湍流模型。
- 适用于牛顿流体和非牛顿流体。
- 强制/自然/混合对流的热传导，固体/流体的热传导、辐射。
- 化学组份的混合/反应。

- 自由表面流模型、欧拉多相流模型、混合多相流模型、颗粒相模型、空穴两相流模型和湿蒸汽模型。
- 融化熔化/凝固。
- 蒸发/冷凝相变模型。
- 离散相的拉格朗日跟踪计算。
- 非均质渗透性、惯性阻抗、固体热传导和多孔介质模型（考虑多孔介质压力突变）。
- 风扇、散热器和以热交换器为对象的集中参数模型。
- 基于精细流场解算的预测流体噪声的声学模型。
- 质量、动量、热和化学组份的体积源项。
- 复杂表面形状下的自由面流动。
- 磁流体模块主要模拟电磁场和导电流体之间的相互作用问题。
- 连续纤维模块主要模拟纤维和气体流动之间的动量、质量以及热的交换问题等。

2. FLUENT 软件的特点

提供了非常灵活的网络特性，比如，三角形、四边形、四面体、六面体、四棱锥体网格，如图 2-4 所示。

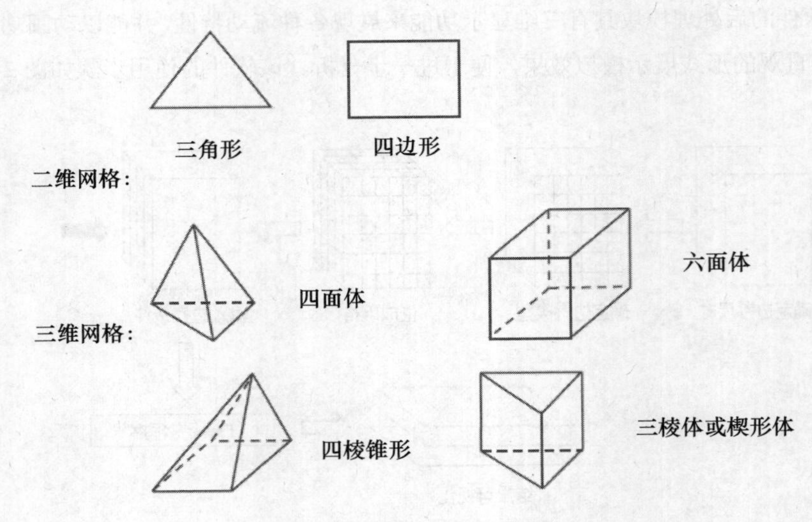

图 2-4 FLUENT 的基本控制体形状

- FLUENT 使用 Gambit 作为前处理软件，来读取多种 CAD 软件的三维几何模型以及多种 CAE 软件的网格模型。FLUENT 可用于二维平面、二维轴对称和三维流动分析，可完成多种参考体系下流场模拟、定常和非定常流动分析、不可压流和可压流计算、层流和湍流模拟、传热和热混合分析、化学组分混合和反应分析、多相流分析、固体与流体耦合传热分析和多孔介质分析等。它的湍流模型包括 k～ε 模型、Reynolds 应力模型、LES 模型、标准壁面函数和双层近壁模型等。

● FLUENT 可以自定义多种边界条件，例如流动入口以及出口边界条件、壁面边界条件等，可采用多种局部的笛卡尔和圆柱坐标系的分量输入，所有边界条件均可随空间和时间变化，包括轴对称和周期变化等。FLUENT 提供的用户自定义子程序功能，可让用户自行设定连续方程、动量方程、能量方程或组分输运方程中的体积源项，自定义边界条件、初始条件、流动的物性、添加新的标量方程和多孔介质模型等。

● FLUENT 是用 C 语言写的，可实现动态内存分配及高效的并行数据结构，具有很大的灵活性与很强的处理能力。此外，FLUENT 使用客户端 / 服务器结构，允许同时在用户桌面工作站和强有力的服务器上分离地运行程序。

● FLUENT 解的计算与显示可以通过交互式的用户界面来完成。用户界面是通过 Scheme 语言写成的。高级用户可以通过写菜单宏及菜单函数自定义及优化界面，还可以使用基于 C 语言的用户自定义函数功能对 FLUENT 进行扩展。

此外，FLUENT 14.5 还具有其独有的特点：

● 可以方便设置惯性或非惯性坐标系、复数基准坐标系、滑移网格以及动静翼互相作用模型化后的连续界面。

● 内部集成丰富的物性参数数据库，含有大量的材料可供选用，用户可以方便地自定义材料。

● 具有高效率的并行计算功能，提供多种自动/手动分区算法；内置 MPI 并行计算机制可大幅度提高并行效率。

● 拥有良好的用户界面，提供了二次开发接口（UDF）。

● 具有后处理和数据输出功能，可以对计算结果进行处理，生成可视化图形以及相应的曲线、报表等。

2.3 FLUENT14.5 软件包的安装以及运行

FLUENT 软件在使用过程中需配套使用前处理软件 GAMBIT、后处理软件 TECPLOT 和模拟 UNIX 环境的 EXCEED。本节具体讲解 FLUENT 软件包的安装步骤和注意事项。

2.3.1 FLUENT14.5 软件包的安装

1. EXCEED 的安装

EXCEED 的安装也与常见软件类似。

（1）假设 F 盘是光驱，进入 F:\EXCEED\XSERVER 目录，双击启动 setup.exe，软件开始对安装环境进行初始化。

（2）软件提示是否同意用户协议，选择 I agree（我同意）按钮进入下一步。

（3）指定安装主目录，比如 D:\Program Files\Exceed.nt。

（4）指定用户目录，比如 D:\Program Files\Exceed.nt\user。

（5）安装程序开始向硬盘复制文件，结束时会提示重新启动计算机。

（6）重新启动计算机，就可以使用 EXCEED 了。

因为 EXCEED 仅用于为 GAMBIT 提供一个模拟的 UNIX 环境，所以这里不对 EXCEED 做过多描述，详细介绍可以参考 EXCEED 的用户手册。

2．GAMBIT 的安装

GAMBIT 的安装与 FLUENT 类似。在安装完 FLUENT 后，单击进入安装盘上的 GAMBIT 目录，找到 setup.exe 文件，双击启动安装文件，即开始安装 GAMBIT。经过与 FLUENT 安装类似的工作目录选择、工作组名称选择等设置后，安装程序开始向硬盘复制程序，复制结束后，安装过程就结束了。

3．FLUENT 的安装

由于 FLUENT 公司已经被 ANSYS 公司收购，因此 FLUENT 已经包含在了 ANSYS 中，所以安装过程即为 ANSYS 的安装过程。

4．TECPLOT 的安装

TECPLOT 的安装与 Windows 下的常见软件安装相同。

（1）在安装文件所在目录里，双击 setup.exe 文件开始安装。

（2）按照提示单击 NEXT（下一步）按钮，在用户许可协议页面中选择 I agree（我同意）按钮，表示同意上述协议。

（3）在许可代码栏中填入代码。

（4）选择安装目录。

（5）开始复制文件。

（6）文件复制结束后，重新启动计算机。

2.3.2 FLUENT14.5 软件包的运行

1．EXCEED 的启动

在运行 GAMBIT 前，需要先启动 EXCEED，启动方法是在 Windows 的开始菜单中依次执行开始→ 程序→EXCEED→EXCEED 命令。在 GAMBIT 的最新版本中，可以用批命令的方式同时启动 EXCEED 和 GAMBIT。

2．GAMBIT 的启动

GAMBIT 需要在 UNIX 系统下运行，因此为了在 Windows 下运行还需要安装 EXCEED 为 GAMBIT 提供一个模拟的 UNIX 环境。

GAMBIT 的启动方式有 2 种，一种是在 Windows 系统的“开始”菜单中的“运行”栏里面直接键入命令 gambit-id project（project 是可以任意给定的项目名称）。另一种是在 DOS 环境中，在命令栏中键入上述命令启动 GAMBIT。

3．FLUENT 的启动

从 Windows 的开始菜单中进行启动，即依次执行开始→程序→ANSYS14.5→FLUENT 14.5 命令，即可启动 FLUENT。

4．TECPLOT 的启动

双击桌面上的图标，或在“开始”菜单中找到 TECPLOT，并单击启动软件。TECPLOT 需要大约 30 兆的硬盘空间，可以在 Windows 系列操作系统下正常运行。

另外，在运行 FLUENT 软件包时，会经常遇到以下形式的文件：

- .jou 文件：日志文档，可以编辑运行。
- .dbs 文件：Gambit 工作文件，若想修改网络，可以打开这个文件进行再编辑。
- .msh 文件：Gambit 输出的网络文件
- .cas 文件：是.msh 文件经过 FLUENT 处理以后得到的文件。
- .dat 文件：FLUENT 计算数据结果的数据文件。

2.4 FLUENT14.5 的功能模块和分析过程

2.4.1 FLUENT14.5 的功能模块

一套基本 FLUENT 软件包含了 2 个部分，即 Gambit 和 FLUENT。Gambit 的主要功能是几何建模和网格划分，FLUENT 的功能是流场的解算及后置处理。此外还有专门针对旋转机械的几何建模及网格划分模块 Gambit/Turbo 及其他专门用途的功能模块。

- Geometry Modeling（几何生成模块）：GAMBIT 中拥有完整的建模手段，可以生成复杂的几何模型。
- Mesh Generation（网格生成）：对几何实体划分网格，可以生成结构化、非结构化及混合

类型的网格。

● CAD/CAE Interface（CAD/CAE 接口）：从其他 CAD/CAE 软件中导入建好的几何模型或网格。

● User Interface（用户界面）：图形用户的界面，使用户操作更为方便，简单。

● FLUENT&Post（FLUENT 和后处理）。

● General Modeling Capabilities（基本建模能力，生成物理模型）：基本的流场模拟能力，针对不同的物理现象，可以再选用特定的物理模型进行数值模拟。

● Mesh Capabilities（网格读入能力，处理结构和非结构网格）：可以处理结构化与非结构化的网格。

● Numerical Methods（数值求解方法）：包含了 3 种流场的数值解算方法即非耦合隐式算法、耦合显式算法和耦合隐式算法，分别适用于从不可压、亚音速、跨音速、超音速乃至高超音速流动。

● Turbulence Modeling（湍流模型）：包含了多种湍流模型，针对不同的问题可以采用更恰当的模型进行模拟。

● Chemical Reaction & Combustion Modeling（化学反应、燃烧模型）：包含了多种化学反应及燃烧模型，如有限速率、PDF、层流火焰和湍流火焰等多种模型可供选用，可以用来模拟航空发动机燃烧室。

● Radiation Heat Transfer（辐射传热模型）：处理辐射换热的模型，共有 5 种。

● Multiphase Modeling（多相流模型）：处理流场域中有多相流体存在时的流动，可以同时处理气液固三相同时存在时的流动，其中包含 VOF 模型、Mixture 模型、Euler 模型和 Cavitation 模型等。

● Lagrangian Dispersed Phase Modeling（稀疏多相流模型）：主要用来模拟一些二次相的体积含量小于 10%的多相流动。

● Nox &Soot 模块（污染物模型）。

● Boundary Conditions（边界条件）：FLUENT 内有 10 多种边界条件可供选择，可以赋予不同的计算域边界特定的属性，以确定流动的特性。

● Material Properties（物性参数）：内置了一个材料库，里面有大量的材料可供选用，此外用户可以非常方便地定制自己的材料。

● Acoustic（噪声模型）。

● Moving mesh（动网络）。

● User-Defined Functions（用户自定义函数）：FLUENT 的接口语言是标准的语言，用户可以用 C 语言写一些特殊的处理模块或算法来处理一些特定的问题。

● Parallel Processing（Multi-Process only）（并行处理，仅对多套有效）：当多 license 存在时，可以采用多 cpu 进行并行解算，大大提高了计算的效率。

- Postprocessing & Data Export（后置处理和数据输出）：对计算结果进行处理，生成可视化的图形及给出相应的曲线、报表等。
- On-line Help and Documentation（在线帮助和文档）：在使用的过程中能随时提供相关的帮助，提高工作效率。

上面列出的内容是一套基本配置 FLUENT 软件的内容，包含了 FLUENT 软件中所有的算法、差分格式、湍流模型、多相流模型、燃烧模型和辐射模型等。下面是一些需单独购买的功能模块，主要应用于某些特定的专业。

1．Gambit/Turbo 模块

该模块主要用于旋转机械的叶片造型及网格划分，该模块是根据 Gambit 的内核定制出来的，因此它与 Gambit 直接耦合在一起，采用 Turbo 模块生成的叶型或网格，可以直接用 Gambit 的功能进行其他方面的操作，从而生成更加复杂的叶型结构。比如，对于涡轮叶片，可以先采用 Turbo 生成光叶片，然后通过 Gambit 的操作直接在叶片上开孔或槽，也可以通过布尔运算或切割生成复杂的内冷通道等，因此 Turbo 模块可以极大提高叶轮机械的建模效率。

2．Pro/E Interface 模块

该模块用于同 Pro/E 软件直接传递几何数据和实体信息，提高建模效率。

3．Deforming Mesh 模块

该模块主要用于计算域随时间发生变化情况下的流场模拟，比如，飞行器姿态的变化过程的流场特性的模拟、飞行器分离过程的模拟和飞行器轨道的计算等。

4．Flow-Induced Noise Prediction 模块

该模块主要用于预测所模拟流动的气动噪声，对于工程应用可用于降噪。比如在车辆领域或风机等领域用于降低气流噪声。

5．Magnetohydrodynamics 模块

该模块主要用模拟磁场、电场作用时对流体流动的影响。主要用于冶金及磁流体发电领域。

6．Continuous Fiber Modeling 模块

该模块主要应用于纺织工业，用于纤维的拉制成型过程的模拟。

2.4.2 FLUENT14.5 的分析过程

当使用 FLUENT 解决某一问题时，首先要考虑如下几点问题。

（1）定义模型目标：从 CFD 模型中需要得到什么样的结果？从模型中需要得到什么样的精度。选择计算模型：如何隔绝所需要模拟的物理系统，计算区域的起点和终点是什么？在模型的边界处使用什么样的边界条件？二维问题还是三维问题？什么样的网格拓扑结构适合解决问题？

（2）物理模型的选取：无黏层流还是湍流？定常还是非定常？可压流还是不可压流？是否需要应用其他的物理模型？

（3）确定解的程序：问题可否简化？是否使用默认的解的格式与参数值？采用哪种解格式可以加速收敛？使用多重网格计算机的内存是否够用？得到收敛解需要多久的时间？

（4）具体解决问题的步骤：

第 1 步，需要几何结构的模型以及网格生成。可以使用 GAMBIT 或一个分离的 CAD 系统产生几何结构模型及网格。也可以用 Tgrid 从已有的面网格中产生体网格，或从相关的 CAD 软件包生成体网格，然后读入到 Tgrid 或 FLUENT。

第 2 步，启动 FLUENT 解算器。下表为每一步需要的软件。

FLUENT 菜单概述

解的步骤	菜单
读入网格	文件菜单
检查网格	网格菜单
选择解算器格式	定义菜单（Define Menu）
选择基本方程	定义菜单
物性参数	定义菜单
边界条件	定义菜单
调整解的控制	解菜单（Solve Menu）
初始化流场	解菜单
计算解	解菜单
结果的检查	显示菜单（Display Menu）&绘图菜单（Plot Menu）报告菜单（Report Menu）
保存结果	文件菜单
网格适应	适应菜单

利用 FLUENT 软件进行求解的具体步骤如下：

1）确定几何形状，生成计算网络（用 GAMBIT，也可以读入其他制定程序生成的网格）。

2）输入并检查网络。

3）选择求解器（2D 或 3D 等）。

4）选择求解的方程，层流或湍流（或无黏流）、化学组分或化学反应和传热模型等。确定其他需要的模型，如风扇、热交换器和多空介质等模型。

5）确定流体的物性参数。

6）确定边界类型以及其边界条件。

7）条件计算控制参数。

8）流场初始化。

9）求解计算。

10）保存结果，进行后处理等。

（5）FLUENT 的求解器：包括 FLUENT 2d（二维单精度求解器）、FLUENT 3d（三维单精度求解器）、FLUENT 2ddp（二维双精度求解器）和 FLUENT 3ddp（三维双精度求解器）等。

（6）FLUENT 求解方法的选择：包括非耦合求解方法和耦合求解方法。非耦合求解方法主要用于不可压缩流动或低马赫数压缩性流体的流动。耦合求解方法则用于高速可压流动。

FLUENT 默认设置为非耦合求解，但对于高速可压流动，或需要考虑体积力（浮力或离心力）的流动，求解问题时网格要比较密，建议采用耦合隐式求解方法求解能量和动量方程，可较快地得到收敛解，缺点是需要的内存比较大（是非耦合求解迭代时间的 1.5～2.0 倍），如果必须要耦合求解，但内存不够时，可以考虑使用耦合显式解法器求解。该解法器也耦合了动量、能量和组分方程，虽然内存会比隐式求解方法的小，但其缺点是收敛时间比较长。

第3章 FLUENT 软件的操作使用

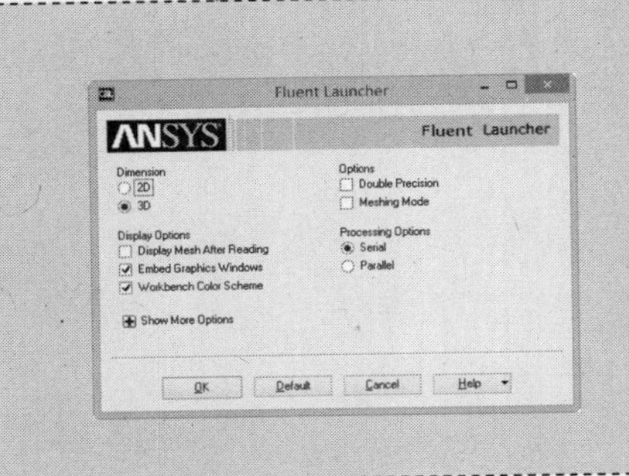

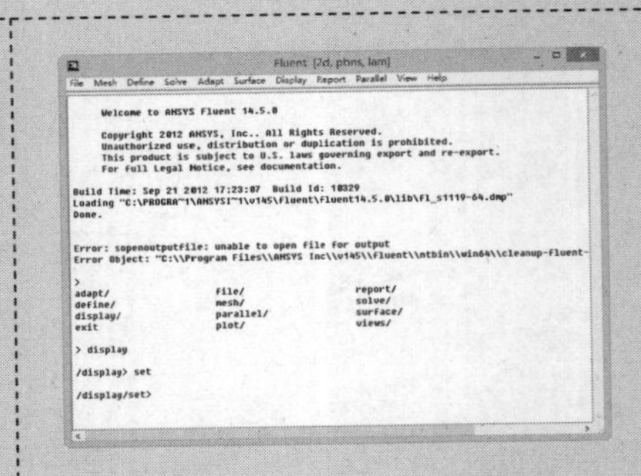

3.1 FLUENT14.5 的操作界面

FLUENT 的操作界面有两种，即图形界面（GUI）和文本界面（TUI）。文本界面包括下拉菜单，对话框及文本命令行。下面主要介绍图形界面。

3.1.1 FLUENT14.5 启动界面

运行 FLUENT，在弹出的 FLUENT Launcher 对话框中选择需要用的二维/三维单精度/双精度解算体，单击 OK 按钮，即可启动 FLUENT，如图 3-1 所示。

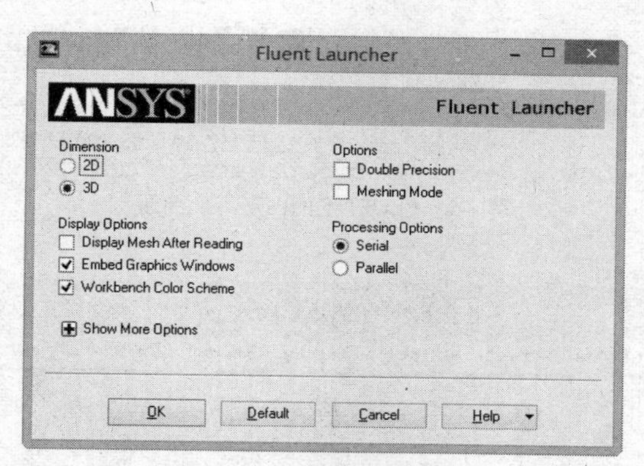

图 3-1　FLUNENT 启动图示

3.1.2 FLUENT14.5 图形用户界面

FLUENT 的图形用户界面由菜单栏、工具栏、导航面板、任务页、控制台、对话框及图形窗口几部分组成。用户可以单击窗口菜单栏的命令，弹出新的对话框，通过这些对话框进行命令、数据和表达式的输入来进行设定，如图 3-2 所示。

1. 菜单栏

FLUENT 的菜单栏如图 3-3 所示，菜单按钮用下拉菜单组织图形界面的层次，用户可以从控制台顶端的菜单栏选择所需的命令，也可以从窗口命令行输入。

FLUENT 下拉菜单的用方法和 Windows 的一样。比如，执行 Mesh 菜单中 Separate 命令，就会出现一个下拉菜单，再执行 Faces 命令，就会显示 Separate Face Zones 对话框，如图 3-4 所示，

单击 Esc 键退出。

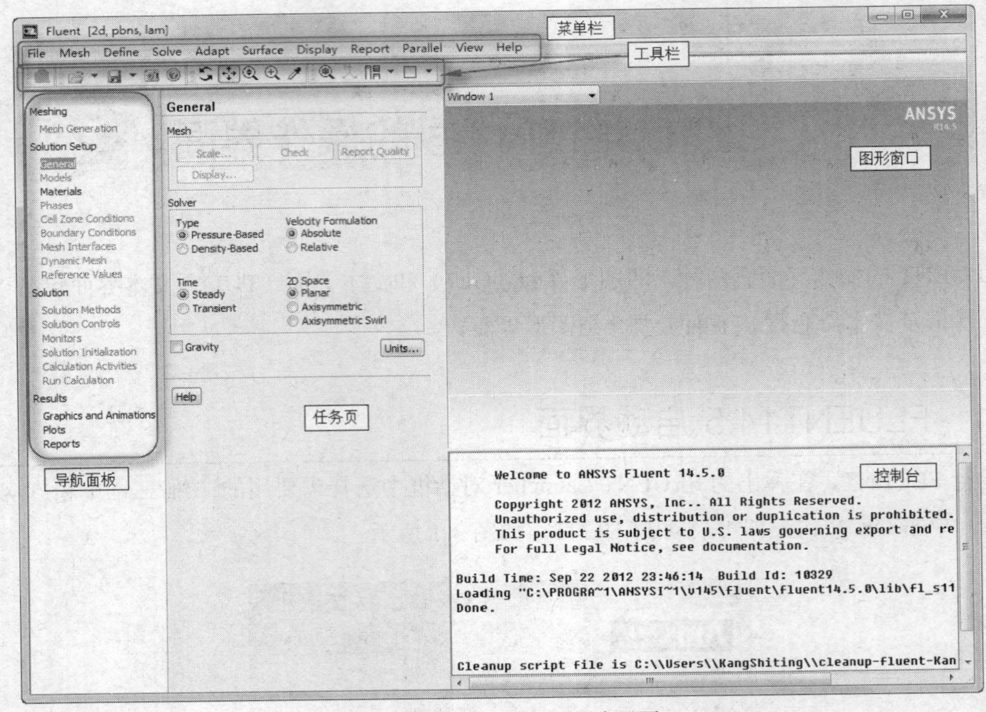

图 3-2 FLUENT 的图形用户界面

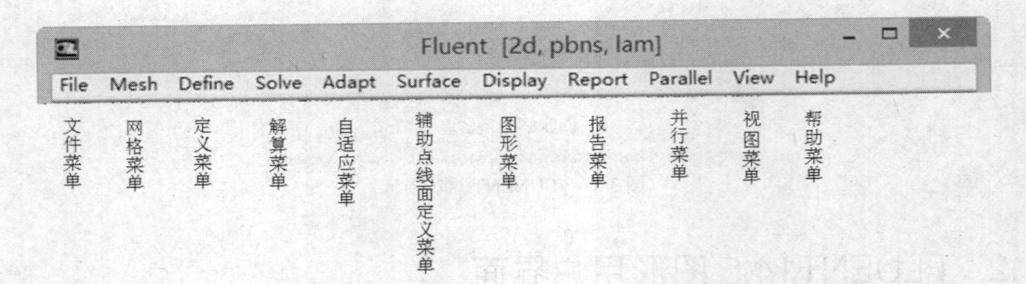

图 3-3 菜单栏

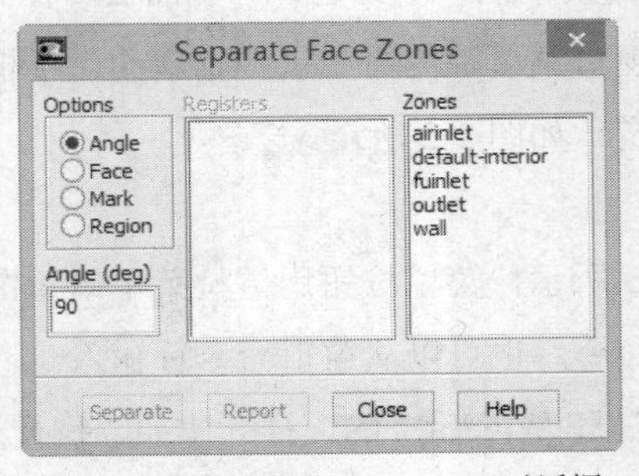

图 3-4 Define 菜单以及 Solver 对话框

2．对话框

对话框用于处理复杂的输入任务。对话框是一个独立的窗口，但是使用对话框更像是在填充一个表格。每一个对话框都是独一无二的，而且使用各种类型的输入控制参数设置。这种对话框有两个按钮，OK 表示应用所设置的参数并关闭对话框，Cancel 表示关闭对话框而且不做任何改变，如图 3-5 所示。

另一种对话框是在应用所设置的参数后仍然不关闭对话框，这时可以做更多的设置。后处理和自适应网格中经常会出现这样的对话框。按钮功能为 Apply，则表示应用设置不关闭对话框，这一按钮经常也有其他的名称，比如后处理过程中该按钮的名字是 Display，自适应网格中这个按钮是 Adapt，Close 表示关闭对话框，如图 3-6 所示。

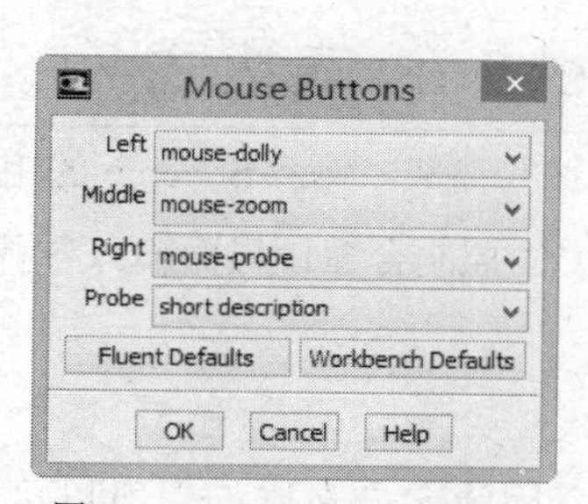

图 3-5　Mouse Buttons 对话框

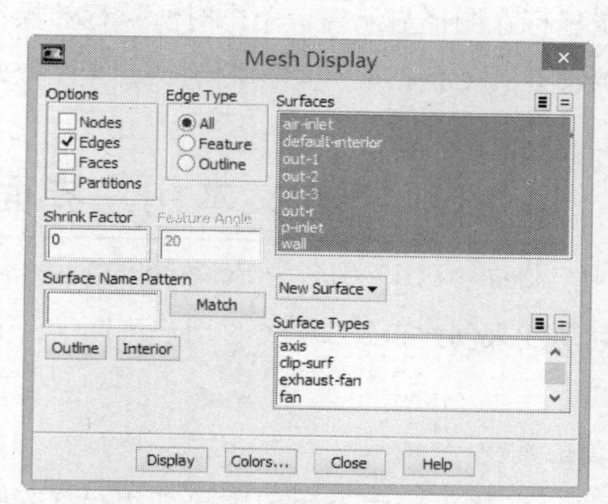

图 3-6　Mesh Display 对话框

所有的对话框都包含 Help 按钮，用于显示如何使用对话框的信息，对话框中的各种类型输入控制如表 3-1 所示。

表 3-1　对话框中的各种类型输入控制

输入控制	视图显示	输入控制	视图显示
按钮	Close	文本框	New Surface Name line-1
单选框	All Feature Outline	单选列表	Types far-field inlet interior outlet periodic symmetry axis wall free-surface internal
多选框	Nodes Edges Faces Partitions	多选列表	Surfaces default-interior wall-bottom wall-top yuanchang

续表

输入控制	视图显示	输入控制	视图显示
实数框	Density (kg/m3) constant Edit... 1.225	下拉菜单	Method skewness
自然数框	Number of Iterations 4	标尺	1 Frame

3. 图形显示窗口

显示选项对话框可以控制图形显示的属性，也可以打开另一个显示窗口。鼠标按钮对话框可以用于设定鼠标在图形显示窗口单击时所执行的操作。当为图形显示处理数据时要取消显示操作可以按快捷键 Ctrl+C，已经开始画图的话就无法取消操作了。

3.1.3 FLUENT14.5 文本用户界面及 Scheme 表达式

文本用户界面（TUI）由名为 Scheme 的 Lisp 专业语言编写而成。熟悉 Scheme 的用户可使用界面的解释功能来创建自定义命令。用户可以借助 FLUENT 的控制台窗口界面输入各种命令、数据和表达式。

文本菜单系统

文本菜单系统为程序下的程序界面提供了分级界面。因为它是文本的，所以可以用标准菜单的工具进行操作，输入的命令可以保存在文件中，也可以用文本编辑器修改，或是读入需要执行的命令。因为文本菜单系统与 Scheme 扩展语言紧密结合，所以可直接形成程序来进行复杂的控制或自定义函数。

菜单系统结构和 UNIX 操作系统的目录树很相似。第 1 次进入 FLUENT，是在根菜单下，菜单的提示符只是一个简单的补字符“>”。要生成子菜单和命令的列表只需键入“回车”，如图 3-7 所示。

与之相似，进入子菜单，只需键入菜单名字或其简写，提示符也会相应改变为当前菜单的名字。

```
> display
/display> set
/display/set>
```

要回到上一级菜单只需在命令提示中键入“q”或“quit”。

```
/display/set> q 回车
/display>
```

可以键入菜单全路经名直接进入到另一菜单。

```
/display> /file
/display//file>
```

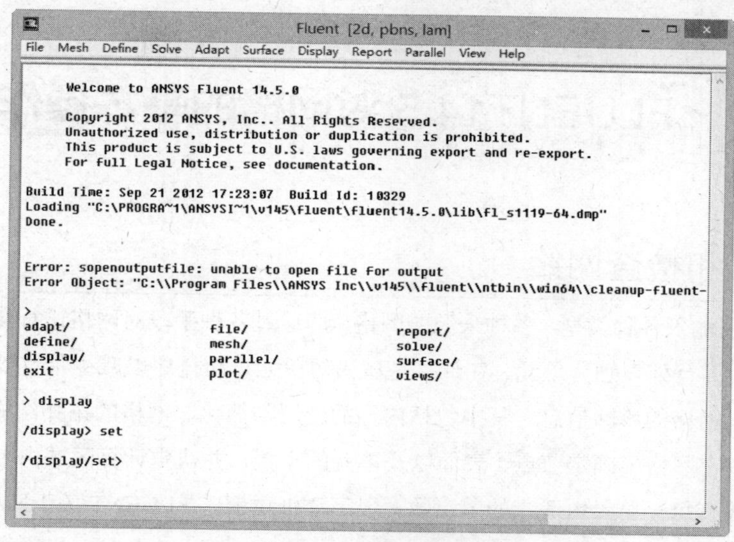

图 3-7 FLUENT 对话框

在上一例中，控制直接从/display 转到/file 而不结束根菜单，因此，当从/file 菜单退出时，控制会直接退回到/display。

```
/display//file> q
/display>
```

而且，如果直接执行一个命令而不结束路径上的任何菜单，控制会仍然回到调用命令时的菜单。

```
/display> /file start-journal jrnl
Input journal opened on file "jrnl".
/display>
```

在命令提示符下，用户除了可以输入 FLUENT 命令之外，还可以输入由 Scheme 函数组成的具有复杂功能的 Scheme 表达式。

Scheme 的表达式的写法有些特别，表达式用括号括起来。括号里面的第一个出现的是函数名或操作符，其他是参数。Scheme 的这种表达式写法可以叫做前置式。下面是一些 Scheme 的表达式的例子以及其对应的 C 语言的写法。

```
Scheme C
--------------------------------------------------------------
(+ 2 3 4) (2 + 3 + 4)
(< low x high) ((low < x) && (x < high))
(+ (* 2 3) (* 4 5)) ((2 * 3) + (4 * 5))
(f x y) f(x, y)
(define (sq x) (* x x)) int sq(int x) { return (x * x) }
```

3.2 FLUENT14.5 对网格的基本操作

3.2.1 导入和检查网络

FLUENT 可以输入各种类型，各种来源的网格，即通过各种手段对网格进行修改，如转换和调解节点坐标系、对并行处理划分单元、在计算区域内对单元重新排序以减少带宽以及合并和分割区域等。还可以获取网格的诊断信息，其中包括内存的使用与简化、网格的拓扑结构和解域的信息。除此之外，还可以在网格中确定节点、表面以及单元的个数，并决定计算区域内单元体积的最大值和最小值，而且检查每一单元内适当的节点数。以下详细讲解了 FLUENT 关于网格的各种功能。

1．网格的导入

FLUENT 能够处理大量的具有不同结构的网格拓扑结构，O 型网格、零厚度壁面网格、C 型网格、一致块结构网格、多块结构网格、非一致网格、非结构三角形、四边形和六边型网格都是有效的，如图 3-8～图 3-18 所示。同时有很多可以产生网格的工具，比如 GAMBIT、TMesh、GeoMesh、preBFC、ICEMCFD、I-DEAS、NASTRAN、PATRAN、ARIES、ANSYS 以及其他的前处理器，或使用 FLUENT/UNS、RAMPANT 以及 FLUENT 文件中包含的网格，也可以准备多个网格文件，然后把它们结合在一起创建一个网格。

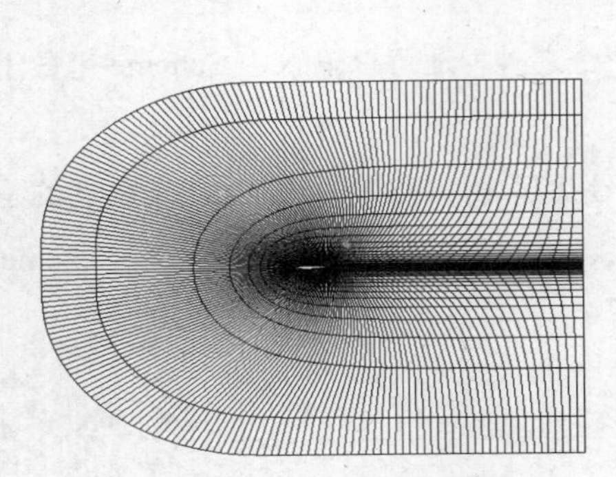

图 3-8 机翼的四边形结构网格

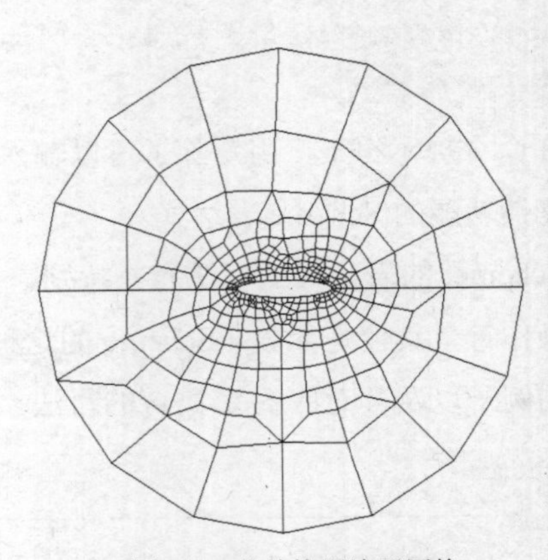

图 3-9 非结构四边形网格

2．GAMBIT 网格文件

使用 GAMBIT 创建二维和三维结构/非结构/混合网格。详细内容参阅第 4 章，并将网格输出为 FLUENT 格式。所有的这样的网格都可以直接读入到 FLUENT，菜单 File/Read/Case...。

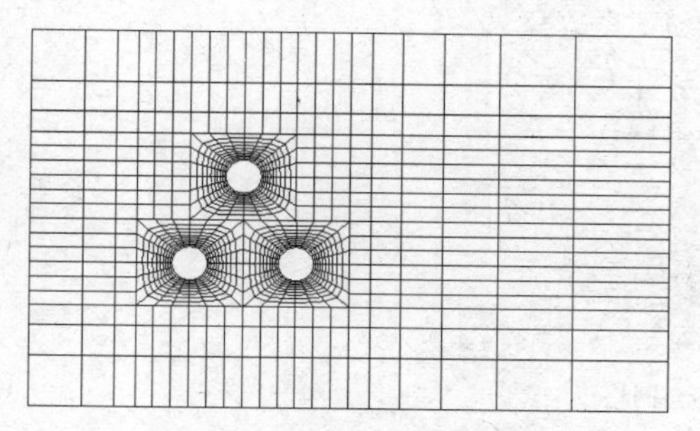

图 3-10 多块结构四边形网格

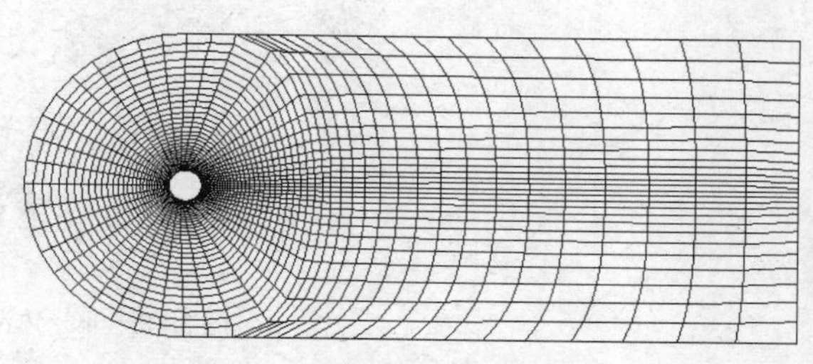

图 3-11 O 型结构四边形网格

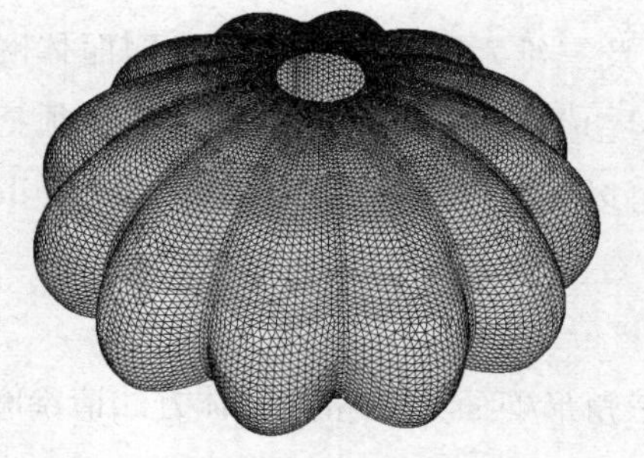

图 3-12 降落伞的零厚度壁面模拟

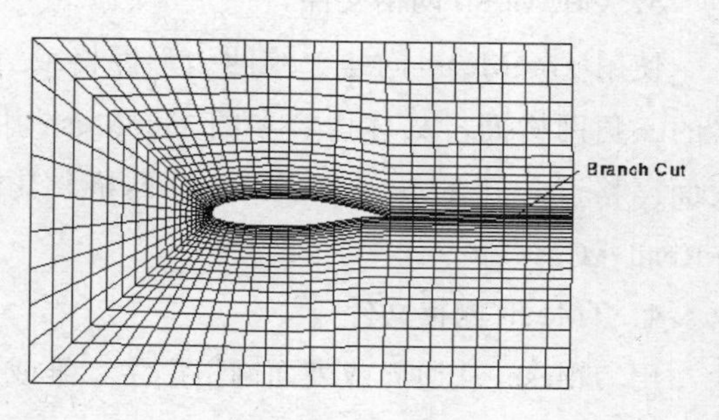

图 3-13 C 型结构四边形网格

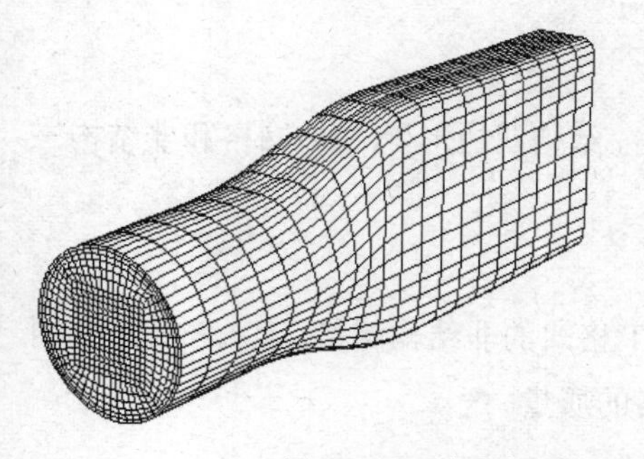

图 3-14 三维多块结构网格

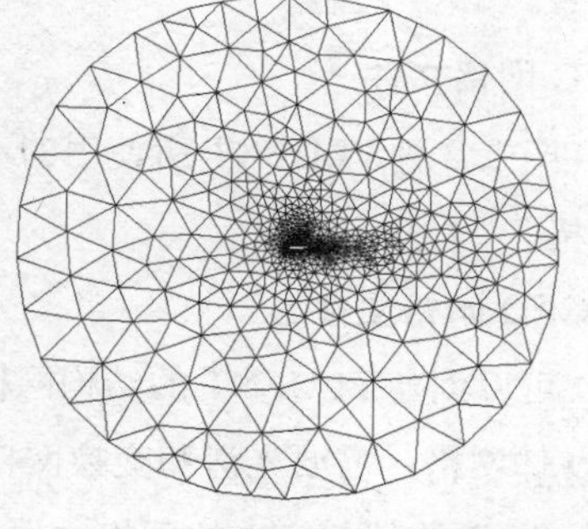

图 3-15 不规则三角网格模型

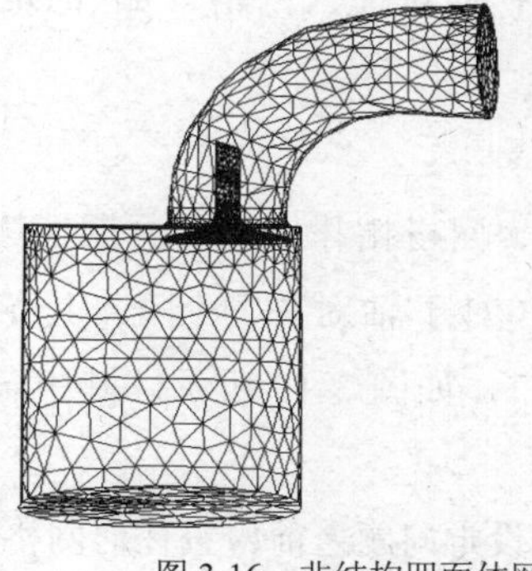

图 3-16 非结构四面体网格

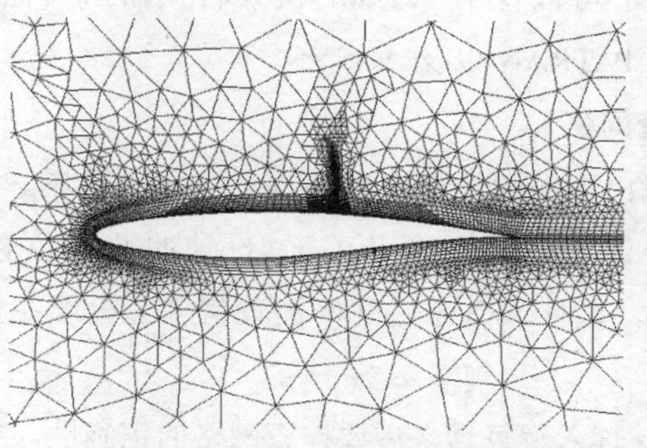

图 3-17 具有悬挂节点的混合型三角形/四边形网格

图 3-18　非一致混合网格

3．GeoMesh 网格文件

使用 GeoMesh 创建二维四边形网格或三角形网格以及三维六面体网格和三维四面体网格的三角网格面。具体内容参阅 GeoMesh 用户向导。要完成三维四面体网格的创建必须把表面网格读入到 TMesh 然后产生体网格。其他的网格都可以直接读入到 FLUENT，执行 File→Read→Case 命令。

4．TMesh 网格文件

用 TMesh 从边界或表面网格产生二维或三维非结构三角形/四面体网格。具体方法请参阅 TMesh 用户向导。在 FLUENT 中单击 File/Write/Mesh...菜单保存网格。读入网格执行单击 File→Read→Case 命令。

5．preBFC 网格文件

用 preBFC 产生 2 种 FLUENT 所使用的不同类型的网格，结构四边形/六面体网格和非结构三角形/四面体网格。

6．ICEMCFD 网格文件

ICEMCFD 可以创建 FLUENT 的结构网格和 RAMPANT 格式的非结构网格。读入三角形和四面体 ICEMCFD 体网格，需要光滑和交换网格以提高该网格的质量。

7．第三方 CAD 软件包产生的网格文件

FLUENT 可以使用 fe2ram 格式转换器从其他的 CAD 软件包读入网格，如 I-DEAS、NASTRAN、PATRAN 以及 ANSYS。

8．检查网格

FLUENT 中的网格检查功能提供了区域范围、体积统计、网格拓扑结构和周期性边界的信息、单一计算的确认以及关于 x 轴的节点位置的确认（对于轴对称算例）。其菜单为 Mesh/Check。执行该命令后网格检查信息会出现在控制台窗口，如图 3-19 所示。其中各部分含义如下：

注意：读入解算器之后要检查网格的正确性，这样可以在设定问题之前检查任何网格错误。

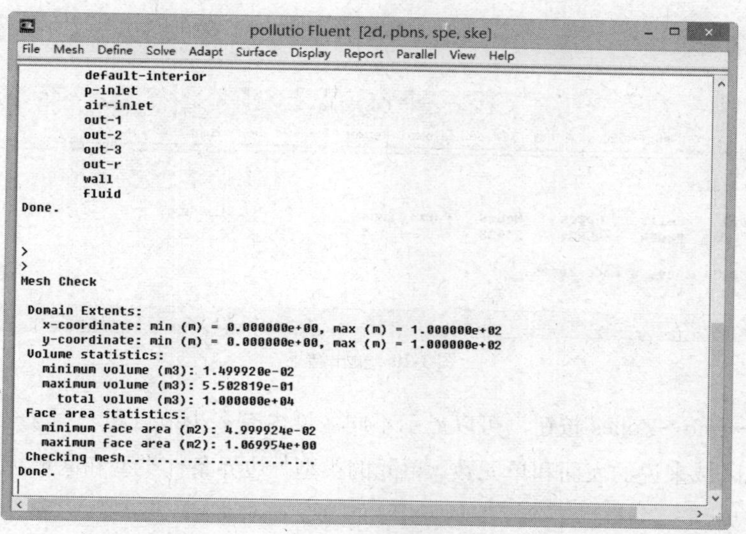

图 3-19 网格检查

（1）区域范围：列出了 *x*、*y* 和 *z* 坐标的最大值最小值，单位是米。

（2）体积统计：包括单元体积的最大值、最小值以及总体积，单位是立方米。体积为负值表示一个或多个单元有不正确的连接。通常可以用 Iso-Value Adaption 确定负体积单元，并在图形窗口中查看它们。进行下一步之前这些负体积必须消除。

（3）网格拓扑结构和周期性边界的信息：每一区域的旋转方向将会被检测，区域应该包含所有的右手旋向的面。通常有负体积的网格都是左手旋向。在这些连通性问题没有解决之前无法获得流动的解。最后的拓扑验证是单元类型的相容性。如果不存在混合单元（三角形和四边形或四面体和六面体混合），FLUENT 会确定它不需要明了单元类型，这样做可以消除一些不必要的工作。

对于轴对称算例，在 *x* 轴下方的节点数将被列出。对于轴对称算例来说 *x* 轴下方是不需有节点的，这是因为轴对称单元的体积是通过旋转二维单元体积得到的，如果 *x* 轴下方有节点，就会出现负体积。

对于具有旋转周期性边界的解域，FLUENT 会计算周期角的最大值、最小值、平均值以及规定值。通常容易犯的错误是没有正确地指定角度。对于平移性周期边界，FLUENT 会检测边界信息以保证边界确实是周期性的。

（4）证实单一计算：FLUENT 会将解算器所建构的节点、面和单元的数量与网格文件的相应声明相比较。任何不符都会被报告出来。

3.2.2 显示和修改网格

1. 网格显示

单击 Mesh→Info→Size 按钮可以输出节点数、表面数、单元数以及网格的分区数。图 3-20

所示是一个输出的结果。

```
pollutio Fluent  [2d, pbns, spe, ske]
File  Mesh  Define  Solve  Adapt  Surface  Display  Report  Parallel  View  Help

Mesh Size

Level      Cells      Faces      Nodes     Partitions
    0      24094      45831      21738              1

 1 cell zone, 8 face zones.
```

图 3-20　输出结果

单击 Mesh→Info→Zones 按钮，可以显示不同区域内有多少节点和表面被分开，以及对于每一个表面和单元区域来说的表面和单元数、单元的类型、边界条件类型和区域标志等。图 3-21 所示是一个输出结果。

```
pollutio Fluent  [2d, pbns, spe, ske]
File  Mesh  Define  Solve  Adapt  Surface  Display  Report  Parallel  View  Help
Level      Cells      Faces      Nodes     Partitions
    0      24094      45831      21738              1

 1 cell zone, 8 face zones.

Zone sizes on domain 1:
   24094 mixed cells, zone  2.
     150 2D wall faces, zone  3.
     125 2D pressure-outlet faces, zone  4.
      75 2D pressure-outlet faces, zone  5.
      60 2D pressure-outlet faces, zone  6.
      75 2D pressure-outlet faces, zone  7.
     125 2D velocity-inlet faces, zone  8.
      20 2D velocity-inlet faces, zone  9.
   45201 2D interior faces, zone 11.
   21738 nodes.
```

图 3-21　输出结果

获取划分统计的信息可单击菜单 Mesh→Info→Partitions 按钮。统计包括单元数、表面数、界面数和与每一划分相邻的划分数。

2．修改网格

网格被读入之后有几种方法可以修改。可以标度和平移网格、可以合并和分离区域以及创建或切开周期性边界。除此之外，还可以在区域内记录单元以减少带宽，对网格进行光滑和交换处理。并行处理时还可以分割网格。

注意：不论何时修改网格，都应该保存一个新的 case 文件和 data 文件（如果有的话）。如果想读入旧的 data 文件，也要把旧的 case 保留，因为旧的数据无法在新的 case 中使用。

（1）标度网格

FLUENT 内部存储网格的单位是米。网格读入时，假定网格的长度单位是米，如果创建网格时使用的是其他长度单位，就必须将网格的标度改为米。标度也可以用于改变网格的物理尺寸，如图 3-22 所示。

注意：无论以何种方式标度网格，都必须在初始化流场或开始计算之前完成网格的标度。在标度网格时，任何数据都会无效。单击 Mesh→Scale 按钮，会出现如图 3-24 所示的对话框。

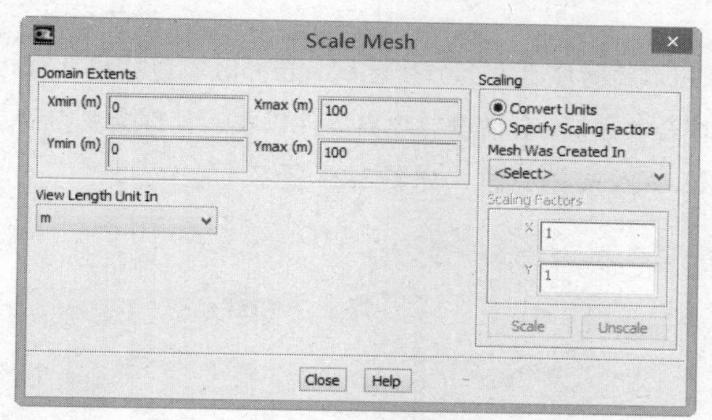

图 3-22　标度网格对话框

使用标度网格对话框的步骤如下：

1）在 Unit Conversation 选项组下，可以在 Mesh Was Created In 旁边的下拉选框中选择适当的单位。标度因子（Scale Factors）会自动被设为正确值（如 0.0254 米/英寸或 0.3048 米/英尺），如果所用的单位不在列表中，可以手动输入标度因子（比如米/码的因子）。

2）单击 Scale 按钮。区域范围（Domain Extents）会自动更新，并输出正确的单位范围（m）。如果用户希望在 FLUENT 进程中使用最初的单位，可以在标度网格对话框改变单位。

3）当不改变单位标度网格，只是转换网格点的最初尺寸时，转换方法就是用网格坐标乘以标度因子。如果想要在最初的单位下工作而不将单位改为米，则可以在设定单位对话框中单击 Change Length Units（改变长度单位）按钮，之后区域范围（Domain Extents）就会被更新成最初单位的范围。如果使用了错误的标度因子、偶然单击了标度按钮两次或就是想重新标度，则可以单击 UnScale 按钮。Unscaling 用标度因子去除所有的节点坐标。(在创建的网格中选择 m 并且单击 Scale 按钮，是不会重新标度网格的。)

除此之外，还可以使用网格标度对话框改变网格的物理尺寸。例如，网格是 5 英寸×8 英寸，可以设定标度因子为 2，以得到 10 英寸×16 英寸的网格。

（2）平移网格

可以指定节点的笛卡尔坐标的偏移量来平移网格。如果网格是通过旋转得到的而不是经过原来的网格得到的，这将对旋转问题很必要。对于轴对称问题，如果网格的设定是由旋转设定而与 x 轴不一致那么这对旋转问题也很必要。如果想将网格移到特定的点处（如平板的边缘）来画一个距 x 轴有一定距离的 xy 图。单击 Mesh→Translate 按钮，弹出平移网格对话框，如图 3-23 所示可以平移网格。

使用平移网格对话框平移网格步骤如下：

1）输入偏移量（可以是正负实数）。

2）单击平移按钮，下面的区域范围不可以在这个对话框中改变。

（3）合并区域

为了简化解的过程可以将区域合并为一个区域。合并区域包括将具有相似类型的多重区域合并为一个。将相似的区域合并之后，会使设定边界条件以及后处理会变得简单。单击 Mesh→Merge 按钮弹出的合并区域 Merge Zone 对话框，如图 3-24 所示。

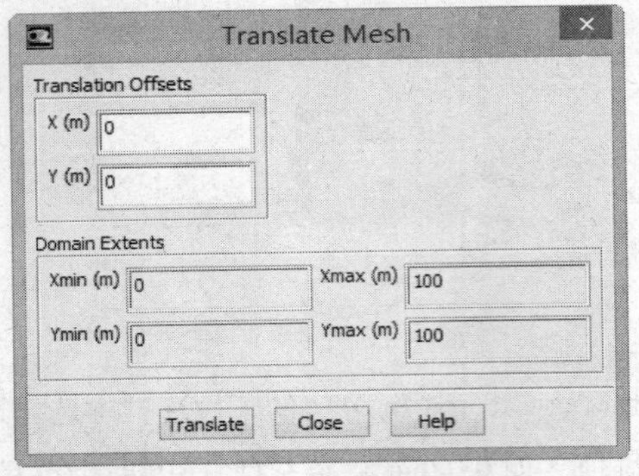

图 3-23　平移网格对话框

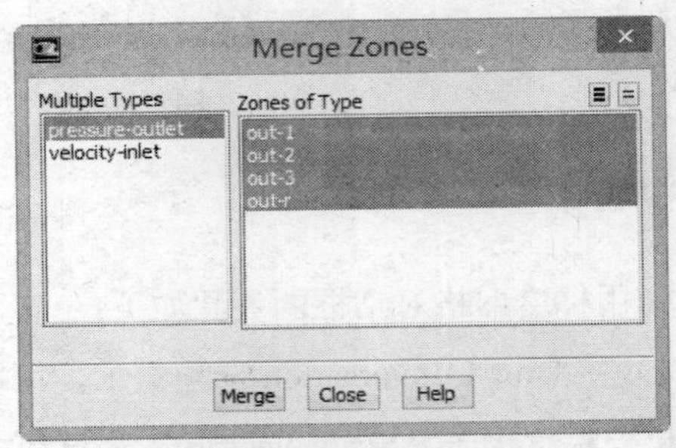

图 3-24　合并区域对话框

使用合并区域对话框将相同类型的区域合并为一个的步骤如下：

1）在多重区域列表选择区域类型。这一列表中包多重区域的所有类型，当选择区域类型之后，相应的区域就会在区域列表中出现。

2）在区域列表中选择两个以上的区域。

3）单击合并按钮，合并所选区域。

注意：一定要保存新的 case 文件和数据文件（如果数据文件存在）。

（4）分割区域

FLUENT 中有几种方法来将单一表面或单元区域分为多个同一类型的单元。如果想将一个区域分为几个更小的区域就可以使用这个功能。例如，对管道创建网格时，创建了一个壁面区域，而这些壁面区域在不同的位置有不同的温度，就需要将这个壁面区域分为两个以上的小区域。

注意：在任何分割处理之后都应该保存一个新的 case 文件。如果数据文件存在就能在分割开始时将其自动分配到适当的区域，所以要保存新的数据文件。

表面区域有 4 种分割方法，单元区域有 2 种分割方法。下面先介绍表面区域的分割方法，然后是单元分割工具的介绍，周期区域的裁剪将在后面介绍。

注意：所有的分割方法在分割之前都可以报告分割的结果。

① 分割表面区域

对于有尖角的几何区域，在具有明显角度的基础上可以很容易分割表面区域。也可以用保存在适应寄存器中的标号分割表面区域。比如，可以在单元所在区域位置（区域适应）的基础上为了适应而标记单元，或在它们狭窄的边界（边界适应）或在一些变量等值线或在其他的适应方法的基础上标记单元。除此之外，还可以在连续性区域的基础上分割表面区域。单击 Mesh→Separate→Faces 按钮弹出如图 3-25 所示的对话框。

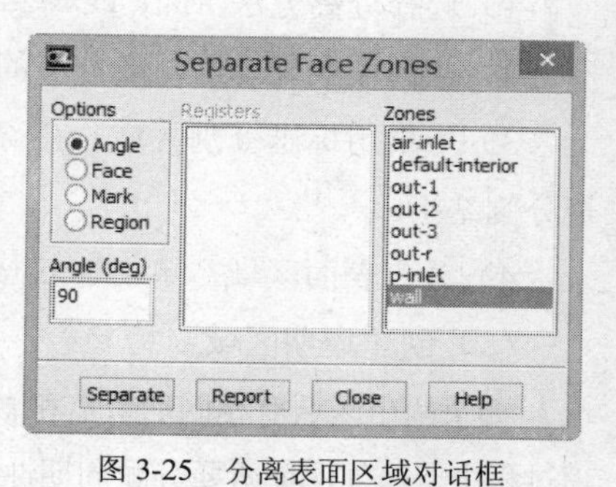

图 3-25 分离表面区域对话框

注意：在使用悬挂节点适应方法（默认）进行任何适应之前，应该先分割表面区域。包含悬挂节点的区域不能分割。

分割表面区域的步骤如下：

1）选择分离方法(Angle，Face，Mark 或 Region)。

2）在区域列表中选择要分离的区域。

3）如果用表面或区域分割应跳到下一步，否则遵照下面的步骤。

- 如果要用角度分割表面，在角度集合中指定特征角。
- 如果用标记分割表面，在寄存器列表中选择所要使用的适应寄存器。在分割之前单击 Report 按钮检查分割结果。

4）分离表面区域，单击 Separate 按钮。

② 分割单元区域

如果存在两个及其以上共用内部边界的被包围的单元区域如图 3-26 所示，但是所有的单元被包含在一个单元区域，则可以用区域分割方法将单元分割为不同的区域。

注意：如果共用边界的类型是内部类型，必须在分割之前把它们改为双边表面区域类型。

也可以用适应寄存器中的标志分割单元区域。可以使用任何一种网格适应方法标记单元。当指定了分割单元区域的寄存器之后，被标记的单元会放在新的单元区域（使用管理寄存器对话框确定所要使用的寄存器的 ID）。要在区域或适应标志的基础上分割单元区域，单击 Mesh→Separate→Cells 按钮，弹出如图 3-27 所示的对话框。

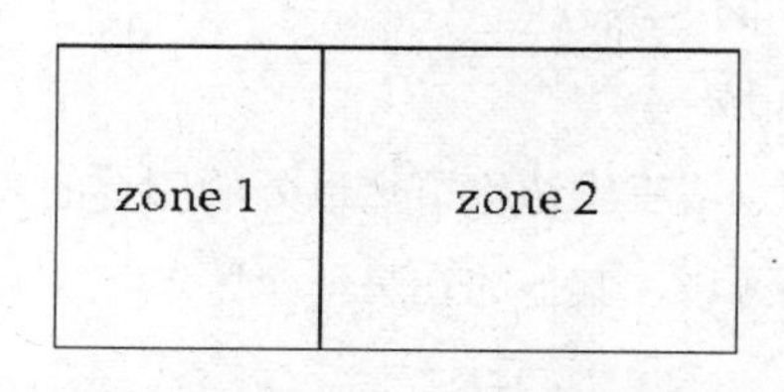

图 3-26 在区域的基础上分割单元区域

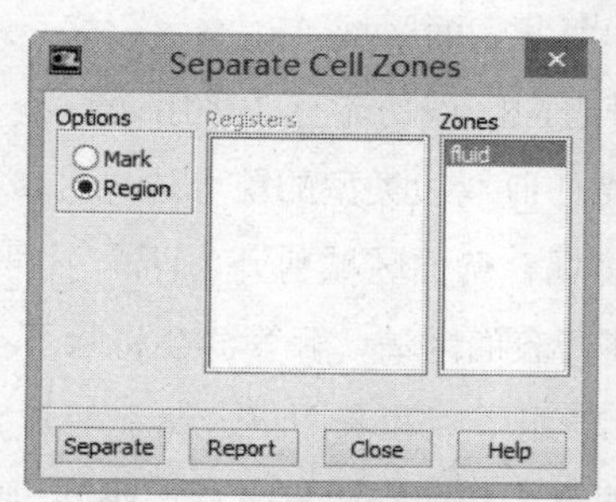

图 3-27 分割单元区域对话框

注意：应该在使用悬挂节点适应方法（默认）进行任何适应之前，分割表面区域。包含悬

挂节点的区域不能分割。

分离单元区域的步骤如下：

1）选择分离方法(Mark 或 Region)。

2）在区域列表中选择要分离的区域。

3）如果用标志分割区域，在寄存器列表中选择适应寄存器。在分割之前单击 Report 按钮检查分割结果。

4）分离表面区域，单击 Separate 按钮。

（5）创建周期区域

如果两个区域有相同的节点和表面分布，可以将这对表面区域耦合来为网格分配周期性。在前处理过程中，必须保证所要分配周期性边界的两个区域具有相同的几何图形和节点分布，即它们是相互的复制。这是在解算器中创建网格周期性区域的唯一需要，两个区域的最初边界类型是不相关的。

注意：在创建和裁剪周期性边界条件之后，保存新的 case 文件（如果有数据文件也要保存）。要匹配一对边界条件，执行 Mesh→Zone→Append Case File 命令，创建周期性文本。

（6）融合（Fusing）表面区域

在组合多重网格区域之后，表面融合是一个很方便的功能，它可以将边界融合将节点和表面合并。当区域被分为子区域，并且每一个子区域分别产生网格时，需要在将网格读入解算器之前，把子区域结合为一个文件。单击菜单 Mesh→Fuse 弹出如图 3-28 所示的对话框，允许将双重节点合并，并将人工内部边界删除。

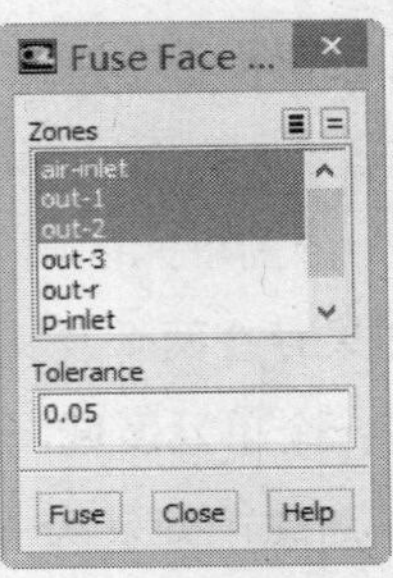

图 3-28　融合表面区域对话框

融合表面区域的步骤如下：

1）在区域列表中选择要融合的区域。

2）单击 Fuse 按钮融合所选区域。

3）如果使用默认公差没有熔合所有适当的表面，应该增加公差尝试重新融合。(这一公差和创建周期性区域所讨论的匹配公差一致。)公差不应该超过 0.5。

（7）剪开表面区域

剪开表面区域功能有 2 种用途：

- 将任何双边类型的单一边界区域剪开为两个不同的区域。
- 将耦合壁面区域剪开为两个不同的非耦合壁面区域

当剪开表面区域，解算器会将除了在区域的二维端点或三维边缘节点以外的所有的表面和节点复制。一组节点和表面将会属于剪开之后的一个边界区域，其他的在另一个区域。

注意：裁剪完边界之后，不能再将边界融合。

剪开表面 slitting 和分割表面 separating 命令是不同的。剪开表面是指，剪开表面后附加的表面和节点被创建并放到新的区域。分离表面是指新的区域将会被创建，新的节点和表面不会被创建，原表面和节点简单的重新分配到区域中。

（8）记录流域 Domain 和区域 Zones

记录区域可以通过重新排列内存的节点、表面以及单元提高解算器的计算性能。执行 Mesh→Reorder 命令重新记录 Domain 和 Zones，并且能够输出目前网格划分的带宽。Domain 的记录可以提高内存的读写效率，并且可以为用户界面很方便的记录区域。带宽提供了察看内存中的单元分布。记录区域菜单，执行 Mesh→Reorder→Domain 命令。最后，选择输出带宽菜单，输出目前网格的划分，执行 Mesh→Reorder→Print Bandwidth 命令。

（9）重排范围和区域

重排范围有助于提高内存的利用效率。重排区域有利于用户自定义界面。执行 Mesh→Reorder 命令，提供“带宽”的打印，“带宽”提供对区域和内存中单元网格的分布情况的了解。

3.3 选择 FLUENT14.5 求解器及运行环境

3.3.1 FLUENT14.5 求解器的比较与选择

单精度和双精度解算器

在所有计算机操作系统上，FLUENT 都包含这 2 个解算器。大多数情况下，单精度解算器高效准确，但是对于某些问题使用双精度解算器更合适。下面举几个例子：

如果几何图形长度尺度相差太多（如细长管道），描述节点坐标时单精度网格计算就不合适了；如果几何图形是由很多层小直径管道包围而成（如汽车的集管）平均压力不大，但是局部区域压力却可能相当大（因为只能设定一个全局参考压力位置），此时采用双精度解算器来计算压差就很有必要了。

对于包括很大热传导比率和（或）高比率网格的成对问题，如果使用单精度解算器便无法有效实现边界信息的传递，从而导致收敛性和（或）精度下降。

FLUENT 的求解器包括二维单精度求解器（FLUENT 2d）、三维单精度求解器（FLUENT 3d）、二维双精度求解器（FLUENT 2ddp）和三维双精度求解器（FLUENT 3ddp）。如果几何体为细长形的，用双精度求解器；如果模型中存在通过小直径管道相连的多个封闭区域，不同区域之间存在很大的压差，用双精度求解器。对于有较高的热传导率的问题和对于有较大的面积的网格，也要用双精度求解器。

传统的 FLUENT 求解器有 Segregated Solver，该方法适用范围为不可压缩流动和中等可压缩流

动。这种算法不对 Navier-StOKes 方程联立求解，而是对动量方程进行压力修正，是一种很成熟的算法，在应用上经过了很广泛的验证。这种方法拥有多种燃烧、化学反应及辐射、多相流模型与其配合，适用于汽车领域的 CFD 模拟；Coupled Explicit Solver 算法主要用来求解可压缩流动。与 SIMPLE 算法不同，它能对整个 Navier-StOKes 方程组进行联立求解，空间离散采用通量差分分裂格式，时间离散采用多步 Runge-Kutta 格式，并采用了多重网格加速收敛技术。对于稳态计算，还采用了当地时间步长和隐式残差光顺技术。该算法稳定性好，内存占用小，应用极为广泛；Coupled Implicit Solver 算法是其他所有商用 CFD 软件都不具备的。该算法也对 Navier-StOKes 方程组进行联立求解，由于采用隐式格式，因而计算精度与收敛性要优于 Coupled Explicit 方法，但却占用较多的内存。该算法另一个突出的优点是可以求解全速度范围，即求解范围从低速流动到高速流动。

在 FLUENT14.5 里，改用了 pressure based（压力）和 density based（密度）这两个求解器。压力基求解器是从原来的分离式求解器发展来的，按顺序一次求解动量方程、压力修正方程、能量方程和组分方程及其他标量方程，如湍流方程等，和之前不同的是，压力基求解器还增加了耦合算法，可以自由在分离求解和耦合求解之间转换，耦合求解就是一次求解前述的动量方程、压力修正方程、能量方程和组分方程，然后再求解其他标量方程，如湍流方程等，收敛速度快，但是需要更多内存和计算量。

压力基求解器主要用于低速不可压缩流动的求解，而密度基方法则主要针对高速可压缩流动而设计，但是现在这两种方法都已经拓展成为可以求解很大流动速度范围的求解方法。两种求解方法的共同点是都使用有限容积的离散方法，但线性化和求解离散方程的方法不同。

密度基求解器是从原来的耦合求解器发展来的，可同时求解连续性方程、动量方程、能量方程和组分方程，然后依次再求解标量方程。（注：密度基求解器不求解压力修正方程，因为其压力是由状态方程得出的。）密度基求解器收敛速度快，需要内存和计算量比压力基求解器要大。

3.3.2 FLUENT14.5 计算模式的选择

传统 FLUENT 提供了 3 种计算模式，分离方式（非耦合式）、耦合隐式和耦合显式。这 3 种计算方式都可以给出精确的计算结果，只是针对某些特殊问题时，不同的计算方式具有不同的运算特点。

分离计算和耦合计算的区别在于求解连续、动量、能量和组元方程的方法不同。分离方式是分别求解上面的几个方程，最后得到全部方程的解，耦合方式则是用求解方程组的方式，同时进行计算并最后获得方程的解。2 种计算方式的共同点是，在求解附带的标量方程时，比如计算湍流模型或辐射换热时，都是采用单独求解的方式，就是先求解控制方程，再求解湍流模型方程或辐射方程。区别在于分离方式一般用于不可压缩或低马赫数压缩性流体的流动计算，耦合方式则通常用于高速可压流计算。而在 FLUENT 中，两种方式都可以用于可压和不可压流动计算，只是在计算高速可压流时，耦合方式的计算结果更好一些。

FLUENT 求解器的默认设置是分离算法，但是对于高速可压流、彻体力强耦合型问题（如浮力问题或旋转流动问题）、超细网格计算问题等类型的问题，建议采用耦合隐式求解方法求解能量和动量方程，可较快地得到收敛解。缺点是需要的内存比较大(是非耦合求解迭代时间的 1.5 倍～2.0 倍)。如果必须要耦合求解，但机器内存不够时，可以考虑用耦合显式解法器求解问题。该解法器也耦合了动量，能量及组分方程，但内存却比隐式求解方法小，缺点是计算时间比较长。

FLUENT 14.5 的计算模式可以通过 General 面板，选择压力基或密度基、隐式或显式、定常或非定常等基本模型。General 面板的启动方法为执行 Define→General 命令，如图 3-29 所示。

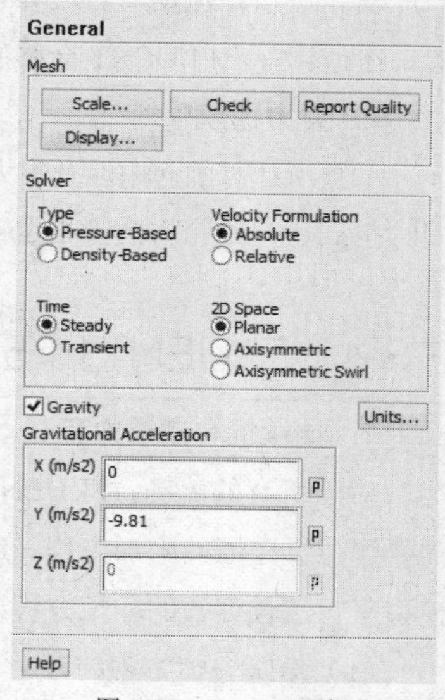

图 3-29 General 面板

3.3.3 FLUENT14.5 运行环境的选择

1．参考压力的选择

在 FLUENT 中，压力（包括总压和静压）都是相对压力值（gauge pressure），即相对于运行参考压力（operating pressure）而言的。当需要绝对压力时，FLUENT 会把相对压力与这一参考压力相加后输出给用户。

执行 Define→Operating Conditions 命令，弹出 Operating Conditions 对话框，如图 3-30 所示。可以根据需要设定参考压力的大小，若不做任何设置，则默认为标准大气压。

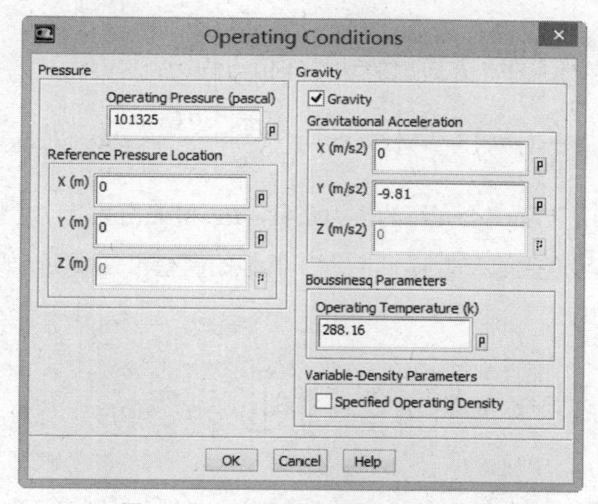

图 3-30 Operating Conditions 对话框

对于不可压流动，若边界条件中不包括有压力边界条件时，用户应该设置一个参考压力的位置。在计算中，FLUENT 会强制这一点的压力为 0，若不做任何指定，则默认（0，0，0）点。

2．重力选项

如果所计算的问题涉及重力的影响，需要选中 Operating Conditions 对话框中的 Gravity 复选框。同时在 x、y、z3 个方向上指定重力加速度的分量值。默认情况下，FLUENT 是不计重力影响的。

3.3.4 FLUENT14.5 的基本物理模型

1．连续性和动量方程

对于所有的流动，FLUENT 都是解质量和动量守恒方程。对于包括热传导或可压性的流动，需要解能量守恒的附加方程。对于包括组分混合和反应的流动，需要解组分守恒方程或使用 PDF 模型来解混合分数的守恒方程以及其方差。当流动是湍流时，还要解附加的输运方程。

（1）质量守恒方程

质量守恒方程又称连续性方程：

$$\frac{\partial \rho}{\partial t}+\frac{\partial}{\partial x_i}(\rho u_i)=S_m \tag{3-1}$$

该方程是质量守恒方程的一般形式，它适用于可压流动和不可压流动。源项 S_m 是从分散的二级相中加入到连续相的质量（如由于液滴的蒸发），源项也可以是任何的自定义源项。

二维轴对称问题的连续性方程为：

$$\frac{\partial \rho}{\partial t}+\frac{\partial}{\partial x}(\rho u)+\frac{\partial}{\partial x}(\rho v)\frac{\rho v}{r}=S_m \tag{3-2}$$

具体各个变量的意义可以参阅相关的流体力学书籍，其中有具体而详细的介绍。

（2）动量守恒方程

在惯性（非加速）坐标系中 i 方向上的动量守恒方程为：

$$\frac{\partial}{\partial t}(\rho u_i)+\frac{\partial}{\partial x_j}(\rho u_i u_j)=-\frac{\partial p}{\partial x_i}+\frac{\partial \tau_{ij}}{\partial x_j}+\rho g_i+F_i \tag{3-3}$$

式中，p 是静压，T_{ij} 是下面将会介绍的应力张量，Pg_i 和 F_i 分别为 i 方向上的重力体积力和外部体积力（如离散相相互作用产生的升力）。F_i 包含了其他的模型相关源项，如多孔介质和自定义源项。

应力张量由下式给出：

$$\tau_{ij}=\left[\mu\left(\frac{\partial u_i}{\partial x_j}+\frac{\partial u_j}{\partial x_i}\right)\right]-\frac{2}{3}\mu\frac{\partial u_l}{\partial x_l}\delta_{ij} \tag{3-4}$$

对于二维轴对称几何外形，轴向和径向的动量守恒方程分别为：

$$\frac{\partial}{\partial t}(\rho u)+\frac{1}{r}\frac{\partial}{\partial x}(r\rho uu)+\frac{1}{r}\frac{\partial}{\partial r}(r\rho vu)=-\frac{\partial p}{\partial x}+\frac{1}{r}\frac{\partial}{\partial x}\left[r\mu\left(2\frac{\partial u}{\partial x}-\frac{2}{3}(\nabla\cdot\vec{v})\right)\right]+\frac{1}{r}\frac{\partial}{\partial r}\left[r\mu\left(2\frac{\partial u}{\partial r}+\frac{\partial v}{\partial x}\right)\right]+F_x \quad (3\text{-}5)$$

以及

$$\frac{\partial}{\partial t}(\rho v)+\frac{1}{r}\frac{\partial}{\partial x}(r\rho uv)+\frac{1}{r}\frac{\partial}{\partial r}(r\rho vv)=-\frac{\partial p}{\partial r}+\frac{1}{r}\frac{\partial}{\partial x}\left[r\mu\left(\frac{\partial v}{\partial x}+\frac{\partial u}{\partial r}\right)\right]+\frac{1}{r}\frac{\partial}{\partial r}\left[r\mu\left(2\frac{\partial v}{\partial x}-\frac{2}{3}(\nabla\cdot\vec{v})\right)\right]-2\mu\frac{v}{r^2}+\frac{2}{3}\frac{\mu}{r}(\nabla\cdot\vec{v})+\rho\frac{w^2}{r}+F_r \quad (3\text{-}6)$$

式中，$\nabla\cdot\vec{v}=\frac{\partial u}{\partial x}+\frac{\partial v}{\partial r}+\frac{v}{r}$

w 是漩涡速度（具体可以参阅模拟轴对称涡流中漩涡和旋转流动的信息）

2．热传导

FLUENT 允许在模型的流体或固体区域包含热传导。FLUENT 可以预测周期性几何外形的热传导，如密集的热交换器，它只需要考虑单个的周期性模块进行分析。关于这样流动的处理，需要使用周期性边界条件。

热传导问题的设定步骤如下：

（1）激活热传导的计算。执行 Define→Models→Energy 命令，在能量对话框 Energy 中打开激活能量方程选项 Energy Equation，如图 3-31 所示。

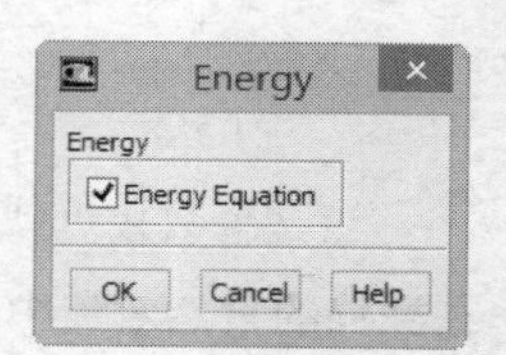

图 3-31　能量对话框

（2）如果是模拟黏性流动，而且希望在能量方程中包括黏性热传导项，则在黏性模型对话框中打开黏性热传导项。执行 Define→Models→Viscous 命令。

（3）在流动入口、出口和壁面处定义热边界条件。执行 Define→Boundary Conditions 命令，在流动的出入口设定温度，在壁面处可设定下面的某一热条件。

- 指定热流量。
- 指定温度。
- 对流热传导。
- 外部辐射。
- 外部辐射和外部对流热传导的结合。

定义壁面处热边界条件一节详细地介绍了控制热边界条件的模型输入。入口处默认的热边界条件为指定的温度 300 K，壁面处默认的条件为零热流量（绝热）。

（4）定义适合于热传导的材料属性。执行 Define→Materials 命令。

① 温度的上下限

出于稳定性考虑，FLUENT 包括了预测温度范围的限制。设定温度上下限的目的是为了提高计算的稳定性，从物理意义上说，温度应该处于已知极限的范围之内。有时候方程中间解会导致温度超出这些极限，此时就无法很好地定义属性。温度极限保证问题的温度在期待的范围之内。如果计算的温度超出最大极限，那么所存储的温度就会固定在最大值处。默认的温度上限是 5000 K。如果计算的温度低于最小极限，那么存储的温度就会固定在最小值处。默认的温度下限是 1 K。

如果所预期的温度超过 5000K，则应该使用解限制对话框来增加最大温度。执行 Solve→Controls→Limits 命令。

② 热传导的报告

FLUENT 为热传导模拟提供了附加的报告选项，可以生成图形或报告下面的变量或函数，如静温、总温、焓、相对总温、壁面温度（内部表面）、壁面温度（外部表面）、总焓、总焓误差、熵、总能量、内能、表面热流量、表面热传导系数、表面努塞尔（Nusselt）数和表面斯坦顿（Stanton）数。

3．浮力驱动流动和自然对流

当加热流体，而且流体密度随温度变化时，流体会由于重力而导致密度变化。这种流动现象被称为自然对流（或混合对流），FLUENT 可以模拟这种流动。

用 Grashof 数 Reynolds 雷诺数的比值可以来度量浮力在混合对流中的作用：

$$\frac{Gr}{\mathrm{Re}^2}=\frac{\Delta\rho gh}{\rho v^2} \tag{3-7}$$

当这个数接近或超过 1 时，就应该考虑浮力对于流动的影响；反之，就可以忽略浮力的影响。在纯粹的自然对流中，浮力诱导流动由瑞利数（Rayleigh）度量：

$$Ra=g\beta\Delta TL^3\rho/\mu\alpha \tag{3-8}$$

式中，热膨胀系数 $\beta=-\dfrac{1}{\rho}\dfrac{\partial\rho}{\partial T}$

热扩散系数 $\alpha=\dfrac{k}{\rho c_p}$

Rayleigh 数小于 10^{-8} 表明浮力诱导为层流流动，当瑞利数在 10^{-8} 到 10^{-10} 之间就开始过渡到湍流了。

在混合或自然对流中，必须提供下面的输入来考虑浮力问题。

（1）在能量对话框中打开能量方程选项。执行 Define→Models→Energy 命令。

（2）执行 Define→Operating Conditions 命令，在如图 3-32 所示的操作条件对话框中打开重力选项，

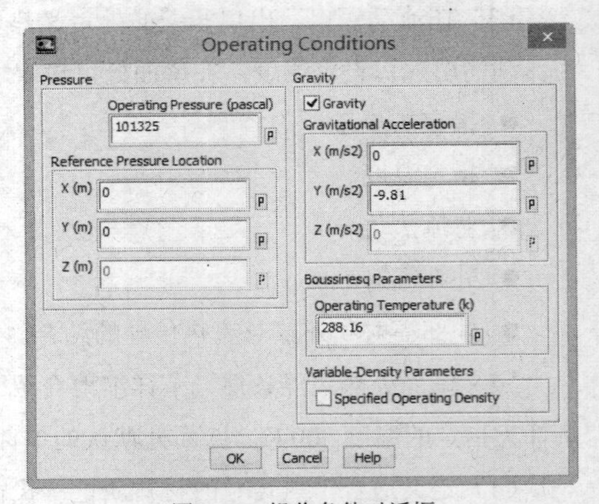

图 3-32 操作条件对话框

并在每一个方向上输入相应的重力加速度数值。

注意：FLUENT 中默认的重力加速度为零。

（3）如果使用不可压理想气体定律，要在操作条件对话框中检查操作压力的数值（非零值）。

4．多相流模型

FLUENT 提供了 3 种多相流模型，即 VOF（Volume of Fluid）模型、Mixture（混合）模型和 Eulerian（欧拉）模型。执行 Define→Models→Multiphase 命令，弹出 Multiphase Model 对话框，如图 3-33 所示。默认状态下，Multiphase Model 对话框的 off 单选按钮处于选中状态。

（1）VOF 模型

该模型通过求解单独的动量方程和处理穿过区域的每一流体的容积比来模拟两种或 3 种不能混合的流体。典型的应用包括流体喷射、流体中气泡运动、流体在大坝坝口的流动和气液界面的稳态和瞬态处理等，如图 3-34 所示。

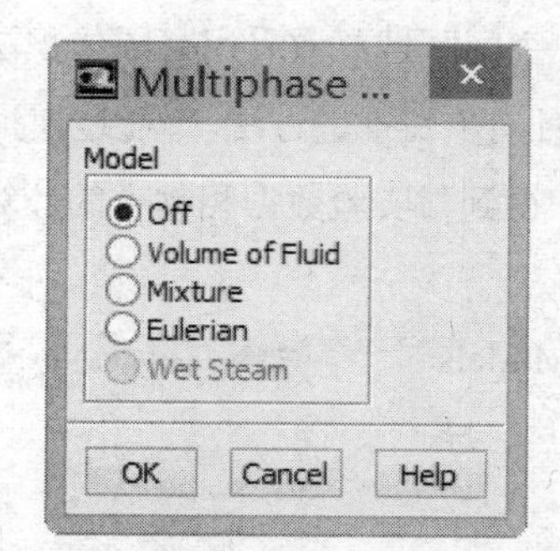

图 3-33　Multiphase Model 对话框

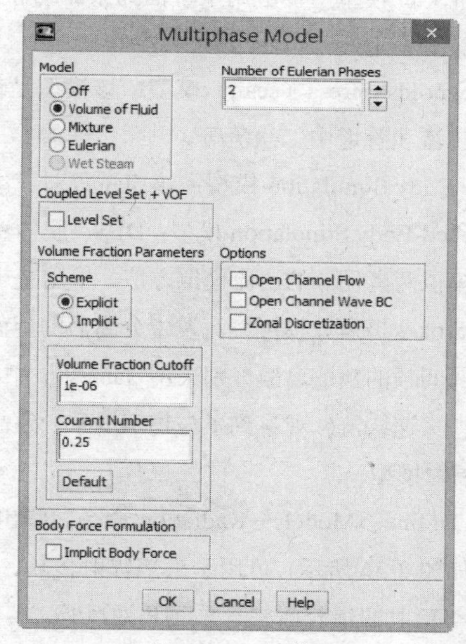

图 3-34　VOF 模型

（2）Mixture 模型

该模型用于模拟各相有不同速度的多相流，但是假定了在短空间尺度上局部的平衡。典型的应用包括沉降、气旋分离器、低载荷作用下的多粒子流动和气相容积率很低的泡状流。

（3）Eulerian 模型

该模型可模拟多相分流及相互作用的相，与离散相模型中 Eulerian-Lagrangian 方案只用于离散相不同，在多相流模型中 Eulerian 可用于模型中的每一相。

5．黏性模型

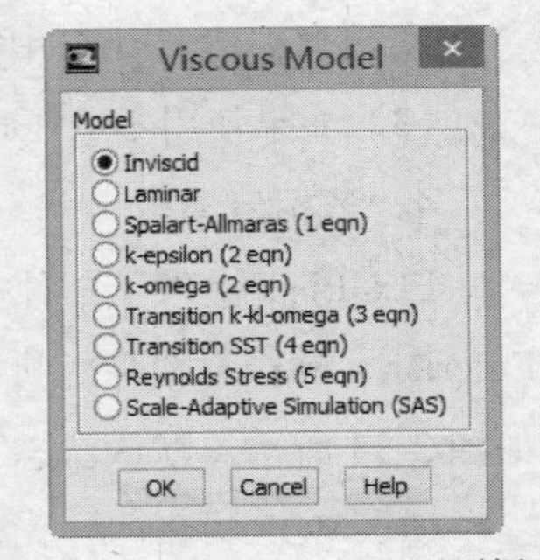

图 3-35　Viscous Model 对话框

FLUENT 提供了 7 种黏性模型，包括无黏、层流、Spalart-Allmaras 单方程、k-ε 双方程模型、k-ε 双方程、Reynolds 应力和大涡模拟模型，其中大涡模拟模型只对三维问题有效。执行 Define→Models→Viscous 命令，弹出 Viscous Model 对话框，如图 3-35 所示。

- Inviscid 模型：进行无黏流计算。
- Laminar 模型：层流模拟。
- Spalart-Allmaras（1 eqn）：用于求解动力涡黏输运方程，不必要去计算和局部剪切层厚度相关的长度尺度。
- k-epsilon(2 eqn)模型：该模型又分为标准 k-ε 模型、RNG k-ε 模型和 Realizable k-ε 模型 3 种。
- k-omega(2 eqn)模型：使用 k-ω 双方程模型进行湍流计算，它分为标准 k-ω 模型和 SST k-ω 模型。标准 k-ω 模型主要应用于壁面约束流动和自由剪切流动。SST k-ω 模型在近壁面区有更好的精度和算法稳定性。
- Reynolds Stress（sean）模型：该模型是最精细制作的湍流模型，可用于飓风流动、燃烧室高速旋转流和管道中二次流等。

Large Eddy Simulation 模型：该模型只对三维问题有效。

Detached-Eddy Simulation 模型：DES，脱体涡模拟，是近年来出现的一种结合雷诺平均方法和大涡数值模拟两者优点的湍流模拟方法。采用基于 Spalart-Allmaras 方程模型的 DES 方法，数值求解 Navier-Stokes 方程，模拟绕流发生分离后的旋涡运动。其中空间区域离散采用有限体积法，方程空间项和时间项的数值离散分别采用 Jameson 中心格式和双时间步长推进方法。 通过模拟圆柱绕流以及翼型失速绕流。观察到了与物理现象一致的旋涡结构，得到与实验数据相吻合的计算结果。

6．辐射模型

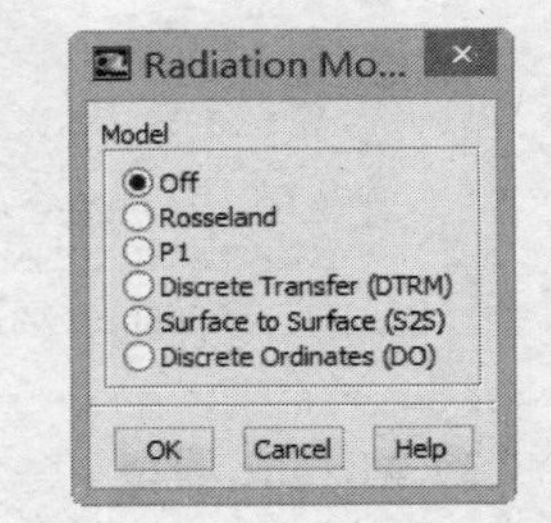

图 3-36　Radiation Models 对话框

执行 Define→Models→Radiation 命令，弹出 Radiation Models 对话框，如图 3-36 所示。可用于火焰辐射传热、表面辐射传热、导热、对流与辐射的耦合问题、采暖和通风等。

7．组分模型

主要用于对化学组分的输运和燃烧等化学反应进行的模拟。执行 Define→Models→Species 命令，弹出 Species Model 对话框，如图 3-37 所示。

- Species Transport 模型：通用有限速率模型。
- Non-premixed combustion 模型：非预混合燃烧模型，主要用于模拟湍流扩散火焰设计。
- Premixed combustion 模型：预混合燃烧模型，主要用于完全预混合的燃烧系统。
- Partially premixed combustion 模型：部分预混燃烧模型用于非预混燃烧和完全预混燃烧结

合的系统。

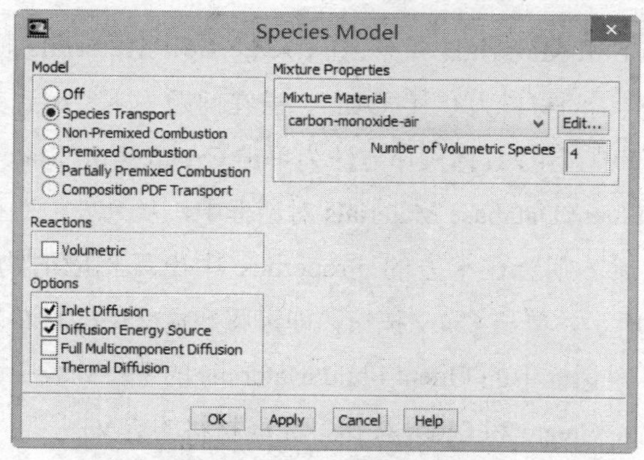

图 3-37　Species Model 对话框

- Composition PDF Transport 模型：该模型可用于预混、非预混及部分预混火焰中。

8．离散相模型

用于预测连续相中由于湍流漩涡作用而对颗粒造成的影响，离散相的加热或冷却，液滴的蒸发与沸腾、崩裂与合并，模拟煤粉燃烧等。执行 Define→Models→Discrete Phase 命令，弹出 Discrete Phase Model 对话框，如图 3-38 所示。

9．凝固和熔化

执行 Define→Models→Solidification & Melting 命令，弹出 Solidification and Melting 对话框，如图 3-39 所示。如果要进行凝固和熔化的计算，需要选中 Solidification/Melting 复选框，给出 Mushy Zone Constant 值，一般在 10^4～10^7 之间。

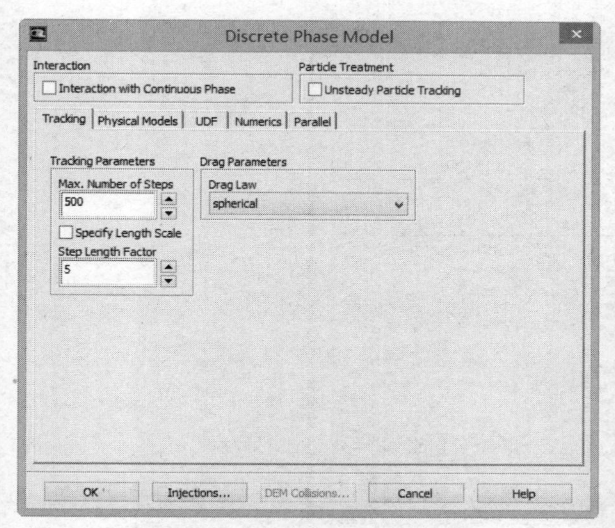

图 3-38　Discrete Phase Model 对话框

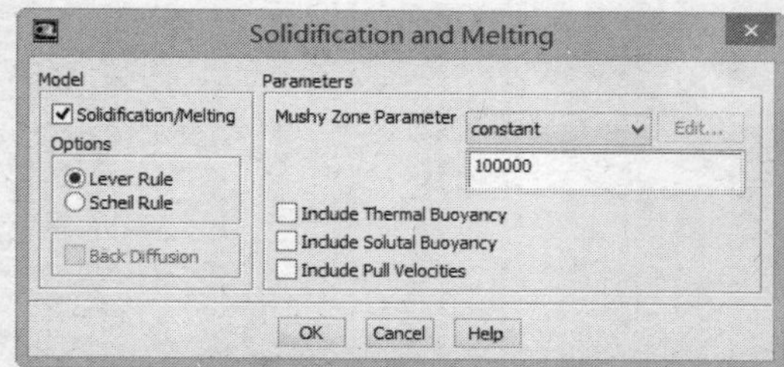

图 3-39　Solidification and Melting 对话框

3.3.5 FLUENT14.5 的材料定义

执行 Define→Create/Edit Materials 命令，在 Create/Edit Materials 面板中双击材料来定义，如图 3-40 所示。Fluent 默认的材料为空气（Air），若在问题中需要用到其他材料，如水，就需要从 Fluent 自带的材料数据库中调用，具体操作方法为单击 Create/Edit Materials 对话框右侧的 Fluent Database 按钮，在弹出的 Fluent Database Materials 对话框中，从列表中选择所需的材料——水，单击 water-liquid[h2o<1>]选项，则会在下方的 Properties 中出现相应的物理属性数据，如密度为 998.2kg/m^3 等，如图 3-41 所示。单击 Copy 按钮，即可将数据库中的材料复制到当前工程中。然后在 Fluent Database Material 对话框中的 Fluent Fluid Materials 的下拉列表中就出现了空气和水两种材料。最后，依次单击 Change/Create 和 Close 按钮，完成材料的定义。

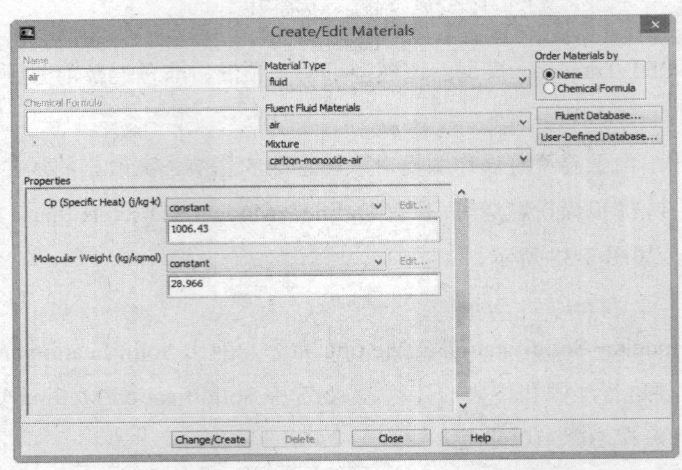

图 3-40 Create/Edit Materials 对话框

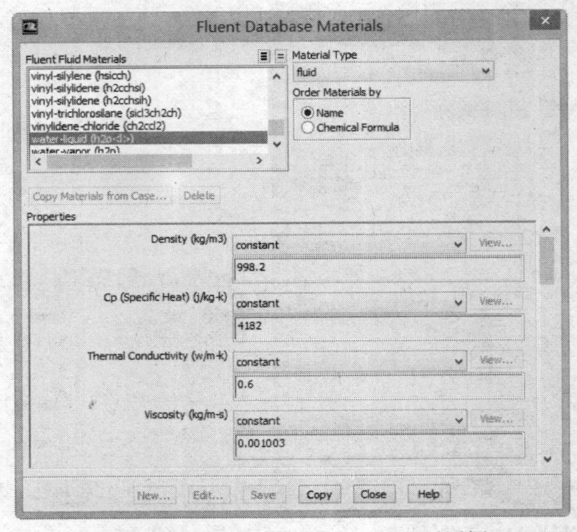

图 3-41 Fluent Database Materials 对话框

3.4 设置 FLUENT14.5 的边界条件

边界条件包括流动变量和热变量在边界处的值。它是 FLUENT 分析中很关键的一部分，设定边界条件必须小心谨慎。

边界条件的分类：

- 进出口边界条件：压力、速度、质量进口、进风口、进气扇、压力出口、压力远场边界条件、质量出口、通风口、排气扇；
- 壁面，对称，周期，轴；
- 内部单元区域：流体、固体（多孔是一种流动区域类型）；
- 内部表面边界：风扇、散热器、多孔跳跃、壁面、内部。

内部表面边界条件定义在单元表面，这意味着它们没有有限厚度，并提供了流场性质的每一步的变化。这些边界条件用来补充描述排气扇、细孔薄膜以及散热器的物理模型。内部表面区域的内部类型不需要输入任何东西。

本节将详细讲解上面所叙述边界条件，并详细讲解它们的设定方法以及设定的具体合适条件。

1．使用边界条件对话框

边界条件对于特定边界允许改变边界条件区域类型，并且打开其他的对话框以设定每一区域的边界条件参数

执行 Define→Boundary Conditions 命令，弹出如图 3-42 所示的 Boundary Conditions 对话框。

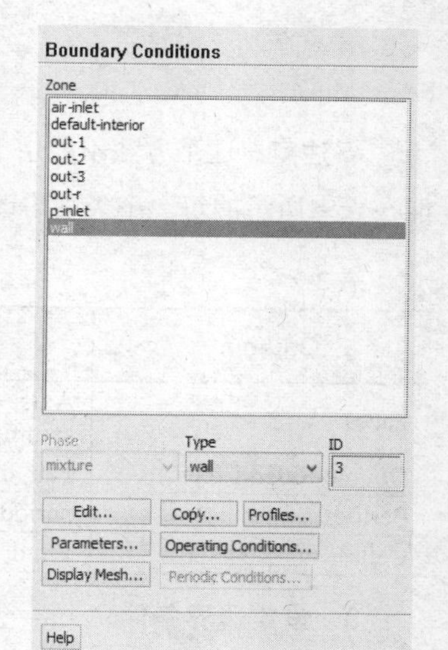

图 3-42 Boundary Conditions 对话框

2．改变边界区域类型

设定任何边界条件之前，必须检查所有边界区域的区域类型，如有必要就做适当的修改，如网格是压力入口，但是想要使用速度入口，就要把压力入口改为速度入口之后再设定。

改变类型的步骤如下：

（1）在区域下拉列表中选定所要修改的区域，如图 3-43 左图所示。

（2）在类型列表中选择正确的区域类型。

（3）当问题提示菜单出现时，单击 OK 按钮，如图 3-43 右图所示。

确认改变之后，区域类型将会改变，名字也将自动改变，设定区域边界条件的对话框也将自动打开。

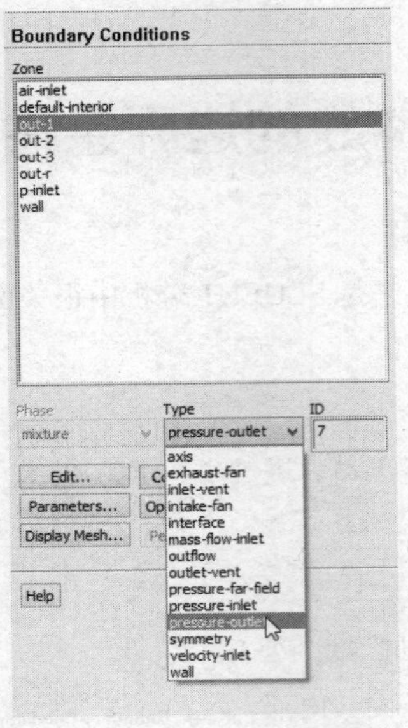

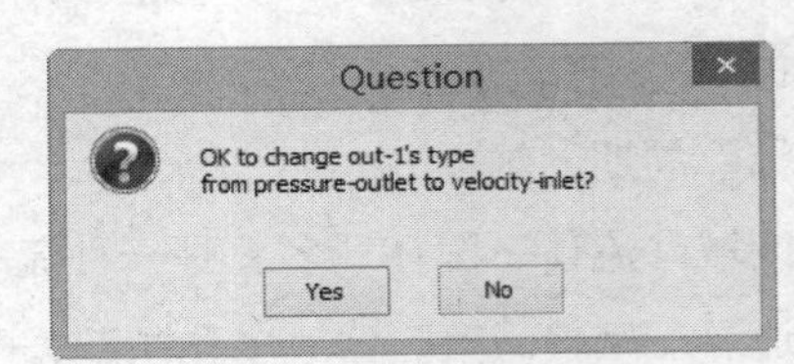

图 3-43 改变边界区域类型

注意：这个方法不能用于改变周期性类型，因为该边界类型已经存在了附加限制，并且只能在表中所示的每一个类别中改变边界类型（双边区域表面是分离的不同单元区域）。

表 3-2　区域类型的分类列表

Category	Zone Types
Faces	Axis, outflow, mass flow inlet, pressure far field, pressure inlet, pressure outlet, symmetry, velocity inlet, wall, inlet vent, intake fan, outlet vent, exhaust fan
Double-Sided Faces	Fan, interior, porous jump, radiator, wall
Periodic	periodic
Cells	Fluid, solid(porous is a type of fluid cell)

3. 设定边界条件

在 FLUENT 中，边界条件和区域有关而与个别表面或单元无关。设定每一特定区域的边界条件，需要遵循下面的步骤：

（1）在边界条件区域的下拉列表中选择区域单击 Set 按钮，或在区域下拉列表中选择区域。

（2）在类型列表中单击所要选择的类型，或在区域列表中双击所需区域，选择边界条件区域将会打开，并且可以指定适当的边界条件。

（3）在图像显示方面选择边界区域

在边界条件中都能用光标在图形窗口选择适当的区域。如果是第 1 次设定问题，这一功能尤其有用，如果有两个或更多的具有相同类型的区域而且想要确定区域的标号（也就是画出哪一区域是哪个）这一功能也很有用。

要使用该功能需遵循如下步骤：

（1）用网格显示对话框显示网格。

（2）用鼠标（默认是鼠标右键——参阅控制鼠标键函数以改变鼠标键的功能）在图形窗口中单击边界区域。在图形显示中选择的区域将会自动被选入在边界条件对话框中的区域列表中，它的名字和编号也会自动在控制窗口中显示。

① 改变边界条件名字

每一边界的名字都是它的类型加标号数（如 pressure-inlet-7）。在某些情况下可能想要对边界区域分配更多的描述名。如果有 2 个压力入口区域，想重命名它们为 small-inlet 和 large-inlet。(改变边界的名字不会改变相应的类型)。重命名区域，遵循如下步骤：

1）在边界条件的区域下拉列表选择所要重命名的区域。

2）单击 Set 按钮打开所选区域的对话框。

3）在区域名字中输入新的名字。

4）单击 OK 按钮。

注意：如果指定区域的新名字后改变它的类型，所改的名字将会被保留，如果区域名字是类型加标号，名字将会自动改变。

② 边界条件的非一致输入

每一类型的边界区域的大多数条件定义为轮廓函数而不是常值。可以使用外部产生的边界轮廓文件的轮廓，或用自定义函数(UDF)来创建。具体情况参阅后面章节 UDF 的使用。

4．流动入口和出口

（1）使用流动边界条件

对于流动的出入口，FLUENT 提供了 10 种边界单元类型，包括速度入口、压力入口、质量流动、压力出口、压力远场、质量出口、进气口、进气扇、出气口以及排气扇。

下面是 FLUENT 中的进出口边界条件选项：

- 速度入口边界条件用于定义流动入口边界的速度和标量。
- 压力入口边界条件用来定义流动入口边界的总压和其他标量。
- 质量流动边界条件用于可压流规定入口的质量流速。在不可压流中不必指定入口的质量流，因为当密度是常数时，速度入口边界条件就确定了质量流条件。
- 压力出口边界条件用于定义流动出口的静压（在回流中还包括其他的标量）。当出现回流时，使用压力出口边界条件来代替质量出口条件常常有更好的收敛速度。
- 压力远场条件用于模拟无穷远处的自由可压流动，该流动的自由流动马赫数以及静态条件已经指定了。这一边界类型只用于可压流。
- 质量出口边界条件用于在解决流动问题之前，所模拟的流动出口的流速和压力的详细情况

还未知的情况。在流动出口是完全发展的时候这一条件是适合的，这是因为质量出口边界条件假定出了压力之外的所有流动变量正法向梯度为零。对于可压流计算，这一条件是不适合的。

● 进风口边界条件用于模拟具有指定的损失系数，流动方向以及周围（入口）环境总压和总温的进风口。

● 进气扇边界条件用于模拟外部进气扇，它具有指定的压力跳跃，流动方向以及周围（进口）总压和总温。

● 通风口边界条件用于模拟通风口，它具有指定的损失系数以及周围环境（排放处）的静压和静温。

● 排气扇边界条件用于模拟外部排气扇，它具有指定的压力跳跃以及周围环境（排放处）的静压。

（2）决定湍流参数

在入口、出口或远场边界流入流域的流动，FLUENT 需要指定输运标量的值。本节描述了对于特定模型需要哪些量，并且该如何指定它们，也为确定流入边界值最为合适的方法提供了指导。

（3）使用轮廓指定湍流参量

在入口处要准确地描述边界层和完全发展的湍流流动，应该通过实验数据和经验公式创建边界轮廓文件来完美地设定湍流量。如果有轮廓的分析描述而不是数据点，也可以用这个分析描述来创建边界轮廓文件，或创建用户自定义函数来提供入口边界的信息。一旦创建了轮廓函数，就可以使用如下的方法。

● Spalart-Allmaras 模型：在湍流指定方法下拉菜单中指定湍流黏性比，并在湍流黏性比之后的下拉菜单中选择适当的轮廓名。通过将 mt/m 和密度与分子黏性的适当结合，FLUENT 为修改后的湍流黏性计算边界值。

● k-e 模型：在湍流指定方法下拉菜单中选择 K 和 Epsilon 并在湍动能（Turb. Kinetic Energy）和湍流扩散速度（Turb. Dissipation Rate）之后的下拉菜单中选择适当的轮廓名。

● 雷诺应力模型：在湍流指定方法下拉菜单中选择雷诺应力部分，并在每一个单独的雷诺应力部分之后的下拉菜单中选择适当的轮廓名。在湍流指定方法下拉菜单中选择雷诺应力部分，并在每一个单独的雷诺应力部分之后的下拉菜单中选择适当的轮廓名。

① 压力入口边界条件

压力入口边界条件用于定义流动入口的压力以及其他标量属性。它既可以适用于可压流，也可以用于不可压流。压力入口边界条件可用于压力已知但是流动速度和/或速率未知的情况。这一情况可用于很多实际问题，如浮力驱动的流动。压力入口边界条件也可用来定义外部或无约束流的自由边界。

1）压力入口边界条件的输入

对于压力入口边界条件需要输入如下信息，驻点总压、驻点总温、流动方向、静压、湍流参数（对于湍流计算）、辐射参数（对于使用 P-1 模型、DTRM 模型或 DO 模型的计算）、化学组分质量百分比（对于组分计算）、混合分数和变化（对于 PDF 燃烧计算）、程序变量（对于预混合燃烧计算）、离散相边界条件（对于离散相的计算）、次要相的体积分数（对于多相计算）。

所有的值都在压力入口对话框中输入，该对话框是从边界条件打开的，如图 3-44 所示。

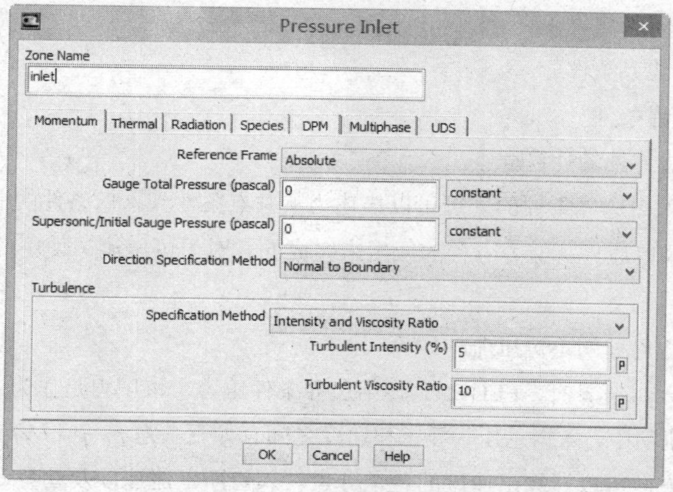

图 3-44　压力入口对话框

2）定义流动方向

可以在压力入口明确定义流动的方向，或定义流动垂直于边界。如果选择指定方向矢量，既可以设定笛卡尔坐标 x，y 和 z 的分量，也可以设定（圆柱坐标的）半径，切线和轴向分量。对于使用分离解算器计算移动区域问题，流动方向将是绝对速度或相对于网格相对速度，这取决于解算器对话框中的绝对速度公式是否被激活。对于耦合解算器，流动方向通常是绝对坐标系中的。

定义流动方向的步骤如下：

a）在方向指定下拉菜单中选择指定流动方向的方法，方向矢量或垂直于边界。

b）如果在第一步中选择垂直于边界，并且是在模拟轴对称涡流，输入流动适当的切向速度，如果不是模拟涡流就不需要其他的附加输入了。

c）如果第一步中选择指定方向矢量，并且几何外形是三维的，就需要选择定义矢量分量的坐标系统。在坐标系下拉菜单中选择笛卡尔（x，y，z）坐标，柱坐标（半径，切线和轴），或者局部柱坐标。

- 笛卡尔坐标系是基于几何图形所使用的笛卡尔坐标系。
- 柱坐标在下面的坐标系统的基础上使用轴、角度和切线 3 个分量。
- 对于包含一个单独的单元区域时，坐标系由旋转轴和在流体对话框中原来的指定来定义。
- 对于包含多重区域的问题（比如多重参考坐标或滑动网格），坐标系由流体（固体）对话框中为临近入口的流体（固体）区域的旋转轴来定义。

3）定义湍流参数

4）定义辐射参数

5）定义组分质量百分比

6）定义 PDF/混合分数参数

7）定义预混合燃烧边界条件

8）定义离散相边界条件

9）定义多相边界条件

10）压力入口边界处的计算程序

FLUENT 压力入口边界条件的处理可以描述为从驻点条件到入口条件的非自由化的过渡。对于不可压流是通过入口边界贝努力方程的应用来完成的。对于可压流，使用的是理想气体的各向同性流动关系式。

11）压力入口边界处的不可压流动计算

流动进入压力入口边界时，FLUENT 使用边界条件压力，该压力是作为入口平面 *Po* 的总压输入的。在不可压流动中，入口总压、静压和速度之间有如下关系 $p_0=p_s+1/2\rho v^2$。通过在出口分配的速度大小和流动方向可以计算出速度的各个分量。入口质量流速以及动量、能量和组分的流量可以作为计算程序在速度入口边界的大纲用来计算流动。

对于不可压流，入口平面的速度既可以是常数也可以是温度或质量分数的函数。其中质量分数是输入作为入口条件的值。在通过压力出口流出的流动，用指定的总压作为静压来使用。对于不可压流动来说，总温和静温相等。

12）压力入口边界的可压流动计算

对于可压流，应用理想气体的各向同性关系可以在压力入口将总压，静压和速度联系起来。在入口处输入总压，在临近流体单元中输入静压，关系式如下：

$$\frac{p_0' + p_{0p}}{p_s' + p_{0p}} = \left[1+\frac{\gamma-1}{2}M^2\right]^{\gamma/(\gamma-1)} \tag{3-9}$$

式中，马赫数定义为：

$$M=\frac{v}{c}=\frac{v}{\sqrt{\gamma RT_s}} \tag{3-10}$$

马赫数的定义就不详述了。需要注意的是上面的方程中出现了操作压力 P_{op} 这是因为边界条件的输入是和操作压力有关的压力。给定 P_o'和 P_s'上面的方程就可以用于计算入口平面流体的速度范围。入口处的各个速度分量用方向矢量来计算。对于可压流，入口平面的密度由理想气体定律来计算：

$$\rho=\left(p_s' + p_{0p}\right)/RT_s \tag{3-11}$$

R 由压力入口边界条件定义的组分质量百分比来计算。入口静温和总温的关系由下式计算：

$$\frac{T_0}{T_s}=1+\frac{\gamma-1}{2}M^2 \tag{3-12}$$

② 速度入口边界条件

速度入口边界条件用于定义流动速度以及流动入口的流动属性相关标量。在这个边界条件中，流动总的（驻点）属性不是固定的，所以无论什么时候提供流动速度描述，它们都会增加。

这一边界条件适用于不可压流，如果用于可压流会导致非物理结果，这是因为它允许驻点条件浮动。应该小心不要让速度入口靠近固体妨碍物，因为这会导致流动入口驻点属性具有太高的非一致性。

对于特定的例子，FLUENT 可能会使用速度入口在流动出口处定义流动速度（在这种情况下不使用标量输入），在这种情况下，必须保证区域内的所有流动性。

速度入口边界条件需要输入下列信息包括速度大小与方向或速度分量、旋转速度（对于具有二维轴对称问题的涡流）、温度（用于能量计算）、Outflow gauge pressure（for calculations with the coupled solvers）、湍流参数（对于湍流计算）、辐射参数（对于 P-1 模型、DTRM 或 DO 模型的计算）、化学组分质量百分数（对于组分计算）、混合分数和变化（对于 PDE 燃烧计算）、发展变量（对于预混合燃烧计算）、离散相边界条件（对于离散相计算）和二级相的体积分数（对于多相流计算）。

上面的所有值都在速度对话框 Velocity Inlet 中输入，该对话框可以执行 Define→Boundary Condition 命令来打开，如图 3-45 所示。

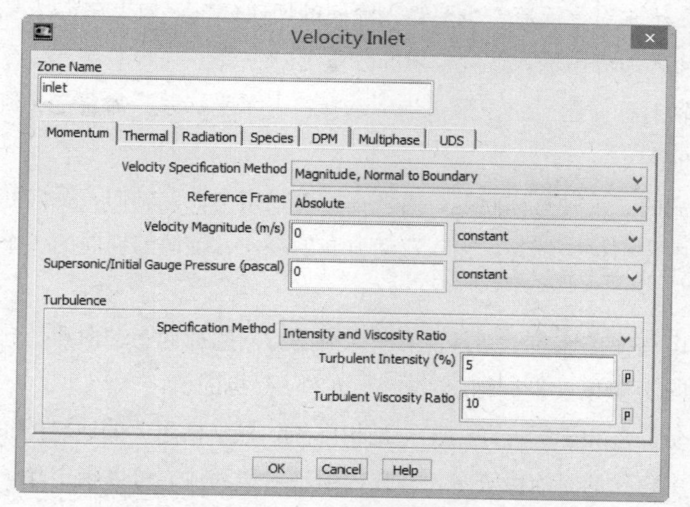

图 3-45 速度入口对话框

1）定义速度

通过定义可以确定入口速度。如果临近速度入口的单元区域是移动的（也就是说使用旋转参考坐标系、多重坐标系或滑动网格），也可以指定相对速度和绝对速度。对于 FLUENT 中的涡流轴对称问题，还要指定涡流速度。

定义流入速度的程序如下。

a）在速度指定方法下拉菜单中选择速度大小和方向、速度分量或垂直于边界的速度大小。

b）如果临近速度入口的单元区域是移动的，可以指定相对或绝对速度。相对于临近单元区域或参考坐标系下拉列表的绝对速度。如果临近单元区域是固定的，相对速度和绝对速度是相等的，这个时候不用察看下拉列表。

c）如果想要设定速度的大小和方向或速度分量，而且几何图形是三维的，下一步就要选择定义矢量和速度分量的坐标系。坐标系就是前面所述的 3 种。

d）设定适当的速度参数，下面将会介绍每一个指定方法。

如果第 1 步中选择的是速度的大小和方向，需要在流入边界条件中输入速度矢量的大小以及方向。

如果是二维非轴对称问题，或在第 3 步中选择笛卡尔坐标系，需要定义流动 *x*，*y* 和（在三维问题中）*z*3 个分量的大小。

如果是二维轴对称问题，或第 3 步中使用柱坐标系，输入流动方向的径向、轴向和切向的 3 个分量值。

如果在第 3 步中选择当地柱坐标系，输入流动方向的径向、轴向和切向的 3 个分量值。并指定轴向的 *x*，*y* 和 *z* 分量以及坐标轴起点的 *x*，*y* 和 *z* 坐标的值。

e）定义流动方向表明这些不同坐标系矢量分量

如果在定义速度的第 1 步中选择速度大小以及垂直的边界，需要在流入边界处输入速度矢量的大小。如果模拟二维轴对称涡流，也要输入流向的切向分量。如果在定义速度的第 1 步中选择速度分量，需要在流入边界中输入速度矢量的分量。

如果是二维非轴对称问题，或在第 3 步中选择笛卡尔坐标系，需要定义流动 *x*，*y* 和(在三维问题中）*z*3 个分量的大小。

如果是模拟涡流的二维轴对称问题，需要在速度设定中设定轴向、径向和旋转速度。

如果是第 3 步中使用柱坐标系，输入流动方向的径向、轴向和切向的 3 个分量值，以及（可选）旋转角速度。

如果在第 3 步中选择当地柱坐标系，请输入流动方向的径向、轴向和切向的 3 个分量值。并指定轴向的 *x*，*y* 和 *z* 分量以及坐标轴起点的 *x*，*y* 和 *z* 坐标的值。

记住速度的正负分量和坐标方向的正负是相同的。柱坐标系下的速度的正负也是一样。

如果在第 1 步中定义的是速度分量，并在模拟轴对称涡流，可以指定除了涡流速度之外的入口涡流角速度 *W*。相似地，如果在第 3 步中使用柱坐标或者当地柱坐标系，可以指定除切向速度之外的入口角速度 *W*。

如果指定 *W*、Vq 作为每个单元的 Wr，其中 *r* 从起点到单元的距离。如果指定涡流速度和涡流角速度或切向速度和角速度，FLUENT 会将 Vq 和 Wr 加起来获取每个单元的旋转速度或切向速度。

2）定义温度

在解能量方程时，需要在温度场中的速度入口边界设定流动的静温。

3）定义流出标准压力

如果是用一种耦合解算器，可以为速度入口边界指定流出标准压力。如果在流动要在任何表面边界处流出区域，表面会被处理为压力出口，该压力出口为流出标准压力场中规定的压力。注意这一影响和 RAMPANT 中得到的速度远场边界相似。

4）定义湍流参数

5）定义辐射参

6）定义组分质量百分比

7）定义 PDF/混合分数参数

8）定义预混合燃烧边界条件

9）定义离散相边界条件

10）定义多相边界条件

11）速度入口边界的计算程序

FLUENT 使用速度入口的边界条件输入计算流入流场的质量流以及入口的动量、能量和组分流量。本节讲解了通过速度入口边界条件流入流场的算例，以及通过速度入口边界条件流出流场的算例。

12）流动入口的速度入口条件处理

使用速度入口边界条件定义流入物理区域的模型，FLUENT 既使用速度分量也使用标量。这些标量定义为边界条件来计算入口质量流速、动量流量以及能量和化学组分的流量。

13）邻近速度入口边界流体单元的质量流速由下式计算：

$$\dot{m} = \int \rho v \cdot \mathrm{d}A \tag{3-13}$$

注意：只有垂直于控制体表面的流动分量才对流入质量流速有影响。

14）流动出口的速度入口条件处理

有时速度入口边界条件用于流出物理区域的流动，如通过某一流域出口的流速已知，或被强加在模型上，就需要用这一方法。

注意：这种方法在使用之前必须保证流域内的全部连续性。

在分离解算器中，当流动通过速度入口边界条件流出流场时，FLUENT 在边界条件中使用速度垂直于出口区域的速度分量。它不使用任何所输入的其他的边界条件。除了垂直速度分量之外的所有流动条件，都被假定为逆流的单元。

在耦合解算器中，流动流出边界处的任何表面的区域，会被看成压力出口，这一压力为 Outflow Gauge Pressure field 中所规定的压力。

15）密度计算

入口平面的密度既可以是常数也可以是温度、压力和/或组分质量百分数（在入口条件中输入的）的函数。

③ 质量流动边界条件

该边界条件用于规定入口的质量流量。为了实现规定的质量流量中需要的速度，就要调节当地入口总压。这和压力入口边界条件是不同的，在压力入口边界条件中，规定的是流入驻点的属性，质量流量的变化依赖于内部解。

当匹配规定的质量和能量流速而不是匹配流入的总压时，通常就会使用质量流动边界条件。比如，一个小的冷却喷流流入主流场并和主流场混合，此时，主流的流速主要由（不同的）压力入口/出口边界条件对控制。

调节入口总压可能会导致节的收敛，所以如果压力入口边界条件和质量流动条件都可以接受，应该选择压力入口边界条件。

在不可压流中不必使用质量流动边界条件，因为密度是常数，速度入口边界条件就已经确定了质量流。

质量流动边界条件需要输入质量流速和质量流量、总温（驻点温度）、静压、流动方向、湍流参数（对于湍流计算）、辐射参数(对于 P-1 模型、DTRM 或 DO 模型的计算)、化学组分质量百分数（对于组分计算）、混合分数和变化（对于 PDE 燃烧计算）、发展变量（对于预混合燃烧计算）和离散相边界条件（对于离散相计算）。

上面的所有值都由质量流动（Mass-Flow）对话框输入，该对话框可以执行 Define→Boundary Condition 命令打开，如图 3-46 所示。

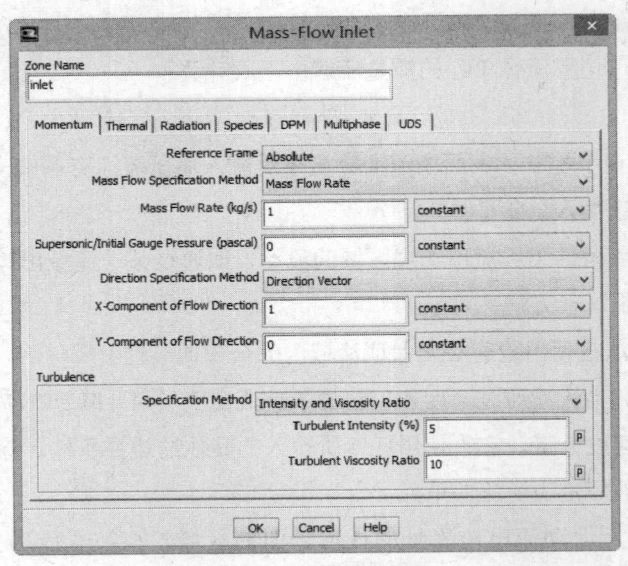

图 3-46 质量流动对话框

1）定义质量流速度和流量

可以输入通过质量流动的质量流速，然后 FLUENT 将这个值转换为质量流量，或直接指定质量流量。如果设定规定的质量流速，它将在内部转换为区域上的规定的统一质量流量，这一区域由流速划分。也可以使用边界轮廓或自定义函数来定义质量流量（不是质量流速）。

如果选择的是质量流速（默认），在质量流速框中输入规定的质量流速。如果选择质量流量，在 Mass Flux 框中输入质量流量。

注意：对于轴对称问题，这一质量流速是通过完整区域（2p-radian）而不是 1-radian 部分的流速。对于轴对称问题，这一质量流量是通过完整区域（2p-radian）而不是 1-radian 部分的流量。

2）定义总温

在质量流入口对话框中的流入流体的总温框中输入总温（驻点温度）值。

3）定义静压

如果入口流动是超声速的，或打算用压力入口边界条件来对解进行初始化，那么必须指定静压（termed the Supersonic/Initial Gauge Pressure）。

只要流动是亚声速的，FLUENT 会忽略 Supersonic/Initial Gauge Pressure，它是由指定的驻点值来计算的。如果打算使用压力入口边界条件来初始化解域，Supersonic/Initial Gauge Pressure 是与计算初始值的指定驻点压力相联系的，计算初始值的方法有各向同性关系式（对于可压流）或贝努力方程（对于不可压流）。因此，对于亚声速入口，它是在关于入口马赫数（可压流）或入口速度（不可压流）合理的估计之上设定的。

4）定义流动方向

5）定义湍流参数

6）定义辐射参数

7）定义组分质量百分比

8）定义 PDF/混合分数参数

9）定义预混合燃烧边界条件

10）定义离散相边界条件

11）质量流入口边界的计算程序

对入口区域使用质量流动边界条件，该区域的每一个表面的速度都会被计算出来，并且这一速度用于计算流入区域的相关解变量的流量。对于每一步迭代，调节计算速度以便于保证正确的质量流的数值。需要使用质量流速、流动方向、静压以及总温来计算这个速度。有两种指定质量流速的方法。第 1 种方法是指定入口的总质量流速 m。第 2 种方法是指定质量流量 rv（每个单位面积的质量流速）。如果指定总质量流速，FLUENT 会在内部通过将总流量除以垂直于流向区域的总入口面积得到统一质量流量：

$$\rho v = \frac{\dot{m}}{A} \tag{3-14}$$

如果使用直接质量流量指定选项，可以使用轮廓文件或自定义函数来指定边界处的各种质量流量。一旦在给定表面的 rv 值确定了，就必须确定表面的密度值 r，以找到垂直速度 v。密度获取的方法依赖于所模拟的是不是理想气体，下面检查了各种情况。

12）理想气体的质量流边界的流动计算

如果是理想气体，要用下式计算密度：

$$p = \rho RT \tag{3-15}$$

如果入口是超音速，所使用的静压是设为边界条件静压值。如果是亚音速静压是从入口表面单元内部推导出来的。入口的静温是从总焓推出的，总焓是从边界条件所设的总温推出的。入口的密度是从理想气体定律，使用静压和静温推导出来的。

13）不可压流动的质量流边界的流动计算

如果是模拟非理想气体或液体，静温和总温相同。入口处的密度很容易从温度函数和（可选）组分质量百分比计算出来的。速度用质量流动边界的计算程序中的方程计算出。

14）质量流边界的流量计算

要计算所有变量在入口处的流量，流速 v 和方程中变量的入口值一起使用。例如，质量流量为 rv，湍流动能的流量为 rkv。这些流量用于边界条件来计算解过程的守恒方程。

④ 进气口边界条件

进气口边界条件用于模拟具有指定损失系数、流动方向以及环境（入口）压力和温度的进气口。

进气口边界需要输入：

- 总压即驻点压力。
- 总温即驻点温度。
- 流动方向。
- 静压。
- 湍流参数（对于湍流计算）。
- 辐射参数(对于 P-1 模型、DTRM 或 DO 模型的计算)。
- 化学组分质量百分数（对于组分计算）。
- 混合分数和变化（对于 PDE 燃烧计算）。
- 发展变量（对于预混合燃烧计算）。
- 离散相边界条件（对于离散相计算）。
- 二级相的体积分数(对于多相流计算)。

● 损失系数。

上面的所有值都从进气口（Inlet Vent）对话框中输入，该对话框可以执行 Define→Boundary Condition 命令打开，如图 3-47 所示。

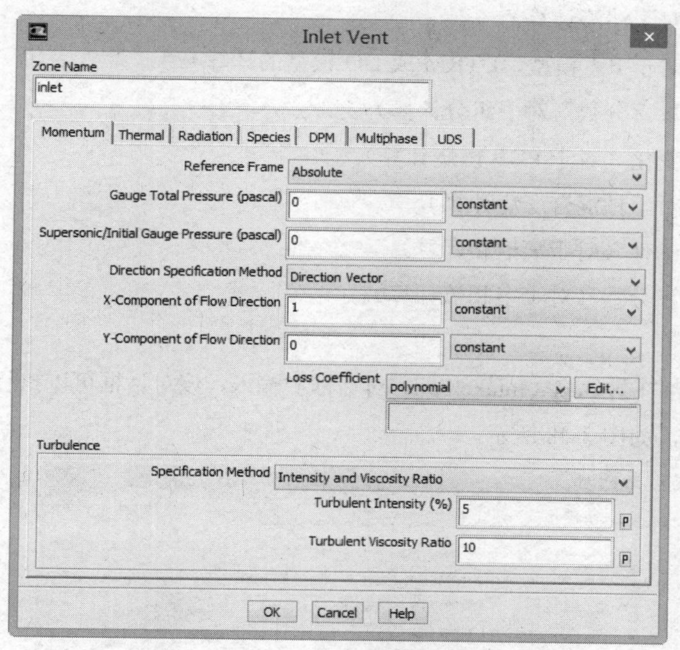

图 3-47 进气口对话框

上面的前 12 项的设定和压力入口边界的设定一样。下面来讲解损失系数的设定。

FLUENT 中的进气口模型，进气口假定为无限薄，通过进气口的压降假定和流体的动压成比例，并以经验公式确定所应用的损失系数。也就是说压降Δp 和通过进气口速度的垂直分量的关系为：

$$\Delta p = k_L \frac{1}{2}\rho v^2 \tag{3-16}$$

式中，ρ 为流体密度，k_L 为无量纲的损失系数。

注意：Δp 是流向压降，因此即使是在回流中，进气口都会出现阻力。

定义通过进气口的损失系数为常量、多项式、分段线性函数或垂向速度的分段多项式函数。

⑤ 进气扇边界条件

进气扇边界条件用于定义具有特定压力跳跃、流动方向以及环境（进气口）压力和温度的外部进气扇流动。

进气扇边界需要输入：

● 总压即驻点压力。

- 总温即驻点温度。
- 流动方向。
- 静压。
- 湍流参数（对于湍流计算）。
- 辐射参数（对于 P-1 模型、DTRM 或 DO 模型的计算）。
- 化学组分质量百分数（对于组分计算）。
- 混合分数和变化（对于 PDE 燃烧计算）。
- 发展变量（对于预混合燃烧计算）。
- 离散相边界条件（对于离散相计算）。
- 二级相的体积分数（对于多相流计算）。
- 压力跳跃。

上面的所有值都在进气扇（Intake Fan）对话框中输入，该对话框可以执行 Define→Boundary Condition 命令打开，如图 3-48 所示。

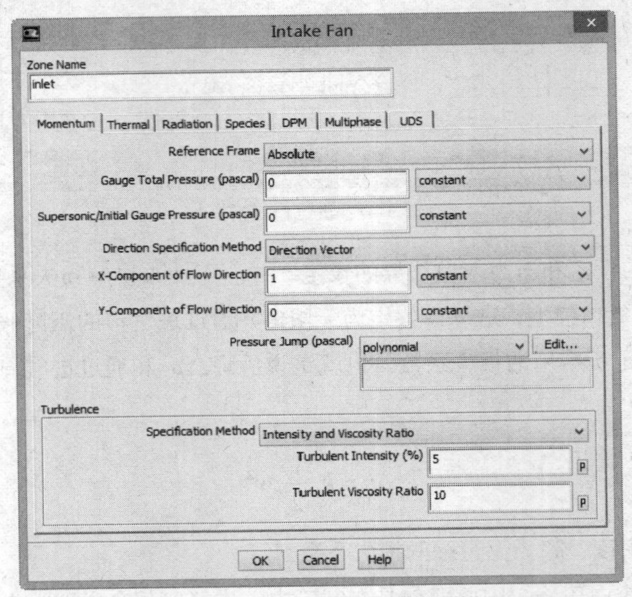

图 3-48　进气扇对话框

上面的前 12 项的设定和压力入口边界的设定一样。

⑥ 压力出口边界条件

压力出口边界条件需要在出口边界处指定静（gauge）压。静压值的指定只用于亚声速流动。如果当地流动变为超声速，就不再使用指定压力了，此时压力要从内部流动中推导。所有其他的流动属性都从内部推出。

压力出口边界条件需要输入：

- 静压。
- 回流条件。
- 总温即驻点温度（用于能量计算）。
- 湍流参数（对于湍流计算）。
- 化学组分质量百分数（对于组分计算）。
- 混合分数和变化（对于 PDE 燃烧计算）。
- 发展变量（对于预混合燃烧计算）。
- 二级相的体积分数(对于多相流计算)。
- 辐射参数(对于 P-1 模型、DTRM 或 DO 模型的计算)。
- 离散相边界条件（对于离散相计算）。

上面的所有值都从压力出口（Pressure Outlet）对话框中输入，该对话框可以执行 Define→Boundary Condition 命令打开，如图 3-49 所示。

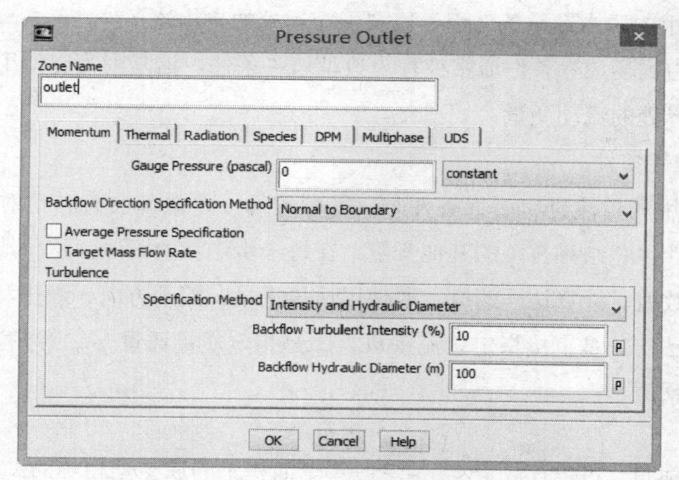

图 3-49 压力出口对话框

1）定义静压

要在压力出口边界设定静压，要在压力出口对话框设定适当的 Gauge 压力值。这一值只用于亚声速。如果出现当地超声速情况，压力要从上游条件推导出来。

需要记住的是这个静压和在操作条件对话框中的操作压力是相关的。FLUENT 还提供了使用平衡出口边界条件的选项。要使这个选项激活，打开辐射平衡压力分布。当这一功能被激活时，指定的 gauge 压力只用于边界处的最小半径位置（相对于旋转轴）。其余边界的静压是从辐射速度可忽略不计的假定中计算出来的，压力梯度由下式得出：

$$\frac{\partial p}{\partial r} \equiv \frac{\rho v_\theta^2}{r} \tag{3-17}$$

式中，r 是旋转轴的距离，v_θ是切向速度。即使旋转速度为零也可以使用这一边界条件。例如，它可以用于计算通过具有导流叶片的环面流动。

注意：辐射平衡出口条件，只用于三维或轴对称涡流计算。

2）定义回流条件

与所使用的模型一致的回流属性会出现在压力出口对话框中。指定的值只用于通过出口进入的流动。

3）定义辐射参数

4）定义离散相边界条件

5）压力出口边界的计算程序

在压力出口，FLUENT 使用出口平面 P_s 处的流体静压作为边界条件的压力，其他所有的条件从区域内部推导出来。

6）压力远场边界条件

FLUENT 中使用的压力远场条件用于模拟无穷远处的自由流条件，其中自由流马赫数和静态条件被指定了。压力远场边界条件通常被称为典型边界条件，这是因为它使用典型的信息（黎曼不变量）来确定边界处的流动变量。

⑦ 质量出口边界条件

在一个区域使用质量流进口边界条件时，区域的每一个面都会有一个对应的计算得到的速度，这个速度用于计算和结算有关的其他变量。在每一步迭代的时候，这一速度都要重新计算来维持正确的质量流数值。计算这一速度，要使用质量流量、流动方向、静压和滞止温度。有两种指定质量流量的方法，一是直接指定总流量 $\dot{m}$，二是指定质量通量 ρv_n（单位面积质量流量）两者之间有这样的关系：

$$\rho v_n = \dot{m} / A \tag{3-18}$$

如果给定质量流量，可以计算 Pv_n，但这时每个面积上的通量是相等的。如果一个面处的 Pv_n 给定了，必须确定 ρ 以计算垂直壁面的法向速度 v_n，前者的确定方法如下。

理想气体需要利用静止的温度和压力计算：

$$P=\rho RT \tag{3-19}$$

如果气体是超音速的，那么静压是一个边界条件。对于亚音速流动，静压由壁面处单元计算得到。静止温度由边界条件设置的总熵进行计算：

$$H_0(T_0)=h(T)+1/2v^2 \tag{3-20}$$

速度由（3-18）计算得到，由（3-19）可以计算得到温度，再由（3-20）计算得到滞止温度。

不可压缩流体：静止温度和滞止温度相等，密度是常量或温度和质量成分的函数。速度由（3-18）计算得到。

⑧ 进口排气孔边界条件

用于计算进口排气孔处的损失系数、流动方向以及周围的温度和压力。

输入的除了一些常见的参数外，主要是一个损失系数（前面的 12 个和压力边界条件相同）。对于损失系数，按照公式计算：

$$\Delta p=k_L 1/2\rho v^2 \tag{3-21}$$

式中，ρ 为密度，k_L 是一个无量纲的经验系数，$\triangle p$ 表示流动方向的压力损失，可以定义为常数或速度的多项式、分段式函数。定义对话框和定义温度相关属性的相同。

⑨ 进气风扇边界条件

用于模型化一个外部的有指定压力升高、流动方向、周围温度和压力的进气风扇。输入的参数前 12 项和压力边界条件一样。通过进气风扇的压力上升被认为是流速的函数。对于逆向流，进气风扇被当作一个带损失系数的出口排气孔。可以设置压力上升为常量或速度的函数。

⑩ 壁面边界条件

用于限制液体和固体区域。对于黏性流，默认使用无滑动的壁面边界条件，但是可以为壁面指定一个切向速度（当壁面做平移或旋转运动时）或通过指定剪切力定义一个滑动壁（也可以通过使用对称性边界条件在剪切力为 0 时定义一个滑动壁）。

输入：

- 热力边界条件。
- 壁面运动条件。
- 剪切力条件（对于滑动壁）。
- 壁面粗糙度。
- 成分边界条件。
- 化学反应边界条件。
- 辐射边界。
- 分散相边界。
- 多相边界。

3.5 设置 FLUENT14.5 的求解参数

1. 设置离散格式与欠松弛因子

执行 Solve→Control 命令，弹出 Solution Controls 对话框，如图 3-50 所示。

2. 设置求解限制项

执行 Solve→Control→Limits 命令，弹出 Solution Limits 对话框，如图 3-51 所示。一般，不需要改变默认值。

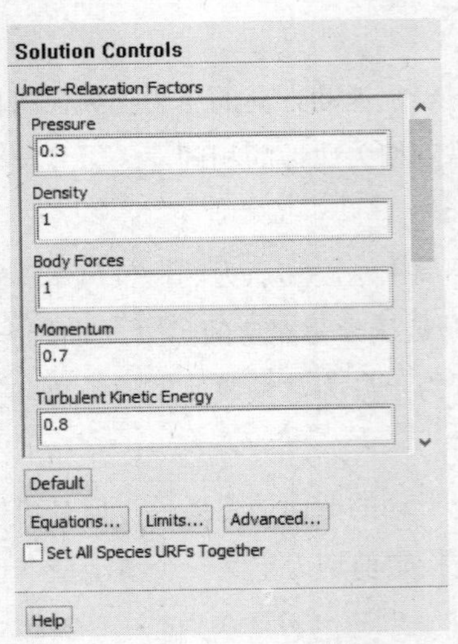

图 3-50 Solution Controls 对话框

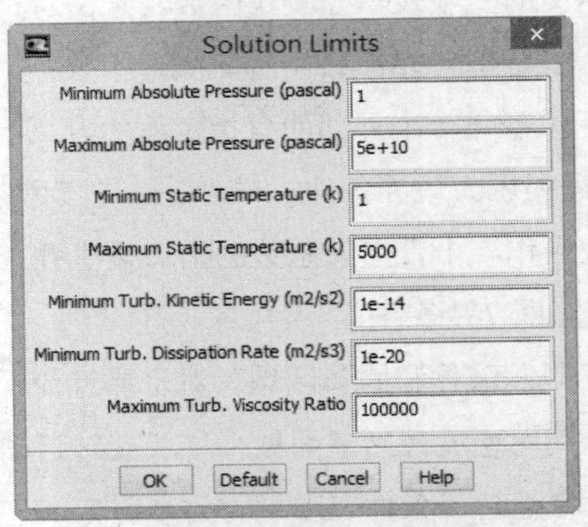

图 3-51 Solution Limits 对话框

3. 监视参数的设置

执行 Solve→Monitors→Residual 命令，弹出 Residual Monitors 对话框，如图 3-52 所示。在这里可以改变变量的收敛精度。勾选 Plot 复选框即可绘制残差图。

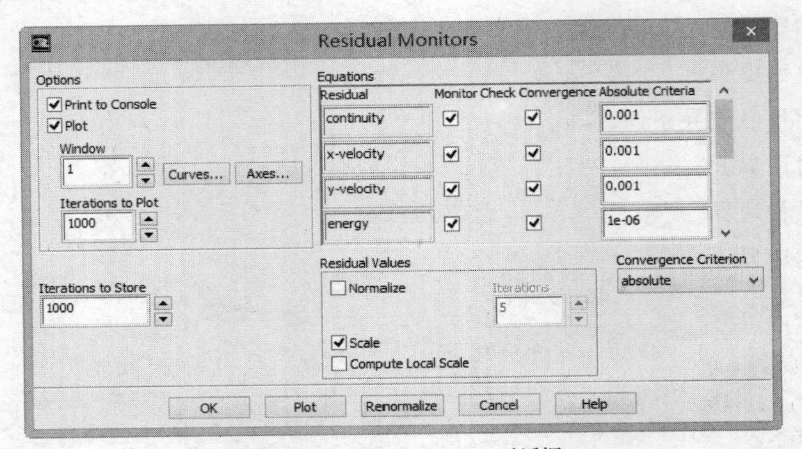

图 3-52 Residual Monitors 对话框

4. 流场初始化

需要激活 Solution Initialization 对话框。执行 Solve→Initialize 命令。在 Compute From 列表中选择特定区域的名称，这意味着要根据该区域的边界条件来计算初始值，然后在 Initial Values 选项组中手动输入数值，如图 3-53 所示。

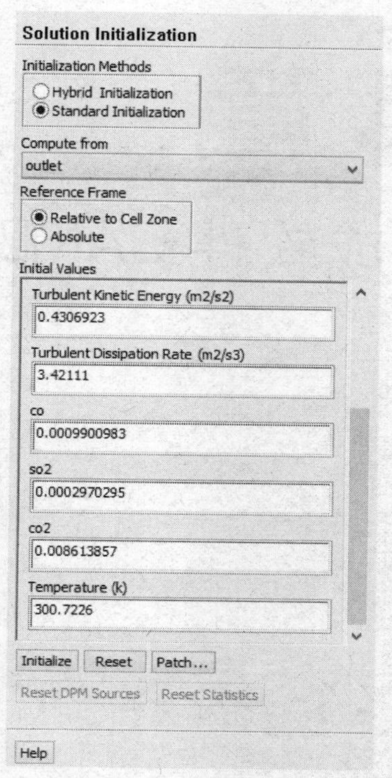

图 3-53 Solution Initialization 对话框

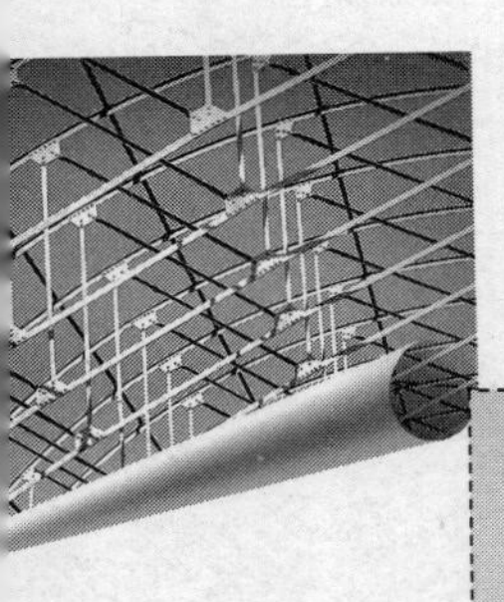

第4章 网格生成软件 GAMBIT

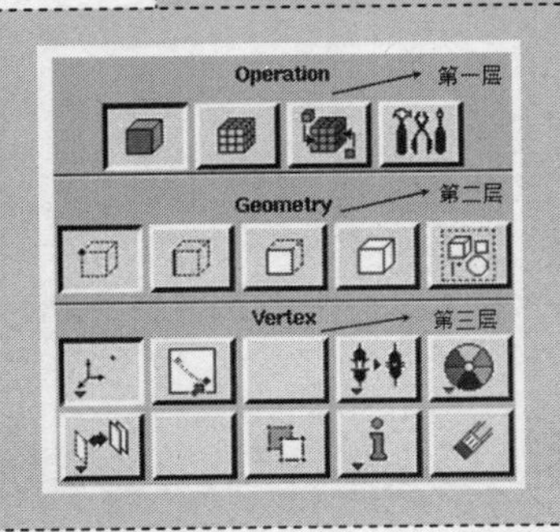

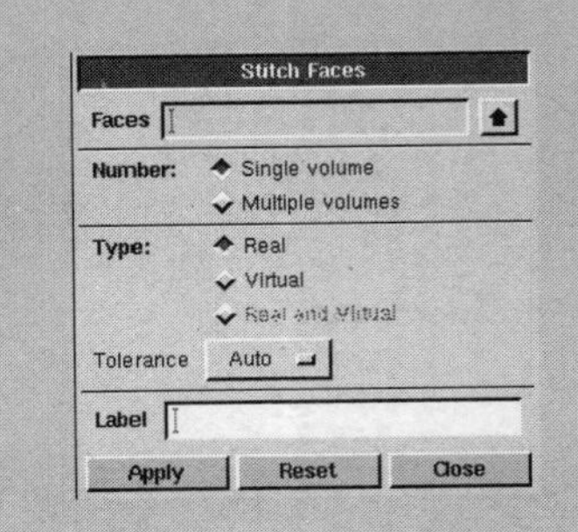

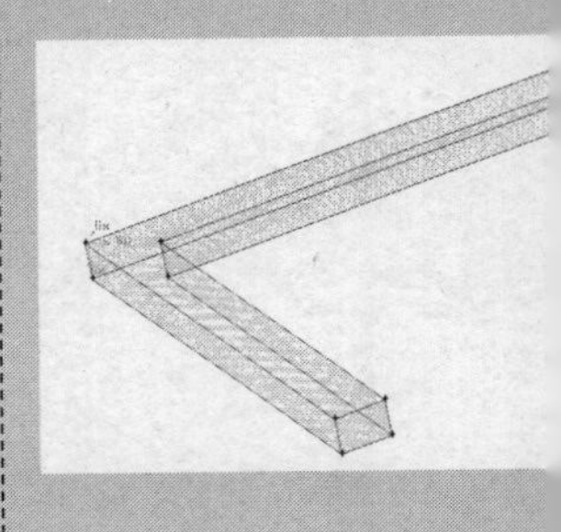

4.1 GAMBIT的简介

GAMBIT是功能强大且灵活方便的几何建模及网格化分工具，可以划分出含边界层等特殊要求的高质量网格。对于Windows操作系统，要运行GAMBIT软件，必须安装Hummingbird.Exceed软件来完成系统的虚拟。

4.1.1 GAMBIT的功能及特点

GAMBIT的功能主要包括两个方面：

● 构造几何模型：一般来说，只要模型不太复杂，都可以直接在GAMBIT中完成几何建模，对于一些复杂的CFD问题，特别是三维的CFD问题，就需要借助专用的CAD软件来完成建模。

● 划分网格和指定边界：GAMBIT可以生成结构网格、非结构网格和混合网格等多种类型的网格，能对网格进行细分或粗化，或生成不连续网格、可变网格和滑移网格。在网格生成之后，就可以在GAMBIT中指定边界。

其中划分网格是其最主要的功能。最终生成包含有边界信息的网格文件。

GAMBIT软件具有以下特点：

● ACIS内核基础上的全面三维几何建模能力，通过多种方式直接建立点、线、面和体，而且具有强大的布尔运算能力，ACIS内核已提高为ACIS R12。该功能大大领先于其他CAE软件的前处理器。

● 可对自动生成的Journal文件进行编辑，以自动控制修改或生成新几何与网格。

● 可以导入PRO/E、UG、CATIA、SOLIDWORKS、ANSYS和PATRAN等大多数CAD/CAE软件所建立的几何和网格。导入过程新增自动公差修补几何功能，以保证GAMBIT与CAD软件接口的稳定性和保真性，使得几何质量高，并大大减轻工程师的工作量。

● 新增PRO/E、CATIA等直接接口，使得导入过程更加直接和方便。

● 强大的几何修正功能，在导入几何时会自动合并重合的点、线、面；新增几何修正工具条，在消除短边、缝合缺口、修补尖角、去除小面、去除单独辅助线和修补倒角时更加快速、自动、灵活，而且准确保证几何体的精度。

● G/TURBO模块可以准确而高效地生成旋转机械中的各种风扇以及转子、定子等的几何模

型和计算网格。

- 强大的网格划分能力，可以划分包括边界层等 CFD 特殊要求的高质量网格。GAMBIT 中专用的网格划分算法可以保证在复杂的几何区域内直接划分出高质量的四面体、六面体网格或混合网格。
- 先进的六面体核心（HEXCORE）技术是 GAMBIT 所独有的，集成了笛卡尔网格和非结构网格的优点，使用该技术划分网格时更加容易，而且大大节省网格数量，提高网格质量。
- 居于行业领先地位的尺寸函数（Size function）功能可使用户能自主控制网格的生成过程以及在空间上的分布规律，使得网格的过渡与分布更加合理，最大限度地满足 CFD 分析的需要。
- GAMBIT 可高度智能化地选择网格划分方法，可对极其复杂的几何区域划分出与相邻区域网格连续的完全非结构化的混合网格。
- 新版本中增加了新的附面层网格生成器，可以方便地生成高质量的附面层网格。
- 可为 FLUENT、POLYFLOW、FIDAP 和 ANSYS 等解算器生成和导出所需要的网格和格式。

4.1.2 GAMBIT 的操作界面

GAMBIT 的操作界面可以分为菜单栏、视图窗口、命令显示窗口、命令输入窗口、命令解释窗口、操作面板和控制面板等，如图 4-1 所示。

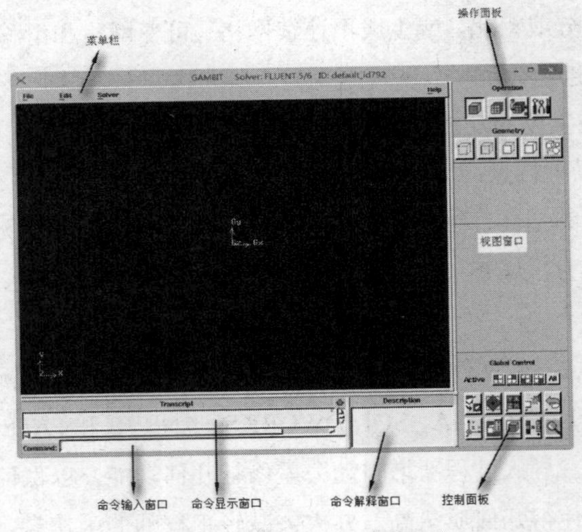

图 4-1　GAMBIT 的操作界面

1. 菜单栏

位于显示区上方，包括 File、Edit、Solver 和 Help 4 个菜单。File 菜单提供的操作有新建文件、打开文件、保存、另存为、图形输出与打印、运行日志、清除日志、查看文件信息、导入、导出、连接 CAD 和退出等。Edit 菜单提供的操作有编辑标题、编辑文件信息、设置参数、查找或修改默认的环境设置、撤销和恢复等。若需要改变背景色可以选择 Defaults 选项，在弹出的如图 4-2

所示的 Edit Defaults 对话框中选择 GRAPHICS，再从下拉列表中选择 WINDOWS BACKGROUND COLOR 选项，将 Value 信息框中默认的黑色背景改为 white，单击 Modify 按钮，即可完成背景修改。使用相同的方法，还可以对模型和网格的颜色参数进行相应的修改。

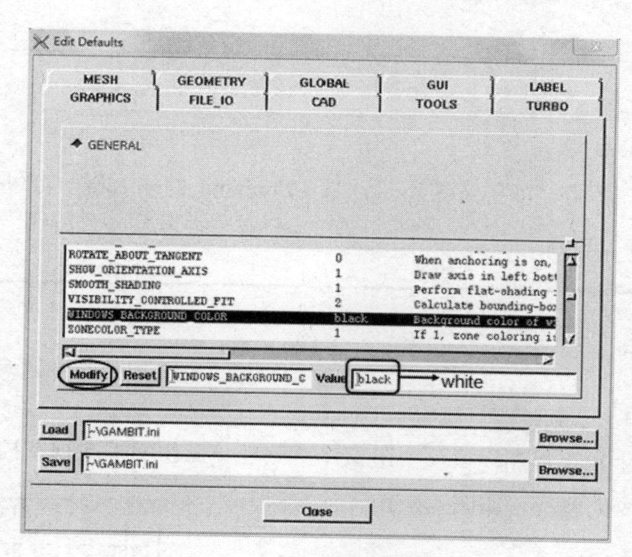

图 4-2　Edit Defaults 对话框

2．视图窗口

该区域可以显示 4 个视图窗口，移动十字可以实现各个窗口的缩放，如图 4-3 所示。

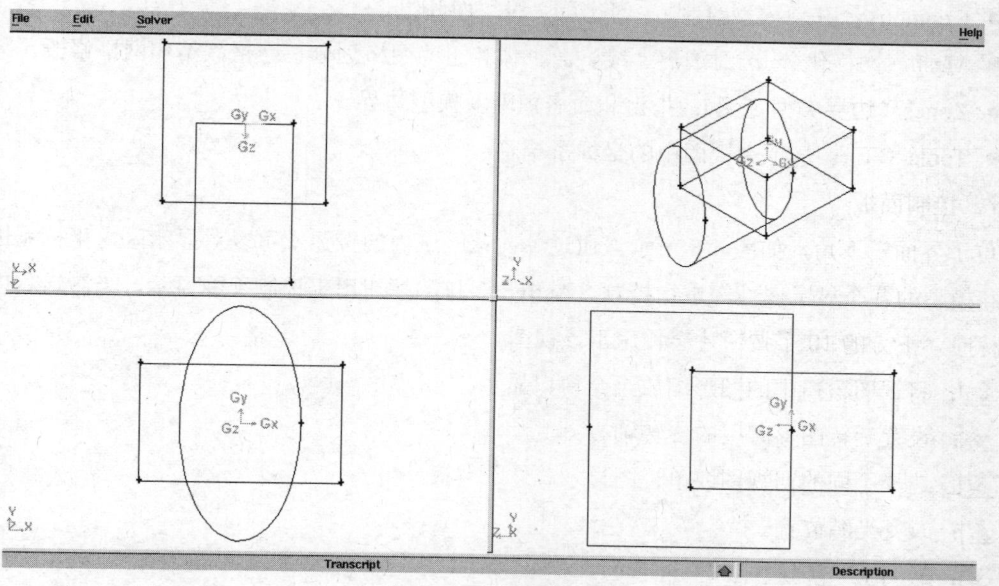

图 4-3　4 个视图窗口

3．命令显示窗口

位于视图窗口的左下方，如图 4-4 所示。从该窗口可以看到每一步操作的命令及结果。

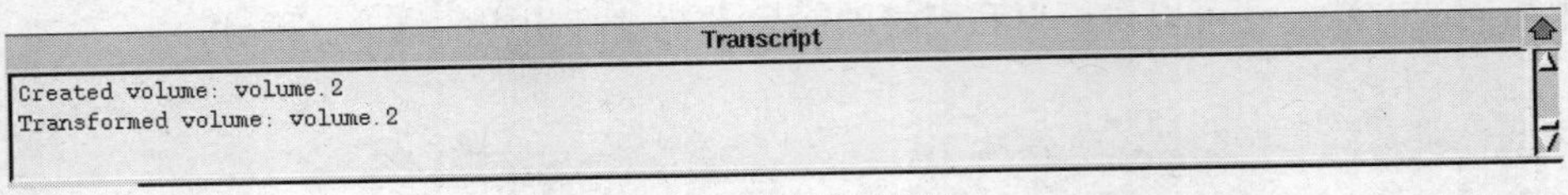

Transcript

Created volume: volume.2
Transformed volume: volume.2

图 4-4　命令显示窗口

4．命令输入窗口

位于命令显示窗口下方，如图 4-5 所示。从 Command 的输入栏中可以输入相关命令，从而实现相应的操作。

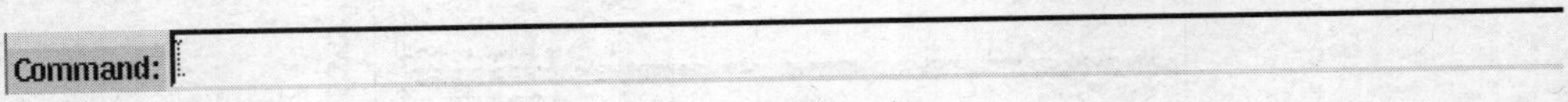

Command:

图 4-5　命令输入窗口

5．命令解释窗口

位于视图窗口右下角，将光标移至视图窗口右侧任一操作面板或视图控制面板按钮上，该窗口都会出现该按钮命令的解释，如图 4-6 所示。

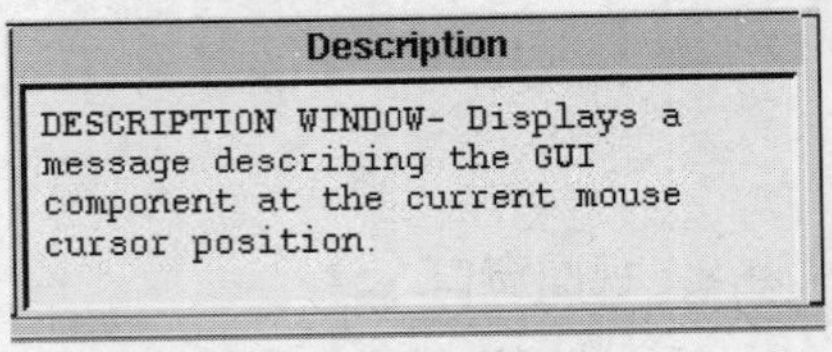

Description

DESCRIPTION WINDOW- Displays a message describing the GUI component at the current mouse cursor position.

图 4-6　命令解释窗口

6．操作面板

位于界面右侧，由 3 个层次的命令组以及当前命令使用对话框组成，如图 4-7 所示，第一层为 Operation，包含 4 个二级命令组。

- Geometry（几何模型绘制）：创建点、线、面和组。
- Mesh（网格化分）：对边界、线、面、体和组的网格划分、网格联结和网格修改。
- Zones（边界类型定义）：指定和命名模型及模型边界。
- Tools（工具）：定义视图中的坐标系统。

7．控制面板

位于界面右下角，如图 4-8 所示。通过单击该区域内的按钮，可以对显示区内坐标系标示、颜色和模型的各个显示属性等进行控制。Active 一排的按钮用来控制视图显示，当激活相应的视图图标时，下方的 10 个按钮才会作用于该视图。

：将视图窗口中的图形缩放至全窗口显示。

：设置旋转图形时用的旋转轴心。

：选择不同的四视图或单视图显示。

：改变光源位置。

：撤销上一步操作。

：选择模型的方位坐标。

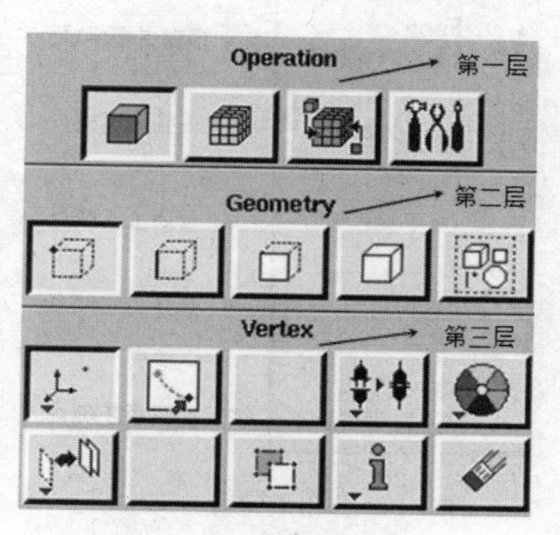

图 4-7 操作面板

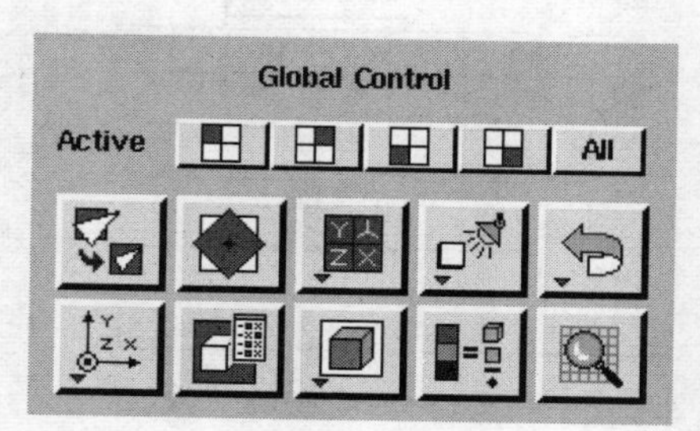

图 4-8 控制面板

：指定模型是否可见。

：指定模型的外观显示。

：指定颜色模式。

：放大局部网络模型。

而要将 Gambit 中建立的网格模型调入 FLUENT 中使用，则需要将其输出为.msh 文件（file/export）。

4.2 GAMBIT 的操作步骤

GAMBIT 生成网格文件通常有 3 步，即建立几何模型、划分网格以及定义边界。本节将对这 3 步进行详细的讲解。

4.2.1 建立几何模型

1. 绘制点

单击 Geometry→Vertex→Create Vertex按钮，弹出 Create Real Vertex 面板，如图 4-9 所示。在其中输入点的三维坐标，单击 Apply 按钮即可在视图窗口中生成相应的点。

点的生成形式有 7 种，用鼠标右键单击 Create Vertex按钮，在其列表中可查看点的不同生成方式，如图 4-10 所示。

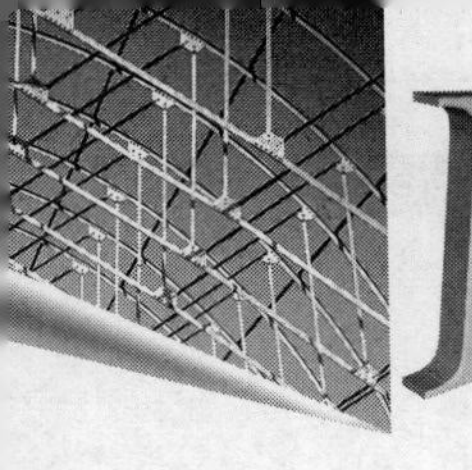

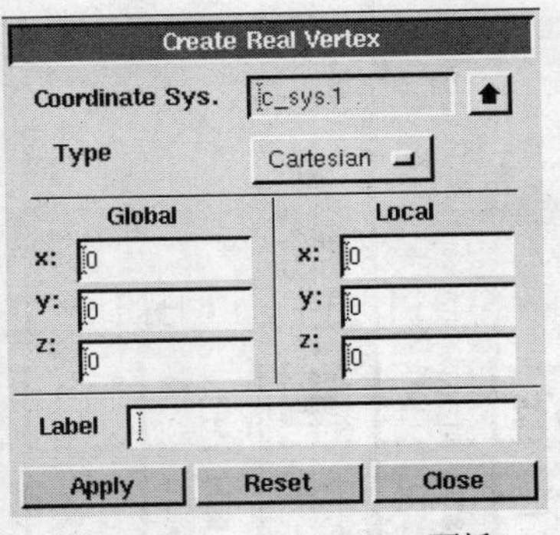

图 4-9 Create Real Vertex 面板

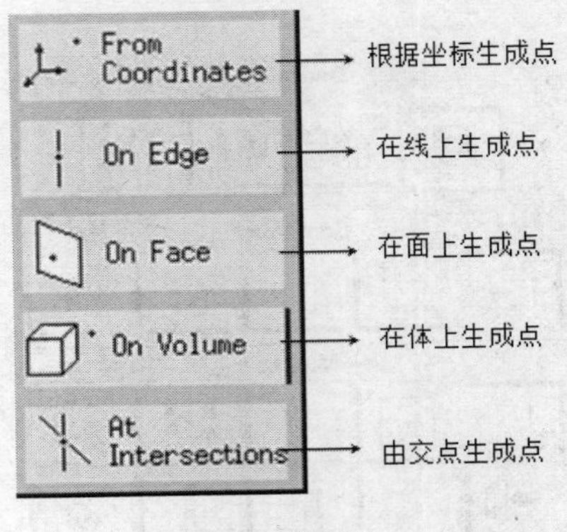

图 4-10 点生成列表

2. 绘制线

单击 Geometry →Edge →Create Edge 按钮，弹出 Create Straight Edge 面板，在其中选取需要连接成直线的两点，单击 Apply 按钮就会在选择的两点之间建立一条直线。除了直线外，还有其他类型线的生成方式，用鼠标右键单击 Create Edge 按钮，即可弹出线的生成方式列表，如图 4-11 所示。

3. 绘制面

单击 Geometry →Face →Form Face 按钮，弹出 Create Face From Wireframe 面板，选取需要围成面的线段，单击 Apply 按钮生成面。用鼠标右键单击 Form Face 按钮，弹出其他面的生成方式列表，如图 4-12 所示。

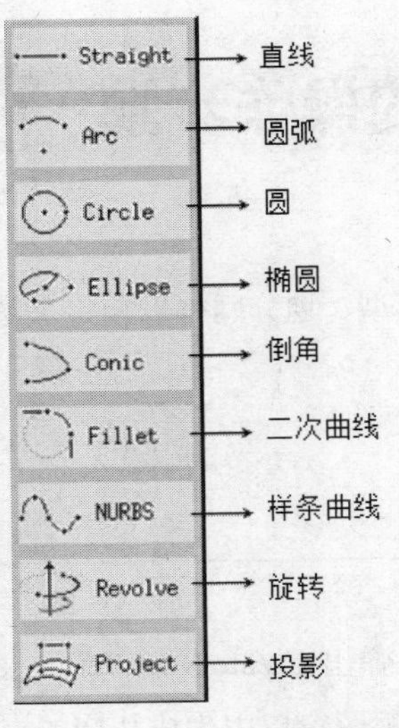

图 4-11 线生成方式列表

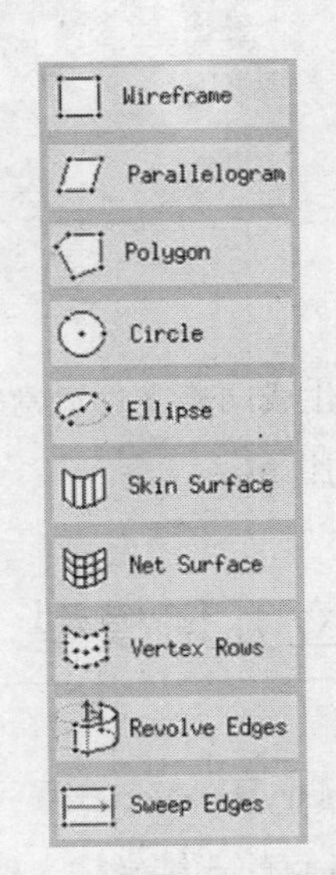

图 4-12 面的生成方式列表

除了点→线→面或点→面的生成方法之外，还可以直接绘制面。单击 Create Face 按钮，弹出矩形生成面板，如图 4-13 所示，在宽、高输入栏中输入数值即可生成相应的矩形。用鼠标右键单击 Create Face 按钮，弹出面的样式列表，还可以生成圆和椭圆，如图 4-14 所示。

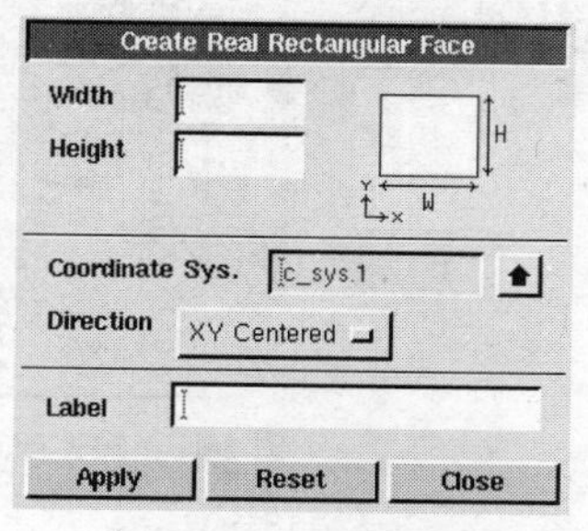

图 4-13 矩形生成面板

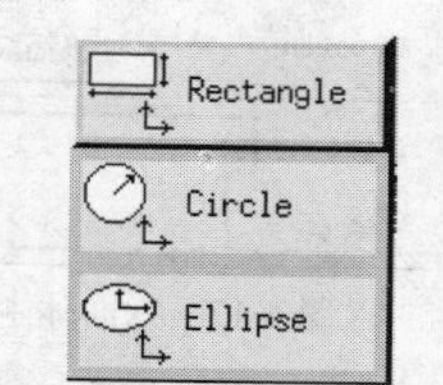

图 4-14 面的样式列表

4．绘制体

单击 Geometry →Volume →Form Volume 按钮，在弹出的如图 4-15 所示的 Stitch Faces 面板中选取需要结合的面，单击 Apply 按钮，即可生成体。用鼠标右键单击 Form Volume 按钮，可弹出其他体的生成方式列表，如图 4-16 所示。

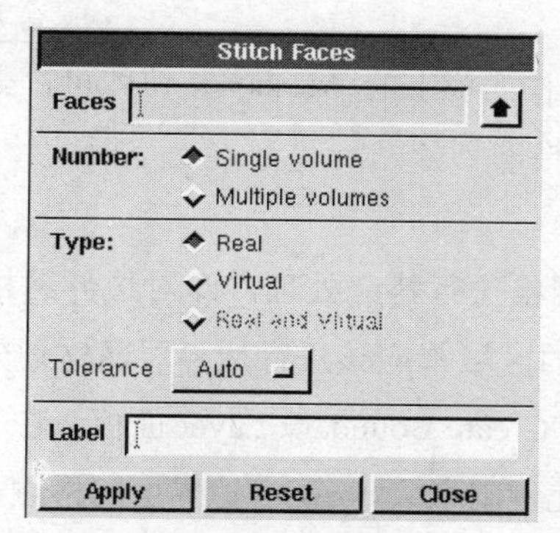

图 4-15 Stitch Faces 面板

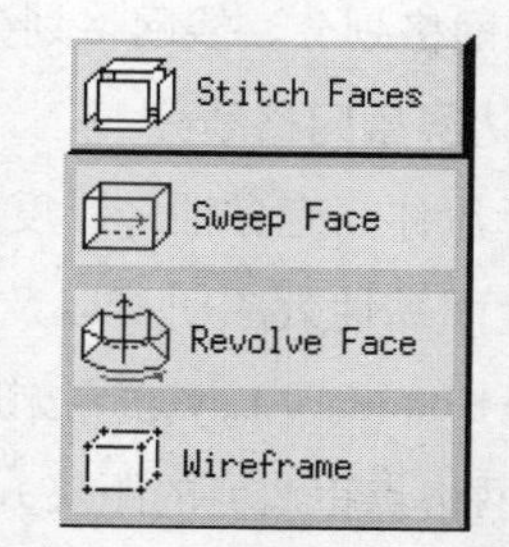

图 4-16 体的生成方式列表

如果想直接绘制体，可以单击 Create Volume 按钮，在弹出的如图 4-17 所示的六面体生成面板中输入长、宽、高生成对应的六面体。用鼠标右键单击 Create Volume 按钮，可以弹出实体样式列表，可从其中选择圆柱体、棱主体、棱锥体、台体和球体等，如图 4-18 所示。

5．其他常用操作

除了基本的点、线、面、体建模操作命令外，还有一些常用的操作命令。

Move/Copy ：移动/复制命令，可以选取需要移动或复制的点、线、面、体，通过平移、旋转、映射等方法完成对目标模型的移动或复制。

Boolean Operation ：布尔运算，在面或体的建模过程中取并集、交集或用一个面（一个体）减去另一个面（体）。

Split/Merge/Collapse Faces ：面切割、融合，将面缩成边。

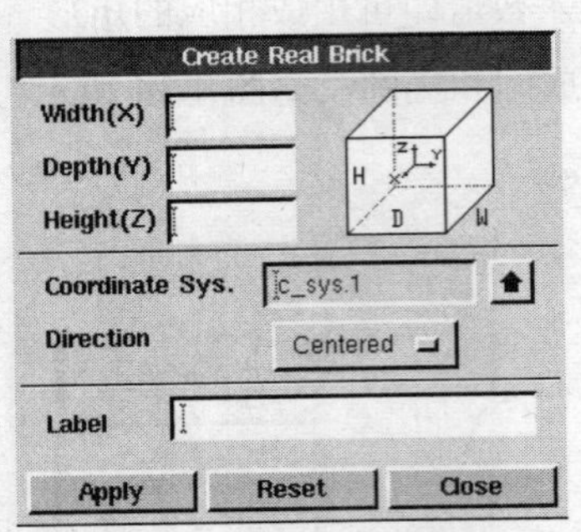

图 4-17　六面体生成面板

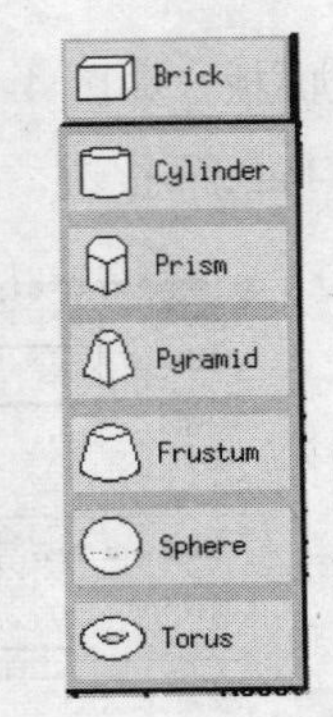

图 4-18　实体样式列表

Split/Merge Volumes：体切割和融合。

Connect/Disconnect：把重合的点、线、面合并或解除合并连接状态。

Modify Color/Label：对点、线、面、体的色彩或标签进行自行配置。

Delete：删除错误或无用的模型。

4.2.2　划分网格

生成几何模型以后，接着要网格进行划分，单击操作面板上的 Mesh按钮即可，具体包括对边界层网格划分、线网格划分、面网格划分以及体网格的划分。

1．边界层网格划分

由于流体具有黏性，精度要求较高时需要对计算网格进行特殊处理，即对边界网格进行划分。近壁面黏性效应明显以及流场参数变化梯度较大的区域都应该进行边界层网格划分。单击 Mesh→Boundary Layer按钮，弹出如图 4-19 所示的 Create Boundary Layer 面板，在 First row（第一个网格点距边界的距离）、Growth factor（网格的比例因子）、Rows（边界层网格点数）以及 Depth（边界层厚度）4 组参数中任意输入 3 组。Transition pattern 提供了 4 种不同的边界层划分形式（1∶1、4∶2、3∶1 和 5∶1）。

2．线网格的划分

单击 Mesh→Edge→Mesh Edges按钮，弹出 Mesh Edges 面板，选择一条或多条需要划分的线段，在 Ratio 栏中输入比例因子，可以单调递增或单调递减，默认值为 1，即均匀分布。若同时选中 Double sided，则需要输入两个比例因子，划分出来的网格就会呈现中间密两端疏或中间疏两端密的形式，如图 4-20 所示。实际划分时，通常可给予尺寸（Interval size）或段数（Interval count）将线段分段。若需要在已经划分好的线段上重新划分网格，需要将 Remove old mesh 选中，从而删除先前划分好的网格。

3．面网格的划分

单击 Mesh→Face→Mesh Faces按钮，弹出如图 4-21 所示的 Mesh Faces 面板，其中的

elements 提供了 3 种面网格划分类型，type 提供了 5 种网格划分的方法。但在不同的 Elements 下网格的划分方式是不同的，如表 4-1 所示。

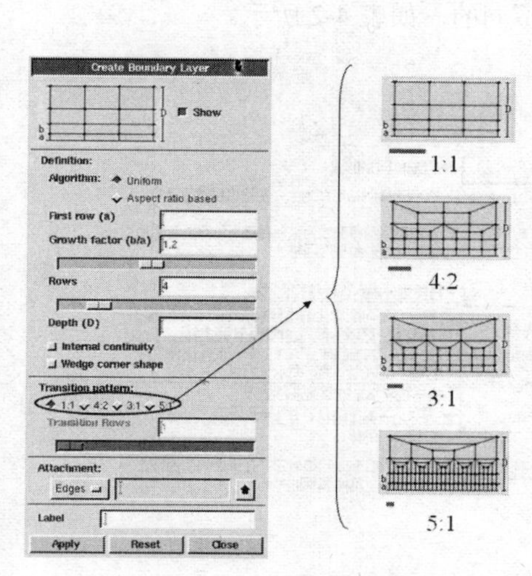

图 4-19　Create Boundary Layer 面板

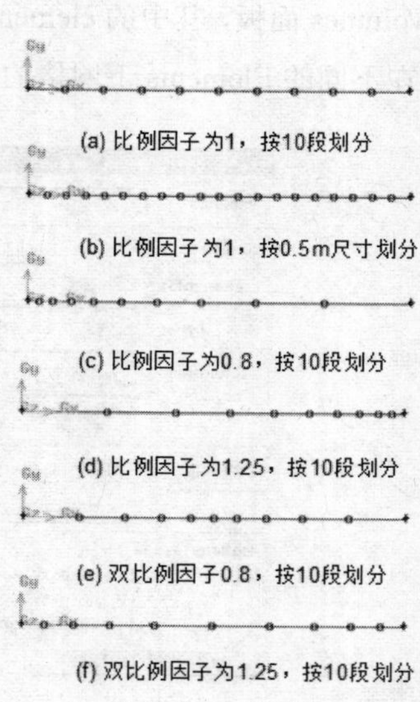

图 4-20　不同方法划分出的线网格

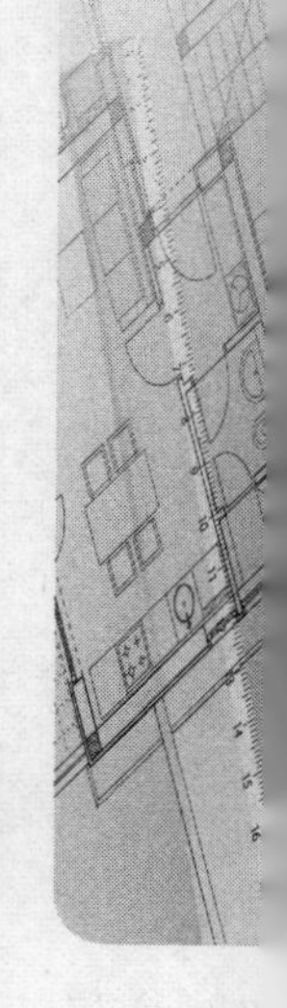

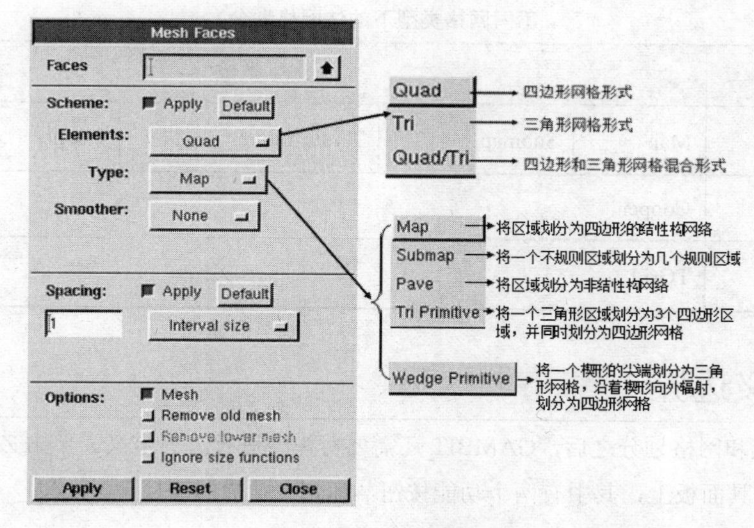

图 4-21　Mesh Face 面板

表 4-1　　不同网格类型下的面网格划分

类型	划分类型			
Quad	Map	Submap	Pave	Tri Primitive
Tri	Pave			
Quad/Tri	Map	Pave	Wedge Primitive	

4．体网格的划分

与面网格的划分相似，单击 Mesh→Volume→Mesh Volumes按钮，弹出如图 4-22 所示的 Mesh Volumes 面板，其中的 elements 提供了 3 种体网格划分类型，type 提供了 6 种网格划分的方法。但在不同的 Elements 下网格的划分方式是不同的，如表 4-2 所示。

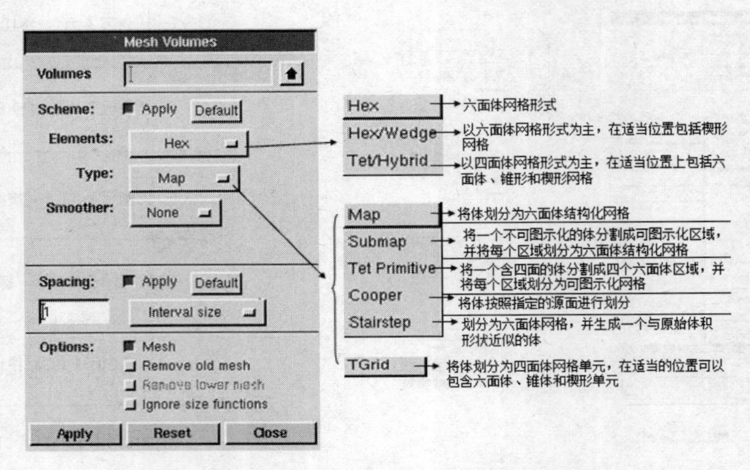

图 4-22　Mesh Volumes 面板

表 4-2　　不同网格类型下的体网格划分

类型	划分类型				
Hex	Map	Submap	Tet Primitive	Cooper	Stairstep
Hex/Wedeg	Cooper				
Tet/Hybrid	TGrid				

4.2.3　定义边界

在完成建模和网格划分之后，GAMBIT 还需要对模型进行边界定义。单击 Zones按钮，弹出的边界定义工具面板上，其中有两个功能按钮，即定义边界类型以及定义介质类型。

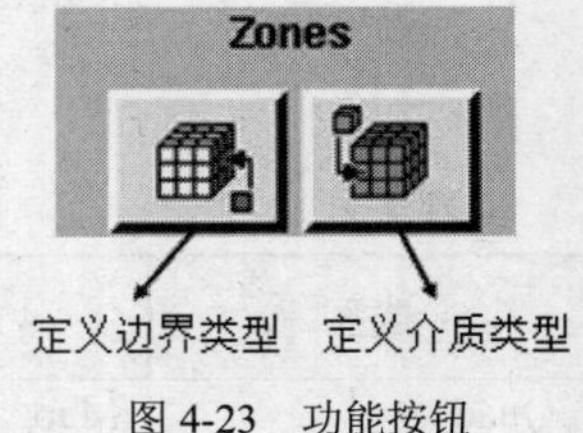

图 4-23　功能按钮

1．边界类型的定义

单击 Zones→Specify Boundary Types按钮，弹出如图 4-24 所示的 Specify Boundary Types 面板，在 Type 中提供了 2 两种流动进、出口类型，如图 4-25 所示。可以选择需要定义边界类型的线、面或组进行定义。下面介绍几组常见的边界类型。

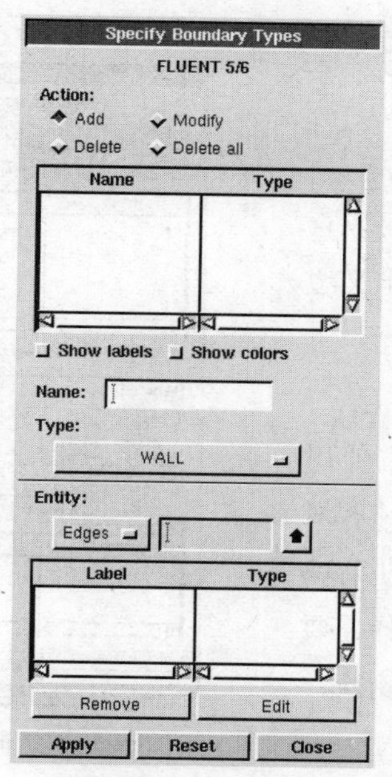

图 4-24　Specify Boundary Types 面板

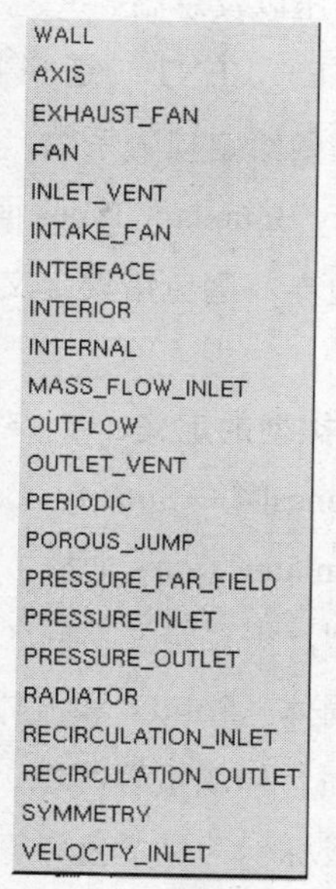

图 4-25　边界类型列表

- WALL：壁面边界，通常用于限制流体和固体区域，在 FLUENT 中可以用来定义为静止、运动、滑移或热边界。
- VELOCITY_INLET：速度入口边界，该类型定义后可在 FLUENT 中输入流动入口速度值和标量。
- MASS_FLOW_INLET：质量流动入口边界，该类型定义后可在 FLUENT 中输入具体的质量流速，通常适用于可压缩液体。
- PRESSURE_INLET：压力入口边界，该类型定义后可在 FLUENT 中输入入口边界的总压、静压等标量。
- OUTFLOW：出口流动边界，用于模拟未知出口速度或压力情况，假定除了压力之外的所有流动变量正法向梯度为 0，不可用于定义可压缩流动的边界。
- PRESSURE_OUTLET：压力出口边界，该类型定义后可在 FLUENT 中输入具体的出口静压值，当有回流时，使用压力出口边界代替 OUTFLOW 边界通常更容易得到收敛。
- SYMMETRY：对称边界，用于研究对象具有镜像特征的状况。
- AXIS：轴边界，必须使用在几何模型的中线处。
- INTAKE_FAN：进气扇边界，用来模拟外部进气扇，FLUENT 中需要给定压降、流动方向，周围环境的总压以及总温。
- EXHAUST_FAN：排气扇边界，用来模拟外部排风扇，FLUENT 中需要给定压力跳跃以及周围环境的静压。
- INLET_VENT：进风口边界，用来模拟进风口，FLUENT 中需要给定损失系数、流动方向、

周围环境的总压以及总温。

● OUTLET_VENT：通风口边界，用来模拟通风口，FLUENT 中需要给定损失系数、周围环境的静压和静温。

在 Specify Boundary Types 面板中的 Show labels Show colors 可以查询定义好的边界，避免错误定义和重复定义，从而提高定义边界的效率。

2．介质类型的定义

单击 Zones→Specify Continuum Types 按钮，弹出 Specify Continuum Types 面板，如图 4-26 所示。对于固体和液体并存的模型，需要定义不同区域的介质类型。面板中的 Type 选项提供了固体（Solid）和流体（Fluid）两种类型。选择需要定义类型的面、体或组等区域，可以进行定义、添加、删除、修改、命名或标示、显示色彩等操作。

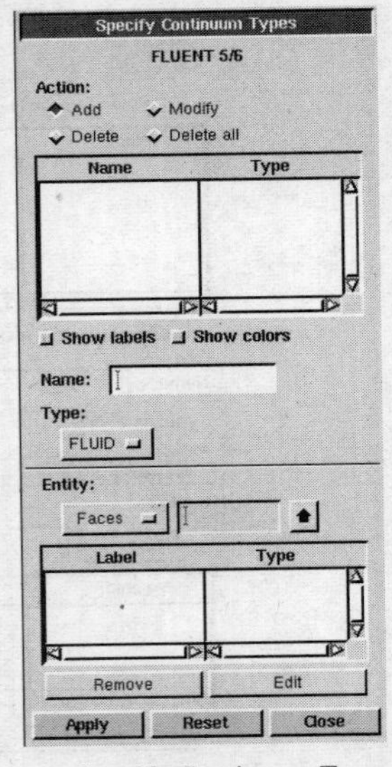

图 4-26　Specify Continuum Types 面板

4.2.4　GAMBIT 与其他软件的联用

简单的三维模型可以直接在 GAMBIT 中建立，但是复杂的几何体就需要借助其他 CAD/CAE 系统软件。GAMBIT 允许从 Pro/ENGINEER、Ansys、SolidWorks、Patran、UG、I-DEAS 和 CATIA 等导入几何体和网格。下面简单介绍 AutoCAD 与 GAMBIT 的联用。

将 AutoCAD 绘制好的图形导入 GAMBIT，需要有以下几个步骤：

（1）在 CAD 中完成模型的绘制。

（2）执行 File→Export 命令，选择类型为 ACIS（*.sat），输入文件名。

（3）在打开的 GAMBIT 中执行 File→Import→ACIS 命令，输入文件名或从 Browse 中选取。

4.3　GAMBIT 的应用实例

4.3.1　三维直通管内的湍流模型与网格划分

1．实例概述

图 4-27 所示，水流通过一根 10m 长的水平直通管，其中入口速度是 1m/s，水的密度是 1kg/m^3，

运动黏度为 $\mu = 2 \times 10^{-5}$ kg/（ms），管内径为 0.2m。计算出雷诺数为 10000，可知该流体运动为完全湍流流动。下面在 GAMBIT 中建立该湍流模型并对其进行网格划分。

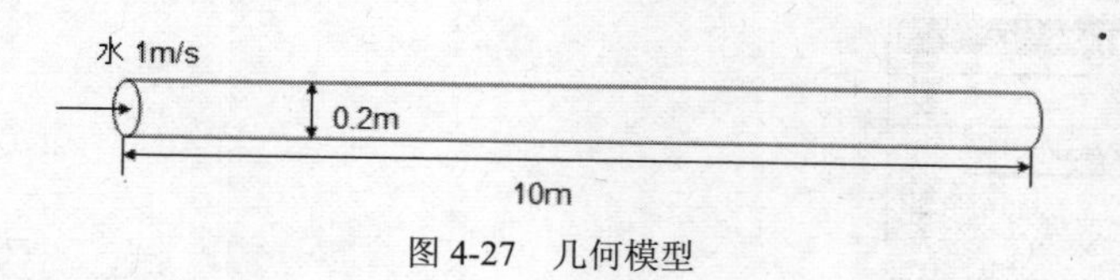

图 4-27 几何模型

2. 在 GAMBIT 中建立模型

（1）启动 GAMBIT，选择工作目录 D:\Gambit working。

（2）单击 Geometry →Face →Create Real Circular 按钮，弹出 Create Real Circular Face 面板，如图 4-28 所示。在其中的 Radius 中先输入 0.1，保持 Plane 为 XY，把图 4-28 下面的描述改为 Create Real Circular Face 面板，单击 Apply 按钮，得到如图 4-29 所示的图形。单击 Fit to Window 按钮，即可调节图形与窗口大小的关系。

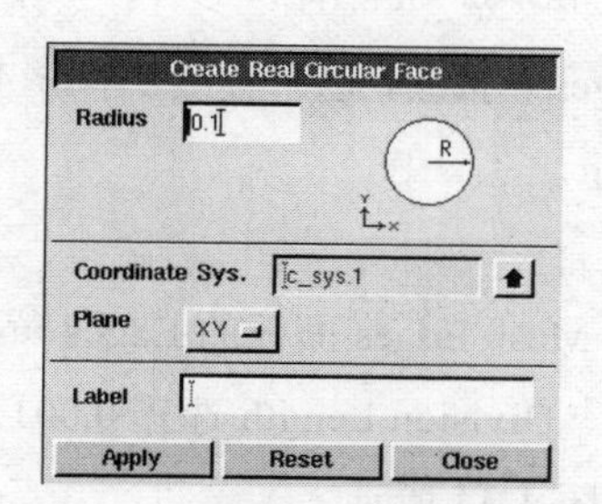

图 4-28 Create Real Circular Face 面板

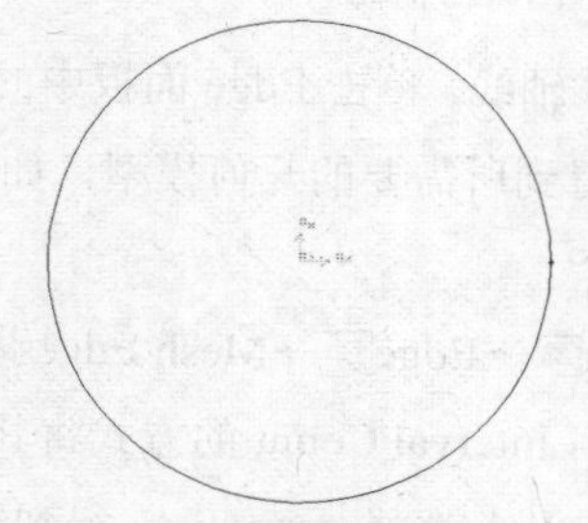

图 4-29 几何面域

（3）单击 Geometry →Vertex →Create Real Vertex 按钮，按照表 4-3 创立各点。单击 Apply 按钮，生成管轴上的另一点。

表 4-3 管轴上各点坐标

x	*y*	*z*
0	0	0
0	0	10

（4）创建线，单击 Geometry →Edge →Create Straight Edge 按钮，按住 Shift 键，再单击上步创建的两个点，或在 Vertices 选框中选择需要的两个点，单击 Apply 按钮，生成体轴线，如图 4-30 所示。

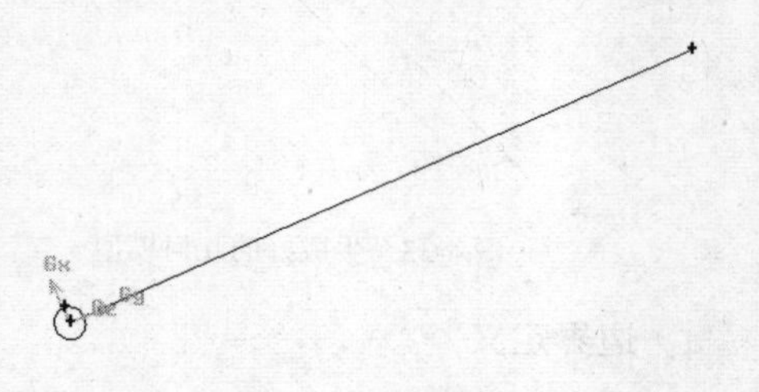

图 4-30 绘制轴线

（5）单击 Geometry →Volume →Sweep

Real Faces按钮，弹出 Sweep Faces 面板，如图 4-31 所示，在 Faces 中选取面 1，选择 Path 为 Edge，在 Edge 中选取刚绘制的轴线，保持 Type 为 Rigid，单击 Apply 按钮，得到几何体，如图 4-32 所示。

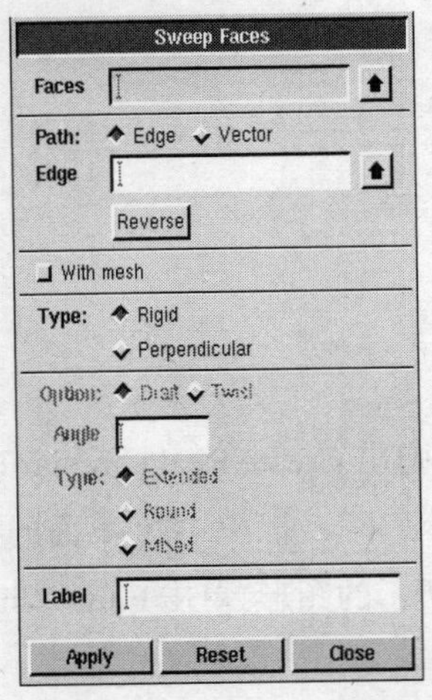

图 4-31　Sweep Faces 面板

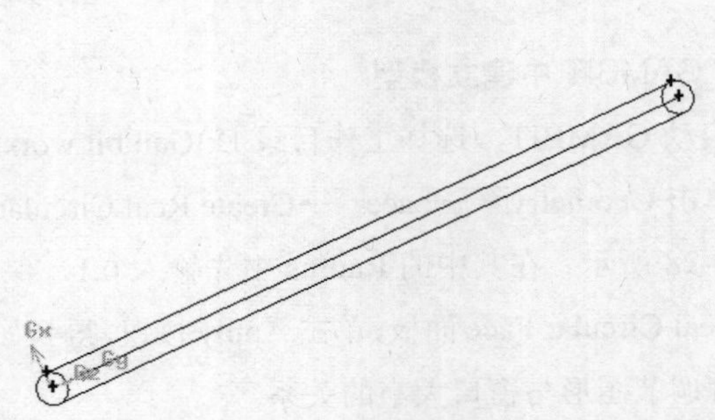

图 4-32　几何体

（6）去掉几何体轴线，单击 Edge 面板中的 Delete Edges按钮，选中轴线，单击 Apply 按钮，将轴线删除，即可得到所需要的几何模型，如图 4-33 所示。

3．网格的划分

（1）单击 Mesh→Edge→Mesh Edges按钮，在 Mesh Edges 面板的 Edges 黄色输入框中选择两条圆弧，采用 Interval Count 的方式将其分为 30 份，Division Length 选择 0.001。选择 Type 为 First Length，Soft link 选择 maintain，得到线网格，如图 4-34 所示。

（2）单击 Mesh→Face→Mesh Faces按钮，打开 Mesh Faces 面板，先选择两个圆面，保持默认值，单击 Apply 按钮，然后选择需要被划分的外表面，选择 Interval Count 的方式将其分为 100 份，运用 Quad 单元与 Map 的方式，单击 Apply 按钮，网格生成情况如图 4-35 所示。

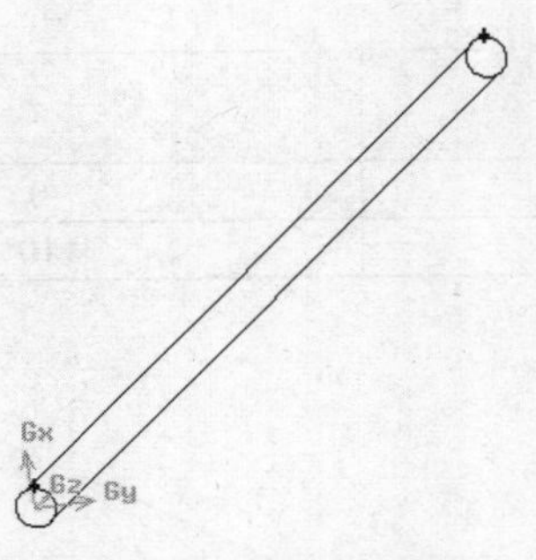

图 4-33　生成好的几何模型

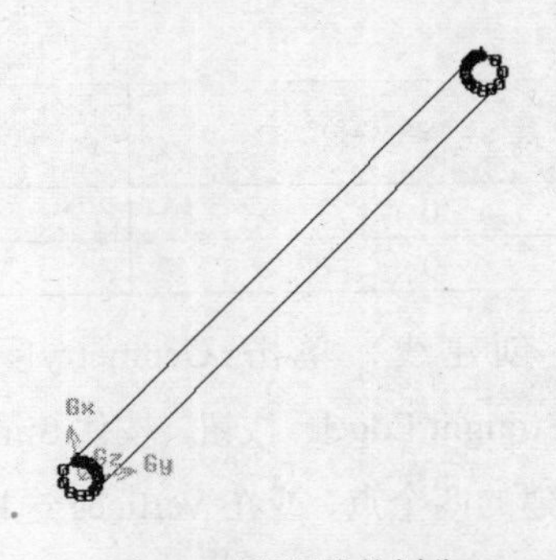

图 4-34　线网格的划分

4．边界定义

（1）单击 Zones→Specify Boundary Types按钮，在如图 4-36 所示的 Specify Boundary

Types 面板中将左边的面定义为速度入口（VELOCITY_INLET），名称为 inlet；将右边的面定义为压力出口（PRESSURE_OUTLET），名称为 outlet；选择环壁面定义为 WALL，名称为 wall。

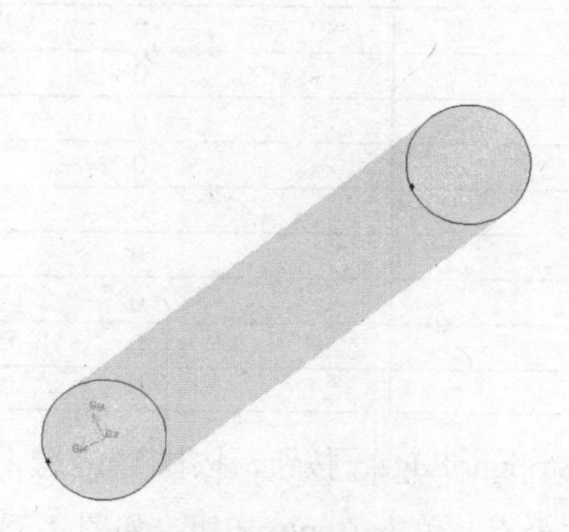

图 4-35　面的网格划分

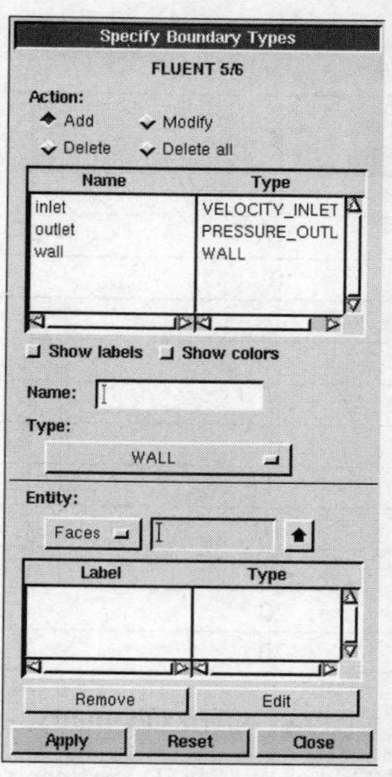

图 4-36　Specify Boundary Types 面板

（2）执行 File→Export→Mesh 命令，在文件名中输入 Model1.msh，不选 Export 2-D（X-Y）Mesh，确定输出的为三维模型网络文件。

4.3.2　二维轴对称喷嘴模型与网格划分

1．实例概述

图 4-37 所示，根据参考数据建立 GAMBIT 模型并对其进行网格划分。

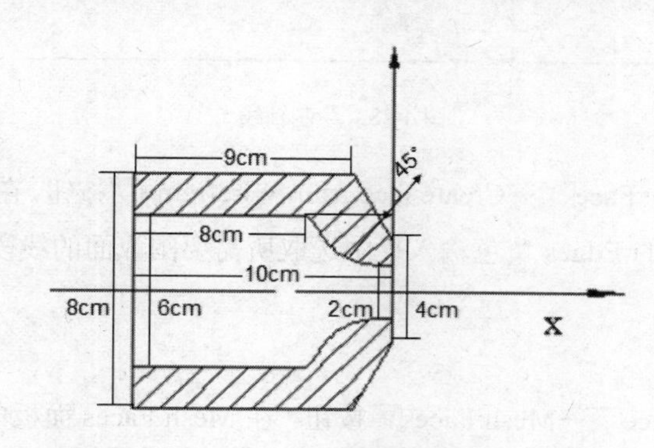

图 4-37　实例模型

2．在 GAMBIT 中建立模型

（1）启动 GAMBIT，选择工作目录 D:\Gambit working。

（2）单击 Geometry →Vertex →Create Real Vertex 按钮，在 Create Real Vertex 面板中根据表 4-4 建立点。

表 4-4　　各个点坐标

x	y	z
0	0	0
-10	0	0
0	1	0
-2	3	0
-10	3	0
0	3	0
0	2	0
-1	4	0
-10	4	0
-10	10	0
20	0	0
20	10	0

（3）创建线，单击 Geometry →Edge →Create Straight Edge 按钮，按住 Shift 键，再单击上步创建的两个点，或在 Vertices 选框中选择需要的两个点，单击 Apply 按钮，如图 4-38 所示。单击 按钮，在 Vertex 面板中单击 按钮，删除中心点（0，3，0）。

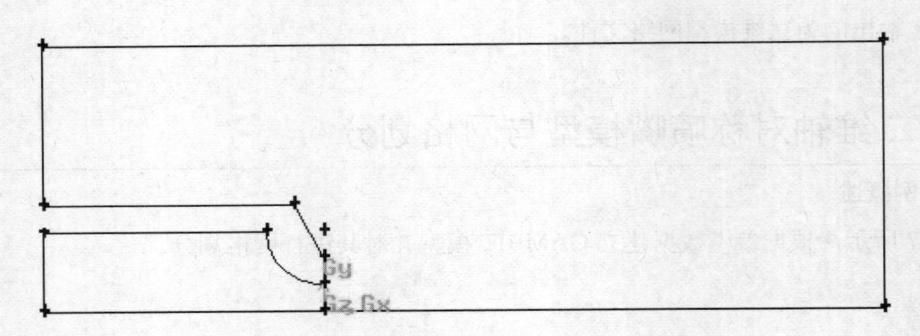

图 4-38　绘制轴线

（4）单击 Geometry →Face →Create face from Wireframe 按钮，在如图 4-39 所示的 Create face from Wireframe 面板的 Edges 黄色输入栏中选取所需要围成面的线段，单击 Apply 按钮生成几何平面，如图 4-40 所示。

3．网格的划分

（1）单击 Mesh →Face →Mesh Faces 按钮，在 Mesh Faces 面板的 Faces 黄色输入框中选择喷嘴面，采用 Interval Count 的方式将其分为 30 份，Elements 选择 Quad，Type 选择 Map。得到喷嘴面网格，如图 4-41 所示。

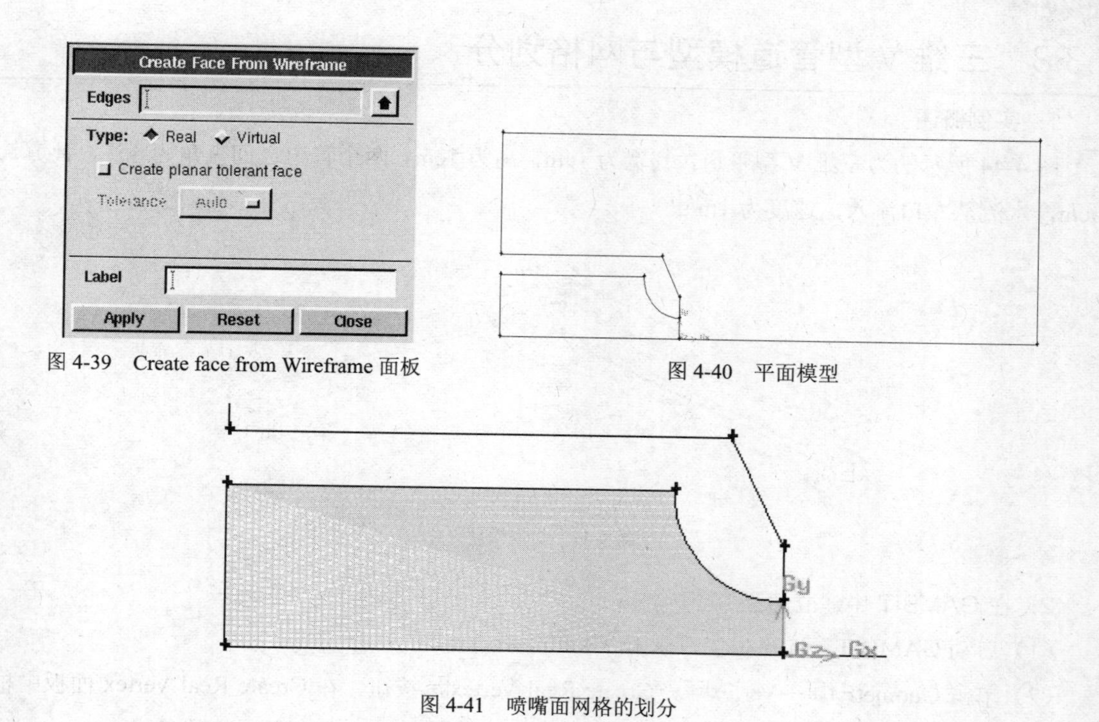

图 4-39 Create face from Wireframe 面板

图 4-40 平面模型

图 4-41 喷嘴面网格的划分

（2）选择喷嘴外部的面，在 Mesh Faces 面板的 Faces 黄色输入框中选择外区域面，采用 Interval Count 的方式将其分为 80 份，Elements 选择 Quad，Type 选择 Submap。得到外区域面网格，如图 4-42 所示。

4．边界定义

（1）单击 Zones →Specify Boundary Types 按钮，在 Specify Boundary Types 面板中将喷嘴面左边的线段定义为压力入口（PRESSURE_INLET），名称为 inlet；将右边的线段定义为压力出口（PRESSURE_OUT），名称为 outlet；上边缘曲线定义为 WALL，名称为 wall；下边缘曲线定义为 AXIS，名称为 centerline，如图 4-43 所示。

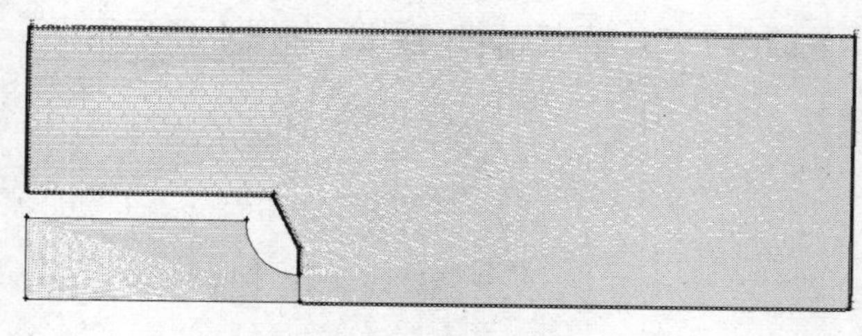

图 4-42 外区域面网格的划分

Name	Type
inlet	PRESSURE_INLET
outlet	PRESSURE_OUTL
wall-1	WALL
wall-2	WALL
centerline	AXIS

图 4-43 Specify Boundary Types 面板

（2）执行 File→Export→Mesh 命令，在文件名中输入 Model2.msh，并选中 Export 2-D（X-Y）Mesh，确定输出的为二维模型网络文件。

4.3.3 三维 V 型管道模型与网格划分

1．实例概述

图 4-44 所示的为三维 V 型管道，其宽为 1cm，高为 1cm，两个管道之间夹角为 45°，管道长 10cm，水流从左口流入，速度为 1m/s。

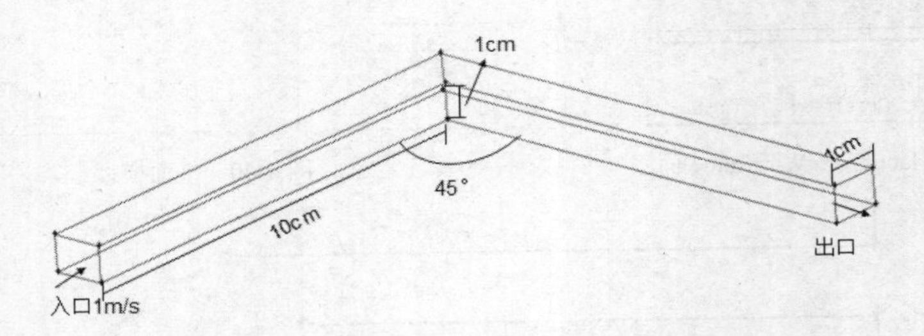

图 4-44　实例模型

2．在 GAMBIT 中建立模型

（1）启动 GAMBIT，选择工作目录 D:\Gambit working。

（2）单击 Geometry→Vertex→Create Real Vertex按钮，在 Create Real Vertex 面板中根据表 4-5 建立点。

表 4-5　各点坐标

x	*y*	*z*
0	0	0
-10	10	0
-9	11	0
10	10	0
9	11	0
0	2	0

（3）创建线，单击 Geometry→Edge→Create Straight Edge按钮，按住 Shift 键，再单击上步创建的点，或在 Vertices 选框中选择需要的两个点，单击 Apply 按钮，如图 4-45 所示。

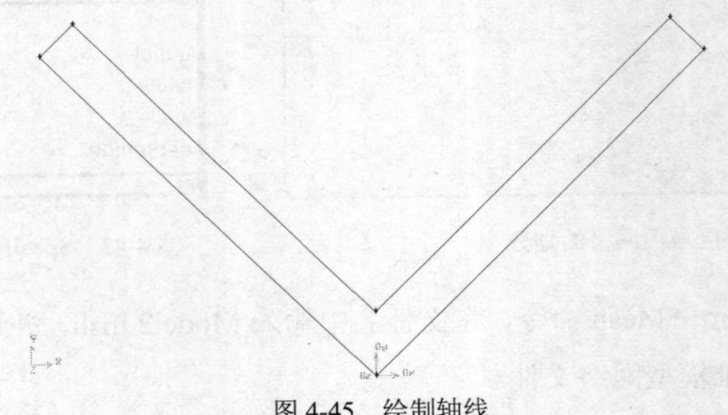

图 4-45　绘制轴线

（4）单击 Geometry→Face→Create face from Wireframe按钮，在 Create face from Wireframe 面板的 Edges 黄色输入栏中选取所需要围成面的线段，单击 Apply 按钮生成几何平面。

（5）创建体，单击 Geometry→Volume→Sweep Faces按钮，弹出如图 4-46 所示的 Sweep Faces 面板。在 Faces 选项栏中选中生成的面，路径 Path 选择为 Vector，单击 Define 按钮，弹出如图 4-47 所示的 Vector Definition 面板，选择 Magnitude，并填写 1，单击 Apply 按钮。即可得到三维实体图，如图 4-48 所示，按住鼠标左键就可以转动角度观察三维视图。

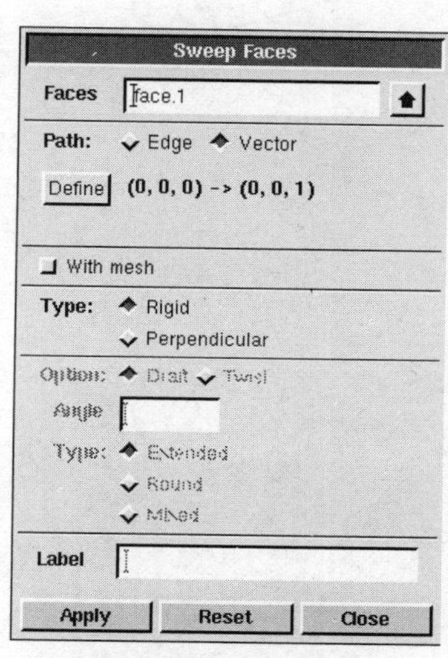

图 4-46 Sweep Faces 面板

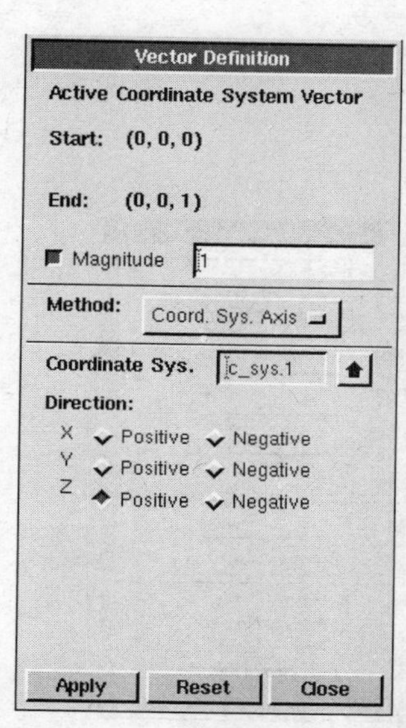

图 4-47 Vector Definition 面板

3. 网格的划分

（1）单击 Mesh→Face→Mesh Faces按钮，在 Mesh Faces 面板的 Faces 黄色输入框中选择入口面，采用 Interval Count 的方式将其分为 20 份，如图 4-49 所示。

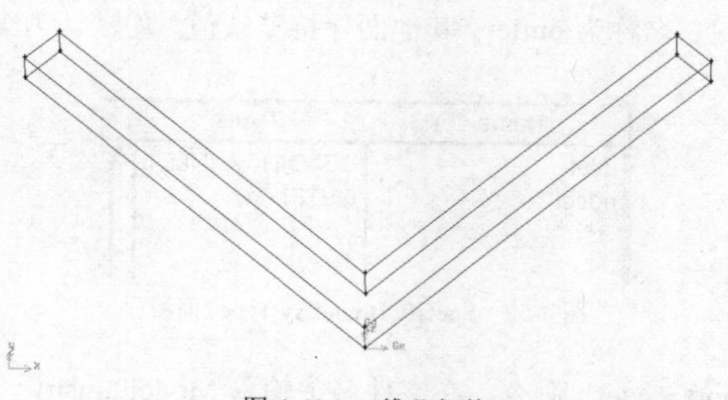

图 4-48 三维几何体

（2）单击 Mesh→Volume→Mesh Volumes按钮，在 Mesh Volumes 面板的 Volume 黄色输入框中选择整个体，其他选项保持默认值，如图 4-50 所示，单击 Apply 按钮，得到体网格的划分，如图 4-51 所示。

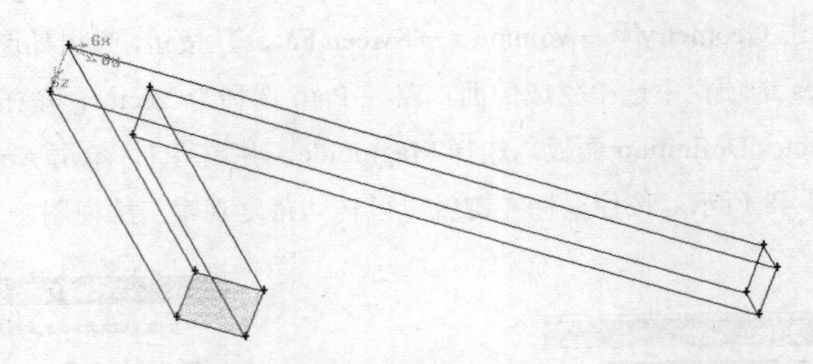

图 4-49　入口面网格的划分

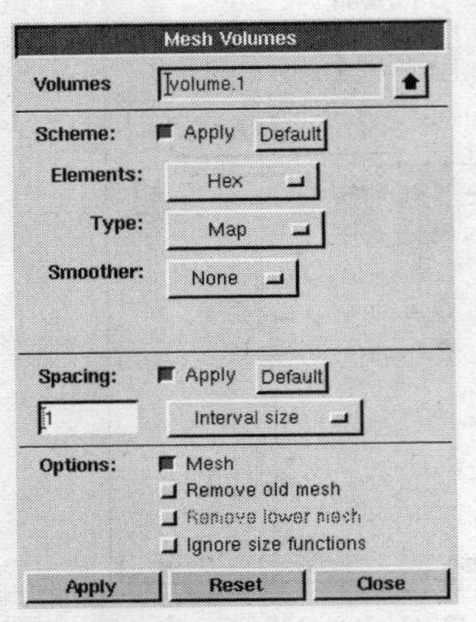

图 4-50　在 Mesh Volumees 面板

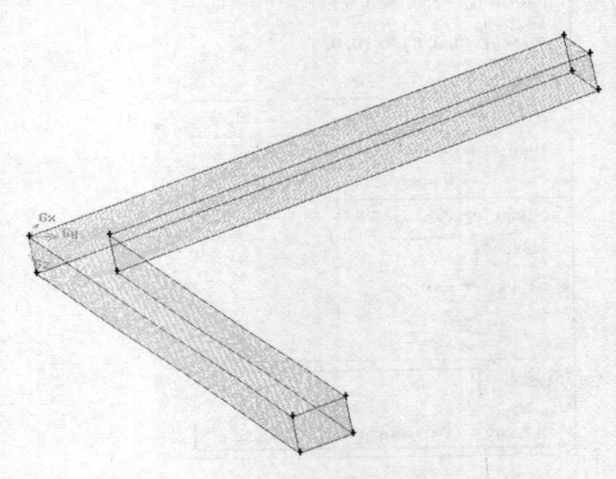

图 4-51　体网格的划分

4．边界定义

（1）单击 Zones→Specify Boundary Types按钮，在 Specify Boundary Types 面板中的 Entity 选项框中选择 Faces，选择入口面定义为速度入口（VELOCITY_INLET），名称为 inlet；将出口面定义为出口（OUTFLOW），名称为 outlet；其他面保持默认值，均默认为 WALL，如图 4-52 所示。

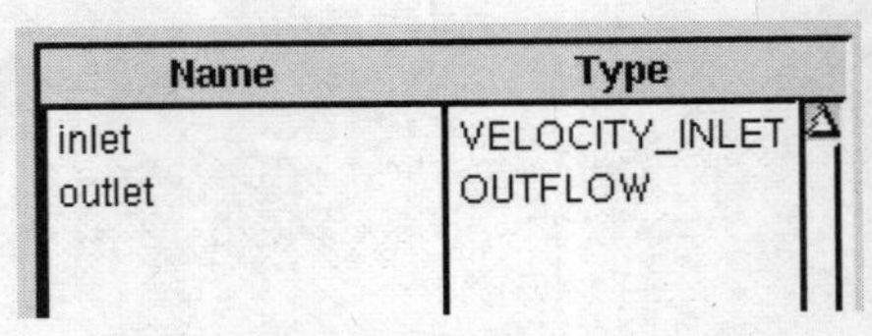

Name	Type
inlet	VELOCITY_INLET
outlet	OUTFLOW

图 4-52　Specify Boundary Types 面板

（2）执行 File→Export→Mesh 命令，在文件名中输入 Model9.msh，不选 Export 2-D（X-Y）Mesh，确定输出的为三维模型网络文件。

第5章 Tecplot 软件使用入门

Tecplot 是由 Amtec 公司推出 [illegible]，它针对 FLUENT 软件有专门的数据接口，可以直接读入 cas 和 dat 文件，也可以在 FLUENT 软件中选择输出的面和变量，然后直接输出 tecplot 格式文档。

Tecplot 可以进行科学计算 [illegible] Tecplot 可以 [illegible] 一个网格，二维 [illegible] Tecplot 可以 [illegible]，从而 [illegible] 一个 [illegible]。

5.1.1 Tecplot 软件的启动

在 windows 操作系统中启动 tecplot 软件 [illegible]

（1）单击“开始”菜单，打开程序菜单。

（2）选择 tecplot 文件夹。

（3）单击 tecplot 图标。

[illegible]，tecplot 窗口就出现了，窗口如下图5-1所示。

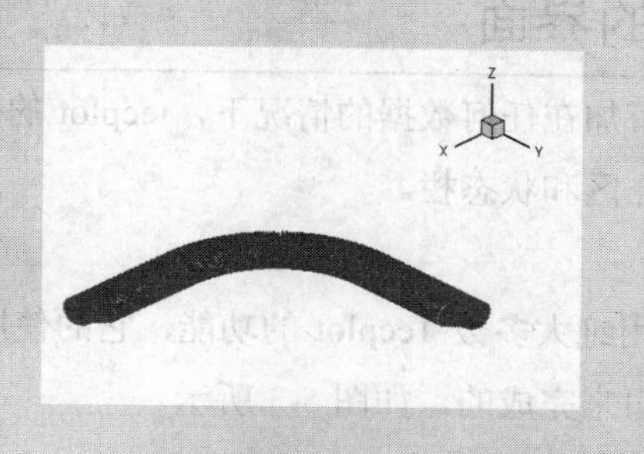

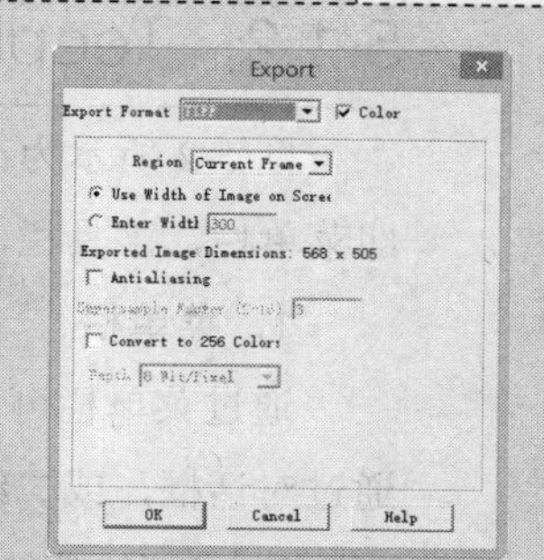

5.1.2 Tecplot 的界面

[illegible] 在不加载任何数据的情况下，tecplot 的窗口界面，界面可以分成 [illegible]

[illegible] Tecplot 的功能 [illegible] 类似于一般的 windows [illegible]

5.1 Tecplot 概述

Tecplot 最初是由 Amtec 公司推出，它针对 FLUENT 软件有专门的数据接口，可以直接读入*.cas 和*.dat 文件，也可以在 FLUENT 软件中选择输出的面和变量，然后直接输出 tecplot 格式文档。

Tecplot 可以进行科学计算。将电脑计算后的资料进行视觉化处理，便于更形象化地分析一些科学数据，是一种传达分析结果功能最强大的视觉化软件。Tecplot 可以用来建立一个图形，二维数据的等高线和矢量图块。使用 Tecplot 可以很容易地在一页上建立图形和图块或对它们进行定位。每一个图形都是在一个文本框中，而这些框架可以被复制再修改，从而就能很容易地对一个数据集显示其不同的视图。

5.1.1 Tecplot 软件的启动

在 windows 操作系统中启动 tecplot 软件可以从开始按钮或直接从桌面的快捷图标直接启动，具体步骤如下：

（1）单击“开始”按钮，并选择程序。

（2）选择 tecplot 文件夹。

（3）单击 tecplot 图标。

随着启动标志的加载完成，Tecplot 窗口就出现了，窗口如下图 5-1 所示。

5.1.2 Tecplot 的界面

图 5-2 所示为在没有加在任何数据的情况下，tecplot 的开始界面。界面共可以分成 4 个区，即菜单栏，工具栏，工作区和状态栏。

1. 菜单栏

通过菜单栏可以使用绝大多数 Tecplot 的功能，它的使用方式类似于一般的 windows 程序是通过对话框，或二级窗口来完成的，如图 5-3 所示。

Tecplot 的功能都包含在如下菜单中。

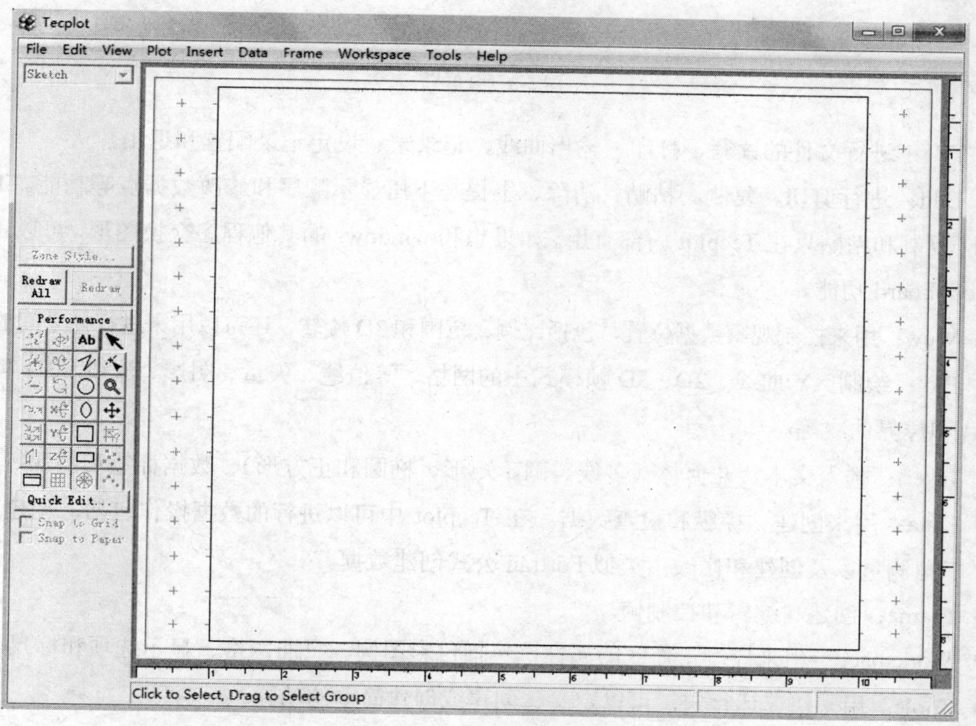

图 5-1 Tecplot 界面

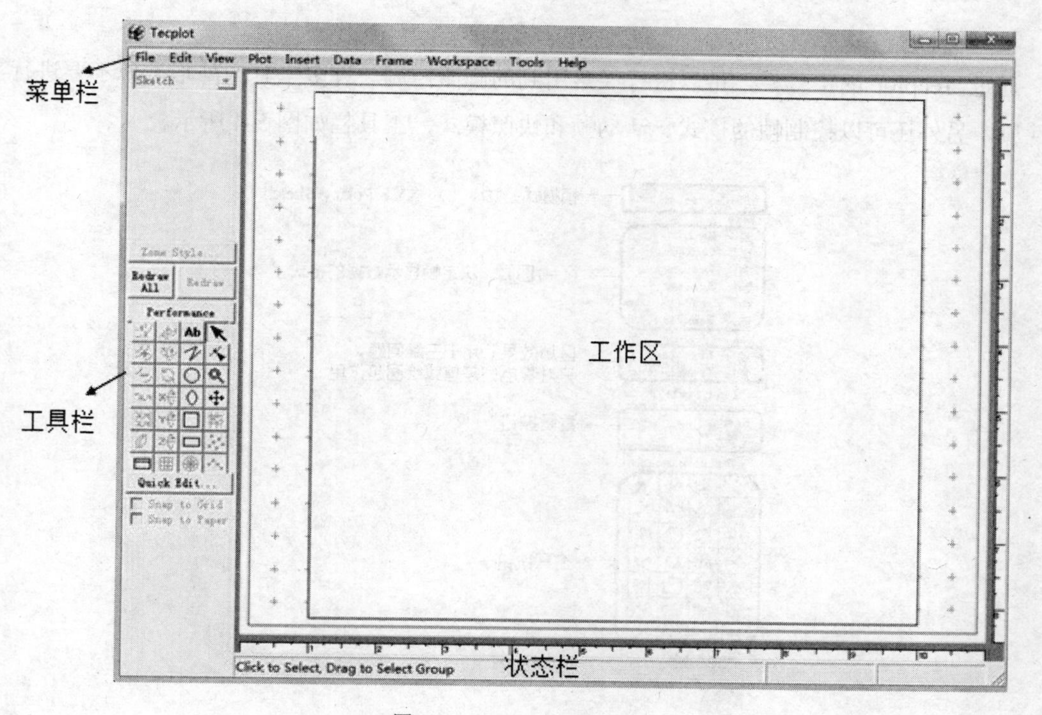

图 5-2 Tecplot 界面分析

File Edit View Plot Insert Data Frame Workspace Tools Help

图 5-3　菜单栏

- File：进行文件的读写、打印、输出曲线、记录宏、设定记录配置和退出。
- Edit：进行剪切、复制、粘贴、清除、上提与下压显示顺序和修改数据点等功能。Tecplot 的剪切、复制和粘贴只在 Tecplot 内部有用。如果想和 windows 的其他程序交换图形，可以用 copy plot to clipboard 功能。
- View：用来控制观察数据位置，包括比例、范围和 3D 旋转，还可以用来进行帧之间的粘贴。
- Plot：绘制 XY 曲线、2D、3D 帧模式中的网格、等值线、矢量、阴影、流线、3D 等值面、3D 切片和边界曲线等。
- Insert：插入文本、几何体（多线、圆、矩形、椭圆和正方形）、数据标签和图像等功能。
- Data：用来创建、操纵和检查数据。在 Tecplot 中可以进行的数据操作包括，创建区域、插值、三角测量以及创建和修改由类似 Fortran 公式创建数据。
- Frame：创建、编辑和控制帧。
- Workspace：用来控制工作区的属性，包括色彩图例、页面网格、显示选项和标尺。
- Tools：用来快速运行宏，可以定义、创建或创建简单的动画。
- Help：打开帮助文档。

2．工具栏

通过 Tecplot 的工具栏，可以进行经常用到的画图控制。许多工具的外形类似于要进行工作的性质。另外还可以控制帧的模式、活动帧和快照模式，工具栏如图 5-4 所示。

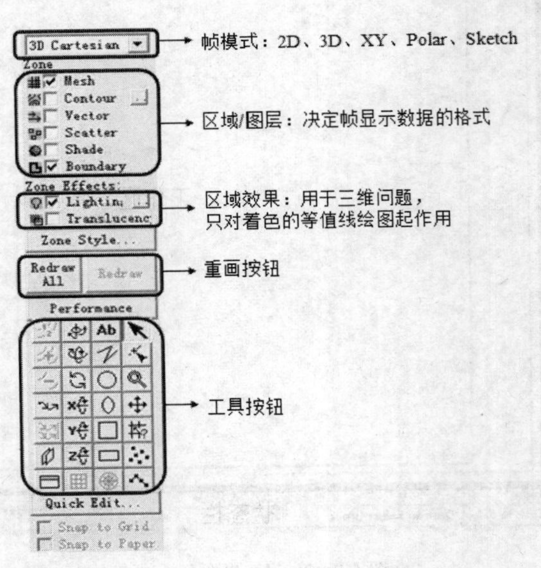

图 5-4　工具栏

（1）帧模式

帧模式决定了当前帧显示的图形格式，共有 4 种。

- 3D：创建 3D 面或体图像。
- 2D：创建 2D 图。
- XY：xy 曲线图。
- S（草图）：没有数据的图形，例如流动图表和视图。

（2）区域/图形层

该选项决定了帧显示数据的格式。完全的绘图内容包括所有的图层、文字、几何形状以及添加于图形基本数据其他因素。共有 6 种区域的 2D 和 3D 帧模式，4 种 XY 帧模式，但没有草图模式。6 种 2D 和 3D 区域帧模式，如图 5-5 所示。

- Mesh（网格）：网格区域层用线连接数据点。
- Contour（等值线）：等值线区域层绘制等值线，可以是线或常值或线间的区域，或两者都有。
- Vector（矢量）：绘制数值方向与大小。
- Scatter（散点）：在每一个数据点绘制符号。
- Shade（阴影）：用指定的固体颜色对指定区域进行着色，或对 3D 绘图添加光源。
- Boundary（边界）：对于指定区域绘制边界。

4 种 XY 模式下的图形层如图 5-6 所示。

图 5-5　帧模式

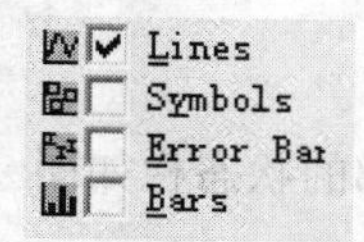

图 5-6　XY 模式下的图形层

- Lines（线状图）：这种图形绘制一对变量，线可以为分段线或逼近线。
- Symbols（符号图）：绘制一对变量，由一个符号代表独立的数据点。
- Bars（柱状图）：绘制一对变量，水平或垂直图表。
- Error Bars（误差柱状图）：该图形可以用几种格式绘制误差柱状图。

（3）区域效果

对于 3D 帧来说，会出现如图 5-7 所示的选择框，只对着色的等值线绘图起作用。

（4）重画按钮

重画按钮（redraw button）：Tecplot 并不在每次图表更新后都自动重画，除非选择自动重画（automatically redraw）。用 redraw 按钮可以手动更新。

- Redraw（重画）：指重画当前帧。
- Redraw All（全部重画）：重画全部帧，快捷键 shift+redraw all 会重新生成工作区。
- 自动重画（auto redraw）：会连续不断地自动更新图表。
- 显示选项按钮（display option button）：用来设定 tecplot 的状态栏和性能参数。
- 绘图属性按钮（plot attributes button）：可以打开绘图属性对话框进行区域显示设置。
- 工具按钮（tool button）：每一个工具按钮都有相应的光标形状，共有 28 种，12 类，如图 5-8。

Zone Effects:
Lightin;
Translucenc;

图 5-7　区域效果选项

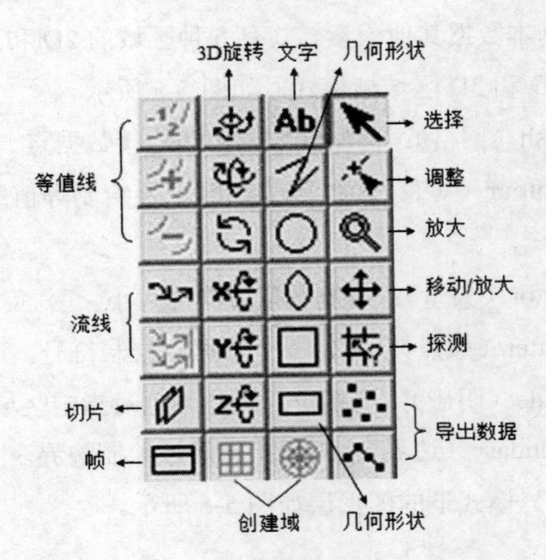

图 5-8　工具栏与光标形状

3．状态栏

Tecplot 窗口底部的状态栏如图 5-9 所示，在光标移动过工具栏时会给出帮助提示。可以在 file->preferences 中设定工具栏。

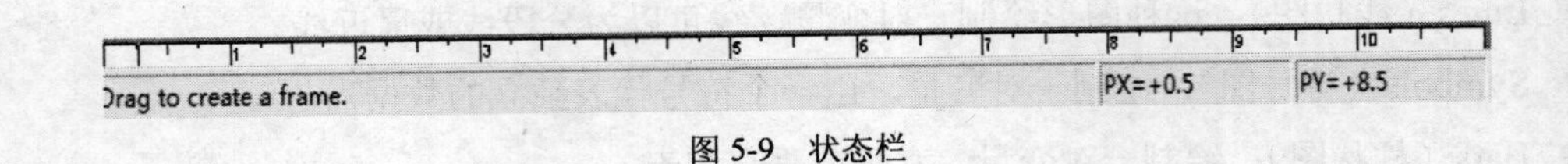

图 5-9　状态栏

4．工作区

工作区如图 5-10 所示，是进行绘图工作的区域。绘图工作都是在帧中完成的，类似于操作一个窗口。在默认情况下，Tecplot 显示网格和标尺。所有的操作都是在当前帧中完成的。

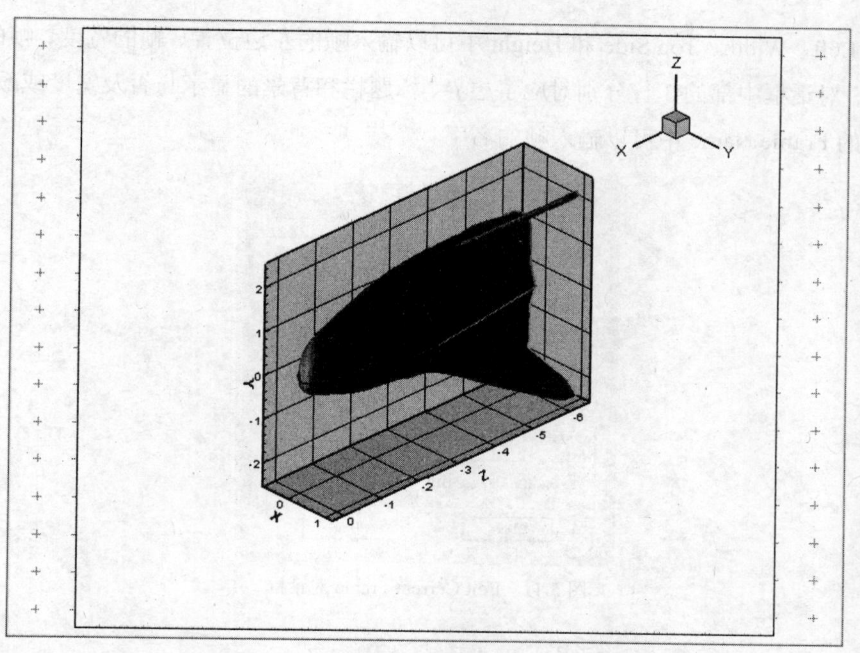

图 5-10 工作区

5.2 Tecplot 绘图环境设置

工作区是进行所有绘图操作的区域，通过对工作区域的正确设置可以大大地方便绘图操作，同时可以提供更多的选择，使所绘制的图形更加丰富多彩。

5.2.1 帧的创建和编辑

在默认设置中，工作区仅有一个绘图帧，单击工具栏中的▭按钮，或执行 Frame→Create New Frame 命令，此时光标变成“十字线”形状，按住鼠标左键并拖动即可创建出一个新的绘图帧。

创建帧以后，可以对新帧进行移动、删除和改变尺寸等操作。在工具栏中单击，然后单击帧的标题栏，即可选中帧。

执行 Frame→Edit Current Frame 命令可以打开 Edit Current Frame 对话框，如图 5-11 所示。

在对话框的 Left、Width、Top Side 和 Height 中可以输入帧的左边位置、帧的宽度、帧的上边位置和帧的高度。对话框中部的 3 行分别对应了边界、标题栏和背景的显示与否及宽度或颜色的编辑。对话框下部的 Frame Name 中可以输入帧的名字。

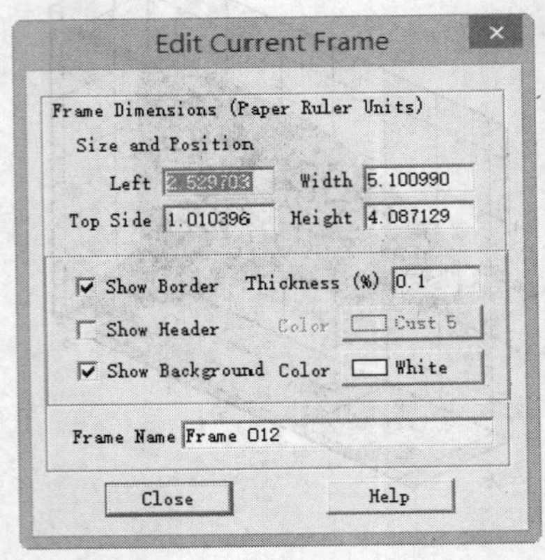

图 5-11　Edit Current Frame 对话框

5.2.2　网格和标尺的设定

利用网格可以方便地定位对象，在添加文本和几何图形时可以选择对齐到网格。利用标尺可以方便地放大缩小对象。标尺的显示单位可以选择为厘米（cm）、英寸（in）和点数（pt），或不显示标尺。要改变网格和标尺设定步骤如下：

（1）执行 Workspace→Ruler/Grid 命令，打开如图 5-12 所示的 Ruler/Grid 对话框。

（2）可以选择是否显示网格。

（3）若显示网格，则在网格间距（Mesh spacing）下拉列表中指定网格间距。

（4）选择是否显示标尺。

（5）若显示标尺，则在标尺间距（ruler spacing）下拉菜单中选择合适的间距。

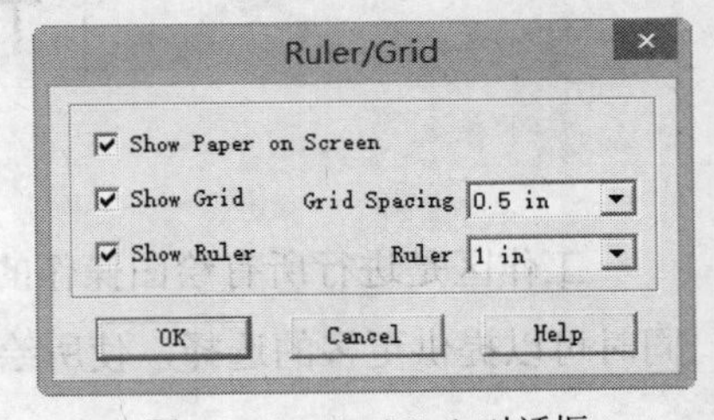

图 5-12　Ruler/Mesh 对话框

5.2.3　坐标系统

Tecplot 中包含多个坐标系统，但是工作纸、帧、2D 和 3D 坐标系统最为重要。4 种坐标系的相互关系以及原点位置如图 5-13 所示。其中 2D、3D 坐标系统是根据数据集合进行控制的坐标系统，二维问题通常选 2D 坐标系统，而三维问题可选择 2D 也可以选 3D 坐标系统。帧的坐标系的长宽比例可以任意调节，但是在水平方向和垂直方向的取值范围为 0～100。

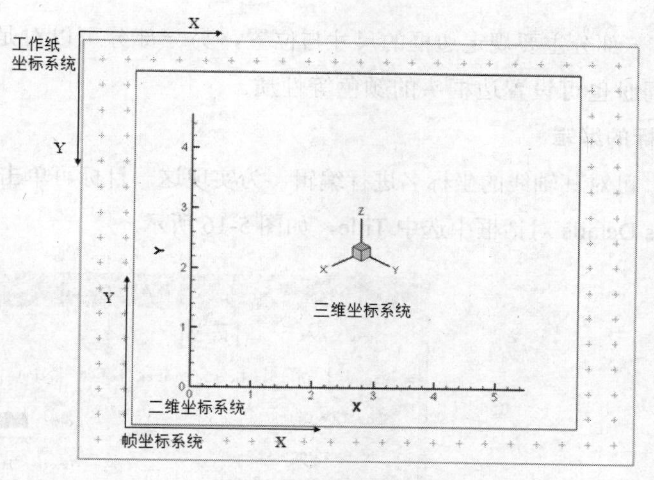

图 5-13　Tecplot 坐标系统

5.3 Tecplot 使用技巧

本节简要介绍使用 Tecplot 的基本技巧。

5.3.1　XY 曲线图显示

1．新工作文件的生成

执行 File→New Layout 命令，生成新的工作文件。执行 File→Load Data File 命令，打开 Tecplot 安装目录下的“Demo\XY\y_axis2.plt”文件。在工具栏的帧模式中选择 XY Line，其图层格式有直线式、符号式和柱状式等。帧窗口中的 XY 曲线如图 5-14 所示。

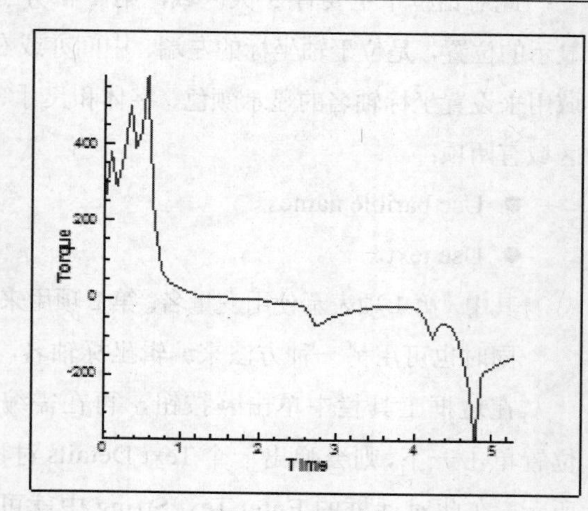

图 5-14　XY 曲线

2．边框的编辑

在 Tecplot 中提供了编辑边框的功能。实现此功能可单击 Frame 菜单下的 Edit current frame 按钮，则会弹出一个对话框，如图 5-15 所示。此对话框主要分两个区域，一部分主要规定边框的尺寸与位置，另一部分可以对是否显示边界线、题头和背景做设置，同时也可设置边框头的颜色等性质。

3．关于轴线坐标的编辑

对于 XY 图形，可对其轴线的坐标名进行编辑，为实现这一目标可单击 Plot 菜单下的 Axis 按钮，在弹出的 Axis Details 对话框中选中 Title，如图 5-16 所示。

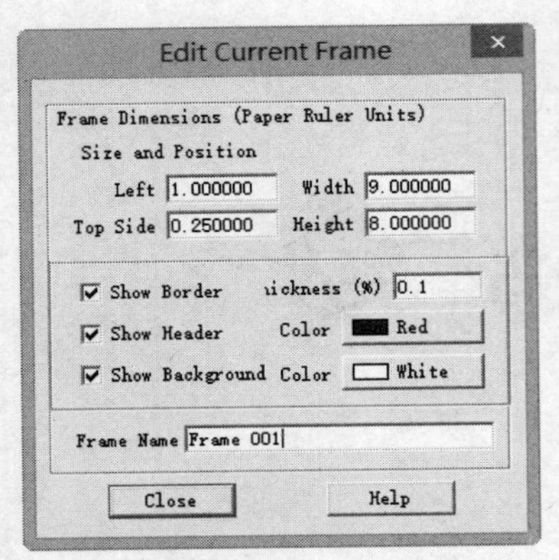

图 5-15　Edit current frame 对话框

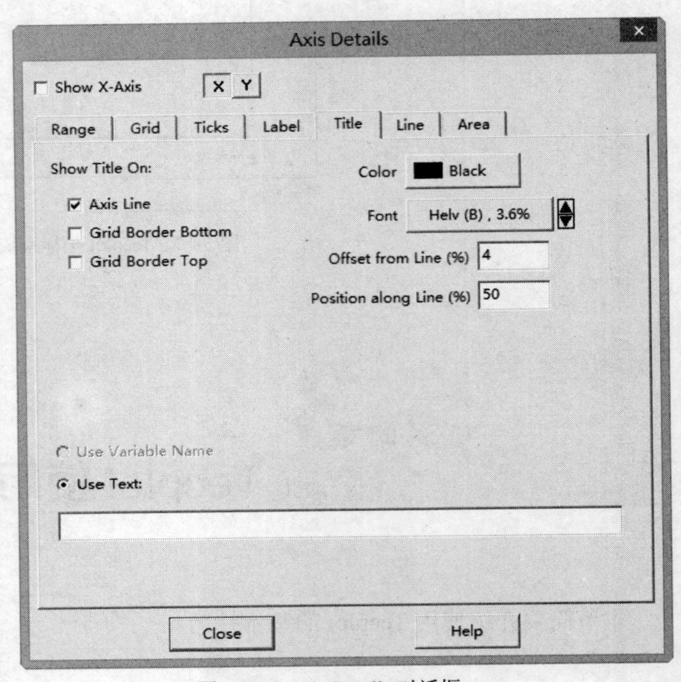

图 5-16　Axis Details 对话框

此对话框中主要有 3 大区域，第 1 部分主要用来设置其显示的位置，是位于轴坐标的左端、中间亦或右端。第 2 个区域用来设置坐标轴名的显示颜色、字体和尺寸等属性。第 3 个区域有两项：

- Use barible name。
- Use text。

其中，第 1 项表示使用变量名，第 2 项用来编辑坐标轴名。同时也可用另一种方法来编辑坐标轴名，具体方法如下：

在边框工具栏中单击Ab按钮，再在需编辑坐标轴名的位置单击一下，则会弹出一个 Text Details 对话框，如图 5-17 所示，在此对话框的 Enter Text String 中就可以编辑想要的坐标名了。

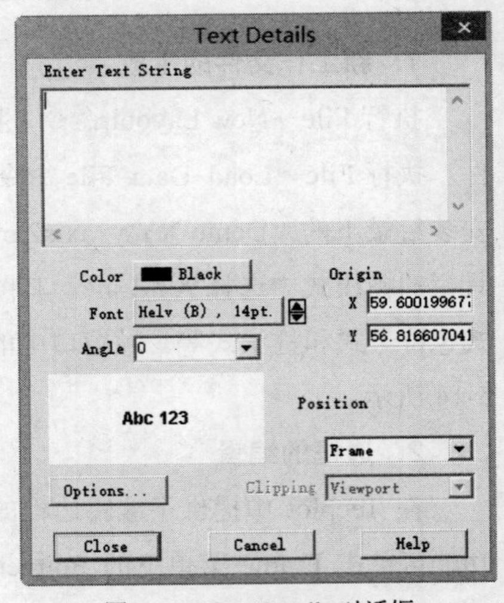

图 5-17　Text Details 对话框

4. 在 XY 图形中关于 Symbol 的设置

在 XY Line 选项下单击 Mapping Style 选项，弹出 Mapping Style 对话框，在其中选择 Symbols，如图 5-18 所示，在出现的列表中有诸多选项，Symb show 用来设置 Symbol 的显示与否，Symb Shape 可用来设置 Symbol 的形状（正方形、三角形、圆形）；Outline Color 用来设置 Symbol 轮廓线的颜色；Fill 表示对每个 Symbol 内部填充与否，同时也可设置其填充的颜色。在设置好以上诸选项之后，再在边框工具栏 Map Layers 中选定 Symbol，就可以观察 Symbol 图了，如图 5-19 所示。

Mapping Style

Definitions | Lines | Curves | Symbols | Error Bars | Bars | Indices

Map Num	Map Name	Map Show	Symb Show	Symb Shape	Outline Color	Fill Mode	Fill Color	Symb Size	Line Thck	Symb Spacing
1	Y	Yes	Yes	Square	Red	None	Red	2.50%	0.10%	Draw All
2	Z	No	Yes	Square	Green	None	Green	2.50%	0.10%	Draw All
3	velocity-magnitude	No	Yes	Square	Blue	None	Blue	2.50%	0.10%	Draw All
4	x-velocity	No	Yes	Square	Cyan	None	Cyan	2.50%	0.10%	Draw All
5	y-velocity	No	Yes	Square	Yellow	None	Yellow	2.50%	0.10%	Draw All
6	z-velocity	No	Yes	Square	Purple	None	Purple	2.50%	0.10%	Draw All
7	axial-velocity	No	Yes	Square	Red	None	Red	2.50%	0.10%	Draw All

Close | Create Map | Copy Map | Delete Map | To Top | To Bottom | Help

图 5-18 Mapping Style 对话框

5. XY 图形的存储与输出

在绘制完图形后，需要对此图形做必要的存储以便以后做修改。这时需要保存.lay 文件。打开文件菜单，或用 save file 或用 save file as 选项。如果正在读一图形，选择前者就会取代先前的保存，而后者则需要输入一个新的名字来保存当前的图。输入新名字之后还需要为数据集再定义一个名字。以后若想读入一个图，则只须打开文件菜单中的 open layout 即可，而不必打开数据文件。

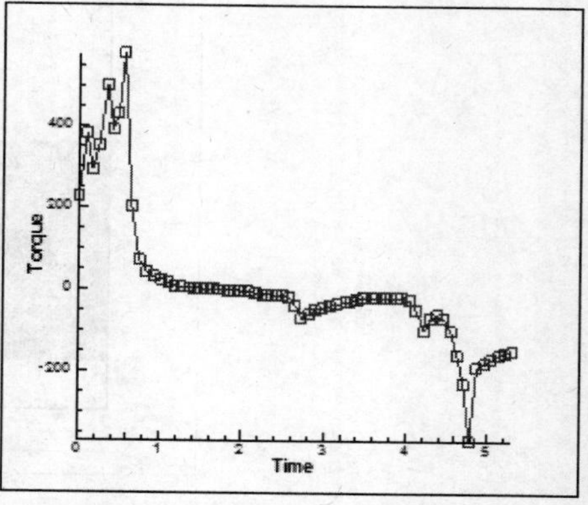

图 5-19 Symbol 例图

若想把所绘制的 Tecplot 图输出到 word 文档中去，则需利用到 Edit 菜单。单击菜单中的 Copy layout to clipboard 选项，然后打开 word 文档，在其中想存储的位置处用鼠标右键单击，粘贴至此，然后还可以适当地调整图形的大小和位置等属性。

5.3.2 二维视图显示

1. 生成新的工作文件

执行 File→New Layout 命令，生成新的工作文件。执行 File→Load Data File 命令，打开 Tecplot

安装目录下的“Demo\2D\nozzle.plt”文件。帧窗口中的网格曲线如图 5-20 所示。

2. 显示云图

在Zone选项栏中取消选中Mesh复选框，并选中Contour复选框，弹出如图5-21所示的Contour Details 对话框，选择 R/RFR，即可显示云图，如图 5-22 所示。

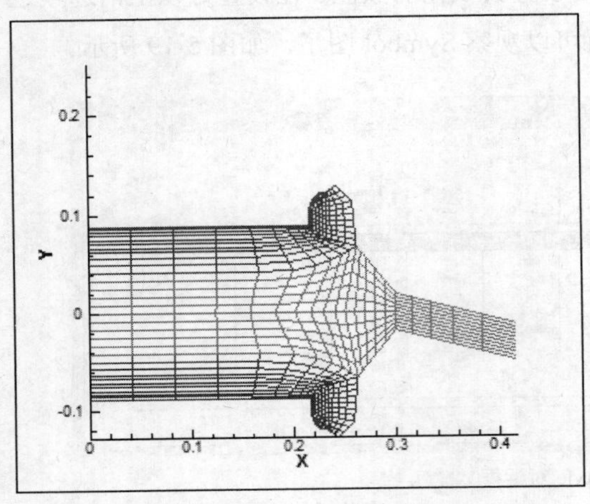

图 5-20　网格曲线

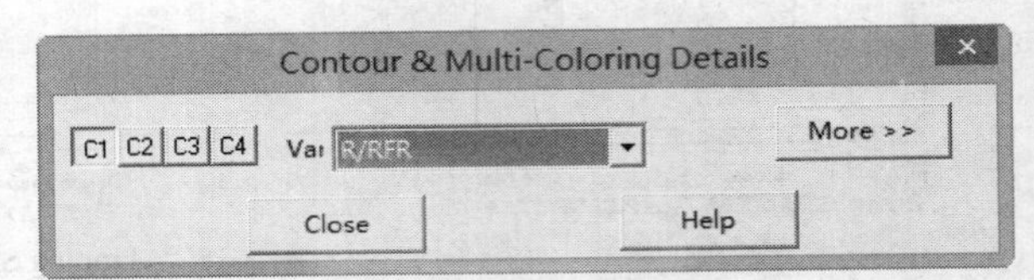

图 5-21　Contour Details 对话框

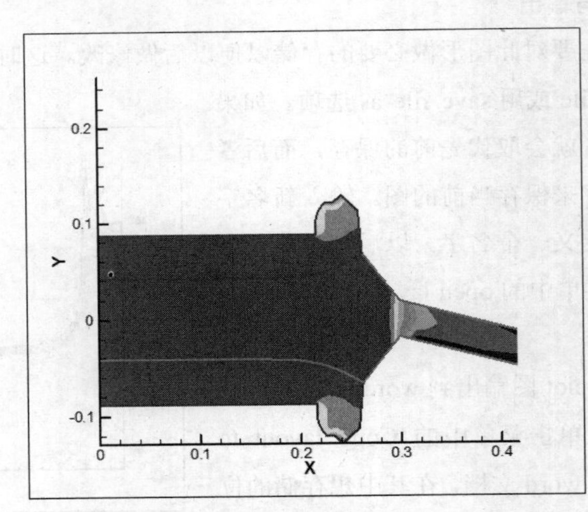

图 5-22　云图显示

若想在图中添加标尺，则可以单击 Contour Details 对话框中的 More >> 按钮，弹出对话框如图 5-23 所示，选择对话框中 Legend 选项，并勾选 Show Contour Legend。这时的帧窗口中即出现云图标尺，方便读书，如图 5-24 所示。

3. 显示等值线图

在云图的基础上可以建立等值线图，单击工具栏中的 Zone Style... 按钮，弹出 Zone Style 对话框，如图 5-25 所示。选择需要显示等值线的区域，单击对话框中 Contour Type 按钮，弹出下拉列表，选择 Both Lines&Flood，即可同时显示等值线与云图，如图 5-26 所示。

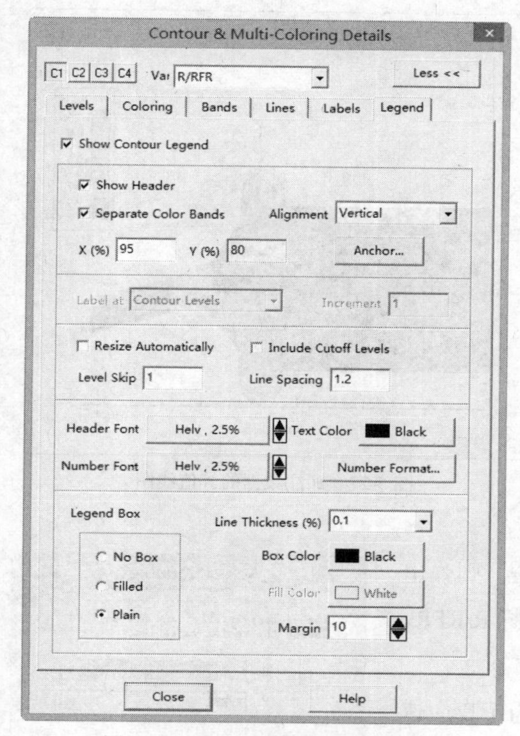

图 5-23　Contour Details 对话框

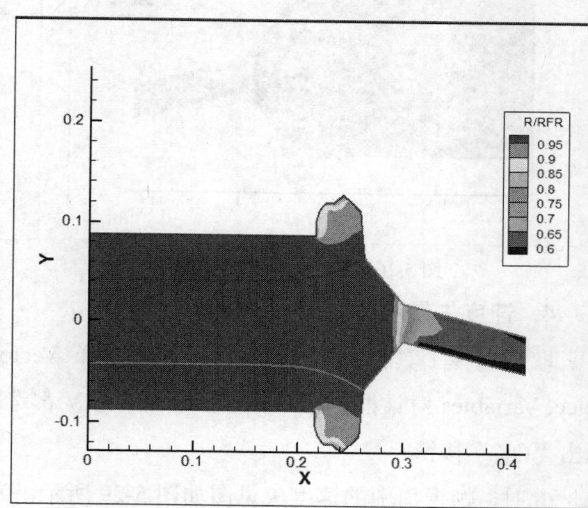

图 5-24　带标尺的云图

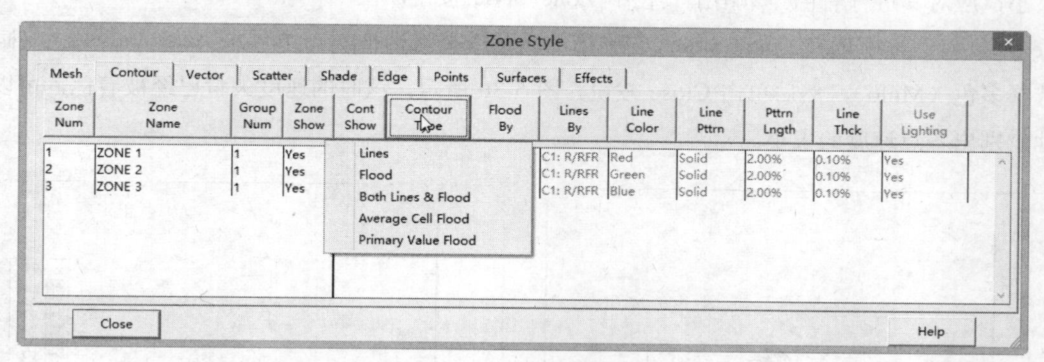

图 5-25　Zone Style 对话框

单击 Zone Style 对话框中的 Line Colour 按钮，可以设置等值线颜色。

单击 Zone Style 对话框中的 Line Pttrn 按钮，可以选择等值线的类型，有 Solid（实线）、Dashed（虚线）、DashDot（点划线）、Dotted 的（点线）、LongDash（长虚线）和 DashDotDot（点划点划线）等。

单击 Zone Style 对话框中的 Line Thck 按钮，可以设置等值线的线宽。

如果需要在等值线上标注数据，则可以打开 Contour Details 对话框，选择 Lables 选项，勾选 Show Lables。还可以通过 Font 来调节显示的数字大小，如图 5-27 所示。

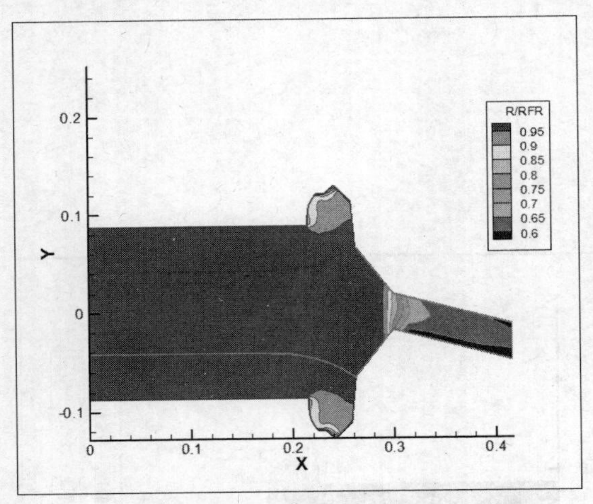

图 5-26　等值线与云图

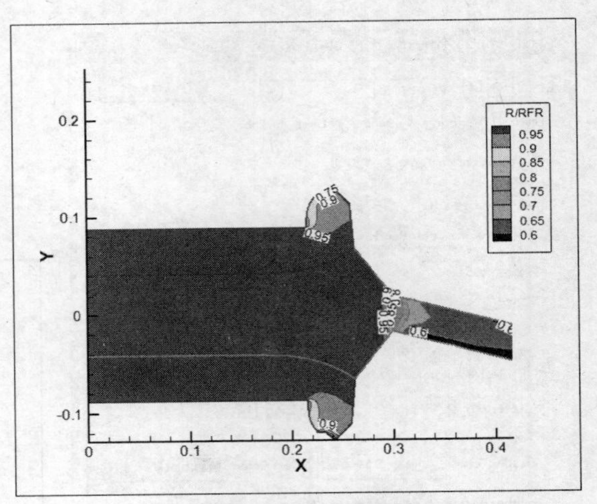

图 5-27　加注数据的等值线图

4．速度矢量图

取消选择工具栏中的 Contour，然后选择 Vector，则弹出 Select Variables 对话框，如图 5-28 所示，U 与 V 都选择 R/RFR，单击“OK”按钮。

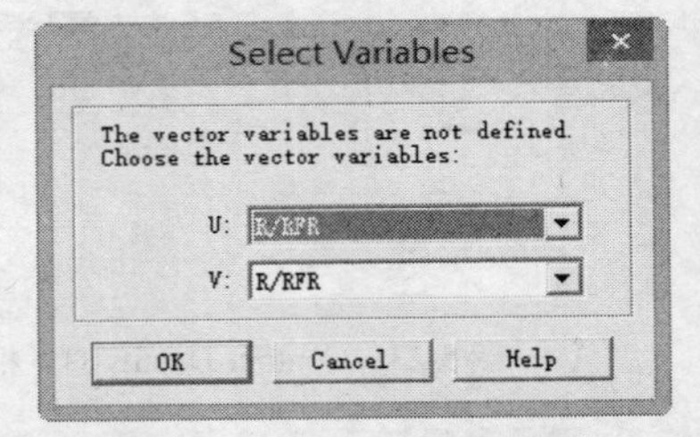

图 5-28　Select Variables 对话框

此时，帧窗口中的速度矢量图如图 5-29 所示，为了反应速度大小，应对其进行着色。单击工具栏中 Zone Style 按钮，在 Zone Style 对话框中选择 Line Colour，在弹出的颜色选择对话框中选择多色（Multi），然后单击 Close 按钮。图 5-30 所示，这时的速度矢量已经被着色，可以清晰地辨别出各点速度的大小。

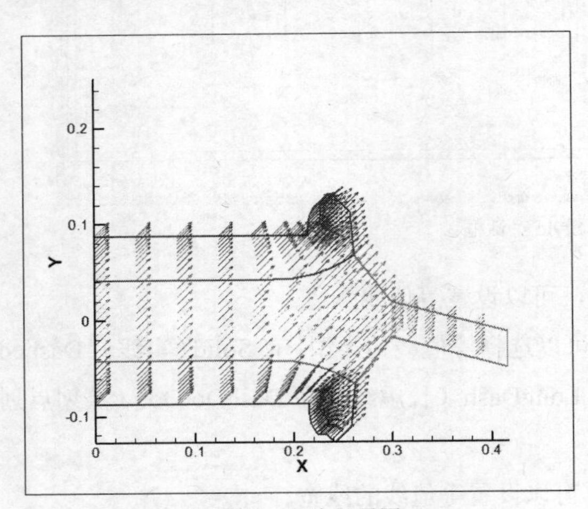

图 5-29　速度矢量图

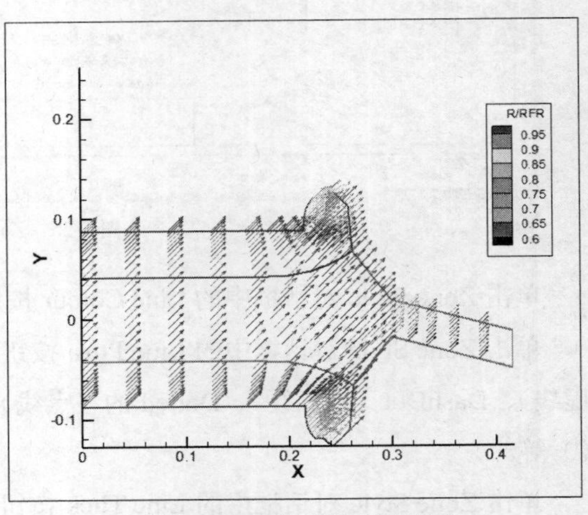

图 5-30　着色后的速度矢量图

在速度矢量图上还可以绘制流动迹线。单击工具栏中的按钮，然后在速度矢量图上上下拖动光标，就可以绘制迹线图了，如图 5-31 所示。

5.3.3 三维视图显示

对于三维数据，Tecplot 利用围墙将平面分成多个小格，然后进行绘图。围墙面的数据可以是 IJ 有序数据，也可以是 I、J、K 平面和 IJK 数据。围墙面的位置要求首先绘制出底面数据，然后绘制出垂直于底面的数据作为围墙，并把面分割成小格。

执行 File→New Layout 命令，生成新的工作文件。执行 File→Load Data File 命令，打开 Tecplot 安装目录下的 Demo\3D_Volume\jetflow.plt 文件。在弹出的 Select Initial Plot 对话框中选择 Intitial Plot 为 3D Cartesian，如图 5-32 所示。帧窗口中的网格曲线如图 5-33 所示。

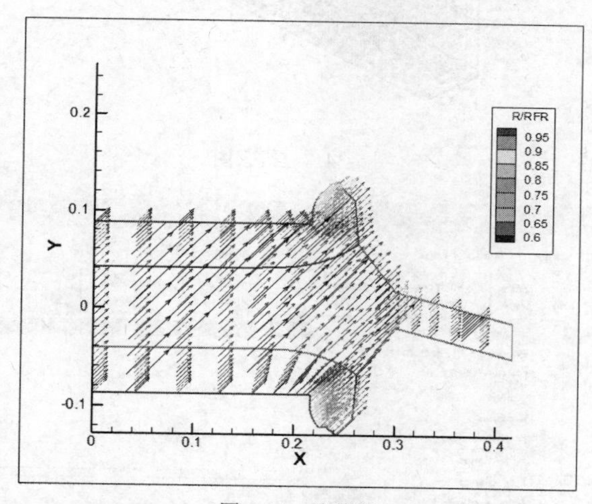

图 5-31 迹线图

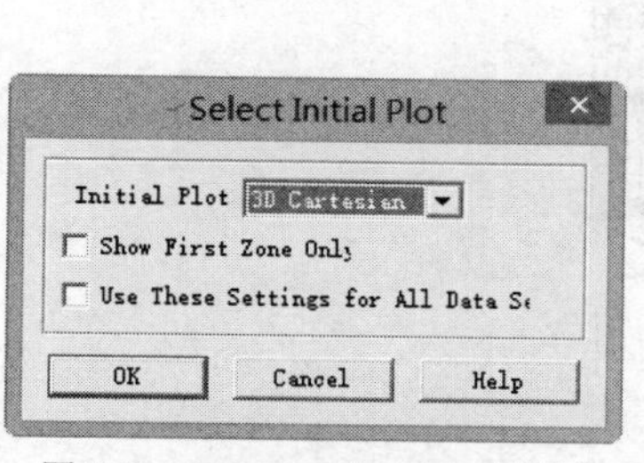

图 5-32 Select Initial Plot 对话框

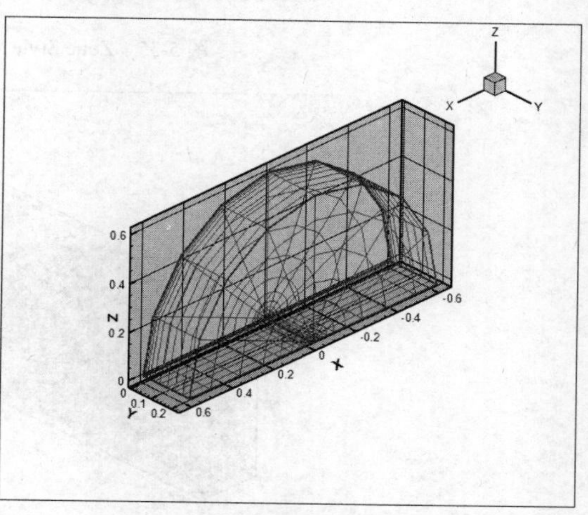

图 5-33 网格曲线

取消工具栏中 Mesh 选项，勾选 Contour 选框，并在弹出的 Contour Details 对话框中选择 Var 为 E。单击 Close 按钮，关闭 Contour Details 对话框，此时的云图如图 5-34 所示。

单击 Zone Style 按钮，在弹出的如图 5-35 所示的 Zone Style 对话框中选择 Surfaces 选项，然后单击 Surface to Plot 按钮，在下拉列表中选择 I-J-K-planes，此时在 x 方向生成了围墙面，如图 5-36 所示。

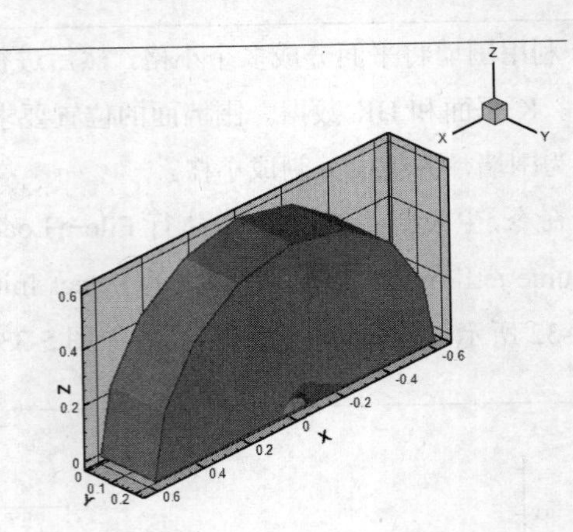

图 5-34　三维云图

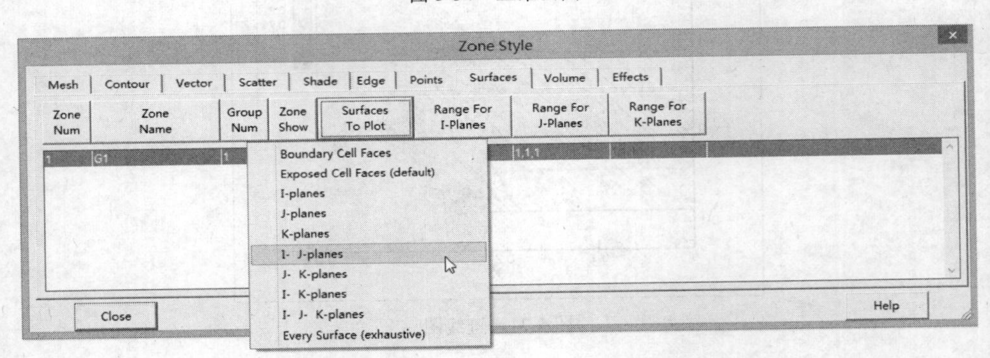

图 5-35　Zone Style 对话框

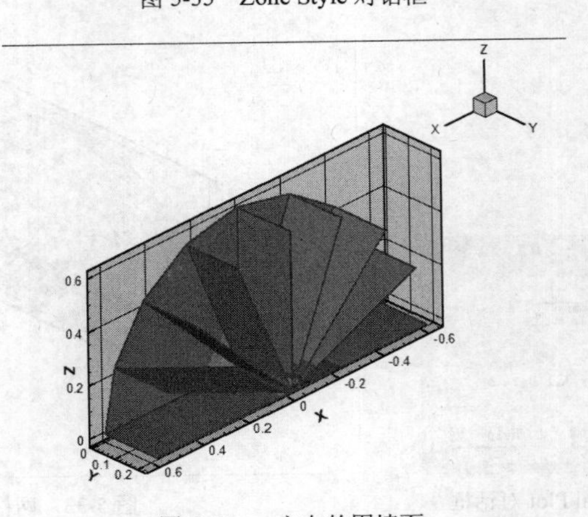

图 5-36　x 方向的围墙面

接着可以调节围墙面的范围。在 Zone Style 对话框中的 Surfaces 选项卡中，单击 Range For I-Planes 按钮，在弹出的如图 5-37 所示的 Enter Range 对话框中，将 Skip 改为 5，单击 OK 按钮。同理，将 Range For J-Planes 的 Skip 改为 5，将 Range For K-Planes 中的 Skip 改为 Mx。还可以根据时间情况调节 Rang for I-Planes、J-Planes、K-Planes 中的 Begin、End 和 Skip。最后调节工具栏中的按钮，将图形调节至合适视图，如图 5-38 所示。

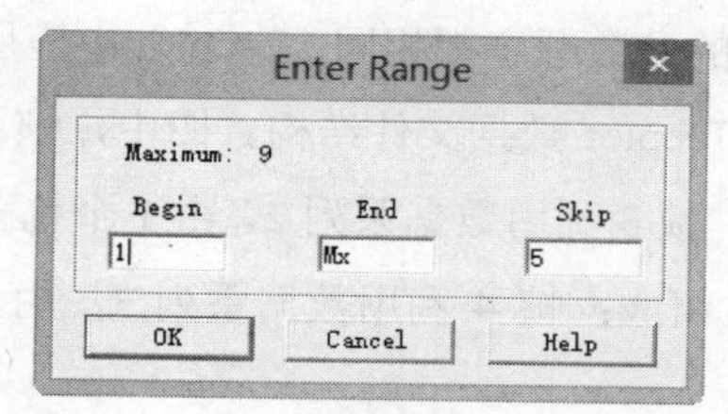

图 5-37 Enter Range 对话框

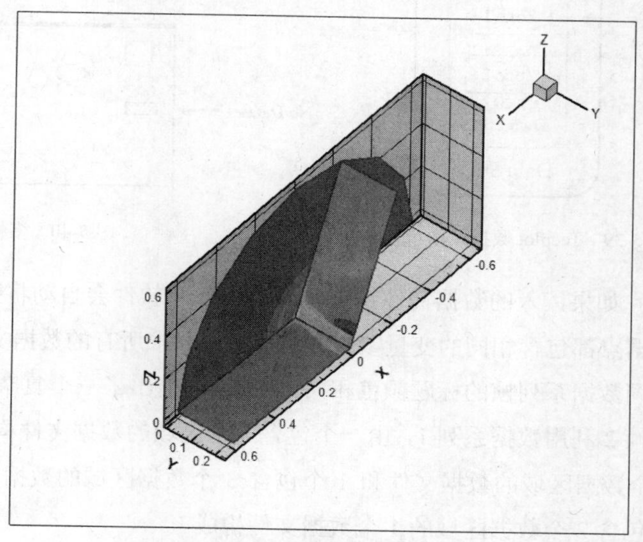

图 5-38 围墙效果图

5.4 Tecplot 的数据格式

本节将对 Tecplot 中的数据格式进行简要讲解。

5.4.1 Tecplot 数据层次

Tecplot 中的数据分为两个层次，如图 5-39 所示。

Tecplot 中最高等级的数据被称作是一个数据系列。它包括一个或多个数据区域和数据块等。区域为数据结构中的第 2 等级，可以从数据文件中读入或利用 Tecplot 进行创建。在运行 Tecplot 软件时，每当读入数据文件，或创建区域时系统便会把数据加入到活动帧的数据结构中去。同一个数据系列可以和多个帧连接，如图 5-40 所示。

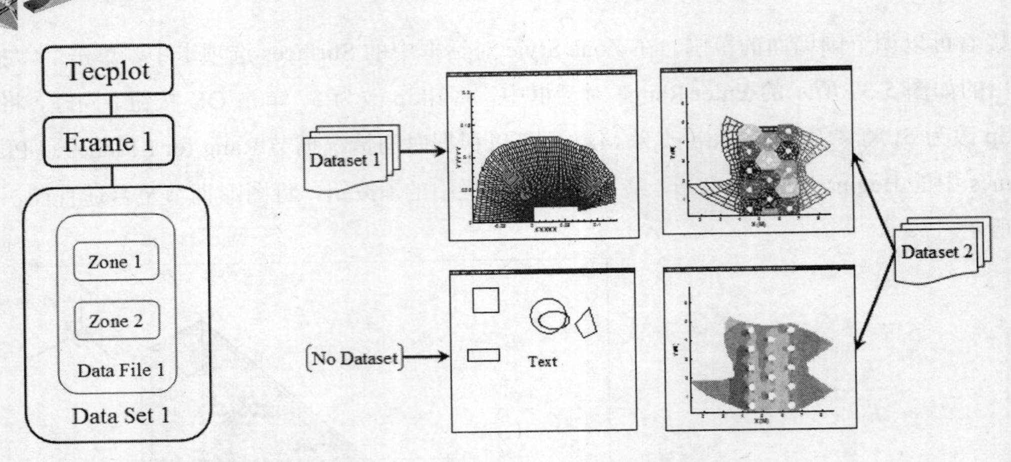

图 5-39 Tecplot 数据结构示意图

图 5-40 多帧数据连接方式

如果读入的数据文件超过一个，Tecplot 软件会自动将数据分组为一个数据系列，而且对每个数据点都包含相同的变量参数，但是并不要求所有的数据文件的参数顺序都相同。Tecplot 中应用相同数据系列帧的标题颜色相同。图 5-41 给出了一个复杂的 Tecplot 数据文件结构。图中，帧 1 和帧 2 利用数据系列 1，由一个包含 3 个区域的数据文件构成；帧 3 利用数据系列 2，由 1 个包含 2 个数据区域的数据文件和 1 个包含 3 个数据区域的数据文件组成；帧 4 利用数据系列 3，由 1 个包含 2 个数据区域的 1 个数据文件构成。

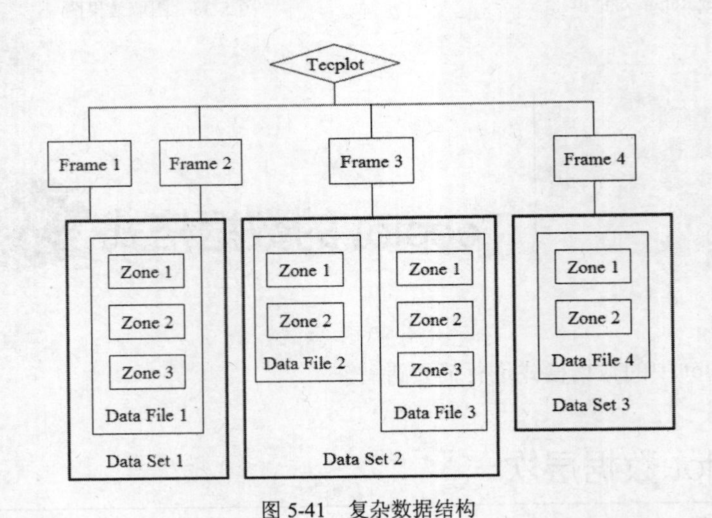

图 5-41 复杂数据结构

5.4.2 多数据区域

多数据区域可以用来方便绘制复杂结构，或细分结构图标。也可以用来表示不同时间步的数据，或不同测量方法的数据。图 5-42 所示为一个利用多区域数据的范例。

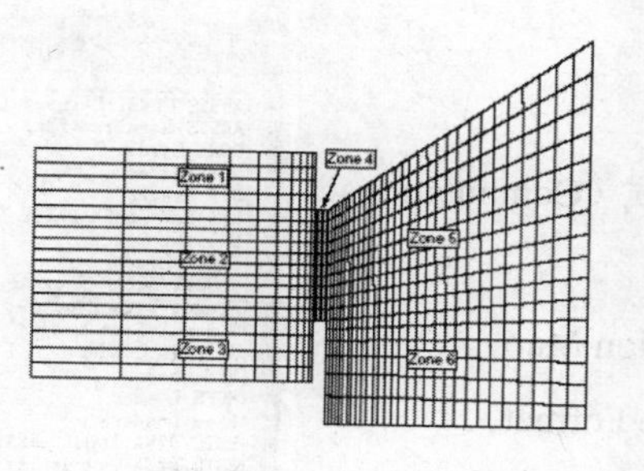

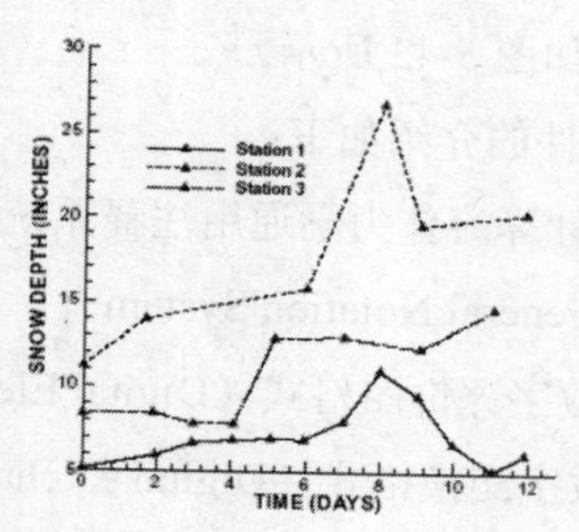

图 5-42　多区域数据

5.4.3　数据区域中的数据结构

Tecplot 可以使用两种数据类型，即有序数据和有限元数据。

（1）有序数据

有序数据是一列按照逻辑保存于一维，二维或三维数据组中。在 tecplot 中应用 I、J、K 用来表示数据组维数下标。最常见的数据形式为：

1） I 序列：I 维数据组点数大于 1 并且 JK 维数据点数为 1。I 维数据点数为整个数据组数据点数。

2） IJ 序列：二维数组 IJ 的数据点数大于 1 并且 K 维数据点数为 1，数据点数为 IJ 维数据点的乘积。

3） IJK 序列：三维数据组中 IJK 维数据点个数大于 1，数据点个数为 IJK 数据点个数的乘积。

（2）有限元数据（finite-elementary）

或称 FE 数据是一种把数据点作为 2D 或 3D 空间中的点按照规定连接形成单元或网格的数据结构方法。有限元数据可以分为两类：

1）FE-表面：用系列三角形或四边形定义 2D 场或 3D 面。

2）FE-体：用系列四面体或块单元定义 3D 场。

对于任何一种类型，理论上来说没有数据点个数的极限，但是由于计算机内存容量的限制实际上是有极限的。

5.5 Tecplot 对 FLUENT 数据进行后处理

5.5.1　Tecplot 读取 FLUENT 文件数据

Tecplot 可以直接读取 1、2 种软件生成的数据文件。执行 File→Load Data File 命令，弹出数

据加载对话框，如图 5-43 所示。

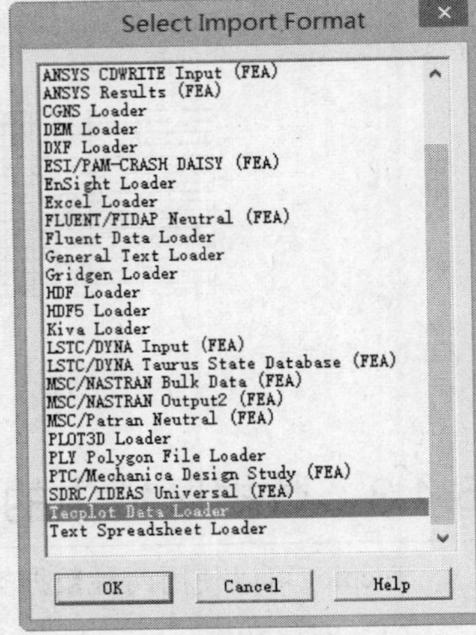

图 5-43 数据加载对话框

其中常用软件的介绍如下：

- CGNS：计算流体力学通用注释系统格式（Computational Fluid Dynamics General Notation System）。
- DEM：数字评价图格式（Digital Elevation Map）。
- DXF：数字交换格式（Digital eXchange Format）。
- Excel 表（Windows only）。
- FLUENT（.cas and .dat）。
- Meshgen 格式。
- HDF：层级数据格式（Hierarchical Data Format）。
- Image 文件。
- PLOT3D 文件。
- Text spreadsheet 文件：文字表单格式。

对于某些需要特殊分析的数据，也可以从 FLUENT 中先导出为 Tecplot 数据。在 FLUENT 软件下，执行 File→Export 命令，弹出 Export 对话框，如图 5-44 所示。

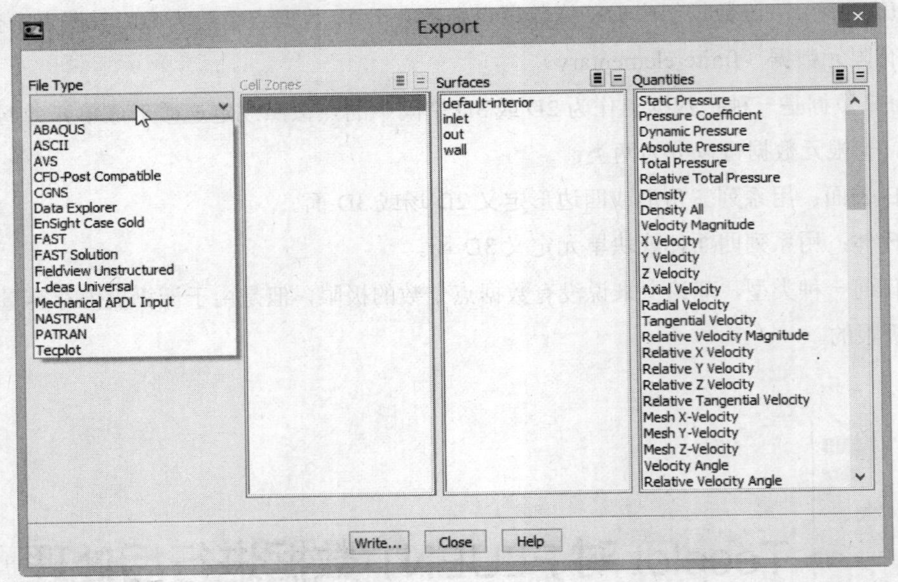

图 5-44 Export 对话框

选择好相应的面及变量以后，单击 Write 按钮，即可把对应的数据输出为 Tecplot 格式的文件。在 FLUENT 完成文件输出之后，可在 Tecplot 中执行 File→Load Data File（s）命令，读取刚输出的数据文件来进行处理。

5.5.2 Tecplot 后处理实例——三维弯管水流速度场模拟

1. 实例概述

图 5-45 所示的三维弯管，水流以 0.1m/s 的速度从入口进入，下面就用 FLUENT 和 Tecpolt 共同模拟该管道内的速度场。

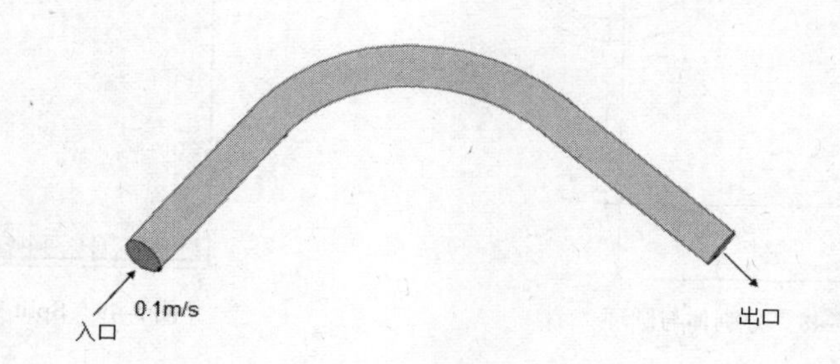

图 5-45 几何模型

2. 模型的建立

（1）单击 Geometry →Volume →Create Real Torus 按钮，弹出 Create Real Torus 对话框，如图 5-46 所示，在 Radius1 和 Radius2 中分别输入 10 和 1，保持 Center Axis 为 z 轴，单击 Apply 按钮，得到三维圆环，如图 5-47 所示。

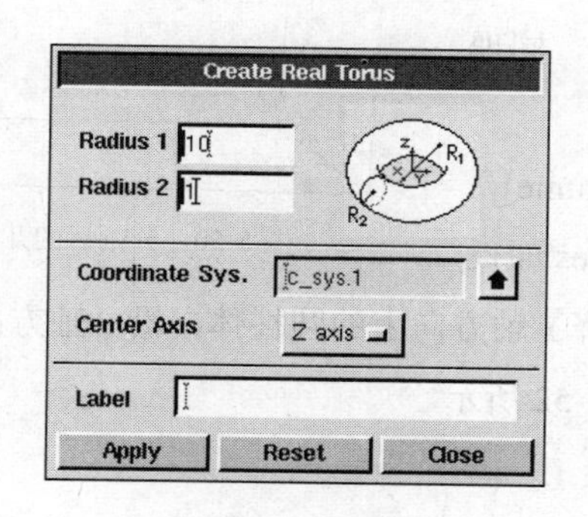

图 5-46 Create Real Torus 对话框

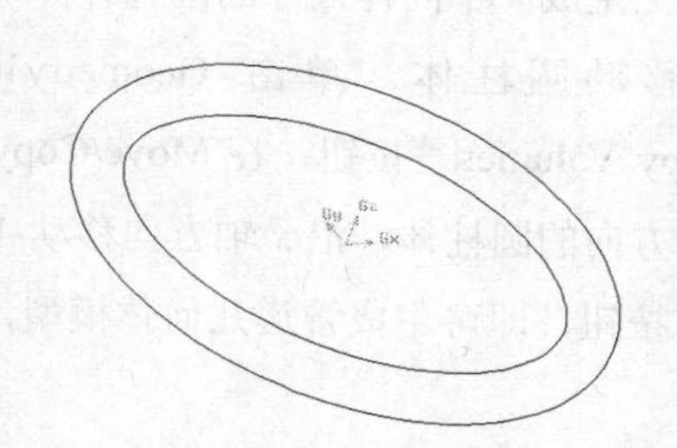

图 5-47 三维圆环

（2）建立分割体。单击 Geometry →Volume →Create Real Brick 按钮，将弹出的 Create Real Brick 的对话框中的 Width、Depth、Height 分别输入 30，单击 Apply 按钮，生成分割立方体。

（3）移动分割体。单击 Geometry →Volume →Move/Copy Volumes 按钮，在 Move/Copy Volumes 面板中选择新建立的立方体，x 轴方向移动-15，y 轴方向移动-15，z 轴保持 0，单击 Apply 按钮，如图 5-48 所示。

（4）单击 Geometry →Volume →Split Volume 按钮，弹出 Split Volume 面板，如图 5-49 所示。第一行的 Volume 选择圆环，第二行的 Volume 选择立方体，单击 Apply 按钮，即可将圆环分割成 1/4 部分和 3/4 部分，如图 5-50 所示。

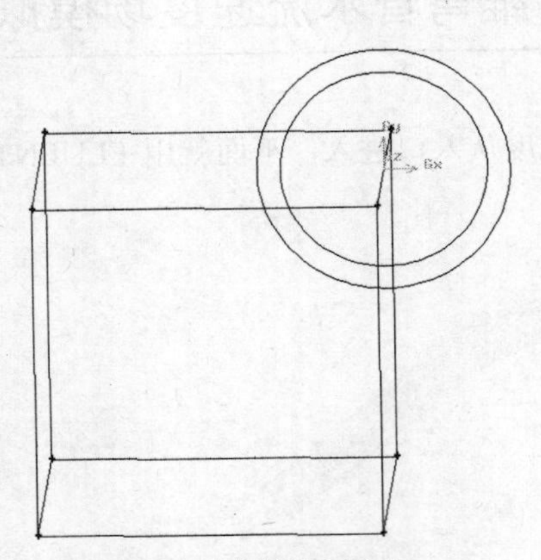

图 5-48　分割体与圆环

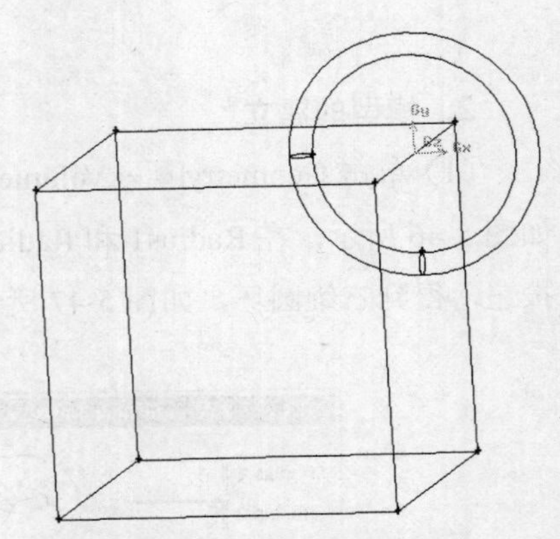

图 5-49　Split Volume 面板

（5）擦除多余几何体。单击 Geometry →Volume →Delete Volume 按钮，选中需要擦出的几何体积，单击 Apply 按钮，即可得到管道拐角处的几何体，如图 5-51 所示。

（6）建立管道直道。单击 Geometry →Volume →Create Real Cylinder 按钮，在 Create Real Cylinder 面板中输入 Height 为 10、Radius1 为 1、Radius2 为 1，Axis Location 选择 Positive Y，单击 Apply 按钮，生成一个圆柱体，同理在 x 轴方向上生成一个同样尺寸的圆柱体。

（7）移动圆柱体。单击 Geometry →Volume →Move/Copy Volumes 按钮，在 Move/Copy Volumes 面板中选择 y 轴方向的圆柱体，沿 x 轴方向移动-10；选择 x 轴方向上的圆柱体，沿 y 轴方向移动-10，单击 Apply 按钮，即可生成管道几何体模型，如图 5-52 所示。

图 5-50　分割后的几何体

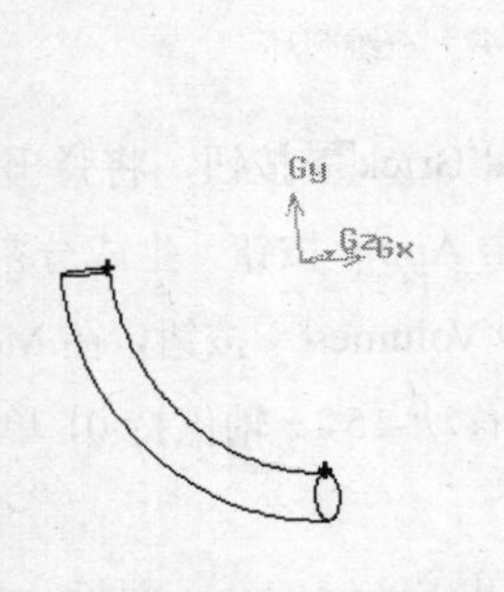

图 5-51　管道拐角处的几何体

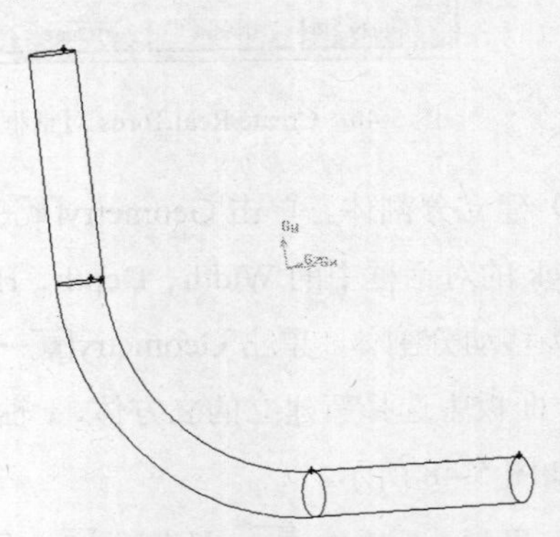

图 5-52　管道几何体模型

（8）将生成的 3 段几何体合并。单击 Geometry →Volume →Unit Real Volumes 按钮，即

可将 3 段几何体合成为一体。

3．网格的划分

（1）单击 Mesh→Face→Mesh Faces按钮，打开 Mesh Faces 面板，选中直管的截面，选择 Quad、Pave 的划分方式，在 Interval Size 中输入 0.15，单击 Apply 按钮，完成对面网格的划分，如图 5-53 所示。

（2）单击 Mesh→Volume→Mesh Volumes按钮，弹出 Mesh Volumes 面板，选中几何体，选择 Hex/Wedge、Cooper 的划分方式，在 Interval Size 中输入 0.5，单击 Apply 按钮，即可完成体网格的划分，如图 5-54 所示。

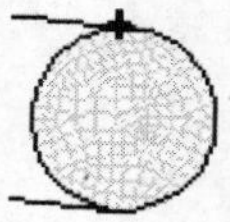

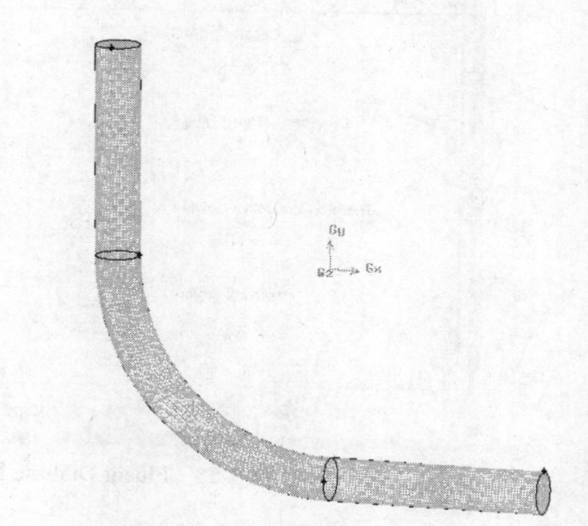

图 5-53 面网格的划分

图 5-54 体网格的划分

（3）单击 Zones→Specify Boundary Types按钮，在 Specify Boundary Types 面板中直管一边的截面定义为速度入口（VELOCITY_INLET），名称为 in；将另一边的截面定义为自由出口（OUTFLOW），名称为 out；选择剩下的壁面定义为 WALL。

（4）执行 File→Export→Mesh 命令，在文件名中输入 pipe.msh，不选 Export 2-D（X-Y）Mesh，确定输出的为三维模型网络文件。

4．求解计算

（1）启动 FLUENT 14.5，在弹出的 FLUENT Launcher 对话框中选择 3D 计算器，单击 OK 按钮 。

（2）单击菜单栏中的 File→Read→Case 按钮，读入划分好的网格文件 pipe.msh。然后进行检查，单击菜单栏中的 Mesh→Check 按钮。

（3）单击菜单栏中的 Mesh→Scale 按钮，将尺寸变为 cm。

（4）单击菜单栏中的 Define→General 按钮，弹出 General 面板，本例保持系统默认设置即可满足要求。

（5）单击菜单栏中的 Define→Materials 命令，弹出 Materials 面板。单击其中的 Create/Edit 按钮，在 Create/Edit Materials 对话框中单击 Fluent Database 按钮，在 Fluent Fluid Materials 下拉列

表中选择 water-liquid[h2o<1>]，如图 5-55 所示。依次单击 COPY 和 CLOSE 按钮，完成对材料的定义。

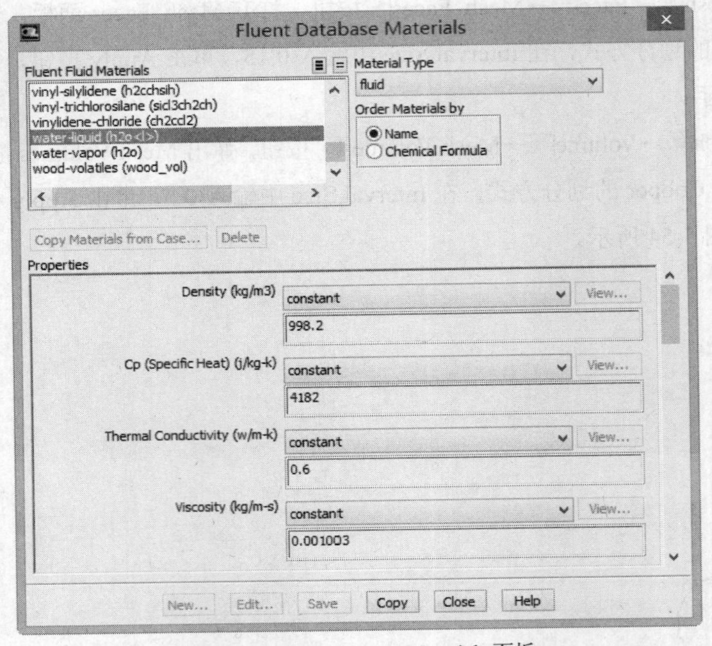

图 5-55　Fluent Dtabase Materials 面板

（6）单击菜单栏中的 Define→Operation Condition 按钮，保持默认值，单击 OK 按钮。

（7）单击菜单栏中的 Define→Cell Zone Conditions 按钮，弹出 Cell Zone Conditions 面板。在列表中选择 fluid，单击 Edit 按钮，在弹出的 fluid 面板中选择 Material 为 water-liquid。单击 OK 按钮。

（8）单击菜单栏中的 Define→Boundary Conditions 按钮，弹出 Boundary Conditions 面板。在列表中选择 in，其类型 Type 为 velocity-inlet，单击 Edit 按钮，在 Velocity Magnitude 中输入 0.1，单击 OK 按钮。

（9）单击菜单栏中的 Solve→Controls 按钮，弹出 Solution Controls 面板，保持默认值。

（10）单击菜单栏中的 Solve→Initialization 按钮，弹出 Solution Initialization 面板。在 Compute From 下拉列表框中选择 inlet 选项，单击 Initialize 按钮。

（11）单击菜单栏中的 Solve→Monitors→Residual 按钮，在 Residual Monitors 对话框中选中 Plot，收敛精度均为 0.001，单击 OK 按钮。

（12）单击菜单栏中的 Solve→Run Calculation 按钮，弹出 Run Calculation 面板，设置 Number of Iteration 为 100，单击 Calculate 按钮开始解算。

（13）单击菜单栏中的 Display→Graphics and Animations→Contours 按钮，在 Contours of 中选

择 Velocity，不勾选 Filled，单击 Display 按钮，即可得到管道速度轮廓图，如图 5-56 所示。再在 Surface 中选择 out，显示出口处的速度轮廓图，如图 5-57 所示。

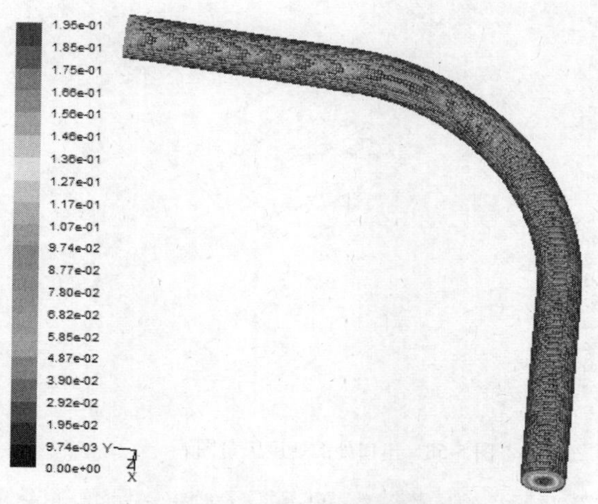

图 5-56 管道速度轮廓图

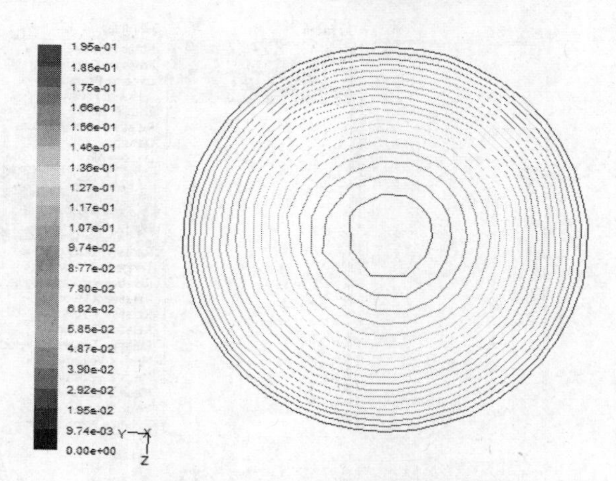

图 5-57 出口处的速度轮廓图

（14）单击菜单栏中的 Display→Graphics and Animations→Vectors 按钮，在 Surfaces 中选择 out，单击 Display 按钮，即可得到出口处的速度矢量图，如图 5-58 所示。

（15）计算完的结果要保存为 case 和 data 文件，执行 File→Write→Case&Data 命令，在弹出的文件保存对话框中将结果文件命名为 pipe.cas，case 文件保存的同时也保存了 data 文件 pipe.dat。

5. Tecplot 后处理

（1）单击菜单栏中的 File→Export→Solution Data 按钮，弹出 Export 面板，如图 5-59 所示。在 File Type 中选择 Tecplot，Surface 一栏全选，Quantities 中选择 Velocity Magnitude、X Velocity、

Y Velocity、Z Velocity、Axial Velocity，单击 Write 按钮，保存为 pipe.plt 文件。

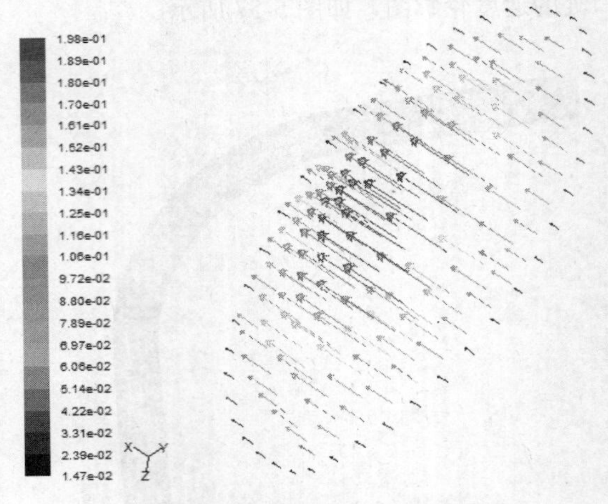

图 5-58　出口处的速度矢量图

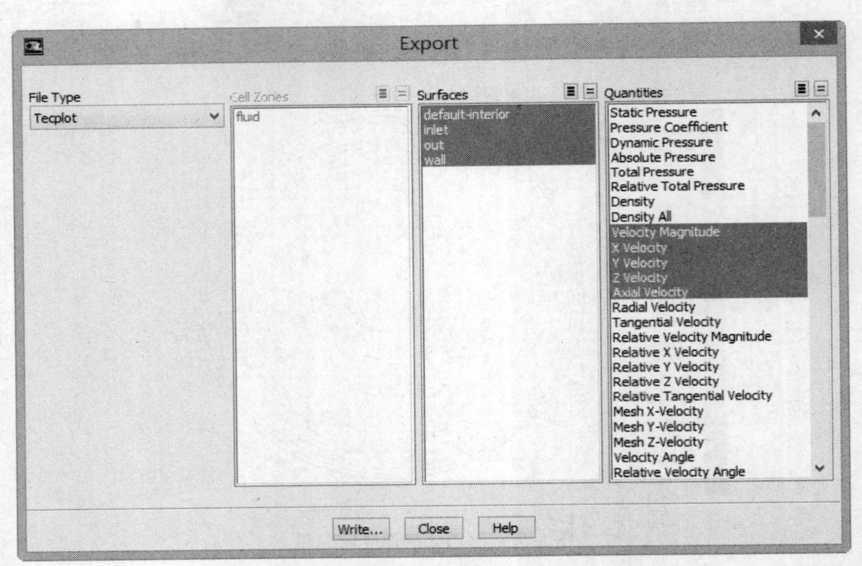

图 5-59　Fluent 中的 Export 面板

（2）双击 Tecplot 的快捷方式打开 Tecplot 软件。单击菜单栏中的 File→Load Data File 按钮，导入 pipe.plt 文件。

（3）数据导入后选择 3D 的显示方式。在 Zone 的一栏选择 Vector，弹出 Select Variables 面板，如图 5-60 所示，在 U、V、W 中分别选择 X、Y、Z。单击 OK 按钮，即可得到管道的三维速度矢量图，如图 5-61 所示。

（4）单击菜单栏中的 File→Export 按钮，打开如图 5-62 所示的 Export 面板，在 Export Format 中选择 FIFF 格式，单击 OK 按钮，保存图形文件 pipe.tif。

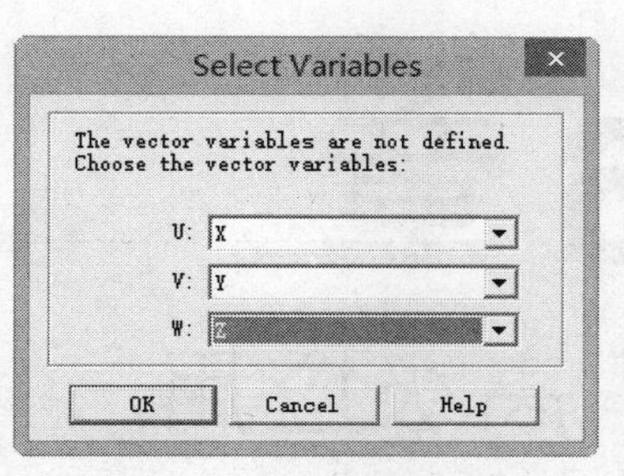

图 5-60 Select Variables 面板

图 5-61 管道的三维速度矢量图

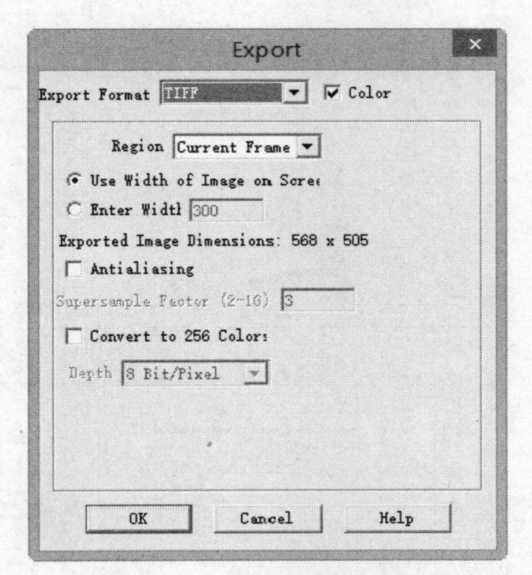

图 5-62 Tecplot 中的 Export 面板

第6章 FLUENT 高级应用

UDF（User-Defined Function）、UDS（User Defined Scalar）和并行计算属于 FLUENT 分析中相对比较复杂的知识，UDF 是 FLUENT 软件提供的一个用户接口，用户可以通过它与 FLUENT 模块的内部数据进行交流，从而解决一些标准的 FLUENT 模块不能解决的问题。通过 UDS，用户可以引入新的方程进行求解。本章将重点讲解 FLUENT 中 UDF 和 UDS 的应用。并行计算就是利用多个处理器同时进行计算。

本章主要对 FLUENT 的 UDF 和 UDS 相关基础知识以及并行计算的特点和使用步骤进行讲解，为读者进一步熟悉使用 FLUENT 进行必要的补充。

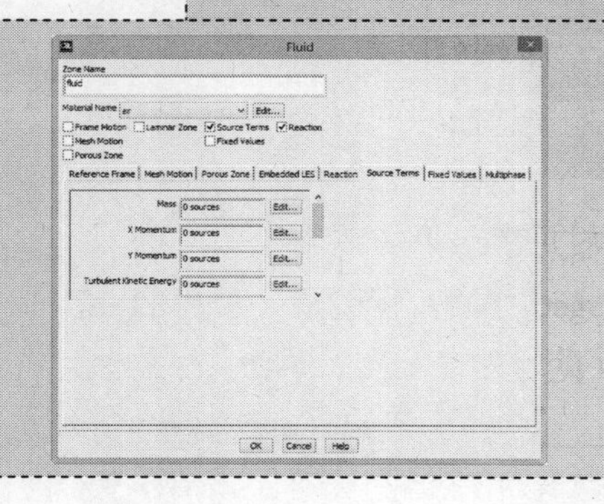

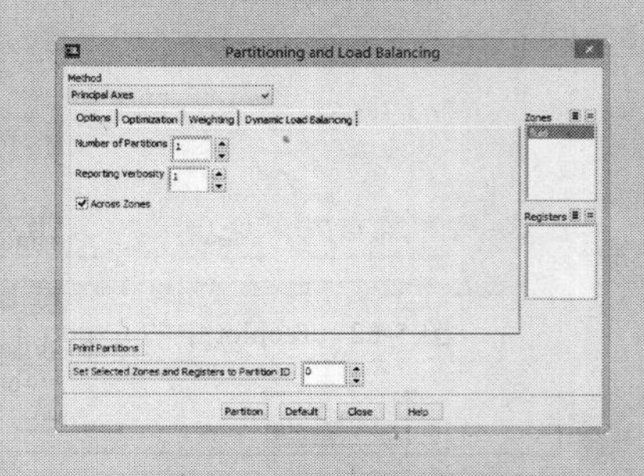

6.1 UDF 概述

6.1.1 UDF 基础知识

UDF 是 FLUENT 软件提供的一个用户接口，用户可以通过它与 FLUENT 模块的内部数据进行交流，从而解决一些标准的 FLUENT 模块不能解决的问题。UDF 的编写必须采用 C 语言，并且与 FLUENT 模块的内部进行交流只能通过一些预定义宏才可进行，在调用宏以前必须包含 UDF 头文件（udf.h）的声明。

UDF 利用 C 语言编写完毕以后，不是在普通的编译器中进行编译调试，而是在 FLUENT 软件中编译。若在 FLUENT 中发现错误，需要回到源文件中进行修改，直到在 FLUENT 中调试通过。UDF 具体的编译类型有解释型 UDF（Interpreted UDF）和编译型 UDF（Compiled UDF）。其中，解释型 UDF 是指函数在运行时读入并解释，而编译型 UDF 则在编译时被嵌入共享库中并与 FLUENT 连接。

解释型 UDF 用起来简单，独立于计算机结构，能够完全当作 Compiled UDFs。它的缺点就是不能与其他编译系统或用户库连接，并且只支持部分 C 语言（goto 语句、非 ANSI—C 语法、结构、联合、函数指针和函数数组等不能使用）。

编译型 UDF 执行起来较快也没有源代码限制，它不一定能当作 Interpreted UDFs，并且设置和使用较为麻烦。

在实际的数值计算中，要根据具体情况选择 UDF 的类型，在使用中要特别重视前面提到的注意事项。两种 UDF 的具体使用会在下面的章节中详细讲解。

6.1.2 UDF 能够解决的问题

概括起来，UDF 可以解决以下几方面的问题。

- 处理边界条件。
- 修改源项。
- 定义材料属性。
- 变量初始化。
- 表面和体积反应速率。

- 处理与多相流相关的问题。
- 动网格运动的定义。
- 通过 UDS 引入额外的方程。

6.1.3 UDF 宏

1．宏的概述

宏 DEFINE 是用来定义 UDFS 的，简单来说，它是 FLUENT 和 UDF 程序的一个接口。只有通过 FLUENT 提供的宏，才能实现 UDF 程序与 FLUENT 中信息的交互。宏 DEFINE 可以分为 4 类包括通用的、离散相的、多相的和动网格的。从宏 DEFINE 下划线的后缀可以看出该宏的功能，例如通过 DEFINE SOURCE 修改方程源项，而 DEFINE PROPERTY 用来修改物质的物理性质。为了对 FLUENT 的宏有些大体了解，下面列出通用的、离散相的、多相的和动网格的宏如下。

（1）通用模型

- DEFINE_ADJUST。
- DEFINE_DIFFUSIVITY。
- DEFINE_HEATFLUX。
- DEFINE_INIT。
- DEFINE_ON_DEMAND。
- DEFINE_PROFILE。
- DEFINE_PROPERTY。
- DEFINE_RW_FILE。
- DEFINE_SCAT_PHASE_FUNC。
- DEFINE_SOURCE。
- DEFINE_SR_RATE。
- DEFINE_UDS_FLUX。
- DEFINE_UDS_UNSTEADY。
- DEFINE_VR_RATE。

（2）离散相模型

- DEFINE_DPM_BODY FORCE。
- DEFINE_DPM_DRAG。
- DEFINE_DPM_EROSION。
- DEFINE_DPM_INJECTION INIT。

- DEFINE_DPM_LAW。
- DEFINE_DPM_OUTPUT。
- DEFINE_DPM_PROPERTY。
- DEFINE_DPM_SCALAR UPDATE。
- DEFINE_DPM_SOURCE。
- DEFINE_DPM_SWITCH。

（3）多相模型

- DEFINE_DRIFT_DIAMETER。
- DEFINE_SLIP_VELOCITY。

（4）动网格模型

- DEFINE_CG_MOTION
- DEFINE_GEOM
- DEFINE_GRID_MOTION
- DEFINE_SDOF_PROPERTIES

2．常用宏的介绍

下面对常用宏进行简单的介绍，如表 6-1 所示。关于其他宏的介绍可以参考 FLUENT 的帮助文件。

表 6-1 常用宏

宏　名	参数	参数类型	返回值类型
DEFINE_ADJUST	domain	Domain *domain	void
DEFINE_DIFFUSIVITY	c，t，i	cell_t c，Thread *t，int i	real
DEFINE_INIT	domain	Domain *domain	void
DEFINE_ON_DEMAND			void
DEFINE_PROFILE	t，i	cell_t c，Thread *t	real
DEFINE_RW_FILE	fp	FILE *fp	void
DEFINE_PROPERTY	c，t	cell_t c，Thread *t	real
DEFINE_SOURCE	c，t，dS，i	cell_t c，Thread *t，realdS[]，int i	real

（1）DEFINE_ADJUST。该宏定义的函数在每一步迭代开始前执行。利用它修改流场变量。在选择菜单栏中该宏定义的函数时，它的参数 domain 传递给处理器，说明该函数是作用于整个流场的网格区域。

（2）DEFINE_DIFFUSIVITY。利用该宏定义函数修改组分扩散系数或用户自定义标量输运方程的扩散系数。其中，c 代表单元网格，t 是指向网格的指针，i 表示第 i 种组分或第 i 个用户自定义标量（传递给处理器）。函数返回的是 real 类型的数据。

（3）DEFINE_INIT。该宏用以初始化流场变量，它在 FLUENT 默认的初始化之后执行。作用区域为全场，无返回值。

（4）DEFINE_ON_DEMAND。该宏定义函数不是在计算中由 FLUENT 自动调用，而是根据需要手工调用运行。

（5）DEFINE_PROFILE。利用该宏定义函数可以指定边界条件。其中，t 指向定义边界条件的网格线，i 用来表示边界的位置。函数在执行时，需要循环扫遍所有的边界网格线，其值存储在 F_PROFILE（f,t,i）中，无返回值。

（6）DEFINE_RW_FILE。该宏用于读写 Case 和 Data 文件。其中，fp 是指向所读写文件的指针。

（7）DEFINE_PROPERTY。利用该宏定义的函数可以指定物质的物性参数。其中，c 表示网格，t 表示网格线，返回实型值。

（8）DEFINE_SOURCE。利用该宏定义除 DO 辐射模型之外其他所有输运方程的源项。在实际计算中，函数需要扫遍全场网格。其中，c 表示网格，t 表示网格线，dS 表示源项对所求输运方程的标量偏导数，用于对源项的线性化，i 标识已定义源项对应的输运方程。

（9）矢量宏

ND_ND：表示某个变量的维数。例如，x[ND_ND]。

NV_MAG：表示某个矢量的大小。例如，NV_MAG（x），它对应的二维展开式为 sqrt（x[0]*x[O]+x[1]*x[1]），对应的三维展开式为 sqrt（x[0]*x[O]+x[1]*x[1]+x[2]*x[2]）。

ND_DOT：用来表示两个矢量的点积。例如，ND_DOT（x,y,z,u,v,w），它对应的二维展开式为（x*u+y*v），对应的三维展开式为（x*u+y*v+z*w）。

6.1.4 UDF的预定义函数

FLUENT 已经预先定义了一些函数，通过这些函数可以从 FLUENT 求解器中读写数据，从而达到 UDF 和 FLUENT 标准求解器结合的目的。这些函数[如前面提到的 F_CENTROID（x,f,thread）]定义在扩展名为.h 的文件里，如 mem.h、metric.h 和 dpm.h。一般来说，在 UDF 源程序的开头包含 udf.h 文件，即可使用这些预定义的函数。这里所说的函数是广义的，因为其中包括函数和宏，只有在源文件 appropriate.h 中定义的才是真正的函数。如果使用的是 Interpreted 型的 UDF，则只能使用这些 FLUENT 提供的函数。通过这些 FLUENT 的预定义函数可以得到的变量归类如下。

- 几何变量（坐标、面积和体积等）。
- 网格和节点变量（节点的速度等）。
- 溶液变量及其组合变量（速度、温度和湍流量等）。

- 材料性质变量（密度、黏度和导电性等）。
- 离散相模拟变量。

如果比较熟悉编程语言，肯定清楚函数里面有参数，并且这个参数有一定的数据类型要求。在进行 UDF 的编程时，除了使用常用的 C 语言数据类型，FLUENT 自身又增加了几个数据类型。例如前面提到函数 F_CENTROID（x,f,thread），它的参数 f 的数据类型为 face_t 类型。下面简单介绍 FLUENT 中增加的比较常用的数据类型。

- Node：表示相应的网格节点。
- cellt：单独一个控制体积元，用来定义源项或物性。
- facet：对应于网格面，用来定义入口边界条件等。
- Thread：相应边界或网格区域的结构类型数据。
- Domain：它是一种结构，包含所有的 threads、cells、faces 和 nodes。

对于这些数据类型需要注意的是 Thread、cell t、face t、Node 和 Domain 要区分大小写。

结合上面的介绍，再来看函数 F_CENTROID（x,f,thread），它有 3 个参数，即 x、f 和 thread。其中，f 的数据类型为 face_t，thread 的数据类型为 Thread，在这里它们属于系统输入参数，而一维数组 x（单元格的质心）则是用来接收 F_CENTROID（x,f,thread）的返回值。

除了函数 F_CENTROID（x,f,thread）以外，FLUENT 还定义了非常多的函数，如表 6-2～表 6-6 所示。

表 6-2　　辅助几何关系函数

函数名称	参数类型	返回值	函数源
C_NNODES（c,t）	cell_t c，Thread *t	网格节点/单元	mem.h
C_NFACES（c,t）	cell_t c，Thread *t	网格面数/单元	mem.h
F_NNODES（f,t）	face_t f　Thread *t	面节点数/单元	mem.h

表 6-3　　网格坐标与面积函数

函数名称	参数类型	返回值	函数源
C_CENTROID（x,c,t）	real x[ND_ND], cell_t c, Thread *t real x[ND_ND], face_t f, Thread *t	x（网格坐标）	metric.h
F_CENTROID（x,f,t）	A[ND_ND]，face_t f，Thread *t A[ND_ND]	x（面坐标）	metric.h
F_AREA（A,f,t）	face_t f，Thread *t	A（面矢量）	metric.h
NV_MAG（A）	face_t f，Thread *t	面矢量 A 大小	metric.h
C_VOLUME（c,t）	cell_t c，Thread *t	2D 或 3D 网格体积	metric.h
	cell_t c，Thread *t	对称体网格体积/2π	

表 6-4　　节点坐标与节点速度函数

参数名称	参数类型	返回值	函数源
NODE_X[node]	Node *node	节点的 X 坐标	metric.h
NODE_Y[node]	Node *node	节点的 Y 坐标	metric.h
NODE_Z[node]	Node *node	节点的 Z 坐标	metric.h
NODE_GX[node]	Node *node	节点的 X 向速度	mem.h
NODE_GY[node]	Node *node	节点的 Y 向速度	mem.h
NODE_GZ[node]	Node *node	节点的 Z 向速度	mem.h

表 6-5　　面变量函数

函数名称	参数类型	返回值	函数源
F_P（f,t）	face_t f，Thread *t	压力	mem.h
F_U（f,t）	face_t f，Thread *t	U 方向上的速度	mem.h
F_V（f,t）	face_t f，Thread *t	V 方向上的速度	mem.h
F_W（f,t）	face_t f，Thread *t	W 方向上的速度	mem.h
F_T（f,t）	face_t f，Thread *t	温度	mem.h
F_H（f,t）	face_t f，Thread *t	焓	mem.h
F_K（f,t）	face_t f，Thread *t	湍流动能	mem.h
F_D（f,t）	face_t f，Thread *t	湍流能量的分散速率	mem.h
F_YI（f,t,i）	face_t f，Thread *t，int i	组分质量分数	mem.h
F_UDSI（f,t,i）	face_t f，Thread *t，int i	用户自定义的标量（i 表示第几个方程）	mem.h
F_UDMI（f,t,i）	face_t f，Thread*t，int i	用户自定义的存储器（i 表示第几个）	mem.h
F_FLUX（f,t）	face_t f，Thread*t	通过边界面 f 的质量流速	mem.h

注：该表中的函数只能在 segregated solver 中使用，而耦合计算时不能用

表 6-6　　网格变量函数

函数名称	参数类型	返回值	函数源
C_P（c,t）	cell_t c，Thread *t	压力	mem.h
C_U（c,t）	cell_t c，Thread *t	U 方向速度	mem.h
C_V（c,t）	cell_t c，Thread *t	V 方向速度	mem.h
C_W（c,t）	cell_t c，Thread *t	W 方向速度	mem.h
C_T（c,t）	cell_t c，Thread *t	温度	mem.h
C_H（c,t）	cell_t c，Thread *t	焓	mem.h

续表

函数名称	参数类型	返回值	函数源
C_YI（c,t）	cell_t c，Thread *t	组分质量分数	mem.h
C_UDSI（c,t,i）	cell_t c，Thread *t，int i	用户自定义标量	mem.h
C_UDMI（c,t,i）	cell_t c，Thread *t，int i	用户自定义的存储器	mem.h
C_K（c,t）	cell_t c，Thread *t	湍流动能	mem.h
C_D（c,t）	cell_t c，Thread *t	湍流能量的分散速度	mem.h
C_RUU（c,t）	cell_t c，Thread *t	uu 雷诺应力	sg_mem.h
C_RVV（c,t）	cell_t c，Thread *t	vv 雷诺应力	sg_mem.h
C_RWW（c,t）	cell_t c，Thread *t	ww 雷诺应力	sg_mem.h
C_RUV（c,t）	cell_t c，Thread *t	uv 雷诺应力	sg_mem.h
C_RVW（c,t）	cell_t c，Thread *t	vw 雷诺应力	sg_mem.h
C_RUW（c,t）	cell_t c，Thread *t	uw 雷诺应力	sg_mem.h
C_FMEAN（c,t）	cell_t c，Thread *t	第一平均混合物分数	sg_mem.h
C_FMEAN2（c,t）	cell_t c，Thread *t	第二平均混合物分数	sg_mem.h
C_FVAR（c,t）	cell_t c，Thread *t	第一混合物分数偏差	sg_mem.h
C_FVAR2（c,t）	cell_t c，Thread *t	第二混合物分数偏差	sg_mem.h
C_PREMIXC（c,t）	cell_t c，Thread *t	反应进程变量	sg_mem.h
C_LAM_FLAME	cell_t c，Thread *t	层流火焰速度	sg_mem.h
C_RATE（c,t）	cell_t c，Thread *t	临界应变率	sg_mem.h
C_POLLUT（c,t,i）	cell_t c，Thread *t，int i	污染物组分	sg_mem.h
C_VOF（c,t,0）	cell_t c，Thread *t	第一相体积分数	sg_mem.h
C_VOF（c,t,1）	cell_t c，Thread *t	第二相体积分数	sg_mem.h
C_DUDX（c,t）	cell_t c，Thread *t	U 在 X 方向速度梯度	mem.h
C_DUDY（c,t）	cell_t c，Thread *t	U 在 Y 方向速度梯度	mem.h
C_DUDZ（c,t）	cell_t c，Thread *t	U 在 Z 方向速度梯度	mem.h
C_DVDX（c,t）	cell_t c，Thread *t	V 在 X 方向速度梯度	mem.h
C_DVDY（c,t）	cell_t c，Thread *t	V 在 Y 方向速度梯度	mem.h
C_DVDZ（c,t）	cell_t c，Thread *t	V 在 Z 方向速度梯度	mem.h
C_DWDX（c,t）	cell_t c，Thread *t	W 在 X 方向速度梯度	mem.h
C_DWDY（c,t）	cell_t c，Thread *t	W 在 Y 方向速度梯度	mem.h
C_DWDZ（c,t）	cell_t c，Thread *t	W 在 Z 方向速度梯度	mem.h
C_DP（c,t）[i]	cell_t c，Thread *t，int i	压力梯度（i 表示方向）	mem.h
C_D_DENSITY（c,t）[i]	cell_t c，Thread *t，int i	密度梯度（i 表示方向）	mem.h
C_MU_L（c,t）	cell_t c，Thread *t	层流黏性系数	mem.h

续表

函数名称	参数类型	返回值	函数源
C_MU_T（c,t）	cell_t c，Thread *t	湍流黏性系数	mem.h
C_MU_EFF（c,t）	cell_t c，Thread *t,	有效黏性系数	mem.h
C_K_L（c,t）	cell_t c，Thread *t	层流导热系数	mem.h
C_K_T（c,t）	cell_t c，Thread *t	湍流导热系数	mem.h
C_K_EFF（c,t）	cell_t c，Thread *t	有效导热系数	mem.h
C_CP（c,t）	cell_t c，Thread *t	确定热量	mem.h
C_RGAS（c,t）	cell_t c，Thread *t	气体常数	mem.h
C_DIFF_L（c,t,i,j）	cell_t c，Thread *t，int i，int j	层流组分扩散系数	mem.h
C_DIFF_EFF（c,t,i）	cell_t c，Thread *t，int i	物质有效组分扩散系数	mem.h

如果要实现扫描全场的网格就需要使用循环宏，FLUENT 的循环宏如下。

- thread_loop_c：在一个 domain 中循环所有的 cell 线程。
- thread_loop_f：在一个 domain 中循环所有的 face 线程。
- beginend_c_loop：在一个 cell 线程中循环所有的 cell。
- beginend_f_loop：在一个 face 线程中循环所有的 face。
- c_face_loop：在一个 cell 中循环所有的 face。
- c_node_loop：在一个 cell 中循环所有的 node。

循环宏大体可以归为两种类型，一种以 begin 开始，end 结束，用来扫描线上的所有网格和面；另一种用来扫描所有的线，大体结构如下。

```
cell_t c;
face_t f;
Thread *t;
Domain *d;
begin_f_loop (c,t)
{
}
end_c_loop (c,t) /*循环遍历线上的所有网格*/
begin_f_loop (f,t)
{
}
end_f_loop (f,t) /*循环遍历线上的所有面*/
thread_loop_c (t,d)
{
}    /*循环遍历网格线*/
thread_loop_f (t,d)
{
}    /*遍历面上的线*/
```

6.1.5 UDF 的编写

（1）UDF 程序编写的基本步骤。在使用 UDF 处理 FLUENT 模型的过程中，需按照以下步骤编写 UDF 代码。

- 分析实际问题的模型，得到 UDF 对应的数学模型。
- 将数学模型用 C 语言源代码表达出来。
- 编译调试 UDF 源程序。
- 单击 FLUENT 菜单栏中的 UDF 按钮。
- 将所得结果与实际情况进行比较。

若不满足要求，则需要重复上面的步骤，直到与实际情况吻合为止。

（2）UDF 的基本格式。编写 Interpreted 型和 Compiled 型用户自定义函数的过程和书写格式是一样的，其主要的区别在于与 C 语言的结合程度，Compiled 型能够完全使用 C 语言的语法，而 Interpreted 型只能使用其中一小部分。尽管有上述的差异，UDF 的基本格式可以归为以下 3 部分。

- 定义恒定常数和包含库文件，分别由#DEFINE 和#INCLUDE 陈述。
- 使用宏 DEFINE 定义 UDF 函数。
- 函数体部分。

包含的库有 udf.h、sg.h、mem.h、prop.h 和 dpm.h 等，其中 udf.h 是必不可少的，书写格式为 #include udf.h，所有数值都应采用 SI 单位制，函数体部分字母采用小写，Interpreted 型只能包含 FLUENT 支持的 C 语言语法和函数。

FLUENT 提供的宏都以 DEFINE 开始，对它们的解释包含在 udf.h 文件中，所以必须要包含库 udf.h。

UDF 编译和连接之后，函数名就会出现在 FLUENT 相应的下拉列表内。例如，DEFINE_PROFILE（inlet_x_velocity,thread,position），编译连接之后，就能在相应的边界条件面板内找到一个名为 inlet_x_velocity 的函数，选定之后即可使用。

6.2 UDS 基础知识

UDS 是 User Defined Scalar 的缩写，通过 UDS，用户可以引入新的方程进行求解。

FLUENT 提供的 UDS 可以求解的方程：

$$\frac{\partial \rho \phi_k}{\partial t}+\frac{\partial}{\partial x_i}\left(\rho u_i \phi_k-\Gamma_k \frac{\partial \phi_k}{\partial x_i}\right)=S_{\phi k} \quad (k=1,\cdots,N)$$

此处 Γ_k 和 $S_{\varphi k}$ 分别是第 k 个 UDS 对应的扩散系数和源项，上述方程是最一般的方程。该方程左端的第一项是时间项，第二项包含对流项和扩散项两部分；它的右端是源项。这些项在 FLUENT 中的具体设置介绍如下。

1．自定义标量（UDS）的定义

当读入 Mesh 文件以后，设置基本求解器，求解非定常问题（此处只是为了介绍全面考虑，求解器的选择可以根据所要解决的具体问题而定）。单击 FLUENT 菜单栏中的 Define→User-Defined→Scalars 按钮，弹出如图 6-1 所示的 User-Defined Scalars 对话框，在 Number of User-Defined Scalars 文本框中可以设置 UDS 的数值。

假如将图 6-1 中所示的 Number of User-Defined Scalars 文本框中的数值设为 1，User-Defined Scalars 对话框将刷新为如图 6-2 所示的内容。

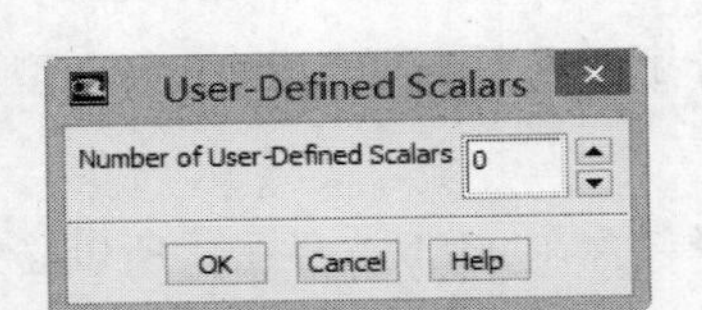

图 6-1 User-Defined Scalars 对话框 1

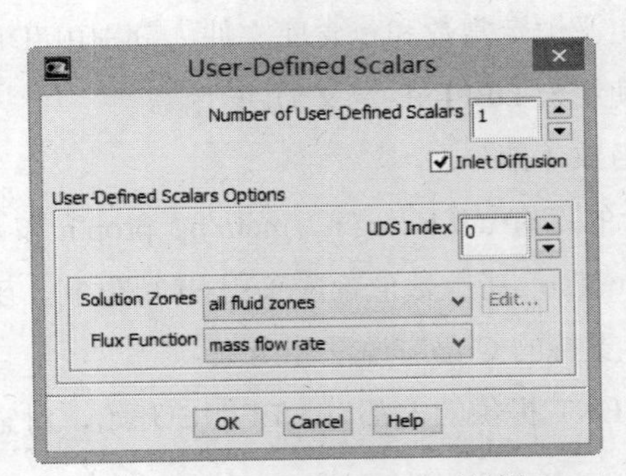

图 6-2 User-Defined Scalars 对话框 2

2．设置对流项

参考图 6-2，通过 Flux Function 下拉列表可以设置自定义标量（UDS）的对流项。

（1）设置 Flux Function 为 mass flow rate，此时对应的 UDS 方程为：

$$\frac{\partial \rho \phi_k}{\partial t}+\frac{\partial}{\partial x_i}\left(\rho u_i \phi_k-\Gamma_k \frac{\partial \phi_k}{\partial x_i}\right)=S_{\phi k} \quad (k=1,\cdots,N)$$

这就说明上述的设置对应非定常问题，并且要考虑对流项。

（2）设置 Flux Function 为 none，此时对应的 UDS 方程为：

$$\frac{\partial \rho \phi_k}{\partial t}-\frac{\partial}{\partial x_i}\left(\Gamma_k \frac{\partial \phi_k}{\partial x_i}\right)=S_{\phi k} \quad (k=1,\cdots,N)$$

这就说明上述的设置对应非定常问题，并且不考虑对流项。

3．设置时间项

当设置 Flux Function 为 none 时，通过 Unsteady Function 下拉列表可以设置自定义标量（UDS）的时间项。

（1）设置 Unsteady Function 为 default，此时对应的 UDS 方程为：

$$\frac{\partial \rho \phi_k}{\partial t}+\frac{\partial}{\partial x_i}\left(\rho u_i \phi_k-\Gamma_k \frac{\partial \phi_k}{\partial x_i}\right)=S_{\phi k} \quad (k=1,\cdots,N)$$

这就说明上述的设置对应非定常问题，并且要考虑对流项。

（2）设置 Unsteady Function 为 none，此时对应的 UDS 方程为：

$$-\frac{\partial}{\partial x_i}\left(\Gamma_k \frac{\partial \phi_k}{\partial x_i}\right)=S_{\phi k} \quad (k=1,\cdots,N)$$

这说明上述的设置对应定常问题，并且不考虑对流项。

4．设置扩散系数 Γ_k

单击菜单栏中的 Define→Materials 按钮，弹出如图 6-3 所示的 Create/Edit Materials 对话框。如果设定了 UDS，那么会发现对话框中有 UDS Diffusivity 的设置选项，单击这一选项后的 Edit 按钮，弹出如图 6-4 所示的 UDS Diffusion Coefficients 对话框，通过它可以设置 UDS 的扩散系数 Γ_k。

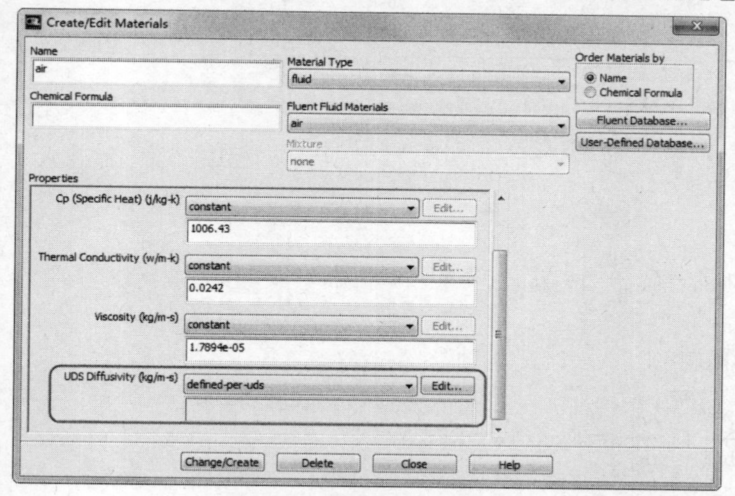

图 6-3 Create/Edit Materials 对话框

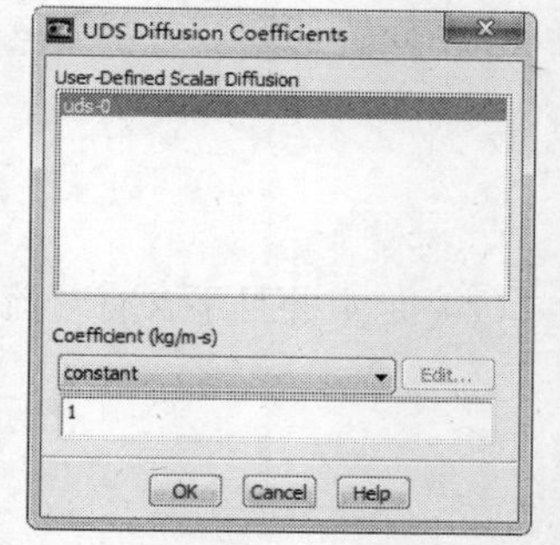

图 6-4 UDS Diffusion Coefficients 对话框

5．设置源项

单击菜单栏中的 Define→Cell Zone Conditions 按钮，弹出 Cell Zone Conditions 对话框。在 Zone 列表框中选择 fluid 选项，单击 Set 按钮，弹出 Fluid 对话框。在 fluid 区域对应的边界条件设置中，设置 UDS 的源项，如图 6-5 所示。

FLUENT 求解的 UDS 方程形式为：

$$\frac{\partial \rho \phi_k}{\partial t}+\frac{\partial}{\partial x_i}\left(\rho u_i \phi_k-\Gamma_k \frac{\partial \phi_k}{\partial x_i}\right)=S_{\phi k} \quad (k=1,\cdots,N)$$

这个方程形式比较复杂，但是可以根据具体问题进行简化，简化后常见的问题有以下两类。

图 6-5 Fluid 对话框

（1）定常问题：

$$\frac{\partial}{\partial x_i}\left(\rho u_i \phi_k-\Gamma_k \frac{\partial \phi_k}{\partial x_i}\right)=S_{\phi k} \quad (k=1,\cdots,N)$$

（2）定常并且不含有对流项的问题：

$$-\frac{\partial}{\partial x_i}\left(\Gamma_k \frac{\partial \phi_k}{\partial x_i}\right)=S_{\phi k} \quad (k=1,\cdots,N)$$

6.3 并行计算

FLUENT 并行计算就是利用多个处理器同时进行计算，它可将网格分割成多个子域，子

域的数量是计算节点的整数倍（如 8 个子域可对应于 1、2、4、8 个计算节点）。每个子域（或子域的集合）就会存在在不同的计算节点上。有可能是并行机的计算节点，或是运行在多个 CPU 工作平台上的程序，或是运行在用网络连接的不同工作平台（UNIX 平台或是 Windows 平台）上的程序。计算信息传输率的增加将导致并行计算效率的降低，因此在作并行计算时选择求解问题很重要。

6.3.1 开启并行求解器

在 Windows 系统下，可通过 MS-DOS 窗口开启 FLUENT 专用并行版本。如在 x 处理器上开启并行版本，可键入 FLUENT version–t x。在提示命令下，将 version 替换为求解器版本（2d、3d、2dpp、3ddp），将 x 替换为处理器的数量（如 FLUENT 3d–t3 是在 3 台处理器上运行 3D 版本）。有两种方法在 Windows 工作平台网络上运行 FLUENT，一种是用 RSHD 传输装置软件，另外一种是采用硬件支持的信息传输接（VMPI），具体内容参考 Windows 并行安装说明书。

采用 RSHD 软件进行网络传输时，需要在命令提示符中键入：

```
FLUENT version -pnet [-path sharename ] [-cnf= hostfile ] -t nprocs
```

采用硬件支持的 MPI 软件进行网络传输时，需要在命令提示符中键入：

```
FLUENT version-pvmpi [-path sharename ] [-cnf= hostfile ] -t nprocs
```

6.3.2 使用并行网络工作平台

利用在网络上连接的工作平台引入（删掉）计算节点可以形成一个虚拟并行机。即使一个工作平台仅有一个 CPU，也允许有多个计算节点共同存在。

1. 配置网络

若想将计算节点引入到几台机器上，或是对当前网络配置进行一些修改（如当启动求解器时发现主机上引入了太多的计算节点），可执行 Parallel Network Configure 命令。

在网络结构中，计算节点的标签从 0 开始顺序增加。除计算节点外，还有一个主机节点。FLUENT 启动时主机节点也自动启动，而退出 FLUENT 时它也随之被关闭，在 FLUENT 运行时它不能被关掉。而计算节点随时都可以关闭，节点 0 除外，因为它是最后一个计算节点，主机总是引入节点而节点 0 引入所有其他节点。

2. 引入计算节点

引入计算节点的基本步骤如下：

（1）在 Available Hosts 列表中选取要引入节点的主机。如果所需要的机器未被列出，可在 Host Entry 里手动增加一个主机，或是从 host database 中复制所需要的主机。

（2）在 Spawn Count 里为每个被选主机设置计算节点数。

（3）单击 Spawn 按钮，新的节点就会被引入，并被添加到 Spawned Compute Nodes 列表中。

3．主机文件操作

（1）主机数据库

建立工作平台的并行网络时，很容易生成局域网机器列表（hosts file），将包含这些机器名的文件加载到主机数据库，然后单击 Parallel Network Database（或单击 Network Configuration 控制对话框上的 Database 按钮）按钮，利用 Hosts Database 控制对话框，在工作平台上选择那些组成并行配置（或网络）的主机。如果主机文件 FLUENT.hosts 或.FLUENT.hosts 在根目录里，它里面的内容将在程序启动时自动加载到主机数据库里，否则主机数据库为空，直到读入一个主机文件。

（2）读取主机文件

如已有包含局域网内机器列表的主机文件，可单击 Load 按钮，在弹出的 Select File 对话框里选中此文件，将其加载到 Hosts Database 控制对话框里。当文件被读入之后，主机名字就会被显式在 Hosts 的列表中（FLUENT 自动添加每台可识别机器的 IP 地址，如果某台机器不在当前局域网内，它将被标以 unknown）。

（3）将主机复制到 Network Configuration 控制对话框

若想将 Hosts Database 控制对话框内的 Hosts 复制到 Network Configuration 控制对话框中的 Available Hosts 列表里，选择列表中所需复制的名字，单击按钮，被选中的主机就会被添加到节点机器的 Available Hosts 列表中。

4．检测网络连通性

对任何计算节点，都可以查看如下网络连通性信息，包括主机名、体系结构、操作 ID、被选节点 ID 以及所有被连接的计算机。被选节点的 ID 用星号标识。FLUENT 主进程的 ID 总是主机，计算节点则从 node-0 开始按顺序排列，所有计算节点都被连接在一起，计算节点 0 被连接到主进程。为了获得某计算节点的连通性信息，可单击 Parallel Show Connectivity 按钮，也可以在 Network Configuration 控制对话框里查看某个计算节点的连通性，方法是在 Spawned Compute Nodes 列表中选择此节点，然后单击 Connectivity 按钮。

6.3.3 分割网格

在用 FLUENT 的并行求解器时，需要将网格细分割为几组单元，以便在分离处理器上求解。将未分割的网格读入并行求解器里，可用系统默认的分割原则，还可以在连续求解器里或将 mesh 文件读入并行求解器后自己分割，如图 6-6 所示。

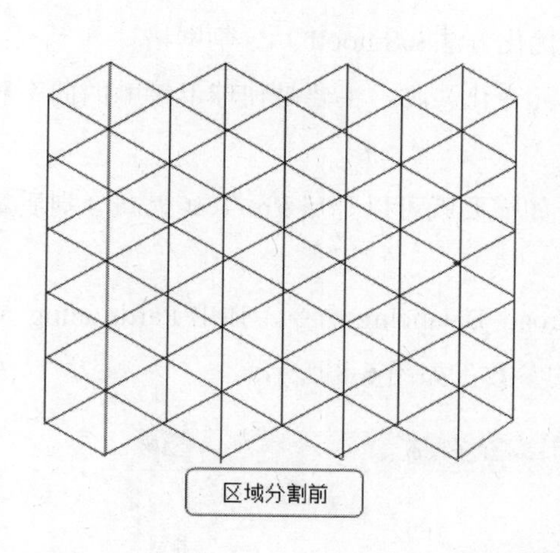

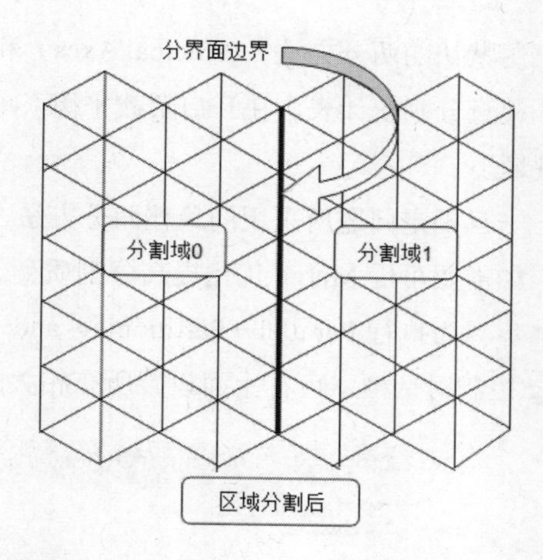

图 6-6 网格分割

1. 自动分割网格

并行求解器上自动网格分割的步骤如下：

（1）执行 Parallel→Auto Partition 命令，在弹出的 Auto Partition Mesh 控制对话框中设置分割参数，如图 6-7 所示。

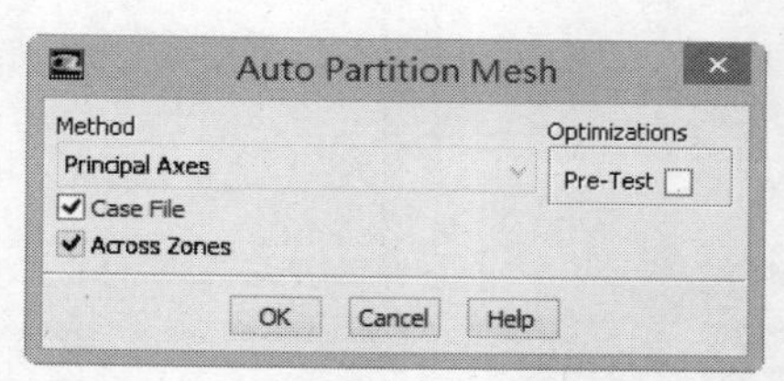

图 6-7 Auto Partition Mesh 控制对话框

读入 mesh 文件或 case 文件时如果没有获取分割信息，那就保持 Case File 选项开启，FLUENT 会用 Method 下拉菜单里的方法分割网格。

设置分割方法和相关选项的步骤如下：

1）关闭 Case File 选项，就可选择控制对话框上的其他选项。

2）在 Method 下拉菜单里选取两分方法。

3）可为每个单元分别选取不同的网格分割方法，也可以利用 Across Zones 让网格分割穿过区域边界。建议不采用对单元进行单独分割（关闭 Across Zones 按钮），除非是溶解过程需要不同区域上的单元输出不同的计算信息（主区域包括固体和流体区域）。

4）若选取 Principal Axes 或 Cartesian Axes 方法，可在实际分割之前对不同两分方向进行预测试以提高分割性能。

5）单击 OK 按钮。

如果 case 文件已经网格分割，且网格分割的数量和计算节点数一样，那就可以在 Auto Partition Mesh 控制对话框上默认选择 Case File 选项，这会让 FLUENT 在 case 文件中应用分割。

（2）读入 case 文件，方法是在菜单栏上选 File Read Case 选项。

2. 手动分割网格

手动分割网格时建议采用如下步骤：

（1）用默认的两分方法（Principal Axes）和优化方法（Smooth）分割网格。

（2）检查分割统计表。在开启负载平衡（单元变化）时，主要是使球形接触面曲率和接触面曲率变量最小。

（3）一旦确定问题所采用的最佳两分方法，如需要就可以开启 Pre-Test 提高分割质量。

（4）如需要可用 Merge 优化提高分割质量。

具体步骤为执行 Parallel→Partitioning and Load Balancing 命令，弹出 Partitioning and Load Balancing 控制对话框，可在上面设置所有相关的参数，如图 6-8 所示。

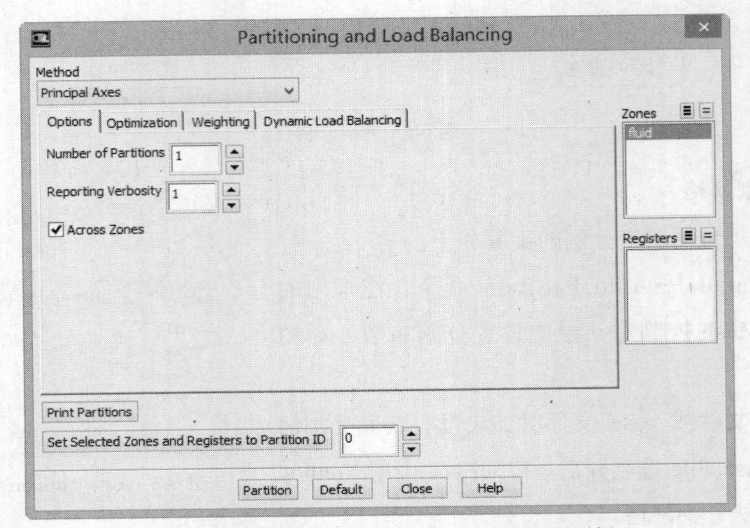

图 6-8　Partitioning and Load Balancing 控制对话框

3．网格分割方法

并行程序的网格分割有 3 个主要目标。

- 生成等数量单元的网格分割。
- 使分割的接触面数最小——减小分割边界面积。
- 使分割的邻域数最小。

平衡分割（平衡单元数）可确保每个处理器有相同的负载，分割被同时传输。既然分割间的传输是强烈依赖于时间的，那使分割的接触面数最小就可以减少数据交换的时间。使分割的邻域数最小，可减少网络繁忙的机会，而且在那些初始信息传输比较长，且信息传输更耗时间的机器来说尤为重要，特别是对依靠网络连接的工作站来说非常重要。

FLUENT 里的分割格式是采用两分法的原则来进行的，但不象其他格式那样需要分割数，它对分割数没有限制，对每个处理器都可以产生相同分割数（也就是分割总数是处理器数量的倍数）。

（1）两分法

网格采用两分法进行分割。被选用的法则被用于父域，然后利用递归应用于子域。例如，将网格分割成 4 部分，求解器将整个区域（父域）平分为两个子域，然后对每个子域进行相同的分割，总共分割为 4 部分。若将网格分割成 3 部分，求解器先将父域分成两部分（一个大概是另一个的 2 倍大），然后再将较大子域两分，这样总共就分为 3 部分。

（2）优化

优化可以提高网格分割的质量。垂直于最长主轴方向的两分方法并不是生成最小接触边界的最好方法，pre-testing 操作可用于在分割之前自动选择最好的方向。

（3）光滑

通过分割间交换单元的方式使分割接触面数最小。此格式贯穿分割边界，如果接触边界面消失就传到相邻分割，如图 6-9 所示。

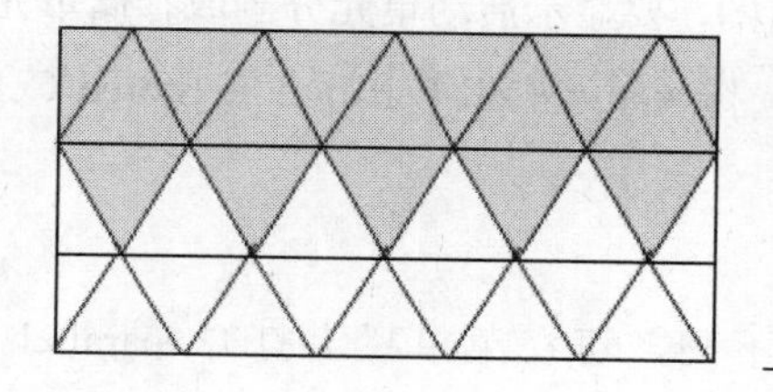
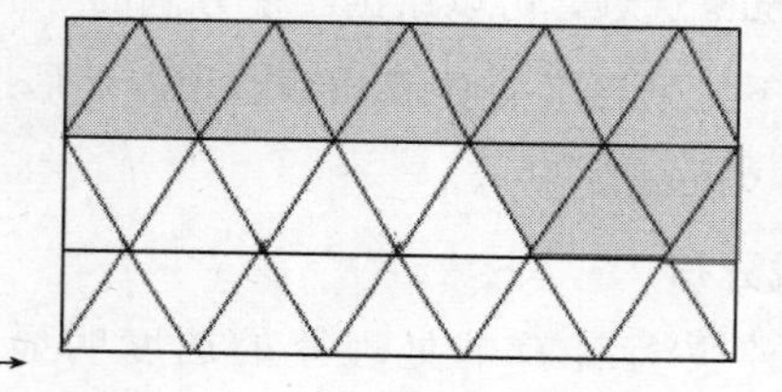

图 6-9 光滑优化

（4）合并

从每个分割中消除孤串。一个孤串就是一组单元，组里的每个单元至少都有一个面是接触边界。孤串会降低网格质量，导致大量传输损失，如图 6-10 所示。

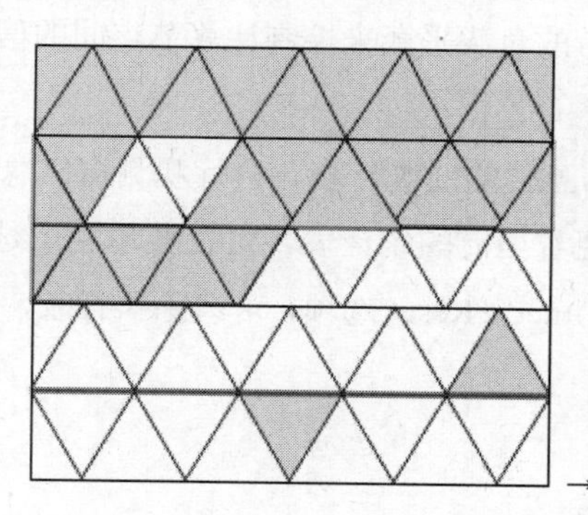
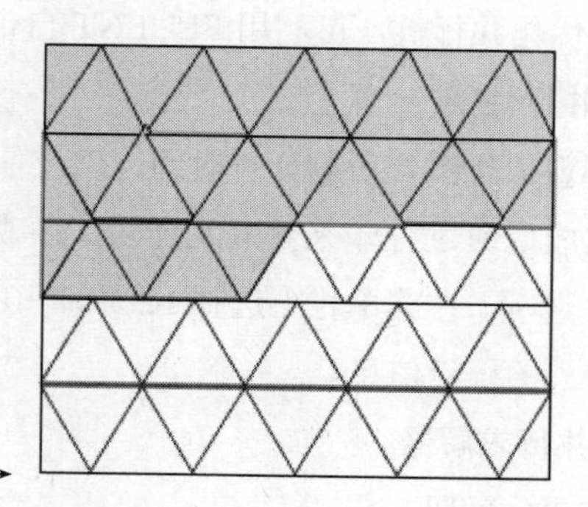

图 6-10 合并优化

4．检查分割

自动或手动分割完成后需要显示报告。在并行求解器里，在 Partitioning and Load Balancing 控制对话框里单击 Print Active Partitions 或 Print Stored Partitions 按钮，在连续求解器里单击 Print partitions 按钮。

FLUENT 在并行时是区分活动单元分割和存储单元分割这两种单元分割格式的。初始两者都被设为读入 case 文件建立的单元分割。如果用 Partition Grid 重新分割网格，新的分割就是指存储单元分割，要让其成为活动分割，在 Partitioning and Load Balancing 控制对话框上选 Use StoredPartitions 按钮。活动单元分割被用于当前计算中，而存储单元分割用于保存一个 case 文件情况。这种区别可以在某一台机器或网络上分割一个 case，而在另一台机器上求解它。基于这两种格式的区别，在不同的并行机上，可以用一定数量的计算节点将网格划分为任意不同个数的分割，保存 case 文件，再将它加载到指定机器上。

分割网格后，要查看分割信息，并从图形上检查分割。自动或手动分割完成后需要显示报告。在并行求解器里，在 Partitioning and Load Balancing 控制对话框里单击 Print Active Partitions 或 Print Stored Partitions 按钮，在连续求解器里单击 Print Partitions 按钮。要进一步获得分割信息，选择 Display Contours 选项，可以绘出网格分割的等值图，要显示活动单元分割或存储单元分割，选择 Contours Of 下拉列表里的 Cell Info 选项，然后选择 Active Cell Partition 或 Stored Cell Partition，并关闭 Node Values 的显示。

5. 负载分布

如果用于并行计算的处理器的速度明显不同，可在菜单栏上打开 parallel partition set load-distribution，为分割设置一个负载分布。

6.3.4 检测并提高并行性能

想了解并行计算的性能到底怎样，可通过执行观测窗口来观测计算时间、信息传输时间和并行效率。为了优化并行机，可利用 FLUENT 自带的负载平衡来控制计算节点间的信息量。

1. 检测并行性能

执行观测窗口可报告所剩计算时间，以及信息传输的统计表。执行观测窗口总是被激活的，也可在计算完成后通过打印来获取统计表。要观看当前的统计表，可在菜单栏上选择 Parallel→Timer→Usage 选项。在菜单栏上选择 Parallel→Timer→Reset 选项，可清除执行表，以便在将来的报告中删除过去的统计信息。

2. 优化并行求解器

（1）增加报告间隔

在 FLUENT 里，通过增加残差 printing/plotting 或其他求解追踪报告的间隔减少信息传输，提高并行性能。单击 Solve Iterate 按钮，在弹出的 Iterate 控制对话框里修改 Reporting Interval 的值即可。

（2）负载平衡

FLUENT 里有动态负载平衡的功能。使用并行程序的主要原因是减小模拟的变化时间，理想情况它是和计算源的总速度成比例的。

使用负载平衡的操作步骤如下：

1）开启 Load Balancing 选项。

2）在 Partition Method 下拉菜单里选择对分（bisection）方法产生新的网格分割。作为自动负载平衡程序的一部分，可用特定的方法将网格重新细分。这样的分割被分配在计算节点之间以获得平衡的负载。

3）设置所需的 Balance Interval。如果其值为 0，FLUENT 会自动为其取一个最佳值，初始是用 25 次迭代的间隔。取一个非零值就可以限制其行为。然后 FLUENT 会在每 N 步之后进行一次负载平衡，N 就是设置的 Balance Interval。要选择一个足够大的间隔来平衡进行负载平衡的付出。

第7章 二维流动和传热的数值模拟

二维流动和传热问题属于流场分析中相对简单的问题，也是解决其他复杂问题的基础。本章重点讲解二维定常流动和流动传热的数值模拟，通过本章的学习，读者可重点掌握 GAMBIT 二维建模的基本操作和 FLUENT 的基本操作及后处理方法。

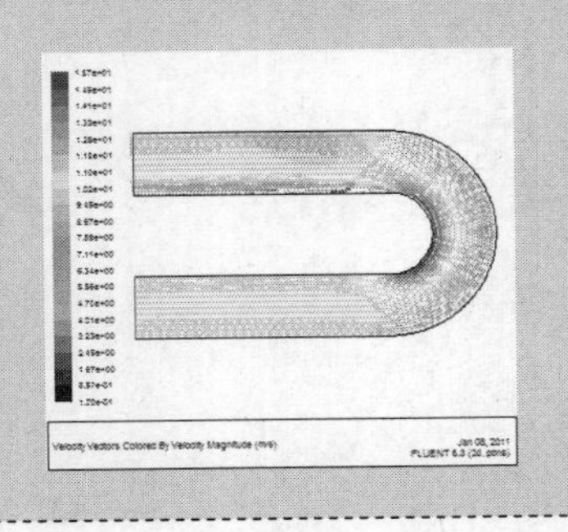

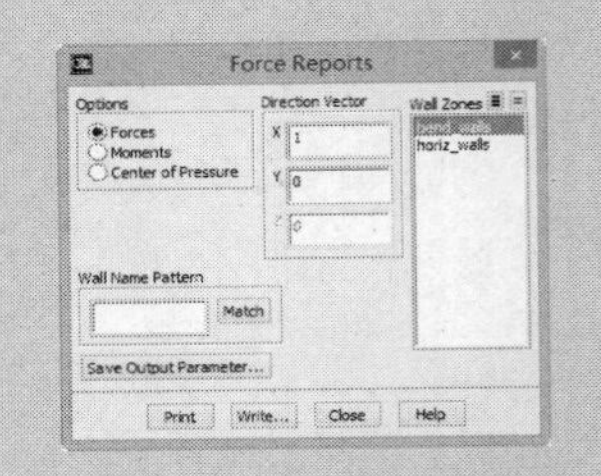

7.1 套管式换热器的流动和传热的模拟

图 7-1 所示的套管式换热器是化工中常见的一种换热设备，知道其内部的温度场和速度场，对其设计有很重要的现实意义。

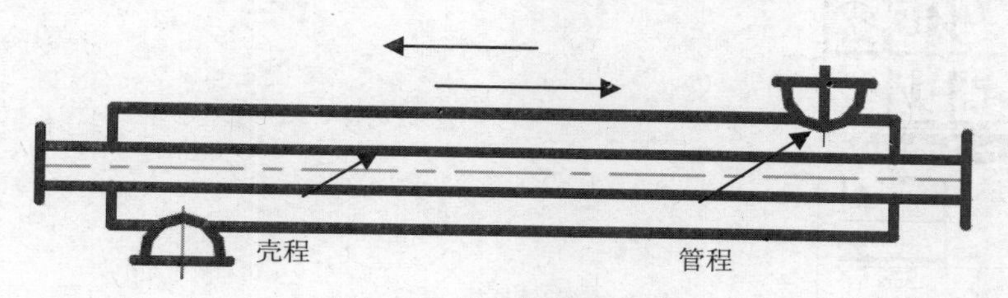

图 7-1 套管式换热器示意图

套管式换热器结构对称，简化后如图 7-2 所示。

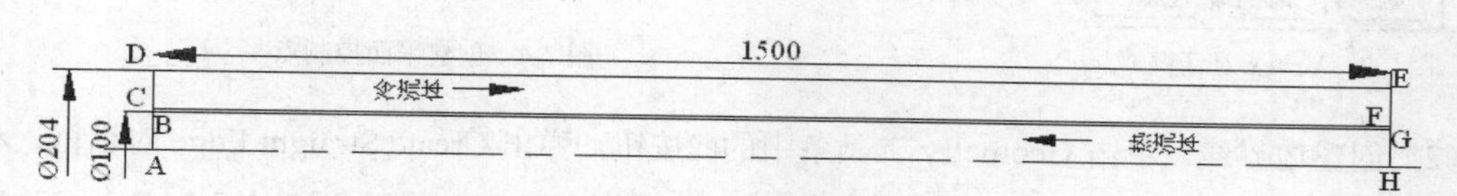

图 7-2 套管式换热器简化模型

本节将通过一个较为简单的二维算例——套管式换热器的数值模拟，来讲解如何使用 GAMBIT 与 FLUENT 解决一些较为简单但常见的二维对称流动与传热问题，本例涉及以下 3 方面的内容。

- 利用 GAMBIT 创建型面。
- 利用 GAMBIT 进行网格划分。
- 利用 FLUENT 进行二维流动与传热的模拟与后处理。

7.1.1 利用 GAMBIT 创建模型

1. 启动 GAMBIT

双击桌面上的 GAMBIT 图标，启动 GAMBIT 软件，弹出 Gambit Startup 对话框，在

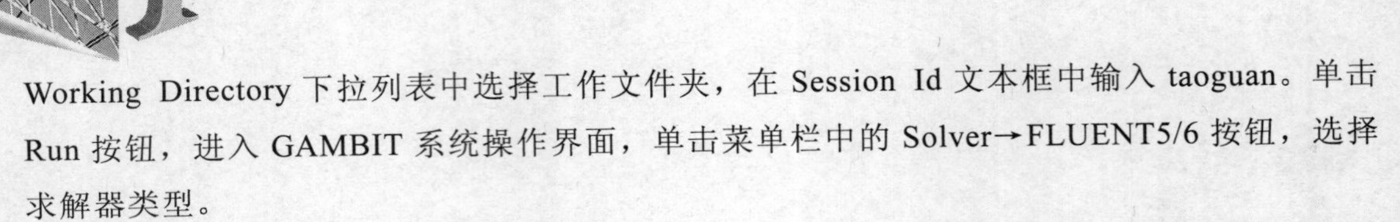

Working Directory 下拉列表中选择工作文件夹，在 Session Id 文本框中输入 taoguan。单击 Run 按钮，进入 GAMBIT 系统操作界面，单击菜单栏中的 Solver→FLUENT5/6 按钮，选择求解器类型。

2．创建几何模型

下文中所述的各点字母，与图 7-2 中所示的字母相一致。

（1）创建边界线节点。由于该模型是对称的，所以只创建 1/2 的模型。单击 Geometry 工具条中的□按钮，弹出如图 7-3 所示的 Vertex 对话框，在 Global 文本框中按模型尺寸输入各点坐标，创建如图 7-4 所示的平面控制点。

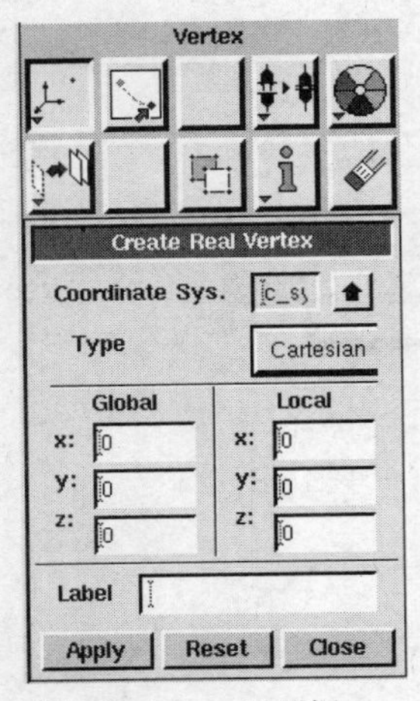

图 7-3　Vertex 对话框

图 7-4　创建平面控制点

（2）创建边界线。单击 Geometry 工具条中的□按钮，弹出 Create Straight Edge 对话框，利用它可以创建线。单击 Vertices 文本框，在文本框呈现黄色后选择创建线需要的几何单元，依次选取 A、B、C、D、E、F、G、H 各点创建线，然后单击 H 点、A 点创建最后一条线，得到如图 7-5 所示的平面边界线。

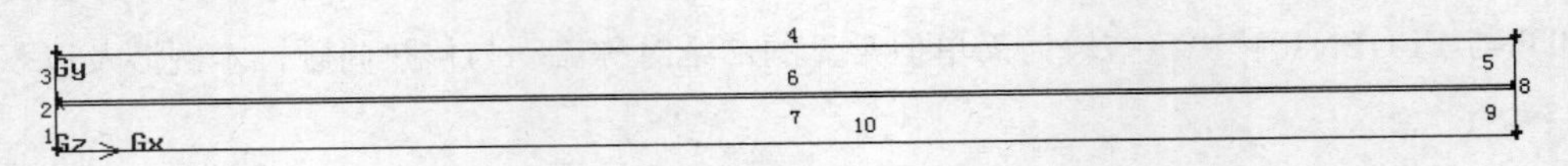

图 7-5　创建平面边界线

（3）创建面。单击 Geometry 工具条中的□按钮，弹出 Create Face from Wireframe 对话框，利用它可以创建面。单击 Edges 文本框，在文本框呈现黄色后选择创建面需要的几何单元，本例中还需单击黄色文本框后的向上箭头，依次选取 1 边、7 边、9 边、10 边，单击 Apply 按钮，创建面 1；单击黄色文本框后的向上箭头，依次选取 2 边、6 边、8 边、7 边，单击 Apply 按钮，创建面 2；单击黄色文本框后的向上箭头，依次选取 3 边、4 边、5 边、6 边，单击 Apply 按钮，创建面 3。

7.1.2　网格的划分

1. 划分边界层

由于管内的流动为湍流，在靠近管壁的地方不同于主流区，其流动比较复杂，为了更好地计算壁面附近的流场，所以要划分边界层，下面讲解边界层的划分方法。

先单击 Operation 工具条中的按钮，再单击 Mesh 工具条中的按钮，接着单击 Boundary Layer 工具条中的按钮，弹出 Create Boundary Layer 对话框，如图 7-6 所示。在 First row 文本框中输入边界层第一层的厚度为 0.5，在 Growth factor 文本框中输入边界层的增长因子为 1.2，在 Rows 文本框中输入边界层层数为 6，单击 Edges 按钮后面的文本框，文本框呈现黄色后选择要创建边界层的边。此时选择 4 边、6 边、7 边，如果边界层的方向与要求的相反，按快捷键 Shift+鼠标中键即可改变边界层的方向，单击 Apply 按钮，得到如图 7-7 所示的边界层示意图。

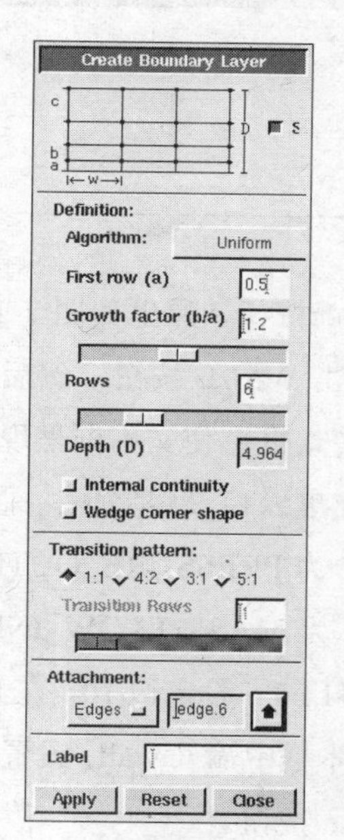

图 7-6 “Create Boundary Layer”对话框

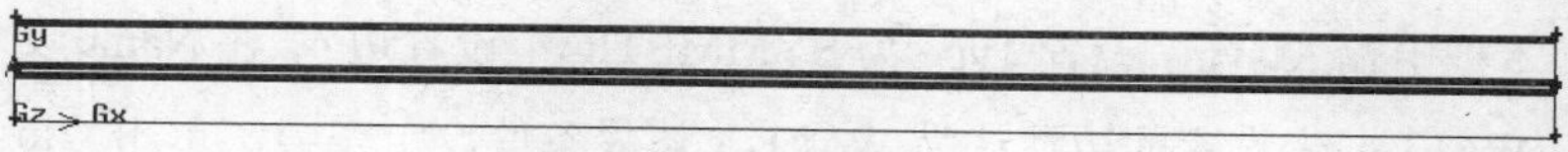

图 7-7　边界层示意图

2. 划分面网格

先单击 Mesh 工具条中的按钮，再单击 Face 工具条中的按钮，弹出如图 7-8 所示的 Mesh Faces 对话框，单击 Faces 文本框，在文本框呈现黄色后选择要 Mesh 的几何单元，选中 1 面、3 面后，在 Elements 选项组中选择 Quad 四边形单元，然后在 Spacing 文本框中输入 2，单击 Apply 按钮，完成 1 面、3 面的网格划分。在 Spacing 文本框中输入 1，单击 Apply 按钮，完成对面 2 的网格划分，得到如图 7-9 所示的面网格。

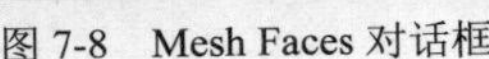

图 7-8 Mesh Faces 对话框

图 7-9 面网格

7.1.3 边界条件和区域的设定

1．设定边界条件

先单击 Operation 工具条中的按钮，再单击 Zones 工具条中的按钮，弹出如图 7-10 所示的 Specify Boundary Types 对话框。在 Name 文本框中输入 ci，单击 WALL 按钮，然后在下拉菜单中单击 MASS_FLOW_INLET 命令，单击 Edges 按钮后面的文本框，使文本框呈现黄色后选择要设定的边，把边 3 作为质量流量入口，单击 Apply 按钮，速度入口设定完毕；采用同样的方法设置其他边，设置边 5，在 Name 文本框中输入 co，设置 Type 为 PRESSURE_OUTLET，把边 5 作为压力出口；设置边 9，在 Name 文本框中输入 hi，设置 Type 为 MASS_FLOW_INLET；设置边 1，在 Name 文本框中输入 ho，设置 Type 为 PRESSURE_ OUTLET；设定边 10，在 Name 文本框中输入 sym，设置 Type 为 SYMMETRY；设置边 4，在 Name 文本框中输入 wall，设置 Type 为 WALL；未设置的边默认为 WALL，边界条件设定完毕，单击 Close 按钮。

2．设定区域

先单击 Operation 工具条中的按钮，再单击 Zones 工具条中的按钮，弹出如图 7-11 所示的 Specify C ontinuum Types 对话框。在 Name 文本框中输入 c，设置 Type 为 FLUID，在 Faces 文本框中选择“面 3”，单击 Apply 按钮，冷流体区域设定完毕；在 Name 文本框中输入 h，设置 Type 为 FLUID，在 Faces 文本框中选择“面 1”，单击 Apply 按钮，热流体区域设定完毕；在 Name 文本框中输入 s，设置 Type 为 SOLID，在 Faces 文本框中选择“面 2”，单击 Apply 按钮，固体区域设定完毕，单击 Close 按钮。

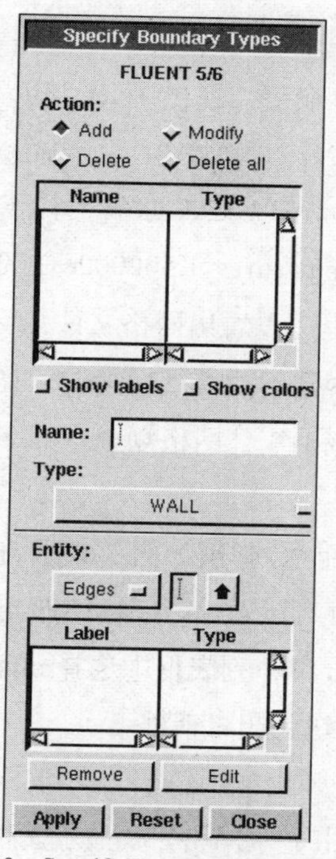

图 7-10 Specify Boundary Types 对话框

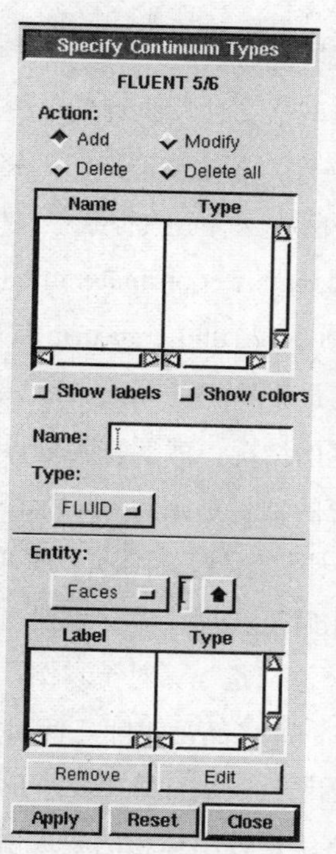

图 7-11 Specify Continuum Types 对话框

7.1.4 网格的输出

执行菜单栏中的 File→Export→Mesh 命令，弹出如图 7-12 所示的对话框。在 File Name 文本框中输入套管名称 taoguan.msh，选中 Export 2-D(X-Y) Mesh 选项，然后单击 Accept 按钮，网格输出完毕后，执行菜单栏中的 File→Save 命令关闭 GAMBIT。

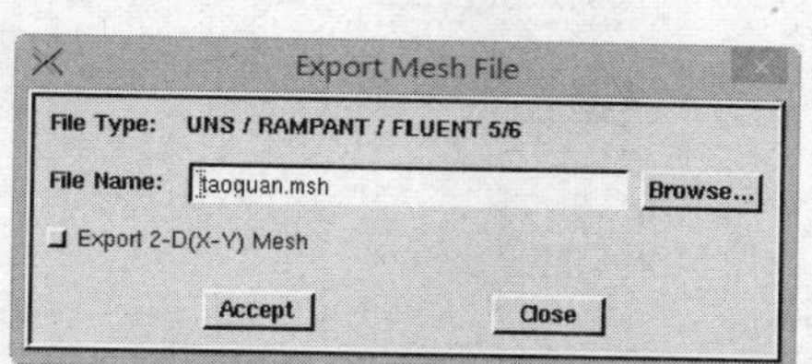

图 7-12 Export Mesh File 对话框

7.1.5 利用 FLUENT 求解器求解

上面是利用 GAMBIT 软件对计算区域进行集合模型创建，并制定边界条件类型，然后输出.msh 文件的操作。下面把.msh 文件导入 FLUENT 中进行求解。

1. 选择 FLUENT 求解器

本例中的换热器是一个二维问题，问题的精度要求不太高，所以在启动 FLUENT 时，选择二维单精度求解器（2D）即可。

2．网格的相关操作

（1）读入网格文件。执行菜单栏中的 File→Read→Case 命令，弹出 Select File 对话框，找到 taoguan.msh 文件，单击 OK 按钮，将 Mesh 文件导入 FLUENT 求解器中。

（2）检查网格文件。执行菜单栏中的 Mesh→Check 命令，FLUENT 求解器检查网格的部分信息“Domain Extents:x.coordinate: min (m) = 0.000000e+000，max (m) = 1.500000e+000；y.coordinate: min (m) = 0.000000e+000，max (m)= 1.020000e.001”，从这里可以看出网格文件几何区域的大小。注意，这里的最小体积（minimum volume）必须大于零，否则不能进行后续的计算，若是出现最小体积小于零的情况，就要重新划分网格，此时可以适当减小实体网格划分中的 Spacing 值，且这个数值对应的项目必须为 Interval Size。

（3）设置计算区域尺寸。执行菜单栏中的 Mesh→Scale 命令，弹出如图 7-13 所示的 Scale Mesh 对话框，对几何区域尺寸进行设置。从检查网格文件步骤中可以看出，GAMBIT 导出的几何区域默认的尺寸单位都是 m。对于本例，在 Mesh Was Created In 下拉列表框中选择 mm 选项，然后单击 Scale 按钮，即可满足实际几何尺寸，最后单击 Close 按钮关闭对话框。

（4）显示网格。执行菜单栏中的 Display→Mesh 命令，弹出如图 7-14 所示的 Mesh Display 对话框，当网格满足最小体积的要求以后，可以在 FLUENT 中显示网格，要显示文件的哪一部分可以在 Surfaces 列表框中选择，单击 Display 按钮，即可看到网格。

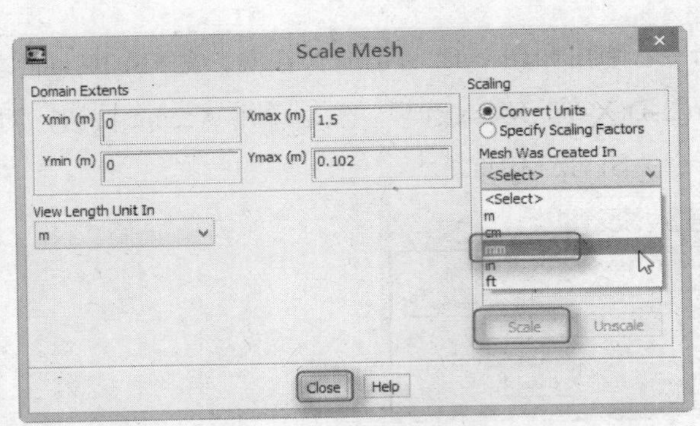

图 7-13　Scale Mesh 对话框

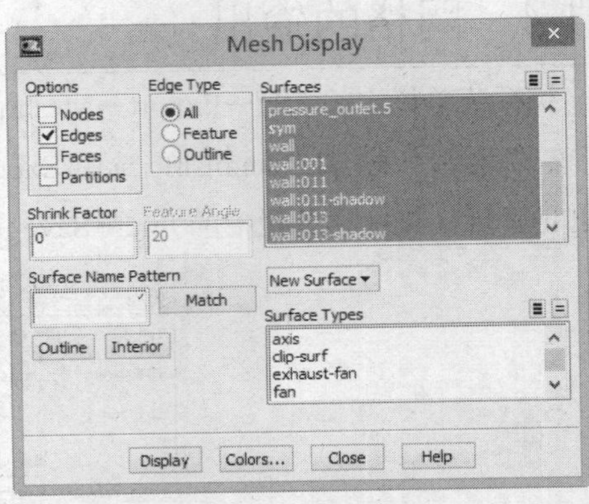

图 7-14　Mesh Display 对话框

3．选择计算模型

（1）定义基本求解器。执行菜单栏中的 Define→General 命令，弹出 General 面板，本例保持系统默认设置即可满足要求。

（2）启动能量方程。执行菜单栏中的 Define→Models→Energy 命令，弹出如图 7-15 所示的 Energy 对话框，勾选 Energy Equation 复选框，单击 OK 按钮，能量方程即可被启动。

（3）设定其他计算模型。执行菜单栏中的 Define→Models→Viscous 命令，弹出如图 7-16 所示的 Viscous Model 对话框，假定此换热器中的流动形态为湍流，在 Model 选项组中选择 k-epsilon

单选按钮，Viscous Model 对话框将刷新为如图 7-17 所示。本例保持系统默认参数即可满足要求，直接单击 OK 按钮。

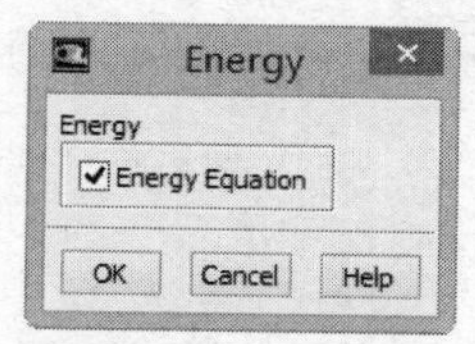

图 7-15　Energy 对话框

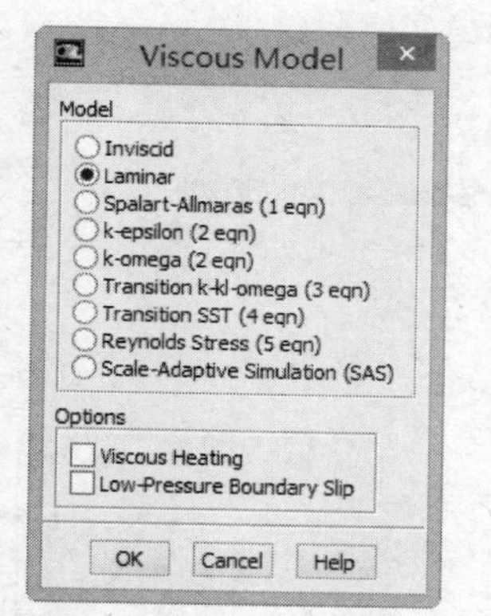

图 7-16　Viscous Model 对话框 1

4. 操作环境的设置

执行菜单栏中的 Define→Operating Conditions 命令，弹出如图 7-18 所示的 Operating Conditions 对话框。本例保持系统默认设置即可满足要求，直接单击 OK 按钮。

5. 定义流体的物理性质

本例流体为水，即定义水的物理性质。执行菜单栏中的 Define→Materials 命令，弹出 Materials 面板，单击其中的 Create/Edit 按钮，在 Create/Edit Materials 对话框中单击 Fluent Database 按钮，弹出 Fluent Database Materials 对话框。在 Fluent Fluid Materials 列表框中的选择 water-liquid 选项，单击 Copy 按钮，即可把水的物理性质从数据库中调出，最后单击 Close 按钮关闭对话框。

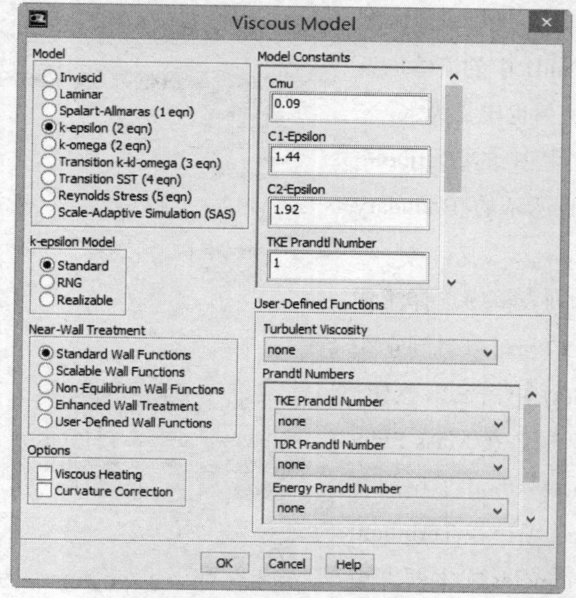

图 7-17　Viscous Model 对话框 2

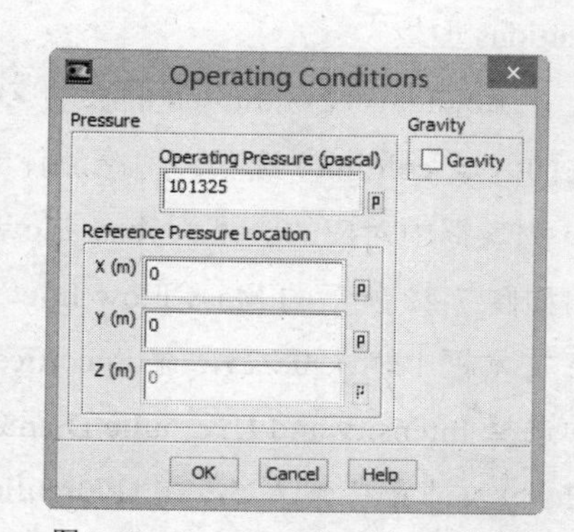

图 7-18　Operating Conditions 对话框

6．设置边界条件

执行菜单栏中的 Define→Cell Zone Conditions 命令，弹出如图 7-19 所示的 Cell Zone Conditions 面板。

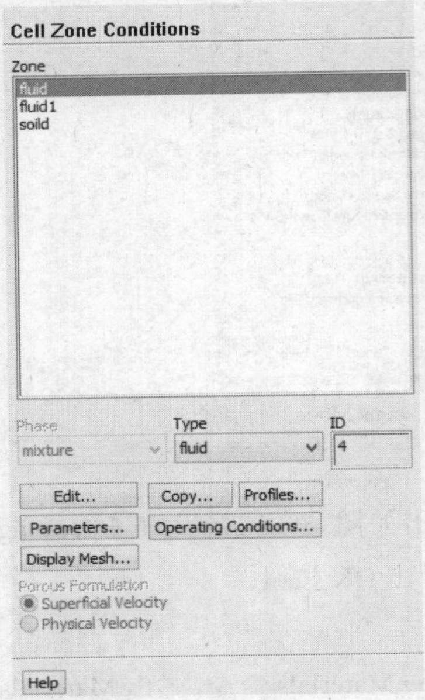

图 7-19 Cell Zone Conditions 面板

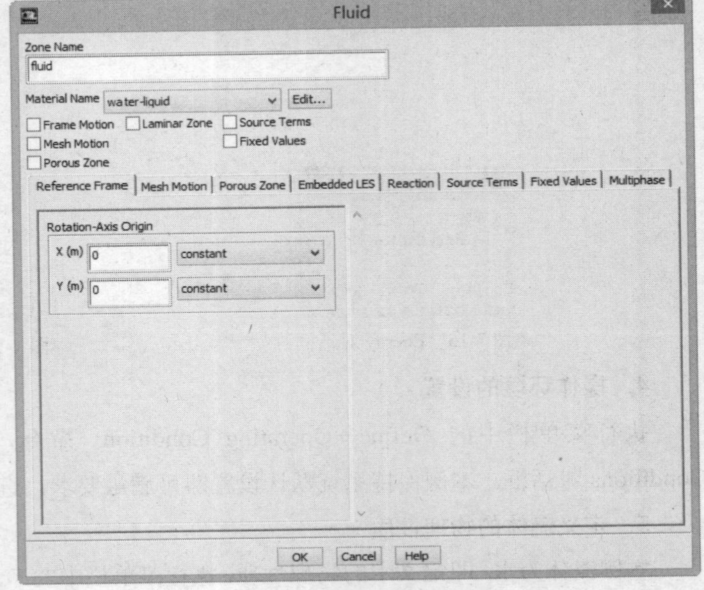

图 7-20 Fluid 对话框

（1）设置各区域的材料。在 Cell Zone Conditions 面板的 Zone 列表框中选择流体所在的区域 fluid 选项，然后单击 Edit 按钮，弹出如图 7-20 所示的 Fluid 对话框，在 Material Name 下拉列表中选择 water-liquid 选项，单击 OK 按钮，即可把冷流体区域中的流体定义为水。用同样的方法把区域 fluid1 中的流体也设置为 water-liquid，这样把热流体区域中的流体也定义为水。

（2）设置入口边界条件。执行菜单栏中的 Define→Boundary Conditions 命令，弹出如图 7-21 所示的 Boundary Conditions 面板。

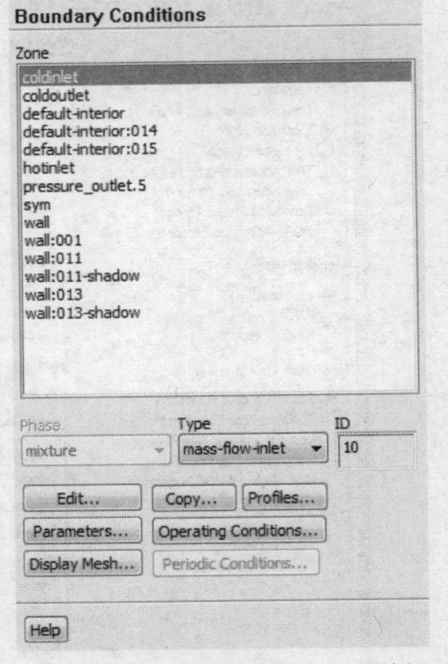

图 7-21 Boundary Conditions 面板

在 Boundary Conditions 面板的 Zone 列表框中选择流体所在的区域 coldinlet 选项，即冷流体的入口，可以看到它在 Type 列表框中对应的类型为 mass-flow-inlet，单击 Edit 按钮，弹出如图 7-22 所示的 Mass-Flow Inlet 对话框。在 Mass Flow Rate 文本框中输入 0.025，在 Specification Method 下拉列表框中选择 Intensity and Hydraulic Diameter 选项，在 Turbulent Intensity 文本框中输入 5，在 Hydraulic Diameter 文本框中输

入 0.1。单击 Thermal 选项卡，如图 7-23 所示，在 Total Temperature 文本框中输入 303，即入口的冷水温度为 30℃，单击 OK 按钮，冷流体入口边界条件设定完毕。

在图 7-19 所示对话框的 Zone 列表框中选择 hi 选项，即热流体的入口，可以看到它在 Type 列表框中对应的类型为 mass-flow-inlet，单击 Edit 按钮，弹出 Mass-Flow Inlet 对话框。在 Mass Flow Rate 文本框中输入 0.025，在 Specification Method 下拉列表框中选择 Intensity and Hydraulic Diameter 选项，在 Turbulent Intensity 文本框中输入 5，在 Hydraulic Diameter 文本框中输入 0.1，然后单击 Thermal 选项卡，在 Total Temperature 文本框中输入 353，即入口的冷水温度为 80℃，其他选项接受系统默认设置，单击 OK 按钮，热流体入口边界条件设定完毕。

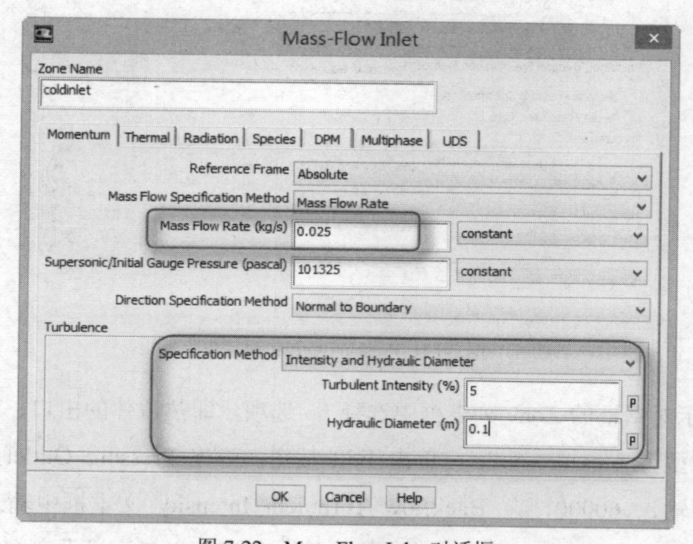

图 7-22 Mass-Flow Inlet 对话框

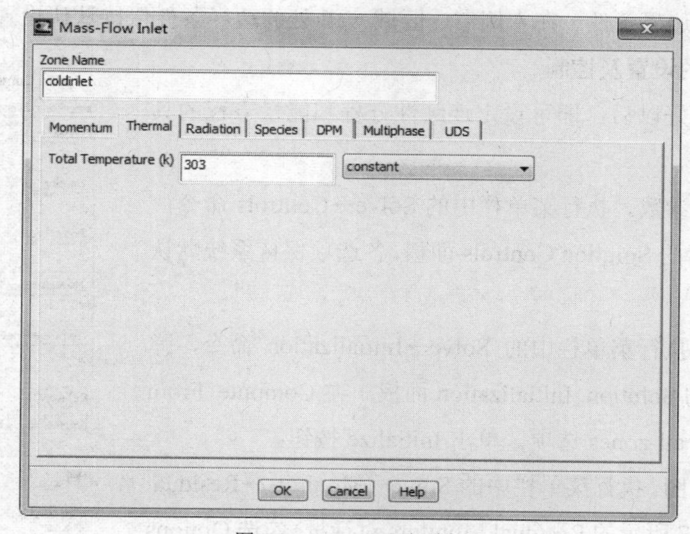

图 7-23 Thermal 选项卡

（3）设置出口边界条件。在图 7-19 所示对话框的 Zone 列表框中选择 coldoutlet 选项，即冷流体的出口，可以看到它在 Type 列表框中对应的类型为 pressure-outlet，单击 Edit 按钮，弹出如图 7-24 所示的 Pressure Outlet 对话框，在 Gauge Pressure 文本框中输入 80000，在 Backflow Turbulent Intensity 文本框中输入 5，在 Backflow Hydraulic Diameter 文本框中输入 1，单击 OK 按钮，冷流体出口边界设定完毕。

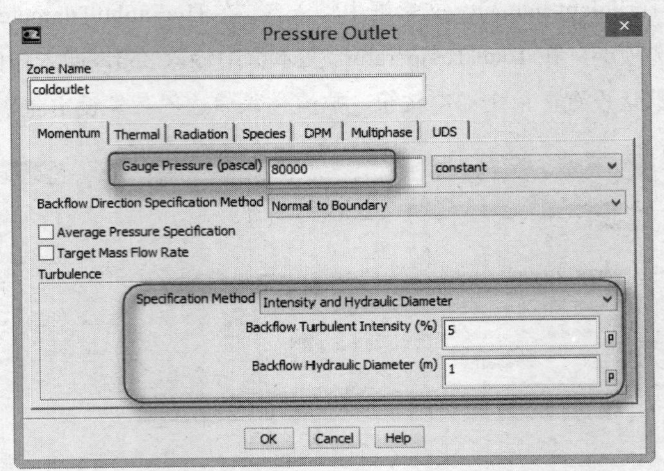

图 7-24　Pressure Outlet 对话框

在图 7-19 所示对话框的 Zone 列表框中选择 ho 选项，即热流体的出口，可以看到它在 Type 列表框中对应的类型为 pressure-outlet，单击 Edit 按钮，弹出 Pressure Outlet 对话框。在 Gauge Pressure 文本框中输入 60000，在 Backflow Turbulent Intensity 文本框中输入 5，在 Backflow Hydraulic Diameter 文本框中输入 0.1，单击 OK 按钮，热流体出口边界设定完毕。

（4）设定其他边界条件。在本例中，区域 wall 处的边界条件保持默认设置。

7．求解方法的设置及控制

边界条件设定好以后，即可设定连续性方程和能量方程的具体求解方式。

（1）设置求解参数。执行菜单栏中的 Solve→Controls 命令，弹出如图 7-25 所示的 Solution Controls 面板，各选项保持系统默认设置。

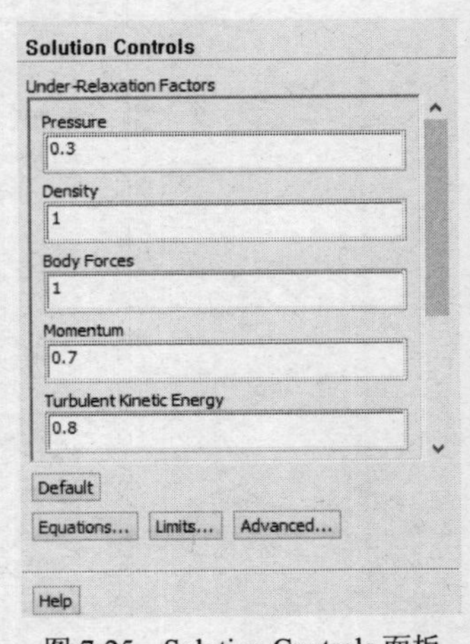

图 7-25　Solution Controls 面板

（2）初始化。执行菜单栏中的 Solve→Initialization 命令，弹出如图 7-26 所示的 Solution Initialization 面板。在 Compute From 下拉列表框中选择 all-zones 选项，单击 Initialize 按钮。

（3）打开残差图。执行菜单栏中的 Solve→Monitors→Residual 命令，弹出如图 7-27 所示的 Residual Monitors 对话框。勾选 Options

选项组中的 Plot 复选框，从而在迭代计算时动态显示计算残差，在 Window 文本框中输入 1，另外还可以设置求解的精度，本例保持系统默认设置，最后单击 OK 按钮。

（4）保存 Case 和 Data 文件。执行菜单栏中的 File→Write→Case＆Data 命令，保存前面所做的所有设置。

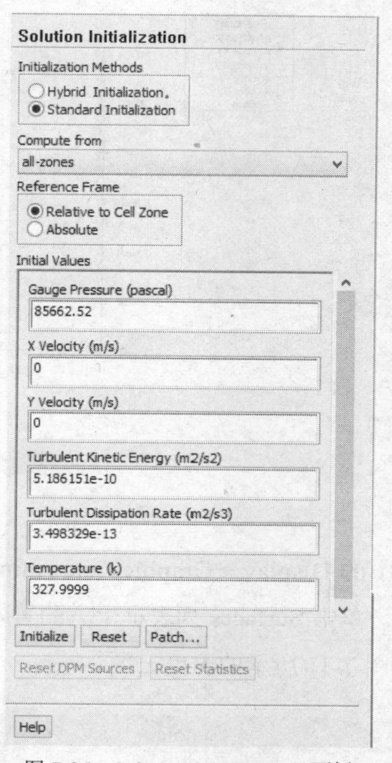

图 7-26　Solution Initialization 面板

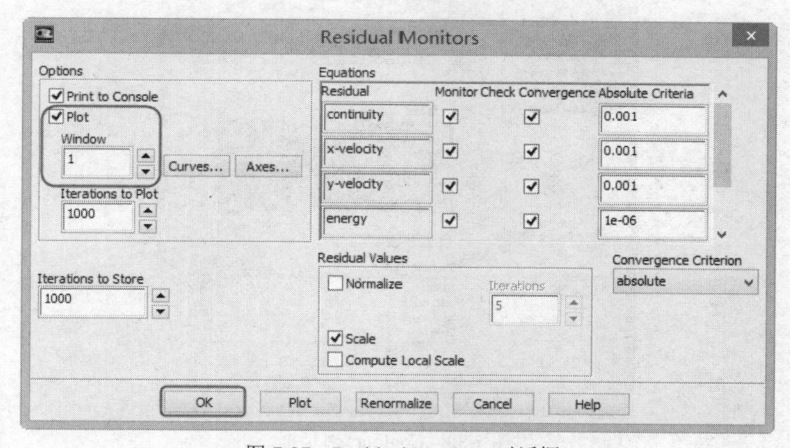

图 7-27　Residual Monitors 对话框

8．迭代

保存好所做的设置以后，即可进行迭代求解了。执行菜单栏中的 Solve→Run Calculation 命令，弹出 Run Calculation 面板，迭代设置如图 7-28 所示。单击 Calculate 按钮，FLUENT 求解器开始求解。可以看到如图 7-29 所示的残差图，在迭代到 175 步时计算收敛。

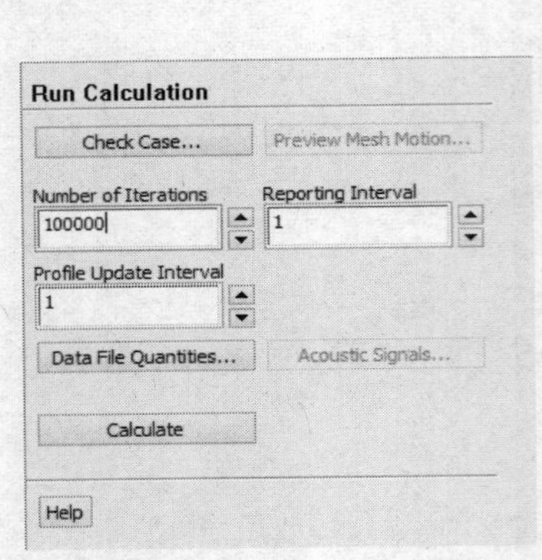

图 7-28　Run Calculation 面板

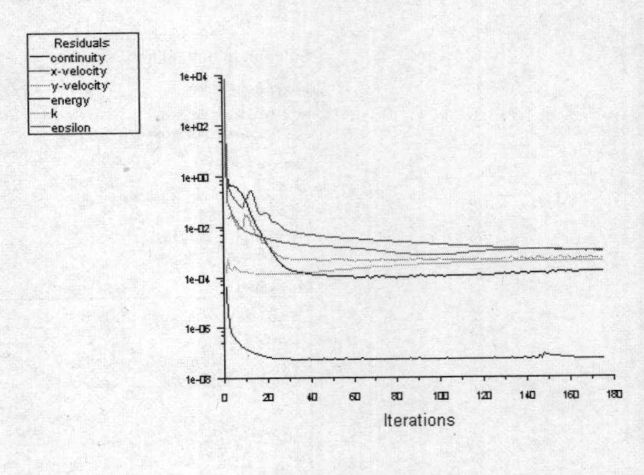

图 7-29　残差图

9．后处理

迭代收敛后，执行菜单栏中的 Display→Graphics and Animations→Contours 命令，弹出如图 7-30 所示的 Contours 对话框。单击 Surfaces 列表框上方的按钮，选中所有可以显示的部分，单击 Display 按钮，即可得到如图 7-31 所示的温度云图。

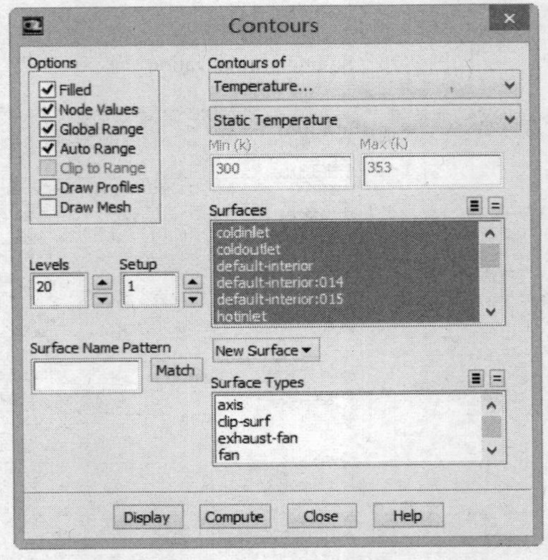

图 7-30　Contours 对话框

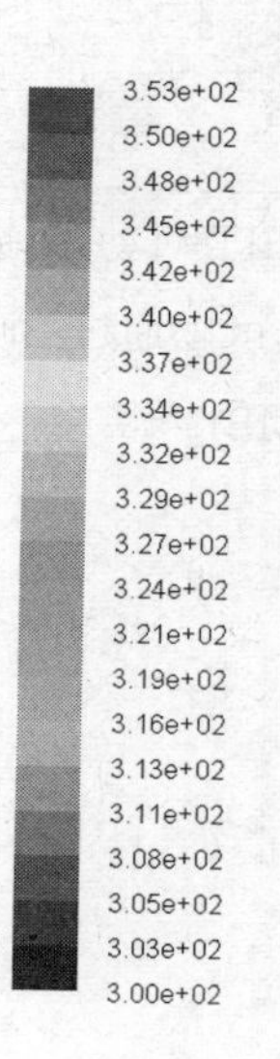

图 7-31　温度云图

7.2 二维三通管内流体的流动分析

日常输水、输气和输油管路中，经常会见到有分支或交叉的管道，三通管就是最为常见的一种。图 7-32 所示就是一个水平放置的三通管，干管为 200mm 的钢管，管段中间接入直径 100mm 的直管，管中通水，水流方向从左到右，流速 2m/s。支管中水流速度为 1m/s。所需要解决的问题是支管水流汇入后对干管水流产生多大的影响，交汇后在下游的流动情况如何？用 FLUENT 进行管内流动模拟，具体步骤如下。

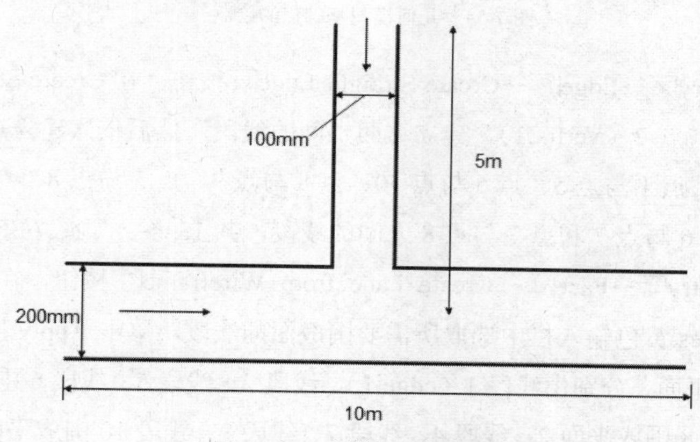

图 7-32　三通管几何模型简图

7.2.1 利用 GAMBIT 创建模型

（1）用 GAMBIT 来建立模型，双击其桌面快捷方式，弹出 GAMBIT 启动对话框，如图 7-33 所示。默认的工作目录是 C:\Documents and Settings\Administrator，也可以通过 Browse 按钮选择工作目录，以方便计算结果的存放和查看，单击 Run 按钮，启动 GAMBIT。

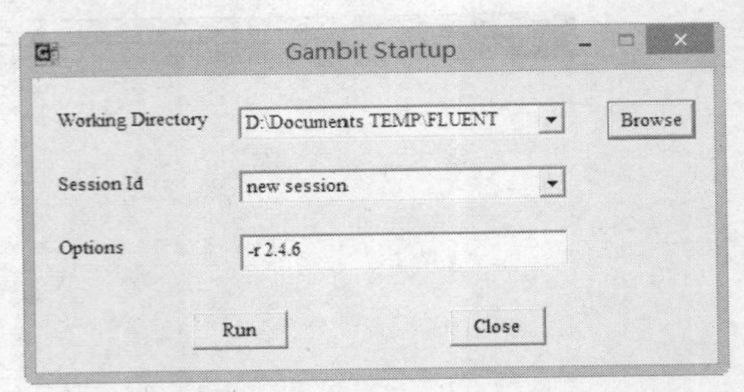

图 7-33　启动 GAMBIT 对话框

（2）单击 Geometry→Vertex→Create Real Vertex按钮，在 Create Real Vertex 面板的 x、y、z 坐标输入栏输入（0，0.1，0），单击 Apply 按钮生成第一个坐标点，然后按照相同的方法依次建立点（0，-0.1，0）、点（10，-0.1，0）、点（10，0.1，0）、点（4.95，0.1，0）、点（4.95，5，0）、点（5.05，5，0）、点（5.05，0.1，0）、点（5.05，-0.1，0）和点（4.95，-0.1，0）共 10 个点，这样就完成了对该几何模型基础点的绘制，如图 7-34 所示。

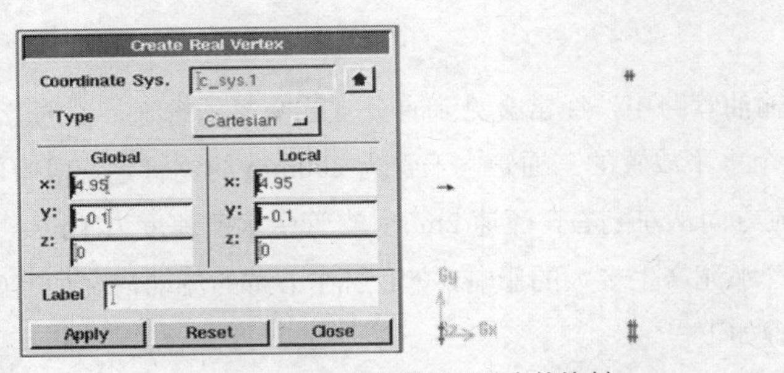

图 7-34　几何模型基础点的绘制

（3）单击 Geometry→Edge→Create Straight Edge按钮，在 Create Straight Edge 面板中选择点 1（Vertix.1）与点 2（Vertix.1），建立这两点间的线段，然后依次建立点 2 与点 10、点 9 与点 10、点 3 与点 9、点 1 与点 5、点 5 与点 10、点 8 与点 9、点 5 与点 8、点 4 与点 8、点 3 与点 4、点 5 与点 6、点 6 与点 7 和点 7 与点 8 之间的线段，共 13 条，如图 7-35 所示。

（4）单击 Geometry→Face→Create Face from Wireframe按钮，在 Create Face from Wireframe 面板的 Edges 黄色输入栏中选取所需要围成面的线段，单击 Apply 按钮生成几何平面。本例中一共生成 4 个平面，分别由线段 1（edge.1）、线段 2、线段 5、线段 6 围成平面 1；线段 3、线段 6、线段 7、线段 8 围成平面 2；线段 4、线段 7、线段 9、线段 10 围成平面 3；线段 8、线段

11、线段 12、线段 13 围成平面 4，如图 7-36 所示。

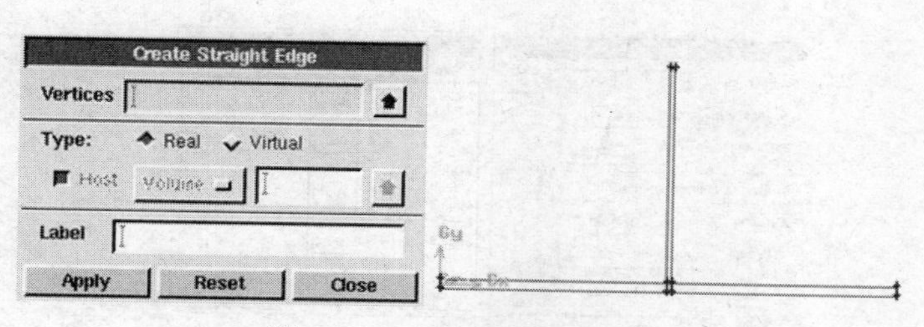

图 7-35　几何模型线段的绘制

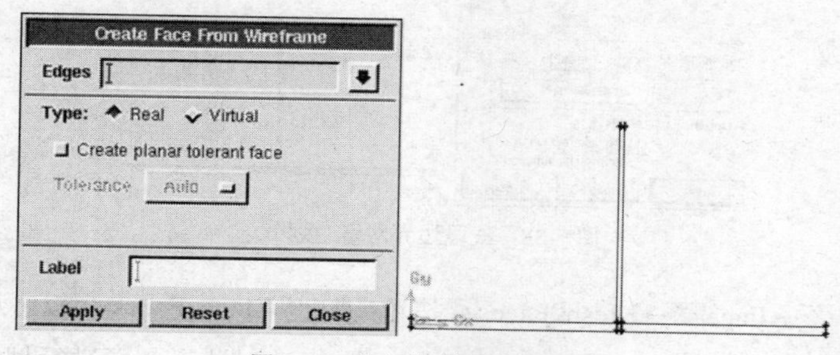

图 7-36　几何模型平面的绘制

至此已经完成了对几何模型的基本建立。

7.2.2　网格的划分

考虑到水流近壁面的黏性效应，首先需要绘制边界层网络。具体操作步骤如下。

（1）单击 Mesh→Boundary Layer→Create Boundary Layer按钮，弹出 Create Boundary Layer 面板，在 Edges 黄色输入框中选取线段 2，视图中该线会出现一个红色的箭头，代表着边界层生成的方向。然后选取 1∶1 的边界层生成方式，并设置第一个点距壁面距离为 0.001m，递增比例因子为 1.2，边界层为 4 层。最后，单击 Apply 按钮即可完成对边界层网格的绘制。按照同样的方式生成线段 3、线段 4、线段 5、线段 8 和线段 9 的边界网格，如图 7-37 所示。

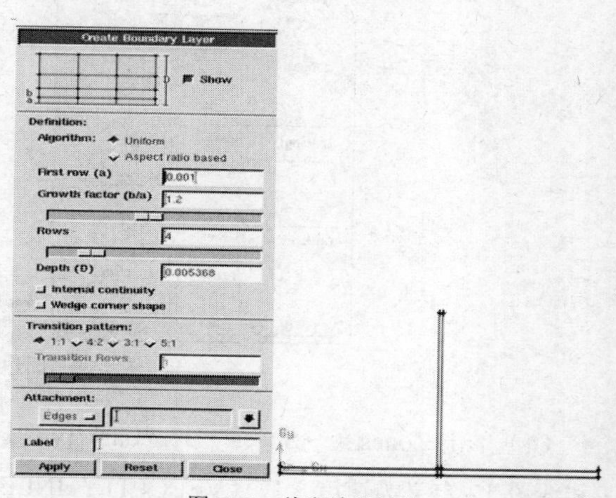

图 7-37　线段边界网格

（2）单击 Mesh→Edge→Mesh Edges按钮，在 Mesh Edges 面板的 Edges 黄色输入框中选中线段 2、4、5、9、11、13 共 6 根线段，选择 Interval Size 分段方式，并在左侧输入栏中输入 0.1。按照相同的方法，将线段 1、线段 3、线段 8、线段 10、线段 12 共 5 条线段以 Interval Size

为 0.01 进行划分，划分出来的线段网格如图 7-38 所示.

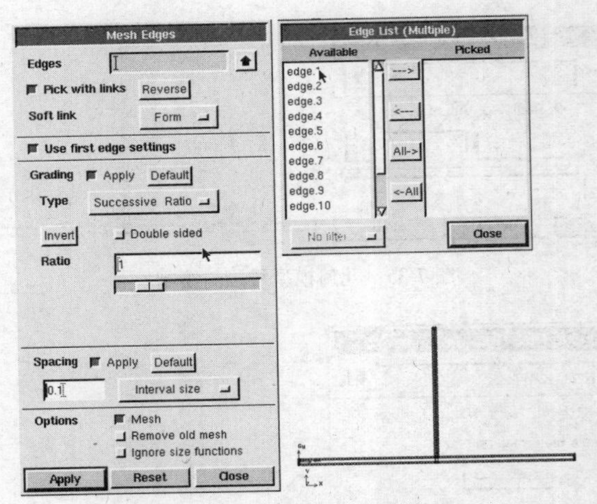

图 7-38　线段边界网格的划分

（3）单击 Mesh→Face→Mesh Faces按钮，打开 Mesh Faces 面板，选中已经完成网格划分的面 1、面 2、面 3 和面 4，运用 Quad 单元与 Map 方法对这 4 个面进行划分，网格生成情况如图 7-39 所示，由于是遵循由线到面的网格生成顺序，所以 Mesh Faces 对话框中 Interval Size 左侧输入栏的默认值 1 不需要更改，直接单击 Apply 按钮即可。

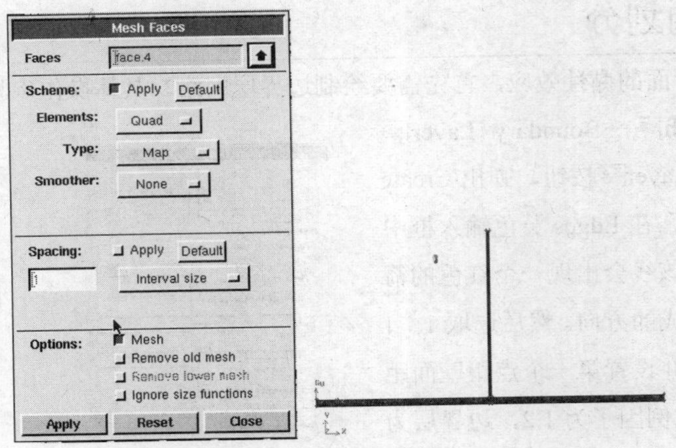

图 7-39　面边界网格的划分

（4）单击 Zones→Specify Boundary Types按钮，在 Specify Boundary Types 面板中将线段 1 和线段 12 定义为速度入口（VELOCITY_INLET），名称为 in1 和 in2；将线段 10 定义为自由出口（OUTFLOW），名称为 out，如图 7-40 所示。

边界类型定义完后，需要将网格文件输出。

（5）执行 File→Export→Mesh 命令，弹出如图所示的对话框，在文件名中输入 MODEL1.msh，并选中 Export 2-D（X-Y）Mesh，确定输出的为二维模型网络文件。一定要保证 Slover 为 FLUENT5/6，才能够正常输出 msh 文件。

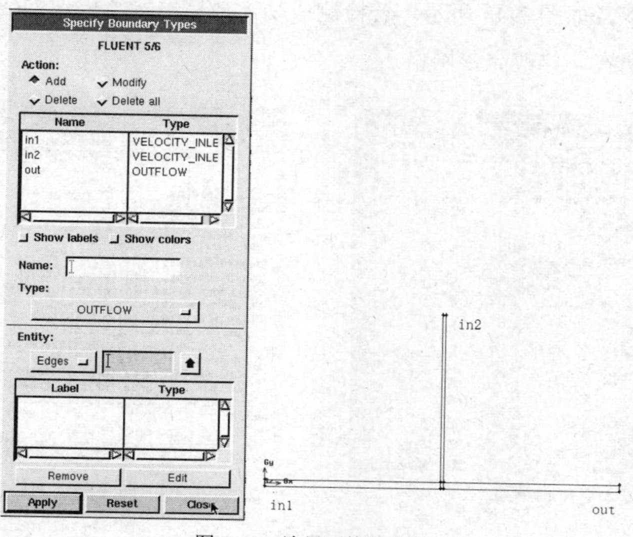

图 7-40　边界网格的定义

7.2.3　计算求解

（1）双击 FLUENT 14.5 图标，弹出 FLUENT Version 对话框，选择 2D（二维单精度）计算器，单击 Run 按钮启动 FLUENT。

（2）执行菜单栏中的 File→Read→Mesh 命令，读入划分好的网格文件 Model1.msh，如图 7-41 所示。

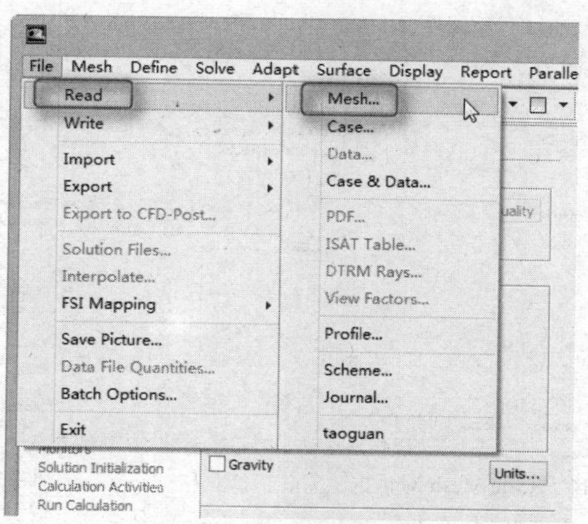

图 7-41　读入网格文件

读入网格文件之后，FLUENT 控制台窗口会自动显示网格文件的基本属性，包括节点数、面数、单元数等信息，如图 7-42 所示。网格读入后，需要进行检查，执行 Mesh→Check 命令，控制台窗口即显示网格的质量信息，包括尺寸范围、最小网格体积、最大网格体积、最小网格面积和最大网格面积等信息，如图 7-43 所示。若检测成功，最后一行会出现 Done 语句，若检测不成功，则需要检查问题所在，修改完善网格。

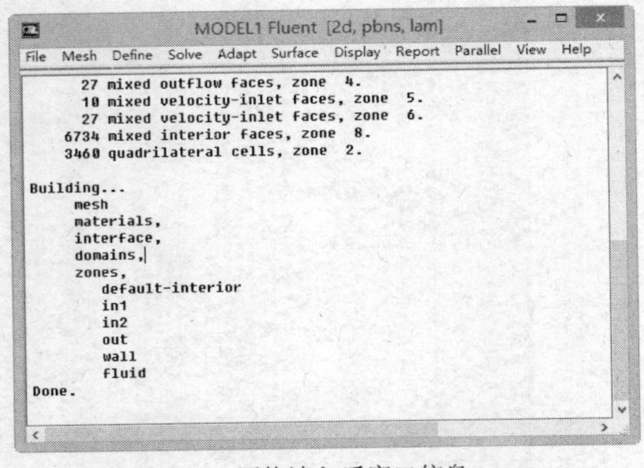

图 7-42　网格读入后窗口信息

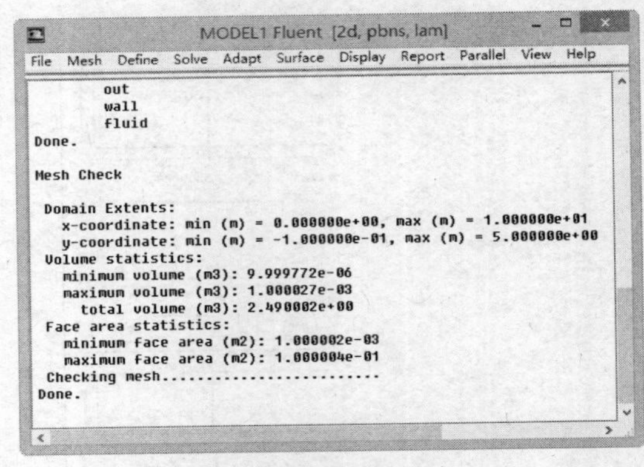

图 7-43　网格检查信息

（3）执行菜单栏中的 Mesh→Scale 命令，弹出 Scale Mesh 对话框，如图 7-44 所示。在该对话框中，用户可以重新定义网格的尺寸（GAMBIT 中默认单位是 m），还可以查看网格文件的各方向尺寸范围。

解算前最关键的一步是计算条件的定义，由 Define 菜单完成相关命令操作。

（4）执行单击菜单栏中的 Define→General 命令，弹出 General 面板，如图 7-45 所示。这里选择压力基（Pressure Based）单选按钮，即默认值，直接单击 OK 按钮。

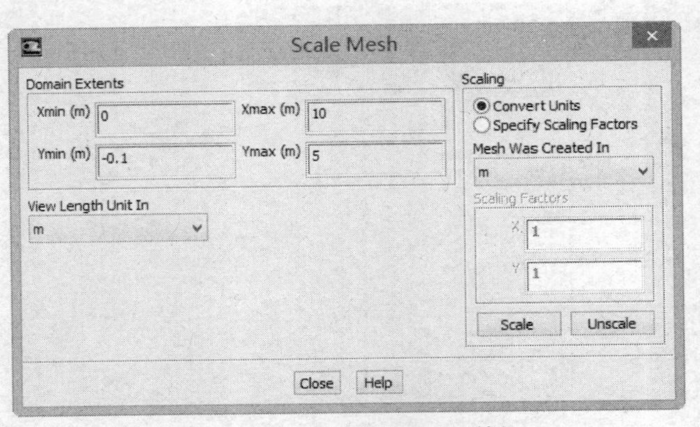

图 7-44　Scale Mesh 对话框

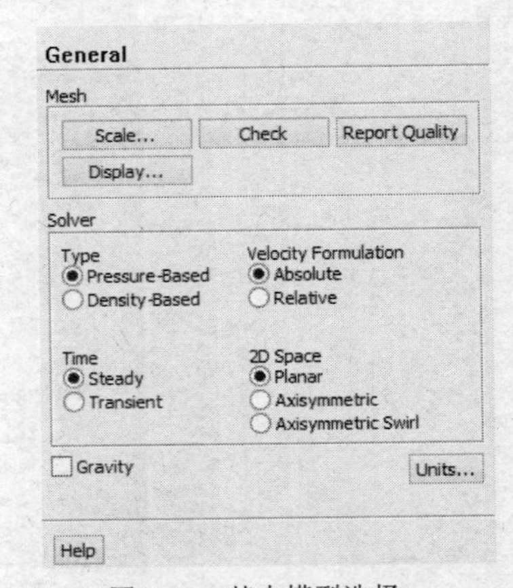

图 7-45　基本模型选择

（5）本例中水流速度为 1m/s～2m/s，管内为湍流流动，因此执行菜单栏中的 Define→Models→Viscous 命令，在弹出的 Viscous Models 对话框中选择 k-epsilon（2 eqn）（k～ε 模型）单选按钮，如图 7-46 所示。对话框右侧的模型参数（Model Constant）中的数值不做变动，取为默认值，单击 OK 按钮。

（6）执行菜单栏中的 Define→Material 命令。在 Materials 面板中定义流动的材料，如图 7-47 所示。

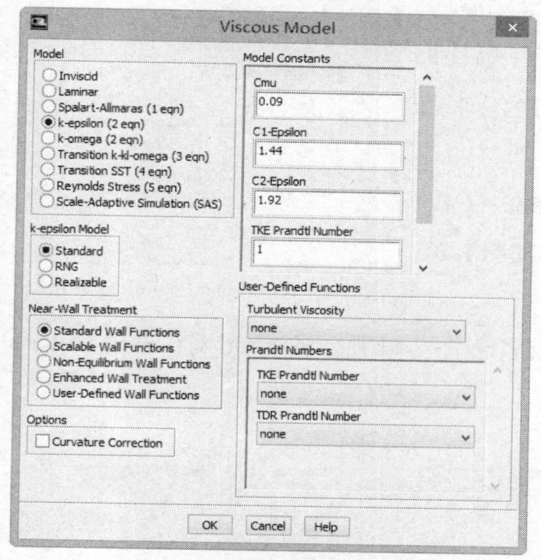

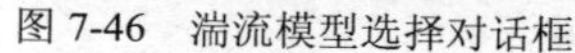
图 7-46　湍流模型选择对话框

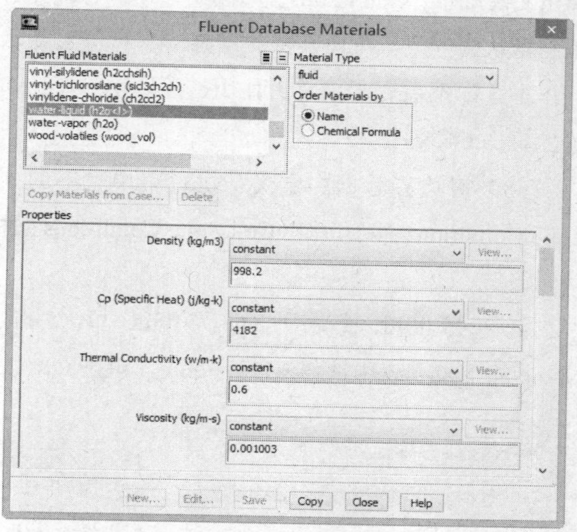

图 7-47　Materials 对话框

本例中所需的材料为水，这就需要从 FLUENT 自带的材料数据库中调用，具体操作方法为单击 Materials 面板中的 Create/Edit 按钮，弹出 Create/Edit Materials 对话框，单击 Materials 对话框右侧的 FLUENT Database 按钮，在弹出的 FLUENT Database Materials 对话框中，选择列表中的材料——水，单击 water-liquid（h2o<1>），即会在下方的 Properties 中出现相应的物理属性数据，如图 7-48 所示。单击 Copy 按钮，则将数据库中的材料复制到当前工程中。然后在 Create/Edit Materials 对话框中的 Fluent Fluid Materials 下拉列表中选择材料水。最后单击 Change/Create 和 Close 按钮，完成材料的定义。

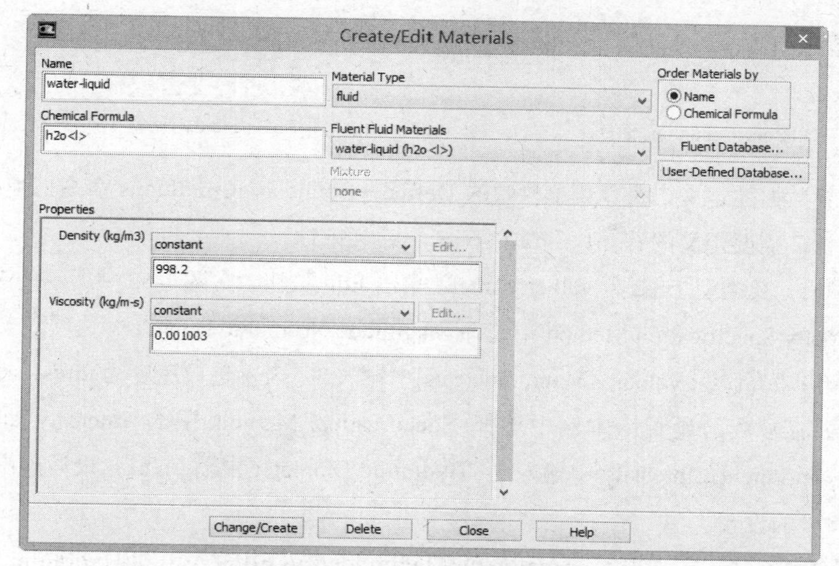

图 7-48　Create/Edit Materials 对话框

（7）执行菜单栏中的 Define→Operating Conditions 命令，弹出 Operating Conditions 对话框，如图 7-49 所示。其中操作压强默认为一个大气压，操作压强的参考位置默认为原点（0，0），本题中不需要考虑重力作用，所以不对 Gravity 做任何设置，单击 OK 按钮。

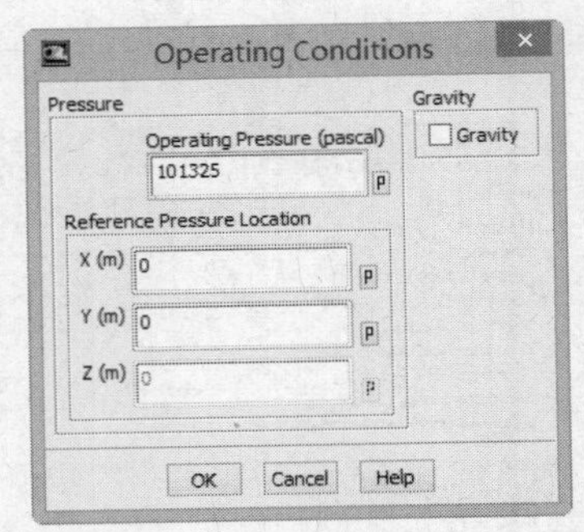

图 7-49 Operating Conditions 对话框

（8）对边界数据的定义。执行菜单栏中的 Define→Cell Zone Conditions 命令，弹出 Cell Zone Conditions 面板，如图 7-50 所示。

1）选择 fluid，其类型 Type 为 fluid，单击 Edit 按钮，在图 7-51 所示的 Fluid 对话框中 Material Name 的下拉列表中选择 water-liquid，单击 OK 按钮。

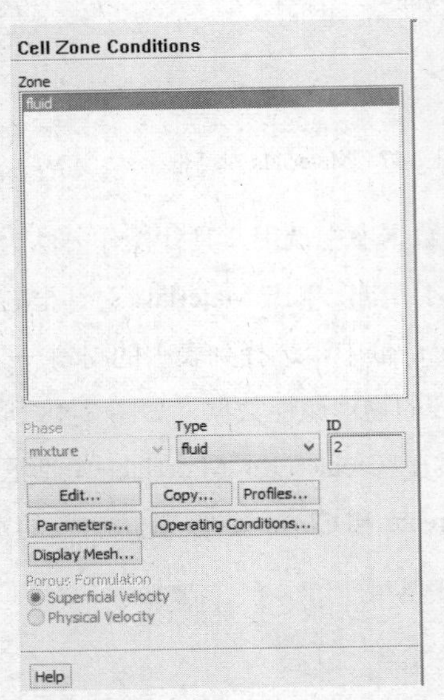

图 7-50 Cell Zone Conditions 面板

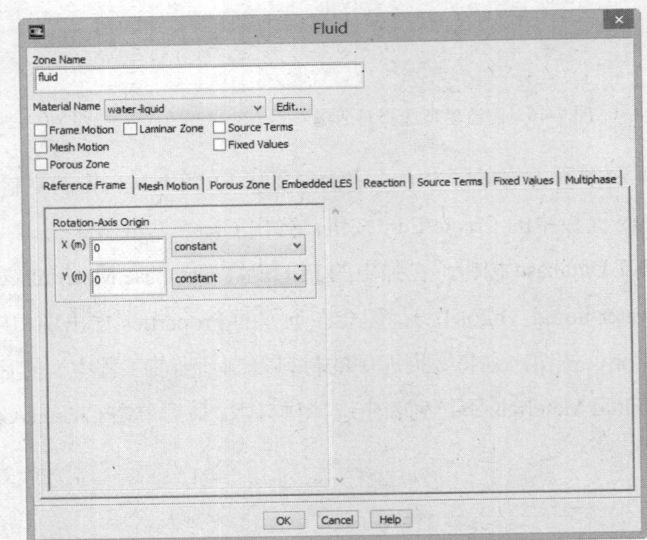

图 7-51 Fluid 对话框

2）对边界数据的定义，执行菜单栏中的 Define→Boundary Conditions 命令，弹出 Boundary Conditions 面板，需要定义的有 in1、in2 和 out3 个边界条件。

3）选择 in1，其类型 Type 为 velocity-inlet，单击 Edit 按钮，在图 7-52 中所示的 Velocity Inlet 对话框的 Velocity Specification Method 中选择 Magnitude,Normal to Boundary 选项，表示速度进口方向垂直于入口边界；在 Velocity Magnitude(m/s)中输入 2，表示进口速度为 2m/s；在 Turbulence 中可以进行湍流参数的设置，本例中选择 Specification Method 中的 Intensity and Hydraulic Diameter，在 Turbulence Intensity 中输入 1，Hydraulic Diameter 中输入 0.1；最后单击 OK 按钮完成对速度进口 1 的设置。

in2 的设置同 in1，区别仅在于 Velocity Magnitude(m/s)中输入 1 和 Hydraulic Diameter 中

输入 0.05。

4）选择 out，其类型 Type 为 outflow，单击 Edit 按钮，在图 7-53 中所示的 Outflow 对话框的 Flow Rate Weighting 中输入 1，表示进入的水均从该出口流出。

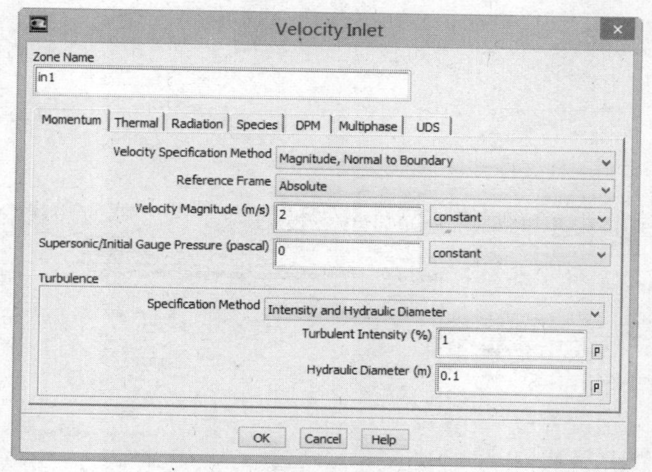

图 7-52 Velocity Inlet 对话框

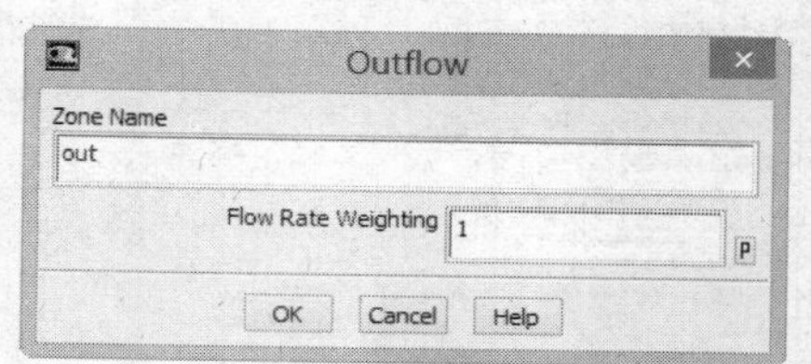

图 7-53 Outflow 对话框

（9）执行菜单栏中的 Solve→Control 命令，弹出 Solution Controls，如图 7-54 所示。选择默认值即可。

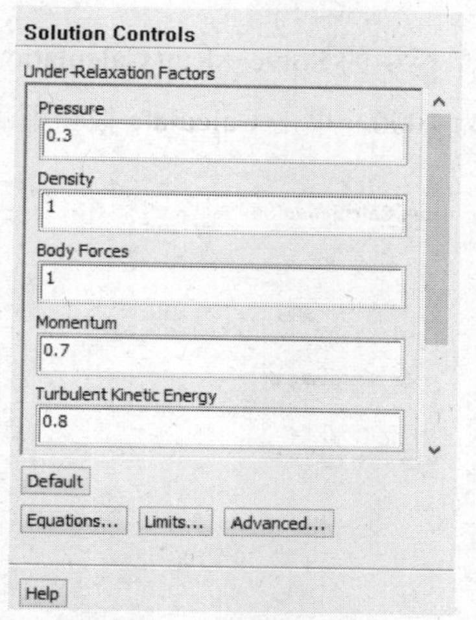

图 7-54 Solution Controls 面板

（10）对流场进行初始化。执行菜单栏中的 Solve→Initialization 命令，在弹出的 Solution Initialization 面板中选择 all-zones，对全区域初始化，如图 7-55 所示，单击 Initialize 按钮。

（11）初始化完成后，执行菜单栏中的 Solve→Monitors→Residual 命令，在弹出的 Residual Monitors 对话框中选中 Plot，以打开残差曲线图，如图 7-56 所示。在对话框下方的 Criteria 中可以输入各参数的收敛精度要求，FLUENT 默认值为 0.001。

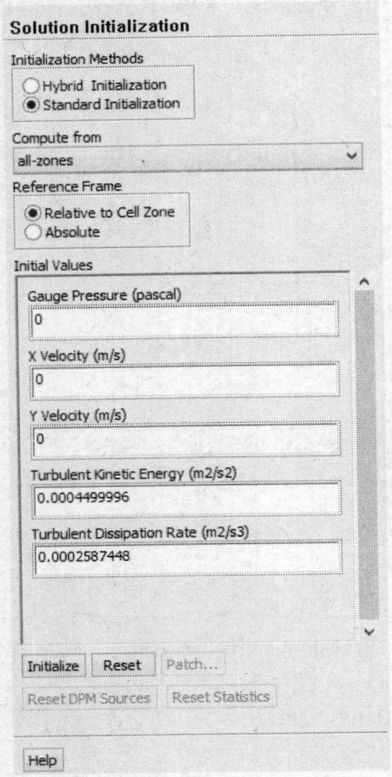

图 7-55 Solution Initialization 面板

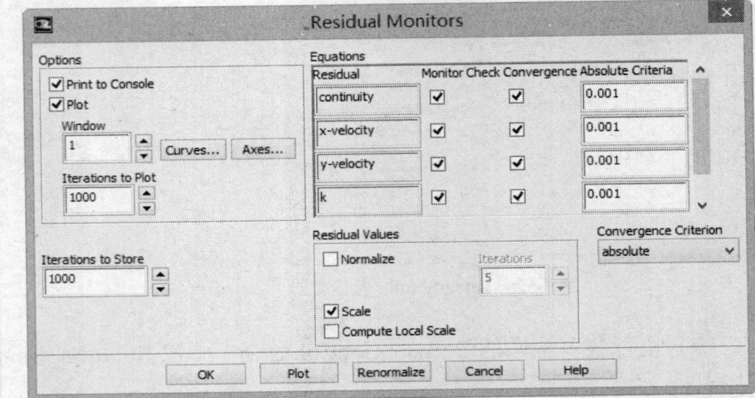

图 7-56 Residual Monitors 对话框

（12）定义迭代参数。执行菜单栏中的 Solve→Run Calculation 命令，在弹出的 Run Calculation 面板中设置 Number of Iterations 为 1000，单击 Calculate 按钮即可开始解算，如图 7-57 所示。

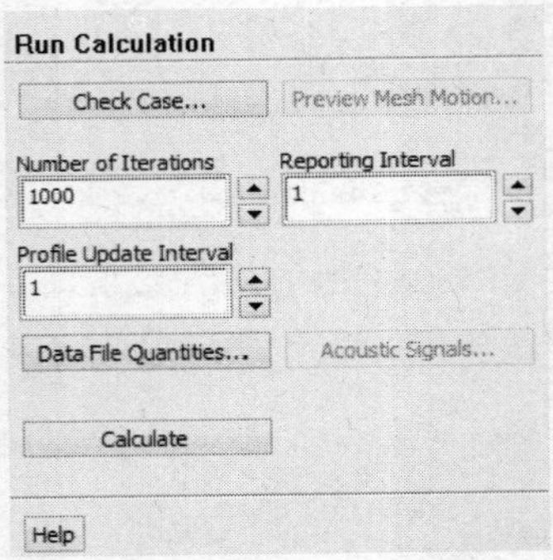

图 7-57 Run Calculation 面板

解算过程中，控制台窗口会实时显示计算的基本信息，包括 x 与 y 方向的速度、k 和 g 的收敛情况。本例在 97 步达到了收敛，此时窗口出现 solution is converged 的提示语句，如图 7-58 所示，其残差曲线如图 7-59 所示。

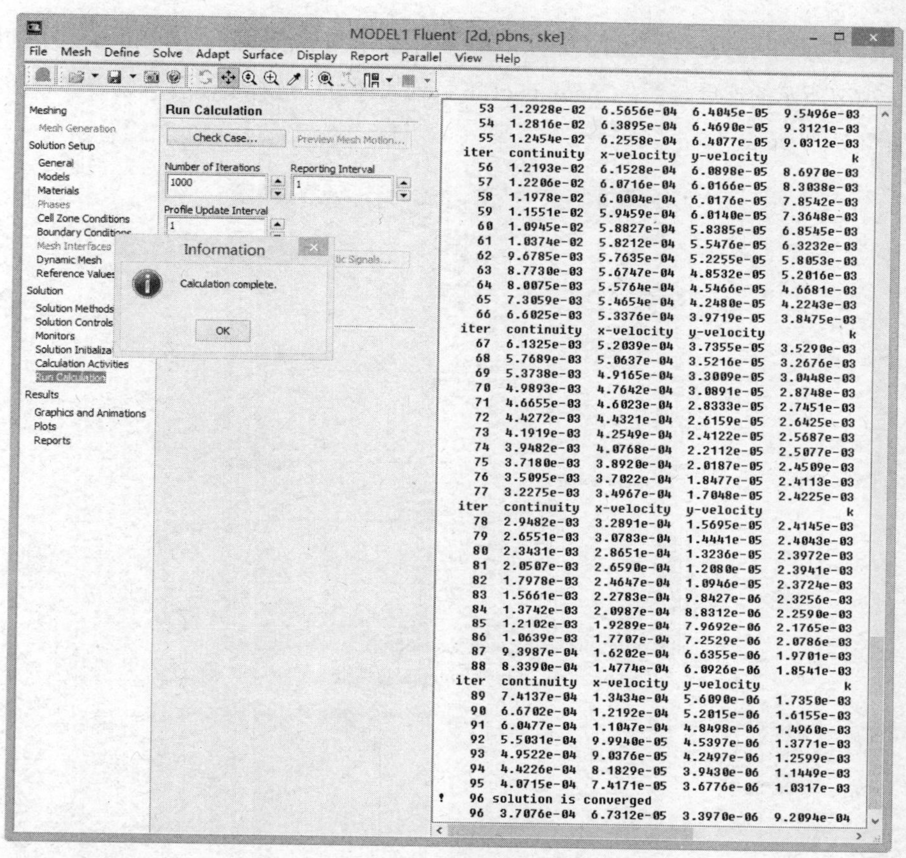

图 7-58 solution is converged 的提示语句

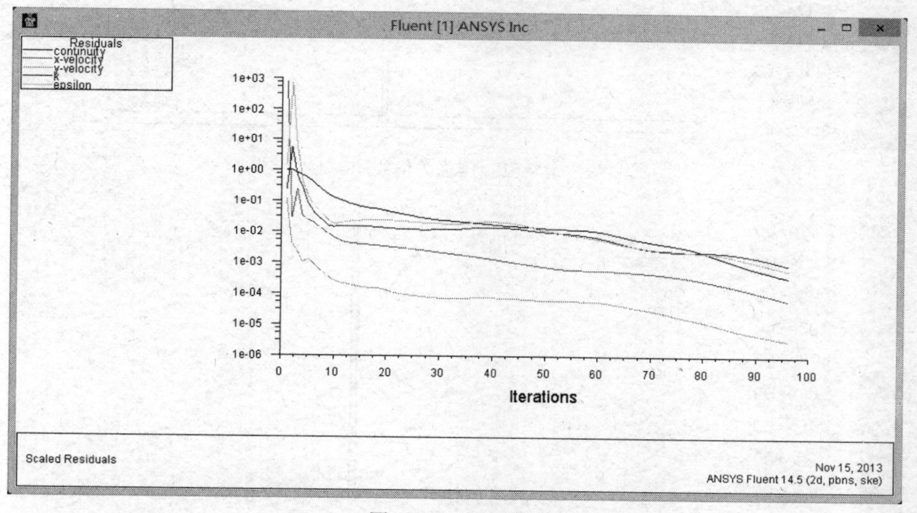

图 7-59 残差曲线

计算完毕后，可以通过 Display 菜单进行图形结果显示。执行菜单栏中的 Display→Graphics and Animations→Contours 命令，弹出 Contours 对话框，如图 7-60 所示。Options 选择栏中保持

Filled 未选中，则显示的为等值线图，如图 7-61 所示的压强等值线图。若 Filled 选中，则显示为云图，如图 7-62 所示的速度云图。Contours of 下拉列表中可以选择显示各种物理参数的等值线图或云图，如图 7-63 所示。

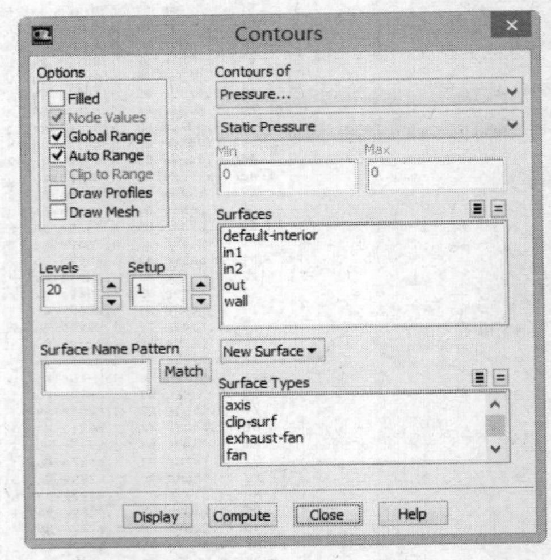

图 7-60　Contours 对话框

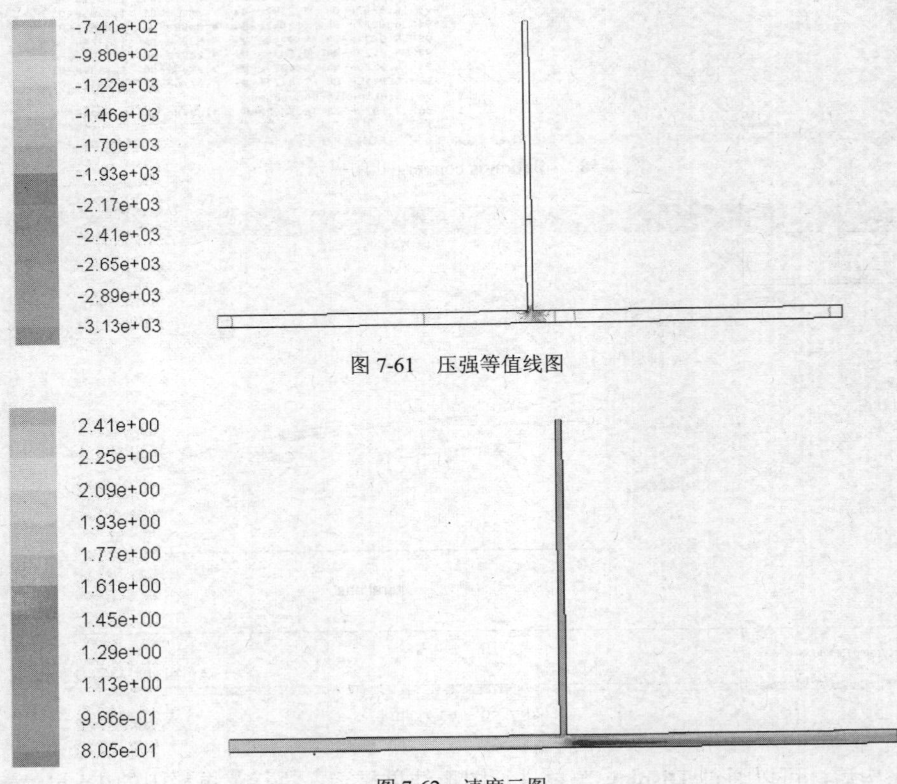

图 7-61　压强等值线图

图 7-62　速度云图

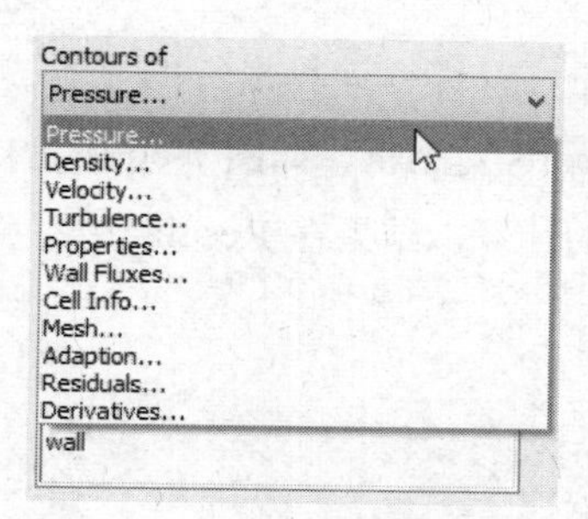

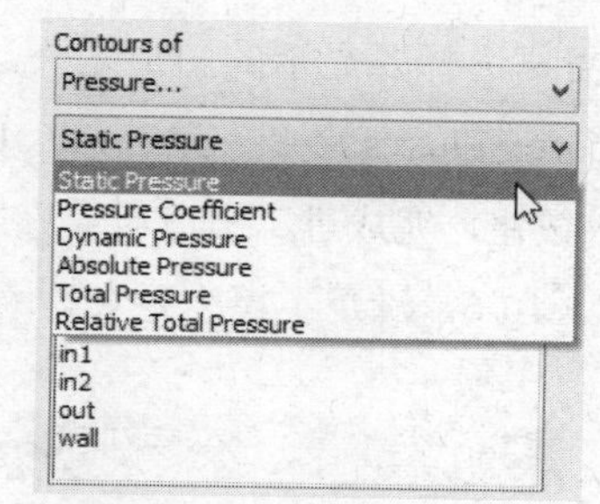

图 7-63　Contours of 下拉列表

（13）执行菜单栏中的 Display→Graphics and Animations→Vectors 命令，弹出如图 7-64 所示的 Vectors 对话框，其界面与 Contours 对话框相似，本例设置 Scale 为 2，单击菜单栏中的 Display 按钮，显示如图 7-65 所示的速度矢量图。

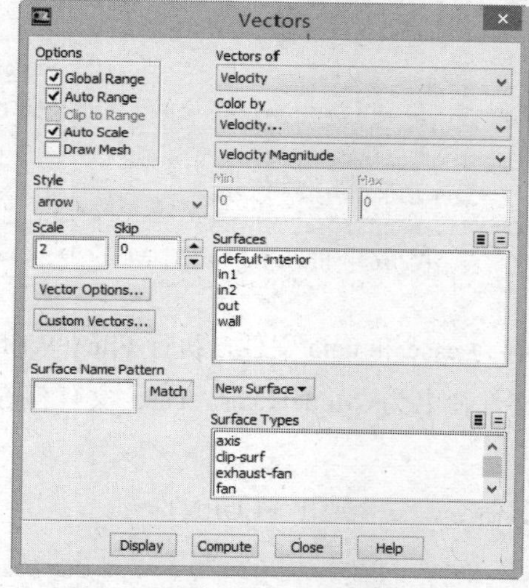

图 7-64　Vectors 对话框

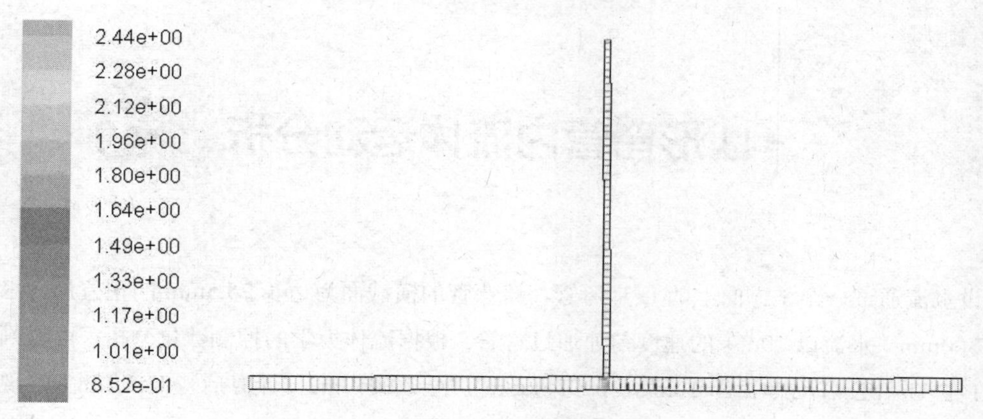

图 7-65　速度矢量图

（14）除了按需要选择要显示的图形之外，还可以进行计算报告的显示。执行菜单栏中的Report→Result Report→Fluxes命令，弹出Flux Reports对话框，如图7-66所示。选中进、出口边界，单击Compute按钮，完成进、出口质量流量的计算，结果在Results中。可见进、出口质量流量相差7.629395×10-6，满足了精度要求。

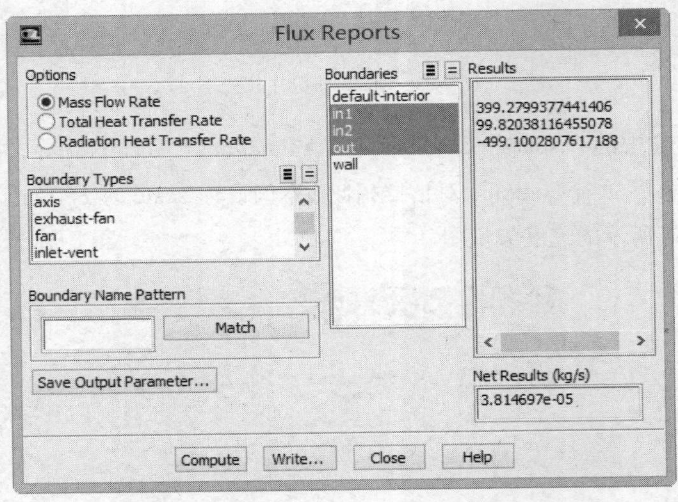

图7-66　Fluxe Reports对话框

（15）计算完的结果要保存为case和data文件，执行File→Write→Case&Data命令，在弹出的文件保存对话框中将结果文件命名为Model1.cas，case文件保存的同时也保存了data文件Model1.dat。

（16）最后执行File→Exit命令，安全退出FLUENT。

7.3 U形弯管内流体运动分析

假设水流通过一个x方向上的U形弯管，该弯管的横截面为边长75.5mm的正方形，水平进口管长300mm。水流以10m/s的速度匀速通过弯管。根据流体力学的控制数量分析，可以判断壁压满足F=2•U•(ρUA)，其中U=10m/s，ρ=998kg/m^3，A=0.0057m2，计算后得F=1,138 N。现在利用FLUENT模拟管道内的流体流动，如图7-67所示。

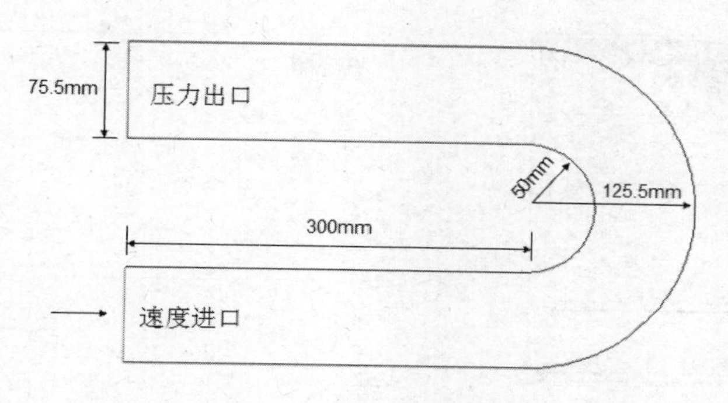

图 7-67 U 形管实例图

7.3.1 利用 GAMBIT 创建模型

（1）启动 GAMBIT，选择工作目录。

（2）单击 Geometry →Vertex →Create Real Vertex 按钮，按照表 7-1 创立各点。

（3）单击右下角 Global Control 面板中的 Fit to Window 按钮，使图像与窗口尺寸吻合，便于下步的操作。

表 7-1 各点坐标

x	y	z
0	-0.05	0
0	-0.1255	0
-0.3	-0.1255	0
-0.3	-0.05	0
-0.3	0.05	0
-0.3	0.1255	0
0	0.1255	0
0	0.05	0
0.05	0	0
0.1255	0	0

（4）接着创建线，单击 Geometry →Edge →Create Straight Edge 按钮，先创建直线，按住 Shift 键，再单击坐标点，就可以直接选中，选中想要连接的两个点后，单击 Apply 按钮。接着创建弧线，用鼠标右键单击 按钮，弹出级联菜单，选择 arc，出现 Creaular Real Circular Arc 面板，单击中间三点相连的图标，如图 7-68 所示。选中所要连接成半圆的 3 个点，单击 Apply 按钮，最后画好的边框图形如图 7-69 所示。

（5）单击 Geometry →Face →Create Faces From Wireframe 按钮，选择图形各个边缘，单击 Apply 按钮，完成对面的建立。

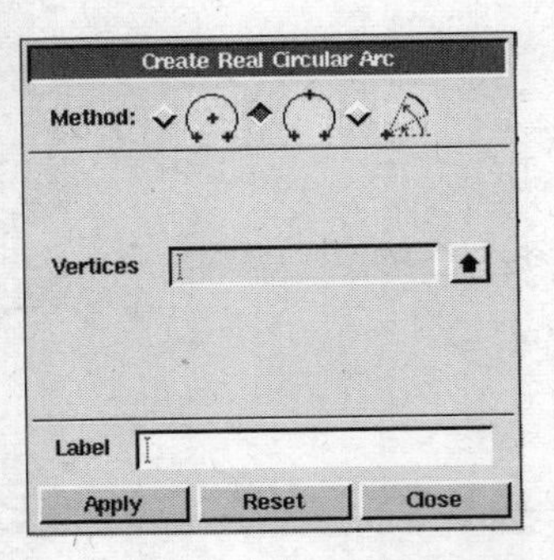

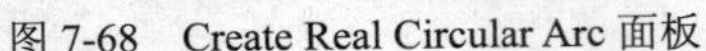

图 7-68　Create Real Circular Arc 面板

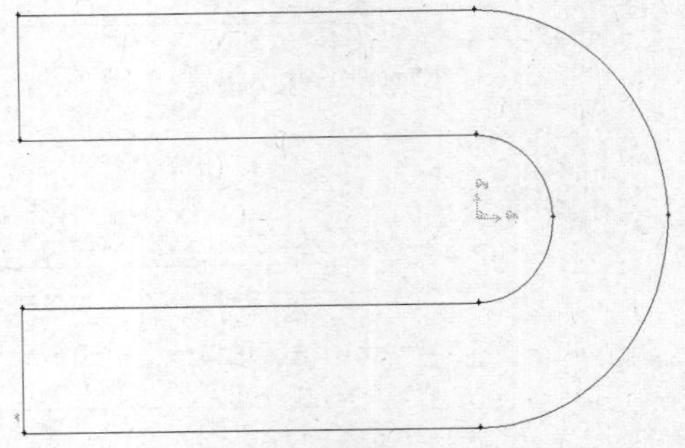

图 7-69　边框图形

7.3.2　网格的划分

（1）单击 Mesh→Face→Mesh Faces按钮，打开 Mesh Faces 面板，选中需要进行网格化分的面 1，运用 Quad 单元与 Map 方法对这个面进行划分，在 Interval size 左边的 Spacing 中填写 0.003，单击 Apply 按钮，网格生成情况如图 7-70 所示。

（2）单击 Zones→Specify Boundary Types按钮，在 Specify Boundary Types 面板中将左下边的线段定义速度入口（VELOCITY_INLET），名称为 inlet；将左上边的线段定义为压力出口（PRESSURE_OUT），名称为 outlet；4 条直线线定义为 WALL，名称为 horiz_walls；2 条曲线定义为 WALL，名称为 bend_walls。

（3）单击 Zones→Specify Continuum Types按钮，出现如图 7-71 所示的 Specify Continuum Types 对话框，在 Entity 中选中 Face.1，Type 为 FLUID，单击 Apply 按钮，完成对面的定义。

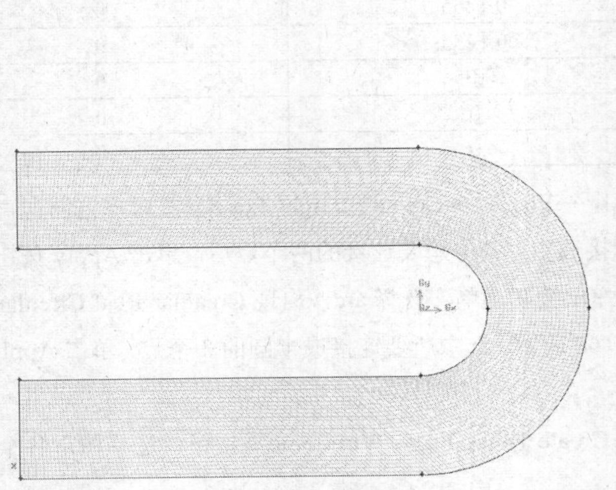

图 7-70　面的网格划分

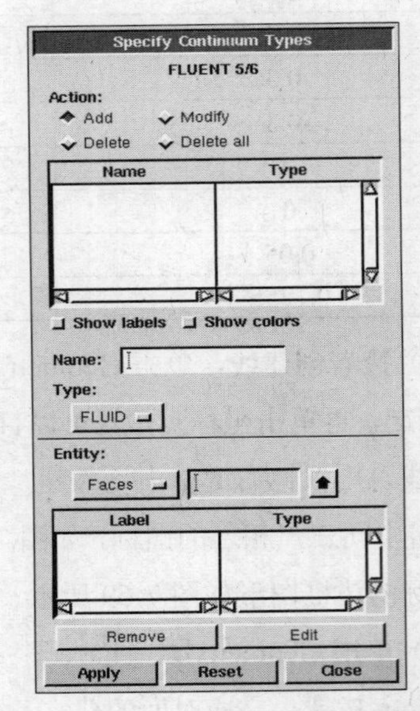

图 7-71　Specify Continuum Types 对话框

（4）执行 File→Export→Mesh 命令，在文件名中输入 Model4.msh，并选中 Export 2-D（X-Y）Mesh，确定输出的为二维模型网络文件。

7.3.3 计算求解

（1）启动 FLUENT 14.5，在弹出的 FLUENT Launcher 对话框中选择 2D 计算器，单击 OK 按钮 。

（2）执行菜单栏中的 File→Read→Mesh 命令，读入划分好的网格文件 Model4.msh。然后进行检查，执行 Mesh→Check 命令。

（3）执行菜单栏中的 Define→Models→Viscous 命令，在对话框中选择 Inviscid（无黏流模型），单击 OK 按钮。

（4）执行菜单栏中的 Define→Materials 命令，打开 Materials 面板，单击 Create/Edit 按钮，单击打开的 Create/Edit Materials 对话框中的 Fluent Database 按钮，在 Fluent Fluid Materials 下拉列表中选择 water-liquid（h2o<l>），单击 Copy 按钮，Close。在 Create/Edit Materials 对话框中的 Fluent Fluid Materials 下拉选框中选中 water-liquid（h2o<l>），单击 Change/Create 按钮。

（5）执行菜单栏中的 Define→Operation Conditions 命令，弹出 Operation Condition 对话框，选择 Gravity，将 Y 的文本框改为-9.81，单击 OK 按钮。

（6）执行菜单栏中的 Define→Cell Zone Conditions 命令，弹出 Cell Zone Conditions 面板。在列表中选择 face，其类型 Type 为 fluid，单击 Edi 按钮，将 Material Name 改为 water-liquid，单击 OK 按钮。

（7）执行菜单栏中的 Define→Boundary Conditions 命令，弹出 Boundary Conditions 对话框，如图 7-71 所示。

（8）选择 intlet，选择 Type 为 velocity_inlet，单击 Edit 按钮，将 Velocity Magnit 改为 10m/s，单击 OK 按钮即可，如图 7-72 所示。

（9）执行菜单栏中的 Solve→Initialization 命令，在弹出的 Solution Initialize 面板中单击 Initialize 按钮。

（10）执行菜单栏中的 Solve→Monitors→Residual 命令，在 Residual Monitors 对话框中选中 Plot，Plotting 的 Window 改为 1，各变量收敛精度要求为 10.5 单击 OK 按钮。执行菜单栏中的 Solve→Run Calculation 命令，设置 Number of Iteration 为 1000，单击 Calculate 按钮开始解算。288 步以后达到收敛，其残差曲线图如图 7-73 所示。

（11）迭代完成后，执行菜单栏中的 Display→Graphics and Animations→Contours 命令，输出本例的绝对压力、速度分布云图，如图 7-74 和图 7-75 所示。执行菜单栏中的 Display→Graphics and Animations→Vectors 命令，输出速度矢量图，如图 7-76 所示。

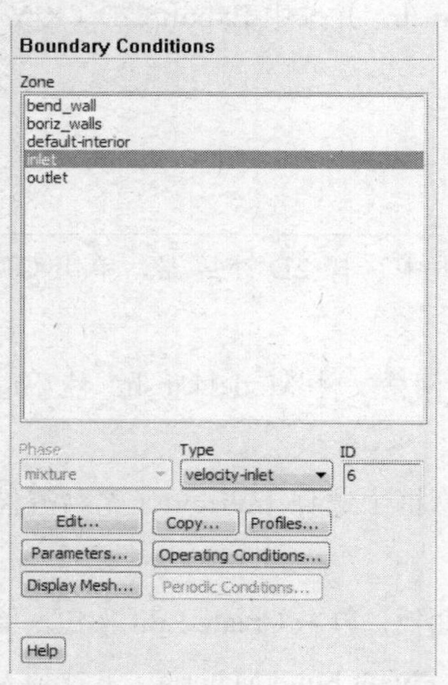

图 7-72 Boundary Conditions 面板

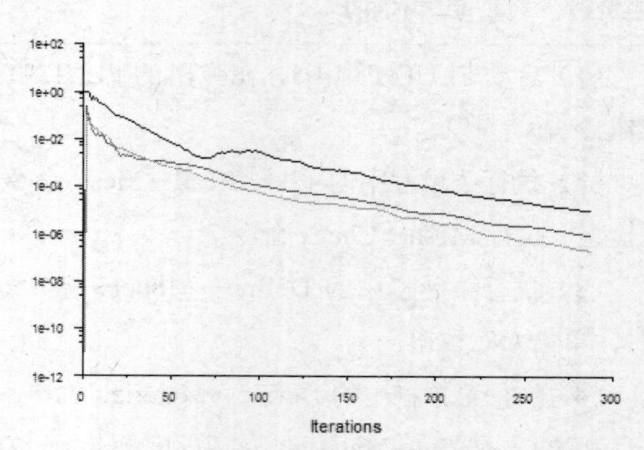

图 7-73 残差曲线图

图 7-74 绝对压力云图

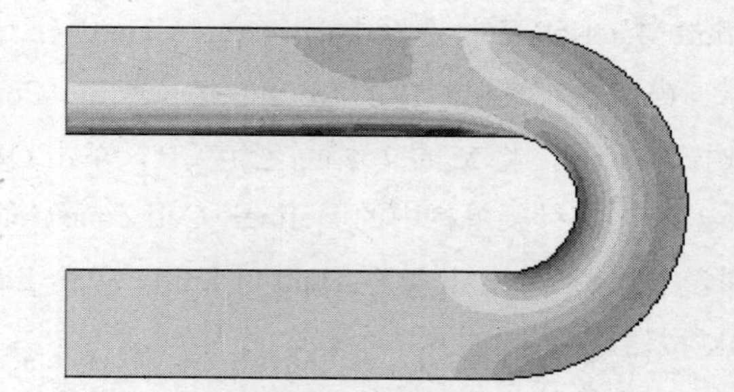

图 7-75 速度云图

（12）执行菜单栏中的 Report→Result Reports→Force 命令，在如图 7-77 所示的 Force Reports 对话框中，Wall Zones 下选择 bend_walls。单击 Print 按钮，得到弯壁处的压力 16878N，如图 7-78 所示。因为是二维模拟，所以还得乘以方管的边长 75.5mm，最后得到 x 方向上的压力为 1274.3N。

（13）执行菜单栏中的 Display→Plot→XY Plot 命令，选择 Pressure 和 Absolute Pressure，X 文本框填写 0，Y 处填写 1，Surfaces 选择 inlet，单击 Plot，即出现进口处绝对压力变化图，如图 7-79 所示。从图 7-80 中可以看到进口压强为 1.19×105Pa，因此得到进口处压力(119,000-101,325) ×0.0057=101 N，1274.3-101=1,173.3 N。

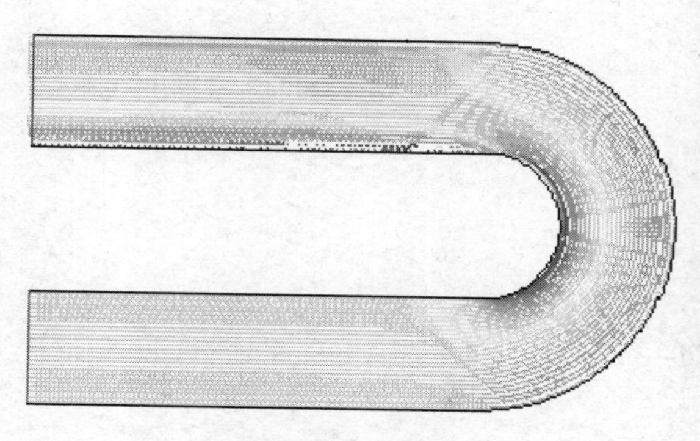

图 7-76 速度矢量图

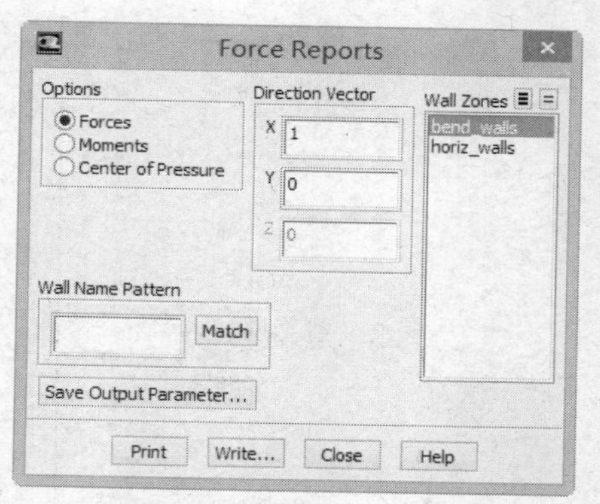

图 7-77 Force Reports 对话框

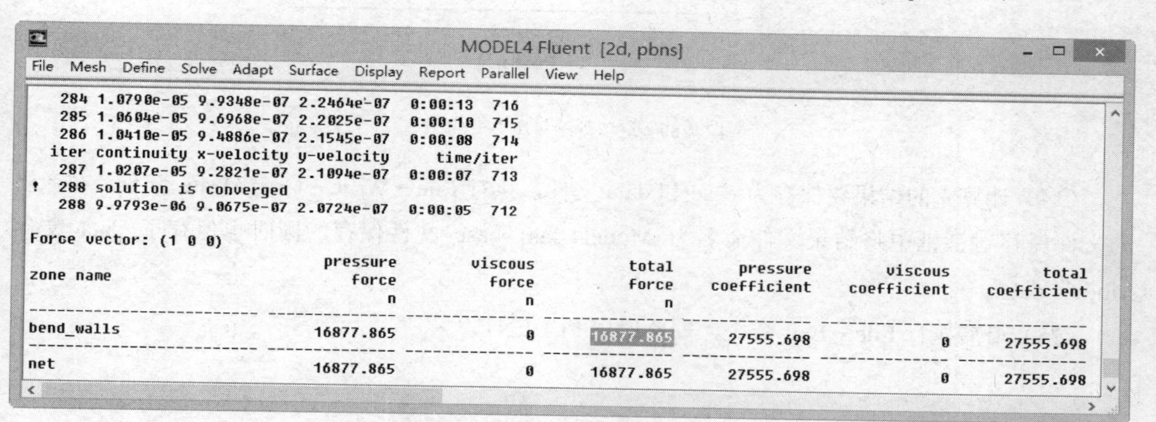

图 7-78 FLUENT 计算结果

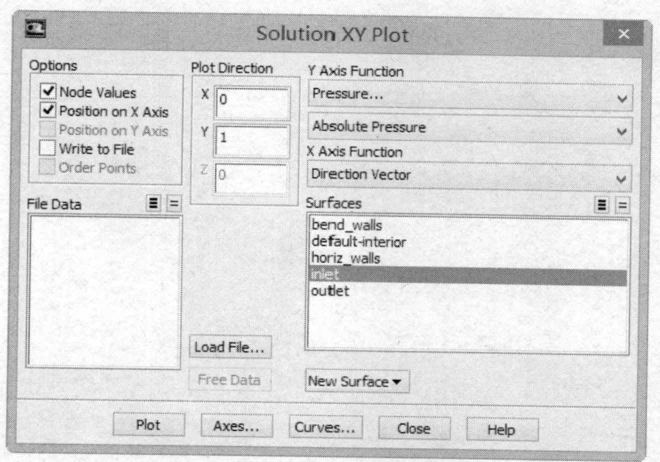

图 7-79 Solution XY Plot 对话框

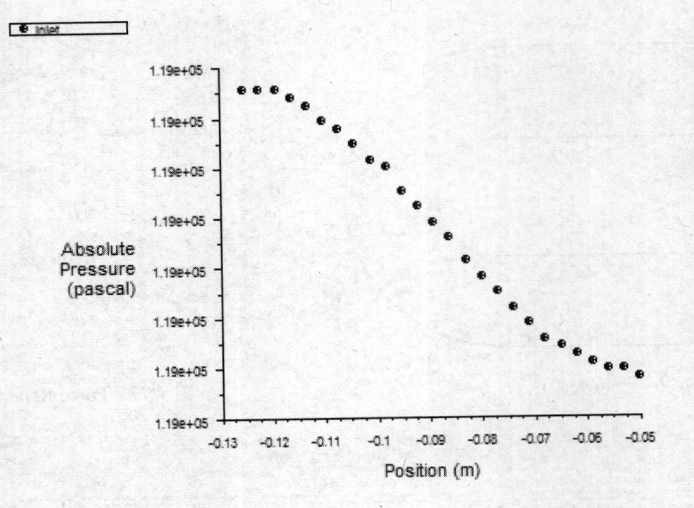

图 7-80　进口处绝对压力变化图

（14）计算完的结果要保存为 case 和 data 文件，执行 File→Write→Case&Data 命令，在弹出的文件保存对话框中将结果文件命名为 Model4.cas，case 文件保存的同时也保存了 data 文件 Model4.dat。

（15）最后执行 File→Exit 命令，安全退出 FLUENT。

第 8 章 三维流动和传热的数值模拟

三维流动和传热问题是工程实践中能够大量遇到的问题，也是本书研究的重点。本章重点讲解了三维流动、三维导热和三维流动传热的数值模拟，还讲解了三维周期边界的流动和传热的数值模拟。通过本章的学习，读者可重点掌握 GAMBIT 三维建模的基本操作、FLUENT 的基本操作、三维问题后处理的方法。

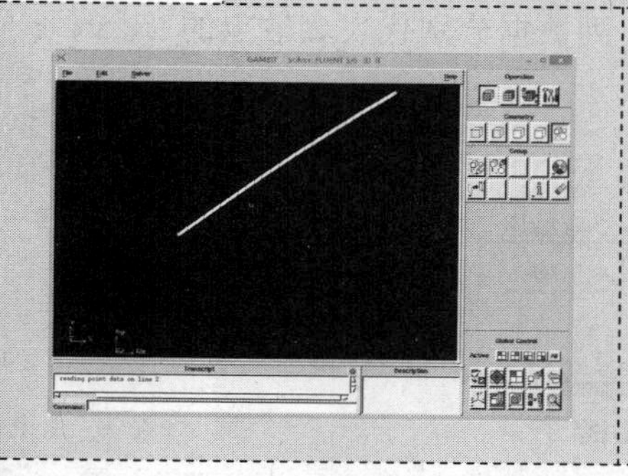

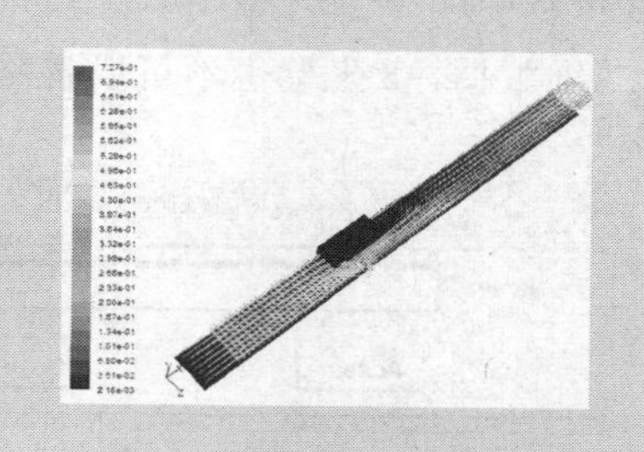

8.1 三维喷管流的数值模拟

本节通过一个较为简单的三维算例——三维喷管流的数值模拟，来讲解如何使用 GAMBIT 与 FLUENT 解决一些较为简单却常见的三维流动问题，本例涉及以下 4 方面的内容。

- 利用 GAMBIT，根据读入的型面数据创建型面。
- 利用 GAMBIT，通过绕轴旋转曲线创建型面。
- 利用 GAMBIT 划分三棱柱体网格。
- 利用 FLUENT 进行三维流动的模拟与后处理。

8.1.1 利用 GAMBIT 创建三维喷管模型

1. 启动 GAMBIT

双击桌面 GAMBIT 图标，启动 GAMBIT 软件，弹出 Gambit Startup 对话框，在 Working Directory 下拉列表框中选择工作文件夹，在 Session Id 文本框中输入 penguanliudong。单击 Run 按钮，进入 GAMBIT 系统操作界面。执行菜单栏中的 Solver→FLUENT5/6 命令，选择求解器类型。

2. 创建三维喷管的几何模型

（1）读入型面数据。执行菜单栏中的 File→Import→Vertex Data 命令，弹出如图 8-1 所示的 Import Vertex Data File 对话框。单击 Browse 按钮，找到需要的数据文件，单击 Accept 按钮，如图 8-2 所示，会在 GAMBIT 的显示区出现一系列离散点。GAMBIT 识别的数据文件的扩展名为.dat，其数据文件格式如图 8-3 所示，从左到右 3 列数据分别代表离散点的 x、y、z 坐标，需要注意的是对于二维数据，z 坐标也不可以省略。

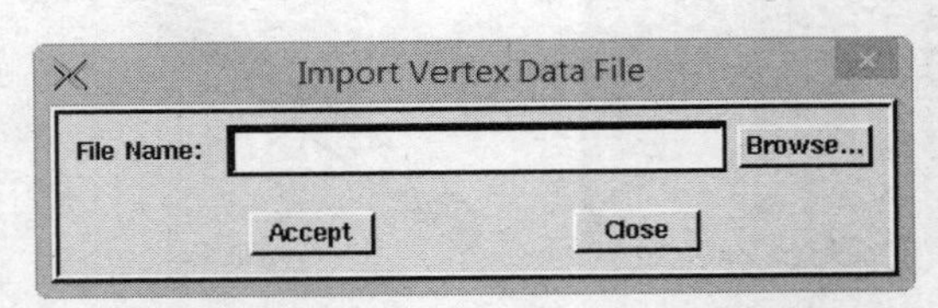

图 8-1 Import Vertex Data File 对话框

（2）绘制喷管型面曲线。先单击 Operation 工具条中的按钮，再单击 Geometry 工具条中的按钮，用鼠标右键单击 Edge 工具条中的 按钮，在下拉菜单中单击 按钮，选中所有离散点，单击 Apply 按钮，生成型面曲线。

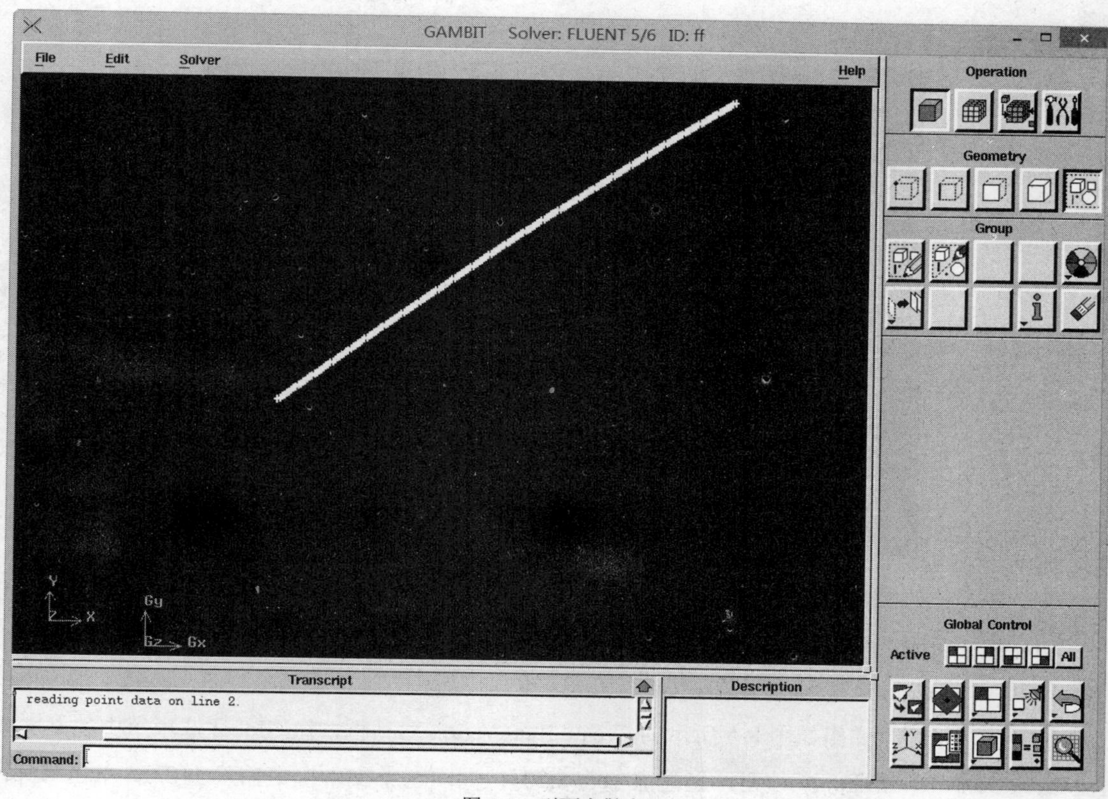

图 8-2 型面离散点

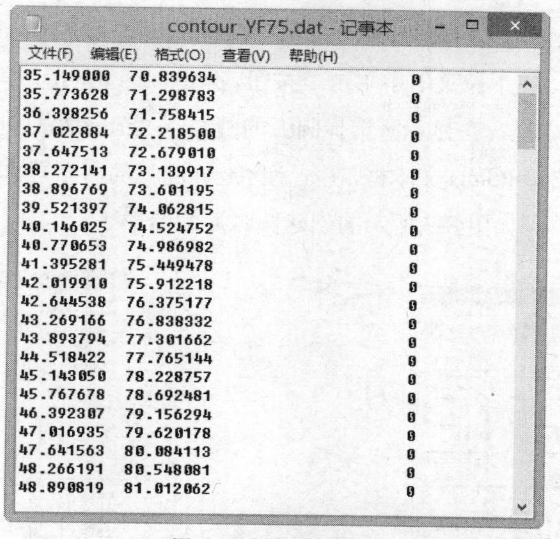
contour_YF75.dat - 记事本

文件(F) 编辑(E) 格式(O) 查看(V) 帮助(H)

```
35.149000 70.839634 0
35.773628 71.298783 0
36.398256 71.758415 0
37.022884 72.218500 0
37.647513 72.679010 0
38.272141 73.139917 0
38.896769 73.601195 0
39.521397 74.062815 0
40.146025 74.524752 0
40.770653 74.986982 0
41.395281 75.449478 0
42.019910 75.912218 0
42.644538 76.375177 0
43.269166 76.838332 0
43.893794 77.301662 0
44.518422 77.765144 0
45.143050 78.228757 0
45.767678 78.692481 0
46.392307 79.156294 0
47.016935 79.620178 0
47.641563 80.084113 0
48.266191 80.548081 0
48.890819 81.012062 0
```

图 8-3 数据文件格式

（3）隐藏离散点。先单击 Global 工具条中的按钮，再单击 Vertices 按钮，然后选中所有离散点，执行菜单栏中的 Visible→Off→Apply 命令，得到如图 8-4 所示的隐藏所有离散点后的型面曲线。

图 8-4　隐藏所有离散点后的型面曲线

（4）完成剩余的型面曲线。

1）单击 Operation 工具条中的按钮，再单击 Geometry 工具条中的按钮，接着单击 Vertex 工具条中的按钮，弹出如图 8-5 所示的 Create Real Vertex 对话框，在 Global 选项组中的 y 文本框中输入 59.3，单击 Apply 按钮，创建点 vertex.201；同理在 y 文本框中输入 118.6，单击 Apply 按钮，创建点 vertex.202。

2）单击 Operation 工具条中的按钮，再单击 Geometry 工具条中的按钮，用鼠标右键单击 Edge 工具条中的按钮，在下拉菜单中单击按钮，弹出如图 8-6 所示的 Create Real Circular Arc 对话框。单击 Center 文本框，在显示区选择圆弧的圆心点 vertex.202（也可单击右边的箭头后，在点列表中选择），单击 End-Points 文本框，在显示区选择圆弧的两个端点 vertex.202 与 vertex.201，单击 Apply 按钮，即可得到如图 8-7 所示的创建圆弧后的图形。

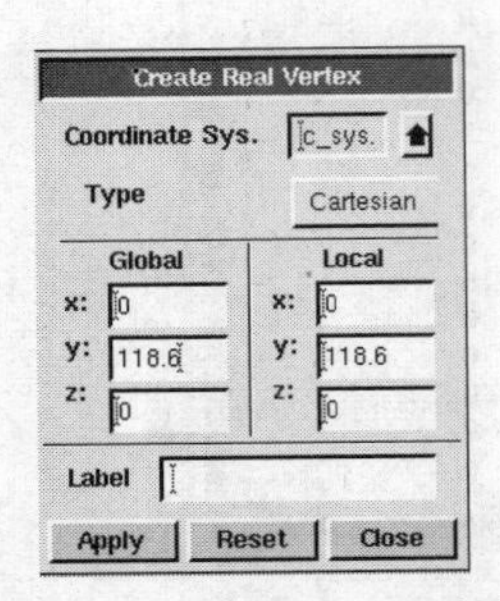

图 8-5　Create Real Vertex 对话框

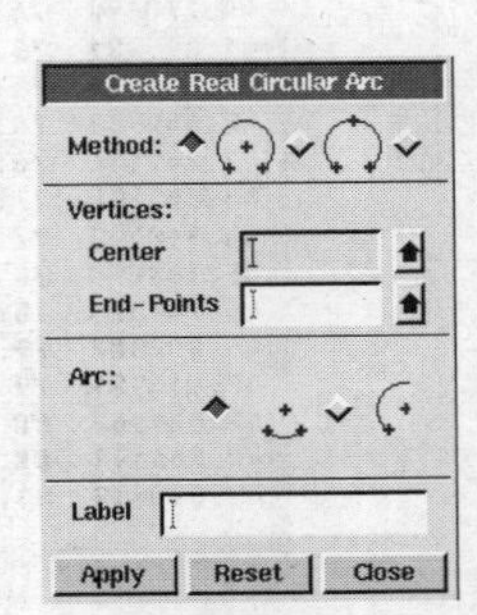

图 8-6　Create Real Circular Arc 对话框

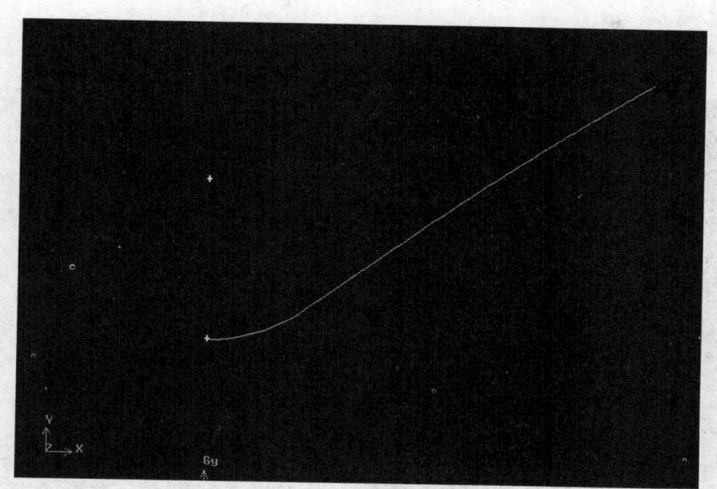

图 8-7 创建圆弧后的图形

3）单击 Operation 工具条中的按钮，再单击 Geometry 工具条中的按钮，接着单击 Vertex 工具条中的按钮，弹出 Create Real Vertex 对话框，在 Global 选项组的 x 文本框中输入-110.8，在 y 文本框中输入 103，单击 Apply 按钮，创建点 vertex.203；同理，在 x 文本框中输入-110.8，在 y 文本框中输入 0，单击 Apply 按钮，创建点 vertex.204；在 x 文本框中输入-55.4，在 y 文本框中输入 81.15，单击 Apply 按钮，创建点 vertex.205。

4）单击 Operation 工具条中的按钮，再单击 Geometry 工具条中的按钮，用鼠标右键单击 Edge 工具条中的按钮，在下拉菜单中单击按钮，弹出 Create Real Circular Arc 对话框。单击 Center 文本框，选择点 vertex.202，单击 End-Points 文本框，选取点 vertex.201 与 vertex.205，单击 Apply 按钮，创建圆弧。

5）单击 Operation 工具条中的按钮，再单击 Geometry 工具条中的按钮，用鼠标右键单击 Edge 工具条中的按钮，在下拉菜单中单击按钮，在弹出对话框的 Center 文本框中单击，选择 vertex.204 点，单击 End-Points 文本框，选取点 vertex.205 与 vertex.203，单击 Apply 按钮，创建圆弧。

6）单击 Operation 工具条中的按钮，再单击 Geometry 工具条中的按钮，单击 Vertex 工具条中的按钮，在弹出对话框的 Global 选项组的 x 文本框中输入-270.8，在 y 文本框中输入 103，单击 Apply 按钮，创建点 vertex.206。

7）单击 Operation 工具条中的按钮，再单击 Geometry 工具条中的按钮，单击 Edge 工具条中的按钮，在弹出对话框的 Vertices 文本框中单击，选取点 vertex.203 与 vertex.206，单击 Apply 按钮，创建直线。

8）删除辅助点。先单击 Operation 工具条中的按钮，再单击 Geometry 工具条中的按钮，接着单击 Vertex 工具条中的按钮，单击弹出对话框中的 Vertices 文本框，选择点 vertex.202，单击 Apply 按钮，即可删除点 vertex.202，最后得到的型面曲线如图 8-8 所示。

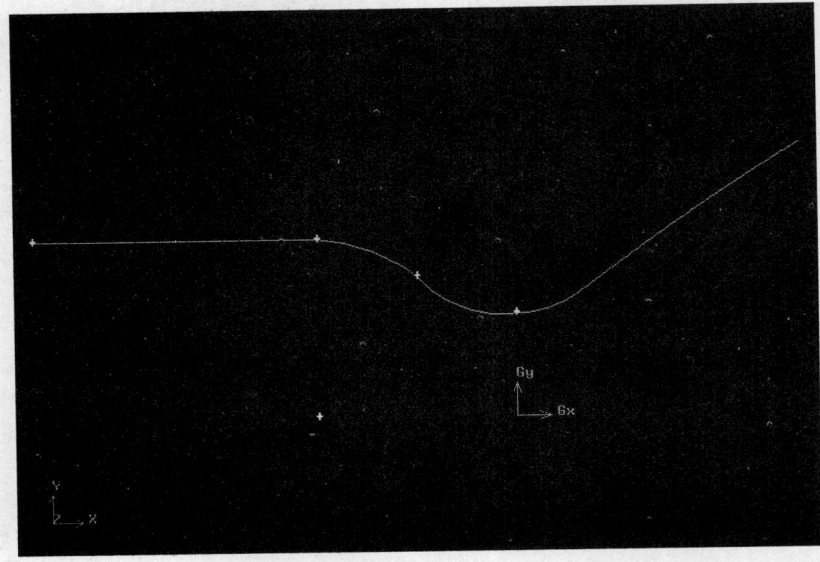

图 8-8　型面曲线

（5）创建喷管型面。

1）单击 Operation 工具条中的按钮，再单击 Geometry 工具条中的按钮，接着单击 Vertex 工具条中的按钮，在弹出对话框的 Global 选项组的 x 文本框中输入-270.8，在 y 文本框中输入 0，单击 Apply 按钮，创建点 vertex.207；在 x 文本框中输入-55.4，单击 Apply 按钮，创建点 vertex.208；在 x 文本框中输入 0，单击 Apply 按钮，创建点 vertex.209；在 x 文本框中输入 159.4，单击 Apply 按钮，创建点 vertex.210。

2）单击 Operation 工具条中的按钮，再单击 Geometry 工具条中的按钮，接着单击 Edge 工具条中的按钮，在弹出对话框中单击 Vertices 文本框，依次选取点 vertex.207、vertex204、vertex208、vertex209、vertex210，单击 Apply 按钮，生成喷管的轴线。

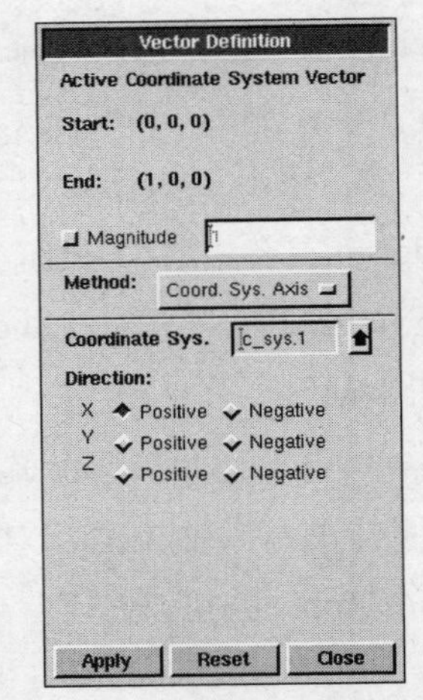

图 8-9　Vector Definition 对话框

3）将型面曲线绕 x 轴旋转，形成喷管型面。先单击 Operation 工具条中的按钮，再单击 Geometry 工具条中的按钮，接着单击 Face 工具条中的按钮，在弹出的 Revolve Edges 对话框中单击 Edges 文本框，选择所有型面曲线 edge.1、edge.2、edge.3、edge.4、edge.5；在 Angle 文本框中输入旋转角度 90，单击 Define 按钮，弹出如图 8-9 所示的 Vector Definition 对话框。在 Direction 选项组中选择 x 方向的 Positive 选项，单击 Apply 按钮，即选定 x 轴为型面曲线的旋转轴，再单击

Apply 按钮，生成如图 8-10 所示的喷管型面。

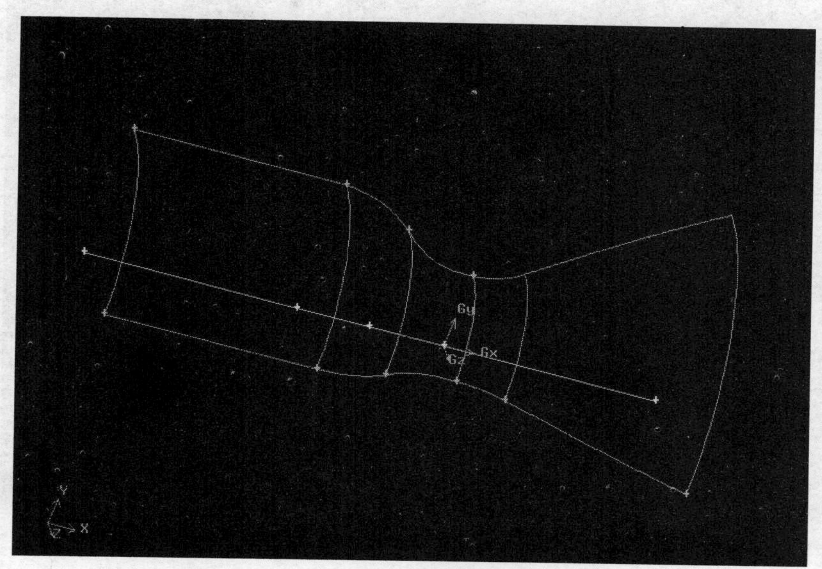

图 8-10 喷管型面

（6）创建喷管模型。

1）单击 Operation 工具条中的按钮，再单击 Geometry 工具条中的按钮，接着单击 Edge 工具条中的按钮，在弹出对话框中单击 Vertices 文本框，依次选取点 vertex.206、vertex.207 和 vertex.211，单击 Apply 按钮，创建直线 edge.25 与 edge.26；同理选取点 vertex.203、vertex.204 和 vertex.212，创建直线 edge.27 与 edge.28；选取点 vertex.205、vertex.208 和 vertex.213，创建直线 edge.29 与 edge.30；选取点 vertex.201、vertex.209 和 vertex.214，创建直线 edge.31 与 edge.32。

2）单击 Operation 工具条中的按钮，再单击 Geometry 工具条中的按钮，接着单击 Edge 工具条中的按钮，在弹出对话框中单击 Edges 文本框，选取直线 edge.9，并确认下边的 Lower Geometry 选项不被选中，单击 Apply 按钮，删除直线 edge.9。

3）单击 Operation 工具条中的按钮，再单击 Geometry 工具条中的按钮，接着单击 Vertex 工具条中的按钮，在弹出对话框 Global 选项组的 x 文本框中输入 35.149，单击 Apply 按钮，创建点 vertex.217。

4）单击 Operation 工具条中的按钮，再单击 Geometry 工具条中的按钮，接着单击 Edge 工具条中的按钮，在弹出对话框中单击 Vertices 文本框，依次选取点 vertex.209、vertex.217、vertex.210，单击 Apply 按钮，创建直线 edge.33 与 edge.34；同理选取点 vertex.1、vertex.217、vertex.215，创建直线 edge.35 与 edge.36；选取点 vertex.200、vertex.210、vertex.216，创建直线 edge.37 与 edge.38。

创建直线后的喷管模型如图 8-11 所示。

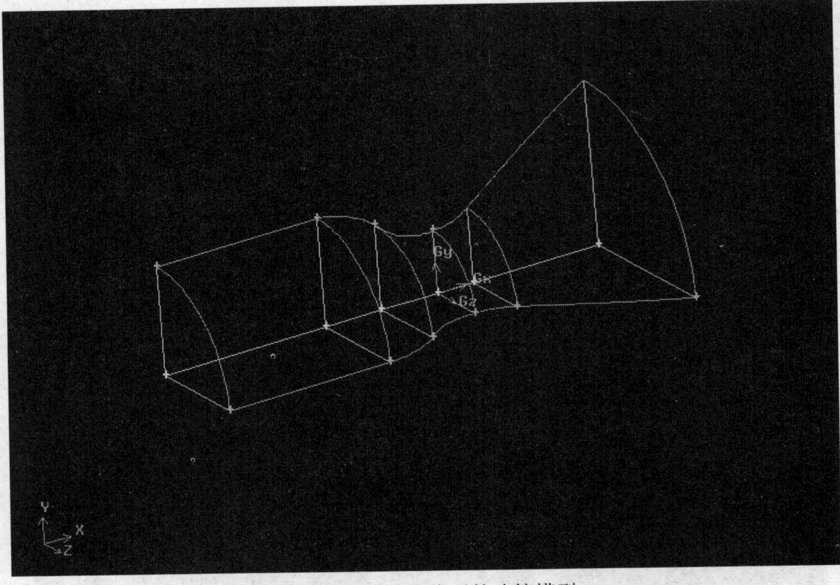

图 8-11　创建直线后的喷管模型

（7）创建面模型。先单击 Operation 工具条中的按钮，再单击 Geometry 工具条中的按钮，接着单击 Face 工具条中的按钮，弹出如图 8-12 所示的 Create Face From Wireframe 对话框。单击 Edges 文本框，选择 edge.25、edge.26、edge.10，单击 Apply 按钮，生成面 face.6；同理选择 edge.27、edge.28、edge.11，单击 Apply 按钮，创建面 face.7；选择 edge.29、edge.30、edge.13，创建面 face.8；选择 edge.32、edge.31、edge.16，创建面 face.9；选择 edge.36、edge.35、edge.19，创建面 face.10；选择 edge.38、edge.37、edge.20，创建面 face.11；选择 edge.5、edge.6、edge.25、edge.27，创建面 face.12；选择 edge.12、edge.26、edge.6、edge.28，创建面 face.13；选择 edge.4、edge.27、edge.7、edge.29，创建面 face.14；选择 edge.7、edge.28、edge.15、edge.30，创建面 face.15；选择 edge.3、edge.29、edge.8、edge.31，创建面 face.16；选择 edge.8、edge.30、edge.18、edge.32，创建面 face.17；选择 edge.2、edge.31、edge.33、edge.35，创建面 face.18；选择 edge.36、edge.33、edge.32、edge.24，创建面 face.19；选择 edge.37、edge.1、edge.35、edge.34，创建面 face.20；选择 edge.38、edge.34、edge.36、edge.21，创建面 face.21。

（8）创建体模型。先单击 Operation 工具条中的按钮，再单击 Geometry 工具条中的按钮，接着单击 Volume 工具条中的按钮，弹出如图 8-13 所示的 Stitch Faces 对话框。单击 Faces 文本框，选择 face.6、face.13、face.12、face.7、face.1，单击 Apply 按钮，创建体 volume.1；同理选择 face.2、face.7、face.14、face.15、face.8，创建体 volume.2；选择 face.3、face.17、face.16、face.8、face.9，创建体 volume.3；选择 face.5、face.18、face.19、face.10、face.9，创建体 volume.4；选择 face.20、face.21、face.4、face.10、face.11，创建体 volume.5。

得到的三维喷管几何模型如图 8-14 所示。

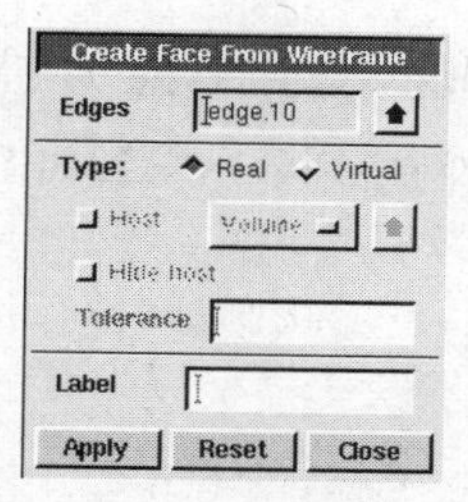

图 8-12 Create Face From Wireframe 对话框

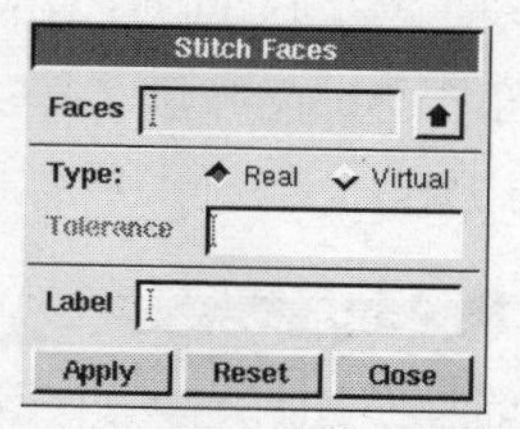

图 8-13 Stitch Faces 对话框

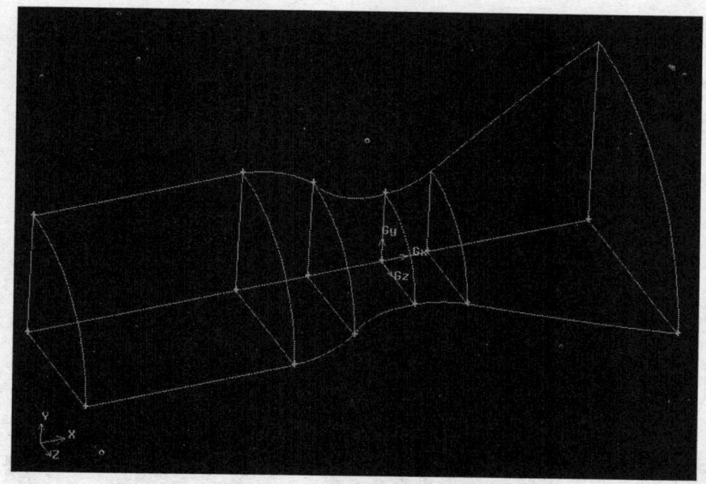
图 8-14 三维喷管几何模型

8.1.2 划分网格

下面对模型进行网格划分。原模型共有 5 个体模型组成，分别对其划分。

（1）对线划分网格。先单击 Operation 工具条中的按钮，再单击 Mesh 工具条中的按钮，接着单击 Edge 工具条中的按钮，弹出如图 8-15 所示的 Mesh Edges 对话框。在 Edges 文本框中选择 edge.5、edge.6、edge.12，将 Spacing 对应的选项设置为 interval count，在 Spacing 文本框中输入 40，其他选项保持系统默认设置，单击 Apply 按钮，生成线上的网格。

同理选择 edge.25，在 Ratio 文本框中输入 1.1，在 Spacing 文本框中输入 20，单击 Apply 按钮；再选择 edge.26，在 Ratio 文本框中输入 1.1，单击 invert 按钮，就会发现 Ratio 文本框中的值变为原来值的倒数，在 Spacing 文本框中输入 20，单击 Apply 按钮；选择 edge.10、edge.11，在 Ratio 文本框中输入 1，在 Spacing 文本框中输入 20，单击 Apply 按钮；选择 edge.27，在 Ratio 文本框中输入 1，在 Spacing 文本框中输入 20，单击 Apply 按钮；选择 edge.28，在 Ratio 文本框中输入 1/1.1，在 Spacing 文本框中输入 20，单击 Apply 按钮。

（2）对体划分网格。先单击 Operation 工具条中的按钮，再单击 Mesh 工具条中的按钮，接着单击 Volume 工具条中的按钮，弹出如图 8-16 所示的 Mesh Volumes 对话框。在 Volumes 文本框中选择 volume.1，设置 Elements 对应的选项为 Tet/Hybrid，设置 Type 为 TMesh，其他选项保持系统默认设置，单击 Apply 按钮，完成对体 volume.1 的网格划分，得到如图 8-17 所示的喷管圆柱段的网格划分结果。

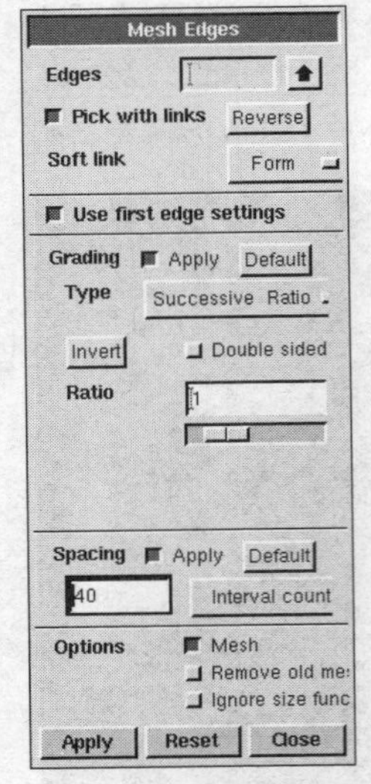

图 8-15　Mesh Edges 对话框

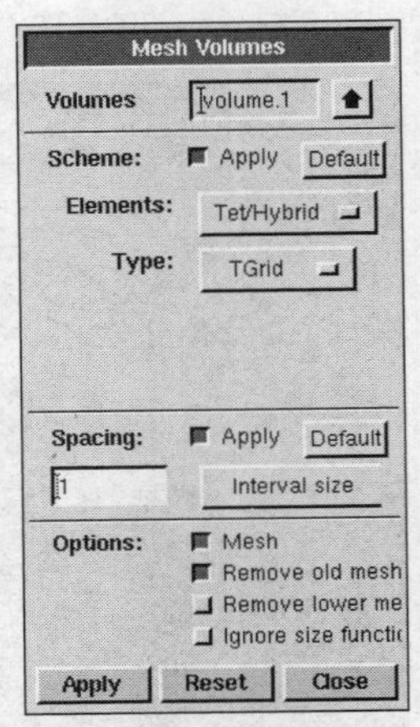

图 8-16　Mesh Volumes 对话框

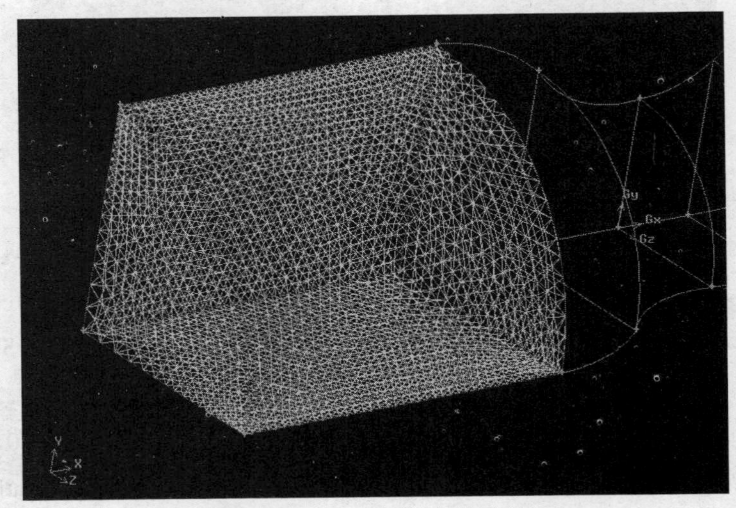

图 8-17　喷管圆柱段的网格划分结果

【提示】本例中三维喷管模型的网格采用了三棱柱体网格。

（3）采用同样的方法可依次对体 volume.2、volume.3、volume.4、volume.5 进行网格划分，但要注意的是加密的比例与方向是不同的，对收敛段 volume.2 划分网格时，轴向网格数为 15，加密比例为 1；喉部上游 volume.3 轴向网格数为 20，加密比例为 1.05，加密方向越靠近喉部越密；喉部下游 volume.4 轴向网格数为 20，加密比例为 1.05，加密方向越靠近喉部越密，喷管扩散段

volume.5 轴向网格数 30，加密比例为 1.05，加密方向越靠近喷管出口越疏。

【提示】模拟喷管内的流动时，喉部位置与壁面附近的网格适当加密，最后得到如图 8-18 所示的三维喷管网格模型。

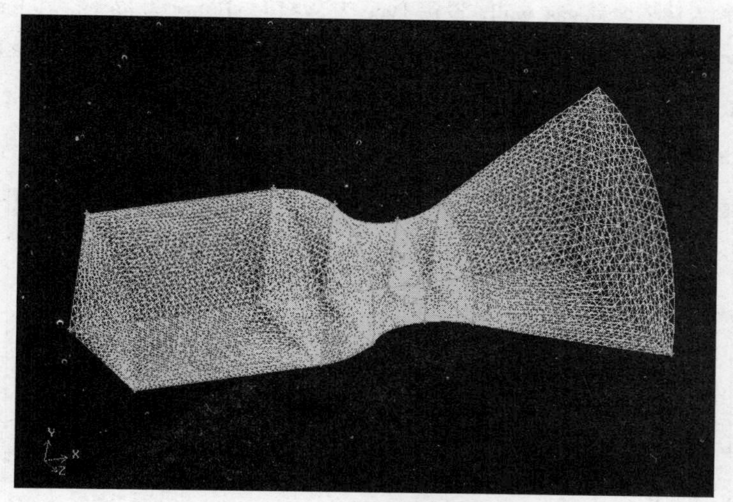

图 8-18　三维喷管网格模型

8.1.3　边界条件和区域的设定

1. 划分区域

（1）保存网格文件。执行菜单栏中的 File→Save As 命令，弹出 Save Session As 对话框，单击 Browse 按钮，选择保存文件的路径后，单击 Accept 按钮。

（2）划分模型的区域。

1）为方便操作，需先隐藏网格。单击 Global Control 控制区的按钮，弹出如图 8-19 所示的 Specify Display Attributes 对话框，在 Mesh 选项组中选中 Off 选项，单击 Apply 按钮，隐藏网格。

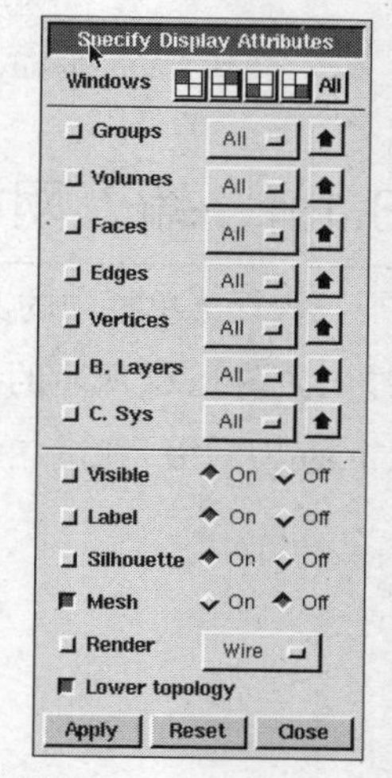

图 8-19　Specify Display Attributes 对话框

2）划分区域。先单击 Operation 工具条中的按钮，再单击 Zones 工具条中的按钮，弹出如图 8-20 所示的 Specify Continuum Types 对话框。设置 Type 为 Fluid、Entity 为 Volumes，在 Volumes 后面的文本框中选择 volume1、volume2、volume3、volume4、volume5；在 Name 文本框中输入 fluid，单击 Apply 按钮，完成区域的划分。

2. 设定边界条件

对模型的流动进行模拟，主要用到的边界条件有压力入口、压力出口、壁面边界条件和对称条件等，具体操作步骤如下。

先单击 Operation 工具条中的按钮，再单击 Zones 工具条中的按钮，弹出如图 8-21 所示的 Specify

Boundary Types 对话框。在 Name 文本框中输入边界名称 gas_inlet，设置 Type 为 PRESSURE_INLET、Entity 为 Faces，在 Faces 文本框中选择 face.6，单击 Apply 按钮；在 Name 文本框中输入边界名称 gas_outlet，设置 Type 为 PRESSURE_OUTLET、Entity 为 Faces，在 Faces 文本框中选择 face.11，单击 Apply 按钮；在 Name 文本框中输入边界名称 gas_wall，设置 Type 为 WALL、Entity 为 Faces，在 Faces 文本框中选择 face.1、face2、face3、face4、face5，单击 Apply 按钮；在 Name 文本框中输入边界名称 gas_sym，设置 Type 为 SYMMETRY、Entity 为 Faces，在 Faces 文本框中选择 face.12、face.13、face.14、face.15、face.16、face.17、face.18、face.19、face.20、face.21，单击 Apply 按钮。

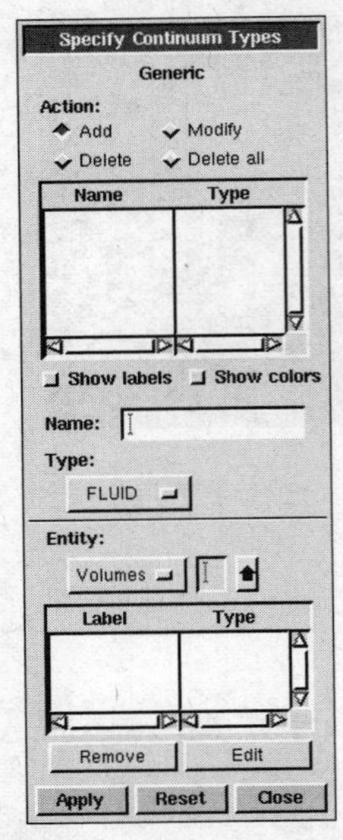

图 8-20　Specify Continuum Types 对话框

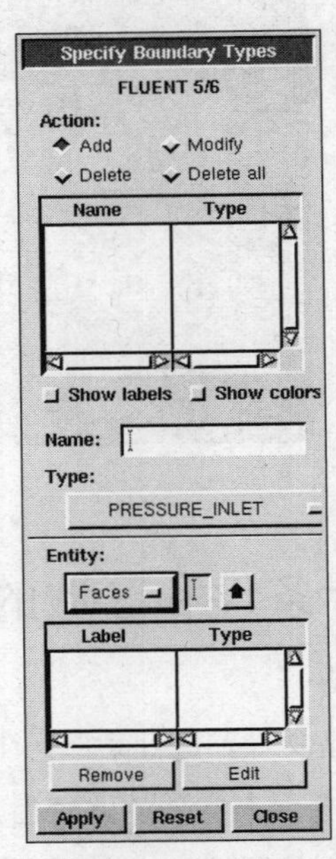

图 8-21　Specify Boundary Types 对话框

8.1.4　输入网格文件

执行菜单栏中的 File→Save As 命令，保存文件。执行菜单栏中的 File→Export→Mesh 命令，弹出如图 8-22 所示的 Export Mesh File 对话框，单击 Browse 按钮，选择保存路径，命名网格文件（.msh 为后缀）后，单击 Accept 按钮，命令反馈区内显示网格已成功输出。

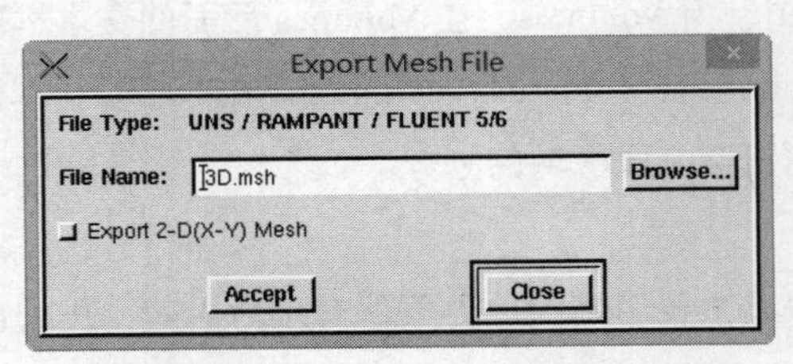

图 8-22　Export Mesh File 对话框

至此，模型创建完毕，执行菜单栏中的 File→Exit 命令，退出 GAMBIT 界面。

8.1.5 利用 FLUENT 进行三维喷管流

1. 读入网格文件并检查网格

（1）单击 FLUENT 的图标，选择三维单精度求解器，即 3D，单击 Run 按钮，进入 FLUENT 主界面。

（2）读入网格文件。执行菜单栏中的 File→Read→Case 命令，找到网格文件后读入，FLUENT 窗口将显示如图 8-23 所示的网格文件信息。

```
> Reading "E:\3d.msh"...
   20408 nodes.
   11480 mixed symmetry faces, zone  3.
    5442 mixed wall faces, zone  4.
     514 mixed pressure-outlet faces, zone  5.
     508 mixed pressure-inlet faces, zone  6.
  179540 mixed interior faces, zone  8.
   94256 tetrahedral cells, zone  2.

Building...
     grid,
     materials,
     interface,
     domains,
     zones,
        default-interior
        gas_inlet
        gas_outlet
        gas_wall
        gas_sym
        hotgas
     shell conduction zones,
Done.
```

图 8-23 网格文件信息

由以上的网格文件信息可知，网格节点数为 20408 个，如果没有错误信息且出现 Done，即表明成功读入网格文件。

（3）确定长度单位。执行菜单栏中的 Mesh→Scale 命令，弹出如图 8-24 所示的 Scale Mesh 对话框，在 Mesh Was Created In 下拉列表框中选择 mm 选项，单击 Scale 按钮，可以看到在 Domain Extents 控制面板中会显示坐标的最大和最小值，最后单击 Close 按钮，关闭对话框。

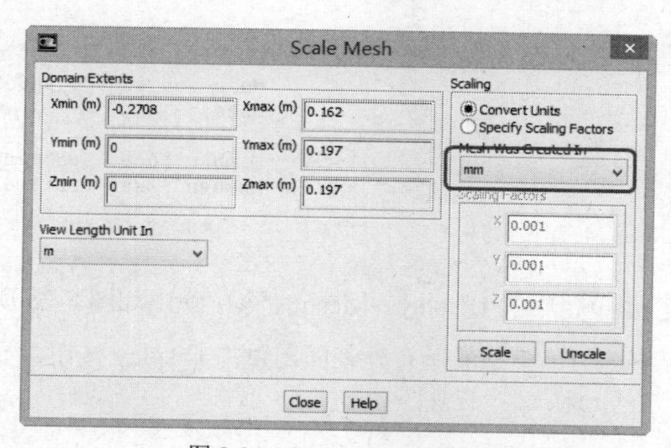

图 8-24 Scale Mesh 对话框

（4）检查网格。执行菜单栏中的 Mesh→Check 命令，会在 FLUENT 窗口显示如图 8-25 所示的网格检测结果。

```
Grid Check

 Domain Extents:
   x-coordinate: min (m) = -2.708000e-001, max (m) = 1.594500e-001
   y-coordinate: min (m) = 0.000000e+000, max (m) = 1.569052e-001
   z-coordinate: min (m) = 0.000000e+000, max (m) = 1.569052e-001
 Volume statistics:
   minimum volume (m3): 1.160253e-010
   maximum volume (m3): 5.919297e-007
     total volume (m3): 3.381381e-003
 Face area statistics:
   minimum face area (m2): 3.942546e-007
   maximum face area (m2): 1.659289e-004
 Checking number of nodes per cell.
 Checking number of faces per cell.
 Checking thread pointers.
 Checking number of cells per face.
 Checking face cells.
 Checking bridge faces.
 Checking right-handed cells.
 Checking face handedness.
 Checking element type consistency.
 Checking boundary types:
 Checking face pairs.
 Checking periodic boundaries.
 Checking node count.
 Checking nosolve cell count.
 Checking nosolve face count.
 Checking face children.
 Checking cell children.
 Checking storage.
Done.
```

图 8-25　网格检测结果

检测结果信息包括坐标的最大、最小值，最大、最小体积，最大、最小面积等，体积和面积值没有出现负值，且没有出现检测失败的信息，即表明网格的质量可以接受。

（5）平滑与交换网格。该步骤是为进一步保证网格质量。执行菜单栏中的 Mesh→Smooth/Swap 命令，弹出如图 8-26 所示的对话框。连续单击 Smooth 与 Swap 按钮，直到 FLUENT 窗口显示 Number faces swapped 为 0，平滑与交换网格的信息如图 8-27 所示。

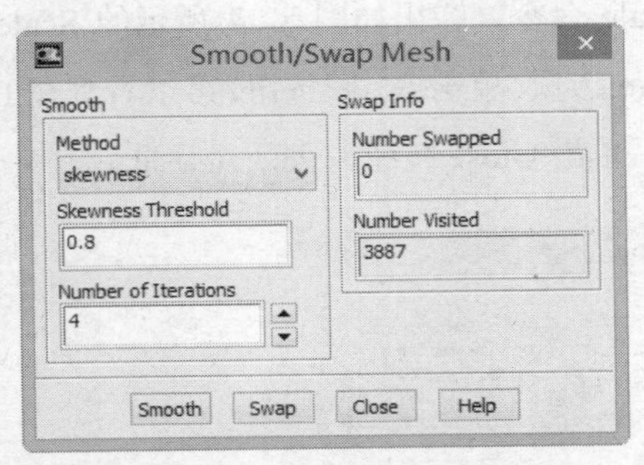

图 8-26　Smooth/Swap Mesh 对话框

```
No nodes moved, smoothing complete.
Done.

Number faces swapped: 0
Number faces visited: 3887
```

图 8-27　平滑与交换网格的信息

（6）显示网格。执行菜单栏中的 Display→Mesh 命令，弹出如图 8-28 所示的 Mesh Display 对话框，该对话框在默认情况下选中了模型的所有外表面，单击 Display 按钮，显示模型外表面的网格。

2．创建求解模型

创建合理的求解模型是正确模拟三维流动问题的关键。

（1）选择求解器。执行菜单栏中的 Define→General 命令，弹出如图 8-29 所示的 General 面板。在 Solver 选项组中选择 Pressure Based 单选按钮，即选择耦合求解器，在 Time 选项组中选择 Steady 单选按钮，即稳态问题，其他选项保持系统默认设置。

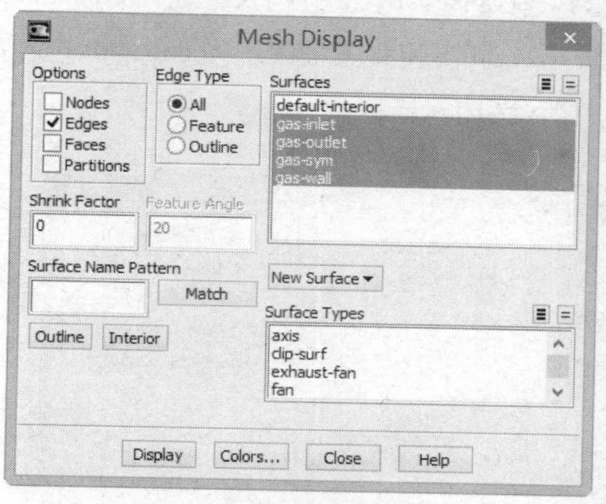

图 8-28　Mesh Display 对话框

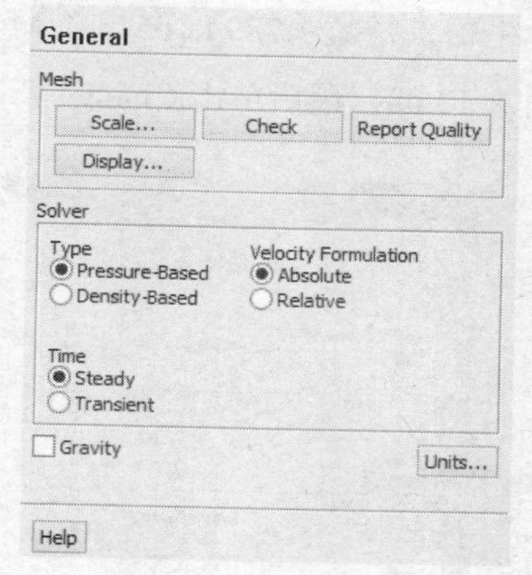

图 8-29　General 面板

（2）打开能量方程。执行菜单栏中的 Define→Models→Energy 命令，弹出如图 8-30 所示的 Energy 对话框，勾选 Energy Equation 复选框，单击 OK 按钮，即可打开能量方程。

（3）选择湍流模型。执行菜单栏中的 Define→Models→Viscous 命令，弹出 Viscous Model 对话框。在 Model 选项组中选择 k-epsilon 单选按钮，Viscous Model 对话框刷新如图 8-31 所示，保持系统默认设置，直接单击 OK 按钮。

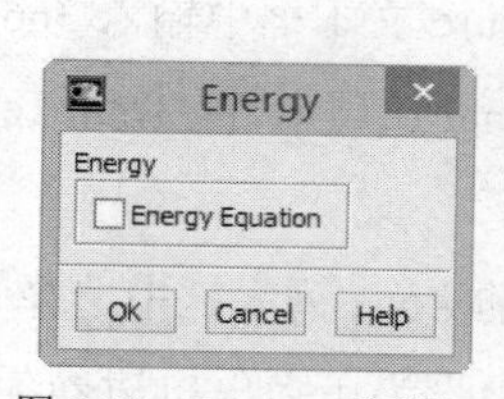

图 8-30　Energy 对话框

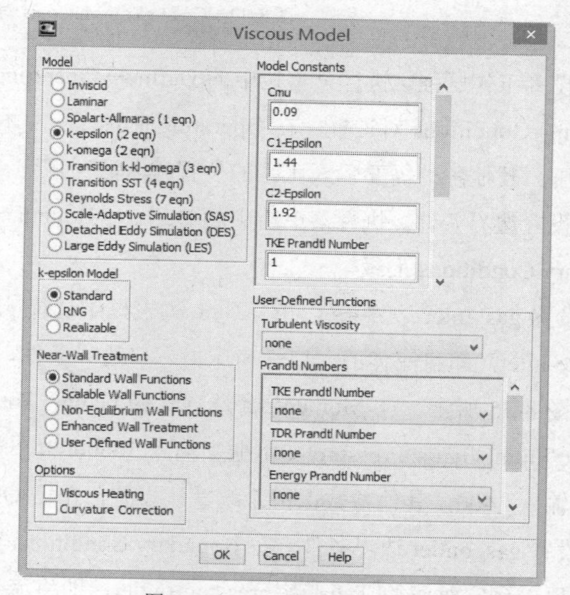

图 8-31　Viscous Model 对话框

（4）定义材料属性。执行菜单栏中的 Define→Materials 命令，弹出 Create/Edit Materials 对话框，如图 8-32 所示。在 Material Type 下拉列表框中双击 fluid 选项，在 Name 文本框中输入 air，在 Density 下拉列表框中选择 ideal-gas 选项，在 Cp 文本框中输入 3831，在 Thermal Conductivity 下拉列表中选择 kinetic-theory 选项，在 Viscosity 下拉列表中选择 constant 选项，在其文本框中输入常数 1.7894e-05，在 Molecular Weight 下拉列表框中选择 constant 选项，在其文本框中输入 13.08，最后单击 Change/Create 按钮，关闭对话框。

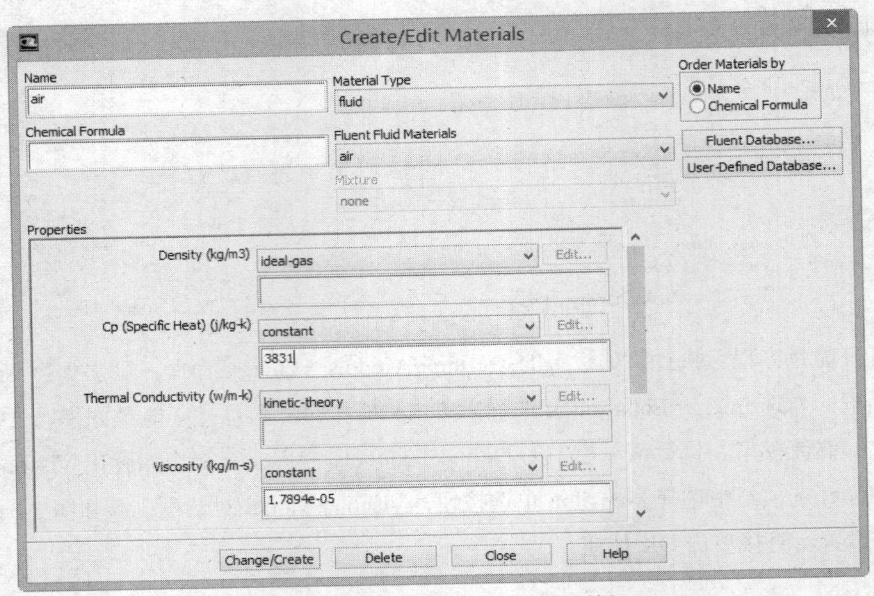

图 8-32　Create/Edit Materials 对话框

（5）设置工作压强。执行菜单栏中的 Define→Operating Conditions 命令，弹出如图 8-33 所示的 Operating Conditions 对话框。在 Operating Pressure 文本框中输入 101325，表明设置的工作压强为大气压，其他各处需要输入压强的位置输入绝对压强，即实际压强即可，单击 OK 按钮。

（6）设置边界条件。执行菜单栏中的 Define→Boundary Conditions 命令，弹出如图 8-34 所示的 Boundary Conditions 面板。

1）设置 gas_inlet 边界条件。在 Zone 列表框中选择 gas_inlet 选项，可以看到它对应的 Type 为 pressure-inlet，即将流体的入口设为压力入口边界条件，单击 Edit 按钮，弹出 Pressure Inlet 对话框，如图 8-35 所示。在 Momentum 选项卡的 Gauge Total Pressure 文本框中输入 3668000，在 Supersonic/Initial Gauge Pressure 文本框中输入 3660000。单击 Thermal 选项卡，在 Total Temperature 文本框中输入 3400，其他参数保留系统默认设置，单击 OK 按钮。

2）设置 gas_outlet 边界条件。在 Boundary Conditions 对话框的 Zone 列表框中选择 gas_outlet 选项，可以看到它对应的 Type 为 pressure-outlet，即将流体的出口设为压力出口边界条件，单击

Edit 按钮，弹出如图 8-36 所示的 Pressure Outlet 对话框。在 Gauge Pressure 文本框中输入 101325，其他参数保留系统默认设置，单击 OK 按钮。

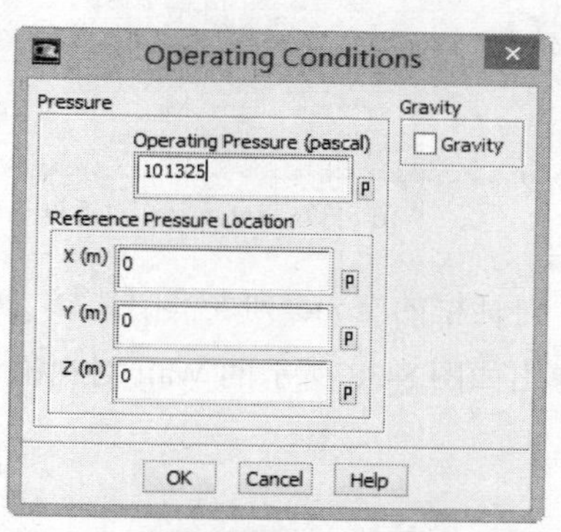

图 8-33　Operating Conditions 对话框

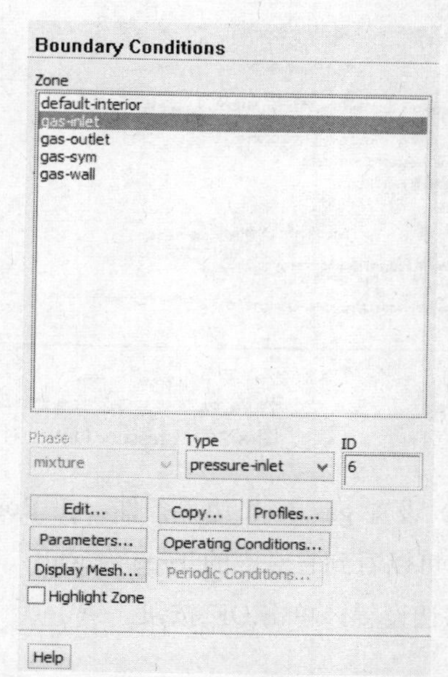

图 8-34　Boundary Conditions 面板

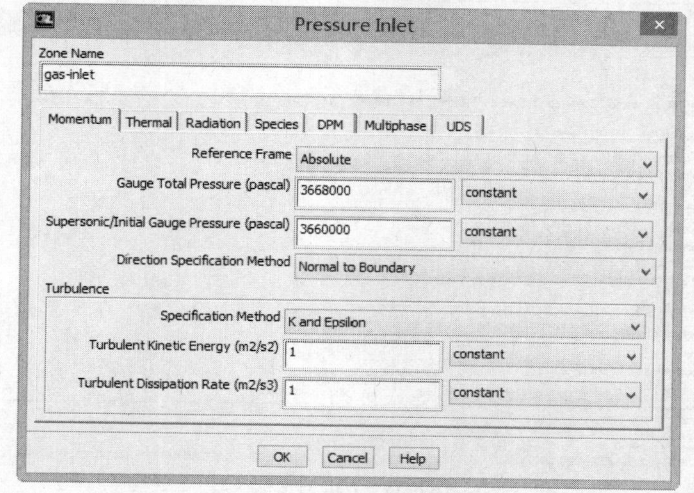

图 8-35　Pressure Inlet 对话框

【提示】对于出口超压的情况，一律外推，输入的出口压强值仅是参考值。

3）设置 gas_sym 边界条件。在 Boundary Conditions 对话框的 Zone 列表框中选择 gas_sym 选项，可以看到它对应的 Type 为 symmetry，单击 Edit 按钮，弹出如图 8-37 所示的 Symmetry 对话框，单击 OK 按钮。

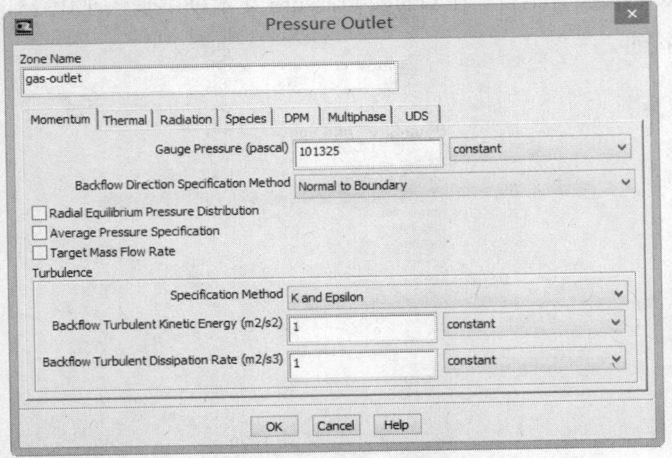

图 8-36 Pressure Outlet 对话框

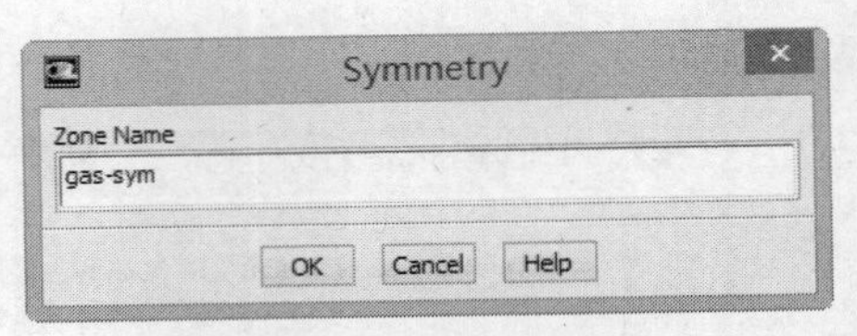

图 8-37 Symmetry 对话框

4）设置 gas_wall 边界条件。在 Boundary Conditions 对话框的 Zone 列表框中选择 gas_wall 选项，可以看到它对应的 Type 为 wall；单击 Edit 按钮，弹出如图 8-38 所示的 Wall 对话框，保留系统默认设置，单击 OK 按钮。

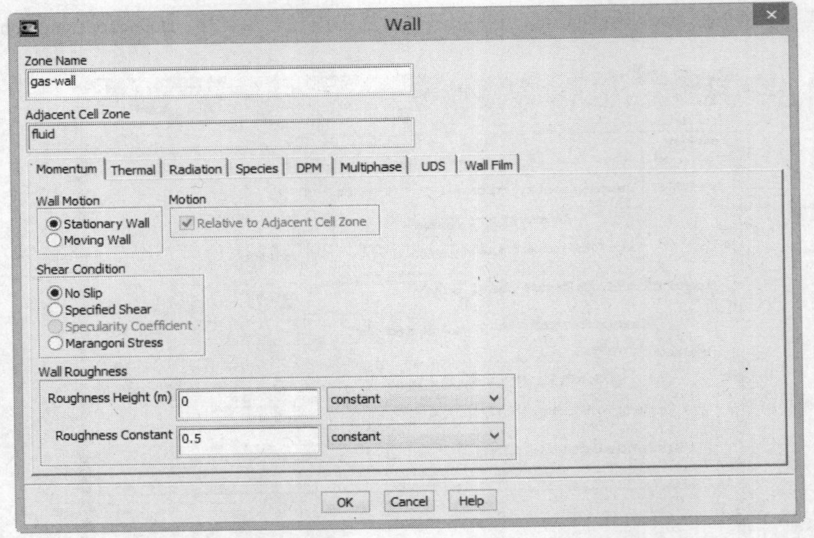

图 8-38 Wall 对话框

5）设置流体区域。执行菜单栏中的 Define→Cell Zone Conditions 命令，弹出 Cell Zone Conditions 面板。在 Zone 列表框中选择 fluid 选项，可以看到它对应的 Type 为 fluid；单击 Edit 按钮，弹出如图 8-39 所示的 Fluid 对话框。在 Material Name 下拉列表框中选择 air 选项，其他选项保留系统默认设置，单击 OK 按钮，完成对流体属性的设置。

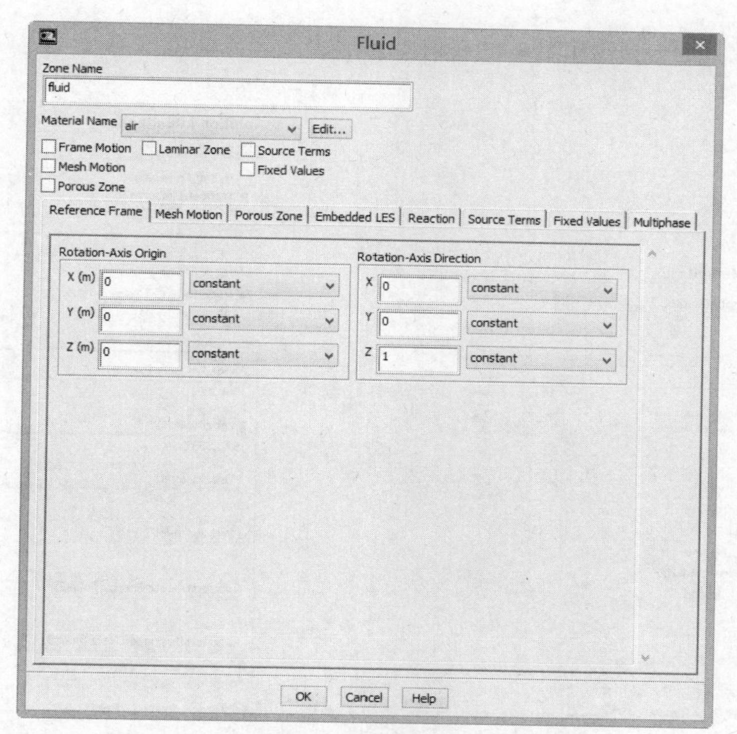

图 8-39 Fluid 对话框

3．求解

（1）执行菜单栏中的 Solve→Methods 命令，弹出 Solution Methods 面板。在 Pressure-Velocity Coupling 下拉列表中选择 SIMPLE 选项，其他参数设置如图 8-40 所示，单击 OK 按钮，完成设置。

（2）设置残差。执行菜单栏中的 Solve→Monitors→Residual 命令，弹出 Residual Monitors 对话框，勾选 Options 选项组中的 Plot 复选框，将 energy 的 Absolute Criteria 设置为 0.0001，在 Window 文本框中输入 1，其他选项保留系统默认设置，单击 OK 按钮，完成对残差的设置。

（3）初始化。执行菜单栏中的 Solve→Initialization 命令，弹出 Solution Initialization 面板。如图 8-41 所示，在 Gauge Pressure 文本框中输入 3660001，在 X Velocity 文本框中输入 97.13567，在 Y Velocity 与 Z Velocity 文本框中输入 0，拉动 Initial Values 选项列表中的滚动条，在 Temperature 文本框中输入 300，剩下两项都输入 1，单击 Init 按钮，完成对初场的设置，单击 Close 按钮，关闭对话框。

（4）存盘。执行菜单栏中的 File→Write→Case 命令，选取路径，保存 case 文件。

（5）迭代。执行菜单栏中的 Solve→Run Calculation 命令，弹出 Run Calculation 面板，在 Number of Iterations 文本框中输入 10000，单击 Calculate 按钮，FLUENT 求解器开始求解。

【提示】迭代过程中可将 Courant Number 值适当调大，以加速收敛。

（6）收敛。当 FLUENT 信息反馈窗口显示如图 8-42 所示的迭代收敛提示信息后，表明计算收敛，迭代结束，此时残差图如图 8-43 所示。

图 8-40 Solution Methods 面板

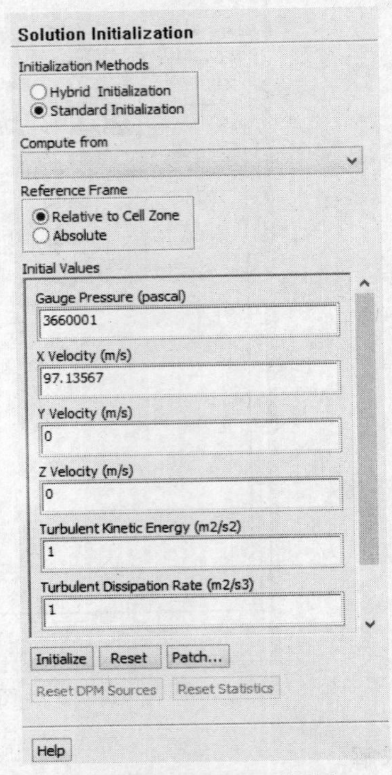

图 8-41 Solution Initialization 面板

执行菜单栏中的 Report→Result Reports→Fluxes 命令，弹出如图 8-44 所示的 Flux Reports 对话框。选择 Options 选项组中的 Mass Flow Rate 单选按钮，在 Boundaries 列表框中选择 gas_inlet 与 gas_outlet 选项，单击 Compute 按钮，可在 Results 控制面板中看到喷管入口与出口处的燃气流量，经过比较，两值基本一致，从而确认流量已收敛，单击 Close 按钮，关闭对话框。

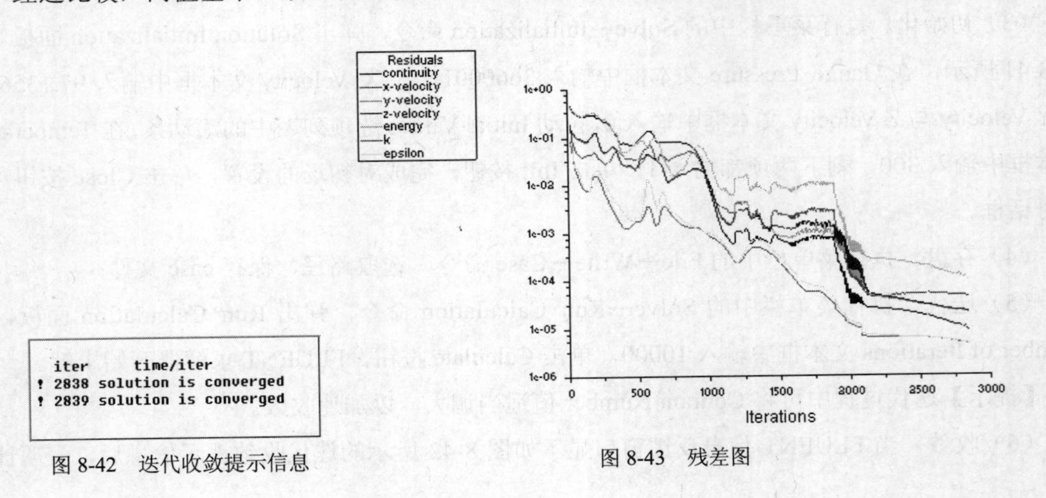

图 8-42 迭代收敛提示信息

图 8-43 残差图

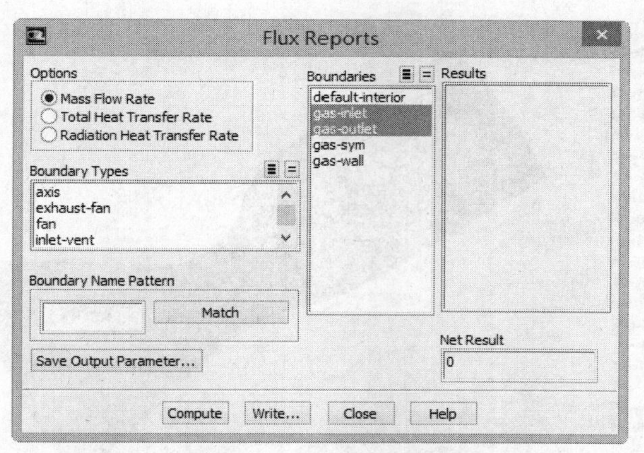

图 8-44　Flux Reports 对话框

（7）存盘。执行菜单栏中的 File→Write→Case＆Data 命令，选取路径，保存 Case 与 Data 文件。

4．显示计算结果

（1）显示喷管压力场。执行菜单栏中的 Display→Graphics and Animations→Contours 命令，弹出 Contours 对话框，如图 8-45 所示。勾选 Options 选项组中的 Filled 复选框，在 Contours of 选项组的两个下拉列表框中分别选择 Pressure 与 Static Pressure 选项，在 Surfaces 列表框中选择 gas_inlet、gas_outlet、gas_sym、gas_wall 选项，单击 Display 按钮，显示的喷管压力场云图如图 8-46 所示。

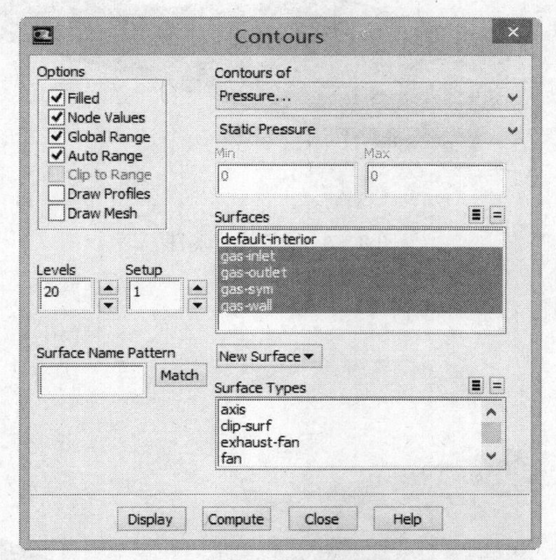

图 8-45　Contours 对话框

（2）显示喷管温度场。在 Contours 对话框 Contours of 选项组的两个下拉列表框中分别选择 Temperature 与 Static Temperature 选项，单击 Display 按钮，显示的喷管温度场图如图 8-47 所示。

（3）显示马赫数分布云图。在 Contours 对话框 Contours of 选项组的两个下拉列表框中分别选择 Velocity 选项与 Mach Number 选项，单击 Display 按钮，显示的喷管马赫数分布云图如图 8-48 所示。

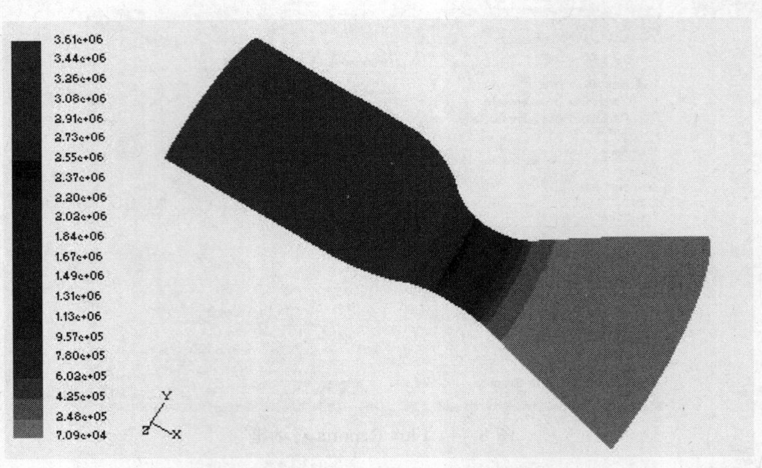

图 8-46　喷管压力场云图

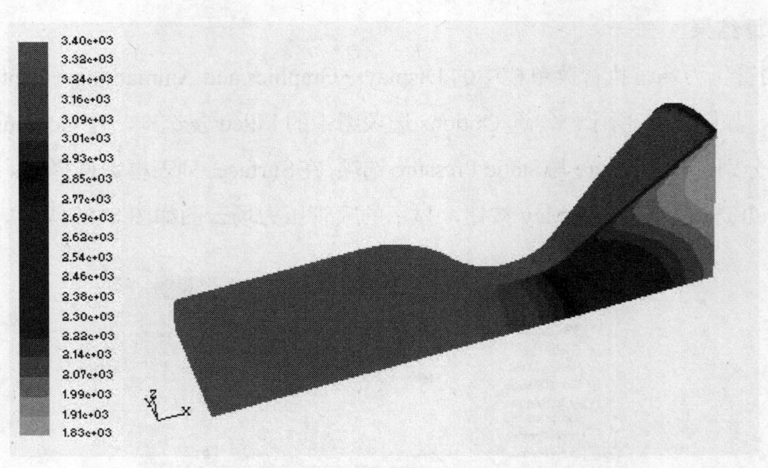

图 8-47　喷管温度场图

图 8-48　喷管马赫数分布云图

（4）显示速度矢量图。执行菜单栏中的 Display→Graphics and Animations→Vectors 命令，弹出 Vectors 对话框，如图 8-49 所示。在 Surfaces 列表框中选择 gas_inlet、gas_outlet、gas_sym、gas_wall 选项，在 Scale 和 Skip 文本框中输入 10，单击 Display 按钮，显示的流动速度矢量图如图 8-50 所示。

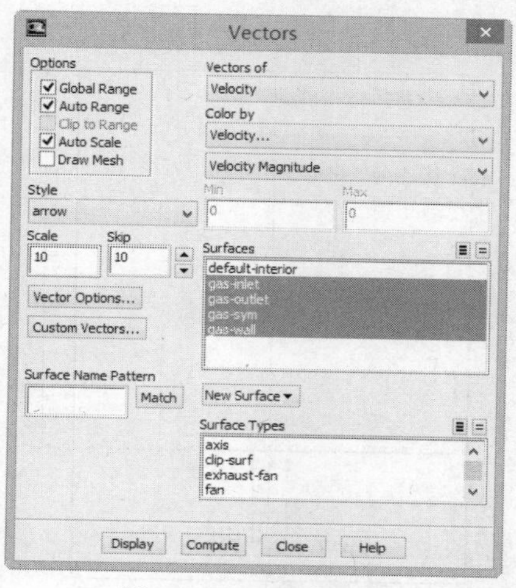

图 8-49 Vectors 对话框

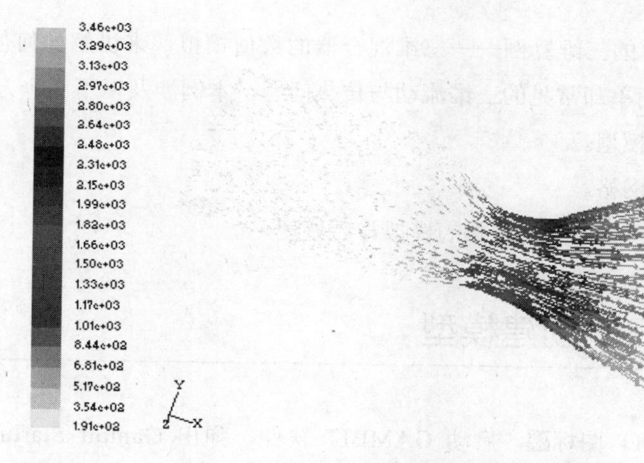

图 8-50 流动速度矢量图

8.2 混合器流动和传热的数值模拟

图 8-51 所示的混合器是化工中经常用到的设备，了解混合器内的速度场和温度场对混合气的

设计和应用有十分重要的意义。

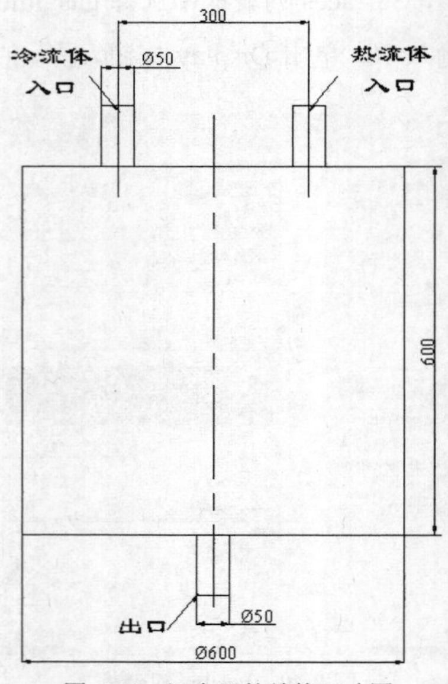

图 8-51 混合器的结构尺寸图

本节通过一个较为简单的三维算例——三维混合器的数值模拟，来讲解如何使用 GAMBIT 与 FLUENT 解决一些较为简单却常见的三维流动与传热问题，本例涉及以下 3 个方面的内容。

- 利用 GAMBIT 创建模型。
- 利用 GAMBIT 划分网格。
- 利用 FLUENT 进行三维流动与传热的模拟与后处理。

8.2.1 利用 GAMBIT 创建模型

1. 启动 GAMBIT

双击桌面上的 GAMBIT 图标，启动 GAMBIT 软件，弹出 Gambit Startup 对话框，在 Working Directory 下拉列表框中选择工作文件夹，在 Session Id 文本框中输入 hunhe。单击 Run 按钮，进入 GAMBIT 系统操作界面。执行菜单栏中的 Solver→FLUENT5/6 命令，选择求解器类型。

2. 创建三维混合器的几何模型

（1）创建混合器内的流体区域。先单击 Operation 工具条中的按钮，再单击 Geometry 工具条中的按钮，用鼠标右键单击 Volume 工具条中的按钮，在下拉菜单中单击 Cylinder 命令，弹出如图 8-52 所示的 Create Real Cylinder 对话框。在 Height 文本框中输入 600，在 Radius1 和 Radius2 文本框中输入 300，单击 Apply 按钮，得到如图 8-53 所示的混合器内流体区域图。

（2）创建入口流体区域。

1）创建一个入口管区域。在图 8-52 中的 Height 文本框中输入 100，在 Radius1 和 Radius2 文本框中输入 50，单击 Apply 按钮，得到如图 8-54 所示的管子流动区域图形，单击 Close 按钮。

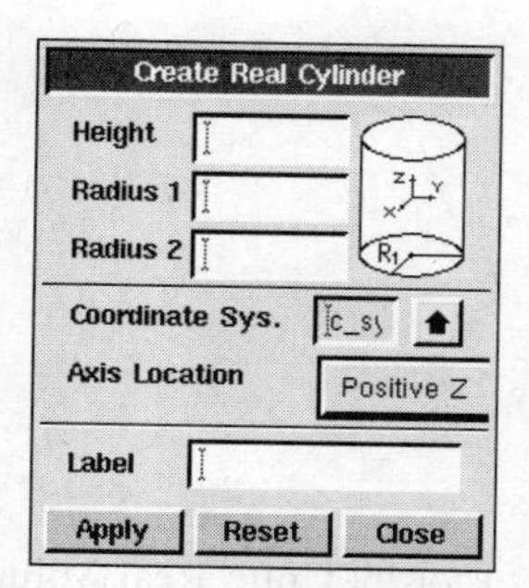

图 8-52 Create Real Cylinder 对话框

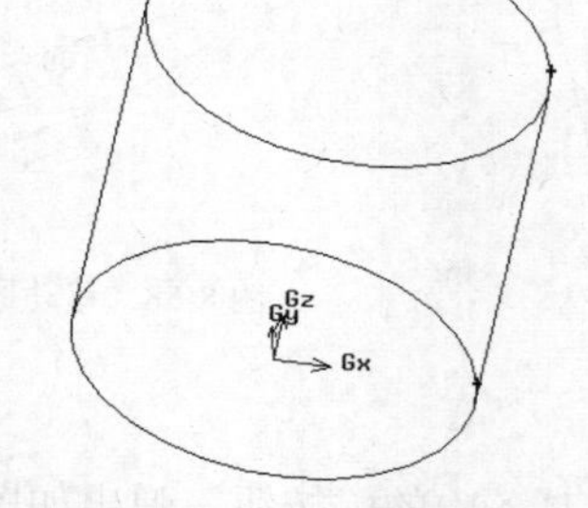

图 8-53 混合器内的流体区域图

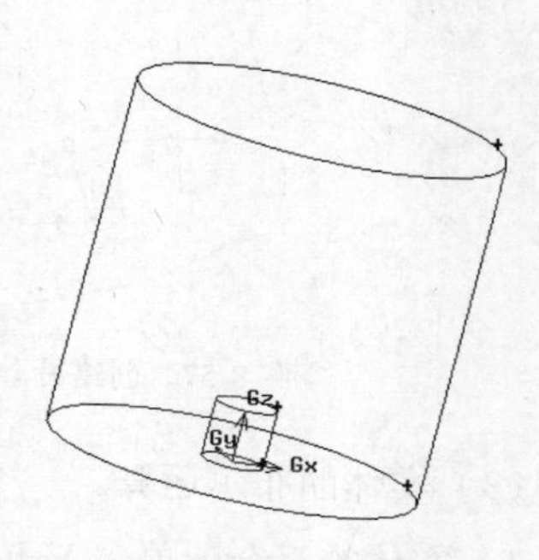

图 8-54 创建管子流动区域

2）通过移动复制创建冷热流体的入口管。单击 Volume 工具条中的按钮，弹出如图 8-55 所示的 Move/Copy Volumes 对话框。单击 Volumes 文本框，选择要复制的管子实体，选择 Copy 选项，在 Local 坐标系的 *x*、*y*、*z* 文本框中分别输入 150、0、600，来移动复制体单元，单击 Apply 按钮，复制的管子如图 8-56 所示。

3）通过上面的方法创建另一个入口管，在 Local 坐标系的 *x*、*y*、*z* 文本框中分别输入-150、0、600，单击 Apply 按钮，创建的另一个入口体如图 8-57 所示。

4）通过上面的方法，移动创建在原点的管子作为出口管，在图 8-55 中选择 Move 选项，在 Volumes 文本框选择原点的管子，把管子向 *z* 轴负方向移动 100mm，单击 Apply 按钮，移动原点处管子后的图形如图 8-58 所示。

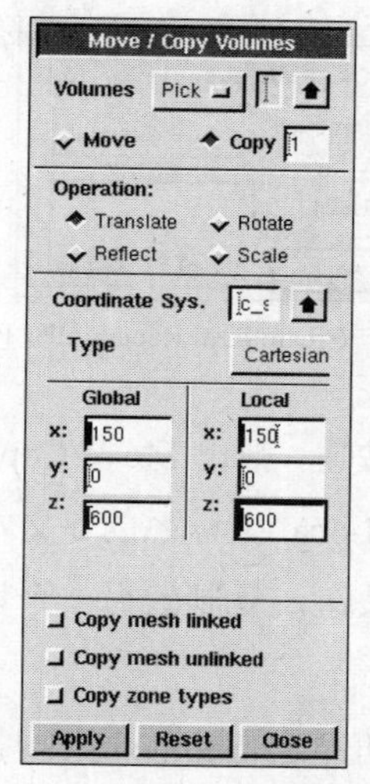

图 8-55 Move/Copy Volumes 对话框

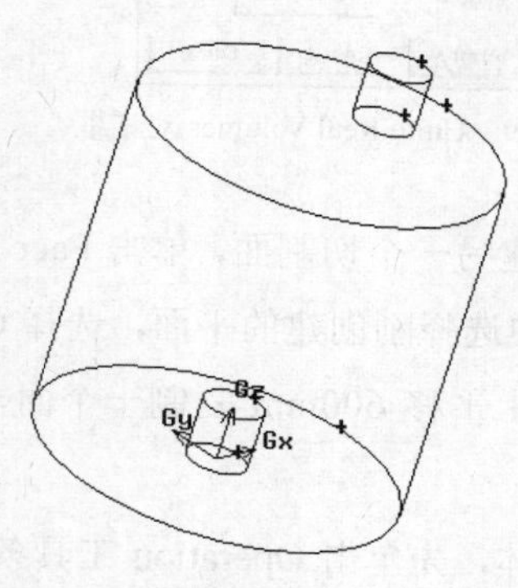

图 8-56 复制管子

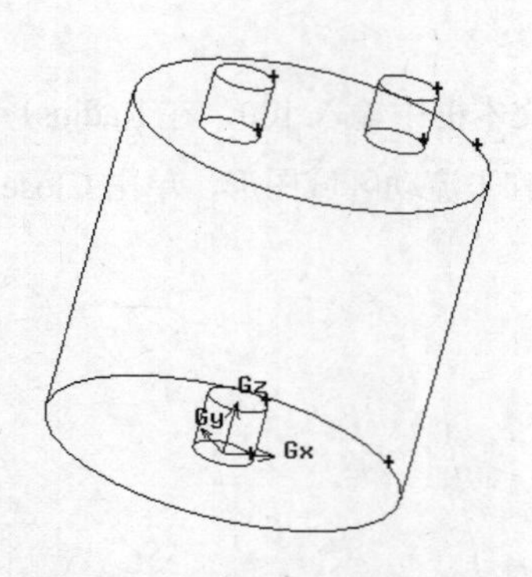

图 8-57　创建另一个入口体

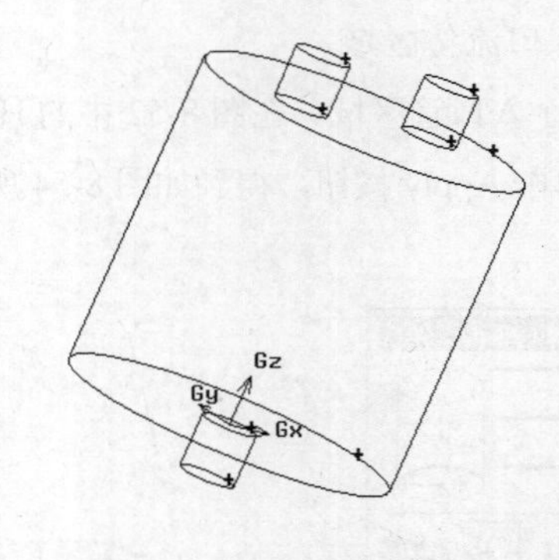

图 8-58　移动原点处管子后的图形

（3）实体的布尔运算。

1）实体的组合。单击 Volume 工具条中的按钮，弹出如图 8-59 所示的 Unite Real Volumes 对话框。单击 Volumes 文本框，选择创建的 4 个实体，单击 Apply 按钮，4 个实体即可组合到一起。

2）实体的分割。为了使网格优化，要把实体进行分割，首先要创建分割面，然后再对实体进行分割，具体方法介绍如下。

先单击 Operation 工具条中的按钮，再单击 Geometry 工具条中的按钮，接着单击 Face 工具条中的按钮，弹出如图 8-60 所示的 Create Real Rectangular Face 对话框。在 Width 和 Height 文本框中输入 1000，单击 Apply 按钮，创建的切割面如图 8-61 所示。

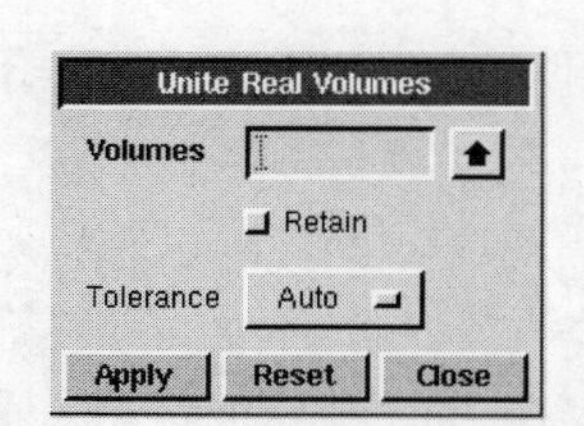

图 8-59　Unite Real Volumes 对话框

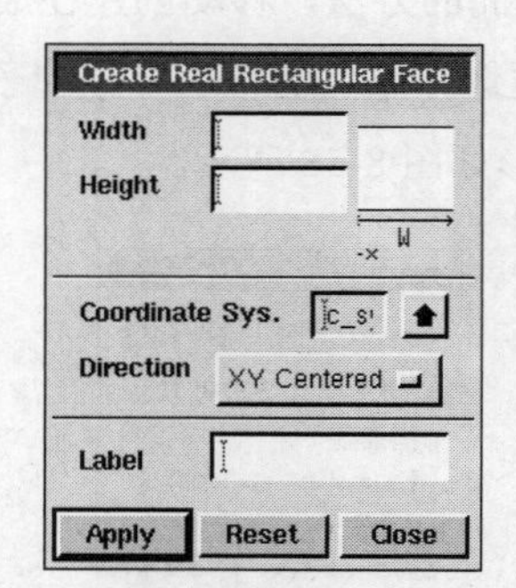

图 8-60　Create Real Rectangular Face 对话框

通过复制创建另一个切割面，单击 Face 工具条中的按钮，弹出 Move/Copy Faces 对话框，在 Faces 文本框中选择刚创建的平面，选择 Copy 选项，在 Local 坐标系的 z 文本框中输入 600，即在 z 轴正方向上平移 600mm 复制一个面，单击 Apply 按钮，复制的另一个切割面如图 8-62 所示。

然后分割实体，先单击 Operation 工具条中的按钮，再单击 Geometry 工具条中的按钮，接着单击 Volume 工具条中的按钮，弹出如图 8-63 所示的 Split Volume 对话框。在 Volume 文本框中选择创建的三维混合器模型，对应的 Spit With 类型为 Faces，在 Faces 文本框中选择创建的两个切割面，单击 Apply 按钮，切割后的实体如图 8-64 所示。

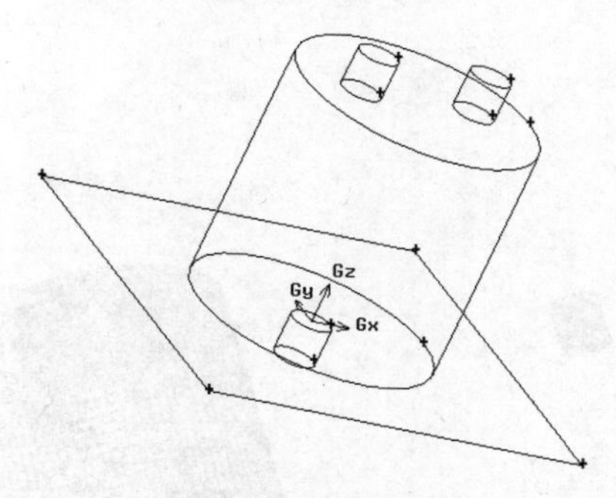

图 8-61 创建切割面

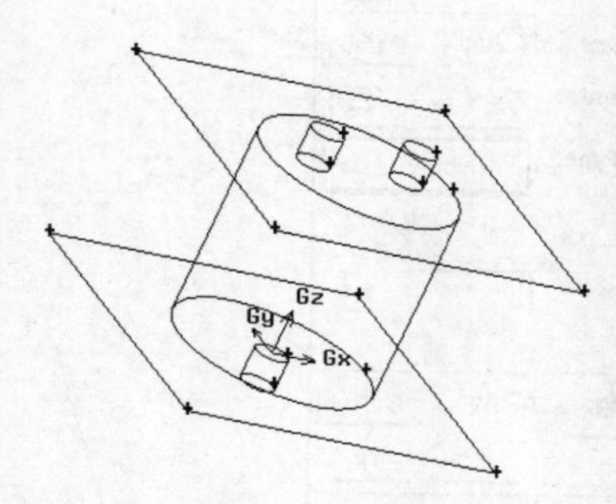

图 8-62 复制另一个切割面

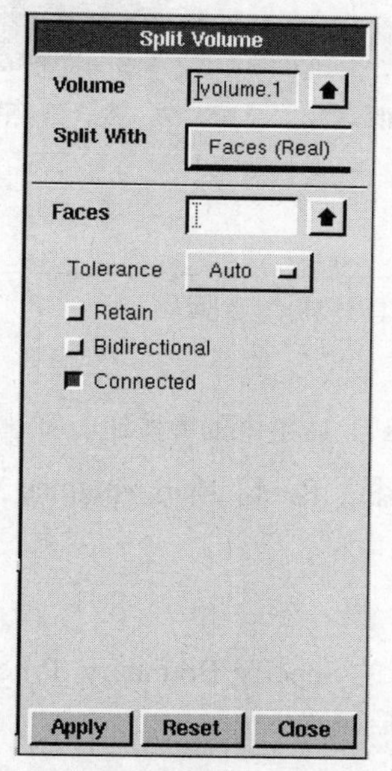

图 8-63 Split Volume 对话框

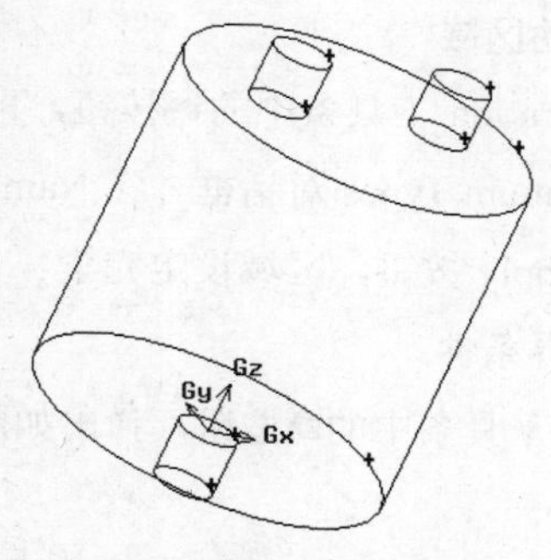

图 8-64 切割后的实体

8.2.2 网格划分

先单击 Operation 工具条中的按钮，再单击 Mesh 工具条中的按钮，接着单击 Volume 工具条中的按钮，弹出如图 8-65 所示的 Mesh Volumes 对话框。单击 Volumes 文本框，选择进、出口 3 个管子实体，在 Spacing 文本框中输入 2，其数值对应 Interval size 选项，其他选项保持系统默认设置，单击 Apply 按钮，得到如图 8-66 所示的进、出口网格划分图形。

采用同样的方法对混合器的主体进行网格划分，只是 Spacing 文本框中输入的是 20，最后得到如图 8-67 所示的网格划分图形。

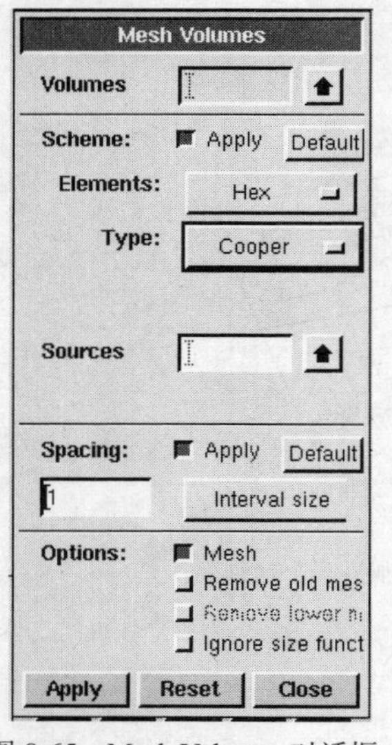

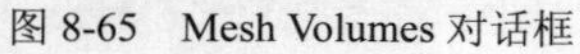

图 8-65 Mesh Volumes 对话框

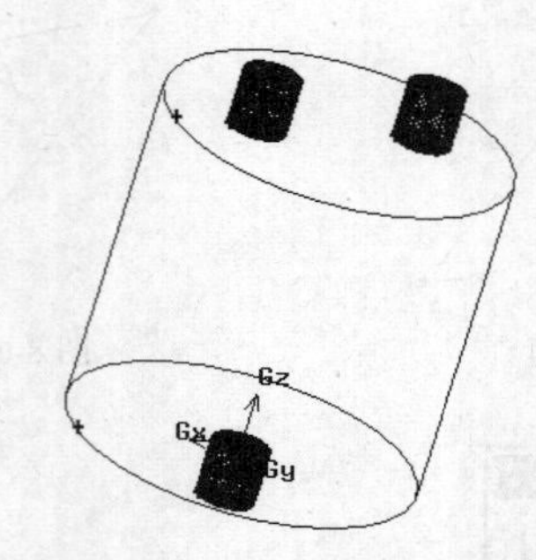

图 8-66 进、出口网格划分图形

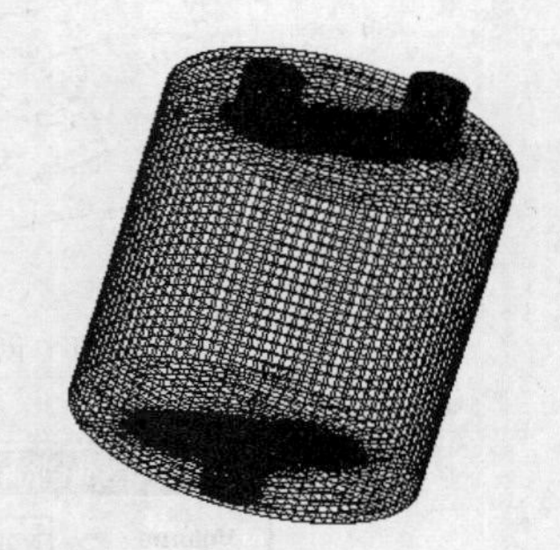

图 8-67 混合器主体网格划分图形

8.2.3 区域和边界条件的设置

网格划分好以后，即可设置流动区域和边界条件，具体操作步骤如下。

1．设置流动区域

先单击 Operation 工具条中的按钮，再单击 Zones 工具条中的按钮，弹出如图 8-68 所示的 Specify Continuum Types 对话框。在 Name 文本框中输入 fluid，单击 Volumes 文本框，选择所有实体，单击 Apply 按钮，区域设定完毕。

2．设定边界条件

单击 Zones 工具条中的按钮，弹出如图 8-69 所示的 Specify Boundary Types 对话框，进行边界条件设定。

（1）设定入口边界。在 Name 文本框中输入 hot-inlet，对应的 Type 选项为 VELOCITY_INLET，Entity 对应的类型为 Faces，单击 Faces 文本框，选择实体上面任一个管子的端面作为速度入口，单击 Apply 按钮，热流体入口边界设定完毕。

采用同样的方法设定冷流体的入口条件，选择实体上面另一个管子的端面作为冷流体入口，在 Name 文本框中输入 cool-inlet，对应的 Type 选项为 VELOCITY_INLET。

（2）设定出口边界。在 Name 文本框中输入 outlet，对应的 Type 选项为 OUTFLOW，单击 Faces 文本框，选择下面管子的端面作为出口，单击 Apply 按钮，出口边界设定完毕。

（3）设定其他边界。未设置的边界，对应的 Type 选项默认为 WALL，本例中区域 WALL 均是和空气接触的面。

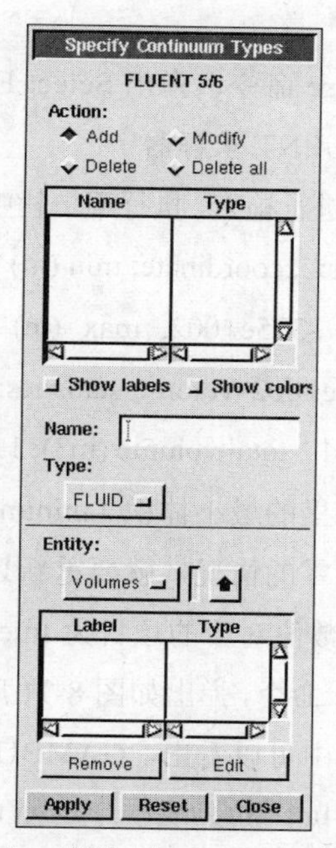

图 8-68 Specify Continuum Types 对话框

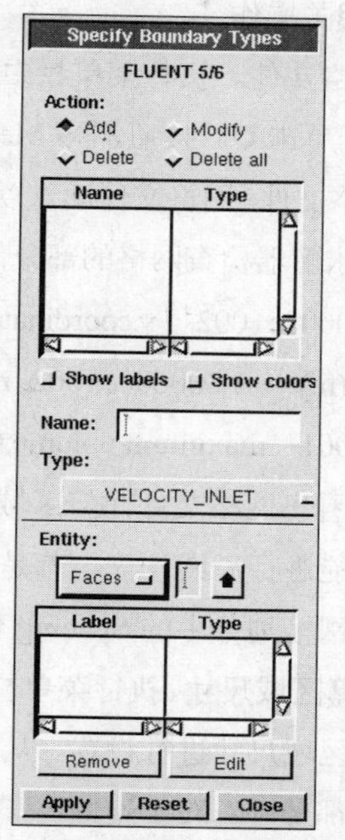

图 8-69 Specify Boundary Types 对话框

8.2.4 网格输出

执行菜单栏中的 File→Export→Mesh 命令，弹出如图 8-70 所示的 Export Mesh File 对话框，在 File Name 文本框中输入 hunhe.msh，单击 Accept 按钮。等待网格输出完毕，执行菜单栏中的 File→Save 命令，保存文件后关闭 GAMBIT。

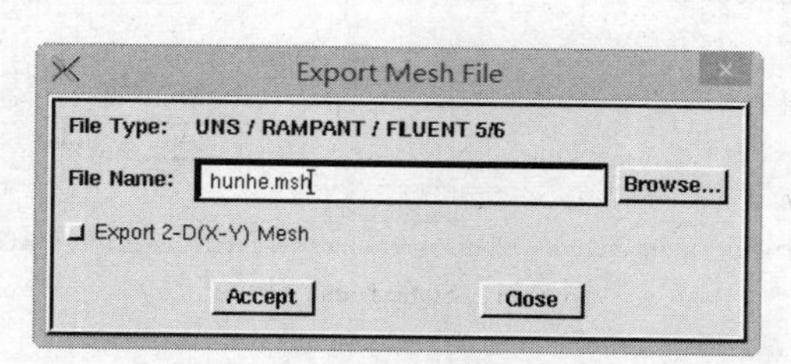

图 8-70 Export Mesh File 对话框

8.2.5 利用 FLUENT 求解器求解

上面是利用 GAMBIT 软件对计算区域进行几何模型创建，并设定边界条件类型，然后输出.msh 文件，下面将.msh 文件导入 FLUENT 中进行求解。

1. 选择 FLUENT 求解器

本例中的混合器是一个三维问题，问题的精度要求不太高，所以在启动 FLUENT 时，在 FLUENT Version 对话框的 Versions 列表中选择 3D 选项，单击 Run 按钮，启动 FLUENT 求解器即可。

2．网格的相关操作

（1）读入网格文件。执行菜单栏中的 File→Read→Case 命令，弹出 Select File 对话框，找到 hunhe.msh 文件，单击 OK 按钮，将 Mesh 文件导入到 FLUENT 求解器中。

（2）检查网格文件。网格文件读入以后，一定要对网格进行检查，执行菜单栏中的 Mesh→Check 命令，FLUENT 求解器检查网格的部分信息 Domain Extents: x.coordinate: min (m) = -3.000000e+002, max (m) = 3.000000e+002 y.coordinate: min (m) = .2.998325e+002, max (m) = 2.998325e+002 z.coordinate: min (m) = .1.000000e+002, max (m) = 7.000000e+002 Volume statistics: minimum volume (m3): 3.165287e+001 maximum volume (m3): 1.192027e+004 total volume (m3): 1.718721e+008。

从这里可以看出网格文件几何区域的大小，注意，这里的最小体积（minimum volume）必须大于零，否则不能进行后续计算，若是出现最小体积小于零的情况，就要重新划分网格，此时可以适当加大实体网格划分中的 Spacing 值，必须注意这个数值对应的项目为 Interval Size。

（3）设置计算区域尺寸。执行菜单栏中的 Mesh→Scale 命令，弹出如图 8-71 所示的 Scale Mesh 对话框，对几何区域尺寸进行设置。从检查网格文件步骤中可以看出，GAMBIT 导出的几何区域默认的尺寸单位都是 m，对于本例，在 Mesh Was Created In 下拉列表框中选择 mm 选项，然后单击 Scale 按钮，即可满足实际几何尺寸，最后单击 Close 按钮，关闭对话框。

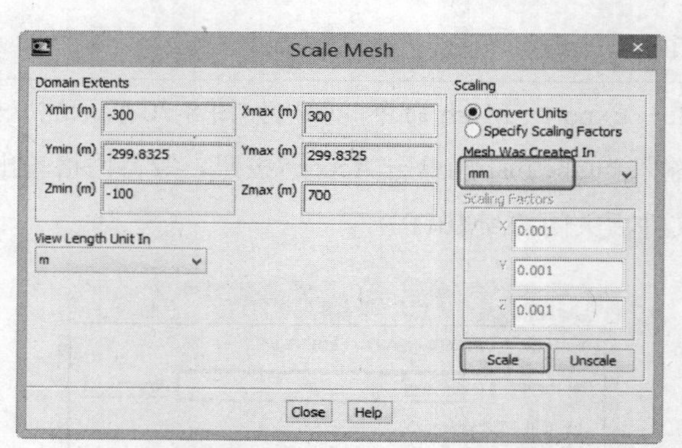

图 8-71 Scale Mesh 对话框

（4）显示网格。执行菜单栏中的 Display→Mesh 命令，弹出如图 8-72 所示的 Mesh Display 对话框。当网格满足最小体积的要求后，可以在 FLUENT 中显示网格，要显示文件的哪一部分，可以在 Surfaces 列表框中进行选择，单击 Display 按钮，在 FLUENT 中显示的网格如图 8-73 所示。

3．选择计算模型

（1）定义基本求解器。执行菜单栏中的 Define→General 命令，弹出 General 面板，本例保持系统默认设置即可满足要求，直接单击 OK 按钮。

（2）启动能量方程。执行菜单栏中的 Define→Models，然后双击 Models 面板的 Energy 命令，弹出 Energy 对话框，勾选 Energy Equation 复选框，能量方程即被启动，单击 OK 按钮。

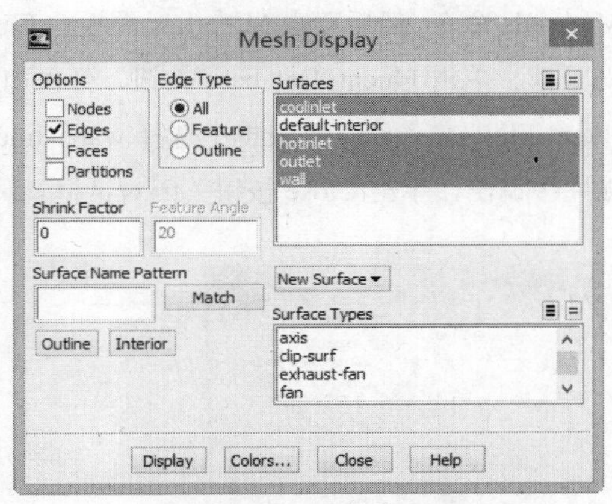

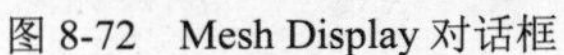
图 8-72　Mesh Display 对话框

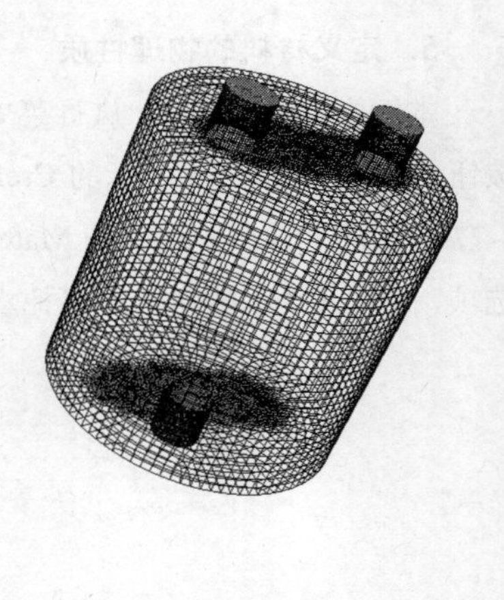

图 8-73　FLUENT 中显示的网格

（3）指定其他计算模型。执行菜单栏中的 Define→Models 命令，然后双击 Models 面板的 Viscous 按钮，弹出 Viscous Model 对话框，假定此混合器中的流动形态为湍流，在 Model 选项组中选择 k-epsilon 单选按钮，Viscous Model 对话框刷新为如图 8-74 所示，本例保持系统默认设置即可满足要求，直接单击 OK 按钮。

4．设置操作环境

执行菜单栏中的 Define→Operating Conditions 命令，弹出如图 8-75 所示的 Operating Conditions 对话框，本例保持系统默认设置即可满足要求，单击 OK 按钮。

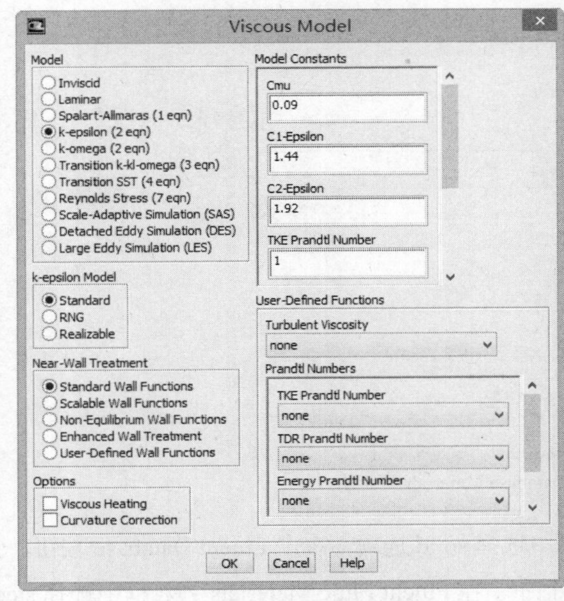

图 8-74　Viscous Model 对话框

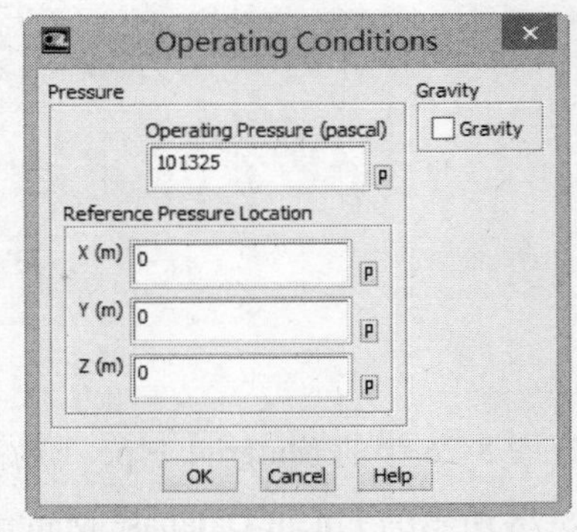

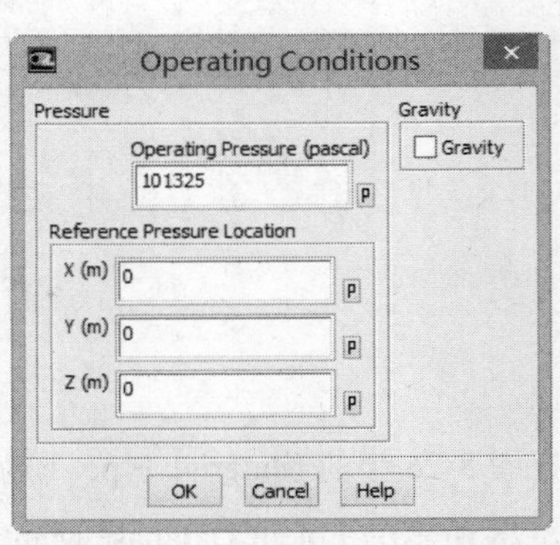

图 8-75　Operating Conditions 对话框

5．定义材料的物理性质

本例中的流体为水，执行菜单栏中的 Define→Materials 命令，然后双击 Materials 面板的 Fluid 按钮，弹出如图 8-76 所示的 Create/Edit Materials 对话框。单击 Fluent Database 按钮，弹出如图 8-77 所示的 Fluent Database Materials 对话框，在 Fluent Fluid Materials 列表框中选择 water-liquid 选项，单击 Copy 按钮，即可把水的物理性质从数据库中调出，单击 Close 按钮关闭对话框。

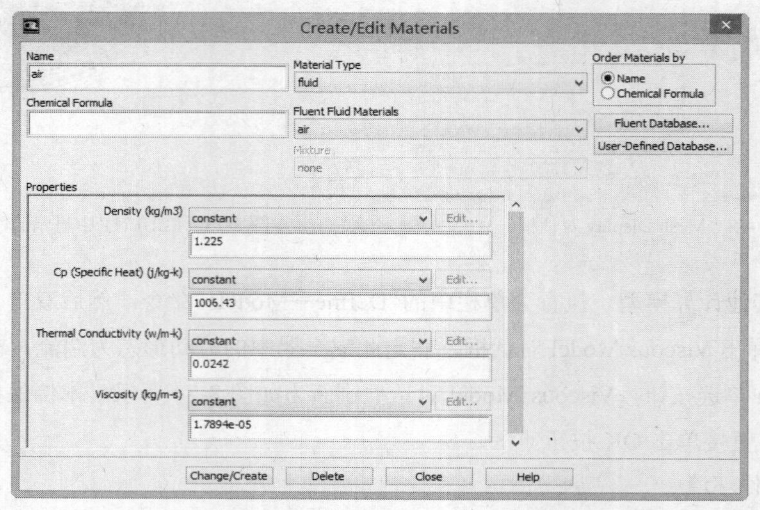

图 8-76　Create/Edit Materials 对话框

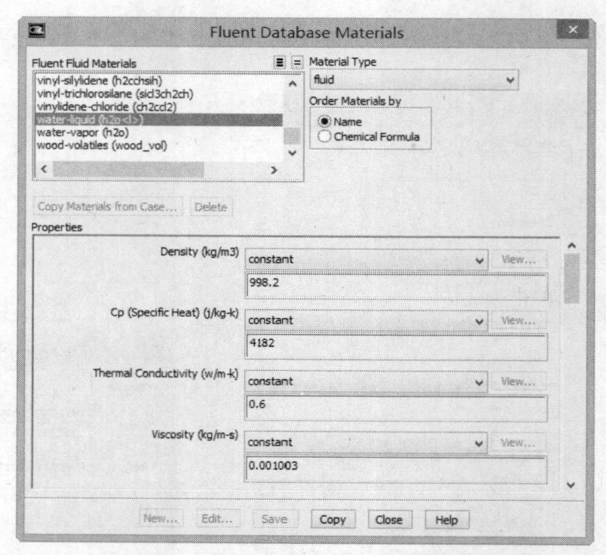

图 8-77　Fluent Database Materials 对话框 1

在图 8-76 中的 Material Type 下拉列表框中选择 solid 选项，单击 Fluent Database 按钮，弹出如图 8-78 所示的 Fluent Database Materials 对话框。在 Fluent Fluid Materials 列表框中选择 steel 选

项，单击 Copy 按钮，即可把钢的物理性质从数据库中调出，单击 Close 按钮关闭对话框。

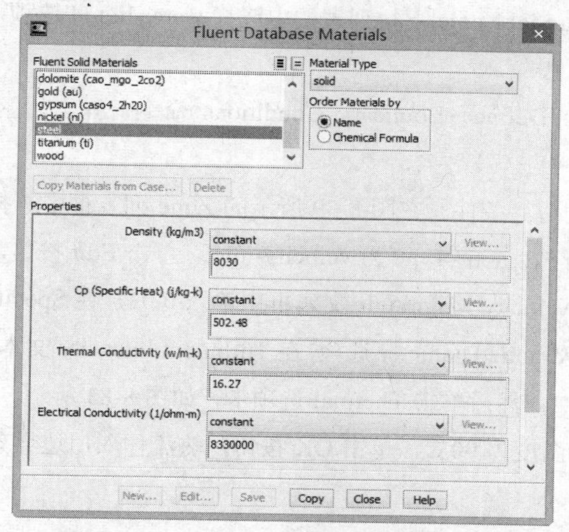

图 8-78 Fluent Database Materials 对话框 2

6. 设置边界条件

设定材料的物理性质以后，执行菜单栏中的 Define→Cell Zone Conditions 命令，弹出如图 8-79 所示的 Cell Zone Conditions 面板。

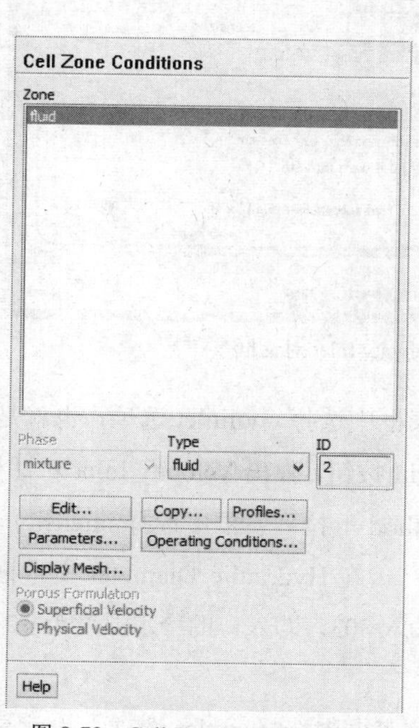

图 8-79 Cell Zone Conditions 面板

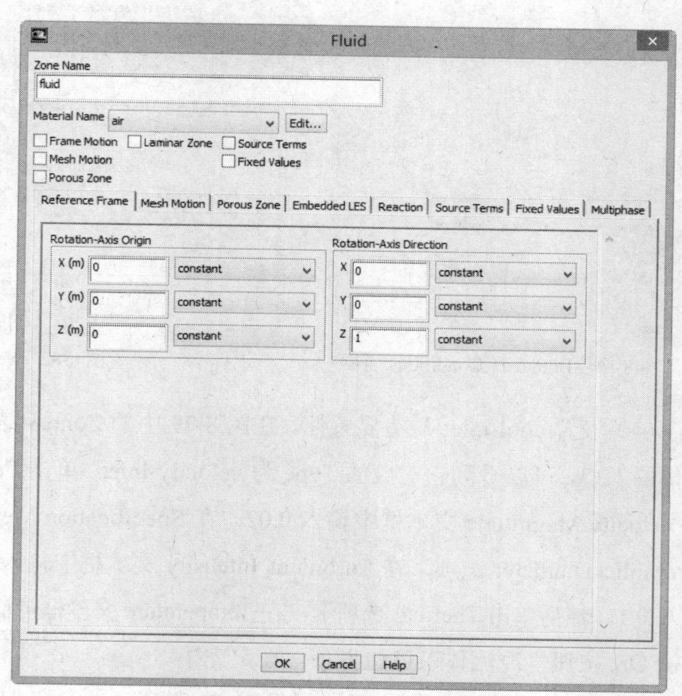

图 8-80 Fluid 对话框

（1）流动区域的材料。在 Zone 列表框中选择 fluid 选项，单击 Edit 按钮，弹出如图 8-80 所示的 Fluid 对话框。在 Material Name 下拉列表框中选择 water-liquid 选项，单击 OK 按钮，即可把流体区域中的流体定义为水。

（2）执行菜单栏中的 Define→Boundary Conditions 命令，弹出如图 8-81 所示的 Boundary Conditions 面板。

（3）设置 hot-inlet 的边界条件。在图 8-79 所示的 Zone 列表框中选择 hot-inlet 选项，也就是热流体的入口，可以看到它对应的 Type 为 velocity-inlet，单击 Edit 按钮，弹出 Velocity Inlet 对话框，如图 8-82 所示。在 Velocity Magnitude 文本框中输入 0.03，在 Specification Method 下拉列表框中选择 Intensity and Hydraulic Diameter 选项，在 Turbulent Intensity 文本框中输入 5，在 Hydraulic Diameter 文本框中输入 0.1。然后单击 Thermal 选项卡，如图 8-83 所示，在 Temperature 文本框中输入 363，即入口的热水温度为 90℃，单击 OK 按钮，热流体入口边界条件设定完毕。

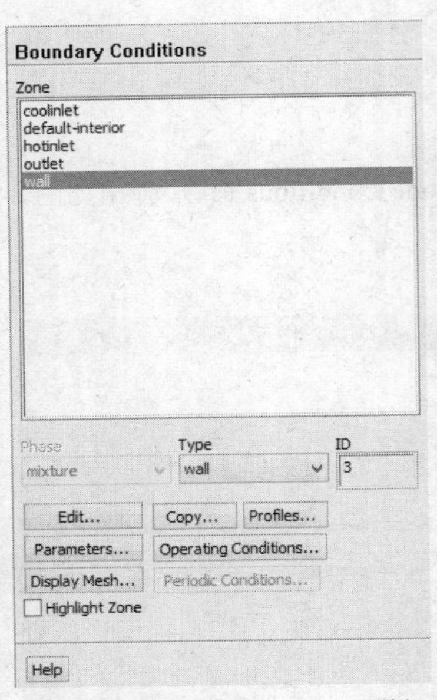

图 8-81　Boundary Conditions 面板

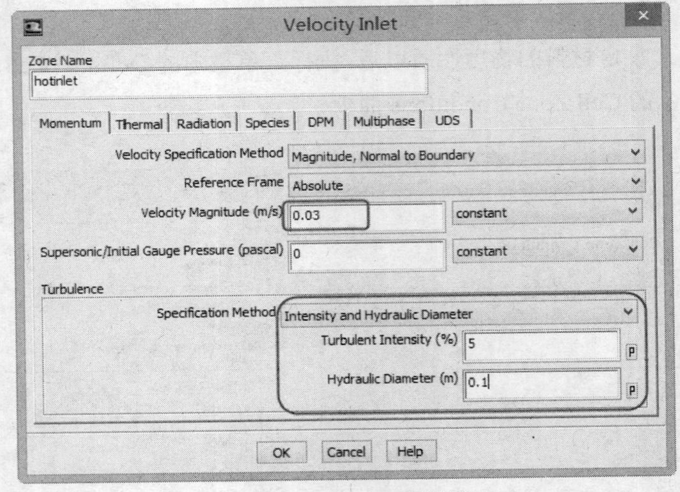

图 8-82　Velocity Inlet 对话框

（4）设置 cool-inlet 的边界条件。在图 8-79 中的 Zone 列表框中选择 coolinlet 选项，也就是冷流体的入口，可以看到它对应的 Type 为 velocity-inlet，单击 Edit 按钮，弹出 Velocity Inlet 对话框。在 Velocity Magnitude 文本框中输入 0.02，在 Specification Method 下拉列表框中选择 intensity and Hydraulic Diameter 选项，在 Turbulent Intensity 文本框中输入 5，在 Hydraulic Diameter 文本框中输入 0.1。然后单击 Thermal 选项卡，在 Temperature 文本框中输入 303，即入口的冷水温度为 30℃，单击 OK 按钮，冷流体入口边界条件设定完毕。

（5）设置 outlet 的边界条件。在图 8-79 中所示的 Zone 列表框中选择 outlet 选项，也就是流体的出口，可以看到它对应的 Type 为 outflow，单击 Edit 按钮，弹出如图 8-84 所示的 Outflow 对话框，保持系统默认设置，单击 OK 按钮。

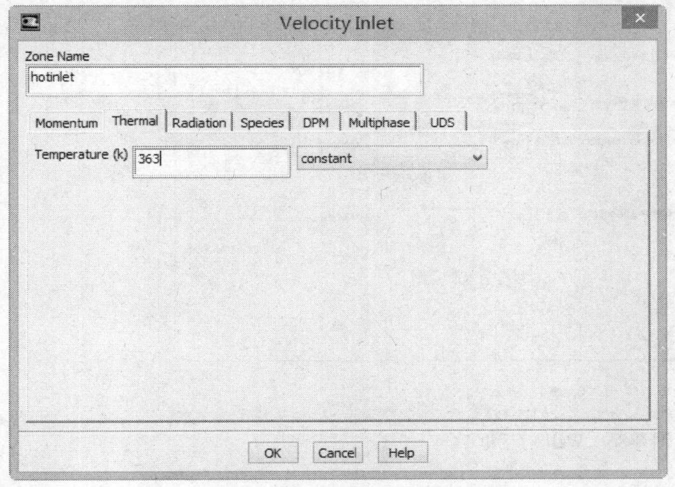

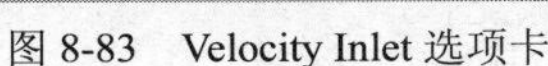
图 8-83 Velocity Inlet 选项卡

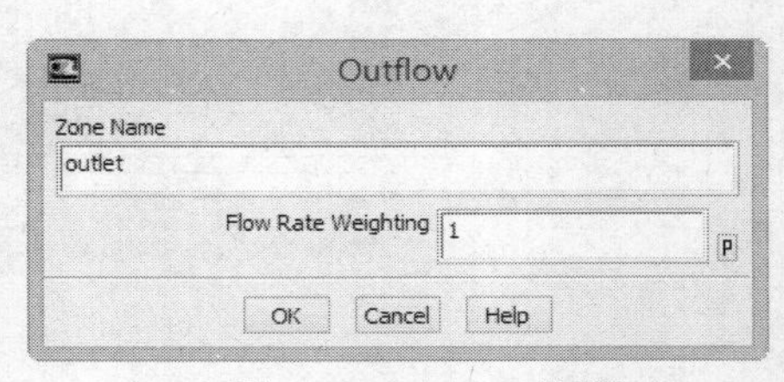

图 8-84 Outflow 对话框

（6）设置 wall 的边界条件。在图 8-79 中所示的 Zone 列表框中选择 wall 选项，单击 Edit 按钮，弹出如图 8-85 所示的 Wall 对话框。单击 Thermal 选项卡，如图 8-86 所示，在 Thermal Conditions 选项组中选择 Convection 单选按钮，在 Material Name 下拉列表框中选择 steel 选项，在 Heat Transfer Coefficient 文本框中输入 30，即壁面和空气的换热系数为 30（$W/m^2\cdot K$），在 Free Stream Temperature 文本框中输入 303，即空气的温度为 30℃，单击 OK 按钮。

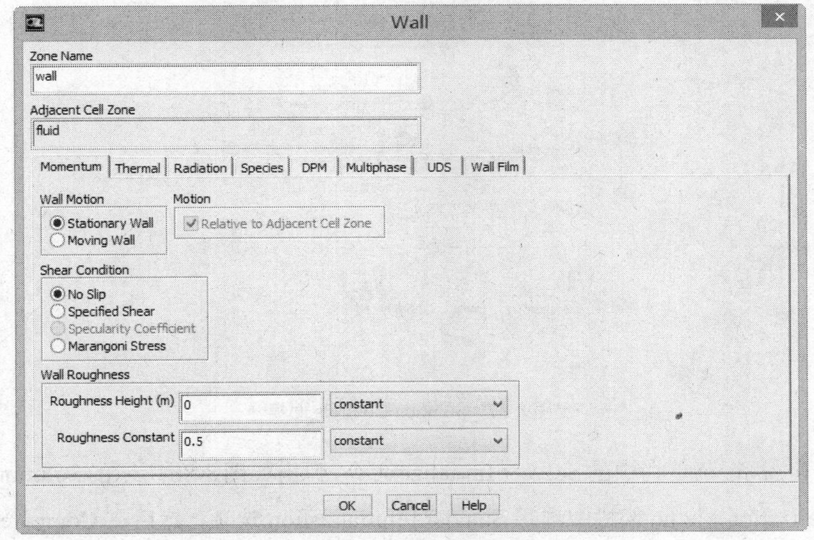

图 8-85 Wall 对话框 1

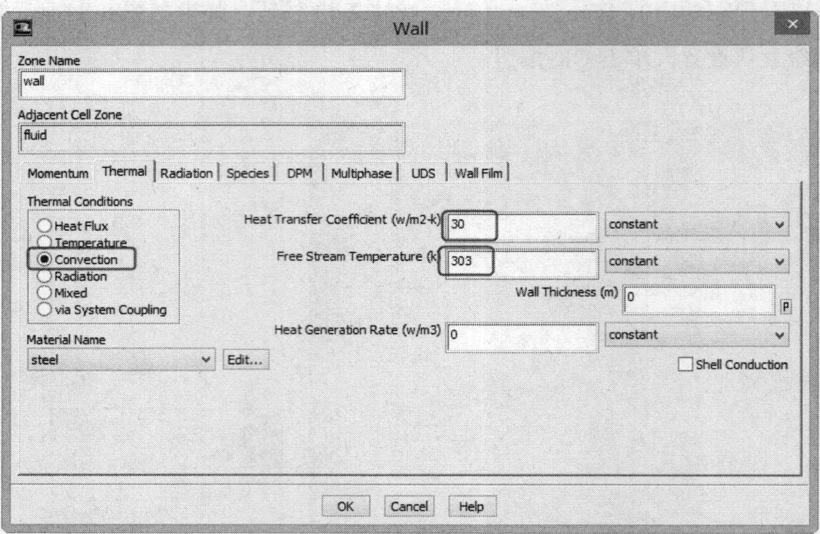

图 8-86　Wall 对话框 2

7．求解方法的设置及控制

边界条件设定好以后，即可设定连续性方程和能量方程的具体求解方式。

（1）设置求解参数。执行菜单栏中的 Solve→Controls 命令，弹出如图 8-87 所示的 Solution Controls 面板，所有选项保持系统默认设置。

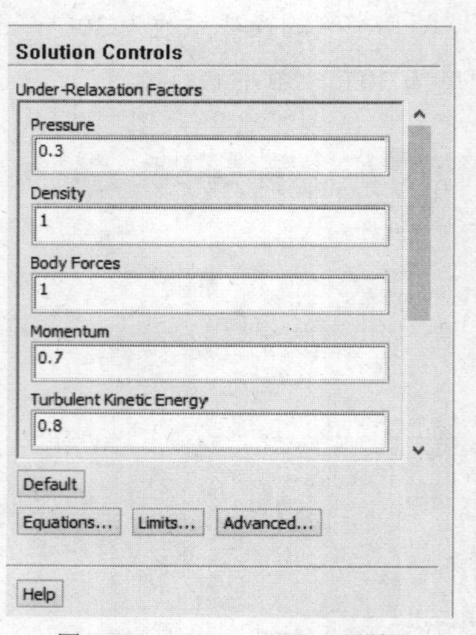

图 8-87　Solution Controls 面板

（2）初始化。执行菜单栏中的 Solve→Initialize 命令，弹出如图 8-88 所示的 Solution Initialization 面板。在 Initialization Methods 栏中选择 Standard Initialization 选项，然后在 Compute From 下拉列表中选择 coolinlet 选项，单击 Initialize 按钮。

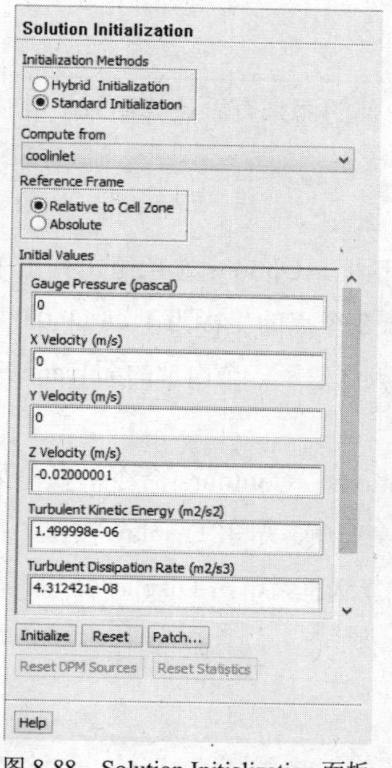

图 8-88　Solution Initialization 面板

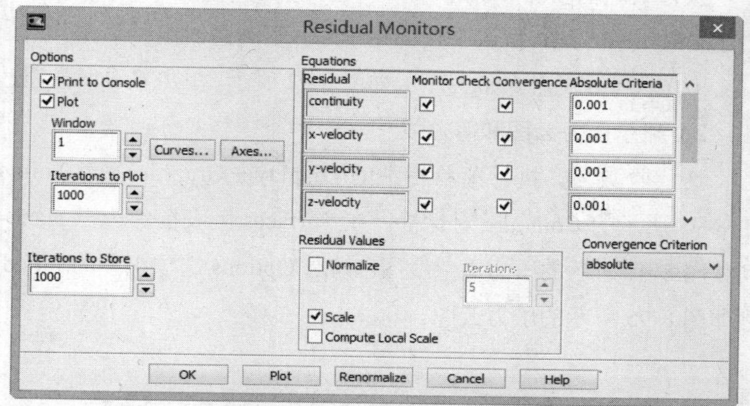

图 8-89　Residual Monitors 对话框

（3）打开残差图。执行菜单栏中的 Solve→Monitors 命令，然后选择 Monitors 面板中的 Residual 栏，单击 Edit 按钮，弹出如图 8-89 所示的 Residual Monitors 对话框，勾选 Options 选项组中的 Plot 复选框，从而在迭代计算时动态显示计算残差，求解精度保持系统默认设置，最后单击 OK 按钮。

（4）保存 Case 和 Data 文件。执行菜单栏中的 File→Write→Case&Data 命令，保存前面所做的所有设置。

（5）迭代。执行菜单栏中的 Solve→Run Calculation 命令，弹出 Run Calculation 面板，迭代设置如图 8-90 所示，单击 Calculate 按钮，FLUENT 求解器开始求解，求解过程中可以看到如图 8-91 所示的残差图，在迭代到 352 步时计算收敛。

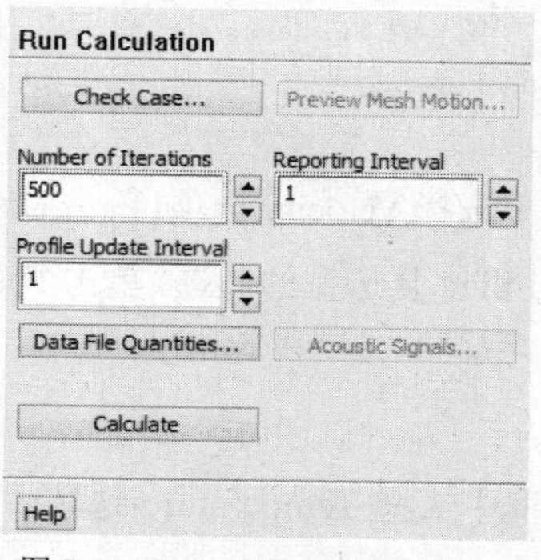

图 8-90　Run Calculation 面板

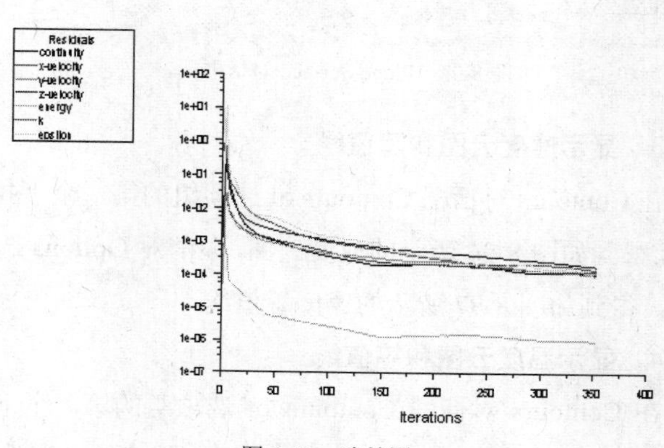

图 8-91　残差图

8.2.6 后处理

由于三维的计算结果不便于直接查看计算结果，所以要创建内部的面来查看计算结果，具体操作步骤介绍如下。

1．创建内部的面

执行菜单栏中的 Surface→Planes 命令，弹出 Plane Surface 对话框。Options 选项组中列出了创建面的所有方法，默认 3 点创建平面。本例要创建一个 *XZ* 平面，3 个点的坐标为 1 点（0,0,0）、2 点（0.02, 0,0）、3 点（0,0,0.02），如图 8-92 所示。单击 Create 按钮，就创建了一个内部的面 plane-5。

2．显示压力云图和等值线

迭代收敛后，执行菜单栏中的 Display→Graphics and Animations→Contours 命令，弹出如图 8-93 所示的 Contours 对话框。在 Surfaces 列表框中选择 plane-5 选项，单击 Display 按钮，得到如图 8-94 所示的压力等值线图。勾选 Options 选项组中的 Filled 复选框，单击 Display 按钮，得到如图 8-95 所示的压力云图。

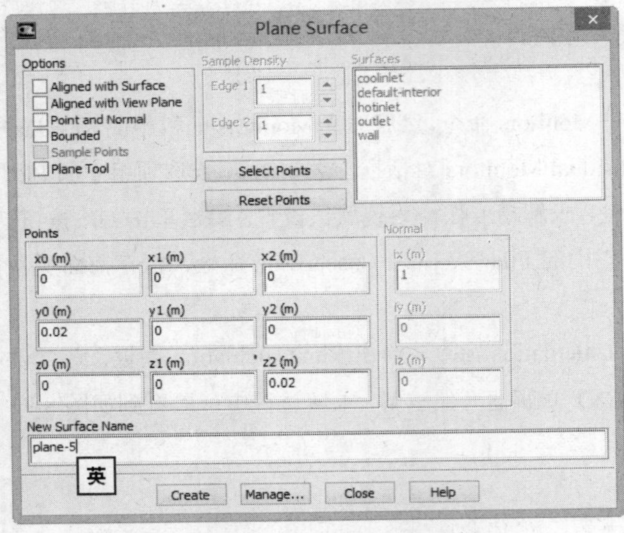

图 8-92 Plane Surface 对话框

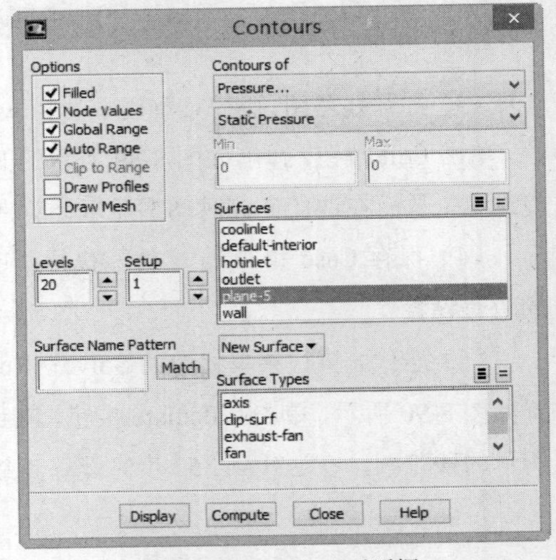

图 8-93 Contours 对话框

3．显示速度云图和等值线

在 Contours 对话框 Contours of 选项组的第一个下拉列表框中选择 Velocity 选项，单击 Display 按钮，得到如图 8-96 所示的速度云图，取消对 Options 选项组中 Filled 复选框的勾选，单击 Display 按钮，得到如图 8-97 所示的速度等值线。

4．显示温度云图和等值线

在 Contours 对话框 Contours of 选项组的第一个下拉列表框中选择 Temperature 选项，单击 Display 按钮，得到如图 8-98 所示的温度等值线，勾选 Options 选项组中的 Filled 复选框，单击

Display 按钮，得到如图 8-99 所示的温度云图。

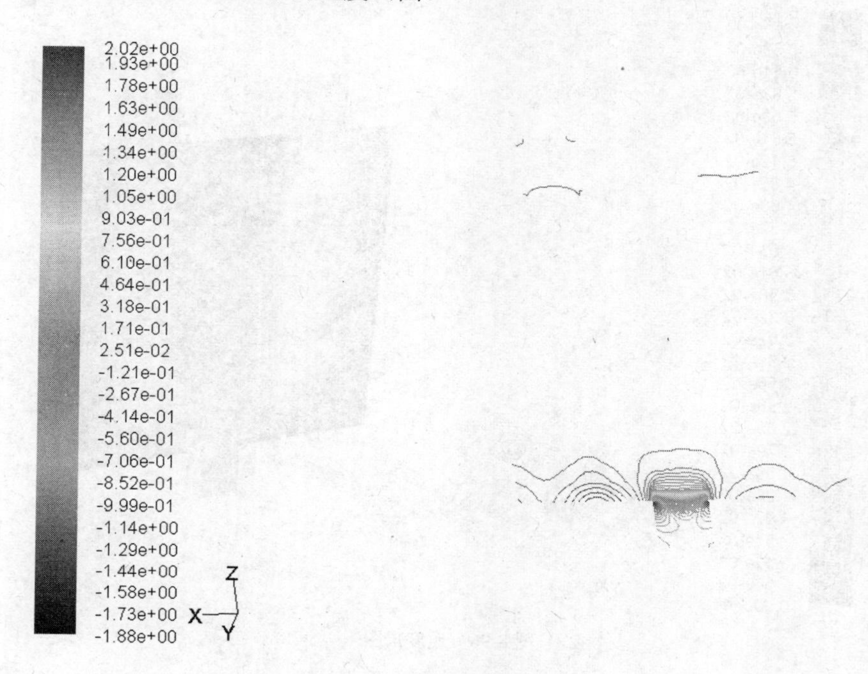

图 8-94 压力等值线图

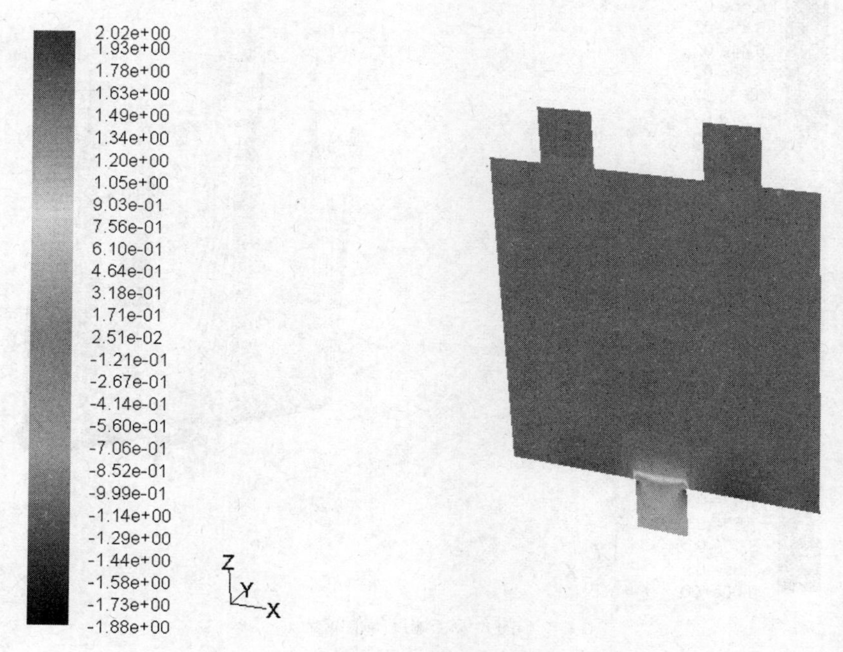

图 8-95 压力云图

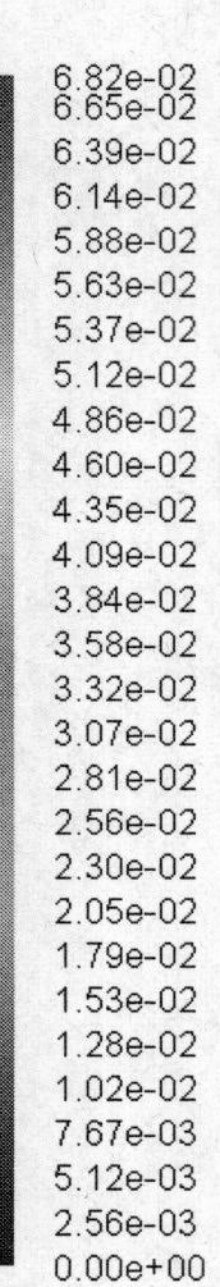

图 8-96　速度云图

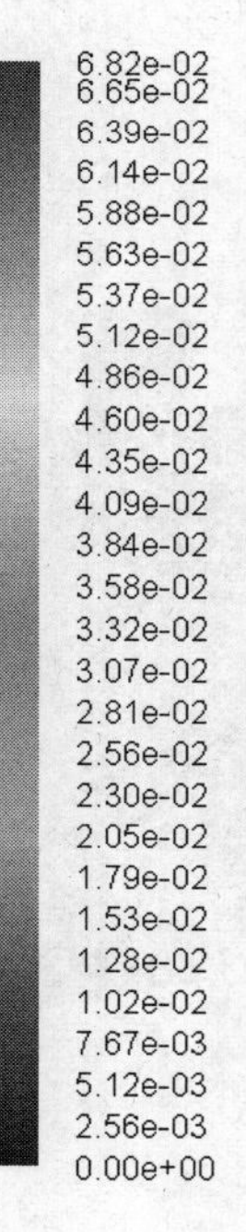

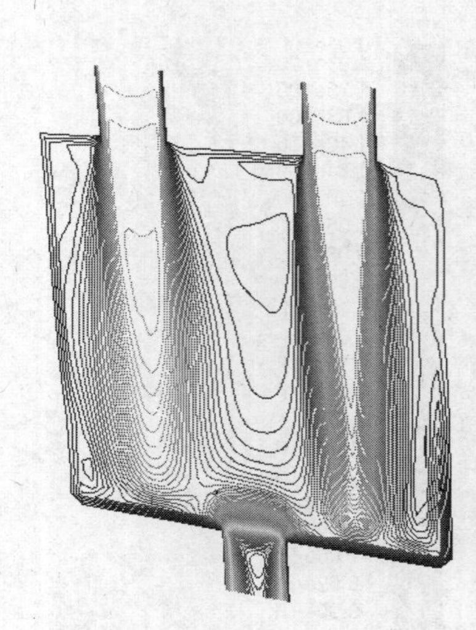

图 8-97　速度等值线

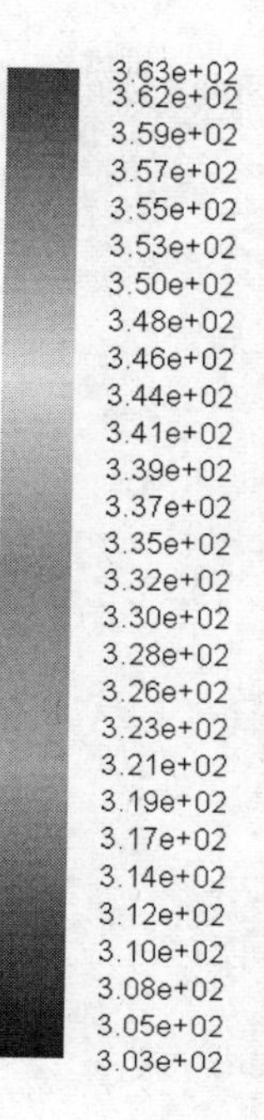

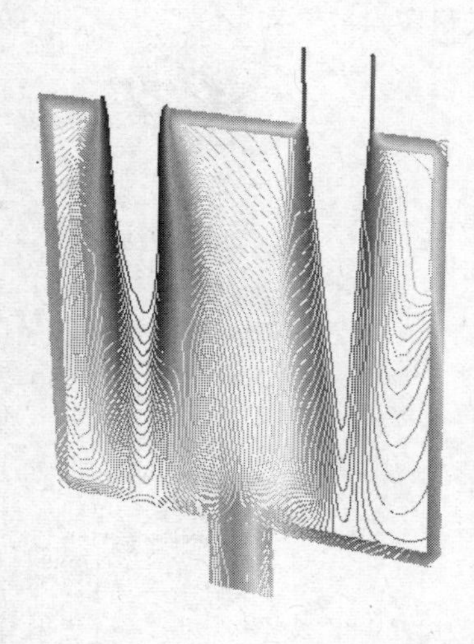
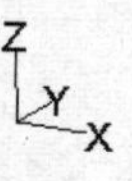

图 8-98 温度等值线

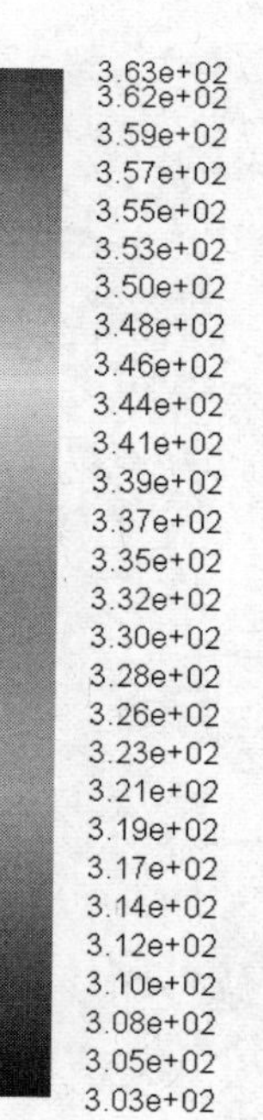

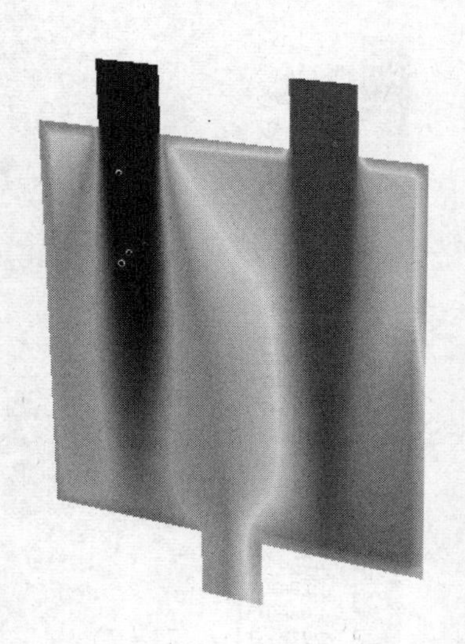

Z
Y
X

图 8-99 温度云图

5．显示速度矢量

执行菜单栏中的 Display→Graphics and Animations→Vectors 命令，弹出如图 8-100 所示的 Vectors 对话框。在 Surfaces 列表框中选择 plane-5 选项，通过改变 Scale 文本框中的数值来改变矢量的长度，通过改变 Skip 文本框中的数值来改变矢量的疏密，单击 Display 按钮，得到如图 8-101 所示的速度矢量图。

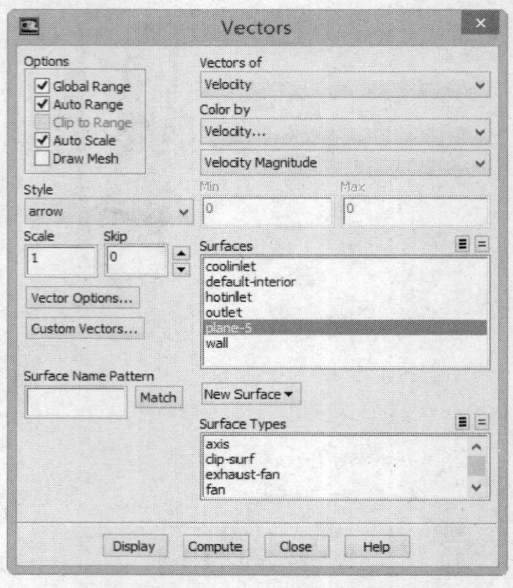

图 8-100　Vectors 对话框

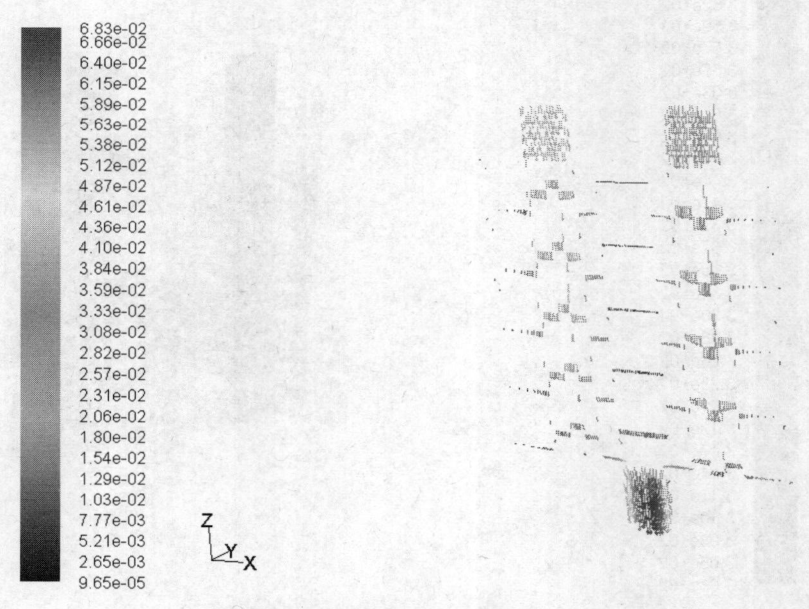

图 8-101　速度矢量图

6．显示流线

执行菜单栏中的 Display→Graphics and Animations→Pathlines 命令，弹出如图 8-102 所示的 Pathlines 对话框，在 Color by 选项组的第一个下拉列表框中选择 Velocity 选项，在 Release from

Surfaces 列表框中选择 plane-5 选项，通过改变 Skip 文本框中的数值来改变流线的疏密，单击 Display 按钮，得到如图 8-103 所示的流线图。

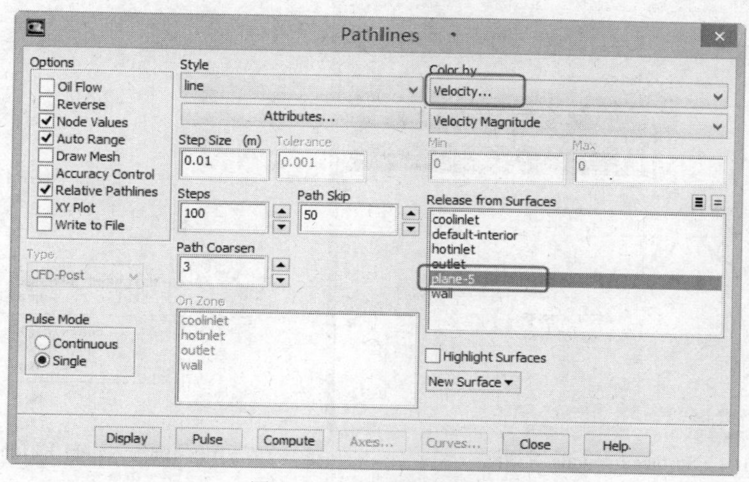

图 8-102 Pathlines 对话框

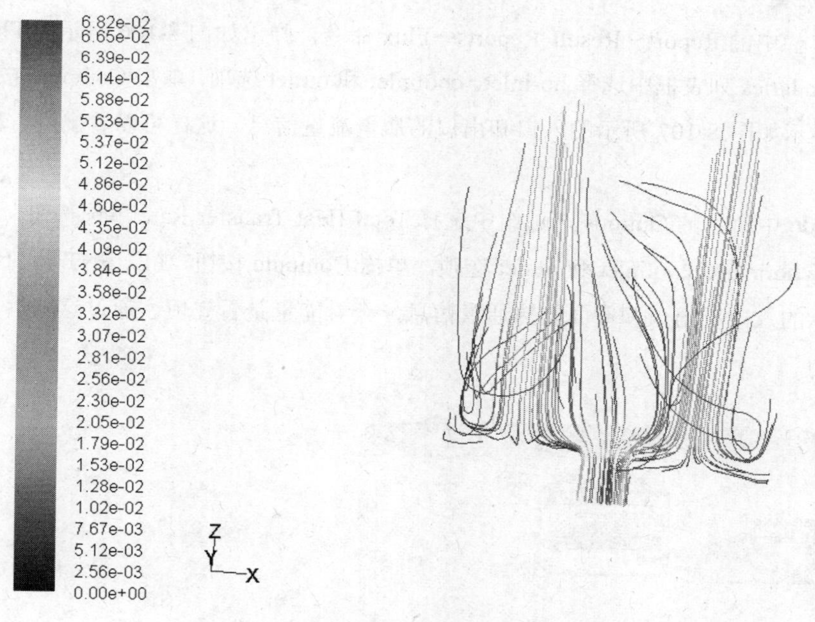

图 8-103 流线图

7．查看压力损失

执行菜单栏中的 Report→Result Reports→Surfaces Integrals 命令，弹出如图 8-104 所示的 Surface Integrals 对话框。在 Report Type 下拉列表框中选择 Area-Weighted Average 选项，在 Surfaces 列表框中选择 hot-inlet、coolinlet 和 outlet 选项，单击 Compute 按钮，FLUENT 窗口中即可显示如

图 8-105 所示的入口和出口的平均压力信息，这样可以计算出进、出口的压力损失。

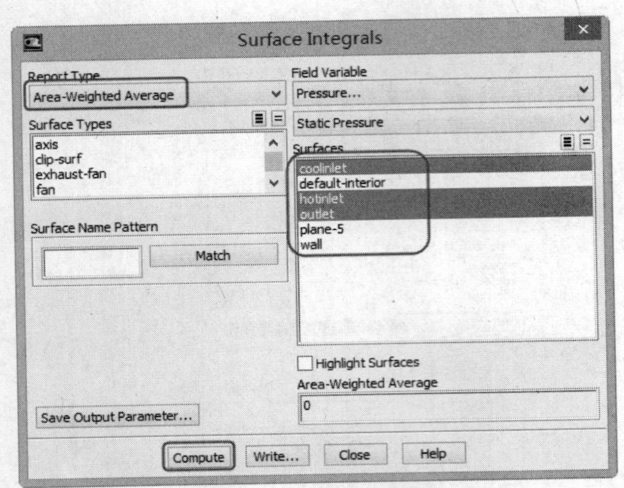

图 8-104 Surface Integrals 对话框

```
            Area-Weighted Average
                  Static Pressure                    (pascal)
-------------------------------- --------------------
                        cool-inlet                  1.7632513
                         hot-inlet                   1.780535
                            outlet                -0.71481037
                ---------------- --------------------
                               Net                 0.94299197
```

图 8-105 入口和出口的平均压力信息

8. 查看流量

执行菜单栏中的 Report→Result Reports→Flux 命令，弹出如图 8-106 所示的 Flux Reports 对话框。在 Boundaries 列表框中选择 ho-inlet、coolinlet 和 outlet 选项，单击 Compute 按钮，FLUENT 窗口中即可显示如图 8-107 所示的入口和出口的质量流量信息，这样可以看出进、出口质量是否守恒。

在图 8-106 中所示的 Options 选项组中选择 Total Heat Transfer Rate 单选按钮，在 Boundaries 列表框中选择 hotinlet、coolinlet 和 outlet 选项，单击 Compute 按钮，FLUENT 窗口中即可显示如图 8-108 所示的入口、出口和壁面的热通量信息，查看能量是否守恒。通过这些信息可以看出，能量是守恒的。

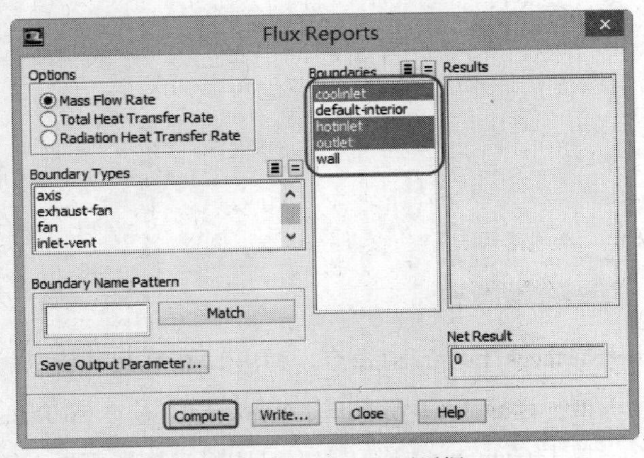

图 8-106 Flux Reports 对话框

```
                   Mass Flow Rate                      (kg/s)
-------------------------------- --------------------
                        cool-inlet                 0.15654519
                         hot-inlet                 0.23481759
                            outlet                 -0.3913627
                ---------------- --------------------
                               Net             8.9406967e-08
```

图 8-107 入口和出口的质量流量信息

Total Heat Transfer Rate	(w)
cool-inlet	3175.1582
hot-inlet	63683.273
outlet	-65181.773
wall	-1672.6169
Net	4.0412598

图 8-108 入口、出口和壁面的热通量信息

8.3 三维流-固耦合散热模拟

在一个环形板上安装上电子芯片，在本例中模拟成一个长方体。空气以 0.5m/s 的速度从模型的一端进入，从另一端流出。模型外部温度保持在 298K，具体参数如图 8-109 所示。现在用 FLUENT 来模拟该流-固散热问题。

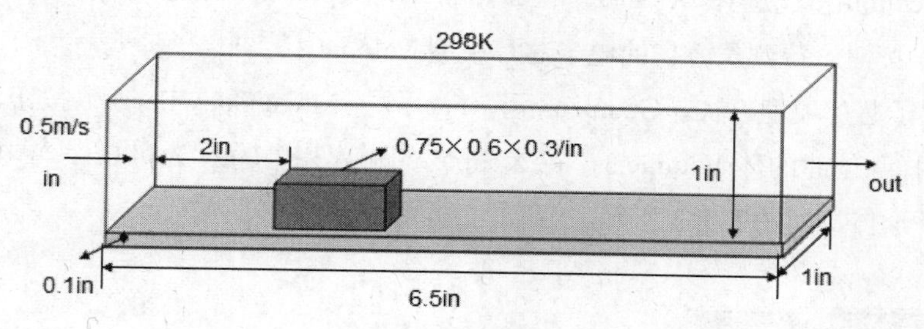

图 8-109 实例模型

8.3.1 利用 GAMBIT 创建模型

（1）启动 GAMBIT，选择工作目录。

（2）单击 Geometry→Volume→Create Real Brick按钮，在 Create Real Brick 面板的 Drection 中先选择+X+Y+Z，在 Width(X)、Depth(Y)、Height(Z)中分别输入 6.5、1.1、0.5，单击 Apply 按钮，得到如图 8-110 所示的六面体。

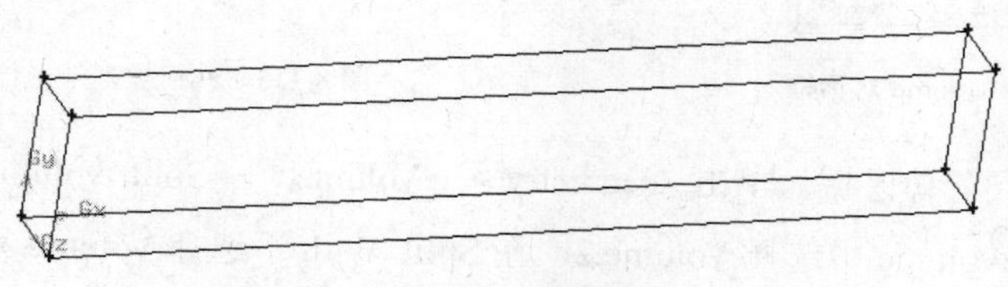

图 8-110 简单几何模型

（3）建立分割体的面，单击 Geometry→Face→Create Real Rectangular Face按钮，在 Create Real Rectangular Face 面板的 Width 和 Height 中输入数值 4 和 20，选择 ZX Centered，单击 Apply 按钮生成分割面，如图 8-111 所示。

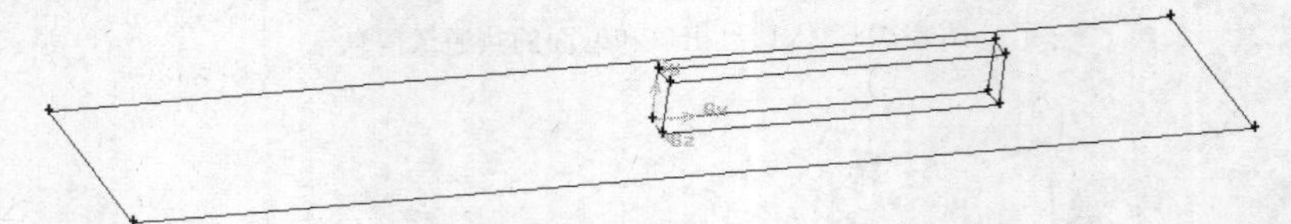

图 8-111　分割体面的建立

（4）移动创建的面。单击 Geometry→Face→Move/Copy Faces按钮，在 Move/Copy Faces 面板中选择刚创建的分割面，在 Y 的输入栏中输入 0.1，单击 Apply 按钮。

（5）用平移后的 plane 对 volume 1 进行分割。单击 Geometry→Volume→Split Volume按钮，弹出 Split Volume 对话框。在 Volume 中选择 Volume.1，在 Split With 下选择新建的分割面，如图 8-112 所示，单击 Apply 按钮，生成两个体 Volume.2 和 Volume.1。

（6）创建电子芯片。单击 Geometry→Volume→Create Real Brick按钮，在 Create Real Brick 面板的 Drection 中先选择+X+Y+Z，在 Width(X)、Depth(Y)、Height(Z)中分别输入 0.75、0.3、0.3，单击 Apply 按钮，得到长方体的电子芯片模型 Volume.3。

（7）移动电子芯片模型。单击 Geometry→Face→Move/Copy Faces按钮，在 Move/Copy Faces 面板中选择刚创建的体 Volume.3，在 X 和 Y 的输入栏中输入 2 和 0.1，单击 Apply 按钮。生成几何模型外形体，如图 8-113 所示。

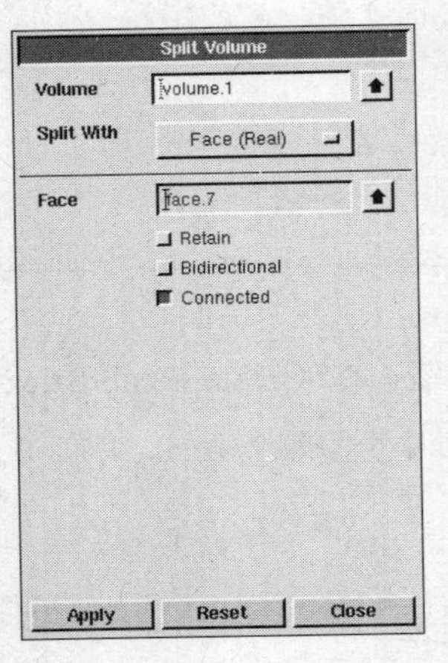

图 8-112　Split Volume 对话框

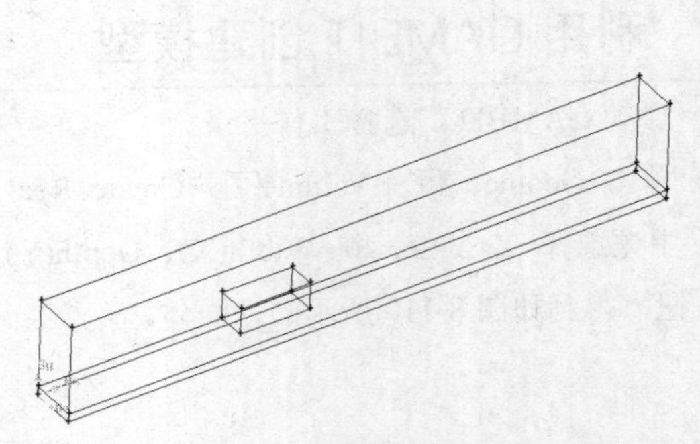

图 8-113　几何模型外形体

（8）分割体得到流体区域。单击 Geometry→Volume→Split Volume按钮，弹出 Split Volume 对话框。在 Volume 中选择 Volume.2，在 Split With 下选择 Volume.3，单击 Apply 按钮，完成体对体的分割。

8.3.2 网格划分

（1）单击 Mesh →Edge →Mesh Edges 按钮，在 Mesh Edges 面板的 Edges 黄色输入框中选择电子芯片沿 *x* 轴方向的边，分成 15 段；沿 *y* 轴方向的边分成 7 段；沿 *z* 轴方向的边分成 4 段。然后选择 Volume.1 沿 *x* 轴方向的边，分成 100 段；沿 *y* 轴方向的边分成 4 段，沿 *z* 轴方向的边分成 8 段。同理对 Volume.2 的各边进行分段，沿 *x* 轴方向上分成 100 段，沿 *y* 轴方向上分成 16 段，沿 *z* 轴方向上分成 8 段。

（2）单击 Mesh →Volume →Mesh Volumes 按钮，打开 Mesh Volumes 面板，选择所有的体，保持默认值，单击 Apply 按钮，完成对几何体体网格的划分，如图 8-114 所示。

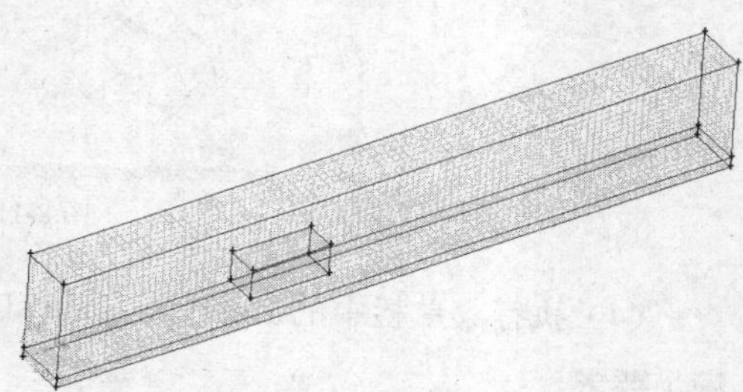

图 8-114 几何体体网格的划分

（3）单击 Zones →Specify Boundary Types 按钮，在 Specify Boundary Types 面板中选择流体区域（Volume.2）左边壁面，定义为 VELOCITY_INLET，命名为 in；选择右边壁面，定义为 PRESSURE_OUTLET，命名为 out；选择顶面，定义为 WALL，命名为 wall；选择后壁面，定义为 symmetry，命名为 Fluid-sym；选择前壁面，定义为 symmetry，命名为 Sym-2。选择环形板（Volume.1）左右两边壁面，定义为 WALL，命名为 Board-side-wall；选择前壁面，定义为 symmetry，命名为 Sym-1；选择后壁面，定义为 symmetry，命名为 Board-sym；选择顶面，定义为 WALL，命名为 Board-top-wall；选择下底面，定义为 WALL，命名为 Board-bottom-wall。然后选择电子芯片模型（Volume.3）下底面，定义为 WALL，命名为 Chip-bottom-wall，选择后壁面，定义为 symmetry，命名为 Chip-sym，选择其他 4 个壁面，定义为 WALL，命名为 Chip-side-wall。

（4）单击 Zones →Specify Continuum Types 按钮，在 Specify Continuum Types 面板中选择流体区域（Volume.2），定义为 FLIUD，命名为 fluid；选择电子芯片模型（Volume.3），定义为 SOLID，命名为 Chip-solid；选择环形木板（Volume.1），定义为 SOLID，命名为 Board-solid。

（5）执行菜单栏中的 File→Export→Mesh 命令，在文件名中输入 Model10.msh，不选中 Export 2-D（X-Y）Mesh，确定输出的为三维模型网络文件。

8.3.3 利用 FLUENT 求解器求解

（1）启动 FLUENT 14.5，在弹出的 FLUENT Launcher 对话框中选择 3D 计算器，单击 OK 按钮。

（2）执行菜单栏中的 File→Read→Case 命令，读入划分好的网格文件 Model10.msh。然后进行检查，执行 Mesh→Check 命令，确定最小网格大于 0。

（3）执行菜单栏中的 Mesh→Scale 命令，在如图 8-115 所示的 Scale Mesh 对话框的 Unit

Conversion 中选择 in，单击 Scale 按钮。

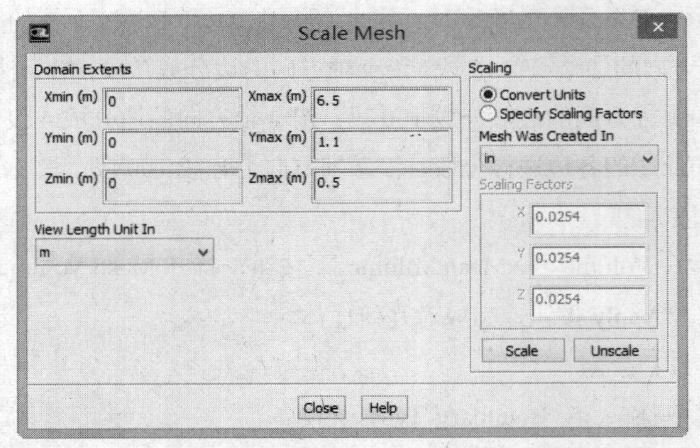

图 8-115　Scale Mesh 对话框

（4）执行菜单栏中的 Define→General 命令，弹出 General 面板，本例保持系统默认设置即可满足要求。

（5）执行菜单栏中的 Define→Models→Energy 命令，弹出 Energy 对话框，启动能量方程，单击 OK 按钮。

（6）执行菜单栏中的 Define→Models→Viscous 命令，在对话框中选择 Laminar，单击 OK 按钮。

（7）执行菜单栏中的 Define→Materials 命令，在如图 8-116 所示的 Create/Edit Materials 面板中 Material Type 下拉菜单中选择 solid，在 Name 中输入 board，删除 Chemical Formula 中的内容，将 Thermal Conductivity 设置为 0.1，单击 Change/Create 按扭。同理按照图 8-117 所示的参数创建材料 chip。

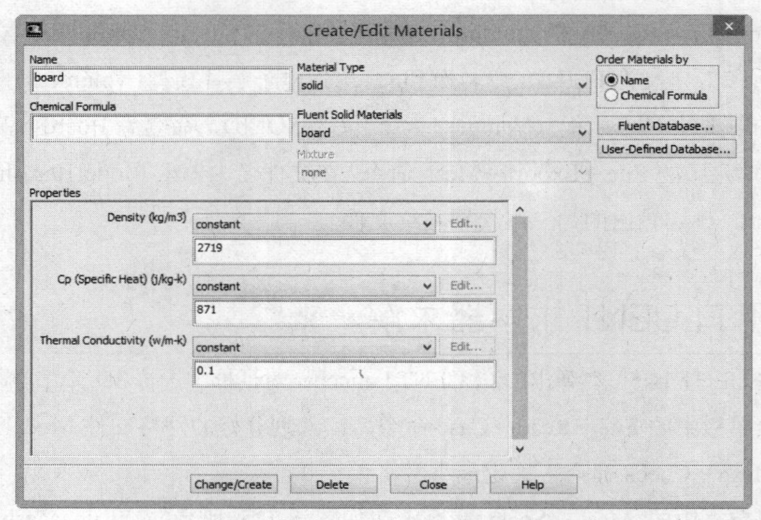

图 8-116　Board 材料参数的设置

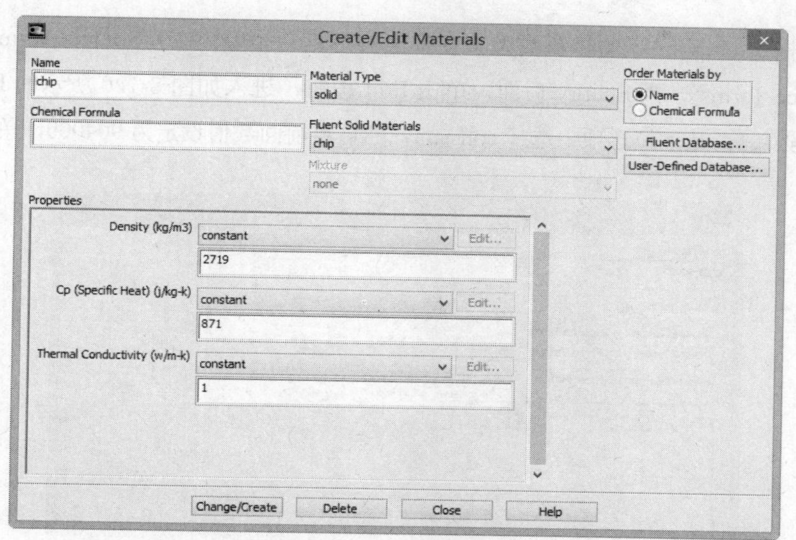

图 8-117 chip 材料参数的设置

（8）执行菜单栏中的 Define→Cell Zone Conditions 命令，弹出 Cell Zone Conditions 面板。在 Zone 下面选择 fluid，单击 Edit 按扭。在弹出的 Fluid 面板中选择 Material Name 为 air。回到 Boundary Conditions 面板中，在 Zone 下面选择 board-solid，单击 Edit 按扭，在弹出的 Solid 面板中选择 Material Name 为 board，如图 8-118 所示。

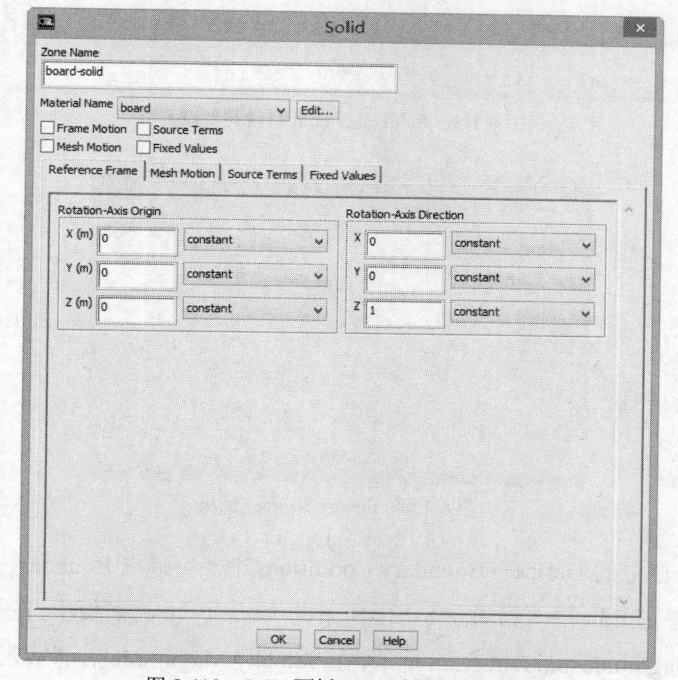

图 8-118 Solid 面板 Board 材料类型设置

（9）同理指定 chip-solid 的材料类型。在弹出的 Solid 面板中勾选 Source Terms，如图 8-119 所示，在 Source Terms 一栏 Energy 后面，单击 Edit 按钮，进入如图 8-120 所示的 Energy Sources 面板，将数值设为 1，从下拉选项中选择 constant，然后将前面数值设定为 904000，单机 OK 按钮。

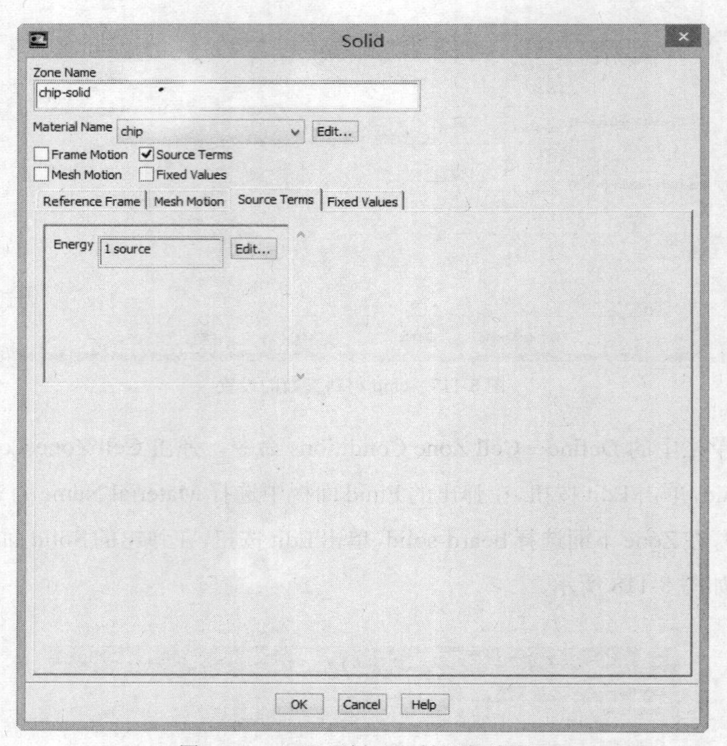

图 8-119　Solid 面板 chip 材料类型设置

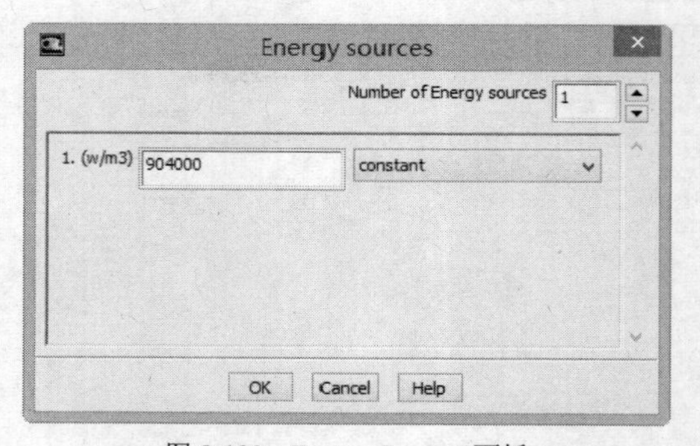

图 8-120　Energy Sources 面板

（10）执行菜单栏中的 Define→Boundary Conditions 命令，弹出 Boundary Conditions 面板。在 Zone 下面选择 in，单击 Edit 进入到如图 8-121 所示的 Velocity Inlet 面板中，在 velocity specification method 右边选择 Magnitude and Direction 选项，在 Velocity Magnitude 后面输入 0.5，在 x-Componen of Flow Direction 后面输入 1，其他方向保持为 0。表示 air 沿 x 方向以 0.5m/s 的速度流动。选择

Thermal 将 Temperature 设定为 298K。

Velocity Inlet
Zone Name
in
Momentum | Thermal | Radiation | Species | DPM | Multiphase | UDS
Velocity Specification Method: Magnitude and Direction
Reference Frame: Absolute
Velocity Magnitude (m/s): 0.5 constant
Supersonic/Initial Gauge Pressure (pascal): 0 constant
Coordinate System: Cartesian (X, Y, Z)
X-Component of Flow Direction: 1 constant
Y-Component of Flow Direction: 0 constant
Z-Component of Flow Direction: 0 constant
OK Cancel Help

图 8-121　Velocity Inlet 面板

（11）回到 Boundary Conditions 面板，在 Zone 下面选择 out，单击 Edit，进入到 Pressure Outlet 面板中，将 Temperature 设定为 298K，其他保持默认值，单击 OK 按钮。

（12）回到 Boundary Conditions 面板，在 Zone 下面选择 wall，单击 Edit 进入 wall 面板，选择 Thermal 一栏，在 Thermal Conditions 下选择 Convection，设置 Heat Transfer Coefficient 为 1.5，Free Stream Temperature 为 298，如图 8-122 所示，单击 OK 按钮。同理设置 Board-bottom-wall，并把 Material Name 改为 Board。

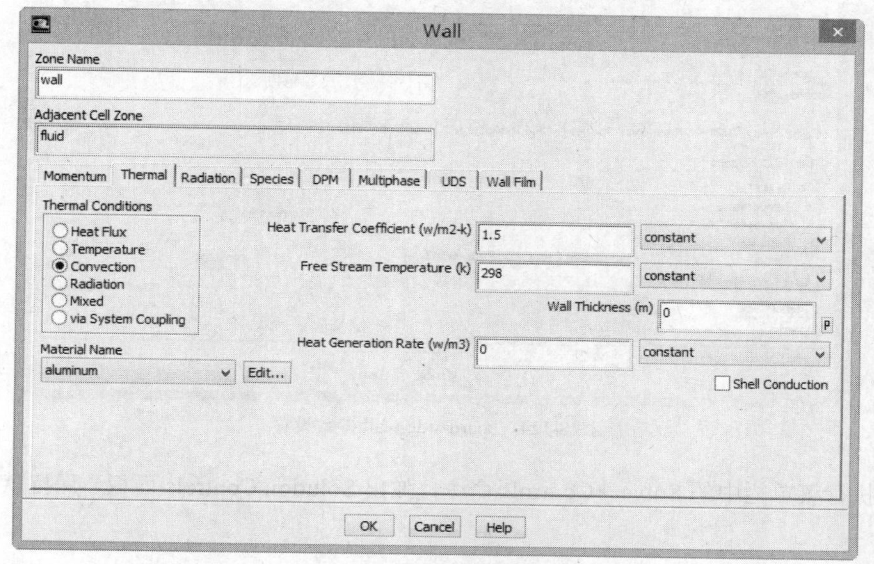

图 8-122　Wall 面板

（13）回到 Boundary Conditions 面板，在 Zone 下面选择 chip-bottom-wall，单击 Edit 进入 Wall 面板，选择 Thermal 一栏，在 Thermal Conditions 下选择 Coupled，将 Material Name 下的选项选择为 Chip，如图 8-123 所示，单击 OK 按钮。同理对 chip-side-wall 和 board-top-wall 进行设置，Material Nmae 需要改为 chip 和 board。

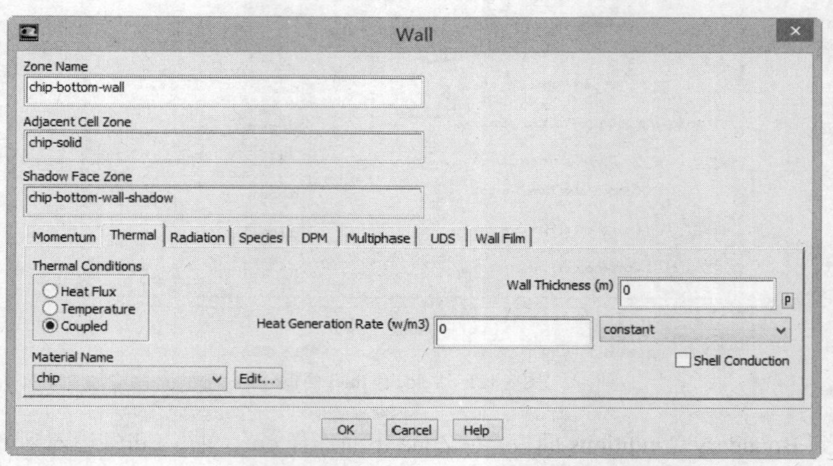

图 8-123　chip-bottom-wall 参数设置

（14）回到 Boundary Conditions 面板，在 Zone 下面选择 board-side-wall，单击 Edit 进入 wall 面板，选择 Thermal 一栏，在 Thermal Conditions 下选择 Heat Flux，将 Material Name 下的选项选择为 board，如图 8-124 所示，单击 OK 按钮。

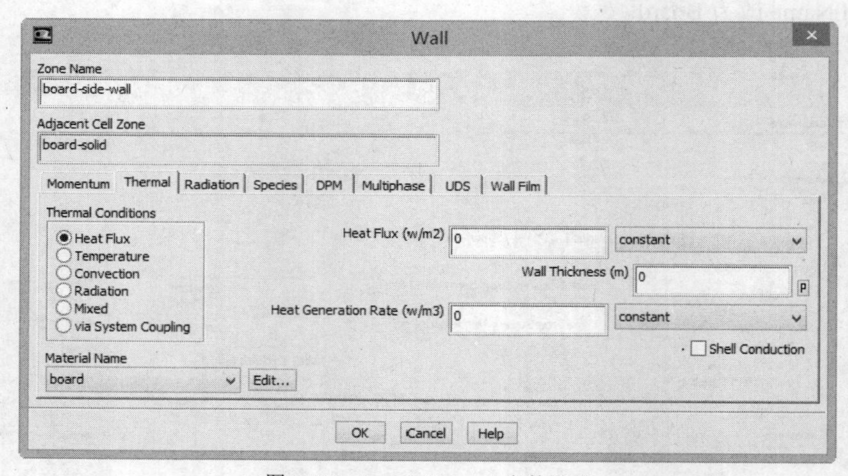

图 8-124　board-side-wall 参数设置

（15）执行菜单栏中的 Solve→Controls 命令，弹出 Solution Controls 面板，保持默认值，单击 OK 按钮。

（16）执行菜单栏中的 Solve→Initialization 命令，弹出 Solution Initialization 面板。在 Compute

From 下拉列表框中选择 in 选项，单击 Initialize 按钮。

（17）执行菜单栏中的 Solve→Monitors→Residual 命令，在 Residual Monitors 对话框中选中 Plot 选项，单击 OK 按钮。

（18）执行菜单栏中的 Solve→Run Calculation 命令，弹出 Run Calculation 面板，设置 Number of Iteration 为 100，单击 Calculate 按钮开始解算。

（19）迭代完成后，执行菜单栏中的 Display→Graphics and Animations→Contours 命令，在 Contours of 下选择 Temperature 和 StaticTemperature，勾选 Filled，在 Surface 下选择 Board 相关界面，即可得到环形木板的温度分布图，如图 8-125 所示。再选择 chip 相关界面，即可得到电子芯片周围的温度分布图，如图 8-126 所示。

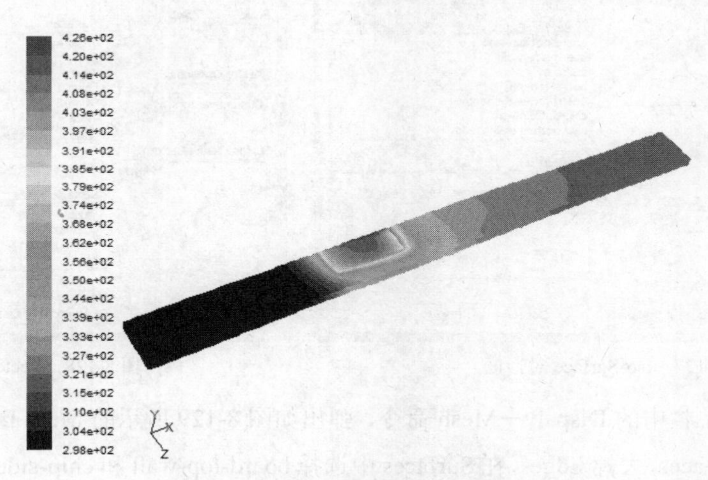

图 8-125　环形木板的温度分布图

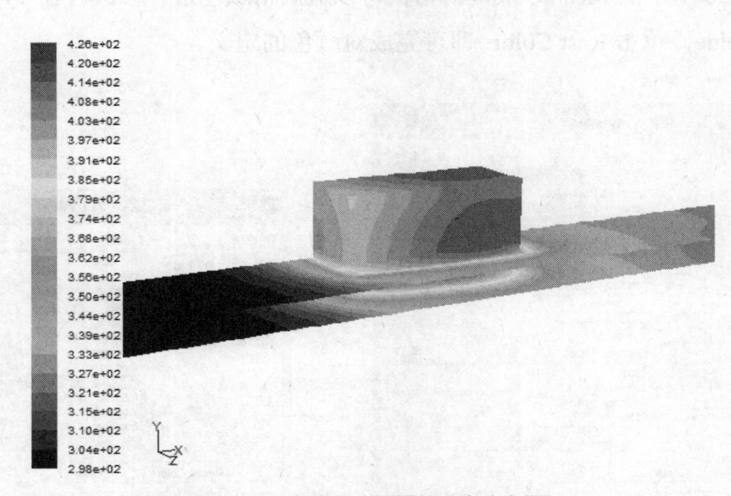

图 8-126　电子芯片周围的温度分布图

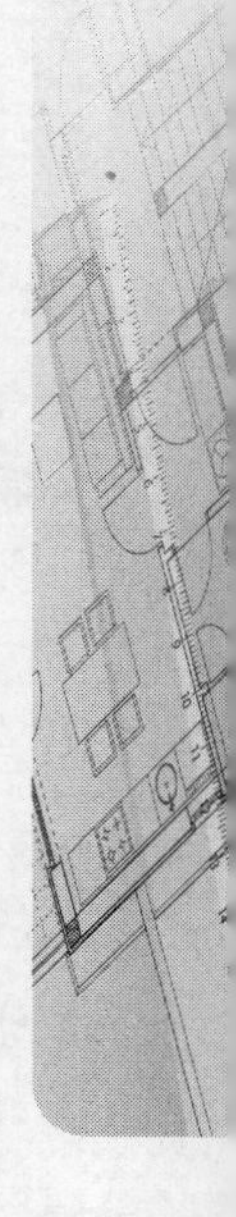

（20）执行菜单栏中的 Surface→Iso-Surface 命令，弹出 Iso-Surface 对话框，在 Surface of constant

下面选择 Mesh 和 Y-Coordinate；单击 Compute 将会显示 Y 值的最小和最大值，在 Iso-Value 下输入 0.006，命名为 y-0.006，如图 8-127 所示，单击 Create 创建平面。

（21）执行菜单栏中的 Dispaly→Graphics and Animations→Vectors 命令，在如图 8-128 所示的 Vectors 对话框中选择 Surface 为 y-0.006，在 Scale 中输入 4。

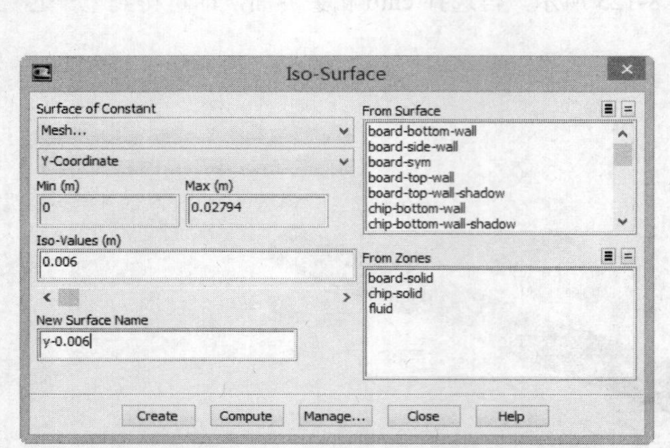

图 8-127 Iso-Surface 对话框

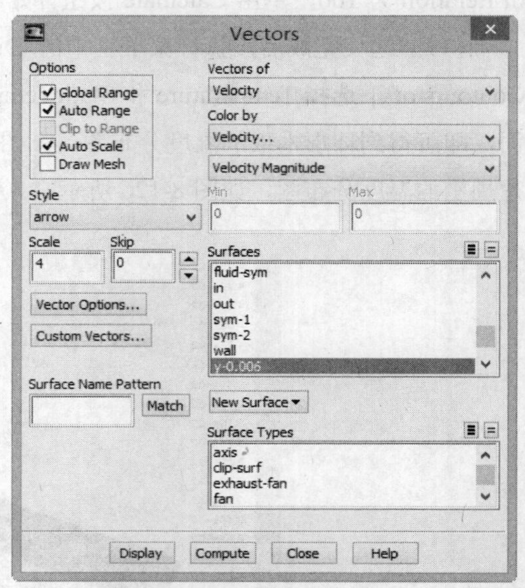

图 8-128 Vectors 对话框

（22）执行菜单栏中的 Dispaly→Mesh 命令，弹出如图 8-129 所示的 Mesh Display 对话框，在 Options 一栏选中 Faces，去掉 Edges，在 Surfaces 中选择 board-top-wall 和 chip-side-wall。单击 Colors 按钮弹出如图 8-130 所示的 Mesh Colors 对话框可以对网格颜色进行修改，在 Types 中选择 wall，在 colors 中选择 blue，单击 Rest Colors 即可完成对颜色的定义。

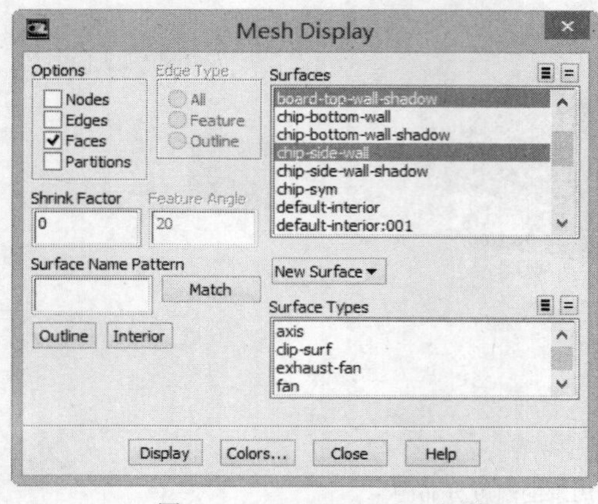

图 8-129 Mesh Display 对话框

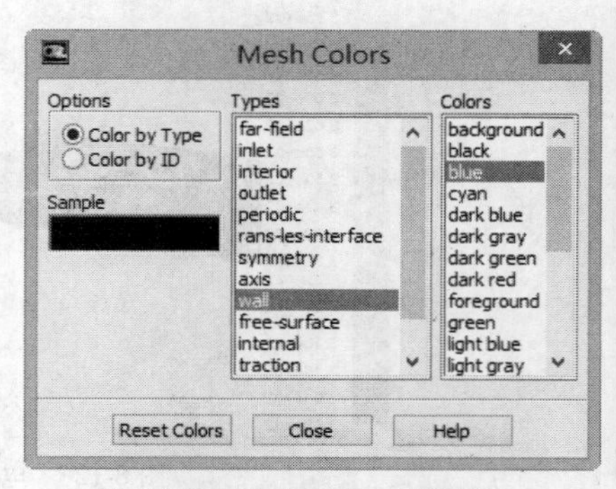

图 8-130 Mesh Colors 对话框

（23）单击 Vectors 对话框下的 Display 按钮，即可得到截面的速度矢量图，如图 8-131 所示。

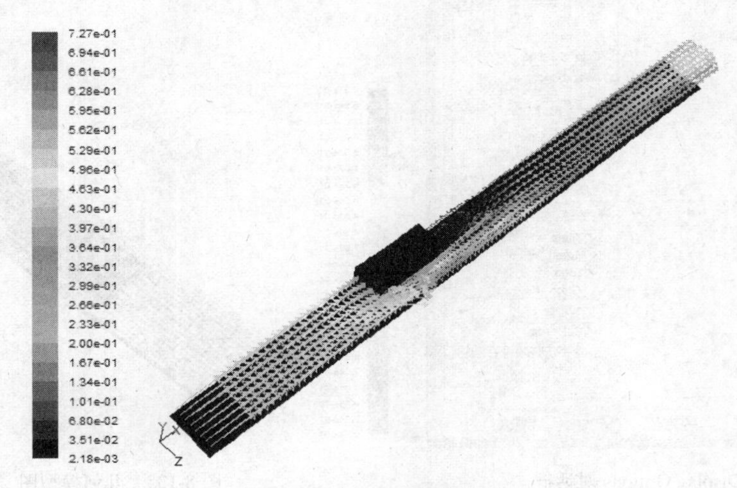

图 8-131　截面的速度矢量图

（24）执行菜单栏中的 Display→View 命令，弹出如图 8-132 所示的 Views 对话框，在 Mirror Planes 中选择 Chip-sym，单击 Apply 按钮，就能看到镜像图如图 8-133 所示。

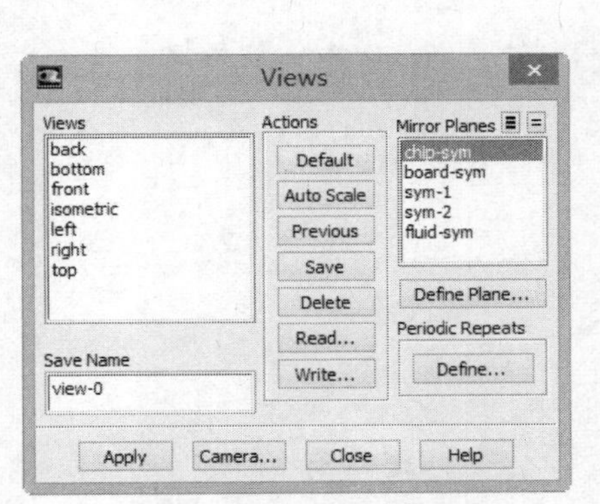

图 8-132　Views 对话框

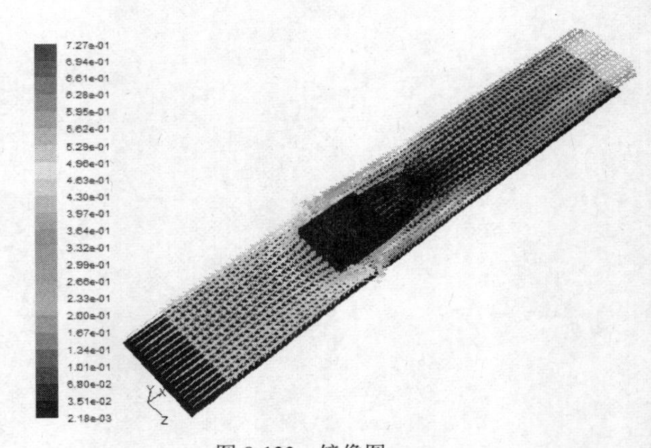

图 8-133　镜像图

（25）执行菜单栏中的 Display→Options 命令，弹出如图 8-134 所示的 Display Options 对话框，勾选 Light On，单击 Apply 按钮，即可得到最后模型图如图 8-135 所示。

（26）计算完的结果要保存为 case 和 data 文件，执行菜单栏中的 File→Write→Case&Data 命令，在弹出的文件保存对话框中将结果文件命名为 Model10.cas，case 文件保存的同时也保存了 data 文件 Model10.dat。

（27）最后执行菜单栏中的 File→Exit 命令，安全退出 FLUENT。

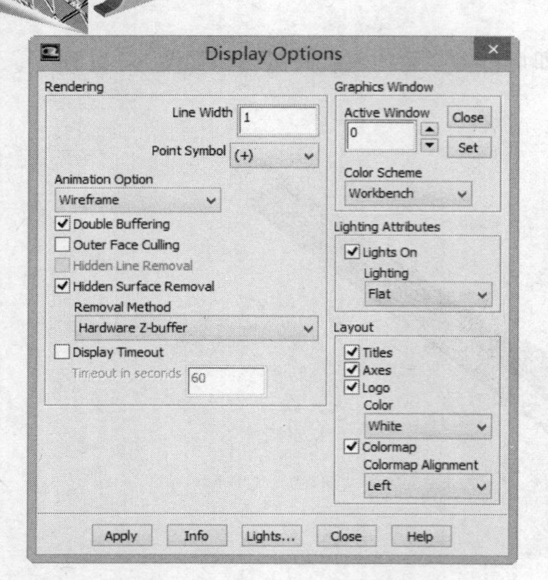

图 8-134 Display Options 对话框

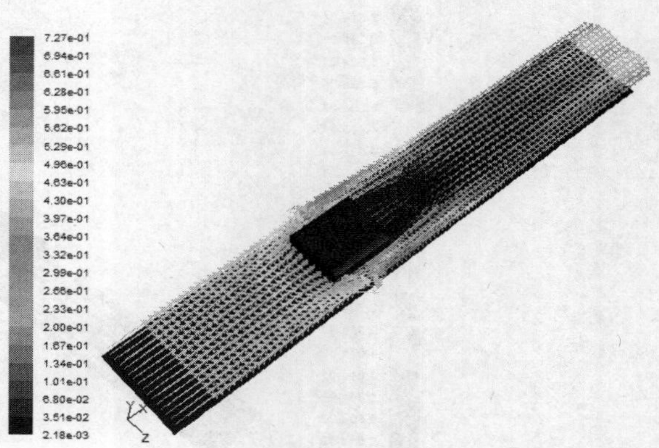

图 8-135 几何模型图

第9章

多相流模型

自然界和工程问题中会遇到大量的多相流动。物质一般具有气态、液态和固态3相，但是多相流系统中相的概念具有更广泛的意义。在多相流动中，所谓的相可以定义为具有相同类别的物质，该类物质在所处的流动中具有特定的惯性响应并与流场相互作用。例如，相同材料的固体物质颗粒如果具有不同尺寸，即可把它们看成不同的相，因为相同尺寸粒子的集合对流场有相似的动力学响应。本章将简单讲解如何在FLUENT中创建多相流模型。

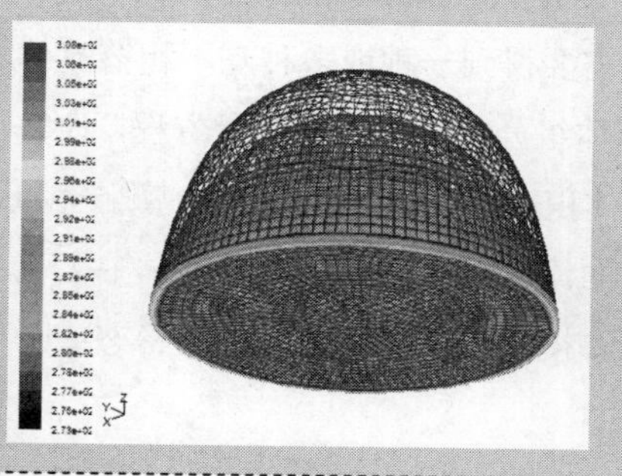

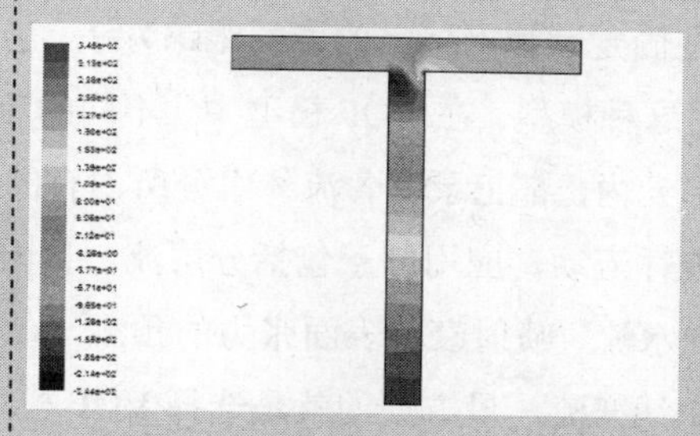

目前有两种数值计算的方法处理多相流，即欧拉-拉格朗日方法和欧拉-欧拉方法。在 FLUENT 中的拉格朗日离散相模型遵循欧拉-拉格朗日方法，流体相被处理为连续相，通过直接求解时均化的纳维-斯托克斯方程来获得结果，而离散相是通过计算流场中大量的粒子、气泡或是液滴的运动得到的。离散相和流体相之间可以有动量、质量和能量的交换。在欧拉-欧拉方法中，不同的相被处理成互相贯穿的连续介质，由于一种相所占的体积无法再被其他相占有，因此引入相体积率（phase volume fraction）的概念。体积率是时间和空间的连续函数，各相的体积率之和等于 1。从各相的守恒方程可以推导出一组方程，这些方程对于所有的相都具有类似的形式。从实验得到的数据可以创建一些特定的关系，从而使上述方程封闭，另外，对于小颗粒流（granular flows）可以应用分子运动论的理论使方程封闭。

在 FLUENT 中，共有 3 种欧拉多相流模型，即 VOF（Volume Of Fluid）模型、混合物（Mixture）模型和欧拉（Eulerian）模型，每一种模型都有其特定的适用范围和设定方法，下面针对这 3 种模型，依次加以讲解。

本章重点讲解多相流的数值模拟，及 VOF 模型和 Mixture 模型的数值模拟。通过本章的学习，让读者重点掌握 GAMBIT 建模的基本操作和 FLUENT 多相流模型的设置和其后处理方法。

9.1 FLUENT 中的多相流模型

在 FLUENT 中提供了 3 种主要模型，即 VOF 模型（Volume of Fluid Model）、混合模型（Mixture Model）和欧拉模型（Eulerian Model）。

9.1.1 VOF 模型

VOF 模型，是一种在固定欧拉网格下的表面跟踪方法，当需要得到一种或多种互不相溶流体间的交界面时，可以采用这种模型。在 VOF 模型中，不同的流体组分共用着一套动量方程，计算时在全流场的每个计算单元内，都记录下各流体组分所占有的体积率。VOF 方法适于计算空气和水这样不能互相渗混的流体流动，应用例子包括分层流、自由面流动、灌注、晃动、液体中大气泡的流动、水坝决堤时的水流、喷射衰竭表面张力的预测，以及求得任意液/气分界面的稳态或瞬时分界面。对于分层流和活塞流，最方便的就是选择 VOF 模型。

在 FLUENT 应用中，VOF 模型具有一定的局限。

- VOF 模型只能使用压力基求解器。

- 所有的控制容积必须充满单一流体相或相的联合；VOF 模型不允许在那些空的区域中没有任何类型的流体存在。
- 只有一相是可压缩的。
- 计算 VOF 模型时不能同时计算周期流动问题。
- VOF 模型不能使用二阶隐式的时间格式。
- VOF 模型不能同时计算组分混合和反应流动问题。
- 大涡模拟紊流模型不能用于 VOF 模型。
- VOF 模型不能用于无黏流。
- VOF 模型不能用于并行计算中追踪粒子。
- 壁面壳传导模型不能和 VOF 模型同时计算。

此外，在 FLUENT 中 VOF 公式通常用于计算时间依赖解，但是对于只关心稳态解的问题，它也可以执行稳态计算。稳态 VOF 计算是敏感的，只有当解是独立于初始时间并且对于单相有明显的流入边界时才有解。例如，由于在旋转的杯子中自由表面的形状依赖于流体的初始水平，这样的问题必须使用非定常公式，而渠道内顶部有空气的水的流动和分离的空气入口可以采用稳态公式求解。

9.1.2 Mixture 模型

Mixture 模型可用于两相流或多相流（流体或颗粒）。因为在欧拉模型中，各相被处理为互相贯通的连续体，Mixture 模型求解的是混合物的动量方程，并通过相对速度来描述离散相。Mixture 模型的应用包括低负载的粒子负载流，气泡流，沉降，以及旋风分离器。Mixture 模型也可用于没有离散相相对速度的均匀多相流。

Mixture 模型是 Eulerian 模型在几种情形下的很好替代。当存在大范围的颗粒相分布或界面的规律未知或它们的可靠性有疑问时，完善的多相流模型是不切实可行的。当求解变量的个数小于完善的多相流模型时，像 Mixture 模型这样简单的模型能和完善的多相流模型一样取得好的结果。

在 FLUENT 应用中，Mixture 模型具有一定的局限。

- Mixture 模型只能使用压力基求解器。
- 只有一相是可压缩的。
- 计算 Mixture 模型时不能同时计算周期流动问题。
- 不能用于模拟融化和凝固的过程。
- Mixture 模型不能用于无黏流。
- 在模拟气穴现象时，若湍流模型为 LES 模型则不能使用 Mixture 模型。
- 在 MRF 多旋转坐标系与混合模型同时使用时，不能使用相对速度公式。
- 不能和固体壁面的热传导模拟同时使用。

- 不能用于并行计算和颗粒轨道模拟。
- 组分混合和反应流动的问题不能和 Mixture 模型同时使用。
- Mixture 模型不能使用二阶隐式的时间格式。

此外，Mixture 模型的缺点有界面特性包括不全，扩散和脉动特性难于处理等。

9.1.3 Eulerian 模型

Eulerian 模型是 FLUENT 中最复杂的多相流模型。它建立了一套包含有 n 个参数的动量方程和连续方程来求解每一相。压力项和各界面交换系数是耦合在一起的。耦合的方式则依赖于所含相的情况，颗粒流（流-固）的处理与非颗粒流（流-流）是不同的。对于颗粒流，可应用分子运动理论来求得流动特性。不同相之间的动量交换也依赖于混合物的类别。通过 FLUENT 的客户自定义函数（user-defined functions），可以自己定义动量交换的计算方式。Eulerian 模型的应用包括气泡柱、上浮、颗粒悬浮以及流化床等情形。

除了以下的限制外，在 FLUENT 中所有其他的可利用特性都可以在 Eulerian 多相流模型中使用。

- 只有 $\kappa-\varepsilon$ 模型能用于紊流。
- 颗粒跟踪仅与主相相互作用。
- 不能同时计算周期流动问题。
- 不能用于模拟融化和凝固的过程。
- Eulerian 模型不能用于无黏流。
- 不能用于并行计算和颗粒轨道模拟。
- 不允许存在压缩流动。
- Eulerian 模型中不考虑热传输。
- 相同的质量传输只存在于气穴问题中，在蒸发和压缩过程中是不可行的。
- Eulerian 模型不能使用二阶隐式的时间格式。

9.2 明渠流动的 VOF 模型模拟实例

在农业生产中经常会遇到明渠灌溉的问题。如图 9-1 所示，一个高 6m，宽 3m 的水罐，刚开始阀门 BC 是关闭的，水罐中的液位有 4m 高，水的上方直接与大气相连接。突然打开阀门 BC，

罐中的水从罐底的出水口流向明渠。现模拟突然打开阀门 BC 后，罐底有出水的流动模型。本模型中，水和空气有明显的分界面，是典型的 VOF 模型。

9.2.1 利用 GAMBIT 创建几何模型

1．启动 GAMBIT

双击桌面上的 GAMBIT 图标，启动 GAMBIT 软件，弹出 Gambit Startup 对话框，在 Working Directory 下拉列表框中选择工作文件夹。单击 Run 按钮，进入 GAMBIT 系统操作界面，执行菜单栏中的 Solver→FLUENT5/6 命令，选择求解器类型。

2．确定主要节点

下文中所述的各点字母，与图 9-1 中所示的字母一致。

（1）创建 A、B、C、D 4 点。先单击 Operation 工具条中的按钮，再单击 Geometry 工具条中的按钮，接着单击 Vertex 工具条中的按钮，弹出如图 9-2 所示的 Create Real Vertex 对话框。在 Global 坐标系的 x、y、z 文本框中，分别输入（0,0,0）、（3.5,0,0）和（3,0.5,0），其他选项保持系统默认设置，分别单击 Apply 按钮，创建 A、B、C、D 4 点。

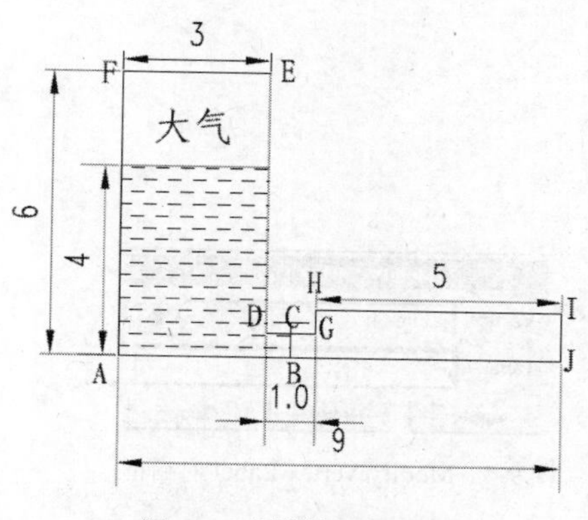

图 9-1　水罐模型示意图

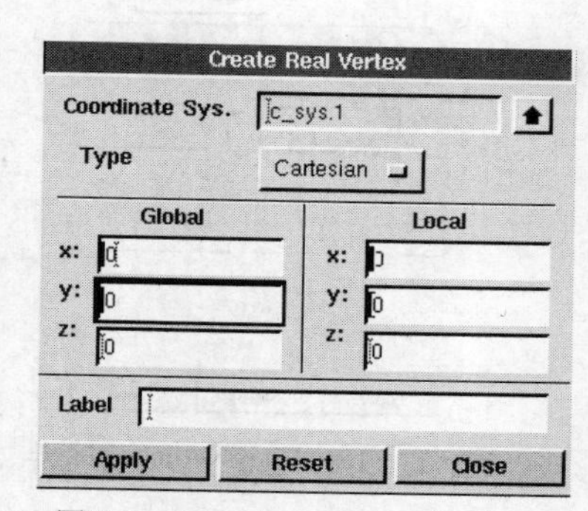

图 9-2　Create Real Vertex 对话框

（2）复制偏移 A 点，生成 F 点。单击 Vertex 工具条中的按钮，弹出如图 9-3 所示的 Move/Copy Vertices 对话框。分别选中 Copy 和 Translate 选项，单击 Vertices 文本框，使文本框呈现黄色后，按住 Shift 键，选择 A 点作为需要偏移的点（此时在黄色区域会出现 A 点的标示，如图 9-3 中所示的 vertex.1，说明选择成功），在 Global 坐标系的 x、y、z 文本框中，输入需要偏移的量 0、6、0，其他选项保持系统默认设置，单击 Apply 按钮。此时 A 点复制偏移 6mm，生成 F 点。

（3）复制偏移 F 点，生成 E 点。重复上面的复制偏移操作，让 F 点复制偏移（3,0,0）生成 E 点。

（4）继续复制偏移的操作，生成剩下的点。将点 C 复制偏移（0.5,0,0）得到 G 点， B 点复制偏移（5.5,0,0）得到 J 点，G 点复制偏移（0,0.5,0）得到 H 点，J 点复制偏移（0,1,0）得到 I 点。

（5）对节点重新定义标签。在 GAMBIT 中生成节点默认为 vertex.1，开始依次往后生成 vertex._，如果想对每个已经生成好的节点重新定义标签（也可以在生成节点的同时进行定义），可进行如下操作。

1）先单击 Operation 工具条中的按钮，再单击 Geometry 工具条中的按钮，用鼠标右键单击 Vertex 工具条中的按钮，再单击按钮，弹出 Modify Vertex Label 对话框。单击 Vertex 文本框，使文本框呈现黄色后，按住 Shift 键，单击 A 点（即标签为 Vertex.1 的节点），在 Label 文本框中输入字母 A，如图 9-4 所示，单击 Apply 按钮，这样将 Vertex.1 标签变成 A。重复类似的操作，依次把各节点的标签改为 B～J。

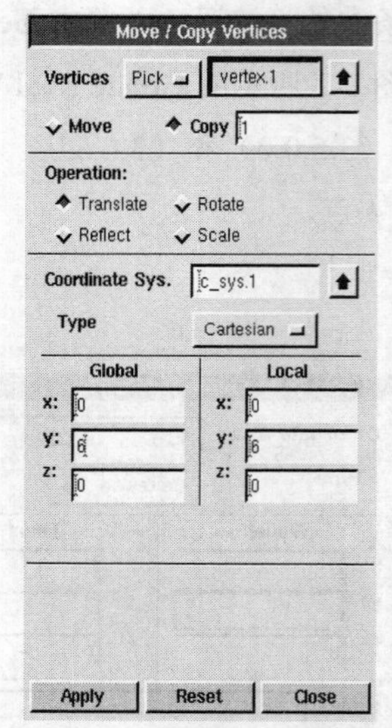

图 9-3 Move/Copy Vertices 对话框

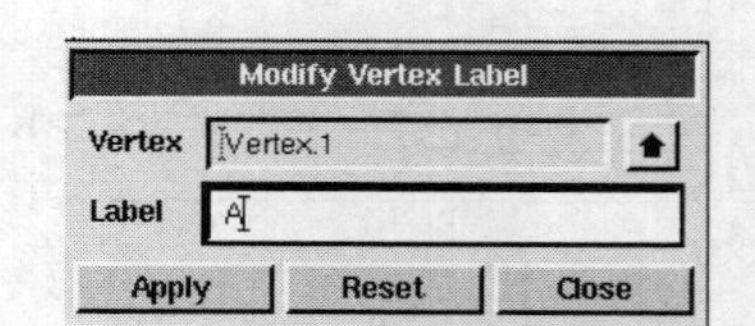

图 9-4 Modify Vertex Label 对话框

2）单击 Global Control 控制区中的 Specify Display Attributes 按钮，弹出如图 9-5 所示的 Specify Display Attributes 对话框。选中 Label 选项，再选中 on 选项，单击 Apply 按钮，节点和它的标签即可在 GAMBIT 显示区中显示，显示标签后的图形如图 9-6 所示。

3．由节点连成直线段

（1）生成直线段 AB、BC、CD、DE、EF、FA。先单击 Operation 工具条中的按钮，再单击 Geometry 工具条中的按钮，接着单击 Edge 工具条中的按钮，弹出如图 9-7 所示的 Create Straight Edge 对话框。单击 Vertices 文本框，使文本框呈现黄色后，按住 Shift 键，依次选取点 A、B、C、D、E、F，并依次单击 Apply 按钮，将生成直线段 AB、BC、CD、DE、EF。重复类似操作，生成直线段 FA。

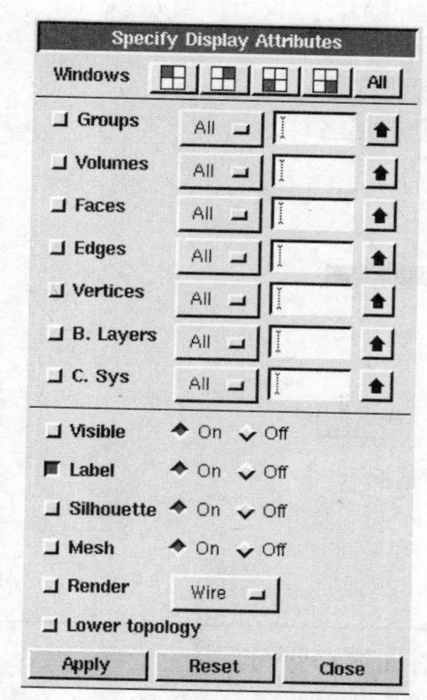

图 9-5 Specify Display Attributes 对话框

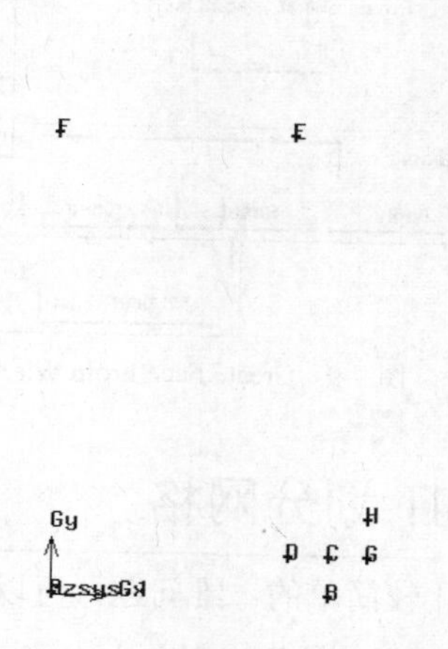

图 9-6 显示标签后的图形

【提示】一定要按顺序单击这些点，否则将不能生成所期望的直线。

（2）生成剩余直线。重复类似的连接直线操作，分别连接剩余的点，生成直线段 CG、GH、HI、IJ，如图 9-8 所示。

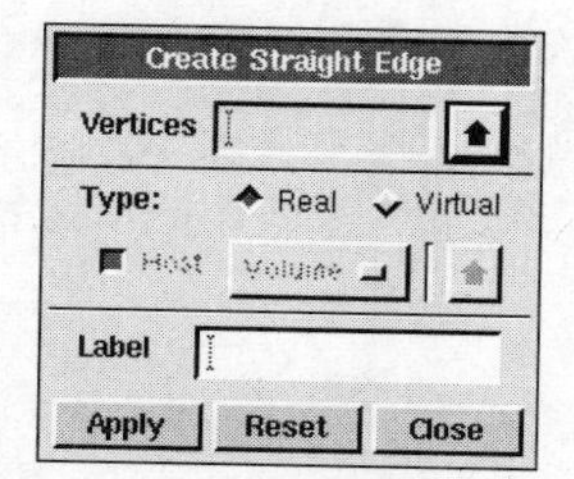

图 9-7 Create Straight Edge 对话框

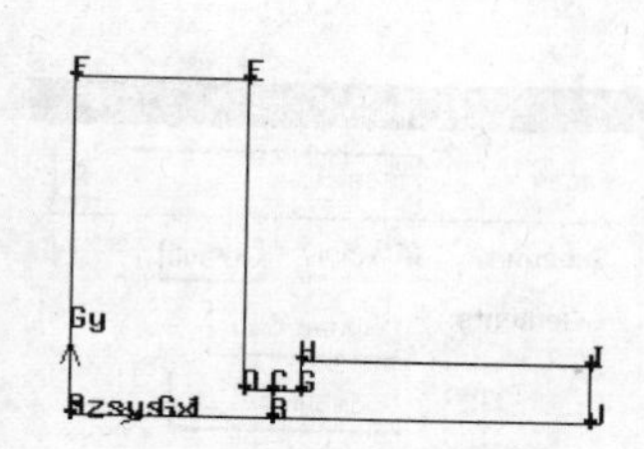

图 9-8 各点连成线后的图形

4．由边生成面

（1）生成面 ABCDEF。先单击 Operation 工具条中的■按钮，再单击 Geometry 工具条中的□按钮，接着单击 Face 工具条中的□按钮，弹出如图 9-9 所示的 Create Face From Wireframe 对话框。单击 Edges 文本框，使文本框呈现黄色后，按住 Shift 键，依次选取直线段 AB、BC、CD、DE、EF、FA，单击 Apply 按钮，选择的线将改变颜色，表示成功生成面 ABCDEF。

（2）生成面 BCGHIJ。重复与上面类似的操作生成面 BCGHIJ。

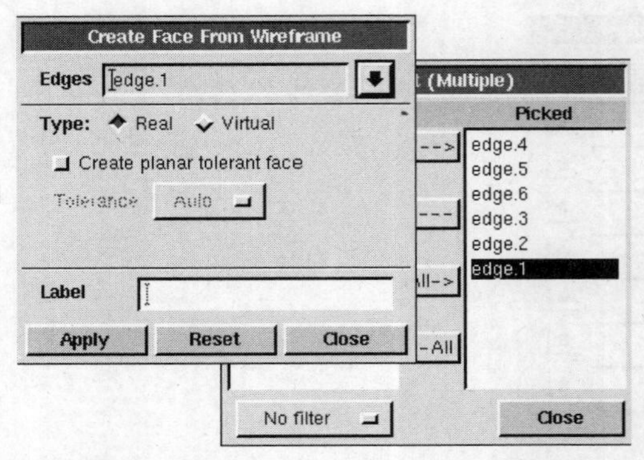

图 9-9 Create Face From Wireframe 对话框

9.2.2 利用 GAMBIT 划分网格

本例中的网格划分，是比较简单的二维问题，可以直接对面网格划分。

先单击 Operation 工具条中的按钮，再单击 Geometry 工具条中的按钮，接着单击 Face 工具条中的按钮，弹出如图 9-10 所示的 Mesh Faces 对话框。单击 Faces 文本框，使文本框呈现黄色后，按住 Shift 键，同时选择两个面，表示对这两个面同时划分网格，在 Spacing 文本框中输入 0.1，Elements 和 Type 对应的选项分别为 Quad 和 Submap，其他选项保持系统默认设置，单击 Apply 按钮，划分网格后的图形如图 9-11 所示。

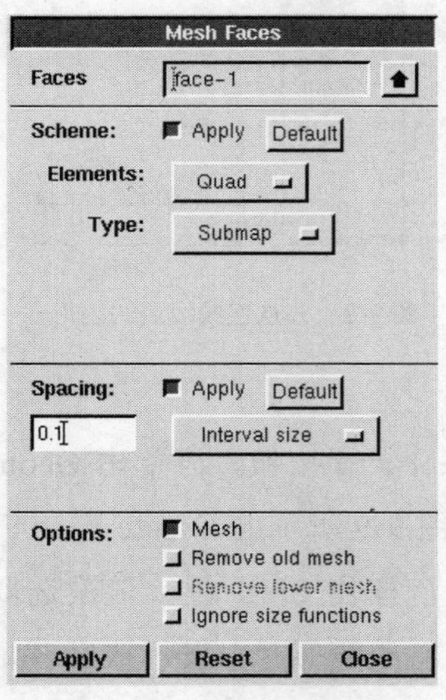

图 9-10 Mesh Faces 对话框

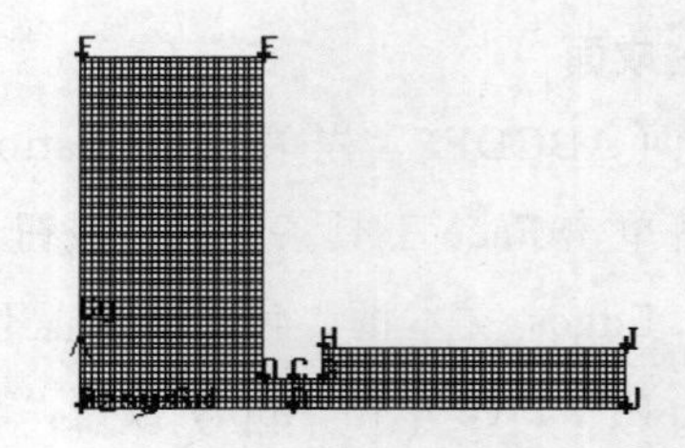

图 9-11 划分网格后的图形

【提示】由于图形简单，所以可以用 Quad 网格，采用 Submap 的方式划分，而网格尺寸 0.1 刚好能被所有边的尺寸整除，无形中整个区域的网格是结构网格。

如果觉得网格存在会妨碍以后的操作，可以单击 Global Control 控制区中的 Specify Display

Attributes 按钮，在弹出的 Specify Display Attributes 对话框中选中 Mesh 选项，再选中其对应的 Off 选项，单击 Apply 按钮，此时网格将不显示但存在。

9.2.3 利用 GAMBIT 初定边界

1. 指定空气的压力入口边界

先单击 Operation 工具条中的按钮，再单击 Zones 工具条中的按钮，弹出 Specify Boundary Types 对话框，如图 9-12 所示。在 Edges 后面的文本框中选择线 EF，在 Name 文本框中输入 in，对应的 Type 选项为 PRESSURE_INLET，单击 Apply 按钮，直线段 EF 成为压力入口边界。

2. 指定空气的压力出口边界

重复类似的操作，设置 Specify Boundary Types 对话框，如图 9-13 所示。在 Edges 后面的文本框中选择线 MN、NK，在 Name 文本框中输入 out，对应的 Type 选项为 PRESSURE_OUTLET，单击 Apply 按钮，直线 MN、NK 成为压力出口边界。

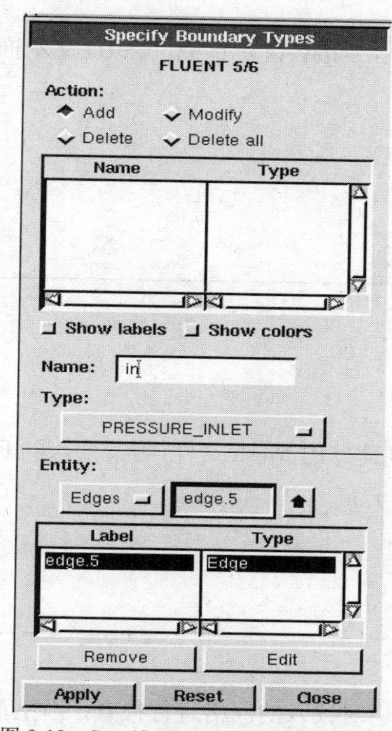

图 9-12 Specify Boundary Types 对话框 1

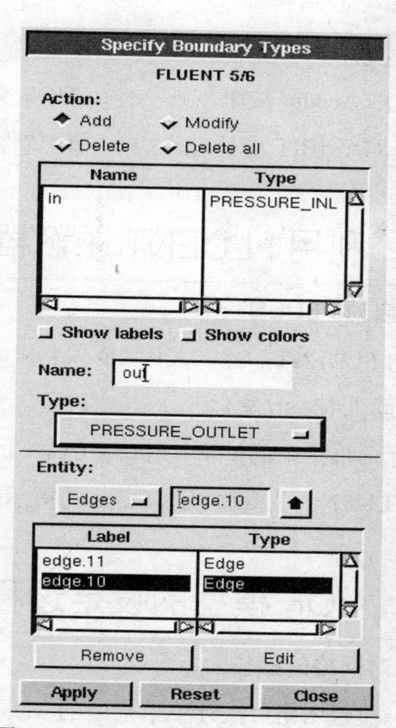

图 9-13 Specify Boundary Types 对话框 2

【提示】对于连续区域的定义（即先单击 Operation 工具条中的按钮，然后单击 Zones 工具条中的按钮，弹出 Specify Continuum Types 对话框），保持系统默认设置，因为两个相接的面，GAMBIT 将默认这两个面区域是连续的，两个面的相接线，如果没有定义其边界类型，GAMBIT

将认为相接线不是任何边界，在导入 FLUENT 以后就不存在了。对于其他剩余未定义边界类型的线，GAMBIT 默认其为 wall 类型边界。

9.2.4 网格的输出

（1）执行菜单栏中的 Export→Mesh 命令，弹出如图 9-14 所示的 Export Mesh File 对话框，在 File Name 文本框中输入 VOF.msh，选中 Export 2-D(X-Y) mesh 选项，单击 Accept 按钮，这样 GAMBIT 就能在启动时在指定的文件夹里导出该模型的 Mesh 文件。

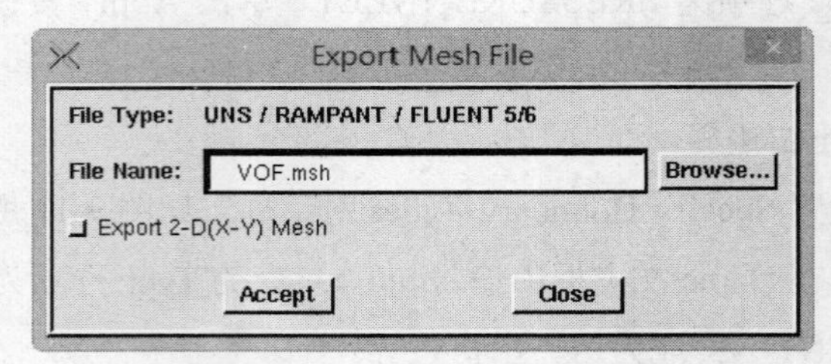

图 9-14 Export Mesh File 对话框

（2）执行菜单栏中的 File→Save as 命令，弹出 Save Session As 对话框，在 ID 文本框中输入 VOF，单击 Accept 按钮，则文件以 VOF 文件名保存。

至此 GAMBIT 前处理完成，关闭软件。

9.2.5 利用 FLUENT 求解器求解

1．启动 FLUENT

启动 FLUENT 14.5，采用 2D 单精度求解器。

2．读入 Mesh 文件

执行菜单栏中的 File→Read→Case 命令，选择刚才创建好的 Mesh 文件，将其读入到 FLUENT 中，当 FLUENT 主窗口显示 Done 的提示时，表示读入成功。

9.2.6 VOF 模型的设定过程

1．对网格的操作

（1）检查网格。执行菜单栏中的 Mesh→Check 命令，对读入的网格进行检查，当主窗口区显示 Done 时，表示网格可用。

（2）显示网格。执行菜单栏中的 Display→Mesh 命令，弹出如图 9-15 所示的 Mesh Display 对话框。在 Surfaces 列表框中选择需要显示的边界或者内部区域，本例选择所有的边界和内部区域，单击 Display 按钮，显示模型，观察模型，查看是否有错误。

（3）标定网格。执行菜单栏中的 Mesh→Scale 命令，弹出如图 9-16 所示的 Scale Mesh 对话框。可以从对话框的 Domain Extents 控制模板中看到模型所占有的区域，即 x、y 方向上的正、负最大坐标。本例用 m 做单位，所以不用改变比例，单击 Close 按钮，关闭对话框。

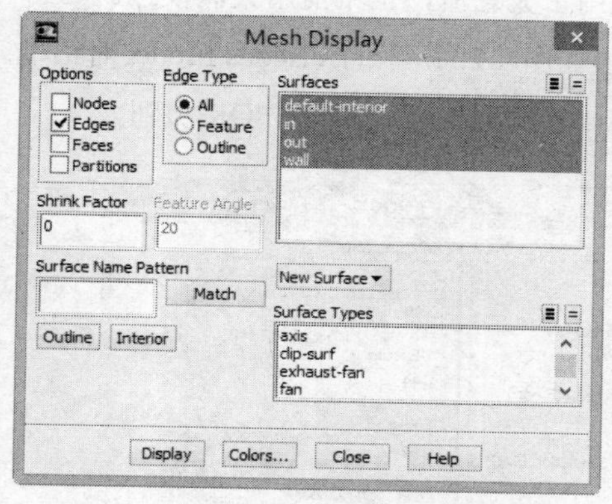

图 9-15　Mesh Display 对话框

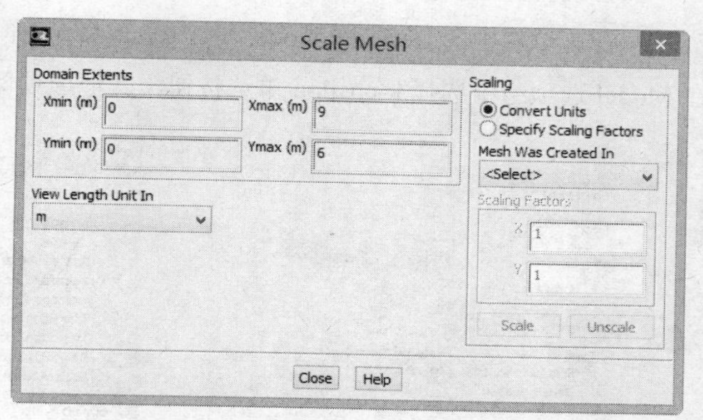

图 9-16　Scale Mesh 对话框

2．设置计算模型

（1）设置 VOF 模型。执行菜单栏中的 Define→Models→Multiphase 命令，弹出如图 9-17 所示的 Multiphase Model 对话框。此时有 Off、Volume of Fluid、Mixture、Eulerian 和 Wet Steam5 个选项，其默认选中 Off 选项，此时选择 Volume of Fluid 单选按钮，Multiphase Model 对话框将刷新为如图 9-18 所示。在 Number of Enlerian Phases 文本框中输入 2，表示是两相流，其他选项保持系统默认设置，单击 OK 按钮。

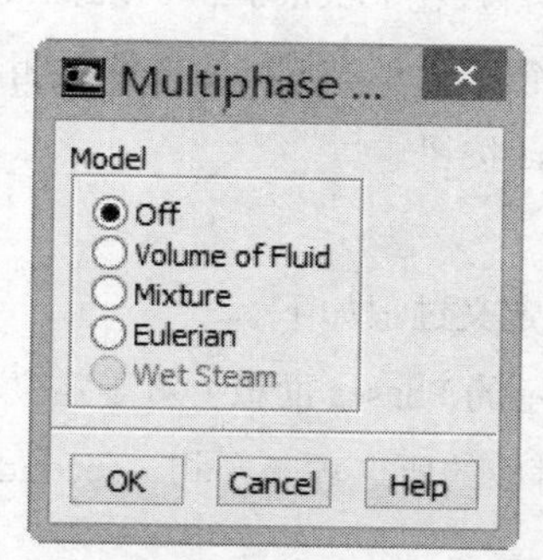

图 9-17　Multiphase Model 对话框 1

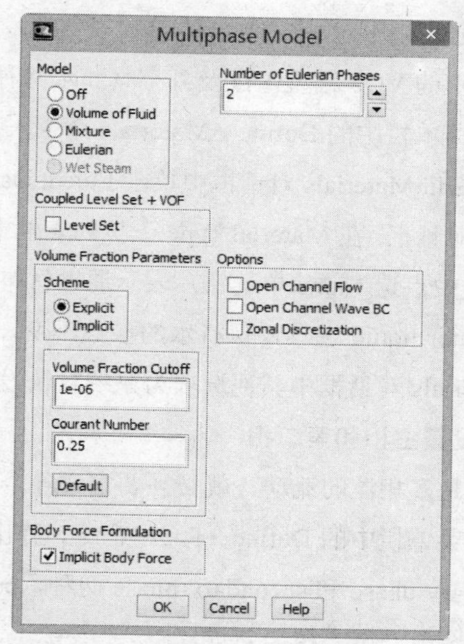

图 9-18　Multiphase Model 对话框 2

（2）设置求解器类型。执行菜单栏中的 Define→General 命令，弹出如图 9-19 所示 General 面板。在 Time 选项组中选择 Transient 单选按钮，使用非定常求解器，其他选项保持系统默认设置，单击 OK 按钮。

（3）设置湍流模型。对于湍流模型设置，VOF 不能用于无黏流，也不能用大涡模拟。

执行菜单栏中的 Define→Models→Viscous 命令，弹出如图 9-20 所示的 Viscous Model 对话框。在 Model 选项组中选择 k-epsilon 单选按钮，其他选项保持系统默认设置，单击 OK 按钮。

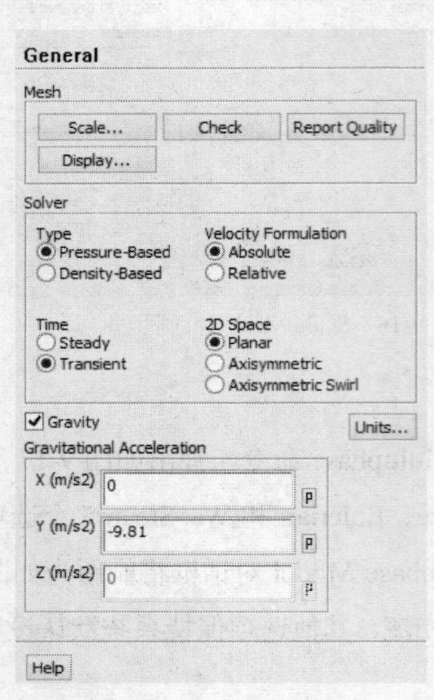

图 9-19　General 面板

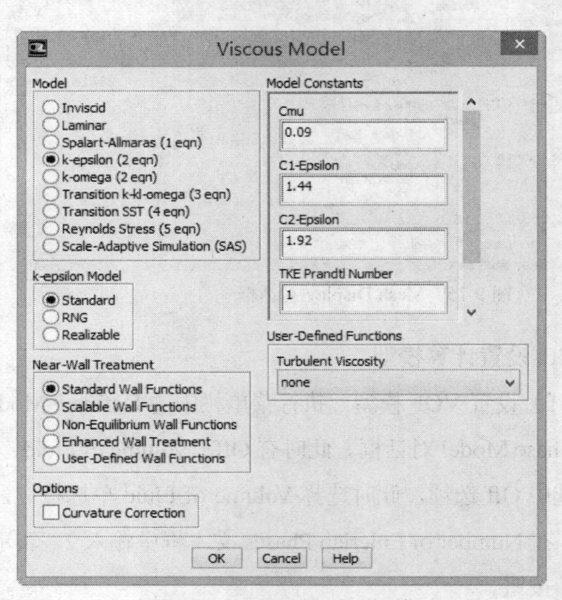

图 9-20　Viscous Model 对话框

3．设置物性

本例中的 VOF 模型，涉及到空气和水两种物质，所以要从物性数据库中调出水的数据。

执行菜单栏中的 Define→Materials 命令，弹出 Materials 面板。单击其中的 Create/Edit 按钮，在 Create/Edit Materials 对话框中单击 Fluent Database 按钮，弹出如图 9-21 所示的 Fluent Database Materials 对话框。在 Material Type 下拉列表框中选择 fluid 选项，选择流体类型，在 Order Materials By 选项组中点选 Name 单选钮，表示通过材料的名称选择材料，在 Fluent Fluid Materials 列表框中选择 water-liquid 选项，保持水的参数不变，单击 Copy 按钮，再单击 Close 按钮关闭对话框。保持 Materials 对话框中其他选项为系统默认设置，单击 Close 按钮。

4．设置主相和第二相

既然是多相流的流动，就必须要定义各个相的情况，其定义过程如下。

执行菜单栏中的 Define→Phase 命令，弹出如图 9-22 所示的 Phases 面板。对于定义相的过程中有 primary-phase 和 secondary-phase 两种，primary-phase 对应的所选项是主相，secondary-phase 对应的所选项是第二相。

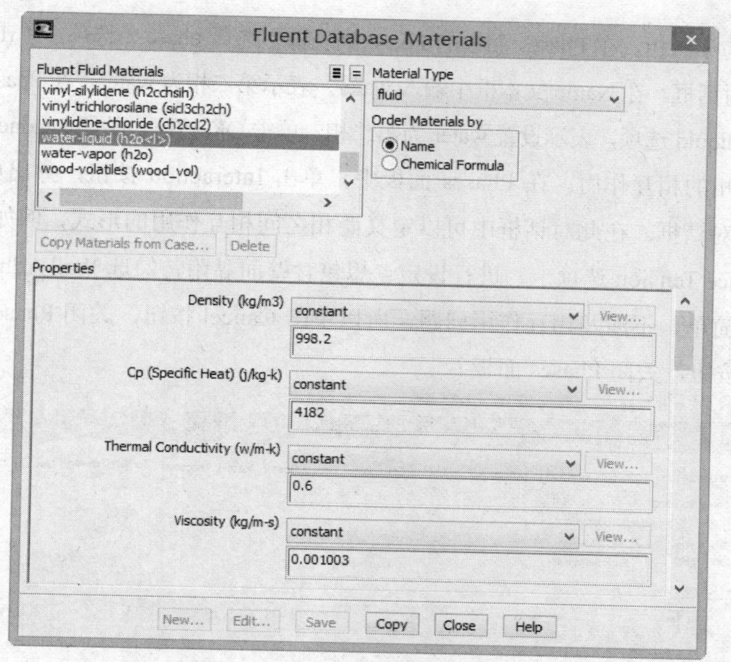

图 9-21 Fluent Database Materials 对话框

【提示】通常，可以以任何方式指定主相和第二相，但是需要考虑所做的选择对问题会有什么样的影响，特别是在复杂的问题中。例如，对区域一部分中的一相，如果计划其初始体积份额为 1，指定这个相为第二相更方便。同样，如果一相是可压缩的，为了提高解的稳定性，建议指定它为主相。

（1）定义空气为主相。在 Phases 面板的 Phase 列表框中选择 phase-1 选项，单击 Edit 按钮，弹出如图 9-23 所示的 Primary Phase 对话框。在 Name 文本框中输入 air，表示主相为 air，在 Phase Material 下拉列表框中选择 air 选项，表示设置 air 为主相，单击 OK 按钮，关闭 Primary Phase 对话框。

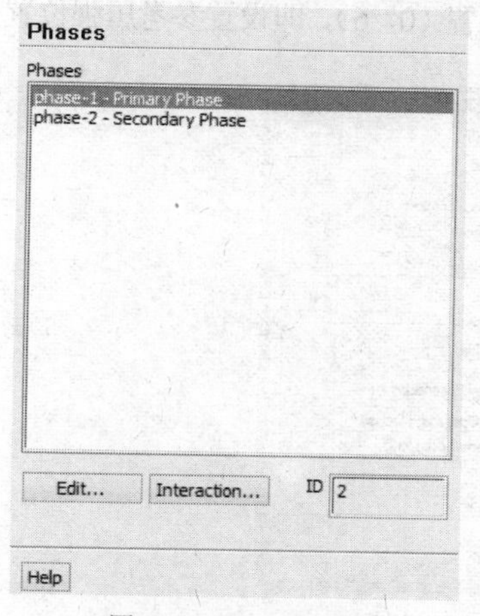

图 9-22 Phases 面板

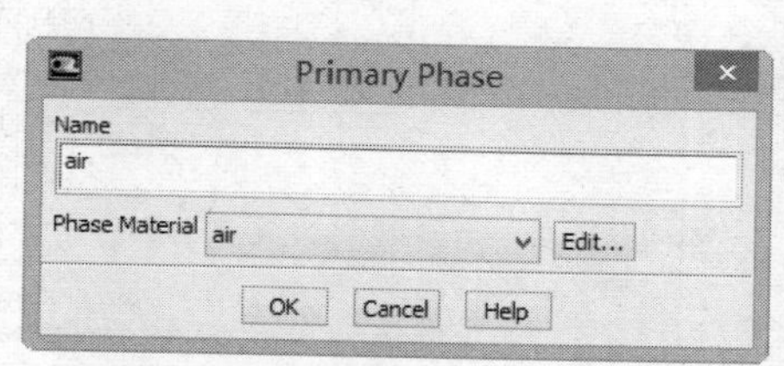

图 9-23 Primary Phase 对话框

（2）定义水为第二相。在 Phases 面板的 Phase 列表框中选择 phase-2 选项，单击 Edit 按钮，弹出 Secondary Phase 对话框。在 Name 文本框中输入 water，表示第二相为 water，在 Phase Material 下拉列表框中选择 water-liquid 选项，表示设置 water 为第二相，单击 OK 按钮，关闭 Secondary Phase 对话框。

（3）定义两相的相互作用。在 Phases 面板中，单击 Interaction 按钮，弹出如图 9-24 所示的 Phase Interaction 对话框。在此对话框中可以定义两相之间相互作用的形式，例如，想定义表面张力，可单击 Surface Tension 选项卡，进行设定；想包含壁面黏附，勾选 Wall Adhesion 复选框。由于本例模型比较简单，不涉及相互作用问题，所以单击 Cancel 按钮，关闭 Phase Interaction 对话框。单击 Close 按钮，关闭 Phases 面板。

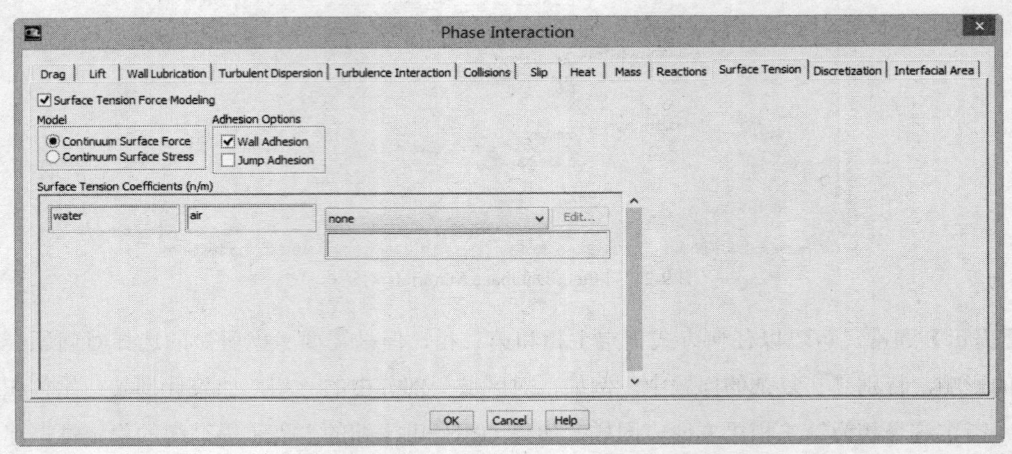

图 9-24　Phase Interaction 对话框

5．设置运算环境

（1）设置参考压强。执行菜单栏中的 Define→Operating Conditions 命令，弹出如图 9-25 所示的 Operating Conditions 对话框。保持 Operating Pressure 文本框中的 101325 数值，即保持工作压强是一个大气压，保持 Reference Pressure Location 选项组中的默认设置（0，6），即设置参考压强位置是（0，6）。

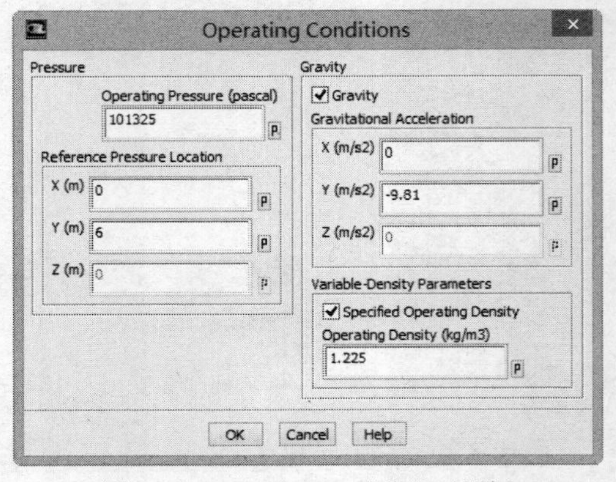

图 9-25　Operating Conditions 对话框

【提示】对于 VOF 的参考压强位置最好设置在永远是 100%最小密度流体的位置，这样才能达到好的收敛。

（2）设置重力加速度。勾选 Gravity 复选框，表示计算考虑重力加速度的影响，在 y 方向设置重力加速度为-9.81m/s^2，表示重力加速度大小是 9.81m/s^2，方向是指向 y 轴的负方向，也就是向下。

（3）设置工作流体的密度。在 Variable-Density Parameters 选项组中，勾选 Specified Operating Density 复选框，在 Operating Density 文本框中保持默认数据 1.225，单击 OK 按钮，完成运算环境的设置。

【提示】设置工作流体的密度时，最好选择为最轻相的密度，这样排除了水力静压的积累，如果任何一相都是可压缩的，设置工作密度为零。

6．设置边界条件

设置多相流边界条件的步骤与单相流模型有些不同，必须先对混合相，也就是所有相的边界条件进行定义，然后定义第二相的条件，无需定义主相的条件。

对于混合相边界条件的定义，可以定义其边界类型，根据其边界类型做具体的参数设置，而对于第二相，一般要定义其体积分数。

（1）定义空气入口边界。执行菜单栏中的 Define→Boundary Conditions 命令，弹出如图 9-26 所示的 Boundary Conditions 面板。在 Zone 列表框中选择 in 选项，对应的 Type 选项为 pressure-inlet，在 Phase 下拉列表框中选择 Mixture 选项，单击 Edit 按钮，弹出如图 9-27 所示的 Pressure Inlet 对话框。在 Pressure Inlet 对话框中，由于模型容器外接大气，所以入口压力就是大气压，保持 Gauge Total Pressure 和 Supersonic/Initial Gauge Pressure 的默认值为 0。在 Direction Specification Method 下拉列表框中选择 Normal to Boundary 选项，表示流动方向垂直于边界。在 Specification Method 下拉列表框中选择 K and Epsilon 选项。由于最初 in 边界上没有流动，不能定义其湍流强度为 0，而此模型入口的湍动程度对整个模型的计算影响不大，定义 Turbulent Kinetic Energy 的数值为 0.01，定义 Turbulent Dissipation Rate 的数值为 0.01，单击 OK 按钮，关闭 Pressure Inlet 对话框。

在 Boundary Conditions 面板中，保持其他设置不变，在 Phase 下拉列表框中选择 Water，单击 Edit 按钮，弹出 Pressure Inlet 对 Water 设置的对话框。单击 Multiphase 选项卡，如图 9-28 所示，保持 Volume Fraction 文本框默认设置为 0，单击 OK 按钮，关闭此对话框。这里表示 in 入口进入的流体中，水所占的体积分数是 0，完全是空气进入。

（2）定义空气出口边界。在 Boundary Conditions 面板的 Zone 列表框中选择 out 选项，对应的 Type 选项为 pressure-outlet，在 Phase 下拉列表框中选择 mixture 选项，单击 Edit 按钮，弹出如图 9-29 所示 Pressure Outlet 对话框。在 Backflow Turbulent Kinetic Energy 和 Backflow Turbulent Dissipation Rate 文本框中都输入 0.01，其他选项保持系统默认设置，单击 OK 按钮，关闭 Pressure Outlet 对话框。在 Boundary Conditions 面板中，保持其他设置不变，在 Phase 下拉列表框中选择 water 选项，单击 Edit 按钮，在弹出的 Pressure Outlet 对话框中单击 Multiphase 选项卡，如图 9-30

所示。保持 Backflow Volume Fraction 文本框中默认设置为 0，表示出口如果有回流，则回流完全是空气，单击 OK 按钮关闭该对话框。

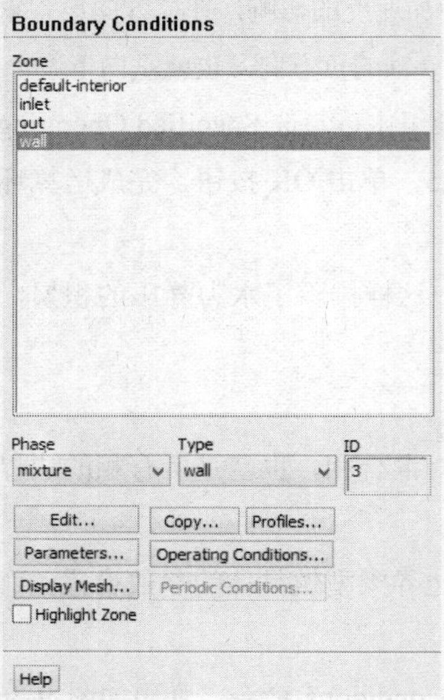

图 9-26　Boundary Conditions 面板

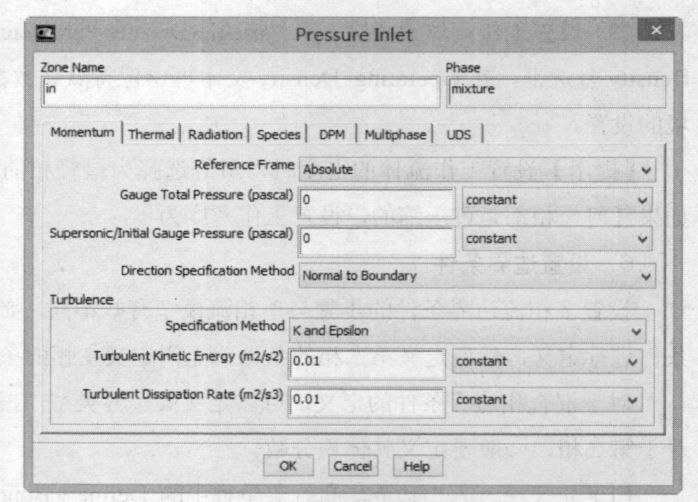

图 9-27　Pressure Inlet 对话框

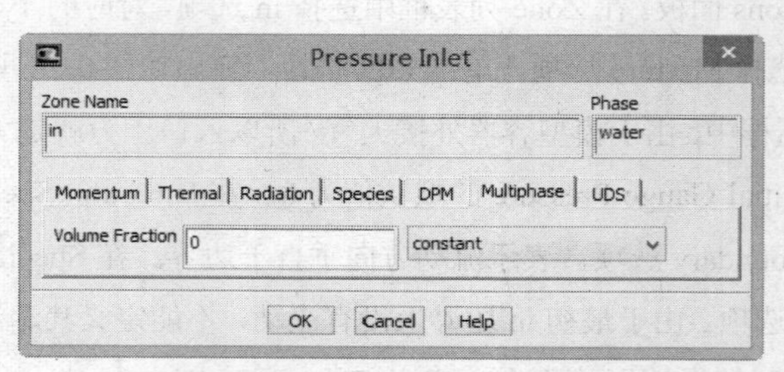

图 9-28　Multiphase 选项卡 1

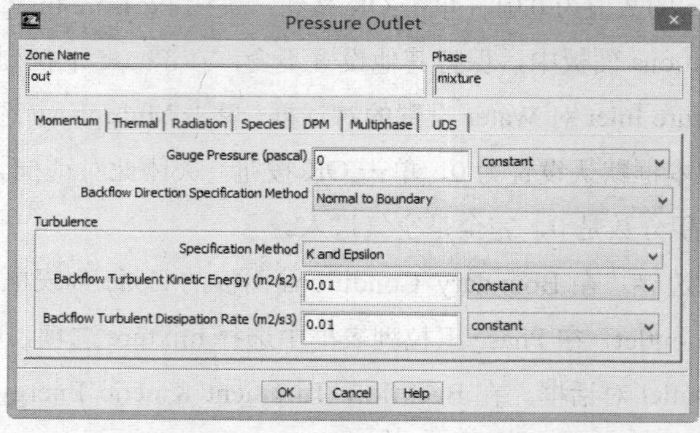

图 9-29　Pressure Outlet 对话框

（3）默认其他边界条件的设置，在 Boundary Conditions 面板中单击 Close 按钮，完成边界条件的设置。

7. 设置求解策略

对于 VOF 模型，有特定的求解策略，具体操作如下。

（1）设置求解参数。执行菜单栏中的 Solve→Controls 命令，弹出如图 9-31 所示的 Solution Controls 面板。在 Pressure-Velocity Coupling 下拉列表框中选择 PISO 选项，在 Under-Relaxation Factors 选项组中将所有的松弛因子都改为 1，在 Discretization 选项组的 Pressure 下拉列表框中选择 Body Force Weighted 选项（考虑了重力的影响），其他离散方式保持不变。其他参数保持系统默认设置，单击 OK 按钮，完成求解参数的设定。

【提示】PISO 算法主要用于瞬态问题的模拟。对于本节的 VOF 模型，是瞬态问题，所以用 PISO 算法。当使用 PISO 算法时，可以将所有的松弛因子都改为 1，来加速收敛。

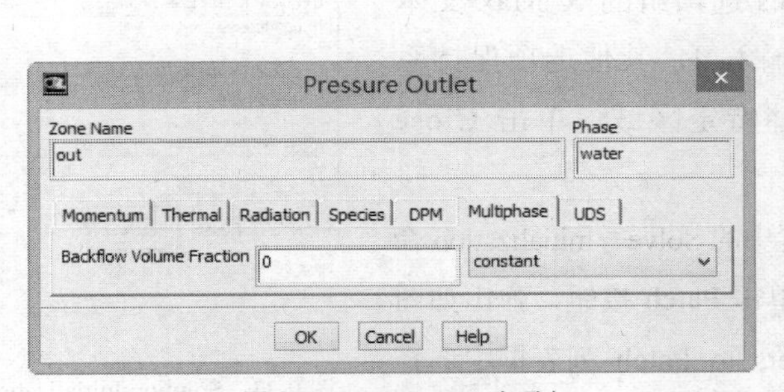

图 9-30 Multiphase 选项卡 2

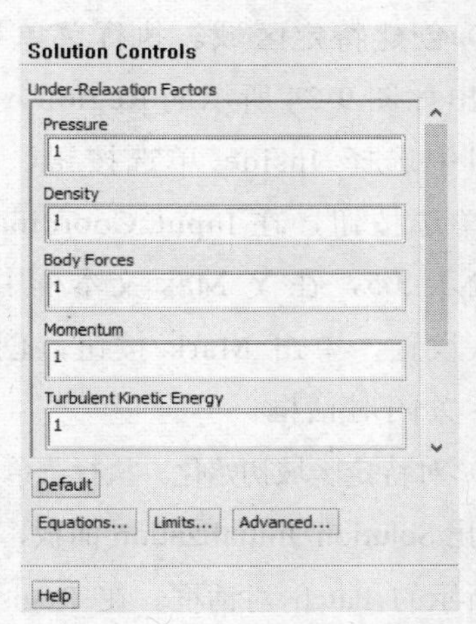

图 9-31 Solution Controls 面板

（2）定义求解残差监视器。执行菜单栏中的 Solve→Moniors→Residual 命令，弹出 Residual Monitors 对话框。如图 9-32 所示，在 Options 选项组中勾选 Plot 复选框，其他选项保持系统默认设置，单击 OK 按钮，完成残差监视器的定义。

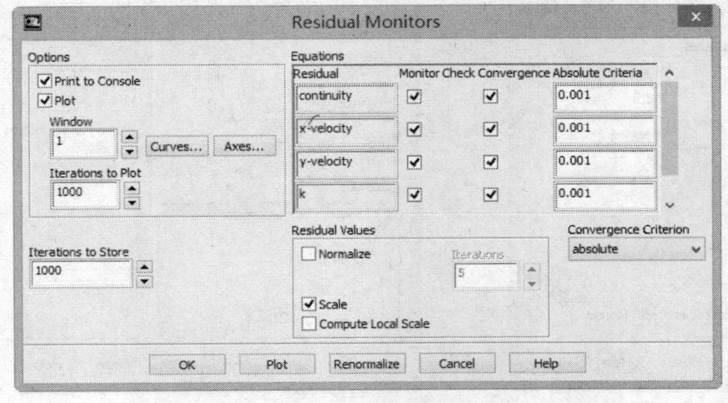

图 9-32 Residual Monitors 对话框

9.2.7 模型初始化

（1）对流域初始化。执行菜单栏中的 Solve→Initialization 命令，弹出如图 9-33 所示的 Solution Initialization 面板。在 Compute From 下拉列表框中选择 in 选项，表示以空气压力入口的数值为计算的初始条件，单击 Initialize 按钮，进行初始化。此时整个计算区域，将被压力入口的数值初始化，整个区域的水体积分数为 0，即充满空气，单击 Close 按钮，关闭对话框，完成初始化。

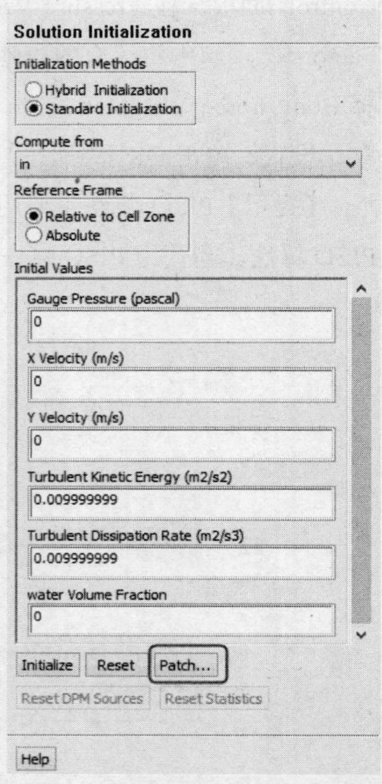

图 9-33 Solution Initialization 面板

（2）补充初始化

1）创建特定区域。执行菜单栏中的 Adapt→Region 命令，弹出如图 9-34 所示的 Region Adaption 对话框。在 Options 选项组中选择 Inside 单选按钮，在 Shapes 选项组中选择 Quad 单选按钮，在 Input Coordinates 选项组的 X Max 文本框中输入 3.5，在 Y Max 文本框中输入 4，其他选项保持系统默认设置，单击 Mark 按钮，创建特定区域，单击 Close 按钮，关闭对话框。

2）对特定区域初始化。执行菜单栏中的 Solve→Initialization 命令，弹出 Solution Initialization 面板，单击 Patch 按钮，弹出如图 9-35 所示的 Patch 对话框。在 Registers to Patch 列表框中选择 hexahedron-r0 选项，即选中刚创建的特定区域，在 Phase 下拉列表框中选择 water 选项，在 Variable 列表框中选择 Volume Fraction 选项，在 Value 文本框中输入 1，表示在特定区域中充满水。设置完毕单击 Patch 按钮，对特定区域初始化。单击 Close 按钮，关闭对话框。

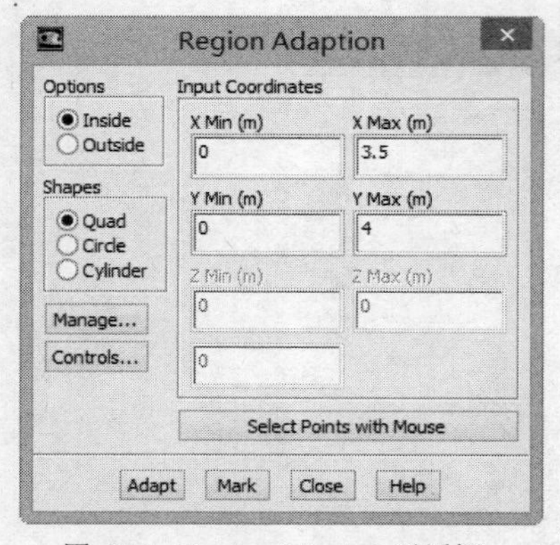

图 9-34 Region Adaption 对话框

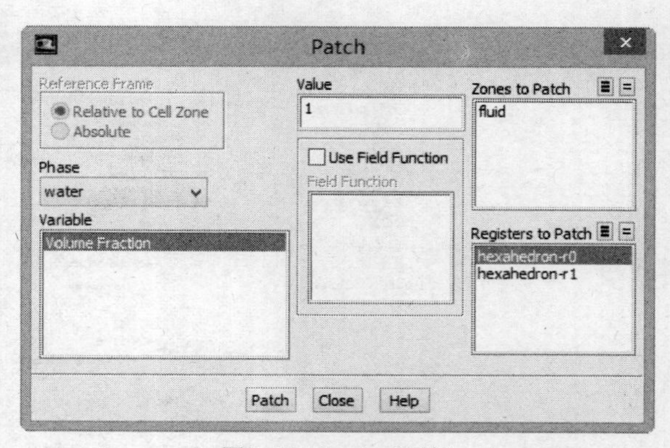

图 9-35 Patch 对话框

9.2.8 设定观看录像

执行菜单栏中的 Solve→Calculation Activities 命令，在打开的 Calculation Activities 面板中单击 Solution Animation 栏下的 Create/Edit 按钮，弹出如图 9-36 所示 Solution Animation 对话框。在 Animation Sequences 文本框中输入 1，在 Active Name 文本框中输入 vof，在 When 下拉列表框中选择 Time Step 选项，表示每一个时间步显示一次，单击 Define 按钮，弹出如图 9-37 所示的 Animation Sequence 对话框。在 Storage Type 选项组中选择 In Memory 单选按钮；在 Window 文本框中输入 1，单击 Edit 按钮，此时将自动出现一个黑色图框，在 Display Type 选项组中选择 Contours 单选按钮，表示观看轮廓的录像，此时自动弹出如图 9-38 所示的 Contours 对话框。在 Contours of 选项组的两个下拉选列表框中分别选择 Phases 和 Volume fraction 选项，在 Options 选项组中勾选 Filled 复选框，单击 Display 按钮，得到如图 9-39 所示的初始化的气液相体积轮廓图。单击 Close 按钮，关闭 Contours 对话框。在 Animation Sequence 对话框中，单击 OK 按钮，关闭此对话框。在 Solution Animation 对话框中，单击 OK 按钮，关闭此对话框，完成录像的设定。

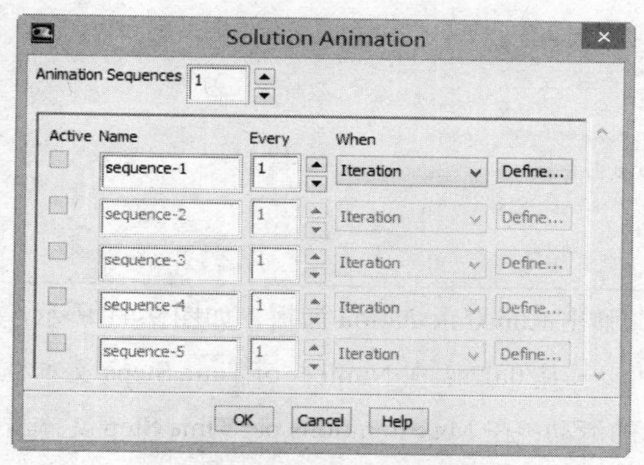

图 9-36 Solution Animation 对话框

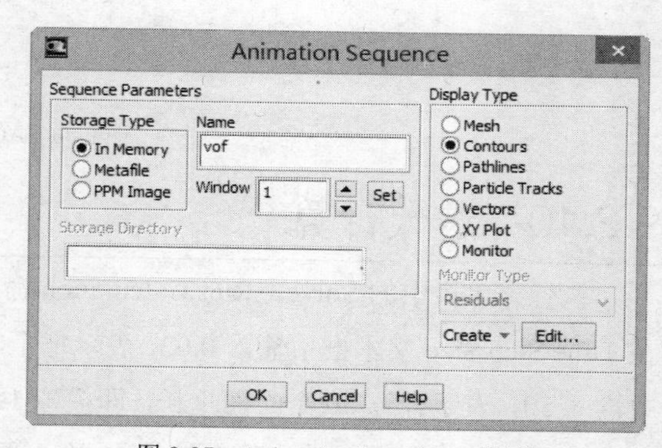

图 9-37 Animation Sequence 对话框

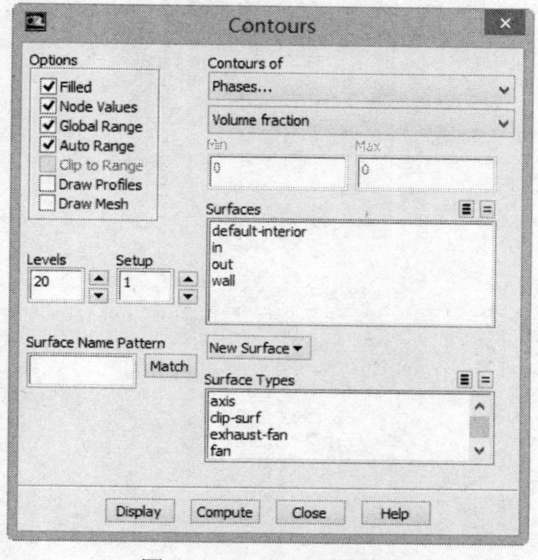

图 9-38 Contours 对话框

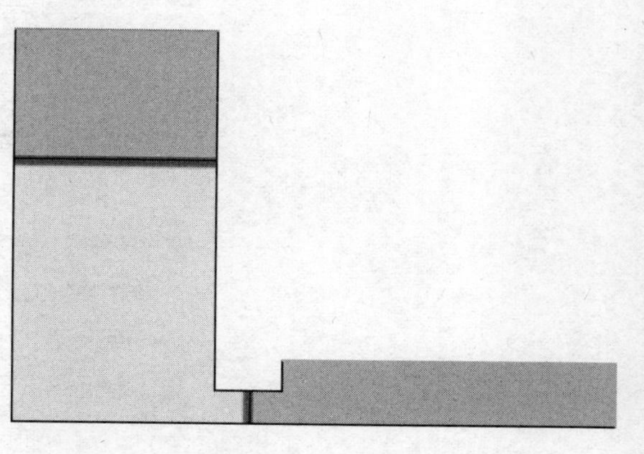

图 9-39 初始化的气液相体积轮廓图

9.2.9　保存 Case 和 Data 文件

（1）执行菜单栏中的 File→Write→Case＆Data 命令，将文件命名为 VOF，保存 Case 和 Data 文件。FLUENT 提供了在计算过程中自动保存文件的功能。

（2）执行菜单栏中的 File→Write→Autosave 命令，弹出如图 9-40 所示的 Autosave 对话框。在 Autosave Data File Every 文本框中输入 10，表示每计算 10 个时间步就自动保存一次文件，在 File Name 文本框中输入保存文件的路径，单击 OK 按钮，完成自动保存设置。

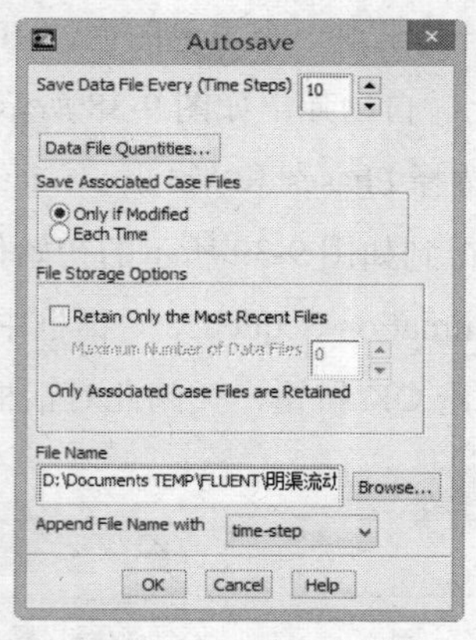

图 9-40　Autosave 对话框

9.2.10　迭代计算

执行菜单栏中的 Solve→Run Calculation 命令，弹出 Run Calculation 面板，如图 9-41 所示，在 Time Step Size 文本框中输入 0.02，表示每个时间步长是 0.02s；在 Number of Time Steps 文本框中输入 50，表示计算 50 个时间步长，即模拟 1s 内的流动；在 Max Iterations per Time Step 文本框中输入 20，表示每个时间步最多迭代 20 次，单击 Calculate 按钮，开始迭代计算。

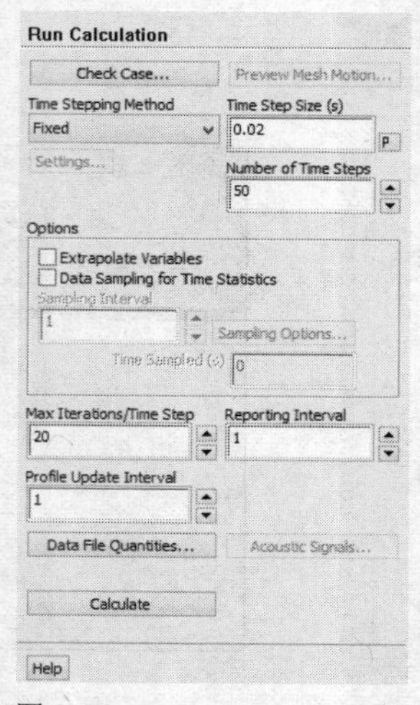

图 9-41　Run Calculation 面板

随着迭代计算的进行，可以从录像中看到水流的变化。

9.2.11 FLUENT 14.5 自带后处理

（1）显示 0.2s 时刻的流动情况。执行菜单栏中的 File→Read→Data 命令，导入 VOF.0010.dat 文件，把 0.2s 时的流动数据导入到 FLUENT 中。执行菜单栏中的 Display→Graphics and Animations→Contours 命令，弹出 Contours 对话框，如图 9-42 所示。在 Contours of 选项组的两个下拉列表框中分别选择 Phases 和 Volume fraction 选项，在 Phase 下拉列表框中选择 air 选项，在 Options 选项组中勾选 Filled 复选框，单击 Display 按钮，显示如图 9-43 所示的 0.2s 时刻气液体积分布图。

继续在 Contours 对话框中操作，在 Contours of 选项组的两个下拉列表框中分别选择 Velocity 和 Velocity Magnitude 选项，单击 Display 按钮，显示如图 9-44 所示的 0.2s 时刻速度分布图。

（2）显示 0.6s 时刻的流动情况。重复类似的操作，导入 VOF.0030.dat 文件，显示 0.6s 时刻气液相体积分布和速度分布，分别如图 9-45 和图 9-46 所示。

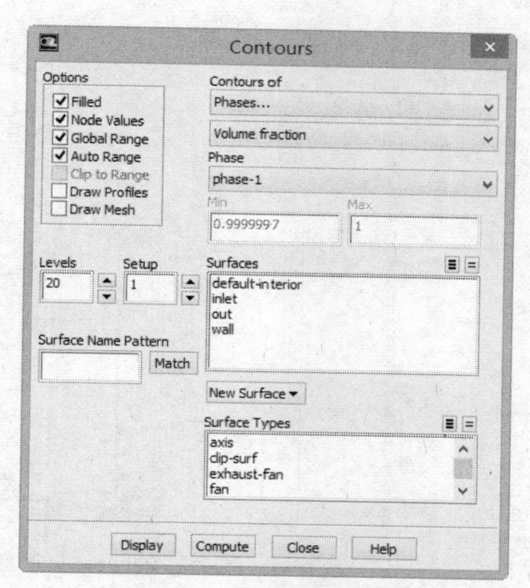

图 9-42　Contours 对话框

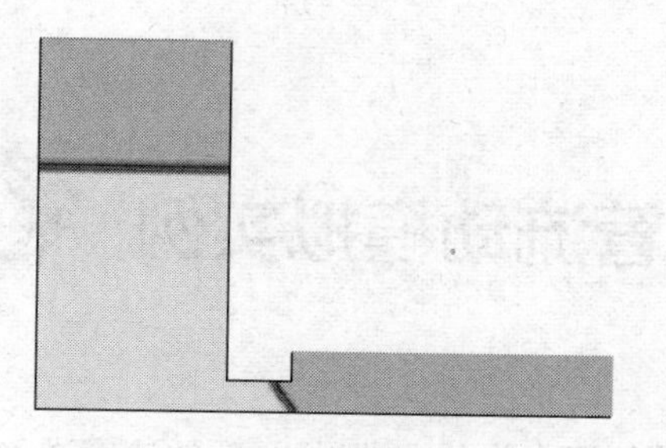

图 9-43　0.2s 时刻气液体积分布图

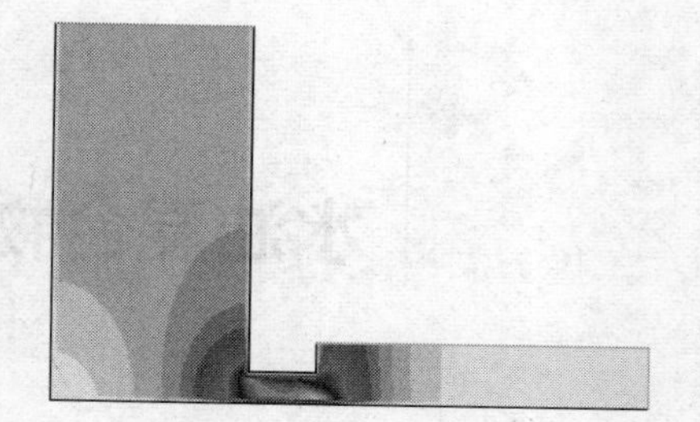

图 9-44　0.2s 时刻速度分布图

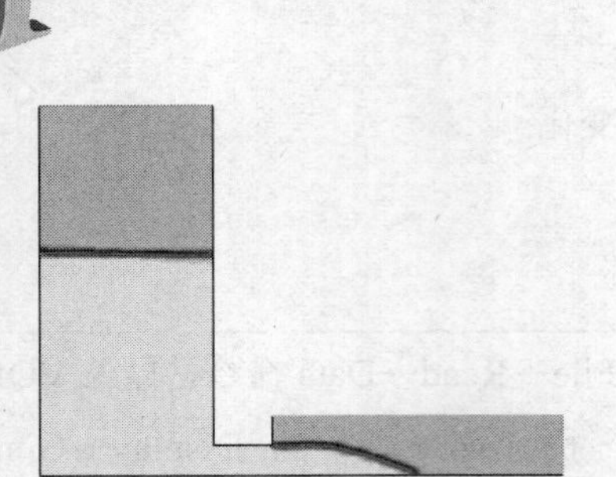

图 9-45　0.6s 时刻气液相体积分布图

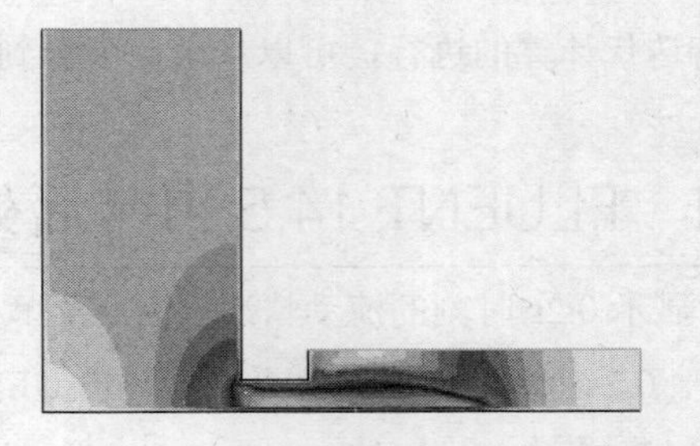

图 9-46　0.6s 时刻速度分布图

（3）显示 1s 时刻的速度矢量图。执行菜单栏中的 File→Read→Data 命令，导入 VOF.0050.dat 文件，把 1s 时刻的流动数据导入到 FLUENT 中。执行菜单栏中的 Display→Vectors 命令，弹出如图 9-47 所示的 Vectors 对话框。在 Vectors of 下拉列表框中选择 Velocity 选项，在 Phase 下拉列表框中选择 mixture 选项，在 Color by 选项组的两个下拉列表框中分别选择 Velocity 和 Velocity Magnitude 选项，单击 Display 按钮，显示如图 9-48 所示的 1s 时刻速度矢量图。

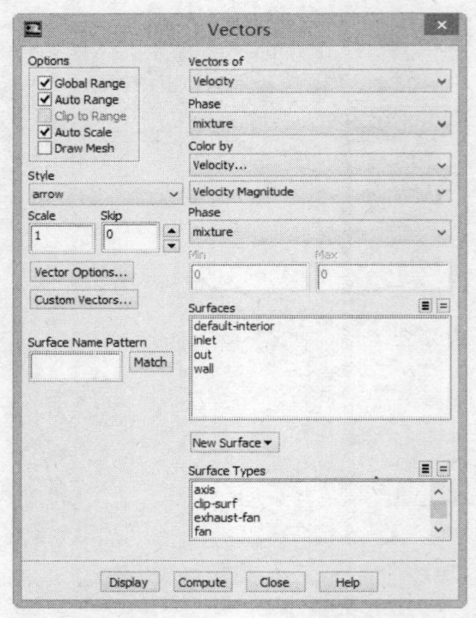

图 9-47　Vectors 对话框

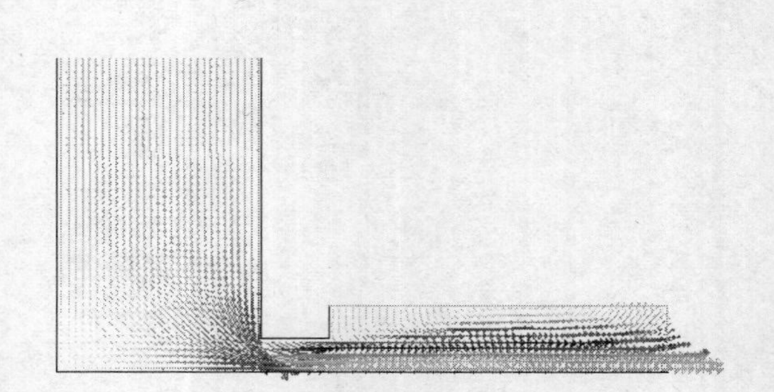

图 9-48　1s 时刻速度矢量图

9.3 水油混合物 T 形管流动模拟实例

图 9-49 所示为一个 T 型管，直径为 0.5m，水和油的混合物从左端以 1m/s 的速度进入，其中

油的质量分数为 80%。在交叉点处混合流分流，78%质量流率的混合流从下口流出，22%的质量流率的混合流从右端流出。

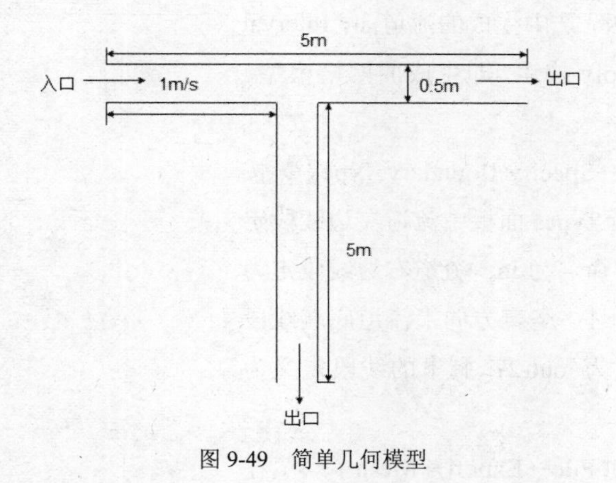

图 9-49 简单几何模型

9.3.1 建立模型

（1）启动 GAMBIT，选择工作目录。

（2）单击 Geometry→Face→Create Real Rectangular Face按钮，在 Width 和 Height 中分别输入 5 和 0.5，单击 Apply 按钮，生成水平方向的矩形流道。然后在 Width 和 Height 中分别输入 0.5 和 5，生成竖直方向上的矩形流道，如图 9-50 所示。

（3）单击 Geometry→Face→Move/Copy Faces按钮，在 Move/Copy Faces 面板中选择竖直方向上的矩形面，沿 y 轴方向移动-2.75，得到 T 型几何流道。

（4）单击 Geometry→Face→Unite Real Faces按钮，将生成的两个矩形面合为一面，如图 9-51 所示。

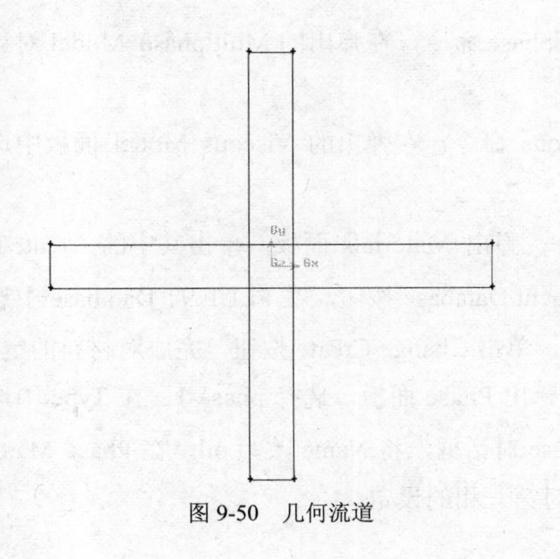
图 9-50 几何流道

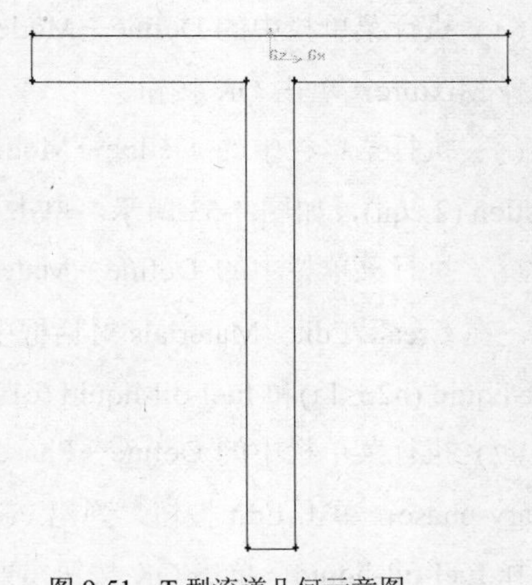
图 9-51 T 型流道几何示意图

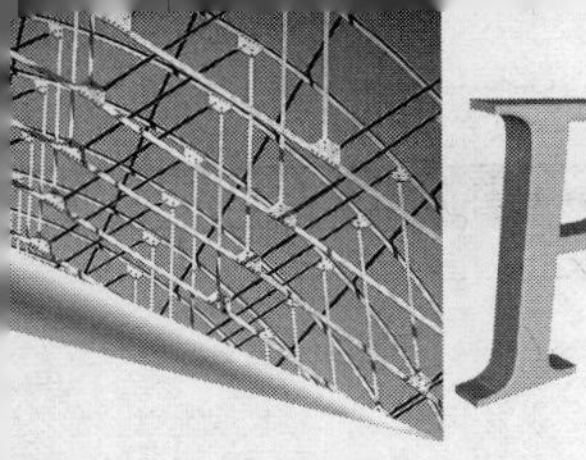

9.3.2 划分网格

（1）单击 Mesh→Faces→Mesh Faces按钮，打开 Mesh Faces 面板，选中生成的流道面，Interval Size 输入 0.05，单击 Apply 按钮，即生成面网格模型，如图 9-52 所示。

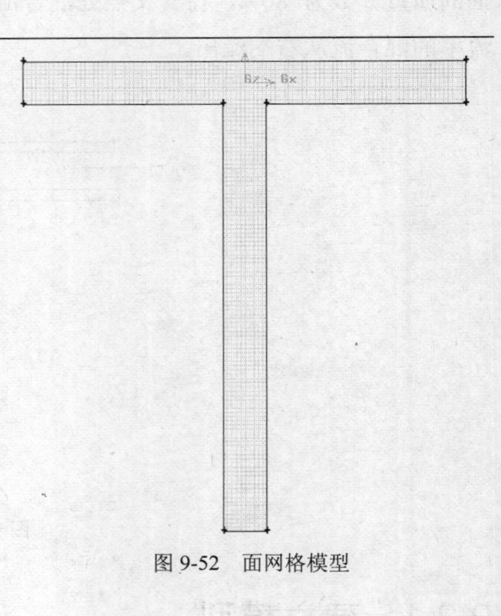

图 9-52 面网格模型

（2）单击 Zones→Specify Boundary Types按钮，在 Specify Boundary Types 面板中流道左边线段定为 VELOCITY_INLET，命名为 in；流道右边线段定为 OUTFLOW，命名为 out-1；竖直方向上流道底端线段定为 OUTFLOW，命名为 out-2；剩下的线段定义为 WALL，命名为 wall。

（3）执行菜单栏中的 File→Export→Mesh 命令，在文件名中输入 mixture.msh，选择 Export 2-D（X-Y）Mesh 选项，确定输出的为二维模型网络文件。

9.3.3 求解计算

（1）启动 FLUENT 14.5，在弹出的 FLUENT Launcher 对话框中选择 2D 计算器，单击 OK 按钮。

（2）执行菜单栏中的 File→Read→Case 命令，读入划分好的网格文件 mixture.msh。然后进行检查，执行 Mesh→Check 命令。

（3）执行菜单栏中的 Define→General 命令，弹出 General 面板，本例保持系统默认设置即可满足要求。

（4）执行菜单栏中的 Define→Models→Multiphase 命令，在弹出的 Multiphase Model 对话框中选择 Mixture，单击 OK 按钮。

（5）执行菜单栏中的 Define→Models→Viscous 命令，在弹出的 Viscous Model 面板中选择 k-epsilon (2 eqn)，如图 9-53 所示。单击 OK 按钮。

（6）执行菜单栏中的 Define→Materials 命令，弹出 Materials 面板。单击其中的 Create/Edit 按钮，在 Create/Edit Materials 对话框中单击 Fluent Database 按钮，在 FLUENT Database 中选择 water-liquid (h2o<l>)和 fuel-oil-liquid (c19h30<1>)，单击 Change/Create 按钮，完成对材料的定义。

（7）执行菜单栏中的 Define→Phases 命令，弹出 Phase 面板，选择 phase-1，在 Type 中选择 Primary-phase，单击 Edit 按钮，弹出 Primary Phase 对话框，将 Name 改为 oil，在 Phase Material 中选择 fuel-oil-liquid，单击 OK 按钮，即可完成对第一相的设定。

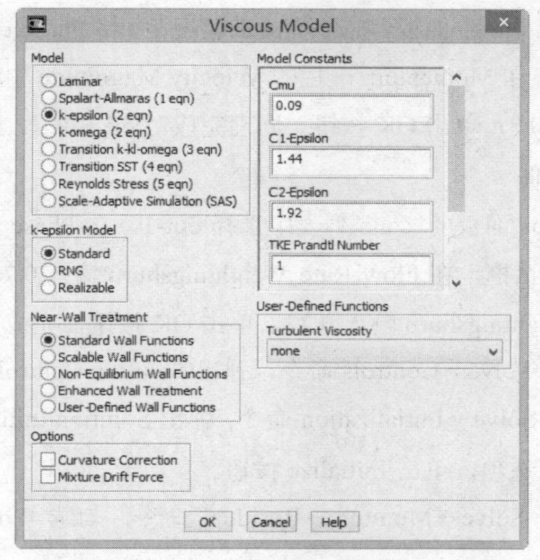

图 9-53 Viscous Model 面板

（8）回到 Phase 面板，选择 phase-2，在 Type 中选择 Secondary-phase，单击 Edit 按钮，弹出 Secondary Phase 对话框，将 Name 改为 water，在 Phase Material 中选择 water-liquid，单击 OK 按钮，即可完成对第二相的设定。

（9）执行菜单栏中的 Define→Operating Conditions 命令，弹出 Operating Conditions 对话框，勾选 Gravity，将 y 方向上的加速度改为-9.81，单击 OK 按钮。

（10）执行菜单栏中的 Define→Boundary Conditions 命令，弹出 Boundary Conditions 面板。

1）设置 int 的边界条件

① 在 Boundary Conditions 面板的 Zone 列表中选择 in，在 Phase 列表中选择 mixture，单击 Edit 按钮，弹出 Velocity Inlet 对话框，如图 9-54 所示，在 Momentum 一栏的 Specification Method 中选择 Intensity and Hydraulic Diameter；将 Turbulent Intensity(%)设置为 1，Hydraulic Diameter(m)设置为 0.6，设置完毕后单击 OK 按钮。

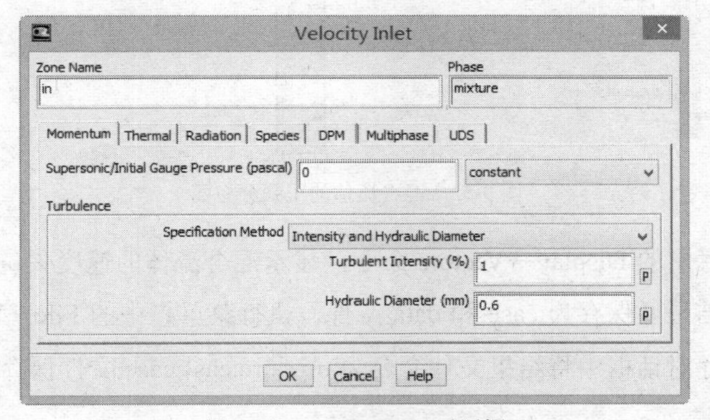

图 9-54 Velocity Inlet 对话框

② 回到 Boundary Conditions 面板，在选择 in 的情况下，将 Phase 改为 water，单击 Edit 按钮，弹出 Velocity Inlet 对话框，在 Momentum 一栏的 Velocity Magnitude 中输入 1，在 Muliphase 一栏的 Volume Fraction 中输入 0.2，单击 OK 按钮。同理完成对 oil 相的设定。

2）设置 out 的边界条件

在 Boundary Conditions 面板的 Zone 列表中选择 out-1，在 Phase 列表中选择 mixture，单击 Edit 按钮，弹出 outflow 对话框，在 Flow Rate Weightingshuru 输入 0.78，单击 OK 按钮。然后选择 out-2，在 Flow Rate Weightingshuru 输入 0.22，单击 OK 按钮，完成对 out 边界条件的设置。

（11）执行菜单栏中的 Solve→Controls 命令，弹出 Solution Controls 面板，保持默认值。

（12）执行菜单栏中的 Solve→Initialization 命令，弹出 Solution Initialization 面板。在 Compute From 下拉列表框中选择 in 选项，单击 Initialize 按钮。

（13）执行菜单栏中的 Solve→Monitors→Residual 命令，勾选 Plot，其他保持默认值，单击 OK 按钮。

（14）执行菜单栏中的 Solve→Run Calculation 命令，弹出 Run Calculation 面板，在 Number of Iterations 中输入 1000，单击 Calculate 按钮开始迭算。

（15）迭代完成后，执行菜单栏中的 Display→Graphics and Animations→Contours 命令，得到混合流体的压强分布图和速度分布图，如图 9-55 和图 9-56 所示。

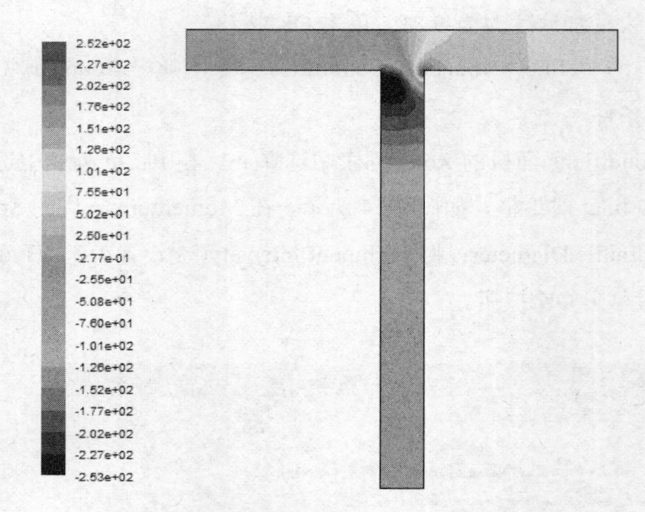

图 9-55　混合流体的压强分布图

（16）执行菜单栏中的 Display→Vectors 命令，显示混合流体的速度矢量图，如图 9-57 所示。

（17）计算完的结果要保存为 case 和 data 文件，执行菜单栏中的 File→Write→Case&Data 命令，在弹出的文件保存对话框中将结果文件命名为 mixture.cas，case 文件保存的同时也保存了 data 文件 mixture.dat。

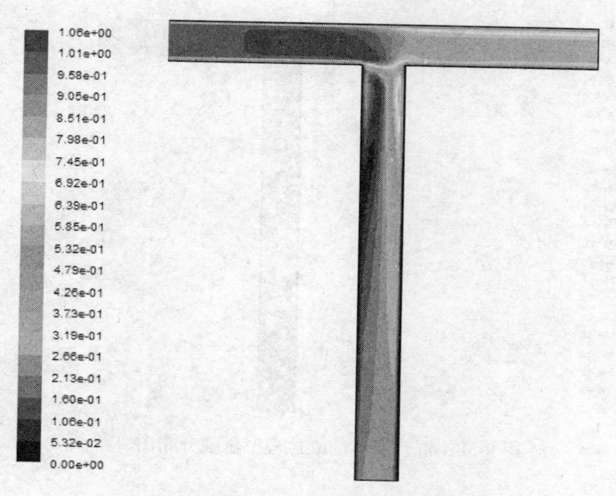

图 9-56　混合流体的速度分布图

（18）该模型也可用 Eulerian 模型来进行多相流计算。执行菜单栏中的 Define→ Models→Multiphase 命令，在弹出的 Multiphase Model 对话框中选择 Eulerian，单击 OK 按钮。

（19）重新对流场进行初始化。执行菜单栏中的 Solve→Initialization 命令，弹出 Solution Initialization 面板。在 Compute From 下拉列表框中选择 in 选项，单击 Initialize 按钮。

（20）执行菜单栏中的 Solve→Run Calculation 命令，弹出 Run Calculation 面板，在 Number of Iterations 中输入 1000，单击 Calculate 按钮开始迭算。

（21）迭代完成后，执行菜单栏中的 Display→Graphics and Animations→Contours 命令，得到混合流体的欧拉模型压强分布图和速度分布图，如图 9-58 和图 9-59 所示。

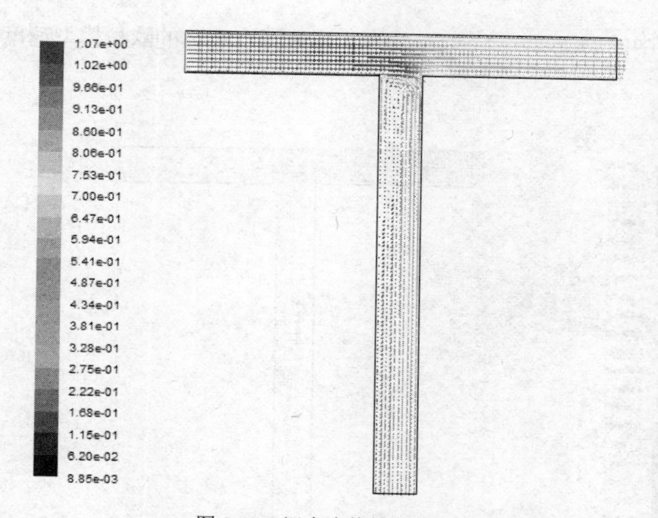

图 9-57　混合流体的速度矢量图

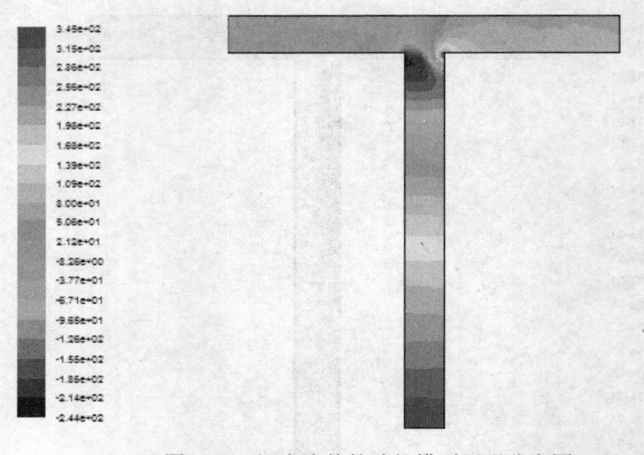

图 9-58　混合流体的欧拉模型压强分布图

图 9-59　混合流体的欧拉模型速度分布图

（22）执行菜单栏中的 Display→Vectors 命令，显示混合流体的欧拉模型速度矢量图，如图 9-60 所示。

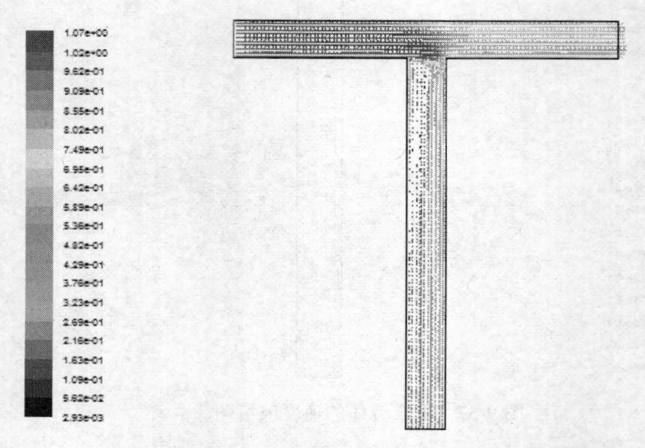

图 9-60　混合流体的欧拉模型速度矢量图

（23）计算完的结果要保存为 case 和 data 文件，执行菜单栏中的 File→Write→Case&Data 命令，在弹出的文件保存对话框中将结果文件命名为 eulerian.cas，case 文件保存的同时也保存了 data 文件 eulerian.dat。

（24）最后执行菜单栏中的 File→Exit 命令，安全退出 FLUENT。

9.4 液相凝固温度模拟

自然界中存在着三态，即气、液、固。随着温度的变化这三态也在不断地循环。在一些实际工程中也存在着大量与凝固融化蒸发相关的问题，下面就通过实例来用 FLUENT 对此类问题进行一下数值模拟。

图 9-61 所示为一个圆桶，其中装满了 35℃的液态苯，将其放在 0℃的环境下，部分液态苯将会凝固。已知常压下苯的熔化热为 127128J/kg，熔点和凝固点为 5℃。下面用 FULENT 模拟苯凝固的过程。

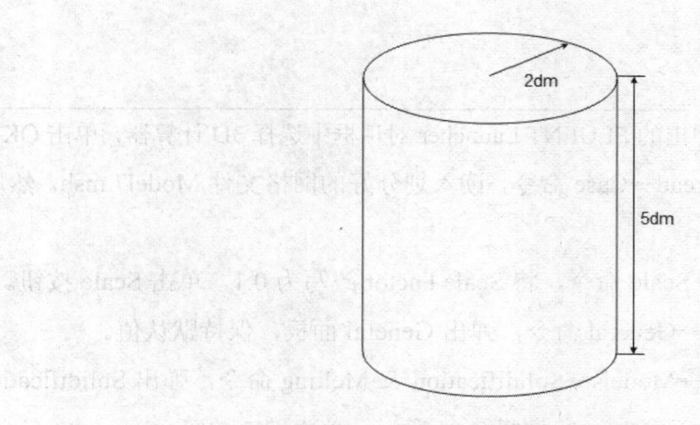

图 9-61 几何模型

9.4.1 利用 GAMBIT 创建几何模型

单击 Geometry→Volume→Create Real Cylinder 按钮，弹出 Create Real Cylinder 对话框，在 Height、Radius1 和 Radius2 中分别输入 5、2 和 2，保持 Center Axis 为 *z* 轴，单击 Apply 按钮，出现一三维圆环，如图 9-62 所示。在 Height、Radius1 和 Radius2 中分别输入 5、2 和 2，保持 Center Axis 为 *z* 轴，单击 Apply 按钮，出现一三维圆环。

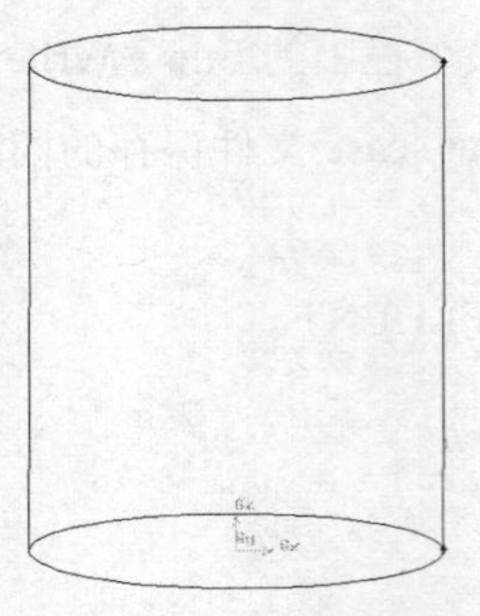

图 9-62　圆桶模型

图 9-63　体网格的划分

9.4.2　利用 GAMBIT 划分网格

（1）单击 Mesh→Volume→Mesh Volumes 按钮，打开 Mesh Volumes 面板，Interval Size 输入 0.1，其他保持默认值，单击 Apply 按钮，完成对面网格的划分，如图 9-63 所示。

（2）单击 Zones→Specify Boundary Types 按钮，在 Specify Boundary Types 面板中将底部壁面定义为 WALL，命名为 bottom；顶部壁面定义为 WALL，命名为 top；剩下的壁面命名为 side。

（3）执行菜单栏中的 File→Export→Mesh 命令，在文件名中输入 Model7.msh，不选 Export 2-D（X-Y）Mesh，确定输出的为三维模型网络文件。

9.4.3　求解计算

（1）启动 FLUENT 14.5，在弹出的 FLUENT Launcher 对话框中选择 3D 计算器，单击 OK 按钮。

（2）执行菜单栏中的 File→Read→Case 命令，读入划分好的网格文件 Model7.msh。然后进行检查，执行 Mesh→Check 命令。

（3）执行菜单栏中的 Mesh→Scale 命令，将 Scale Factor 改写为 0.1，单击 Scale 按钮。

（4）执行菜单栏中的 Define→General 命令，弹出 General 面板，保持默认值。

（5）执行菜单栏中的 Define→Models→Solidification & Melting 命令，弹出 Solidification and Melting 对话框，勾选 Solidification/Melting，如图 9-64 所示，单击 OK 按钮。

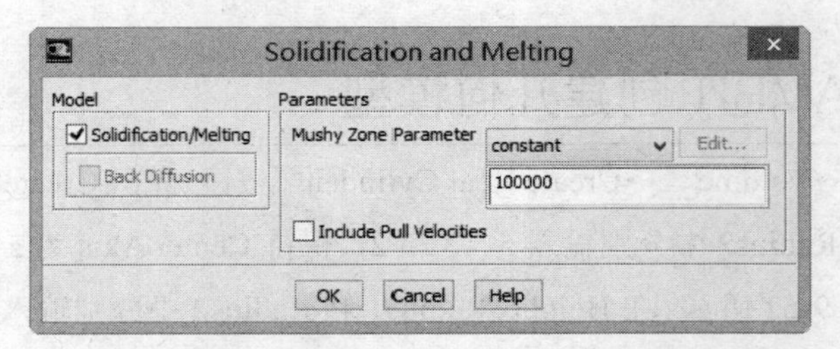

图 9-64　Solidification and Melting 对话框

（6）执行菜单栏中的 Define→Models→Energy 命令，这时候能量方程因为执行了 Solidification and Melting 命令而启动。

（7）执行菜单栏中的 Define→Materials 命令，弹出 Materials 面板。单击其中的 Create/Edit 按钮，在 Create/Edit Materials 对话框中单击 Fluent Database 按钮，在 Fluent Fluid Materials 下拉列表中选择 benzene-liquid(c6h6<1>)，单击 COPY 按钮回到 Material 面板，在 Properties 一栏中将 Pure Solvent Melting Heat 输入 773.448，Solidus Temperature 为 278；Liquidus Temperature 为 278，单击 Change/Create 按钮和 CLOSE 按钮，完成对材料的定义，如图 9-65 所示。

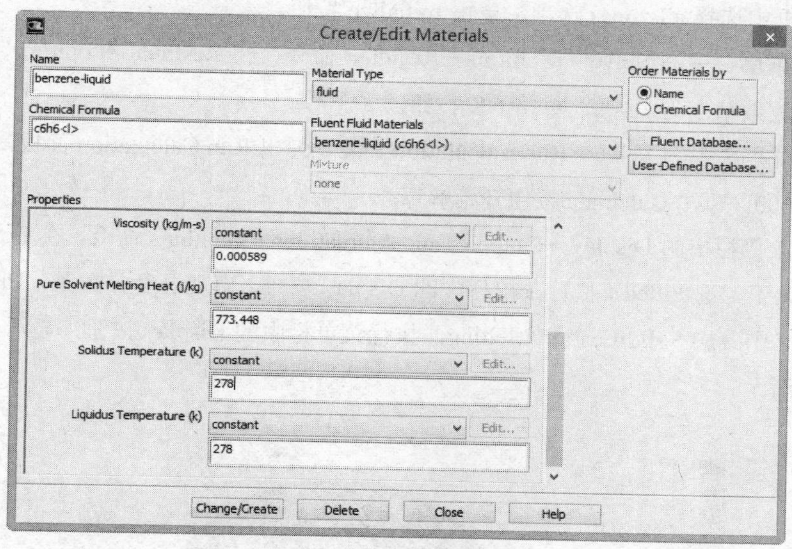

图 9-65 Material 面板

（8）执行菜单栏中的 Define→Operation Conditions 命令，沿 z 轴方向加速度填写为-9.8，如图 9-66 所示，单击 OK 按钮。

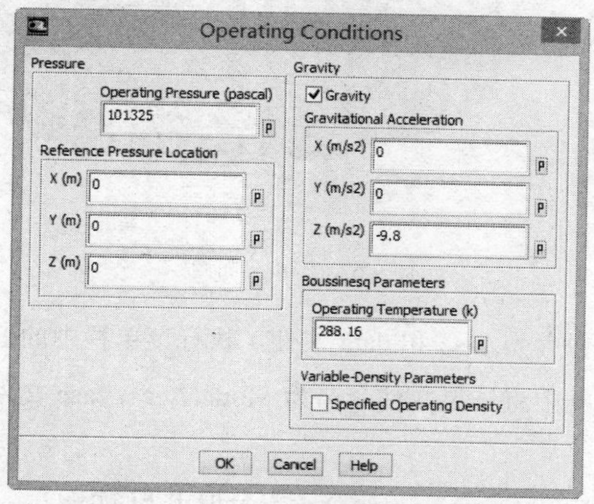

图 9-66 Operation Conditions 对话框

（9）执行菜单栏中的 Define→Cell Zone Conditions 命令，弹出 Cell Zone Conditions 面板。在列表中选择 fluid，在弹出的 fluid 面板中选择 Material 为 benzene-liquid。单击 OK 按钮。

（10）执行菜单栏中的 Define→Boundary Conditions 命令，弹出 Boundary Conditions 面板。在列表中选择 bottom，其类型 Type 为 wall，单击 Edit 按钮，选择 Temperature，输入 308，单击 OK 按钮。同理处理 side 和 top，只是将温度改为 237K。

（11）执行菜单栏中的 Solve→Controls 命令，弹出 Solution Controls 面板，保持默认值。

（12）执行菜单栏中的 Solve→Initialization 命令，弹出 Solution Initialization 面板。在 Compute From 下拉列表框中选择 all-zones 选项，单击 Initialize 按钮。

（13）执行菜单栏中的 Solve→Monitors→Residual 命令，在 Residual Monitors 对话框中选中 Plot，energy 的收敛精度为 1e-08，单击 OK 按钮。

（14）执行菜单栏中的 Solve→Run Calculation 命令，弹出 Run Calculation 面板，设置 Number of Iteration 为 1000，单击 Calculate 按钮开始解算。

（15）执行菜单栏中的 Display→Graphics and Animations→Contours 命令，在 Contours of 中选择 Temperature，不勾选 Filled，执行菜单栏中的 Display 按钮，出现温度分布图，如图 9-67 所示。再在 Contours of 中改选 Solidification/Melting，执行菜单栏中的 Display 按钮，显示出液态苯分布图，如图 9-68 所示。

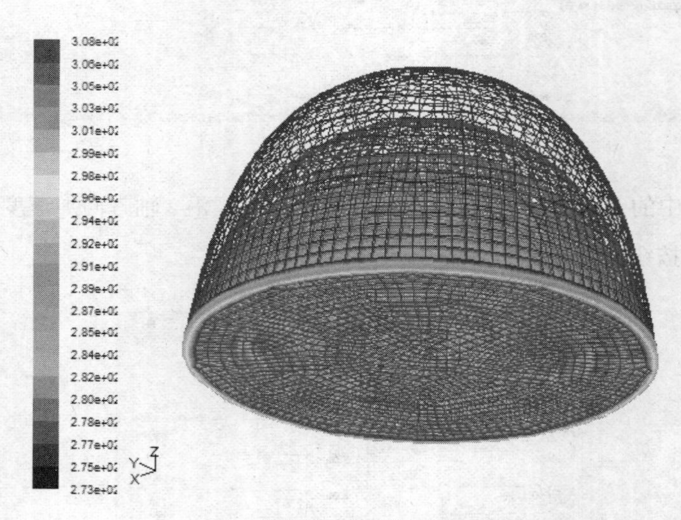

图 9-67　温度分布图

（16）计算完的结果要保存为 case 和 data 文件，执行菜单栏中的 File→Write→Case&Data 命令，在弹出的文件保存对话框中将结果文件命名为 Model7.cas，case 文件保存的同时也保存了 data 文件 Model7.dat。

（17）最后执行菜单栏中的 File→Exit 命令，安全退出 FLUENT。

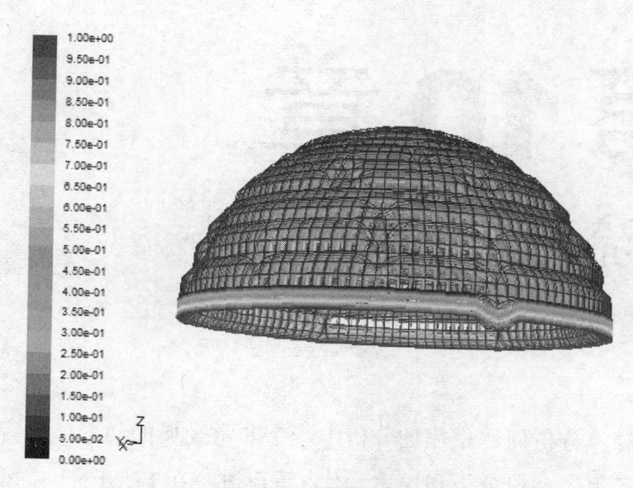
1.00e+00
9.50e-01
9.00e-01
8.50e-01
8.00e-01
7.50e-01
7.00e-01
6.50e-01
6.00e-01
5.50e-01
5.00e-01
4.50e-01
4.00e-01
3.50e-01
3.00e-01
2.50e-01
2.00e-01
1.50e-01
1.00e-01
5.00e-02
0.00e+00
Z
X

图 9-68　液态苯分布图

FLUENT
14

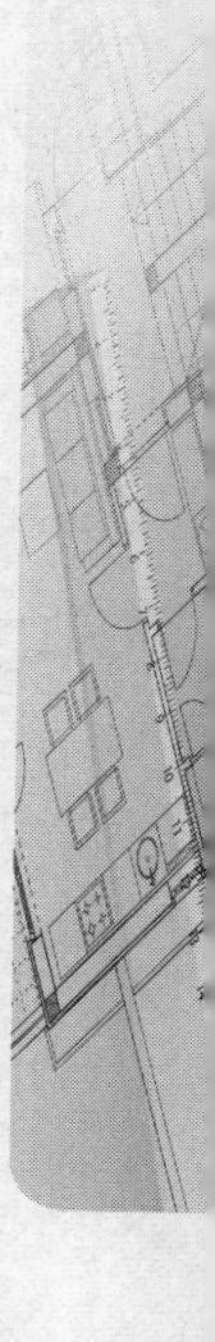

第10章 湍流分析

湍流分析问题是流场分析中一个非常经典的问题，研究人员对此问题进行了很多理论分析和探索。本章重点讲解在FLUENT中解决湍流分析问题的基本方法和思路，其中，卡曼漩涡重点结合了定常流动，卡曼涡街重点结合了非定常流动。通过本章的学习，读者应重点掌握GAMBIT建模的基本操作和FLUENT的基本操作。

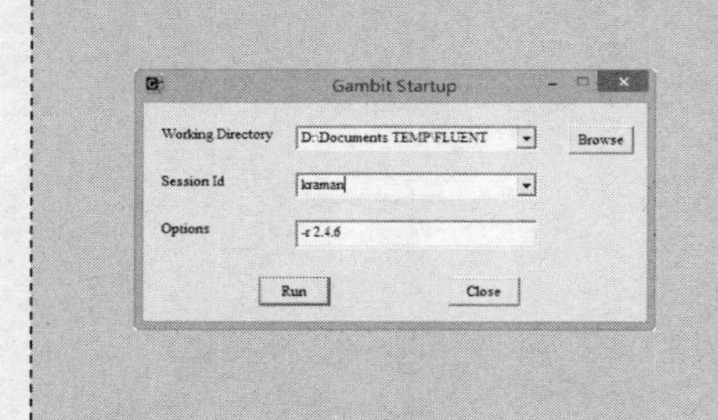

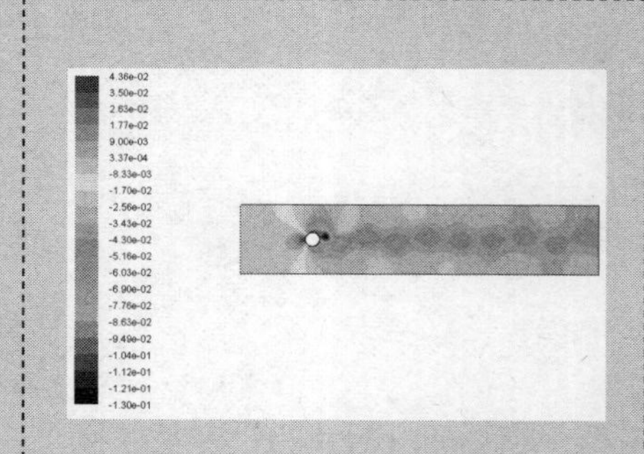

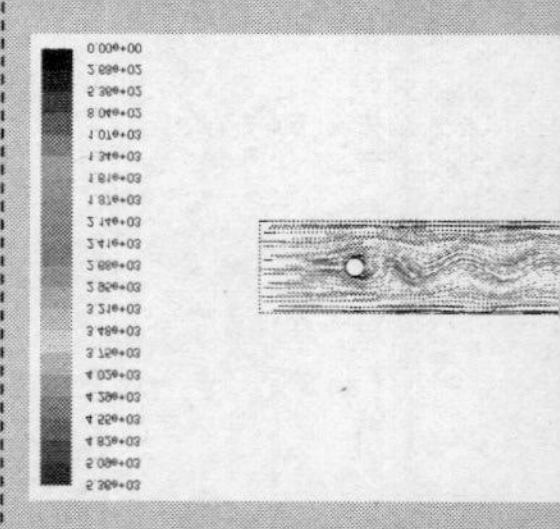

10.1 湍流模型概述

FLUENT 提供的湍流模型包括，单方程（Spalart-Allmaras）模型、双方程模型（标准 k-ε 模型、RNG k-ε 模型和 Realizable k-ε 模型）及 Renolds 应力模型和大涡模拟，如图 10-1 所示。下面的几节将具体讲解这几种模型。

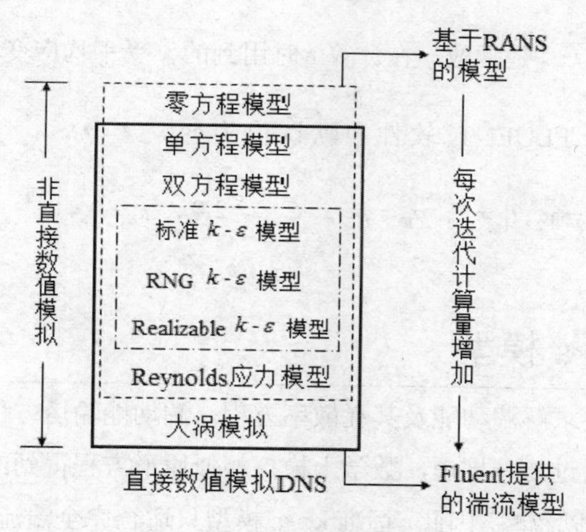

图 10-1　湍流模型详解

10.1.1　单方程（Spalart-Allmaras）模型

单方程模型求解变量是 $\tilde{\nu}$，表征出了近壁（黏性影响）区域以外的湍流运动黏性系数。$\tilde{\nu}$ 的输运方程为：

$$\rho\frac{\mathrm{d}\tilde{\nu}}{\mathrm{d}t}=G_{\nu}+\frac{1}{\sigma_{\tilde{\nu}}}\left[\frac{\partial}{\partial x_j}\left\{(\mu+\rho\tilde{\nu})\frac{\partial\tilde{\nu}}{\partial x_j}\right\}+C_{b2}\left(\frac{\partial\tilde{\nu}}{\partial x_j}\right)\right]-Y_{\nu} \tag{10-1}$$

式中，G_ν 是湍流黏性产生项，Y_ν 是由于壁面阻挡与黏性阻尼引起的湍流黏性的减少，$\sigma_{\tilde{\nu}}$ 和 C_{b2} 是常数，ν 是分子运动黏性系数。

湍流黏性系数 $\mu_t=\rho\tilde{\nu}f_{\nu1}$，其中，$f_{\nu1}$ 是黏性阻尼函数，定义为 $f_{\nu1}=\dfrac{\chi^3}{\chi^3+C_{\nu1}{}^3}$，$\chi\equiv\dfrac{\tilde{\nu}}{\nu}$。而湍

流黏性产生项G_v模拟为$G_v = C_{b1}\rho\tilde{S}\tilde{v}$，其中$\tilde{S} \equiv S + \dfrac{\tilde{v}}{k^2 d^2} f_{v2}$，$f_{v2} = 1 - \dfrac{\chi}{1+\chi f_{v1}}$，$C_{b1}$和$k$是常数，$d$是计算点到壁面的距离，$S \equiv \sqrt{2\Omega_{ij}\Omega_{ij}}$，$\Omega_{ij} = \dfrac{1}{2}\left(\dfrac{\partial u_j}{\partial x_i} - \dfrac{\partial u_i}{\partial x_j}\right)$。在 FLUENT 软件中，考虑到平均应变率对湍流产生也起到很大作用，$S \equiv |\Omega_{ij}| + C_{\text{prod}} \min(0, |S_{ij}| - |\Omega_{ij}|)$，其中，$C_{\text{prod}}=2.0$，$|\Omega_{ij}| \equiv \sqrt{2\Omega_{ij}\Omega_{ij}}$，$|S_{ij}| \equiv \sqrt{2S_{ij}S_{ij}}$，平均应变率$S_{ij} = \dfrac{1}{2}\left(\dfrac{\partial u_j}{\partial x_i} + \dfrac{\partial u_i}{\partial x_j}\right)$。

在涡量超过应变率的计算区域计算出来的涡旋黏性系数变小。这适合涡流靠近涡旋中心的区域，那里只有单纯的旋转，湍流受到抑止。包含应变张量的影响更能体现旋转对湍流的影响。忽略了平均应变，估计的涡旋黏性系数产生项偏高。

湍流黏性系数减少项Y_v为$Y_v = C_{w1}\rho f_w \left(\dfrac{\tilde{v}}{d}\right)^2$，其中，$f_w = g\left(\dfrac{1+C_{w3}^6}{g_6 + C_{w3}^6}\right)^{1/6}$，$g = r + C_{w2}(r^6 - r)$，$r \equiv \dfrac{\tilde{v}}{\tilde{S}k^2 d^2}$，$C_{w1}$、$C_{w2}$、$C_{w3}$是常数，在计算 r 时用到的$\tilde{S}$受平均应变率的影响。

上面的模型常数在 FLUENT 软件中默认值为∞，$x \to \infty$，$p = p_a$，$\dfrac{\partial F}{\partial t} + v \cdot \nabla F = 0$，$Q = k_1 \dfrac{\partial T}{\partial n}|_1 = k_2 \dfrac{\partial T}{\partial n}|_2$，$v_1 = v_2, T_1 = T_2, p_1 = p_2$，$C_{w3} = 2.0$，$k = 0.41$。

10.1.2 标准 k～ε 模型

标准 k～ε 模型需要求解湍动能及其耗散率方程。湍动能输运方程是通过精确的方程推导得到的，但耗散率方程是通过物理推理，数学上模拟相似原形方程得到的。该模型假设流动为完全湍流，分子黏性的影响可以忽略。因此，标准 k～ε 模型只适合完全湍流的流动过程模拟。标准 k～ε 模型的湍动能 k 和耗散率ε方程为如下：

$$\rho \frac{\mathrm{d}k}{\mathrm{d}t} = \frac{\partial}{\partial x_i}\left[\left(\mu + \frac{\mu_t}{\sigma_k}\right)\frac{\partial k}{\partial x_i}\right] + G_k + G_b - \rho\varepsilon - Y_M \tag{10-2}$$

$$\rho \frac{\mathrm{d}\varepsilon}{\mathrm{d}t} = \frac{\partial}{\partial x_i}\left[\left(\mu + \frac{\mu_t}{\sigma_\varepsilon}\right)\frac{\partial \varepsilon}{\partial x_i}\right] + C_{1\varepsilon}\frac{\varepsilon}{k}(G_k + C_{3\varepsilon}G_b) - C_{2\varepsilon}\rho\frac{\varepsilon^2}{k} \tag{10-3}$$

式中，G_k表示由于平均速度梯度引起的湍动能产生，G_b表示由于浮力影响引起的湍动能产生，Y_M表示可压缩湍流脉动膨胀对总的耗散率的影响。湍流黏性系数$\mu_t = \rho C_\mu \dfrac{k^2}{\varepsilon}$。

在 FLUENT 中，作为默认值常数，C_{1z}=1.44，C_{2z} =1.92，C_{3z} =0.09，湍动能 k 与耗散率 ε 的湍流普朗特数分别为σ_k=1.0，σ_z=1.3。

10.1.3 重整化群（RNG）k～ε 模型

重整化群 k～ε 模型是对瞬时的 Navier-StOKes 方程用重整化群的数学方法推导出来的模型。模型中的常数与标准 k～ε 模型不同，而且方程中也出现了新的函数或项。其湍动能与耗散率方程与标准 k～ε 模型有相似的形式：

$$\rho\frac{\mathrm{d}k}{\mathrm{d}t}=\frac{\partial}{\partial x_i}\left[(\alpha_k\mu_{\mathrm{eff}})\frac{\partial k}{\partial x_i}\right]+G_k+G_b-\rho\varepsilon-Y_M \tag{10-4}$$

$$\rho\frac{\mathrm{d}\varepsilon}{\mathrm{d}t}=\frac{\partial}{\partial x_i}\left[(\alpha_\varepsilon\mu_{\mathrm{eff}})\frac{\partial\varepsilon}{\partial x_i}\right]+C_{1\varepsilon}\frac{\varepsilon}{k}(G_k+C_{3\varepsilon}G_b)-C_{2\varepsilon}\rho\frac{\varepsilon^2}{k}-R \tag{10-5}$$

式中，G_k 表示由于平均速度梯度引起的湍动能产生，G_b 表示由于浮力影响引起的湍动能产生，Y_M 表示可压缩湍流脉动膨胀对总的耗散率的影响，这些参数与标准 k～ε 模型中相同。α_k 和 α_z 分别是湍动能 k 和耗散率 ε 的有效湍流普朗特数的倒数。湍流黏性系数计算公式为：

$$\mathrm{d}\left(\frac{\rho^2k}{\sqrt{\varepsilon\mu}}\right)=1.72\frac{\tilde{v}}{\sqrt{\tilde{v}^3-1-Cv}}\mathrm{d}\tilde{v} \tag{10-6}$$

式中，$\tilde{v}=\mu_{\mathrm{eff}}/\mu$，$C_v\approx100$。对于前面方程的积分，可以精确到有效 Reynolds 数（涡旋尺度）对湍流输运的影响，这有助于处理低 Reynolds 数和近壁流动问题的模拟。对于高 Reynolds 数，上面方程可以给出：$\mu_t=\rho C_\mu\dfrac{k^2}{\varepsilon}$，$C_\mu=0.0845$。这个结果非常有意思，和标准 k～ε 模型的半经验推导给出的常数 C_μ=0.09 非常近似。在 FLUENT 中，如果是默认设置，用重整化群 k～ε 模型时是针对的高 Reynolds 数流动问题。如果对低 Reynolds 数问题进行数值模拟，必须进行相应的设置。

10.1.4 可实现 k～ε 模型

实现 k～ε 模型的湍动能及其耗散率输运方程为

$$\rho\frac{\mathrm{d}k}{\mathrm{d}t}=\frac{\partial}{\partial x_i}\left[\left(\mu+\frac{\mu_t}{\sigma_k}\right)\frac{\partial k}{\partial x_i}\right]+G_k+G_b-\rho\varepsilon-Y_M \tag{10-7}$$

$$\rho\frac{\mathrm{d}\varepsilon}{\mathrm{d}t}=\frac{\partial}{\partial x_i}\left[\left(\mu+\frac{\mu_t}{\sigma_\varepsilon}\right)\frac{\partial\varepsilon}{\partial x_i}\right]+\rho C_1S\varepsilon-\rho C_2\frac{\varepsilon^2}{k+\sqrt{v\varepsilon}}+C_{1\varepsilon}\frac{\varepsilon}{k}C_{3\varepsilon}G_b \tag{10-8}$$

式中，$C_1=\max\left[0.43,\dfrac{\eta}{\eta+5}\right]$，$\eta=Sk/\varepsilon$

在上述方程中，G_k 表示由于平均速度梯度引起的湍动能产生，G_b 表示由于浮力影响引起的湍动能产生，Y_M表示可压缩湍流脉动膨胀对总的耗散率的影响，C_{2z}和C_{1z}是常数，σ_k和σ_z分别是湍动能及其耗散率的湍流普朗特数。在FLUENT中，作为默认值常数，C_{1z}=1.44，C_{2z}=1.9，σ_k=1.0，σ_z=1.2。

该模型的湍流黏性系数与标准k～ε模型相同。不同的是，黏性系数中的C_μ不是常数，而是通过公式计算得到 $C_\mu = \dfrac{1}{A_0 + A_s \dfrac{U^* K}{\varepsilon}}$，其中，$U^* = \sqrt{S_{ij}S_{ij} + \tilde{\Omega}_{ij}\tilde{\Omega}_{ij}}$，$\tilde{\Omega}_{ij} = \Omega_{ij} - 2\varepsilon_{ijk}\omega_k$，$\Omega_{ij} = \bar{\Omega}_{ij} + 2\varepsilon_{ijk}\omega_k$，$\tilde{\Omega}_{ij}$表示在角速度$\omega_k$旋转参考系下的平均旋转张量率。模型常数$A_0 = 4.04$，$A_s = \sqrt{6}\cos\phi$，$\phi = \dfrac{1}{3}\arccos(\sqrt{6}W)$，式中$W = \dfrac{S_{ij}S_{jk}S_{ki}}{\tilde{S}}$，$S_{ij} = \dfrac{1}{2}\left(\dfrac{\partial u_j}{\partial x_i} + \dfrac{\partial u_i}{\partial x_j}\right)$。从这些式子中发现，$C_\mu$是平均应变率与旋度的函数。在平衡边界层惯性底层，可以得到C_μ=0.09，与标准k～ε模型中采用的常数一样。

该模型适合的流动类型比较广泛，包括有旋均匀剪切流、自由流（射流和混合层）、腔道流动和边界层流动。对以上流动过程模拟结果都比标准k～ε模型的结果好，特别是可实现k～ε模型对圆口射流和平板射流模拟中，能给出较好的射流扩张角。

双方程模型中，无论是标准k～ε模型、重整化群k～ε模型还是可实现k～ε模型，三个模型有类似的形式，即都有k和ε的输运方程，它们的区别在于：计算湍流黏性的方法不同；控制湍流扩散的湍流普朗特数不同；ε方程中的产生项和Gk关系不同。但都包含了相同的表示由于平均速度梯度引起的湍动能产生G_k，表示由于浮力影响引起的湍动能产生G_b，表示可压缩湍流脉动膨胀对总的耗散率的影响Y_M。

湍动能产生项：

$$G_k = -\rho \overline{u_i' u_j'} \frac{\partial u_j}{\partial x_i} \tag{10-9}$$

$$G_b = \beta g_i \frac{\mu_t}{P_{rt}} \frac{\partial T}{\partial x_i} \tag{10-10}$$

式中，P_{ri}是能量的湍流普特朗数，对于可实现k～ε模型，默认设置值为0.85；对于重整化群k～ε模型，$P_{ri}=1/\alpha$，$\alpha=1/P_{ri}$=k/μC_p。热膨胀系数$\beta = -\dfrac{1}{\rho}\left(\dfrac{\partial \rho}{\partial T}\right)_p$，对于理想气体，浮力引起的湍动能产生项变为：

$$G_b = -g_i \frac{\mu_t}{\rho P_{rt}} \frac{\partial \rho}{\partial x_i} \tag{10-11}$$

10.1.5 Reynolds 应力模型

Reynolds应力模型（RSM）是求解Reynolds应力张量的各个分量的输运方程。具体形式为：

$$\frac{\partial}{\partial t}(\rho\overline{u_i u_j})+\frac{\partial}{\partial x_k}(\rho U_k\overline{u_i u_j})=-\frac{\partial}{\partial x_k}[\rho\overline{u_i u_j u_k}+\overline{p(\delta_{kj}u_i+\delta_{ik}u_j)}]+$$
$$\frac{\partial}{\partial x_k}\left(\mu\frac{\partial}{\partial x_k}\overline{u_i u_j}\right)-\rho\left(\overline{u_i u_k}\frac{\partial U_j}{\partial x_k}+\overline{u_j u_k}\frac{\partial U_i}{\partial x_k}\right)-\rho\beta(g_i\overline{u_j\theta}+g_j\overline{u_i\theta})+ \quad (10\text{-}12)$$
$$\overline{p\left(\frac{\partial u_i}{\partial x_j}+\frac{\partial u_j}{\partial x_i}\right)}-2\mu\overline{\frac{\partial u_i}{\partial x_k}\frac{\partial u_j}{\partial x_k}}-2\rho\Omega_k(\overline{u_j u_m}\varepsilon_{ikm}+\overline{u_i u_m}\varepsilon_{jkm})$$

式中，左边的第二项是对流项 C_{ij}，右边第一项是湍流扩散项 $D_{ij}{}^{r}$，第二项是分子扩散项 $D_{ij}{}^{L}$，第三项是应力产生项 P_{ij}，第四项是浮力产生项 G_{ij}，第五项是压力应变项 Φ_{ij}，第六项是耗散项 ε_{ij}，第七项系统旋转产生项 F_{ij}。

C_{ij}、$D_{ij}{}^{L}$、P_{ij}、F_{ij} 不需要模拟，而 $D_{ij}{}^{r}$、G_{ij}、Φ_{ij}、ε_{ij} 需要模拟以封闭方程。下面简单对几个需要模拟项进行模拟。

$D_{ij}{}^{r}$ 可以用 Delay 和 Harlow 的梯度扩散模型来模拟，但这个模型会导致数值不稳定，在 FLUENT 中是采用标量湍流扩散模型：

$$D_{ij}{}^{T}=\frac{\partial}{\partial x_k}\left(\frac{\mu_t}{\sigma_k}\frac{\partial\overline{u_i u_j}}{\partial x_k}\right) \quad (10\text{-}13)$$

式中，湍流黏性系数用 $\mu_t=\rho C_\mu\frac{k^2}{\varepsilon}$ 来计算，根据 Lien 和 Leschziner，σ_k=0.82，这和标准 k～ε 模型中选取 1.0 有所不同。

压力应变项 Φ_{ij} 可以分解为 3 项，即：

$$\Phi_{ij}=\Phi_{i,j,1}+\Phi_{ij,2}+\Phi_{ij}{}^{w} \quad (10\text{-}14)$$

式中，$\Phi_{i,j,1}$、$\Phi_{ij,2}$ 和 $\Phi_{ij}{}^{w}$ 分别是慢速项、快速项和壁面反射项。

浮力引起的产生项 G_{ij} 模拟为：

$$G_{ij}=\beta\frac{\mu_t}{P_{rt}}\left(g_i\frac{\partial T}{\partial x_j}+g_j\frac{\partial T}{\partial x_i}\right) \quad (10\text{-}15)$$

耗散张量 ε_{ij} 模拟为：

$$\varepsilon_{ij}=\frac{2}{3}\delta_{ij}(\rho\varepsilon+Y_M) \quad (10\text{-}16)$$

式中，$Y_M=2\rho\varepsilon M_t{}^2$，$M_t$ 是马赫数，标量耗散率 ε 用标准 k～ε 模型中采用的耗散率输运方程求解。

10.1.6 大涡模拟

湍流中包含了不同时间与长度尺度的涡旋。最大长度尺度通常为平均流动的特征长度尺度。最小尺度为 Komogrov 尺度。LES 的基本假设是：动量、能量、质量及其他标量主要由大涡输运；

流动的几何和边界条件决定了大涡的特性，而流动特性主要在大涡中体现；小尺度涡旋受几何和边界条件影响较小，并且各向同性，大涡模拟（LES）过程中，直接求解大涡，小尺度涡旋模拟，从而使得网格要求比 DNS 低。

LES 的控制方程是对 Navier-StOKes 方程在波数空间或物理空间进行过滤得到的。过滤的过程是去掉比过滤宽度或给定物理宽度小的涡旋，从而得到大涡旋的控制方程：

$$\frac{\partial \rho}{\partial t}+u\frac{\partial \rho \overline{u}_i}{\partial x_i}=0 \tag{10-17}$$

$$\frac{\partial}{\partial t}(\rho \overline{u}_i)+\frac{\partial}{\partial x_j}(\rho \overline{u_i u_j})=\frac{\partial}{\partial x_j}(\mu \frac{\partial \overline{u}_i}{\partial x_j})-\frac{\partial \overline{p}}{\partial x_j}-\frac{\partial \tau_{ij}}{\partial x_j} \tag{10-18}$$

式中，τ_{ij} 为亚网格应力，$\tau_{ij}=\rho \overline{u_i u_j}-\rho \overline{u}_i \cdot \overline{u}_j$。

很明显，上述方程与 Reynolds 平均方程很相似，只不过大涡模拟中的变量是过滤过的量，而非时间平均量，并且湍流应力也不同。

大涡模拟无论从计算机能力和方法的成熟程度来看，离实际应用还有较长距离，但湍流模型方面的研究重点已转向大涡模拟，笔者认为估计在今后 10 年内，随着这一方法的成熟以及计算机能力进一步提高，将逐步成为湍流模拟的主要方法。

除了上述各类模型以外，有实用价值的还有改进的单方程模型，它对近壁流的模拟效果较好，以及简化的湍应力模型，即代数应力模型。从实用性来说，它们很有推广价值，尤其是代数应力模型，既能反映湍流的各向非同性，计算量又远小于湍应力模型。

10.2 风绕柱形塔定常流动分析实例

【问题描述】如图 10-2 所示，当风以一定的速度绕圆柱形的塔设备运动时，塔设备周围的风速是变化的，迎风点 A 是驻点，风速为 0，当风折转方向沿塔表面由 A 点到 B 点时，风速不断增加，但从 B 点到 D 点，即在塔的背后，流速又不断减小，就塔设备周围的风压而言，正好与风速相反。在 A 点处风压最高，从 A 点到 B 点，风压不断降低，而从 B 点到 D 点，风压又不断升高。

由于塔的表面存在边界层，层内各点的速度从壁面为零沿径向逐渐增大，直到与边界层外的主流体速度相同。在塔的前半周（从 A 点到 B 点），尽管由于边界层的黏性摩擦力使层内的流速不断下降，但因为边界层外的主流速度是逐步增加的，所以边界层内的流体能从主流体获得能量而使速度不会下降。然而在塔的后半周期（从 B 点到 D 点），由于主流体本身不断减速，使边界层内的流体不能从主流体获得补充能量，从而因黏性摩擦力使其速度逐渐减小，结果导致边界层不断增厚，在 C 点处出现边界层流体的增厚并堆积。此时外层主流体将绕过堆积的边界层，使堆积的边界层背后形成流体的空白区。在逆向压强梯度的作用下，流体倒流至空白区，并推开堆积层的流体，这样在塔的背后就产生了漩涡，这样的漩涡通常称为卡曼漩涡。

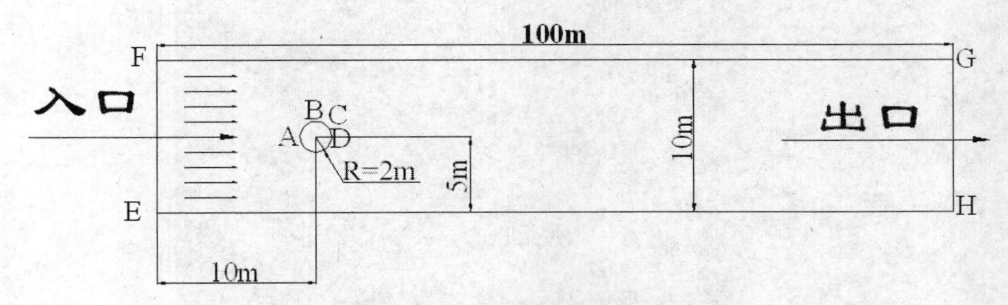

图 10-2 卡曼漩涡的物理模型

本节将通过一个较为简单的二维算例——卡曼漩涡和卡曼涡街，来讲解如何使用 GAMBIT 与 FLUENT 计算一些较为简单但却常见的二维定常和非定常速度场。本例涉及的内容有以下 3 个方面。

- 利用 GAMBIT 创建型面。
- 利用 GAMBIT 进行网格划分。
- 利用 FLUENT 进行二维定常和非定常流动与后处理。

10.2.1 创建模型

1. 启动 GAMBIT

（1）双击桌面上的（GAMBIT）图标，启动 GAMBIT 软件，弹出 Gambit Startup 对话框，如图 10-3 所示。在 Working Directory 下拉列表框中选择工作目录，在 Session Id 文本框中输入 kraman。

（2）单击 Run 按钮，进入 GAMBIT 系统操作界面，如图 10-4 所示。执行菜单栏中的 Solver→FLUENT5/6 命令，选择求解器类型，如图 10-5 所示。

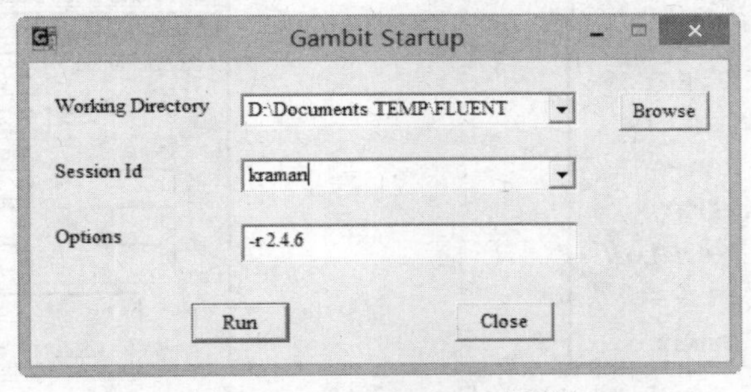

图 10-3 Gambit Startup 对话框

图 10-4 GAMBIT 系统操作界面

2. 创建二维几何模型

下文中所述的各点字母，与图 10-2 中所示的字母相一致。

（1）创建平面边界点。单击 Geometry 工具条中的□按钮，弹出如图 10-6 所示的 Vertex 对话框，在 Global 文本框中按模型尺寸输入各点坐标，创建如图 10-7 所示的平面边界点。

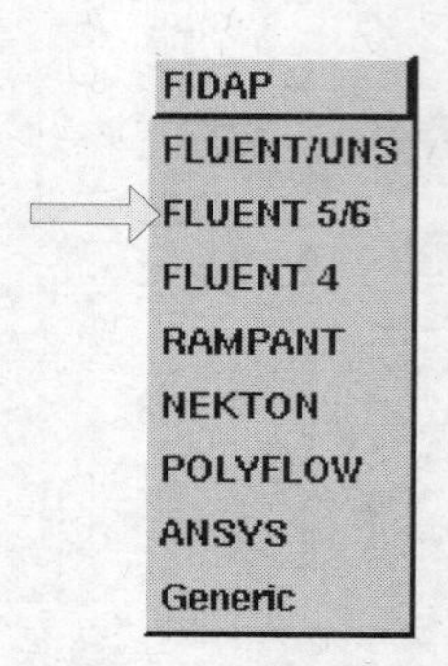

图 10-5 求解器类型

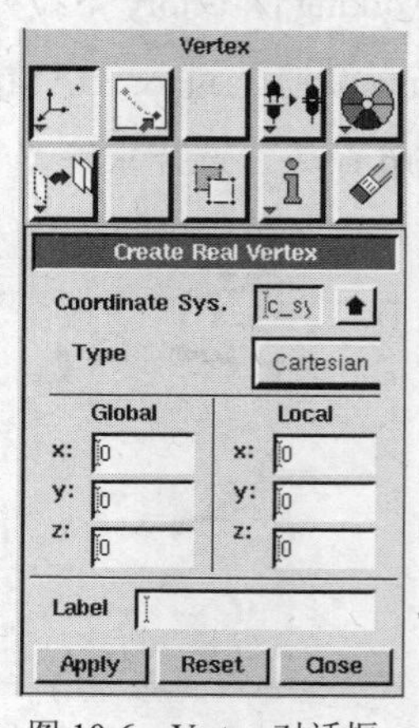

图 10-6 Vertex 对话框

图 10-7 创建平面边界点

（2）创建圆面边界点。单击 Geometry 工具条中的□按钮，弹出如图 10-6 所示的对话框，在 Global 文本框中按模型尺寸分别输入圆心、A 点和 B 点坐标，单击 Apply 按钮，得到如图 10-8 所示的圆周边界点。

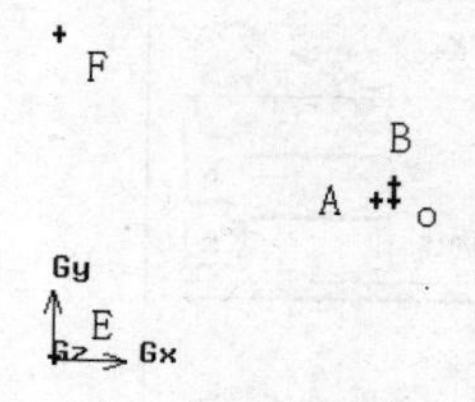

图 10-8 创建圆周边界点

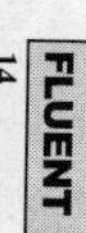

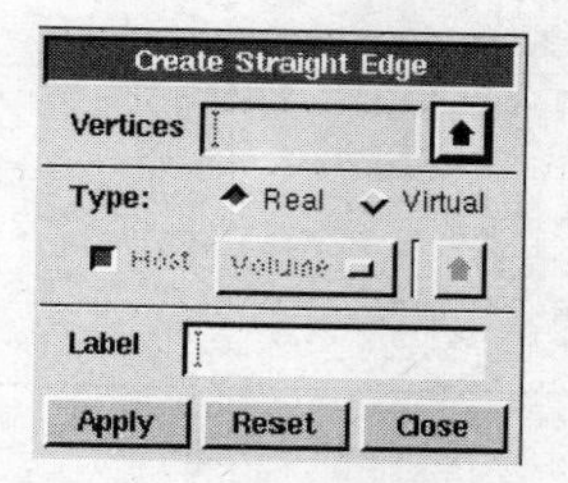

图 10-9 Create Straight Edge 对话框

（3）创建平面边界线。单击 Geometry 工具条中的□按钮，弹出如图 10-9 所示的 Create Straight Edge 对话框，利用它可以创建线。单击 Vertices 文本框，使文本框呈现黄色后，依次选取 E、F、G、H 各点创建线，然后选取 H、E 创建最后一条线，创建的平面边界线如图 10-10 所示。

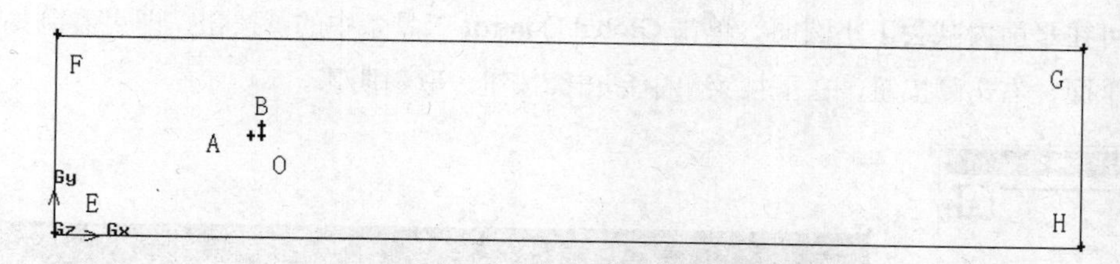

图 10-10 创建平面边界线

（4）创建面

1）创建平面。单击 Geometry 工具条中的□按钮，弹出如图 10-11 所示的 Create Face from Wireframe

对话框，利用它可以创建面。单击 Edges 文本框，在文本框呈现黄色后，选择要创建面需要的几何单元。本例中单击黄色文本框右侧的向上箭头，选择 4 条边界线，单击 Apply 按钮，创建平面。

2）创建圆面。单击 Geometry 工具条中的按钮，右击 Face 工具条中的按钮，在下拉菜单中单击 Circle 命令，弹出如图 10-12 所示的 Create Circular Face From Vertices 对话框。有两种创建圆面的方法，本例选择圆心两点法。单击 Center 文本框，选取 O 点作为圆心，然后单击 End-Points 文本框，分别选取 A 点和 B 点作为圆上的两点，最后单击 Apply 按钮，创建的圆面如图 10-13 所示。

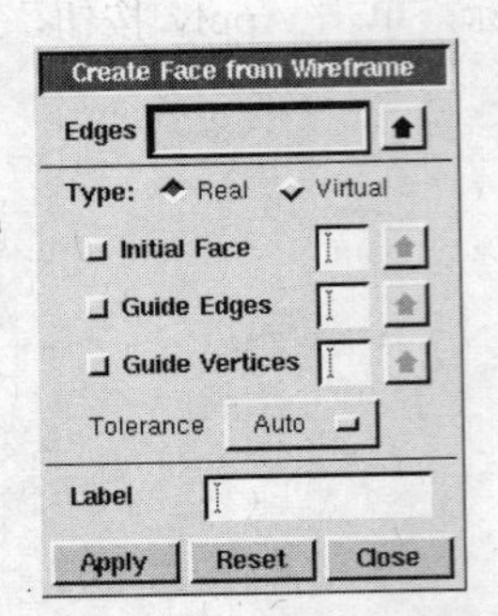

图 10-11 Create Face from Wireframe 对话框

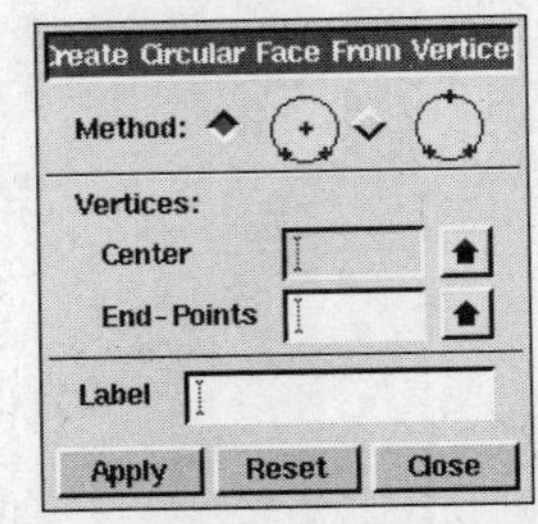

图 10-12 Create Circular Face From Vertices 对话框

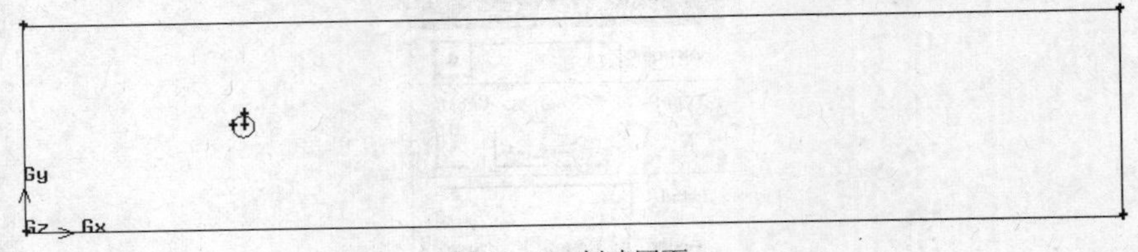

图 10-13 创建圆面

3）面的布尔运算。为了得到流体流动的区域，要在平面中减去创建的圆面。用鼠标右键单击 Face 工具条中的按钮，在下拉菜单中单击 Subtract 命令，弹出如图 10-14 所示的 Subtract Real Faces 对话框。单击 Face 文本框（即被减面所在框），然后选择平面（注意：被减面只能有一个），再单击 Faces 文本框（即减去面所在框），然后选择圆面（减去的面可以为多个），最后单击 Apply 按钮，即可在平面内减去了小圆面。单击 Global Control 工具条中的按钮，即可看到如图 10-15 所示的二维面，右击按钮，在下拉菜单中单击按钮，取消阴影。

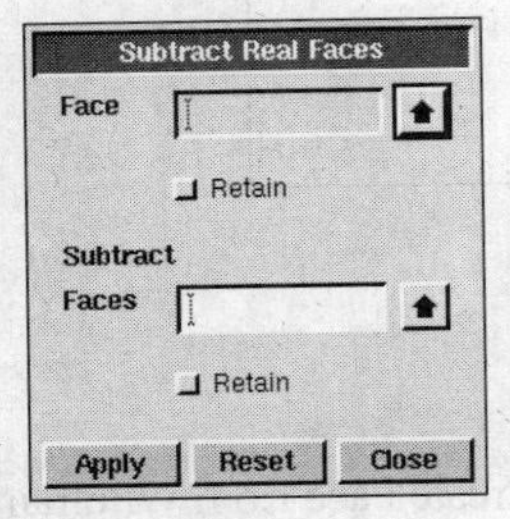

图 10-14 Subtract Real Faces 对话框

图 10-15 二维面

10.2.2 网格划分

当 FLUENT 要进行计算的几何区域确定后，就要把这个几何区域进行离散化，也就是对它进行网格划分。

1. 划分边网格

先单击 Operation 工具条中的按钮，再单击 Mesh 工具条中的按钮，接着单击 Edge 工具条中的按钮，弹出如图 10-16 所示的 Mesh Edges 对话框，单击 Edges 文本框，选择圆面的边，设置 Spacing 值，在 Interval count 前面的文本框中输入 40(必须注意这个数值对应的项目为 Interval count)，单击 Apply 按钮，圆面的边网格划分完成，如图 10-17 所示。

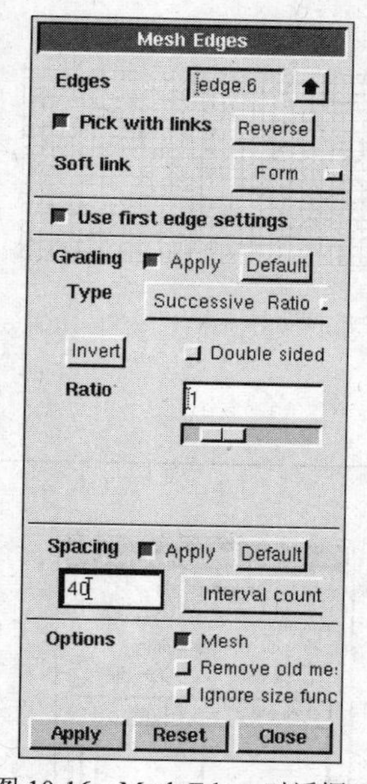

图 10-16 Mesh Edges 对话框

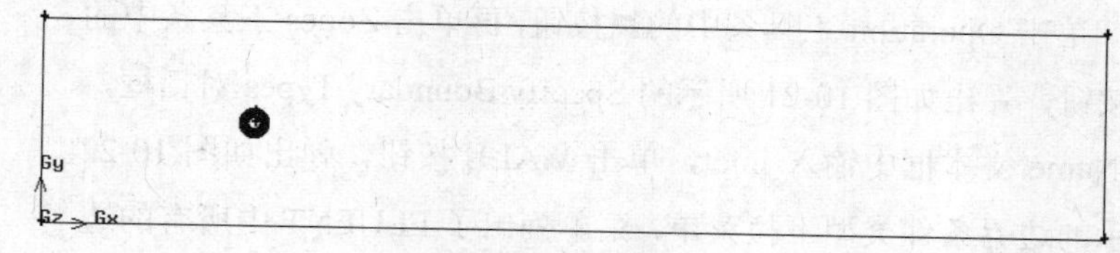

图 10-17 圆面的边网格

采用同样的方法对矩形面的各边进行网格划分，将 EF 和 GH 边的 Spacing 值设置为 20，将 FG 和 HE 边的 Spacing 值设置为 100，得到如图 10-18 所示的边网格划分情况，两个相对的边网格划分段数应当相同。

图 10-18 边网格划分情况

2. 划分面网格

单击 Mesh 工具条中的按钮，再单击 Face 工具条中的按钮，弹出如图 10-19 所示的 Mesh

Faces 对话框，单击 Faces 文本框，选择要划分的面，在 Elements 选项组中选择 Quad 四边形单元，设置 Spacing 值为 1，单击 Apply 按钮，面网格划分完毕，结果如图 10-20 所示。

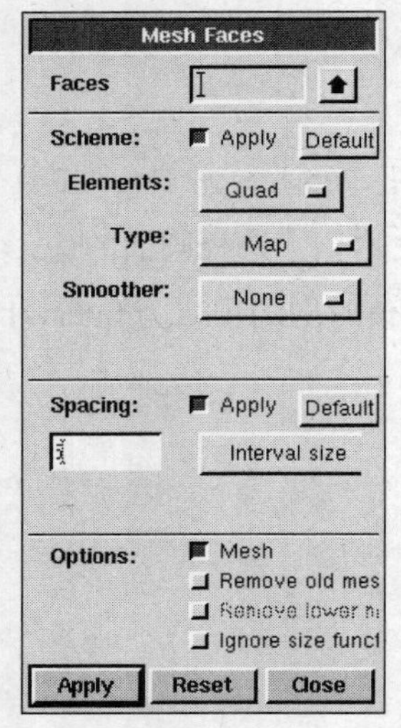

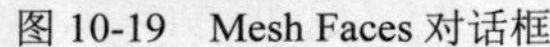

图 10-19 Mesh Faces 对话框

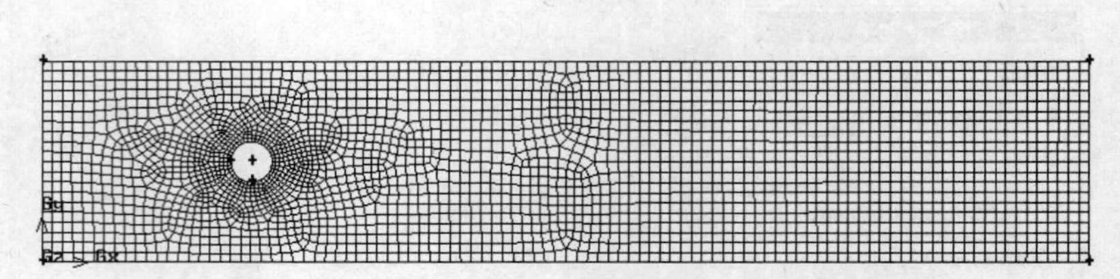

图 10-20 面网格划分结果

10.2.3 边界条件和区域的设定

1．设定边界条件

单击 Operation 工具条中的按钮，再单击 Zones 工具条中的按钮，弹出如图 10-21 所示的 Specify Boundary Types 对话框，在 Name 文本框中输入 inlet，单击 WALL 按钮，弹出如图 10-22 所示的边界条件类型下拉菜单，菜单列出了 FLUENT 中所有的边界类型，选择 VELOCITY_INLET 选项。然后单击 Edges 按钮后的文本框，选择要设定的边，选择边 EF 作为速度入口，单击 Apply 按钮，速度入口设定完毕。接着选择 GH 边，在 Name 文本框中输入 outlet，选择边界类型为 OUTFLOW。GAMBIT 中未设置的其他边默认为 WALL，至此边界条件设定完毕。

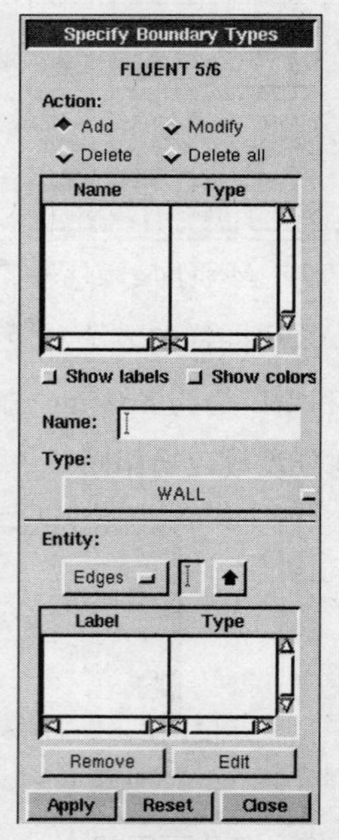

图 10-21 Specify Boundary Types 对话框

2．设定区域

单击 Operation 工具栏中的按钮，再单击 Zones 中的按钮，弹出如图 10-23 所示的 Specify Continuum Types 对话框，在 Name 文本框中输入 fluid，选择区域类型为 FLUID，单击 Faces 文本框，选择要设置的面，单击 Apply 按钮，区域设定完毕。

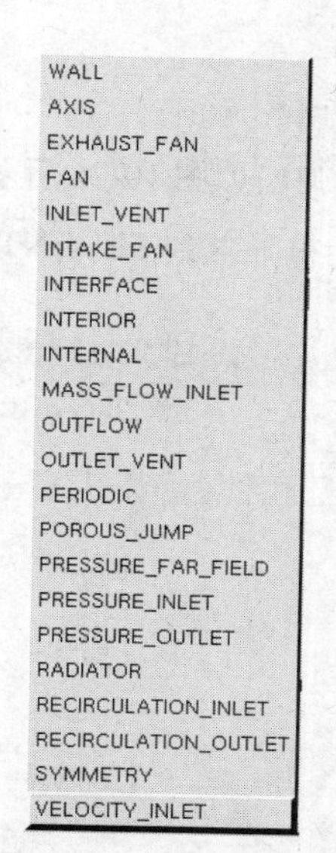

图 10-22 边界条件类型

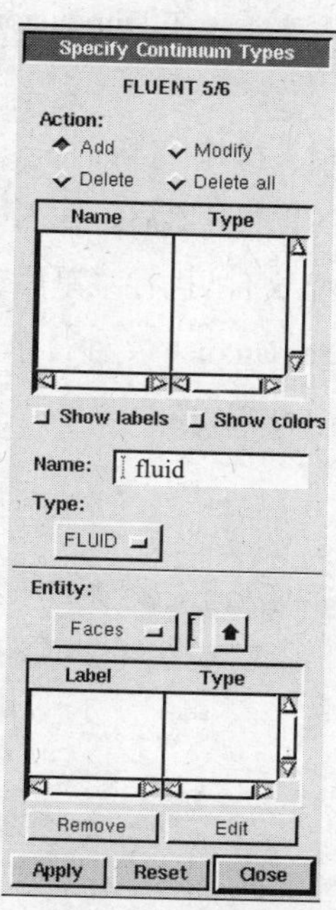

图 10-23 Specify Continuum Types 对话框

10.2.4 网格的输出

执行菜单栏中的 File→Export→Mesh 命令，弹出如图 10-24 所示的 Export Mesh File 对话框，在 File Name 文本框中输入 Kraman.msh，勾选 Export 2-D（X-Y）Mesh 复选框，单击 Accept 按钮，网格输出完毕后，执行菜单栏中的 File→Save 命令，关闭 GAMBIT。

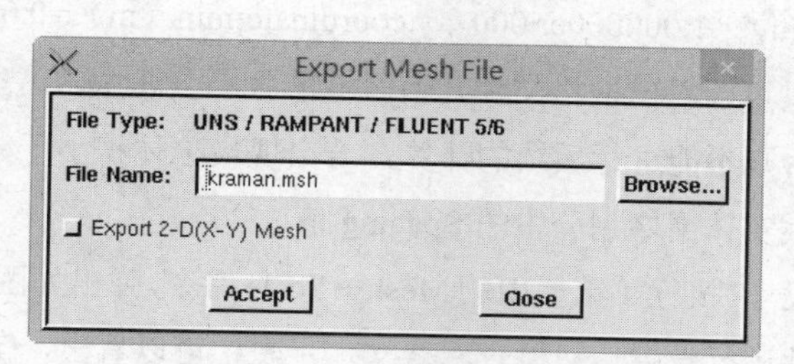

图 10-24 Export Mesh File 对话框

10.2.5 利用 FLUENT 求解器求解

上面是利用 GAMBIT 软件对计算区域进行几何模型的创建，并制定边界条件类型，然后输出.msh 文件的操作，下面把.msh 文件导入 FLUENT 中并进行求解。

1. 选择 FLUENT 求解器

本例是一个二维问题，问题的精度要求不太高，在启动 FLUENT 时，选择二维单精度求解器即可，如图 10-25 所示，在 Dimension 列表框中选择 2D 选项，单击 OK 按钮，即可启动 FLUENT 求解器。

2. 网格的相关操作

启动 FLUENT 求解器后，读入网格文件并对其进行相关操作。

（1）读入网格文件。执行菜单栏中的 File→Read→Case 命令，弹出如图 10-26 所示的 Select File 对话框，找到 Kraman.msh 文件，单击 OK 按钮，Mesh 文件就会被导入到 FLUENT 求解器中。

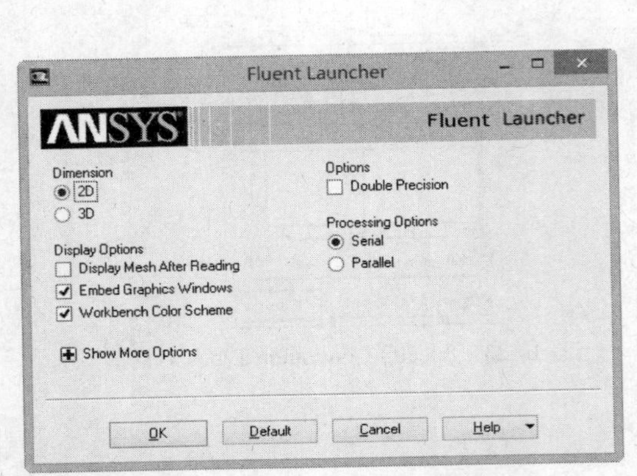

图 10-25 选择 FLUENT 求解器

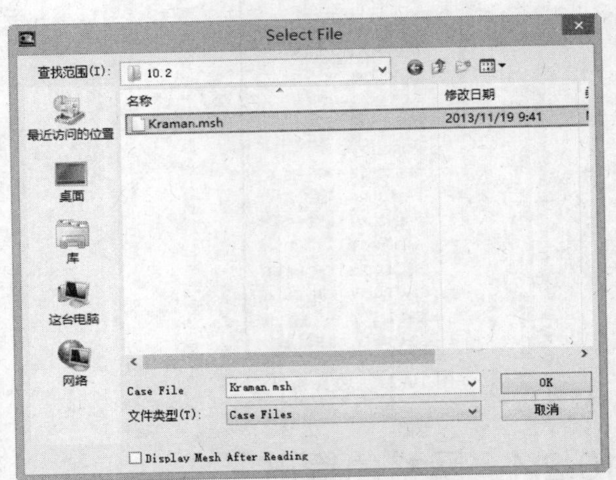

图 10-26 Select File 对话框

（2）检查网格文件。网格文件读入以后，一定要对网格进行检查。执行菜单栏中的 Mesh→Check 命令，FLUENT 求解器检查网格的部分信息 Domain Extents:x.coordinate: min（m）=0.000000e+000，max（m）=1.000000e+000，y.coordinate:min（m）=0.000000e+000，max（m）= 2.000000e-001，从这里可以看出网格文件几何区域的大小。注意，这里的最小体积（minimum volume）必须大于零，否则不能进行后续的计算，若出现最小体积小于零的情况，就要重新划分网格，此时可以适当加大实体网格划分中的 Spacing 值。

（3）设置计算区域尺寸。执行菜单栏中的 Mesh→Scale 命令，弹出如图 10-27 所示的 Scale Mesh 对话框。对几何区域尺寸进行设置，从检查网格文件步骤中可以看出，GAMBIT 导出的几何区域默认的尺寸单位都是 m。在 Mesh Was Created In 下拉列表框中选择 mm 选项，单击 Scale 按钮，即可满足实际几何尺寸，最后单击 Close 按钮关闭对话框。

（4）显示网格。执行菜单栏中的 Display→Mesh 命令，弹出如图 10-28 所示的 Mesh Display 对话框，当网格满足最小体积的要求后，可以在 FLUENT 中显示网格。要显示文件的哪一部分可以在 Mesh Display 对话框的 Surfaces 列表框中进行选择，本例全选，单击 Display 按钮，即可看到如图 10-29 所示的网格。

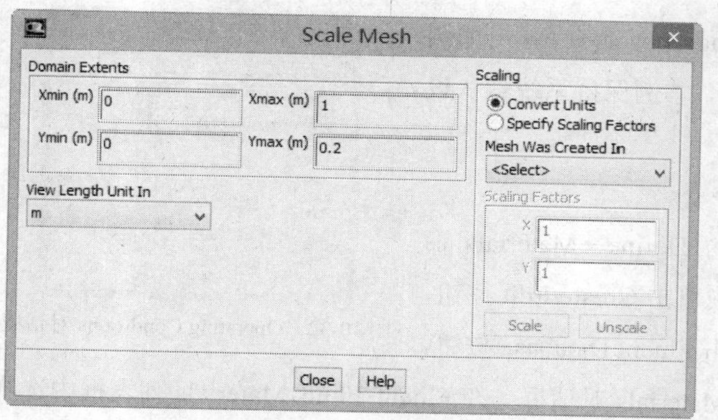

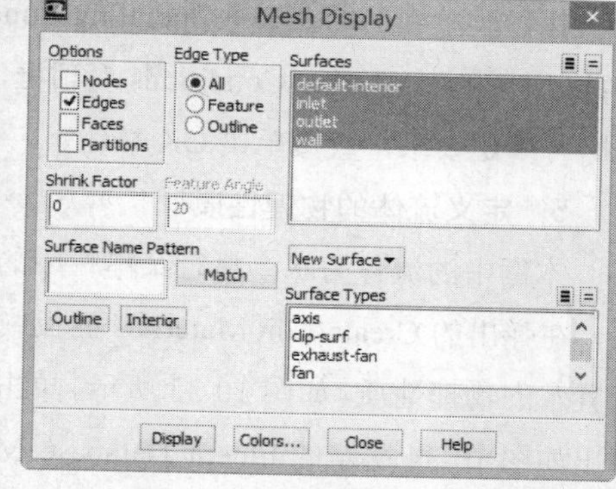

图 10-27 Scale Mesh 对话框

图 10-28 Mesh Display 对话框

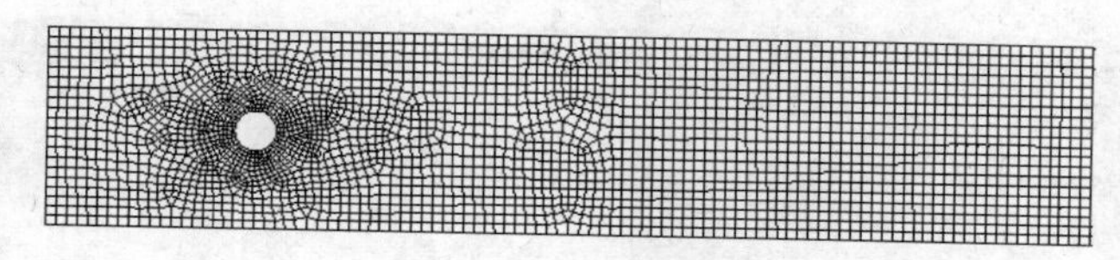

图 10-29 FLUENT 中显示的网格

3. 选择计算模型

（1）定义基本求解器。执行菜单栏中的 Define→General 命令，弹出如图 10-30 所示的 General 面板。本例保持默认设置即可满足要求，卡曼漩涡要用稳态求解器模拟，因此在 Time 选项组中选择 Steady 单选按钮。

（2）指定其他计算模型。执行菜单栏中的 Define→Models→Viscous 命令，弹出如图 10-31 所示的 Viscous Model 对话框，由于本例要模拟层流形态的漩涡，保持默认参数即可满足要求，直接单击 OK 按钮。

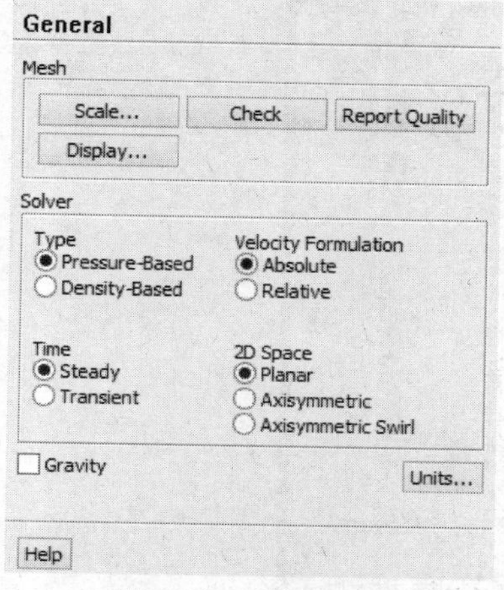

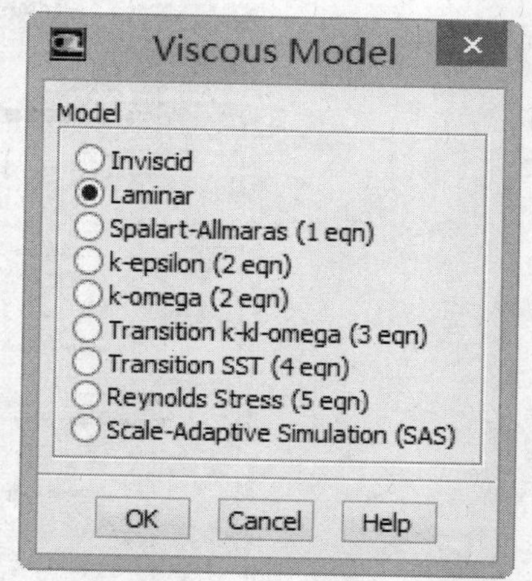

图 10-30 General 面板

图 10-31 Viscous Model 对话框

4．设置操作环境

执行菜单中的 Define→Operating Conditions 命令，弹出如图 10-32 所示的 Operating Conditions 对话框，本例保持系统默认设置即可满足要求，直接单击 OK 按钮。

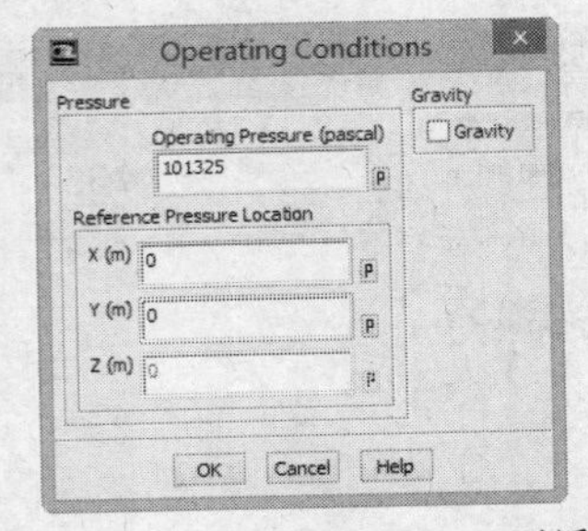

图 10-32 Operating Conditions 对话框

5．定义流体的物理性质

本例中的流体为水，执行菜单栏中的 Define→Materials 命令，在弹出的 Create/Edit Materials 面板中单击 Create/Edit 按钮，设置水的物理性质，如图 10-33 所示。单击 Fluent Database 按钮，弹出如图 10-34 所示的 Fluent Database Materials 对话框，在 Fluent Fluid Materials 列表框中选择 water-liquid 选项，单击 Copy 按钮，即可把水的物理性质从数据库中调出，然后单击 Close 按钮。

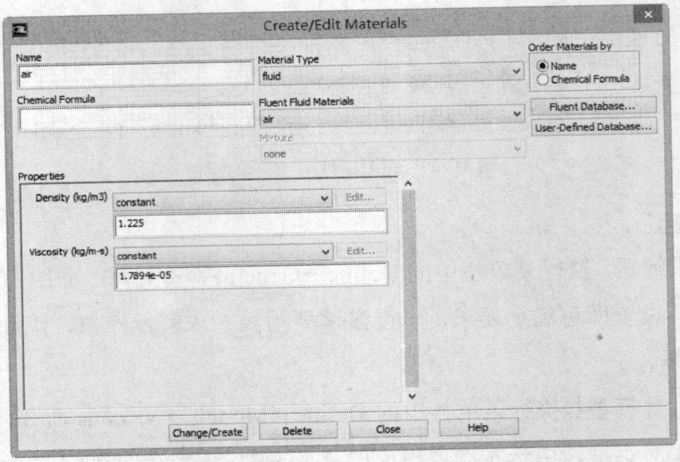

图 10-33 Materials 对话框

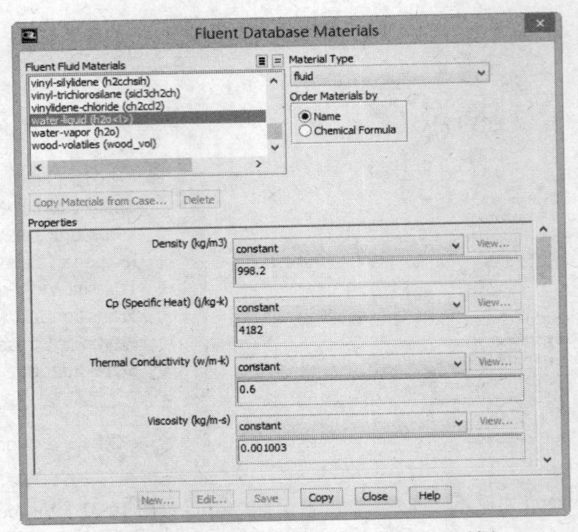

图 10-34 Fluent Database Materials 对话框

6．设置边界条件

执行菜单栏中的 Define→Cell Zone Conditions 命令，弹出如图 10-35 所示的 Cell Zone Conditions 面板，可以通过对该对话框的设置使计算区域的边界条件具体化。

（1）设置区域的流体材料。在 Zone 列表框中选择流体所在的区域 fluid，然后单击 Edit 按钮，弹出如图 10-36 所示的 Fluid 对话框，在 Material Name 下拉列表框中选择 water-liquid 选项，单击 OK 按钮，即可把流体区域中的流体定义为水。

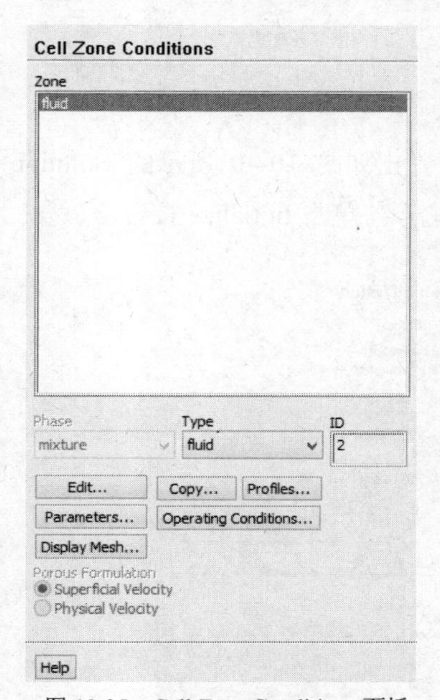

图 10-35 Cell Zone Conditions 面板

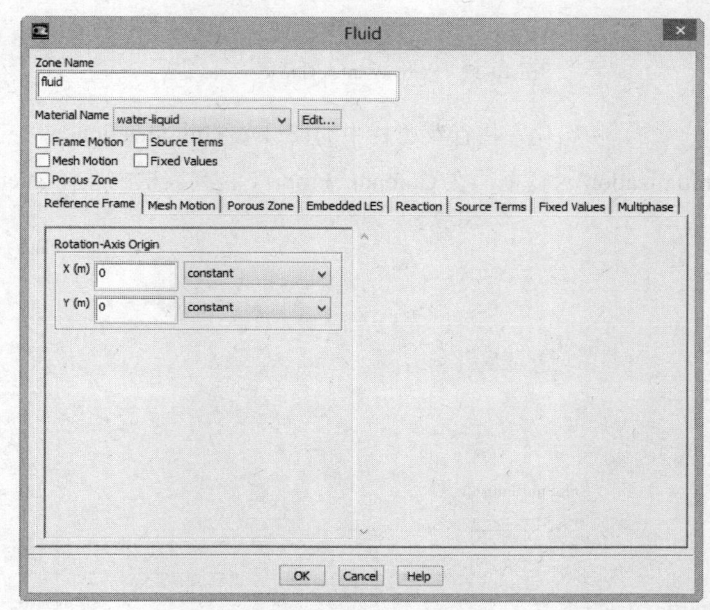

图 10-36 Fluid 对话框

（2）设置 inlet 边界条件。在图 10-35 所示的 Zone 列表框中选择流体的入口 inlet，可以看到它对应的边界条件类型为 velocity inlet，然后单击 Edit 按钮，弹出如图 10-37 所示的 Velocity Inlet 对话框，在 Velocity Magnitude 文本框中输入 0.005，再单击 OK 按钮。

（3）设置 outlet 边界条件。在图 10-35 所示的 Zone 列表框中选择流体的出口 outlet，可以看到它对应的边界条件类型为 outflow，然后单击 Edit 按钮，弹出如图 10-38 所示的 Outflow 对话框，在 Flow Rate Weighting 文本框中输入 1，再单击 OK 按钮。

（4）设置其他边界条件。在本例中，区域 wall 处的边界条件保持系统默认设置。

7．求解方法的设置及控制

（1）设置求解参数。执行菜单栏中的 Solve→Controls 命令，弹出如图 10-39 所示的 Solution Controls 面板，保持系统默认设置，单击 OK 按钮。

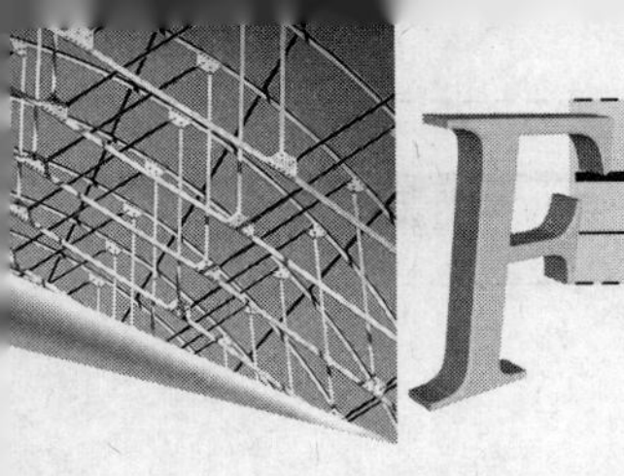

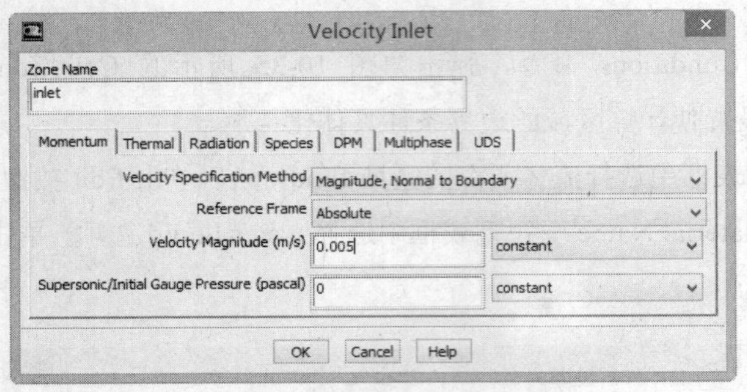

图 10-37　Velocity Inlet 对话框

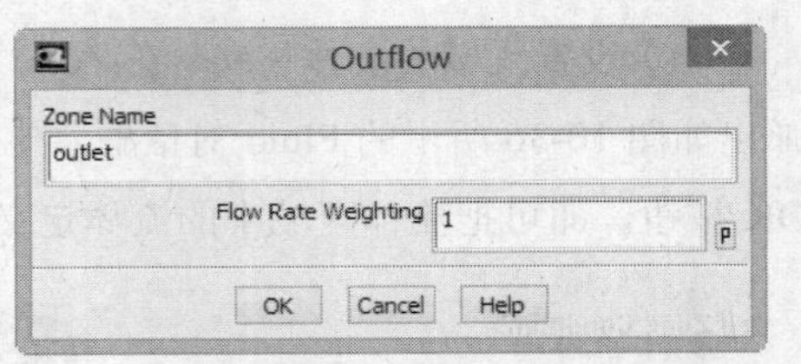

图 10-38　Outflow 对话框

（2）初始化。执行菜单栏中的 Solve→Initialization 命令，弹出如图 10-40 所示的 Solution Initialization 对话框，在 Compute From 下拉列表框中选择 inlet 选项，单击 Initialize 按钮。

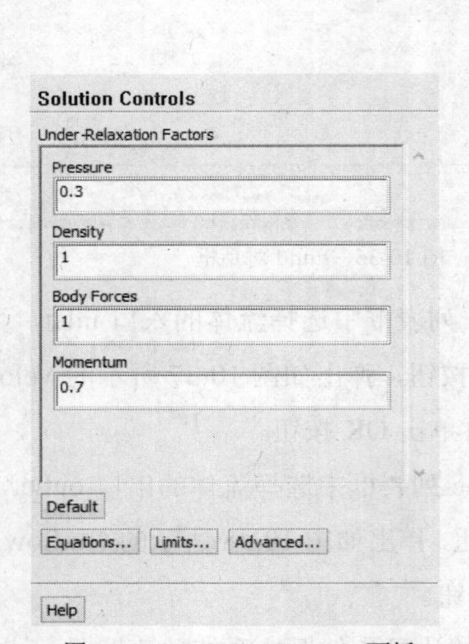

图 10-39　Solution Controls 面板

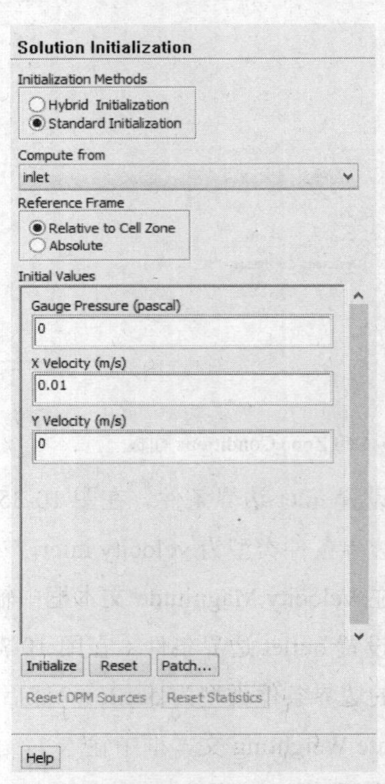

图 10-40　Solution Initialization 面板

（3）打开残差图。执行菜单栏中的 Solve→Monitors→Residual 命令，弹出 Residual Monitors 对话框。如图 10-41 所示，勾选 Options 选项组中的 Plot 复选框，从而在迭代计算时动态显示计算残差，在 Window 文本框中输入 1，也可以设置求解精度，本例保持系统默认设置，最后单击 OK 按钮。

（4）保存当前 Case 和 Data 文件。执行菜单栏中的 File→Write→Case＆Data 命令，通过这一操作保存前面所做的所有设置。

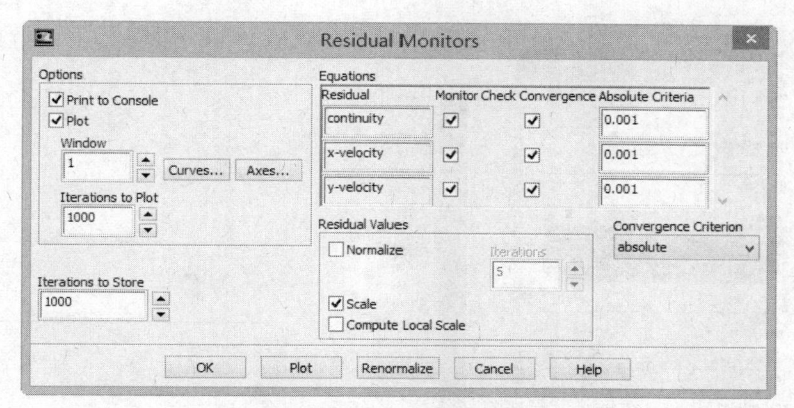

图 10-41 Residual Monitors 对话框

8．迭代

保存所做的设置后，执行菜单栏中的 Solve→Run Calculation 命令，弹出如图 10-42 所示的 Run Calculation 面板，迭代设置如图 10-42 所示，单击 Calculate 按钮，FLUENT 求解器就会对这个问题进行迭代求解，此时弹出如图 10-43 所示的残差图，在迭代到 120 步时计算收敛。

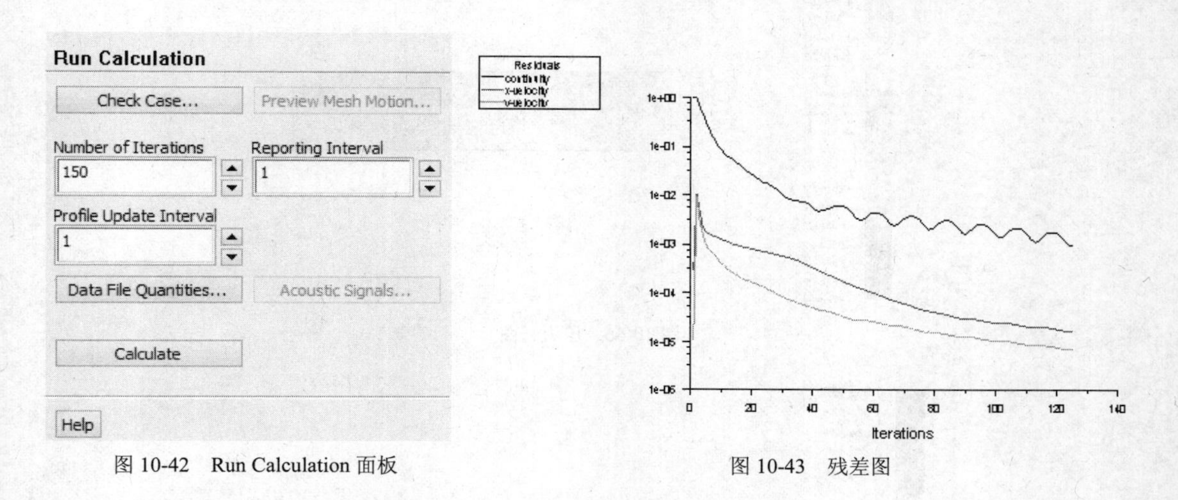

图 10-42 Run Calculation 面板

图 10-43 残差图

9．显示压力、速度等值线和云图

（1）显示压力等值线和云图。迭代收敛后，执行菜单栏中的 Display→Graphics and Animations→Contours 命令，弹出如图 10-44 所示 Contours 对话框，先单击 Surfaces 列表框上方的☰按钮，再单击 Display 按钮，即可显示如图 10-45 所示的压力等值线图，勾选 Options 选项组中的 Filled 复选框，单击 Display 按钮，即可显示如图 10-46 所示的压力云图。

（2）显示速度等值线和云图。在 Contours 对话框 Contours of 选项组的第一个下拉列表框中选择 Velocity 选项，单击 Display 按钮，即可显示如图 10-47 所示的速度等值线图，勾选 Options 选项组中的 Filled 复选框，单击 Display 按钮，即可显示如图 10-48 所示的速度云图。

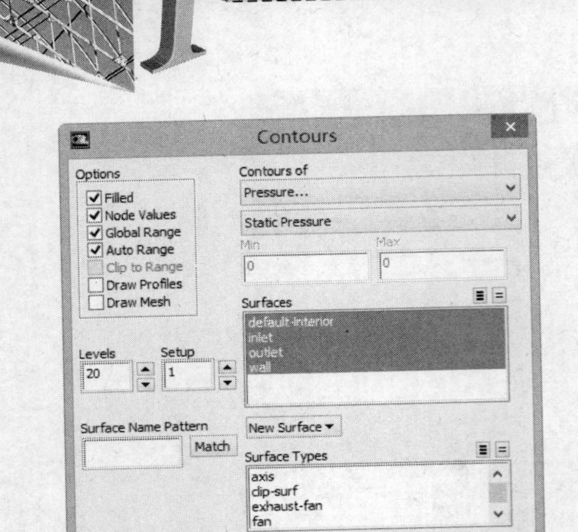

图 10-44　Contours 对话框

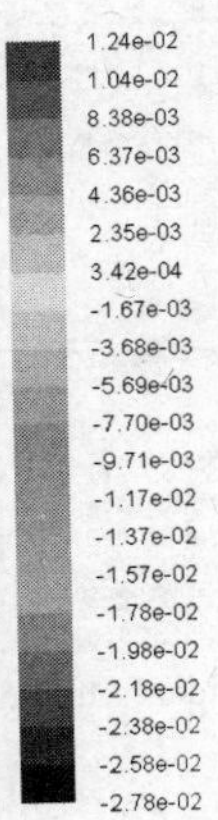

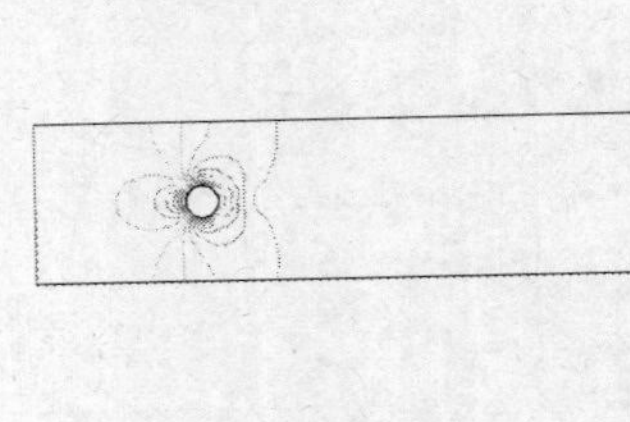

图 10-45　压力等值线图

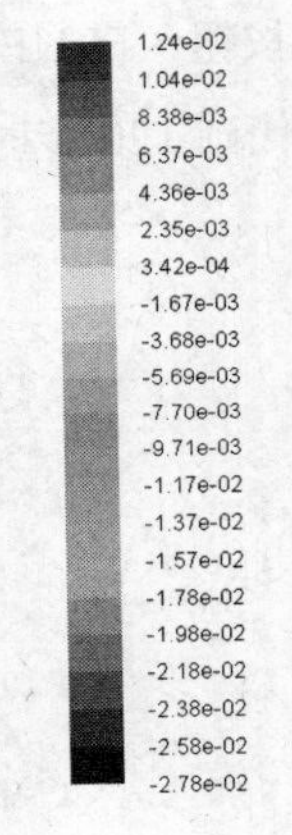

图 10-46　压力云图

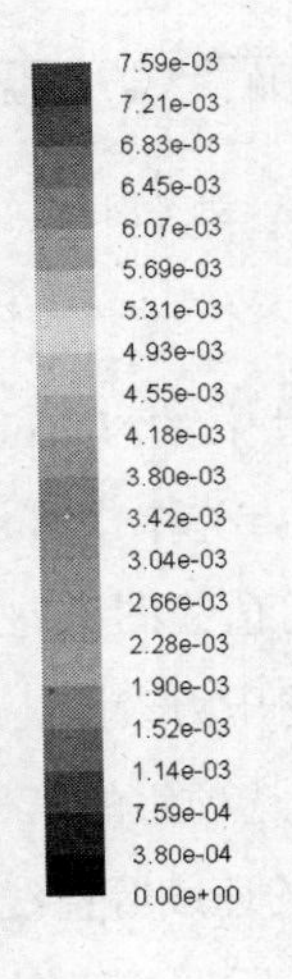

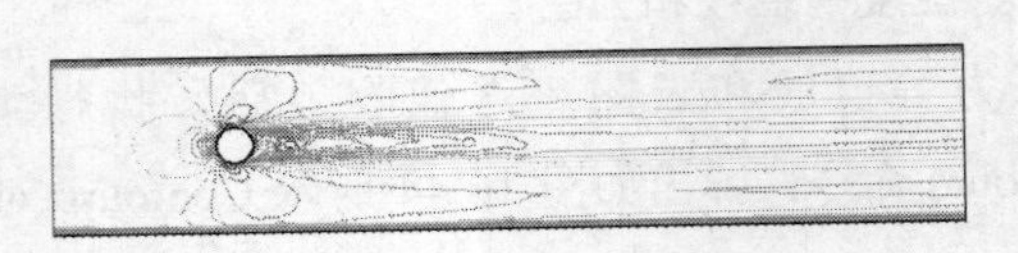

图 10-47　速度等值线图

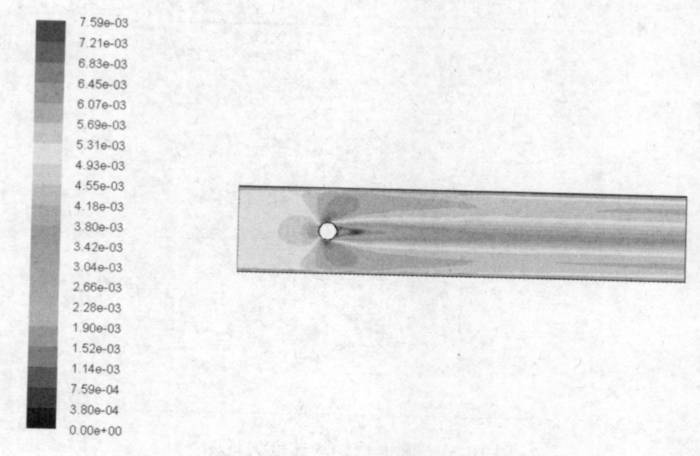

图 10-48　速度云图

（3）显示速度矢量图。执行菜单栏中的 Display→Graphics and Animations→Vectors 命令，弹出如图 10-49 所示的 Vectors 对话框，先单击 Surfaces 列表框上方的按钮（要想改变矢量箭头大小，可以改变 Scale 文本框中的数值，要想改变矢量箭头密度，可以改变 Skip 文本框中的数值），再单击 Display 按钮，弹出如图 10-50 所示的速度矢量图，圆面周围的速度矢量图如图 10-51 所示。

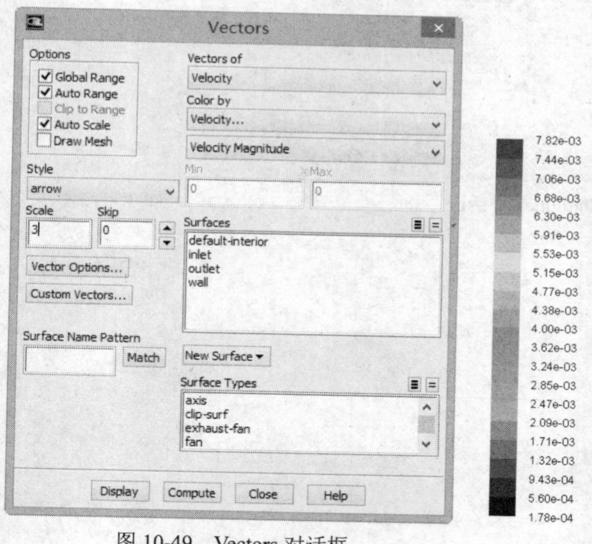

图 10-49　Vectors 对话框

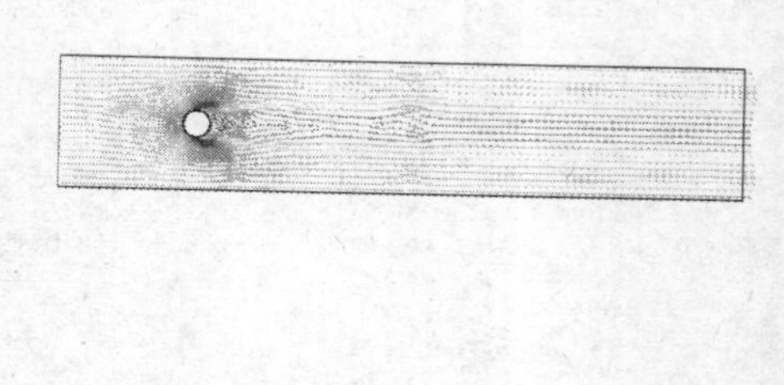

图 10-50　速度矢量图

（4）显示流线。执行菜单栏中的 Display→Graphics and Animations→Pathlines 命令，弹出如图 10-52 所示的 Pathlines 对话框，在 Color by 的第一个下拉列表框中选择 Velocity 选项，通过调整 Steps 文本框中的数值来调整流线的长度，通过调整 Path Skip 文本框中的数值来调整流线的疏密。在 Release from Surfaces 列表框中选择要显示的部分，单击按钮选择全部，单击 Display 按钮，即可看到如图 10-53 所示的流线图，圆面周围的卡曼漩涡流线图如图 10-54 所示。

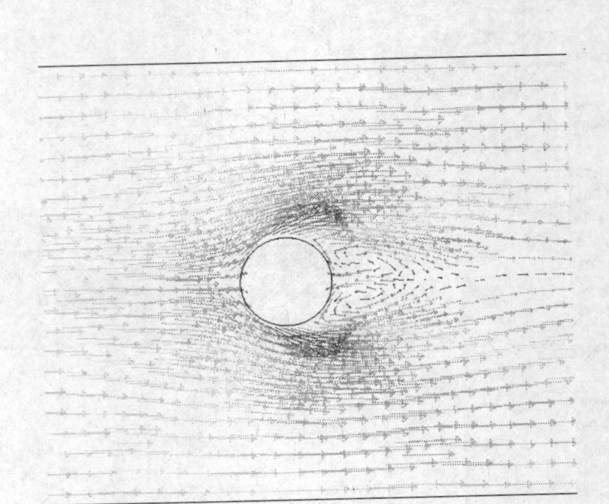

图 10-51　圆面周围的速度矢量图

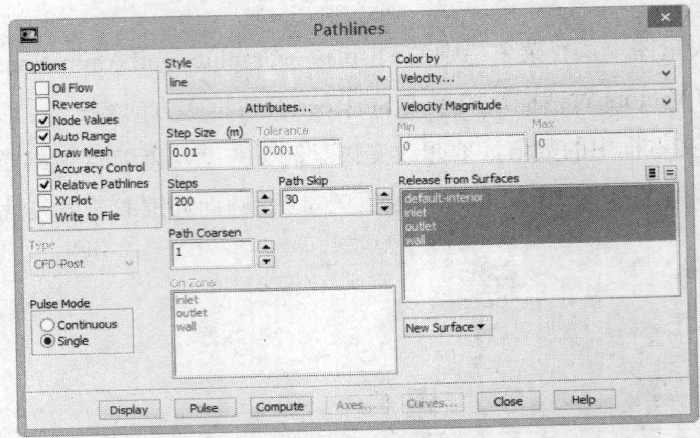

图 10-52　Pathlines 对话框

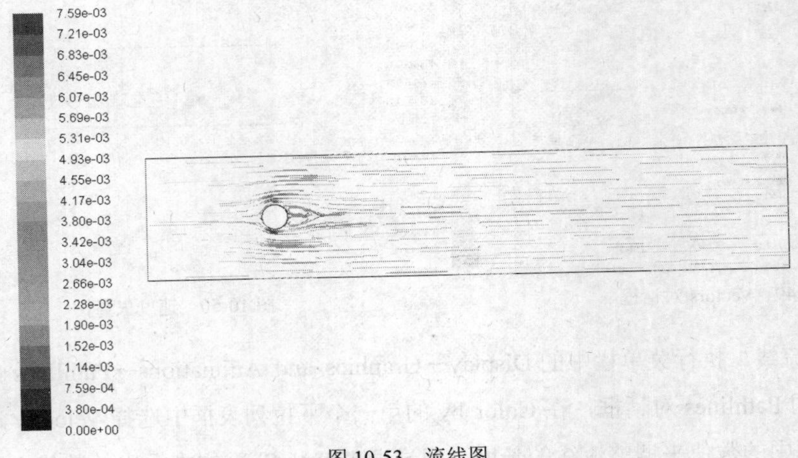

图 10-53　流线图

10．保存 Case 和 Data 文件

执行菜单栏中的 File→Write→Case＆Data 命令，保存计算结果。

图 10-54 圆面周围的卡曼漩涡流线图

10.3 风绕柱形塔非定常流动分析实例

当 1<*Re*<6 时，流体沿着塔体表面的流动，其流场基本是定常的，并且流线是关于塔体表面中心线对称的；当 *Re*≈10 时，流体在塔体表面的驻点附近脱落，形成对称的反向漩涡。随着 *Re* 的进一步增大，分离点前移，漩涡也会相应的增大；当 *Re*≈46 时，塔体漩涡就不再对称，而是以周期性的交替方式离开塔体表面，在尾部就形成了著名的卡曼涡街，涡街使其表面周期性变化的阻力和升力增加，从而使塔体横向振荡，造成对塔的破坏，在工程中应当避免。接下来利用 FLUENT，对卡曼涡街进行模拟。

该模型和卡曼漩涡相同，只是边界条件不同，并且要用非稳态的求解器模拟。

10.3.1 选择计算模型

1．定义基本求解器

执行菜单栏中的 Define→General 命令，弹出如图 10-55 所示的 General 面板。本例保持默认设置即可满足要求，卡曼涡街要用非稳态求解器模拟，因此在 Time 选项组中选择 Transient 单选按钮，单击 OK 按钮。

2．指定其他计算模型

执行菜单栏中的 Define→Models→Viscous 命令，弹出如图 10-56 所示的 Viscous Model 对话框，

本例要模拟的卡曼涡街用层流即可模拟，保持系统默认设置即可满足要求，直接单击 OK 按钮。

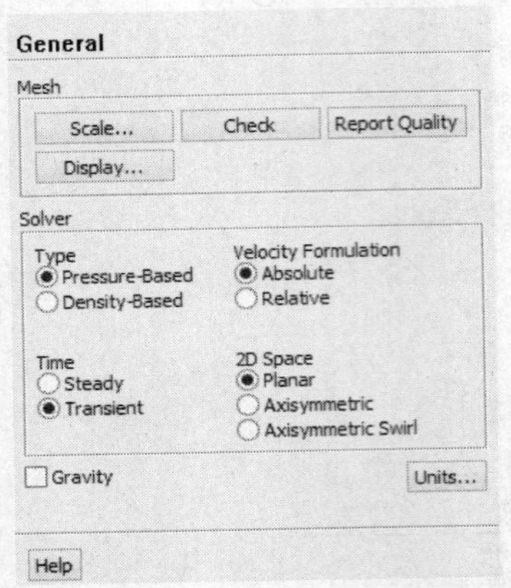

图 10-55 General 面板

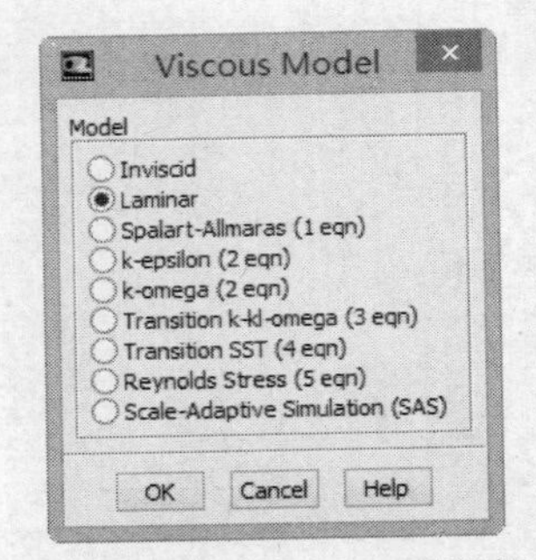

图 10-56 Viscous Model 对话框

3．设置 inlet 边界条件

执行菜单栏中的 Define→Boundary Conditions 命令，弹出如图 10-57 所示的 Boundary Conditions 面板。在 Zone 列表框中选择 inlet 选项，也就是流体的入口，可以看到它对应的边界条件类型为 velocity-inlet，然后单击 Edit 按钮，弹出如图 10-58 所示的 Velocity Inlet 对话框，在 Velocity Magnitude 文本框中输入 0.01，其他边界条件设置保持系统默认。

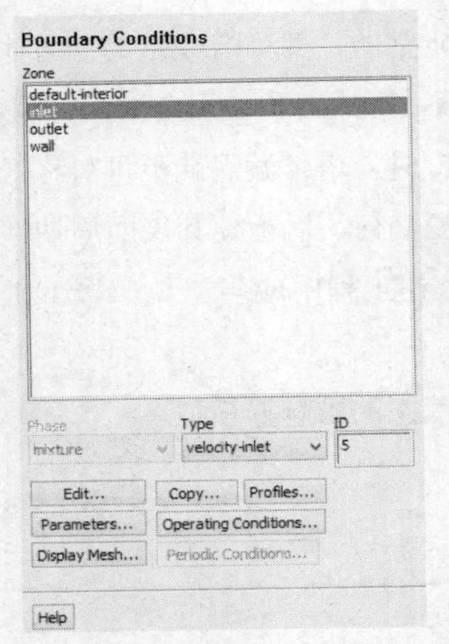

图 10-57 Boundary Conditions 面板

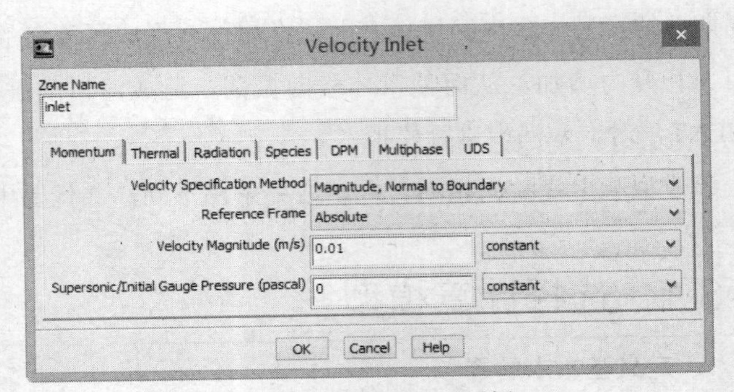

图 10-58 Velocity Inlet 对话框

4．求解方法的设置及其控制

（1）求解参数的设置。执行菜单栏中的 Solve→Controls 命令，弹出如图 10-59 所示的 Solution Controls 面板。保持系统默认设置，单击 OK 按钮。

（2）初始化。执行菜单栏中的 Solve→Initialization 命令，弹出如图 10-60 所示的 Solution

Initialization 面板，在 Compute From 下拉列表框中选择 inlet 选项，然后单击 Initialize 按钮。

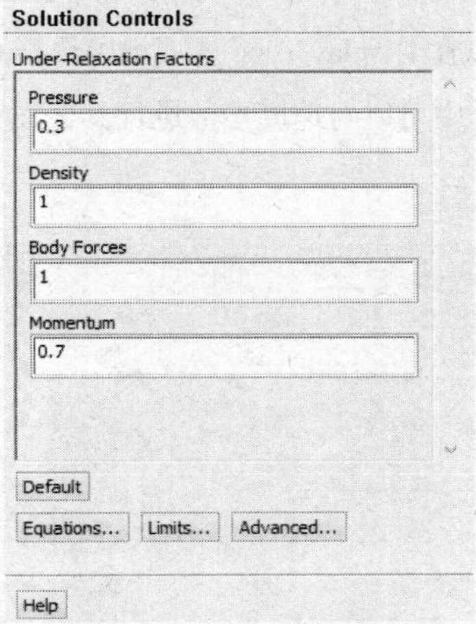

图 10-59 Solution Controls 面板

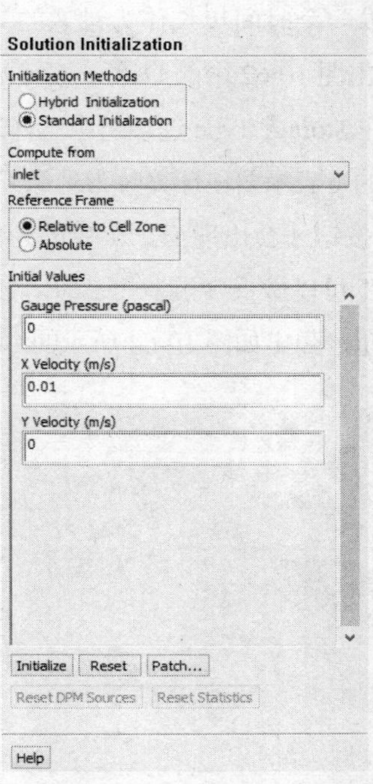

图 10-60 Solution Initialization 面板

（3）打开残差图。执行菜单栏中的 Solve→Monitors→Residual 命令，弹出 Residual Monitors 对话框。勾选 Options 选项组中的 Plot 复选框，使迭代计算时动态显示计算残差，并设置求解的精度，各精度均为 10^{-3}，如图 10-61 所示，最后单击 OK 按钮。

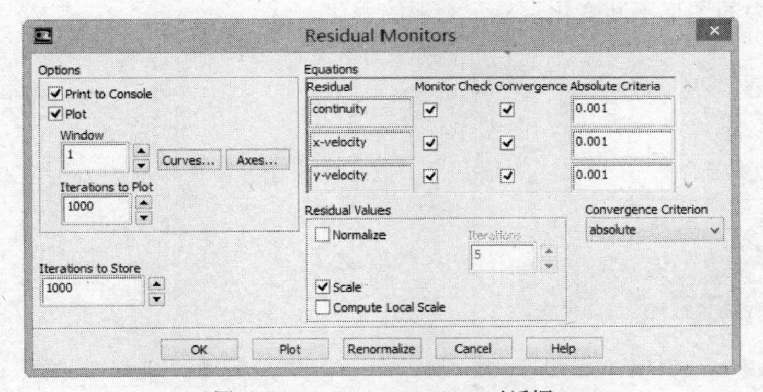

图 10-61 Residual Monitors 对话框

（4）设置动画。为了显示动态漩涡的脱落，就要对该漩涡脱落进行监控。执行菜单栏中的 Solve →Calculation Activities 命令，在打开的 Calculation Activities 面板中单击 Solution Animation 栏下的 Create/Edit 按钮，弹出如图 10-62 所示的 Solution Animation 对话框，Animation Sequences 文本框

中的 1 表示只对一个物理量进行监控，Active Name 对应的是录像的名称，Every 文本框中对应的 1 表示以一个时间步长作为录像的一帧。

单击图 10-62 中的 Define 按钮，弹出如图 10-63 所示的 Animation Sequence 对话框，定义录像的内容。在 Storage Type 选项组中选择录像的保存类型，In Memory 表示保存在内存中。Window 文本框中对应的 1 表示要在计算时为录像开一个窗口，需要注意的是，一定要单击一下 Window 文本框右侧的 Set 按钮才会出现一个黑色的录像窗口。窗口要显示的图形要在 Display Type 选项组中定义，FLUENT 可以做很多类型的录像，本例是做涡流场的动画，所以在 Display Type 选项组中选择 Contours 单选按钮，弹出如图 10-64 所示的 Contours 对话框，在对话框中可以对速度参数进行具体设置。

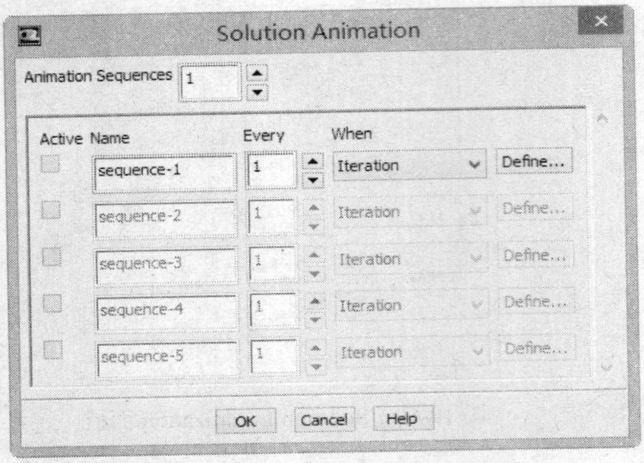

图 10-62 Solution Animation 对话框

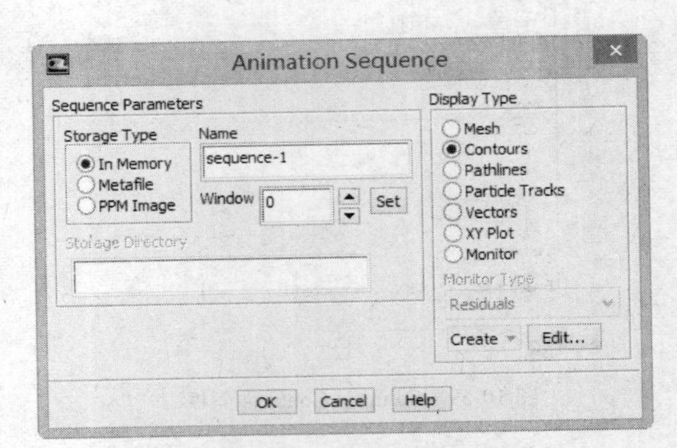

图 10-63 Animation Sequence 对话框

在 Contours 对话框中，勾选 Options 选项组中的 Filled 复选框，单击 Surfaces 列表框上方的按钮，然后单击 Display 按钮，原本黑色的窗口出现了如图 10-65 所示的录像窗口。在迭代求解过程中，这个窗口中的图形不断变化，显示漩涡的变化。

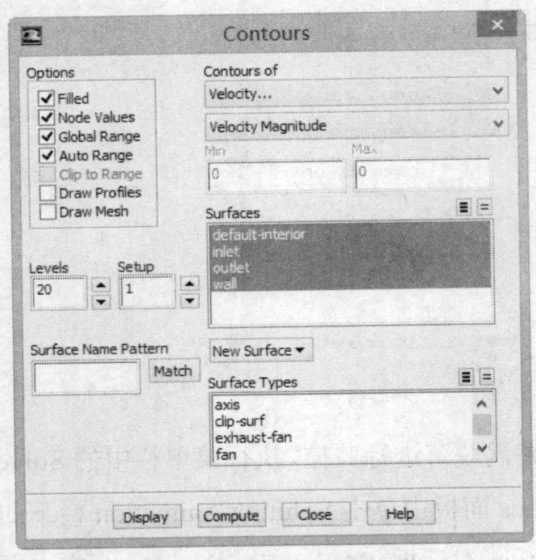

图 10-64 Contours 对话框

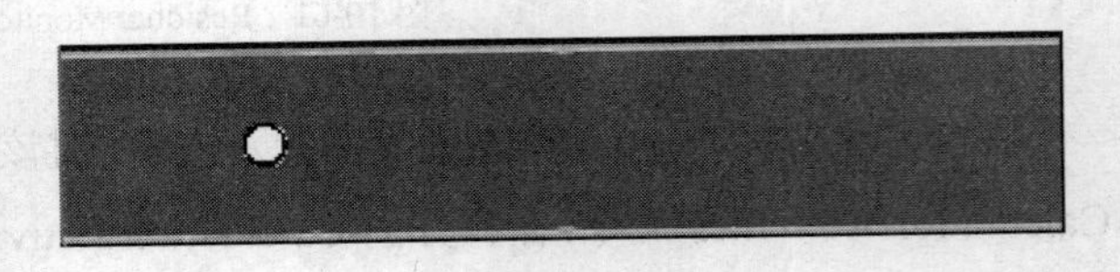

图 10-65 录像窗口

（5）保存 Case 和 Data 文件。执行菜单栏中的 File→Write→Case&Data 命令，保存前面所做的设置。

（6）迭代。执行菜单栏中的 Solve→Run Calculation 命令，迭代设置如图 10-66 所示的 Run Calculation 面板。单击 Calculate 按钮，FLUENT 求解器开始求解，求解过程中可以看到如图 10-67 所示的残差图。

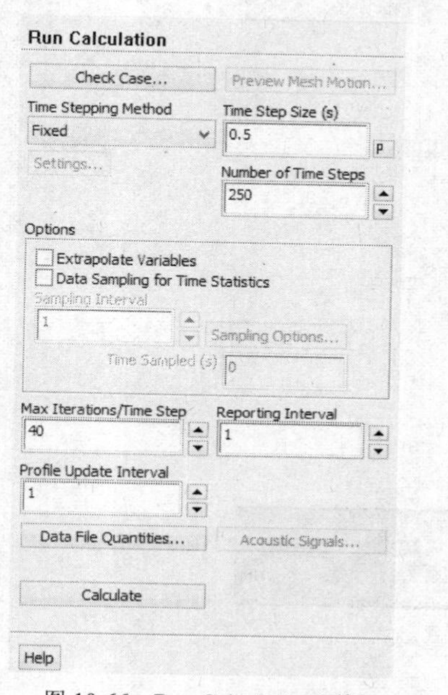

图 10-66 Run Calculation 面板

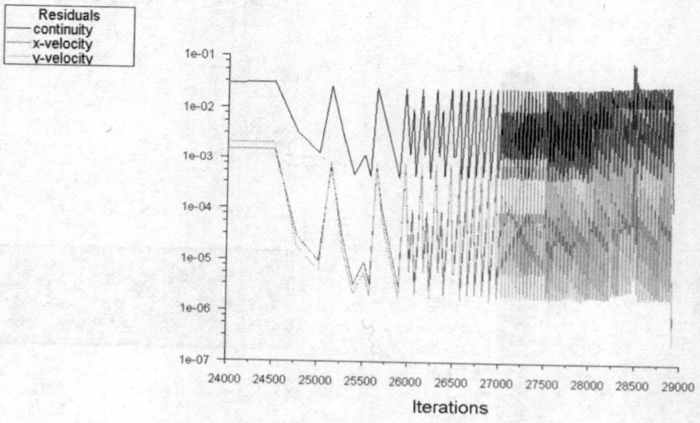

图 10-67 残差图

10.3.2 后处理

1．显示压力与速度云图

（1）显示压力云图。执行菜单栏中的 Display→Graphics and Animations→Contours 命令，弹出 Contours 对话框，勾选 Options 选项组中的 Filled 复选框，单击 Display 按钮，即可显示如图 10-68 所示的压力云图。

（2）显示速度云图。在 Contours 对话框 Contours of 下的第一个下拉列表框中选择 Velocity 选项，勾选 Options 选项组中的 Filled 复选框，单击 Display 按钮，即可显示如图 10-69 所示的速度云图。

2．显示速度矢量图

执行菜单栏中的 Display→Graphics and Animations→Vectors 命令，弹出 Vectors 对话框。通过改变 Scale 文本框中的数值来改变矢量箭头大小，通过改变 Skip 文本框中的数值来改变矢量箭头密度，单击 Display 按钮，得到如图 10-70 所示的速度矢量图。

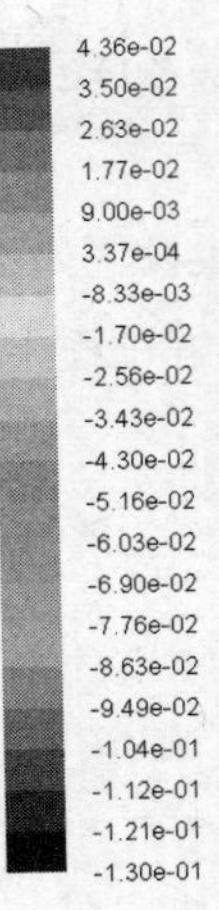

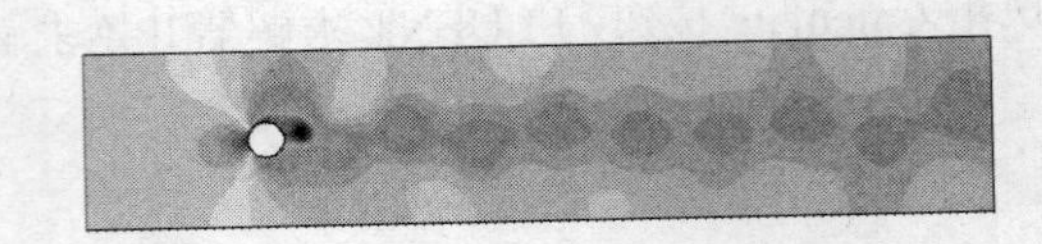

图 10-68　压力云图

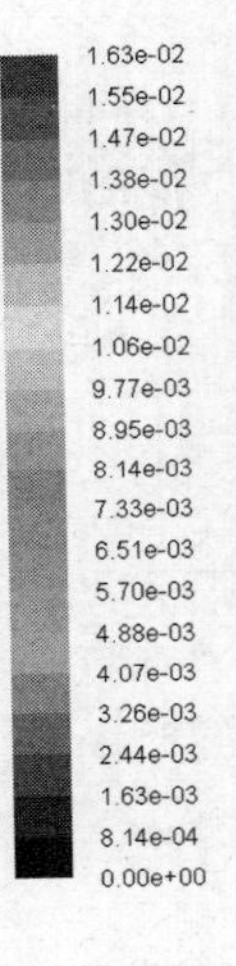

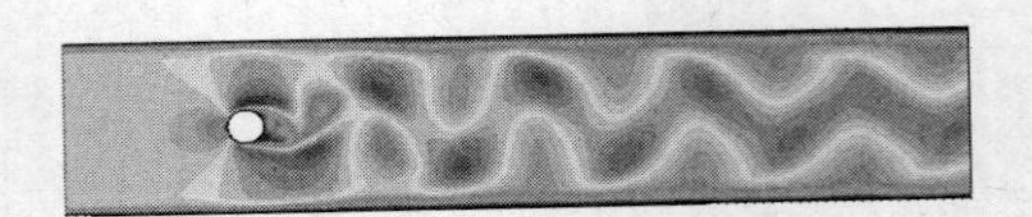

图 10-69　速度云图

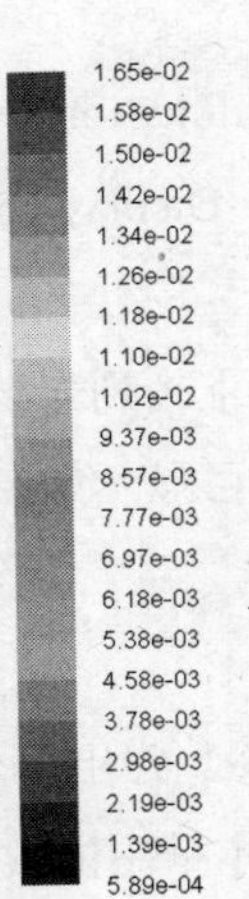

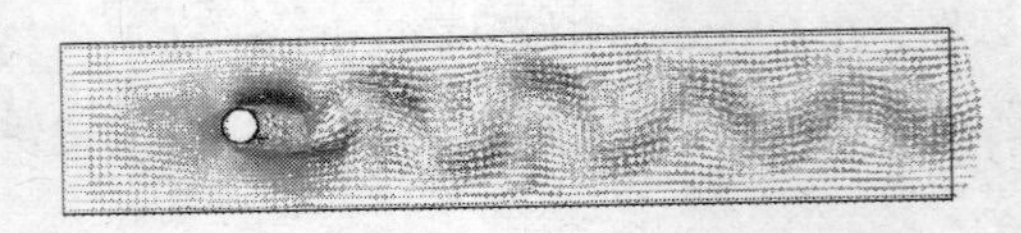

图 10-70　速度矢量图

3．显示流线

执行菜单栏中的 Display→Graphics and Animations→Pathlines 命令，弹出如图 10-71 所示的 Pathlines 对话框，在 Color by 下的第一个下拉列表框中选择 Velocity 选项，通过调整 Steps 文本框中的数值来调整流线的长度，通过调整 Path Skip 文本框中的数值来调整流线的疏密。在 Release from Surfaces 列表框中选择要显示的部分，单击 Surfaces 列表框上方的按钮选择全部，单击 Display 按钮，即可得到如图 10-72 所示的流线图。

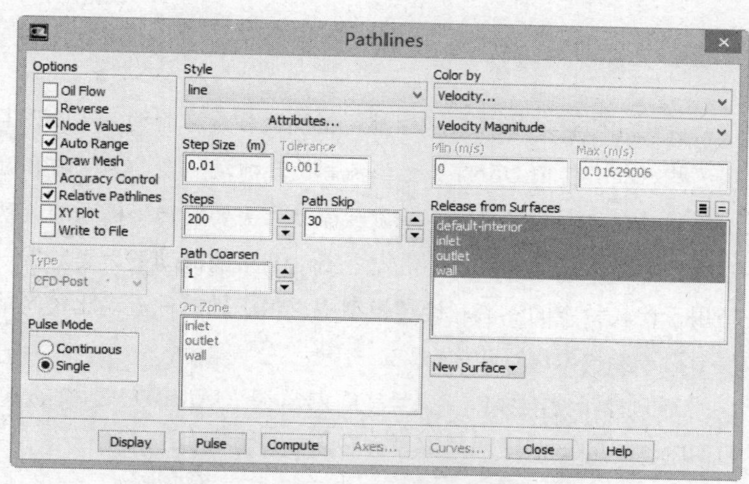

图 10-71　Pathlines 对话框

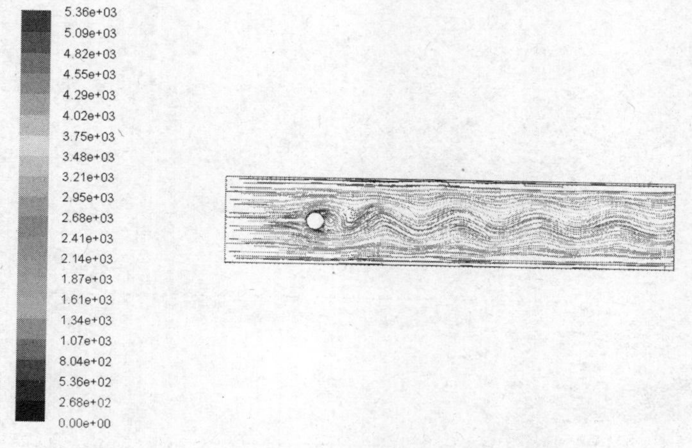

图 10-72　流线图

第11章 可动区域中流动问题的模拟

在许多重要的工程问题中都包括涡流和旋转流动，FLUENT 很适合模拟这些流动。在 FLUENT 中，涡流和旋转流动主要分为涡流和旋转流的轴对称流动、完全的三维涡流或旋转流动、需要旋转坐标系的流动、需要多重旋转参考系或混合平面的流动、滑动网格的流动五大类。每一种模型都适用于比较特定的涡流和旋转模型中，由于轴对称流动比较简单，本章主要对后 4 类模型进行建模。

通过本章的学习，让读者重点掌握 GAMBIT 建模的基本操作和 FLUENT 中可动区域的基本操作和后处理方法。

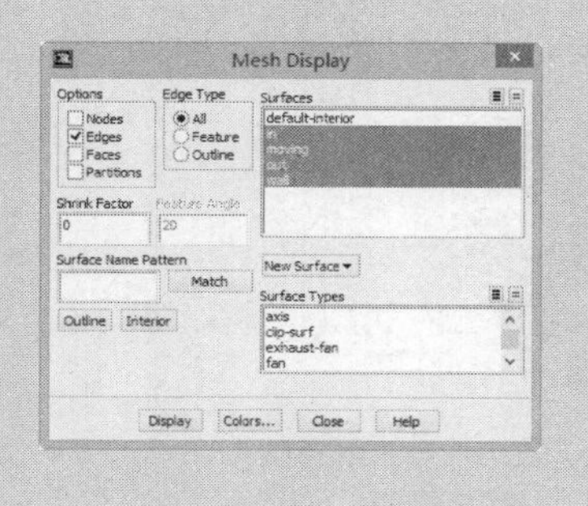

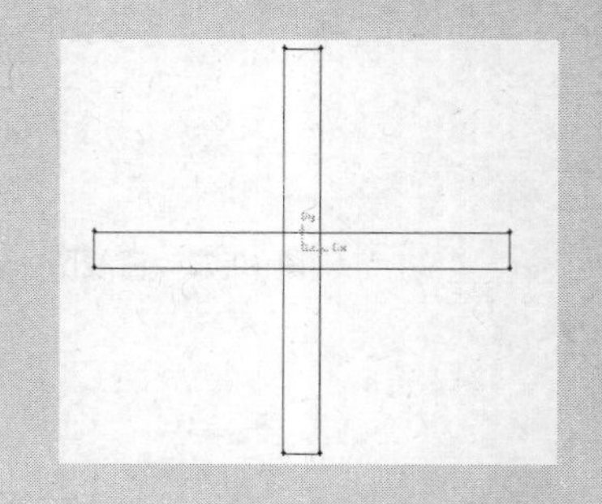

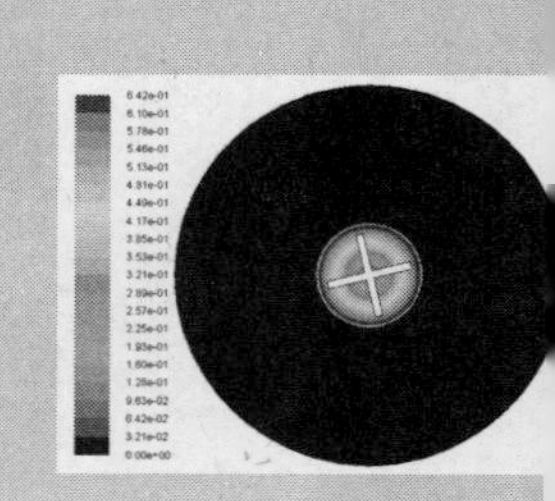

11.1 无旋转坐标系的三维旋转流动

当几何图形有变化或具有周向流动梯度时，需要用三维模型预测漩涡流动。在三维模拟中，需要非常注意坐标系的使用。本节先介绍不用旋转坐标系的三维旋转流动，在本例中为了确保计算的精确性，针对三维旋转流动模型，对网络和湍流模型做一些精确的处理，所以有比较大的计算量。模拟本例，要先确保有一台性能较好的计算机。

【问题描述】如图 11-1 和图 11-2 所示，一个转轴在一个定子中旋转，如轴在轴承或密封圈中旋转。转轴的直径是 20mm，转子和定子的间隙非常小（是转子直径的千分之五），当转子有一个微小的偏心量 r_o=0.01mm 时，转子在定子中旋转就会受到一个径向力 F_r 和切向力 F_τ 的作用，普通的滑动轴承就是靠这样的力，支撑起这个转子的。本模型中，转子只是自身的转动，而不跟随流体涡动，即涡动速度 Ω=0。其工作介质是水，入口的压力是 0.5MPa（表压），出口是大气压，模拟 ω=6000r/min 的流动，观察转子的受力。

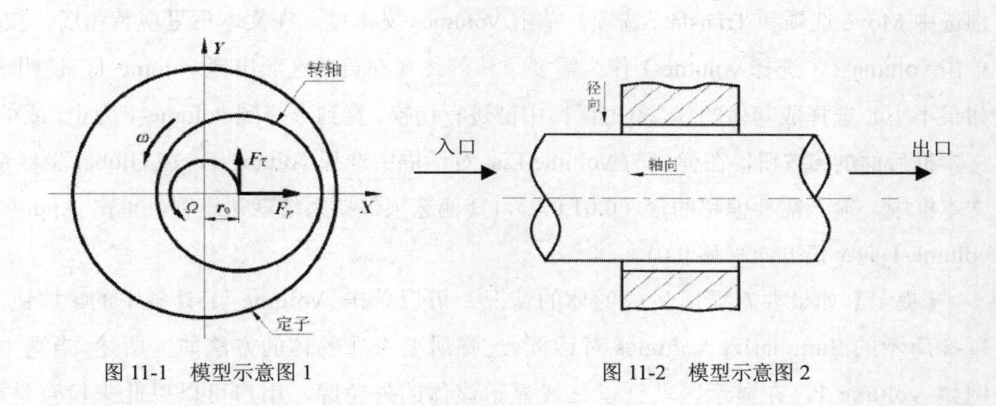

图 11-1 模型示意图 1　　　　图 11-2 模型示意图 2

11.1.1 利用 GAMBIT 创建几何模型

本模型模拟时由于有强大的旋流，在划分网格时在旋转壁面附近的网格要非常精细。

1. 启动 GAMBIT

双击桌面上的 GAMBIT 图标，启动 GAMBIT 软件，弹出 Gambit Startup 对话框。在 Working Directory 下拉列表框中选择工作文件夹。单击 Run 按钮，进入 GAMBIT 系统操作界面。单击菜单栏中的 Solver→FLUENT5/6 命令，选择求解器类型。

2．创建几何体

(1)创建圆柱体 volume-1。先单击 Operation 工具条中的按钮，再单击 Geometry 工具条中的按钮，接着用鼠标右键单击 Volume 工具条中的按钮，在弹出的下拉菜单中单击 Cylinder 命令，弹出如图 11-3 所示的Create Real Cylinder对话框。在Height 文本框中输入 10，在 Radius 1 文本框中输入 10，保持 Radius 2 文本框中不填写任何值，Axis Location 对应的选项为 Positive Z，即选择 z 的正方向为对称轴，在 Label 文本框中输入 volume-1，单击 Apply 按钮，创建圆柱体 volume-1。

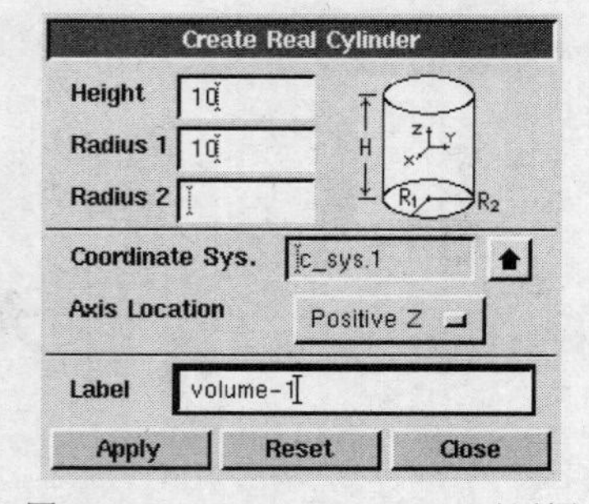

图 11-3　Create Real Cylinder 对话框

（2）分别创建圆柱体 volume-2、volume-3 和 volume-4。重复上述创建圆柱体 volume-1 的类似操作，分别创建 volume-2（Height=10，Radius 1=10.01）、volume-3（Height=10，Radius 1=10.03）、volume-4（Height=10，Radius 1=10.1）。

【提示】为了方便说明，创建体的时候，分别要写明标签 Label。

3．平移体

（1）平移 volume-1。先单击 Operation 工具条中的按钮，再单击 Geometry 工具条中的按钮，接着单击 Volume 工具条中的按钮，弹出如图 11-4 所示的 Move/Copy Volumes 对话框。分别选中 Move 选项和 Translate 选项，单击 Volumes 文本框，在文本框呈现黄色后，按住 Shift 键，单击 volume-1，选择 volume-1 作为需要平移的体（在黄色区域出现 volume-1，说明选择成功）。如果不小心选择成其他的体，单击鼠标中键进行切换，直到选择到 volume-1 为止，或单击 Volumes 文本框后面的按钮，在弹出的 Volume List 对话框中选择 volume-1，在 Global 坐标系的 x、y、z 文本框中，输入需要偏移的量（0.01,0,0），其他选项保持系统默认设置，单击 Apply 按钮，此时 volume-1 向 x 正方向平移 0.01。

【提示】如果要查看所生成的体的情况，可以单击 Volume 工具条中的按钮，弹出如图 11-5 所示的 Summarize Volumes 对话框。选择所要查看的体的方法如上所述。当选中一个体时，例如 volume-1，在显示区就会以红线显示该体的外轮廓，用户可以以此来检查是否出错。单击 Apply 按钮，就会在 Description 窗口列出该体的详细信息，此方法会在随后的操作中经常使用。

（2）平移 volume-2 和 volume-3。重复与上面类似的平移操作，分别将 volume-2 和 volume-3 向 x 正方向平移 0.01。

4．布尔运算

（1）从 volume-4 中删减与 volume-3 相交的体积。先单击 Operation 工具条中的按钮，再单击 Geometry 工具条中的按钮，用鼠标右键单击 Volume 工具条中的按钮，在下拉菜单中执行

Subtract 命令，弹出如图 11-6 所示的 Subtract Real Volumes 对话框。单击 Volume 文本框，选择 volume-4，单击 Volumes 文本框，选择 volume-3，选中 Retain 选项，表示布尔运算之后，保留 volume-3，单击 Apply 按钮，完成从 volume-4 中删减与 volume-3 相交的体积。

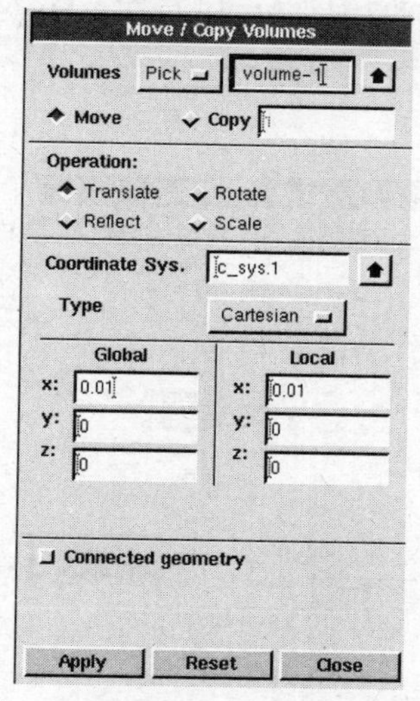

图 11-4 Move/Copy Volumes 对话框

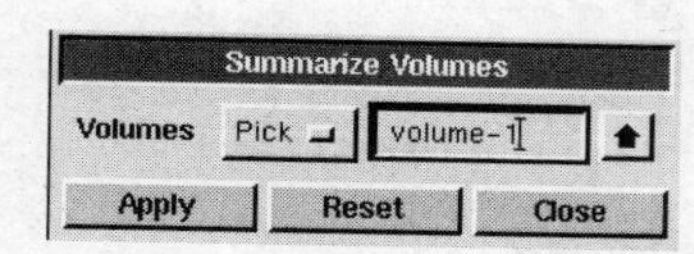

图 11-5 Summarize Volumes 对话框

（2）从 volume-3 中删减与 volume-2 相交的体积。重复与上面类似的删减操作，从 volume-3 中删减与 volume-2 相交的体积，并依旧保留 volume-2。

（3）从 volume-2 中删减与 volume-1 相交的体积。重复与上面类似的删减操作，从 volume-2 中删减与 volume-1 相交的体积，但不保留 volume-1，即不选中 Retain 选项。

此时模型中剩下 3 个圆环体 volume-2、volume-3 和 volume-4，可以单击 Volume 工具条中的按钮，对每个体进行查看。单击 Summarize Volumes 对话框 Volume 文本框右侧的按钮，弹出如图 11-7 所示的 Volume List 对话框。

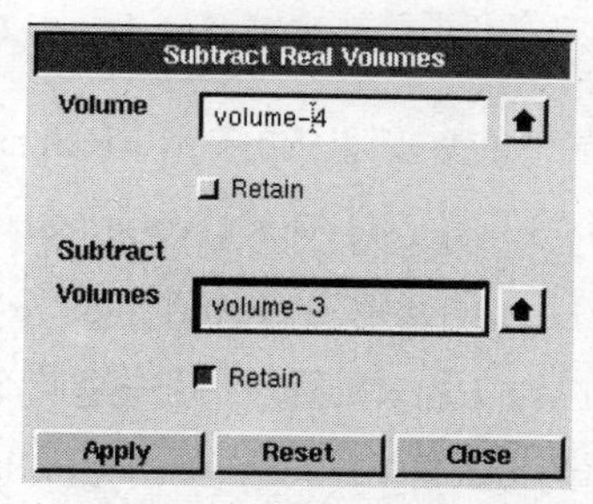

图 11-6 Subtract Real Volumes 对话框

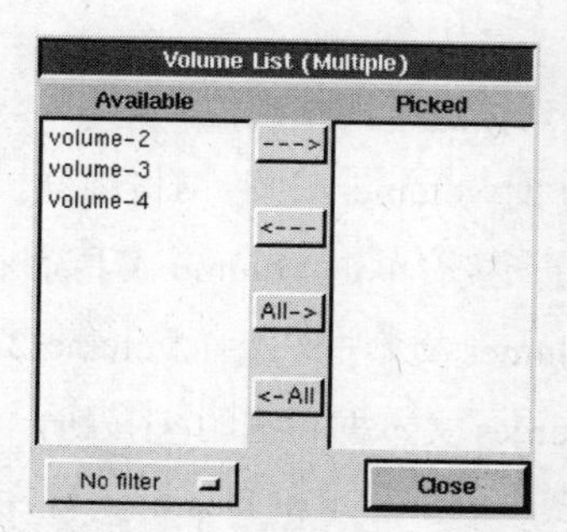

图 11-7 Volume List 对话框

5. 合并重合的面

3 个圆环面之间有互相重合的面，为了在最后导出的 mesh 文件中能够是一个连续的区域，需要将重合的面合并成一个面。先单击 Operation 工具条中的按钮，再单击 Geometry 工具条中的按钮，接着单击 Face 工具条中的按钮，弹出如图 11-8 所示 Connect Faces 对话框。单击 Faces 文本框后面的按钮，弹出如图 11-9 所示的 Face List 对话框。单击 All->按钮，选取所有的面，单击 Close 按钮。单击 Connect Faces 对话框中的 Apply 按钮，GAMBIT 将自动合并能够合并的重合面。

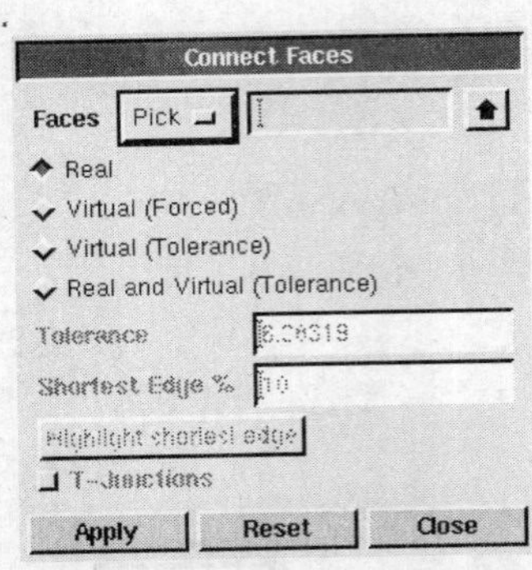

图 11-8　Connect Faces 对话框

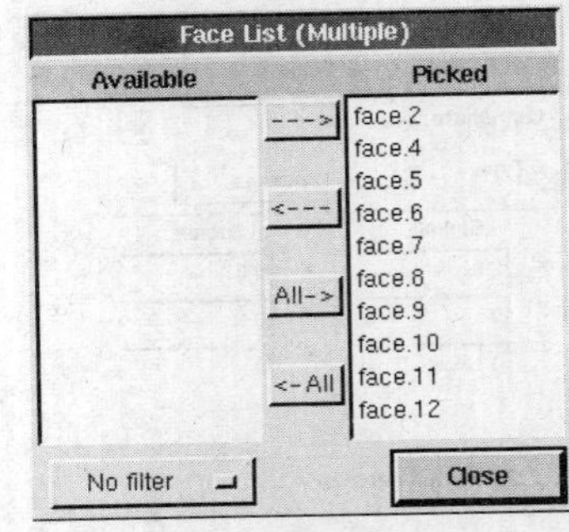

图 11-9　Face List 对话框

11.1.2　利用 GAMBIT 划分网格

1．对面进行网格划分

为了用 Cooper 方法划分体网格，所以要先划分 Cooper 方法中源面的面网格。

先单击 Operation 工具条中的按钮，再单击 Mesh 工具条中的按钮，接着单击 Face 工具条中的按钮，弹出如图 11-10 所示的 Mesh Faces 对话框。单击 Faces 文本框，选择 volume-2 最内侧的圆柱面，如图 11-11 所示，在图 11-10 中所示，该面为 face.2；在 Spacing 文本框中输入 0.2，Elements 和 Type 对应的选项分别为 Quad 和 Map，其他选项保持系统默认设置，单击 Apply 按钮，进行面网格划分。划分网格后，Transcript 窗口如图 11-12 所示，显示在 face.2 上划分出了 15700 个网格。

2．对体进行网格划分

（1）对 volume-2 进行网格划分。先单击 Operation 工具条中的按钮，再单击 Mesh 工具条中的按钮，接着单击 Volume 工具条中的按钮，弹出如图 11-13 所示的 Mesh Volumes 对话框。单击 Volumes 文本框，选择 volume-2，Elements 和 Type 对应的选项分别为 Hex/Wedge 和 Cooper，单击 Sources 文本框右侧的按钮，弹出如图 11-14 所示的 Face List 对话框。原先是两个底面为源面（图中的 face.4 和 face.6），现在换成两个圆柱面（图中的 face.2 和 face.5），单击 Close 按钮关闭 Face List 对话框。在 Mesh Volumes 对话框的 Spacing 文本框中输入 0.001，其他选项保持系统默认设置，单击 Apply 按钮，对 volume-2 进行体网格的划分，划分网格后，查看 Transcript 窗口，窗口中显示在 volume-2 上划分出 157000 个网格。

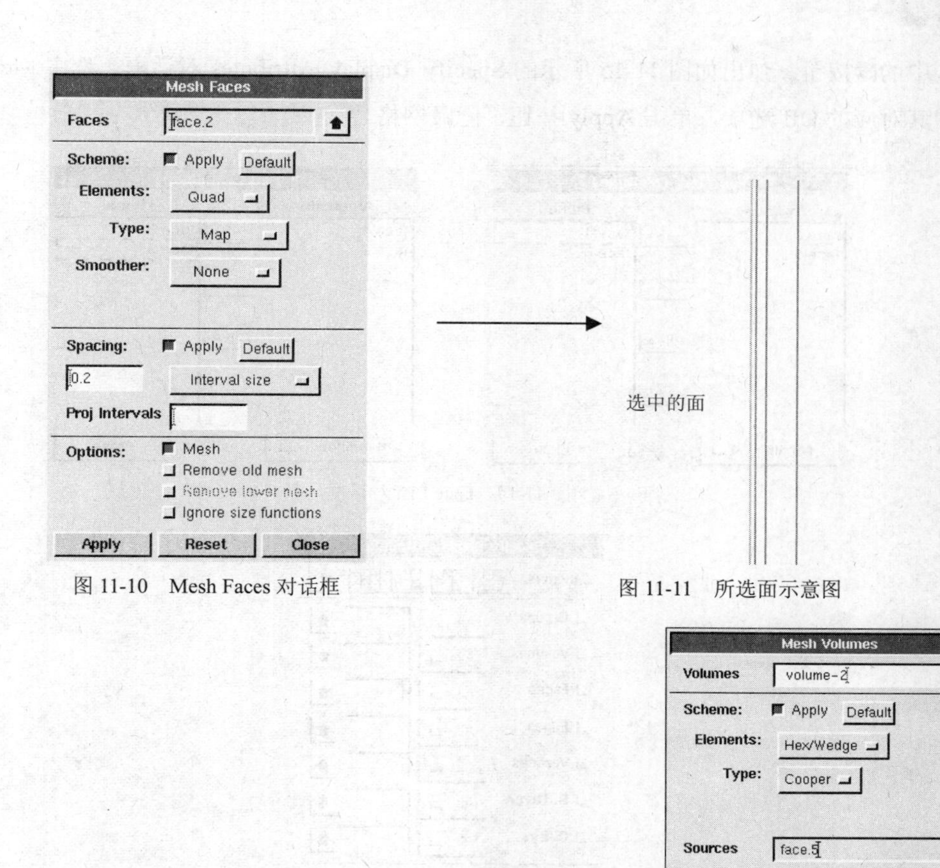

图 11-10 Mesh Faces 对话框

图 11-11 所选面示意图

```
Command> face mesh "face.2" map size 0.2
Mesh generated for face face.2:   mesh faces = 15700.
```

图 11-12 Transcript 窗口

图 11-13 Mesh Volumes 对话框

【提示】用 Cooper 方法划分网格，必须有两个相互对应、形状相似的源面。在此模型中，为了在径方向上有足够密的网格，所以选择 volume-2 的两个相互对应的圆柱面为源面，而一般情况下，是默认两个相对应的底面为源面，此时需要手动去修改源面。

体网格的数量刚好是面网格的 10 倍，再放大图形仔细观察，可以发现在圆环体 volume-2 径方向上的网格数是 10 个，即在 0.01 尺寸上有 10 个网格，每个网格的径向厚度是 0.001。

（2）对 volume-3 和 volume-4 进行网格划分。重复与上面类似的操作对 volume-3 和 volume-4 用 Cooper 方法进行网格划分。同样需要选择圆柱面为源面，网格大小同样为 0.001。划分之后，两个圆环体径向的网格数也同样都是 10 个，总的网格数是 157000×3=471000。

（3）隐藏网格。为了不影响后续的操作，需隐藏网格，但网格依旧存在。单击 Global Control

控制区中的▣按钮，弹出如图 11-15 所示的 Specify Display Attributes 对话框，选中 Mesh 选项，再选中其对应的 Off 选项，单击 Apply 按钮，隐藏网格。

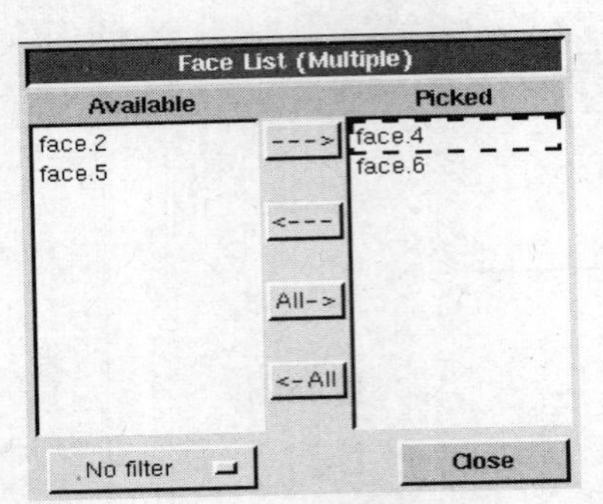

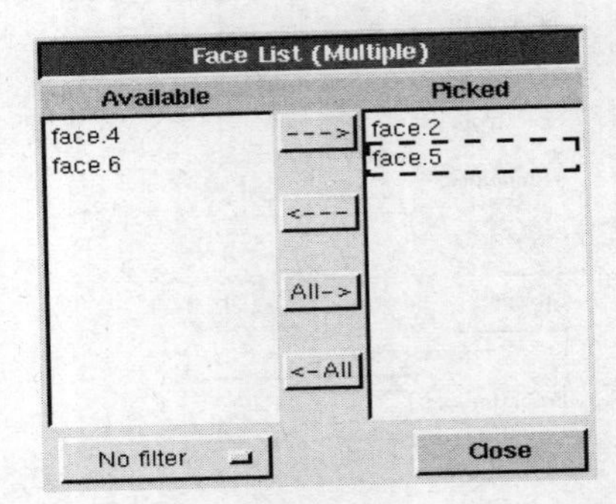

图 11-14 Face List 对话框

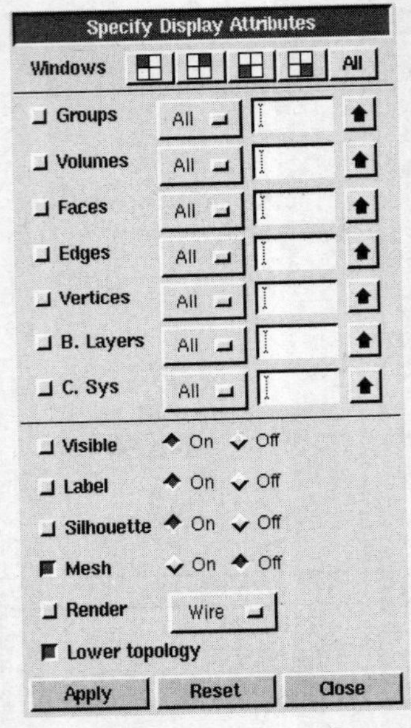

图 11-15 Specify Display Attributes 对话框

11.1.3 利用 GAMBIT 初定边界

（1）合并所有体成为一个区域。为了形成连续的流动区域，需要把 3 个体合并成一个区域。

先单击 Operation 工具条中的▣按钮，再单击 Zones 工具条中的▣按钮，弹出如图 11-16 所示的 Specify Continuum Types 对话框。单击 Volumes 文本框，选择创建的 3 个体，

对应的 Type 选项为 FLUID，单击 Apply 按钮。

（2）指定压力入口边界。如图 11-17 所示，模型的顶端为压力入口，低端为压力出口。

先单击 Operation 工具条中的▣按钮，再单击 Zones 工具条中的▣按钮，弹出如图 11-18 所示的 Specify Boundary Types 对话框。单击 Faces 文本框，选择顶端的 3 个圆环底面，在图 11-18 中，

显示为 face.6、face.9 和 face.12，在 Name 文本框中输入 in，对应的 Type 选项为 PRESSURE_INLET，其他选项保持系统默认设置，单击 Apply 按钮。

（3）指定压力出口边界。单击 Faces 文本框，选择底端的 3 个圆环底面，在如图 11-19 所示的 Specify Boundary Types 对话框中，显示为 face.4、face.7 和 face.10，在 Name 文本框中输入 out，对应的 Type 选项为 PRESSURE_OUTLET，其他选项保持系统默认设置，单击 Apply 按钮。

（4）指定转动壁面边界。单击 Faces 文本框，选择最内侧的圆柱面，在如图 11-20 所示的 Specify Boundary Types 对话框中，显示为 face.2，在 Name 文本框中输入 moving，对应的 Type 选项为 WALL，其他选项保持系统默认设置，单击 Apply 按钮。

保持其他边界不去定义，这样导出 mesh 文件时，这些边界类型才会默认为 WALL。

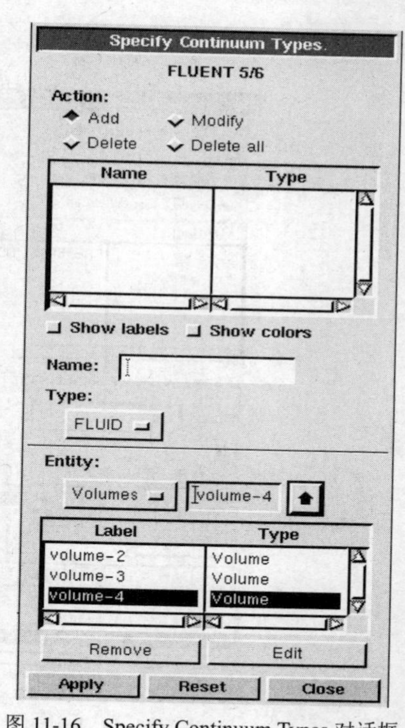

图 11-16 Specify Continuum Types 对话框

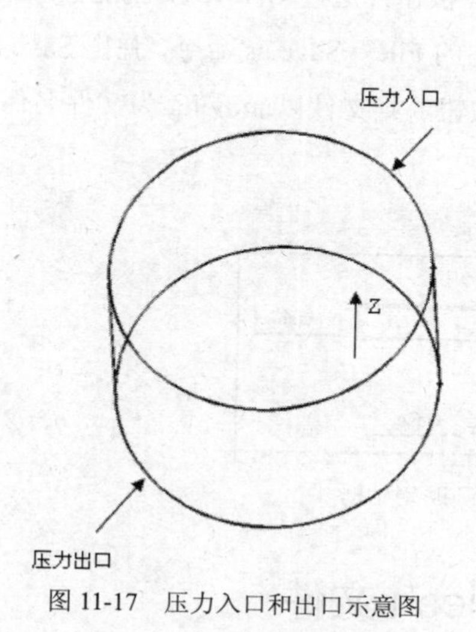

图 11-17 压力入口和出口示意图

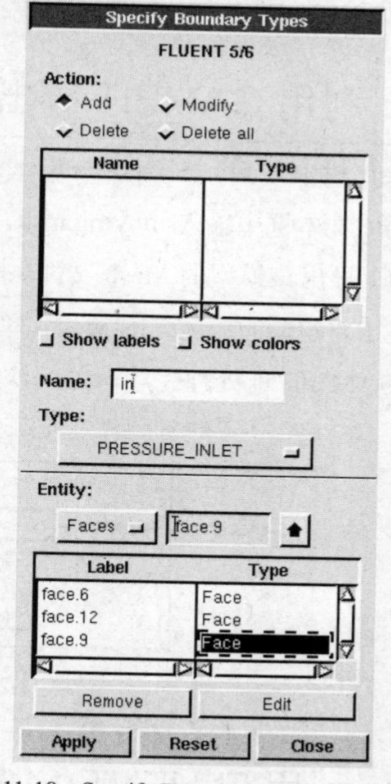

图 11-18 Specify Boundary Types 对话框 1

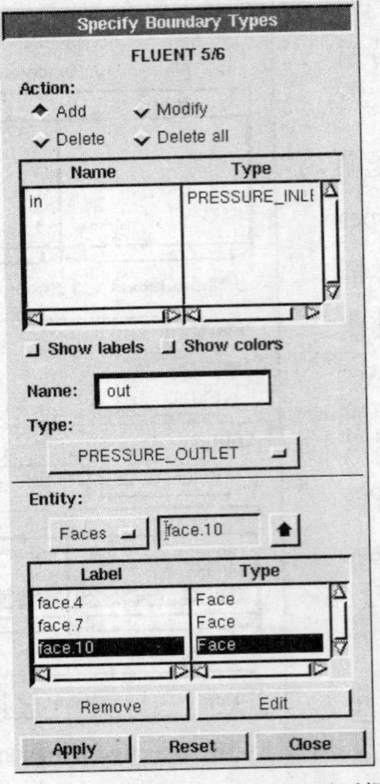

图 11-19　Specify Boundary Types 对话框 2

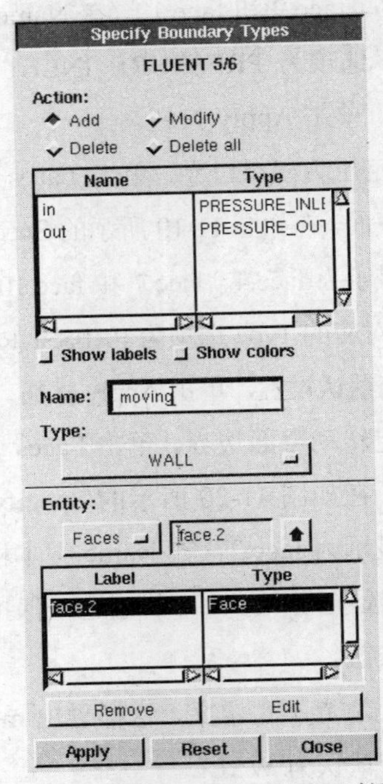

图 11-20　Specify Boundary Types 对话框 3

11.1.4　利用 GAMBIT 导出 Mesh 文件

执行菜单栏中的 File→Export→Mesh 命令，弹出如图 11-21 所示的 Export Mesh File 对话框。在 File Name 文本框中输入 moving.msh，单击 Accept 按钮，这样 GAMBIT 就能在启动时在指定的文件夹里，导出该模型的 Mesh 文件。执行菜单栏中的 File→Save as 命令，弹出 Save Session As 对话框，在 ID 文本框中输入 moving，单击 Accept 按钮，则文件以 moving 为文件名保存。

至此 GAMBIT 前处理完成，关闭软件。

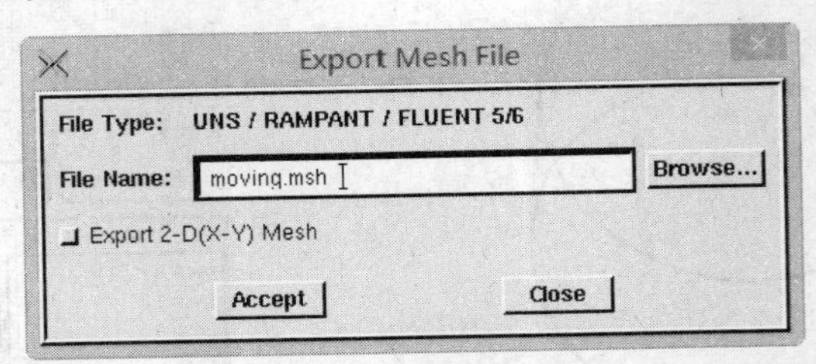

图 11-21　Export Mesh File 对话框

11.1.5　利用 FLUENT 14.5 导入 Mesh 文件

1. 启动 FLUENT

启动 FLUENT 14.5，选用 3D 单精度求解器。

2. 读入 Mesh 文件

执行菜单栏中的 File→Read→Case 命令，选择刚创建好的 moving.msh 文件，读入到 FLUENT 中。当 FLUENT 主窗口显示 Done 的提示，表示读入成功。如图 11-22 所示，显示了模型区域划分情况和网格数量，和计算结果一样，模型包括了 471000 个六面体网格。

```
> Reading "G:\fluent\moving.msh"...
 496434 nodes.
   15700 mixed wall faces, zone  3.
   15700 mixed wall faces, zone  4.
    9420 mixed pressure-outlet faces, zone  5.
    9420 mixed pressure-inlet faces, zone  6.
 1387880 mixed interior faces, zone  8.
  471000 hexahedral cells, zone  2.
```

图 11-22 划分网格情况

11.1.6 计算模型的设定过程

1. 对网格的操作

（1）检查网格。执行菜单栏中的 Mesh→Check 命令，对读入的网格进行检查。当主窗口区显示 Done 的提示，表示网格可用。

（2）显示网格。执行菜单栏中的 Display→Mesh 命令，弹出 Mesh Display 对话框。如图 11-23 所示，在 Surfaces 列表框中选择所有的边界，不要单击默认内部区域（显示太慢），单击 Display 按钮，显示模型。观察模型，查看是否有错误。

（3）标定网格。执行菜单栏中的 Mesh→Scale 命令，弹出如图 11-24 所示 Scale Mesh 对话框。在 Grid Was Greated In 下拉选项列表中选择 mm，单击 Scale 按钮，对尺寸缩小 1000 倍。单击 Change Length Units 按钮，改变长度单位，单击 Close 按钮，完成网格的标定。

2. 设置计算模型

（1）设置求解器类型。执行菜单栏中的 Define→General 命令，弹出如图 11-25 所示的 General 面板，保持所有默认设置，单击 OK 按钮。

（2）设置湍流模型。由于本模型中，有大量的涡流，应该使用某一种高级湍流模型 RNG k-e 模型、Realizable k-e 模型或雷诺应力模型。对于较弱的中等涡流，RNG k-e 模型和 Realizable k-e 模型比 Standard k-e 要好一些。对于强度较高的漩涡流动，应使用雷诺应力（RSM）模型。对于 6000r/min 的模型，采用 RNG k-e 模型。

由于是模拟高速旋转转子周围的流场，标准壁面函数模型不太适用，所以需要使用非平衡壁面函数。

执行菜单栏中的 Define→Models→Viscous 命令，弹出如图 11-26 所示的 Viscous Model 对话框。在 Model 选项组中选择 k-epsilon 单选按钮，在 k-epsilon Model 选项组中选择 RNG 单选按钮，在 Near-Wall Treatment 选项组中选择 Non-Equilibrium Wall Functions 单选按钮，其他选项保持系统默认设置，单击 OK 按钮。

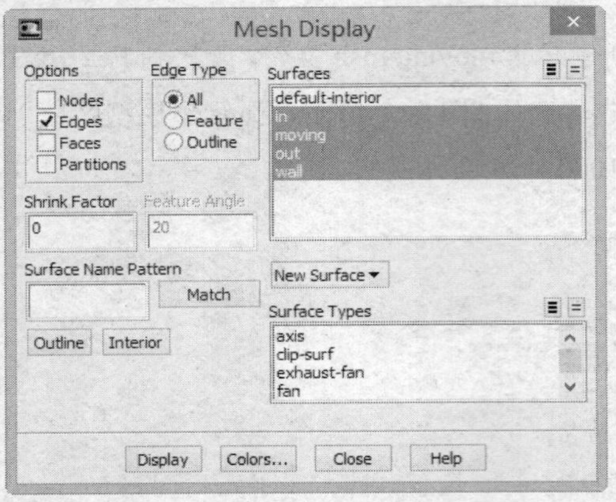

图 11-23　Mesh Display 对话框

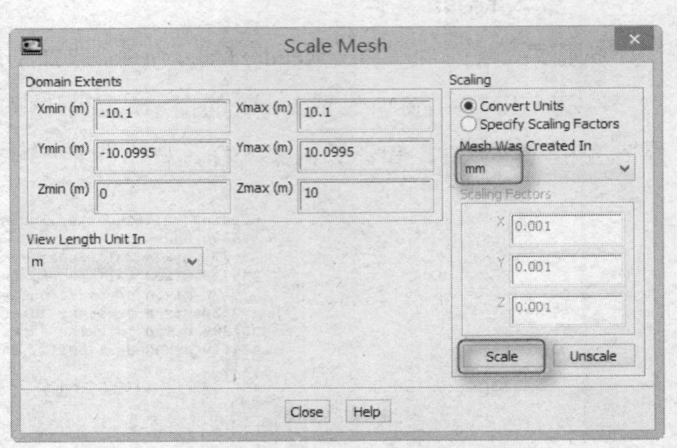

图 11-24　Scale Mesh 对话框

General
Mesh
Scale... | Check | Report Quality
Display...
Solver
Type: Pressure-Based, Density-Based
Velocity Formulation: Absolute, Relative
Time: Steady, Transient
Gravity
Units...
Help

图 11-25　General 面板

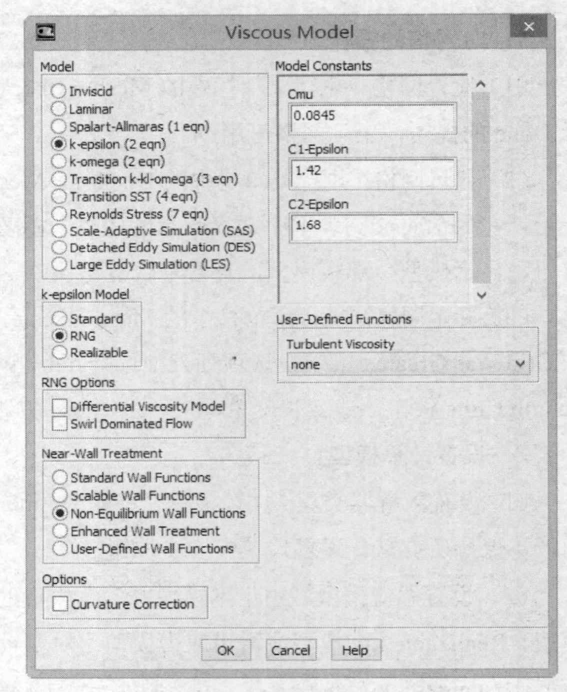

图 11-26　Viscous Model 对话框

3. 设置物性

执行菜单栏中的 Define→Materials 命令，弹出如图 11-27 所示的 Create/Edit Materials 对话框。单击 Fluent Database 按钮，弹出如图 11-28 所示的 Fluent Database Materials 对话框。在 Material Type 下拉列表框中选择 fluid 选项，选择流体类型；在 Order Materials By 选择组中点选 Name 单选钮，表示通过材料的名称选择材料；在 Fluent Fluid Materials 列表框中，选择 water-liquid 选项，保持水的参数不变；单击 Copy 按钮，再单击 Close 按钮，关闭对话框。保持 Materials 对话框中其他选项为默认设置，单击 Close 按钮。

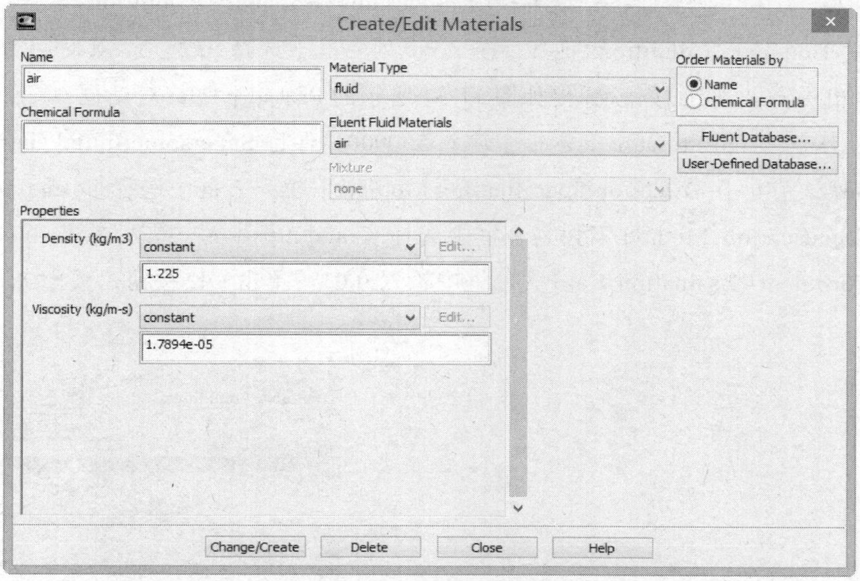

图 11-27 Create/Edit Materials 对话框

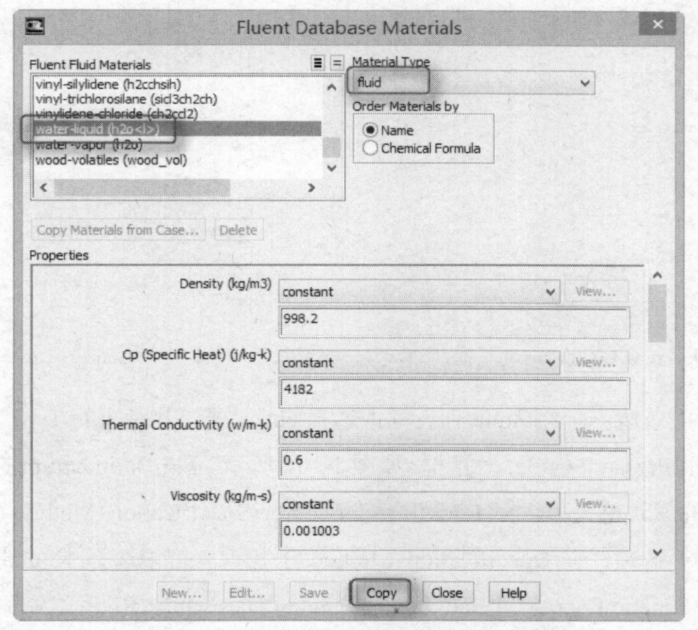

图 11-28 Fluent Database Materials 对话框

4. 设置运算环境

执行菜单栏中的 Define→Operating Conditions 命令，弹出如图 11-29 所示的 Operating Conditions 对话框，保持系统默认设置，直接单击 OK 按钮。

5. 设置边界条件

（1）定义压力入口边界。执行菜单栏中的 Define→Boundary Conditions 命令，弹出如图 11-30 所示的 Boundary Conditions 面板。在 Zone 列表框中选择 in 选项，其对应的 Type 选项为 pressure-inlet，单击 Edit 按钮，弹出如图 11-31 所示的 Pressure Inlet 对话框。单击 Momentum 选项卡，在 Gauge Total Pressure 文本框中输入 500000，保持 Supersonic/Initial Gauge Pressure 文本框中的默认值 0，在 Direction Specification Method 下拉列表框中选择 Normal to Boundary 选项，在 Specification Method 下拉列表框中选择 K and Epsilon 方法，在 Turbulent Kinetic Energy 和 Turbulent Dissipation Rate 文本框中输入 0.01，单击 OK 按钮，关闭 Pressure Inlet 对话框。

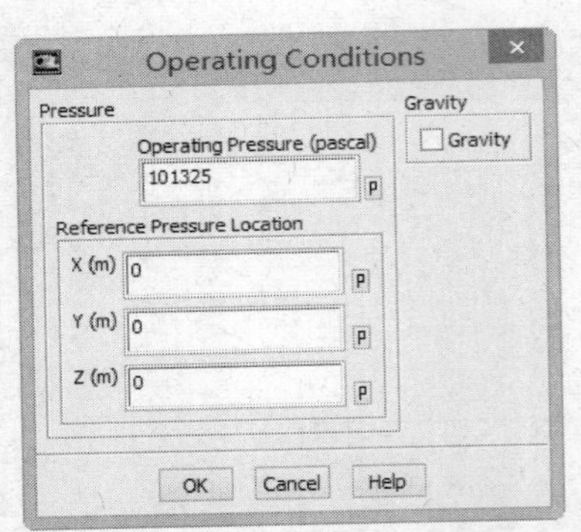

图 11-29 Operating Conditions 对话框

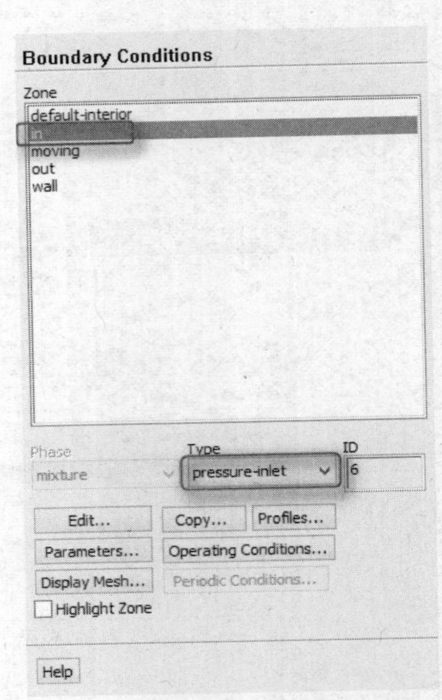

图 11-30 Boundary Conditions 面板

（2）定义压力出口边界。在 Zone 列表框中选择 out 选项，其对应的 Type 为 pressure-outlet，单击 Edit 按钮，弹出 Pressure Outlet 对话框，如图 11-32 所示。单击 Momentum 选项卡，保持 Gauge Pressure 文本框中的默认值为 0，在 Backflow Direction Specification Method 下拉列表框中选择 Normal to Boundary 选项，在 Specification Method 下拉列表框中选择 K and Epsilon 方法，在 Backflow Turbulent Kinetic Energy 和 Backflow Turbulent Dissipation Rate 文本框中输入 0.01，单击 OK 按钮，关闭 Pressure Outlet 对话框。

（3）定义转子壁面边界。本模型要设置旋转壁面，旋转速度是 628rad/s，即 6000r/min，以（0.01,0,0）为起点，以平行于 *z* 轴的直线为旋转中心轴。

在 Zone 列表框中选择 moving 选项，其对应的 Type 选项为 wall，单击 Edit 按钮，弹出 Wall

对话框。单击 Momentum 选项卡，在 Wall Motion 选项组中选择 Moving Wall 单选按钮，在 Motion 选项组中点选 Relative to Adjacent Cell Zone 和 Rotational 单选钮，在 Speed 文本框中输入 628（628rad/s=6000r/min），在 Rotation-Axis Origin 选项组中输入坐标（0.01,0,0），在 Rotation-Axis Direction 选项组中输入（0,0,1），在 Shear Condition 选项组中点选 No Slip 单选钮，如图 11-33 所示，单击 OK 按钮，完成转动壁面的设置。

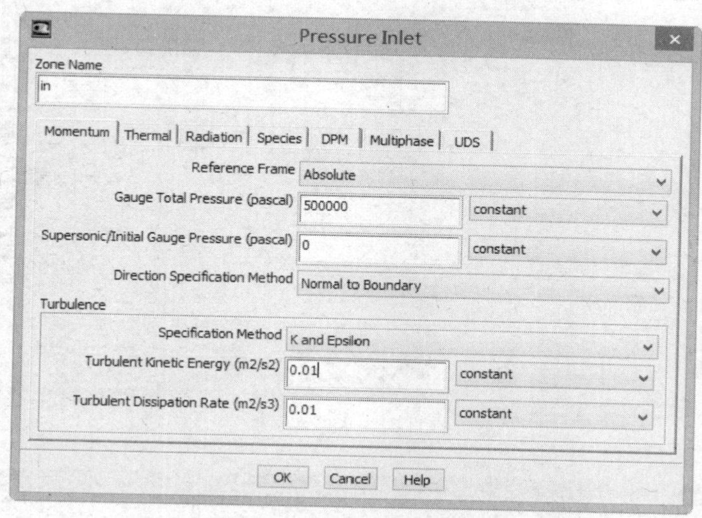

图 11-31 Pressure Inlet 对话框

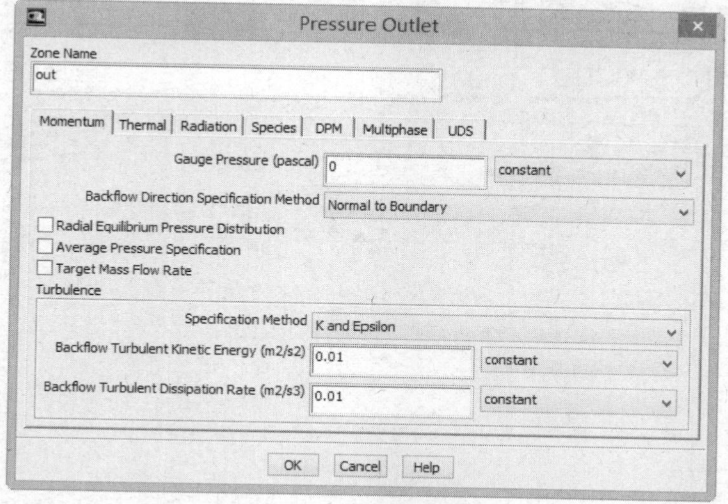

图 11-32 Pressure Outlet 对话框

（4）设置工作流体。执行菜单栏中的 Define→Cell Zone Conditions 命令，弹出如图 11-30 所示的 Boundary Conditions 面板。在 Zone 列表框中选择 fluid 选项，其对应的 Type 选项为 fluid，单击 Edit 按钮，弹出如图 11-34 所示的 Fluid 对话框。在 Material Name 下拉列表框中选择 water-liquid

选项，其他选项保持系统默认设置，单击 OK 按钮，完成工作流体设置。

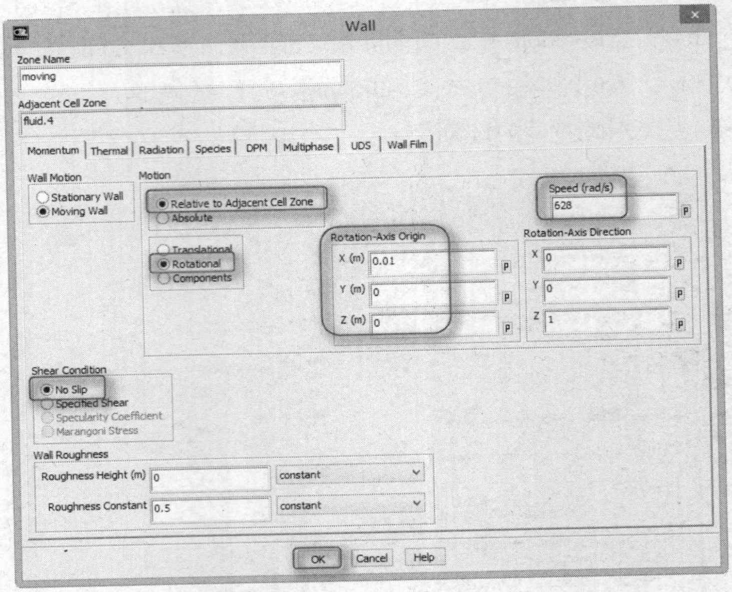

Wall

Zone Name
moving
Adjacent Cell Zone
fluid.4
Momentum | Thermal | Radiation | Species | DPM | Multiphase | UDS | Wall Film
Wall Motion
Stationary Wall
Moving Wall
Motion
Relative to Adjacent Cell Zone
Absolute
Speed (rad/s)
628
Translational
Rotational
Components
Rotation-Axis Origin
X (m) 0.01
Y (m) 0
Z (m) 0
Rotation-Axis Direction
X 0
Y 0
Z 1
Shear Condition
No Slip
Specified Shear
Specularity Coefficient
Marangoni Stress
Wall Roughness
Roughness Height (m) 0 constant
Roughness Constant 0.5 constant
OK Cancel Help

图 11-33　Wall 对话框

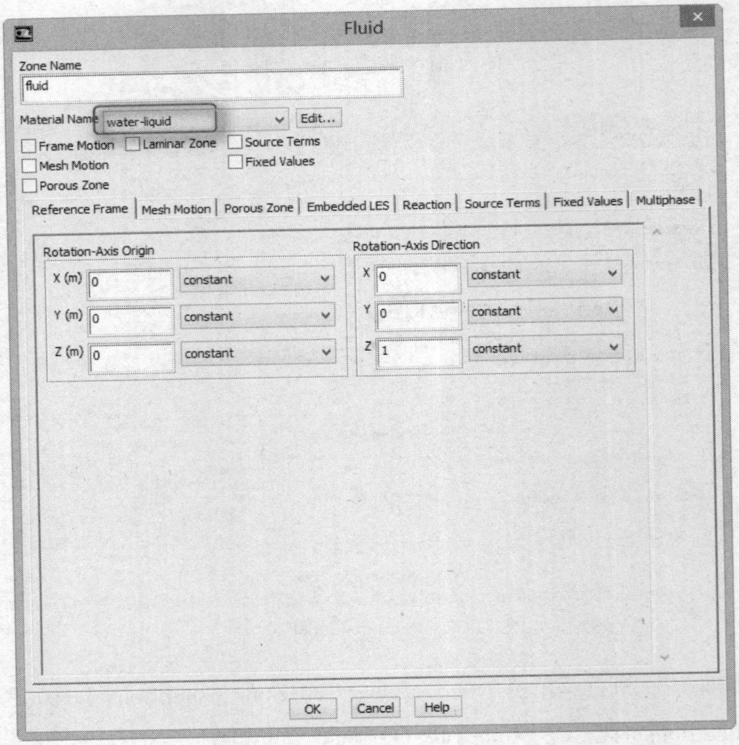

Fluid

Zone Name
fluid
Material Name water-liquid Edit...
Frame Motion
Laminar Zone
Source Terms
Mesh Motion
Fixed Values
Porous Zone
Reference Frame | Mesh Motion | Porous Zone | Embedded LES | Reaction | Source Terms | Fixed Values | Multiphase
Rotation-Axis Origin
X (m) 0 constant
Y (m) 0 constant
Z (m) 0 constant
Rotation-Axis Direction
X 0 constant
Y 0 constant
Z 1 constant
OK Cancel Help

图 11-34　Fluid 对话框

6．设置求解策略

（1）设定求解参数。执行菜单栏中的 Solve→Methods 命令，弹出 Solution Methods 面板。如图 11-35 所示，在 Spatial Discretization 选项组的 Pressure 下拉列表框中选择 PRESTO!选项，在 Spatial Discretization 选项组的其他下拉列表框中均选择 Second Order Upwind 选项，以提高计算精度，其他选项保持系统默认设置，单击 OK 按钮。

【提示】PRESTO!适用于高速流动，特别是含有旋转及高曲率的情况。

（2）定义求解残差监视器。执行菜单栏中的 Solve→Moniors→Residual 命令，弹出 Residual Monitors 对话框，如图 11-36 所示。在 Options 选项组中勾选 Plot 复选框，其他选项保持系统默认设置，单击 OK 按钮，完成残差监视器的定义。

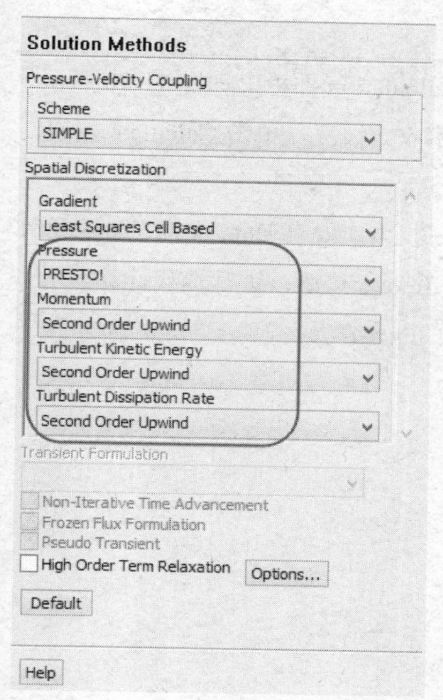

图 11-35　Solution Controls 面板

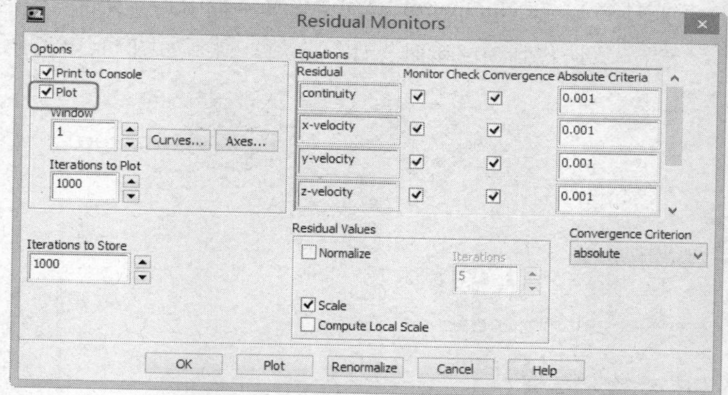

图 11-36　Residual Monitors 对话框

11.1.7　模型初始化

（1）执行菜单栏中的 Solve→Initialize 命令，弹出 Solution Initialization 面板，如图 11-37 所示。单击 Initialize 按钮，进行初始化，此时整个计算区域，将被速度入口的数值初始化，单击 Close 按钮，关闭对话框，完成初始化。

（2）保存 Case 和 Data 文件。执行菜单栏中的 File→Write→Case & Data 命令，保存 Case 和 Data 文件。

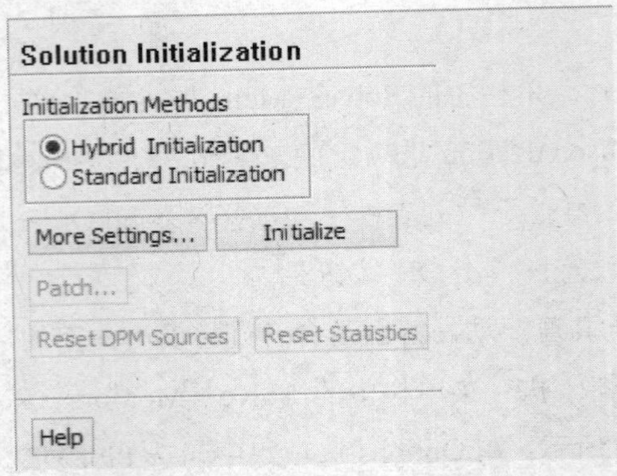

图 11-37 Solution Initialization 面板

11.1.8 迭代计算

执行菜单栏中的 Solve→Run Calculation 命令，弹出 Run Calculation 面板，如图 11-38 所示。在 Number of Iterations 文本框中输入 100，先迭代 100 步，观察收敛情况，单击 Calculate 按钮，进行迭代计算。

100 步迭代计算完成后，收敛曲线相对平稳，收敛趋势较好，再次保存 Data 文件（可取另外一个文件名），在 Number of Iterations 文本框中输入 200，单击 Iterate 按钮，进行迭代计算。

当计算迭代到 309 步时，计算收敛，得到如图 11-39 所示的残差图。

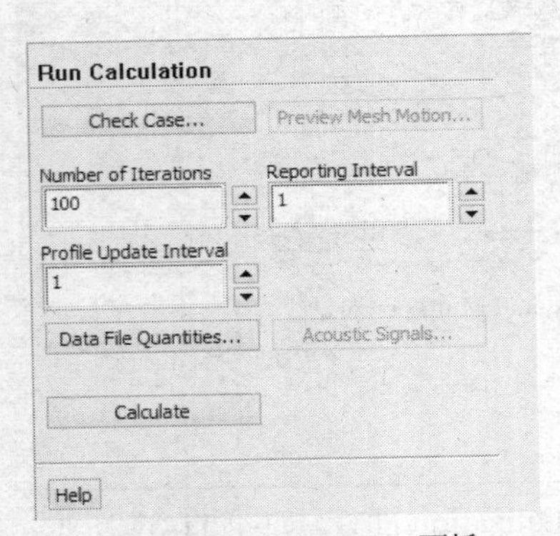

图 11-38 Run Calculation 面板

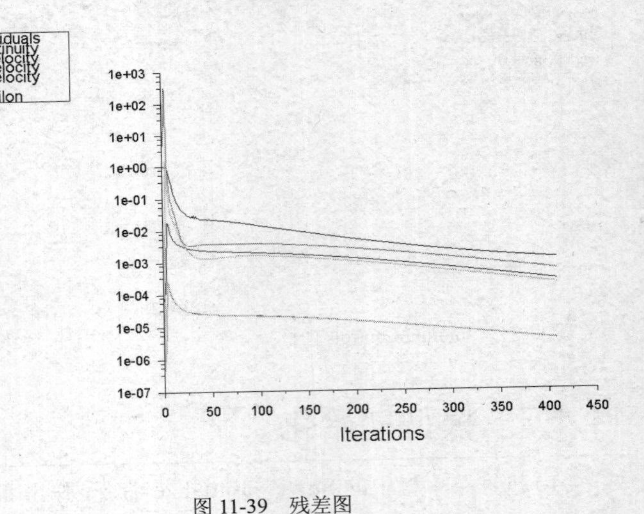

图 11-39 残差图

11.1.9 FLUENT 14.5 自带后处理

1. 显示转子壁面的受力

由于转子壁面偏心，将会受到一个径向力和一个切向力，现观察其受力情况。

执行菜单栏中的 Report→Result Reports→Force 命令，弹出 Force Reports 对话框，在 Force Vector 文本框中输入不同的值观察其受力情况，如图 11-40 和图 11-41 所示。在 Options 选项组中选择 Forces 单选按钮，在 Direction Vector 文本框中输入(1,0,0)代表显示径向力，在 Direction Vector 文本框中输入（0,1,0）代表显示切向力，在 Wall Zones 列表框中选择 moving 选项，单击 Print 按钮，在显示窗口显示径向力/切向力受力信息，分别如图 11-42 和图 11-43 所示。

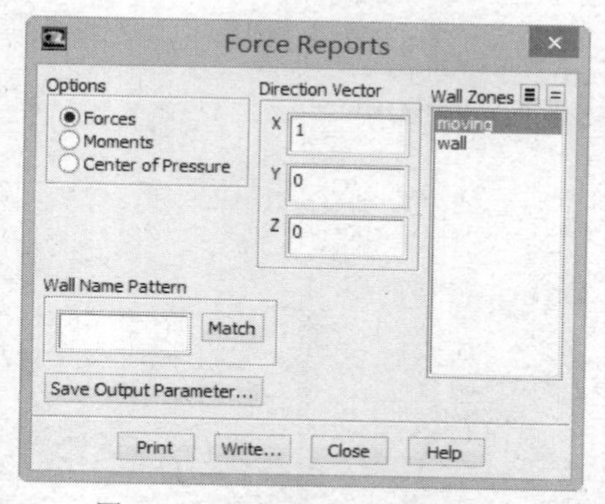

图 11-40　Force Reports 对话框 1

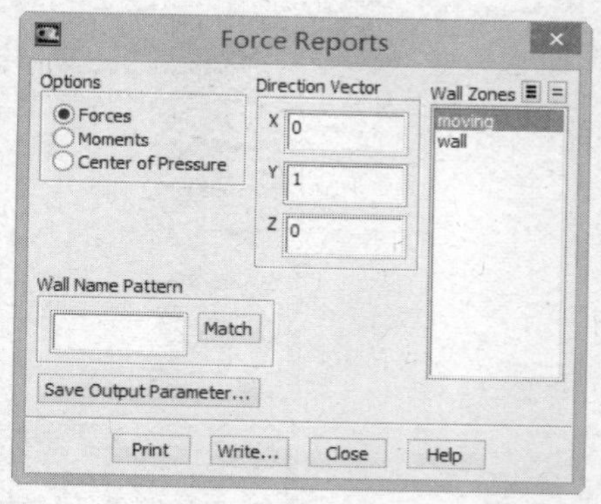

图 11-41　Force Reports 对话框 2

Force vector: (1 0 0)

zone name	pressure force n	viscous force n	total force n	pressure coefficient	viscous coefficient	total coefficient
moving	-1.767087	-0.0058141993	-1.7729012	-2.88504	-0.0094925703	-2.8945325
net	-1.767087	-0.0058141993	-1.7729012	-2.88504	-0.0094925703	-2.8945325

图 11-42　径向力受力

Force vector: (0 1 0)

zone name	pressure force n	viscous force n	total force n	pressure coefficient	viscous coefficient	total coefficient
moving	0.39849433	0.0075236666	0.406018	0.65060299	0.012283537	0.66288653
net	0.39849433	0.0075236666	0.406018	0.65060299	0.012283537	0.66288653

图 11-43　切向力受力

2．显示流量

执行菜单栏中的 Report→Result Reports→Fluxes 命令，弹出如图 11-44 所示的 Flux Reports 对话框。在 Options 选项组中选择 Mass Flow Rate 单选按钮，在 Boundaries 列表框中选择 in 和 out 选项，其他选项保持系统默认设置，单击 Compute 按钮，在 Results 列表框中显示入口和出口的流量，其流量大约是 0.06kg/s，在 Results 列表框右下角显示入口和出口的流量差，其达到了 10^{-8} 偏差。

3．显示圆环面上的周向速度

（1）创建 z=5 的平面。执行菜单栏中的 Surface→Iso-Surface 命令，弹出如图 11-45 所示的

Iso-Surface 对话框。在 Surface of Constant 选项组的两个下拉列表框中分别选择 Mesh 和 Z-Coordinate 选项，表示创建与 z 轴垂直的平面，单击 Compute 按钮，显示模型在 z 方向上的取值范围，本模型的取值范围是 0mm～10mm，在 Iso-Values 文本框中输入 5，表示要创建 z=5 的平面，单击 Create 按钮，创建 z=5 的平面。

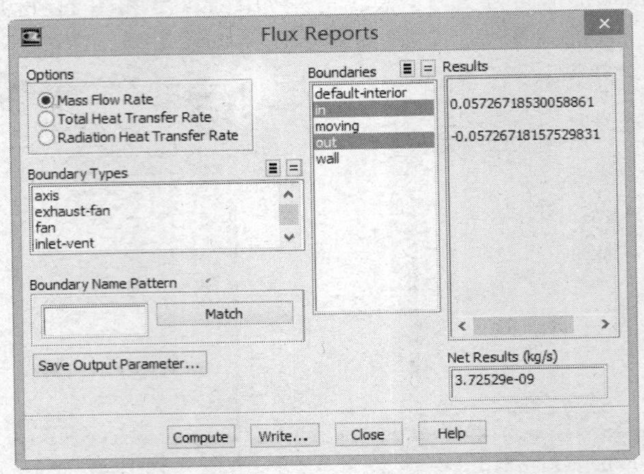

图 11-44　Flux Reports 对话框

（2）显示入口、z=5 和出口平面的周向速度。执行菜单栏中的 Display→Graphics and Animations→Contours 命令，弹出 Contours 对话框，如图 11-46 所示。在 Contours of 选项组的两个下拉列表框中分别选择选择 Velocity 和 Tangential Velocity 选项，在 Surfaces 列表框中选择 in、out、z=5 选项，在 Options 选项组中勾选 Filled 复选框，单击 Display 按钮，显示 in、out、z=5 处的周向速度。

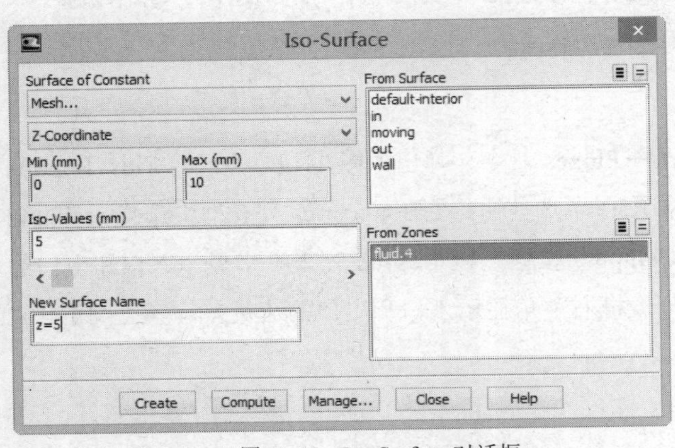

图 11-45　Iso-Surface 对话框

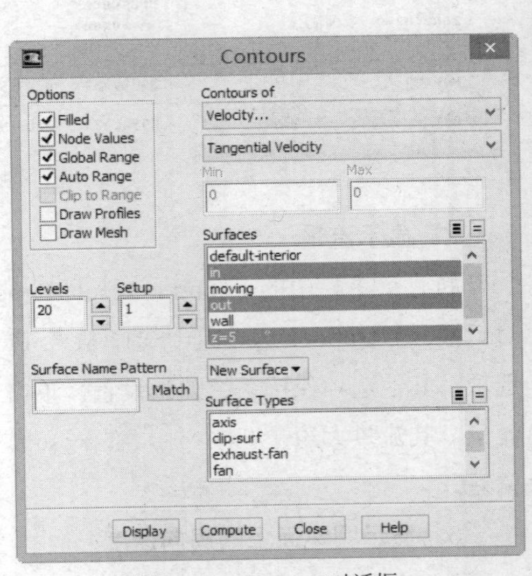

图 11-46　Contours 对话框

11.2 单一旋转坐标系中三维旋转流动

通常 FLUENT 中的模型都是创建在惯性参考坐标系中（如无加速度坐标系统），但是，FLUNET 也可以在具有加速度的参考坐标系中创建流动模型。这样，用于描述流动的运动方程中就包含了加速度参考坐标系统。旋转设备中的流动问题是工程中常见的有关加速度参考坐标系的例子，很多这样的流动问题可以通过创建一个与旋转设备一起运动的坐标系来建模，从而使得在径向的加速度为常数，这一类的旋转问题在 FLUENT 中可用旋转参考坐标系来处理。本节将讲解如何在单一旋转坐标系下模拟流动问题。

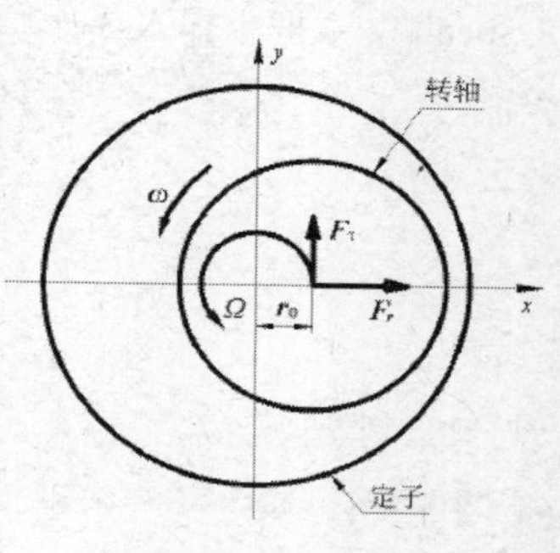

图 11-47 模型示意图

【问题描述】紧接上节描述的问题，转子在定子中除了自身的旋转速度 ω=6000r/min 以外，还随工作流体涡动，涡动速度分别为 $\Omega=\omega/2$ 和 $\Omega=\omega$，如图 11-47 所示。对于涡动问题，如果在静止坐标系中观察，转子的位置是随时间变化的，但是在旋转坐标系中，是一个稳态的问题，转子壁面围绕轴心旋转的相对角速度为 $\omega-\Omega$，定子壁面围绕原点旋转的相对角速度为 $-\Omega$。其他工作条件与上节的问题一样，现用旋转坐标系模拟该问题，并做同样的后处理。

由于本节模拟的模型与上节大体类似，所以基本的建模过程就不再重复，只在上节的 Case 文件上做一些修改即可。

11.2.1 利用 FLUENT 14.5 导入 Case 文件

1．启动 FLUENT 14.5

启动 FLUENT 14.5，采用 3D 单精度求解器。

2．读入 Case 文件

执行菜单栏中的 File→Read→Case 命令，选择上节创建好的 moving.cas 文件，读入到 FLUENT 中。当 FLUENT 主窗口中显示 Done 的提示，表示读入成功。该 Case 文件保存了上节所建模型的所有设定，显示了模型区域划分情况和网格数量，和计算结果一样，模型包括了 471000 个六面体网格。

11.2.2 Ω=ω/2 涡动模型的修改和计算

1．修改边界条件

保持计算模型设定大体不变，只需在边界条件上做一些修改。

（1）修改工作流体，设置旋转坐标系。执行菜单栏中的 Define→Cell Zone Conditions 命令，弹出如图 11-48 所示的 Cell Zone Conditions 对话框。在 Zone 列表框中选择 fluid 选项，其对应的 Type 选项为 fluid，单击 Edit 按钮，弹出 Fluid 对话框，如图 11-49 所示。勾选 Frame Motion 选项，在 Speed 文本框中输入 314，表示涡动速度 Ω=3000r/min，其他选项保持系统默认设置，单击 OK 按钮。

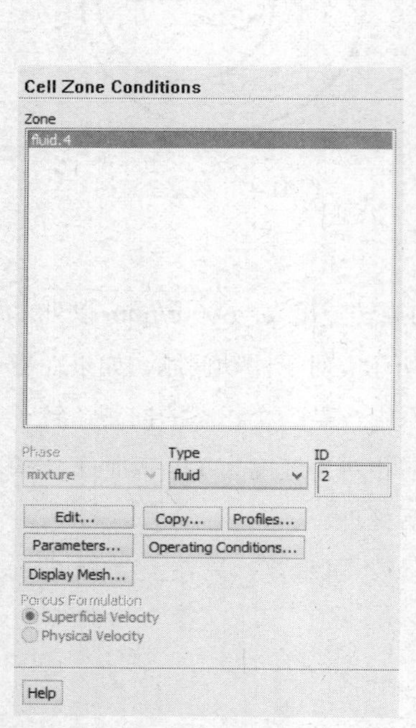

图 11-48 Cell Zone Condi tions 对话框

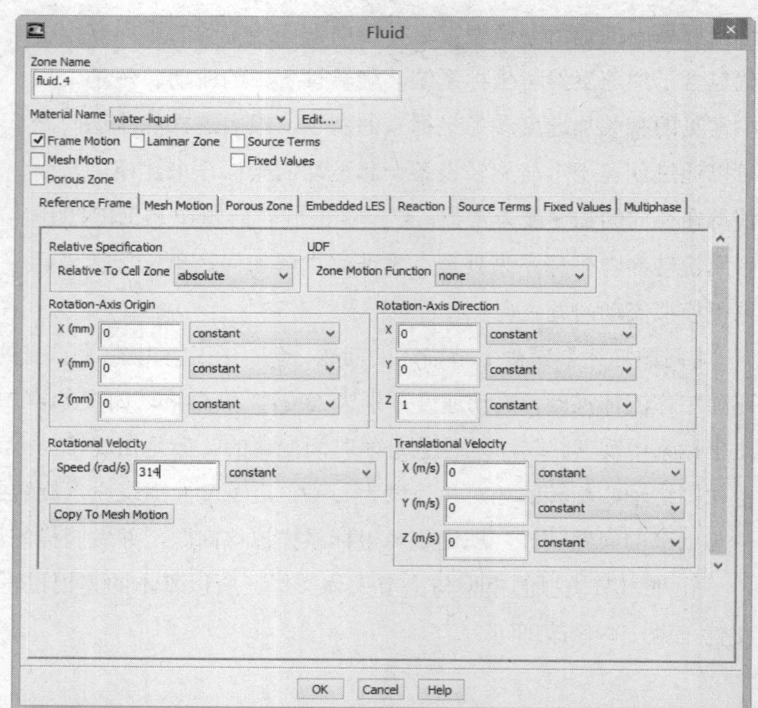

图 11-49 fluid 对话框

（2）修改转子壁面。执行菜单栏中的 Define→Boundary Conditions 命令，弹出 Boundary Conditions 对话框。在 Zone 列表框中选择 moving 选项，其对应的 Type 选项为 Wall，单击 Edit 按钮，弹出 Wall 对话框。单击 Momentum 选项卡，在 Wall Motion 选项组中选择 Moving Wall 单选按钮，在 Motion 选项组中选择 Relative to Adjacent Cell Zone 和 Rotational 单选按钮，在 Speed 文本框中输入 314，为转子壁面的相对速度，而绝对速度还是 628rad/s，在 Rotation-Axis Origin 选项组的文本框中输入坐标（0.01,0,0），在 Rotation-Axis Direction 选项组的文本框中输入向量（0,0,1），在 Shear Condition 选项组中选择 No Slip（非滑移壁面）单选按钮，如图 11-50 所示，单

击 OK 按钮，完成转子壁面的设置。

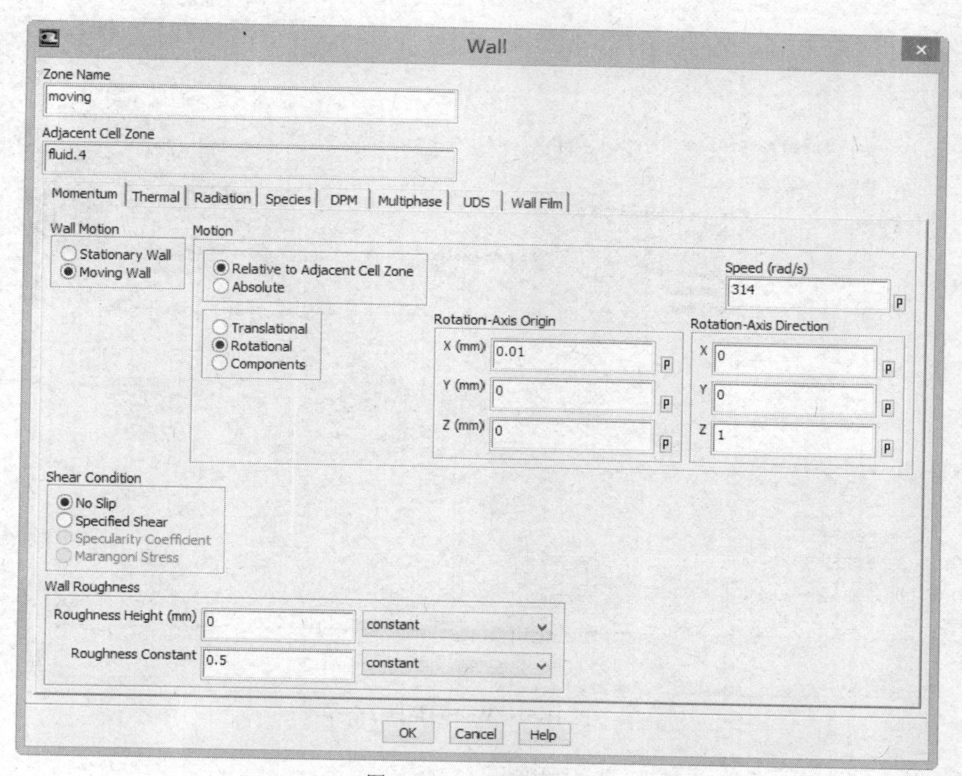

图 11-50 Wall 对话框 1

（3）修改定子壁面。在 Zone 列表框中选择 Wall 选项，其对应的 Type 选项为 Wall，单击 Edit 按钮，弹出 Wall 对话框。单击 Momentum 选项卡，在 Wall Motion 选项组中选择 Moving Wall 单选按钮，在 Motion 选项组中选择 Relative to Adjacent Cell Zone 和 Rotational 单选按钮，在 Speed 文本框中输入-314，为定子壁面的相对速度，而绝对速度还是 0，在 Rotation-Axis Origin 选项组的文本框中输入坐标（0,0,0），在 Rotation-Axis Direction 选项组的文本框中输入坐标（0,0,1），在 Shear Condition 选项组中选择 No Slip 单选按钮，如图 11-51 所示，单击 OK 按钮，完成定子壁面的设置。

2．计算初始化

与上节的例子一样，选择压力入口的数值为计算的初始条件。

3．迭代计算

执行菜单栏中的 Solve→Run Calculation 命令，弹出 Run Calculation 面板，如图 11-52 所示，在 Number of Iterations 文本框中输入 400，当计算迭代到 309 步时，计算收敛，得到如图 11-53 所示的残差图。保存 Case 和 Data 文件，重新命名一个文件名。

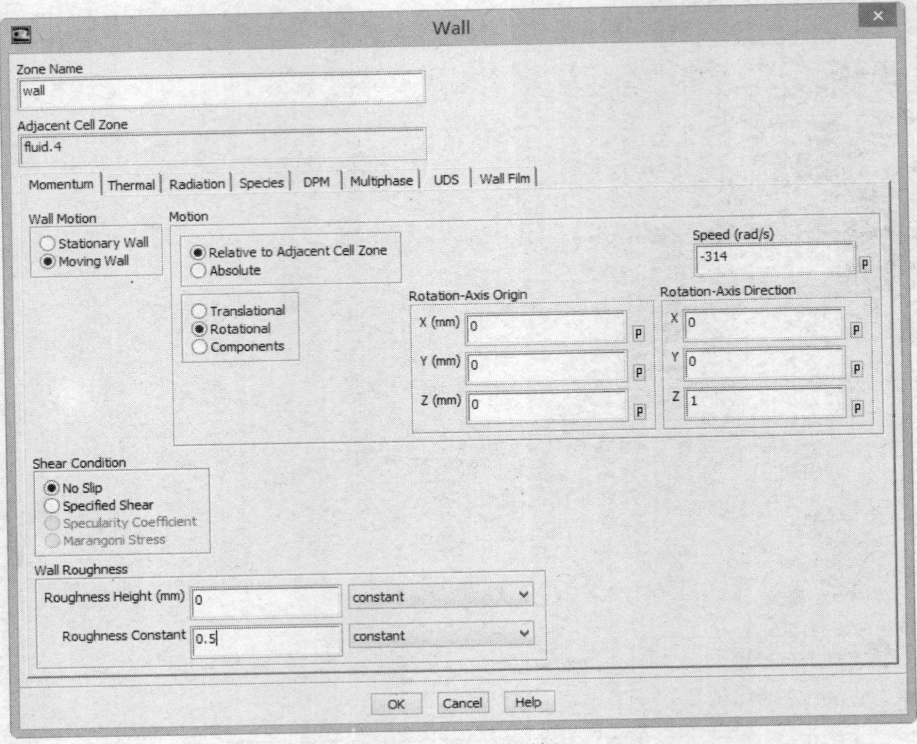

图 11-51 Wall 对话框 2

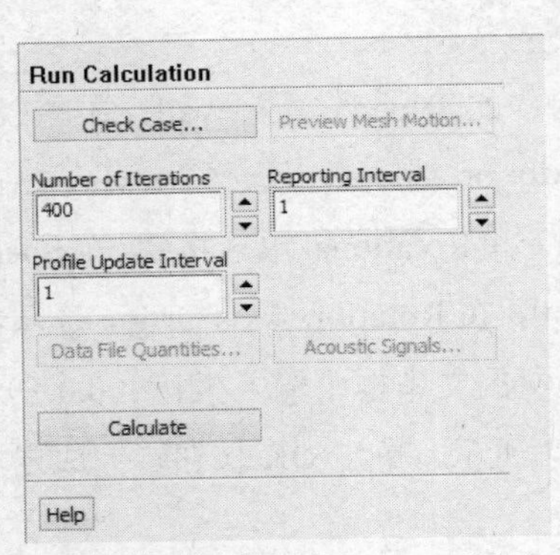

图 11-52 Run Calculation 面板

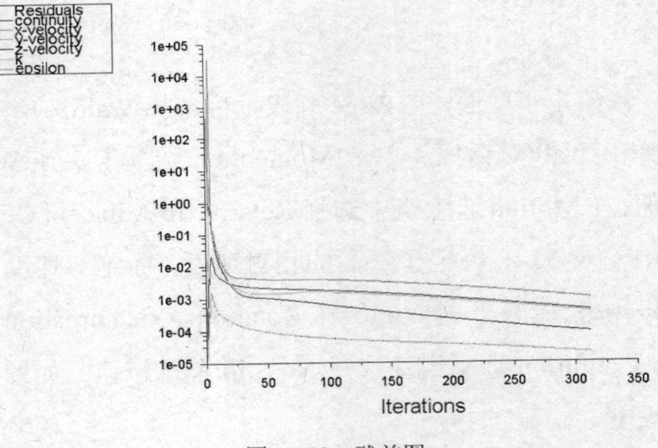

图 11-53 残差图

4．后处理

本节的计算关系与上节的运算结果类似，所以做与前面节相似的后处理。

（1）显示转子壁面的受力。分别观察转子受到的径向力和切向力，操作方法与上节类似。得到的径向力和切向力分别如图 11-54 和图 11-55 所示。

（2）显示流量。同样显示压力入口和压力出口的流量，所得的结果如图 11-56 所示。

```
Force vector: (1 0 0)
                              pressure        viscous          total        pressure        viscous          total
zone name                        force          force          force     coefficient    coefficient    coefficient
                                     n              n              n
------------------------- -------------- -------------- -------------- -------------- -------------- --------------
moving                      -1.7715348  -0.0060662678     -1.7776011     -2.8923017  -0.0099041108     -2.9022058
------------------------- -------------- -------------- -------------- -------------- -------------- --------------
net                         -1.7715348  -0.0060662678     -1.7776011     -2.8923017  -0.0099041108     -2.9022058
```

图 11-54　所受径向力

```
Force vector: (0 1 0)
                              pressure        viscous          total        pressure        viscous          total
zone name                        force          force          force     coefficient    coefficient    coefficient
                                     n              n              n
------------------------- -------------- -------------- -------------- -------------- -------------- --------------
moving                      -0.2793484   0.0050130659    -0.27433534    -0.45607903   0.0081845974    -0.44789443
------------------------- -------------- -------------- -------------- -------------- -------------- --------------
net                         -0.2793484   0.0050130659    -0.27433534    -0.45607903   0.0081845974    -0.44789443
```

图 11-55　所受法向力

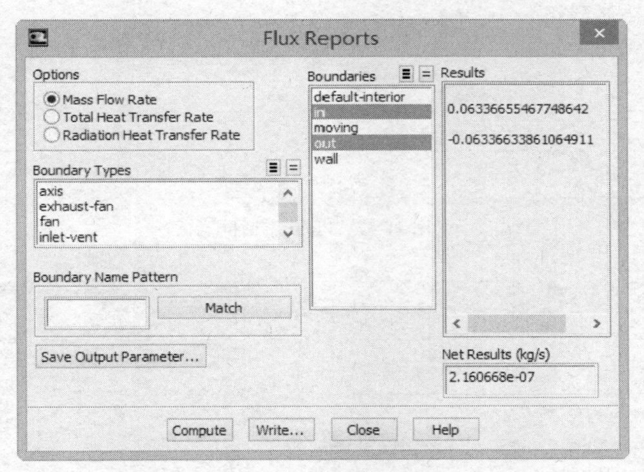

图 11-56　进、出口流量

11.2.3　Ω=ω 涡动模型的修改和计算

1．修改边界条件

（1）修改工作流体，设置旋转坐标系。图 11-57 所示的 Fluid 对话框中，将工作流体的旋转速度设为 628rad/s。

（2）修改转子壁面。图 11-58 所示的 Wall 对话框，对于转子（moving）壁面，设置其相对速度为 0，其绝对速度依旧是 628rad/s。

（3）修改定子壁面。图 11-59 所示的 Wall 对话框，对于定子（wall）壁面，设置其相对速度为-628，其绝对速度依旧是 0。

2．计算初始化

依旧选择压力入口的数值为计算的初始条件。

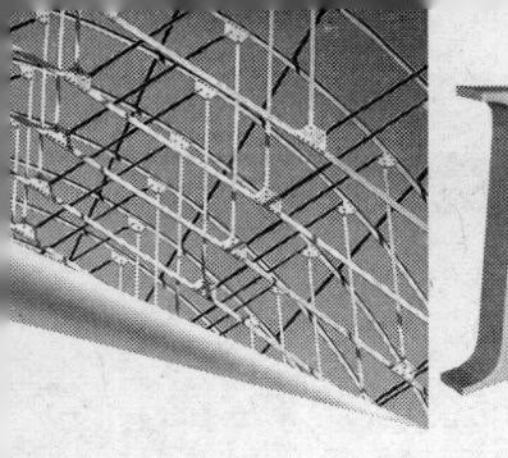

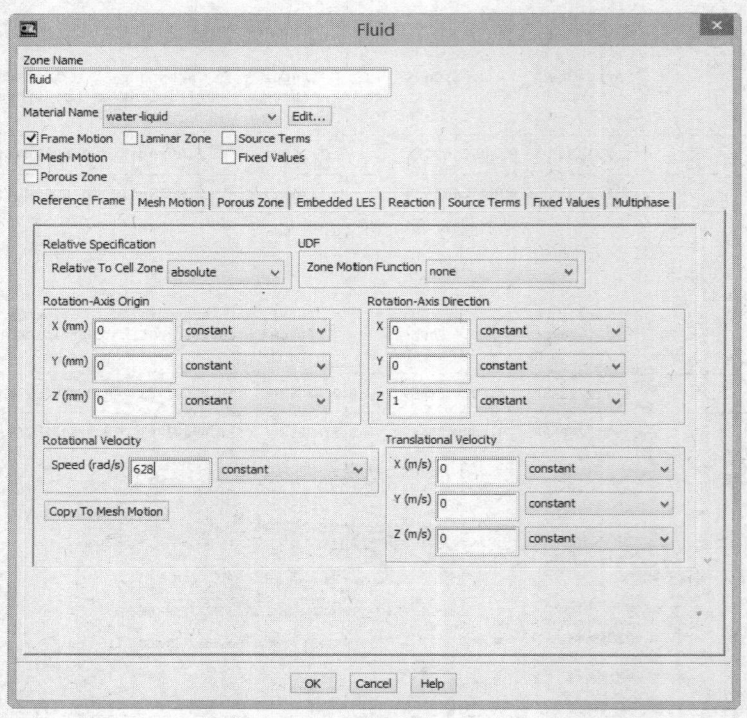

图 11-57 Fluid 对话框

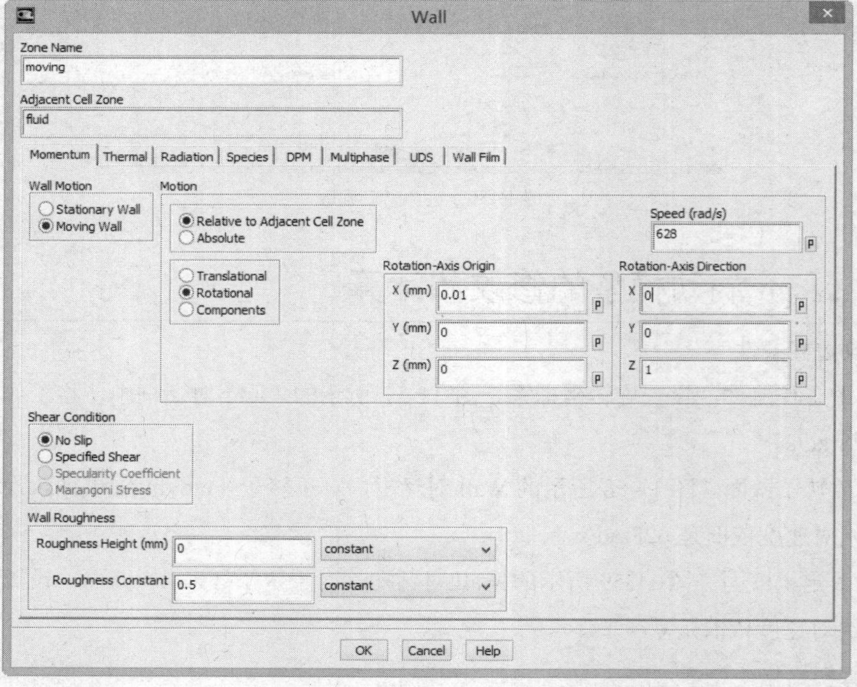

图 11-58 Wall 对话框 1

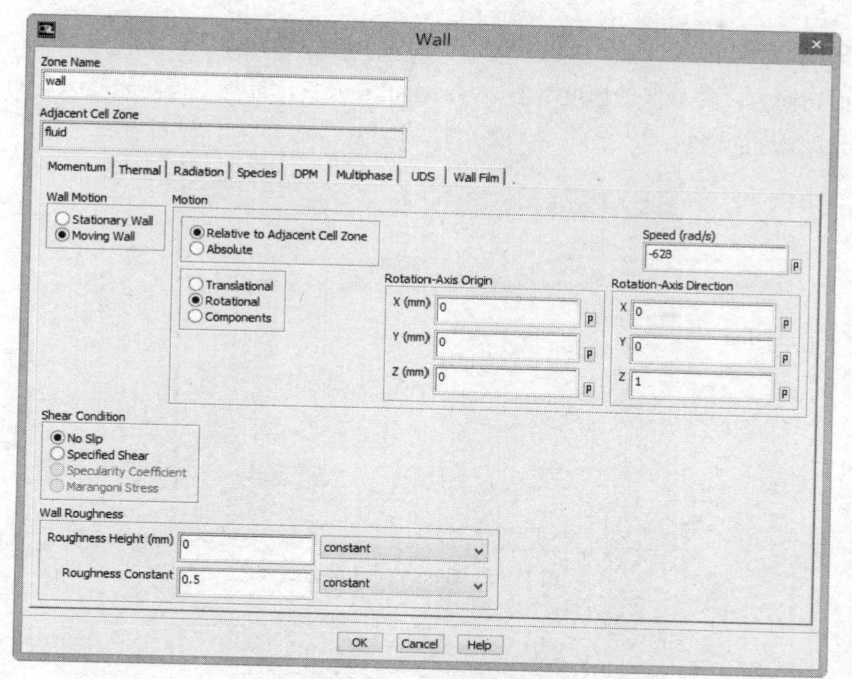

图 11-59 Wall 对话框 2

3．迭代计算

在 Run Calculation 面板的 Number of Iterations 文本框中输入 400，当计算迭代到 309 步时，计算收敛。保存 Case 和 Data 文件，重新命名一个文件名。

4．后处理

（1）显示转子壁面的受力。分别观察转子受到的径向力和切向力，如图 11-60 和图 11-61 所示。

Force vector: (1 0 0)

zone name	pressure force n	viscous force n	total force n	pressure coefficient	viscous coefficient	total coefficient
moving	-1.7461282	-0.0057027484	-1.7518309	-2.8508216	-0.0093106097	-2.8601322
net	-1.7461282	-0.0057027484	-1.7518309	-2.8508216	-0.0093106097	-2.8601322

图 11-60 所受径向力

Force vector: (0 1 0)

zone name	pressure force n	viscous force n	total force n	pressure coefficient	viscous coefficient	total coefficient
moving	-0.97558451	0.0019881399	-0.97359637	-1.592791	0.0032459428	-1.5895451
net	-0.97558451	0.0019881399	-0.97359637	-1.592791	0.0032459428	-1.5895451

图 11-61 所受切向力

（2）显示流量。同样显示压力入口和压力出口的流量，所得的结果如图 11-62 所示。

【提示】对比 3 次计算的结果可以发现，径向力不随着涡动的速度变化而变化，基本保持在 1.7N 附近。而切向力，随着涡动速度从 0～ ω，由正变成负，且绝对值越来越大。对于泄漏量，也基本不受涡动速度的影响。

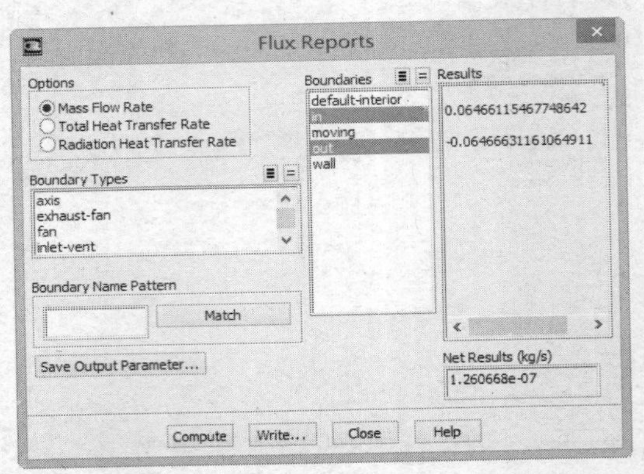

图 11-62　Flux Reports 对话框

11.3 滑移网格实例分析——十字搅拌器流场模拟

在一个二维搅拌器中，十字搅拌桨的叶轮长 10cm，宽 2cm，搅拌桶半径 50cm，搅拌桨的搅拌速度为 5rad/s，取叶轮中心为坐标系原点，几何模型如下图 11-63 所示。

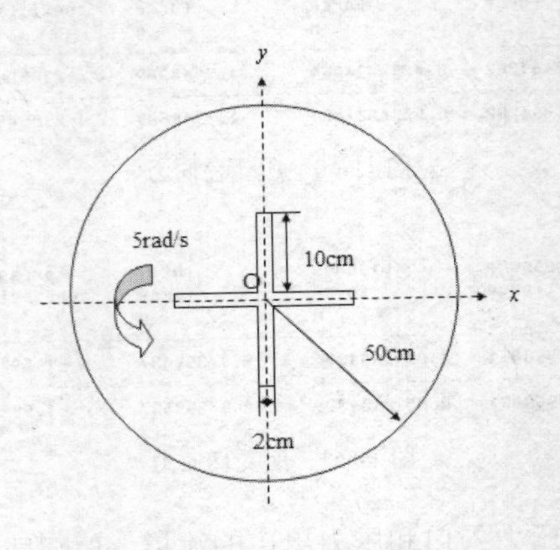

图 11-63　几何模型

11.3.1 建立模型

（1）启动 GAMBIT，选择工作目录 D:\Gambit working。

（2）建立十字形搅拌桨，单击 Geometry→Face→Create Real Rectangular Face按钮，在 Create Real Rectangular Face 面板的 Width 和 Height 中输入数值 0.02 和 0.22，单击 Apply 按钮生成 y 方向上的矩形，然后将数值变化为 0.22 和 0.02 生成 x 方向上的矩形，如图 11-64 所示。

（3）单击 Geometry→Face→Unite Faces按钮，在 Unite Face 面板中选择交叉的两个矩形，单击 Apply 按钮将两个矩形合并，如图 11-65 所示。

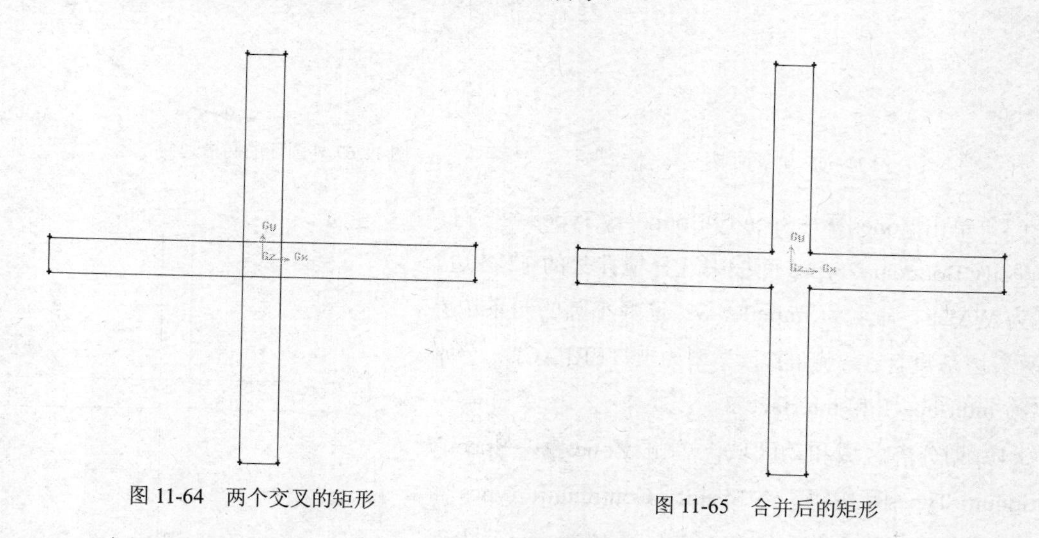

图 11-64 两个交叉的矩形

图 11-65 合并后的矩形

（4）创建外界的两个圆，单击 Geometry→Face→Create Real Circular Face按钮，在 Create Real Circular Face 面板中键入 Radius 为 0.5，单击 Apply 按钮，形成外面的大圆，再键入 0.13，生成搅拌桨区域的小圆，如图 11-66 所示。

（5）对面域进行布尔操作，单击 Geometry→Face→Subtract Real Faces按钮，在第一行 Face 中选取大圆面，第二行 Face 中选择小圆面，并单击 Retain 保留小圆面，单击 Apply 按钮，生成圆环面。然后用小圆面减去十字搅拌桨面，同上，不需要单击 Retain 按钮。

11.3.2 划分网格

（1）单击 Mesh→Face→Mesh Faces按钮，打开 Mesh Faces 面板，选中圆环面，划分方式为 Quad，Map，Interval Count-200，Proj Interval-50（径向划分方式），单击 Apply 按钮，完成对模型面的网格划分，如图 11-67 所示。

（2）接着对内部区域进行网格划分，在 Mesh Faces 面板，选中内部区域面，划分方式为 Quad，Pave，Interval size-0.005，单击 Apply 按钮，完成对模型面的网格划分，如图 11-68 所示。

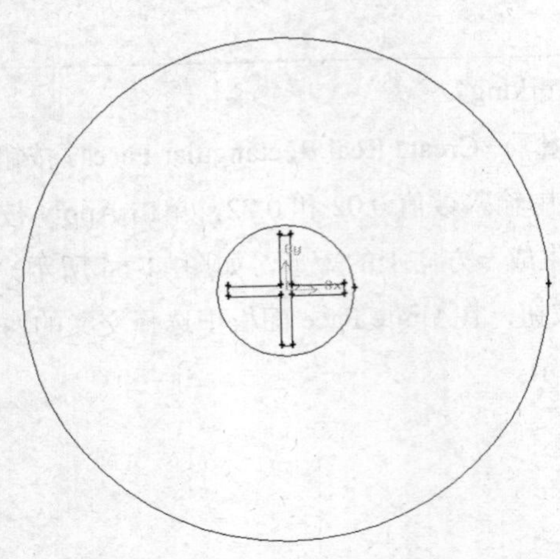

图 11-66　圆形面域

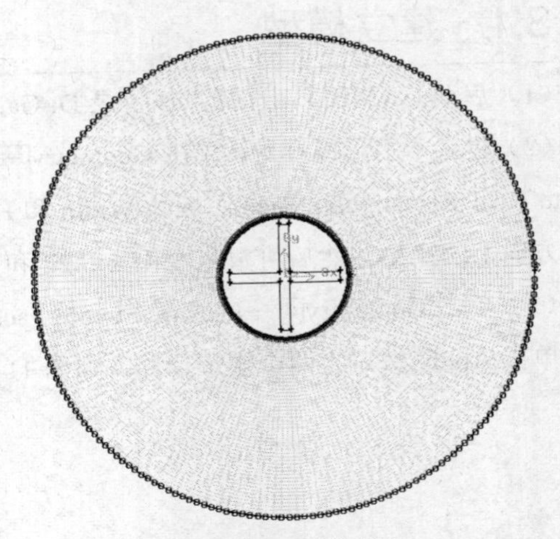

图 11-67 外圆环的网格划分

（3）单击 Zones→Specify Boundary Types按钮，在 Specify Boundary Types 面板中选择搅拌桨的 12 条边，类型为 WALL，命名为 Impeller-w；选择小圆的两条边界（这两条边是重合在一起的），类型为 INTERFACE，分别命名为 interface-1 和 interface-2。

（4）划分静区域和动区域，单击 Zones→Specify Continuum Types按钮，在 Specify Continuum Types 面板中选择外圆环面，类型为 FLUID，命名为 jing；内部面域类型为 FLUID，命名为 dong。

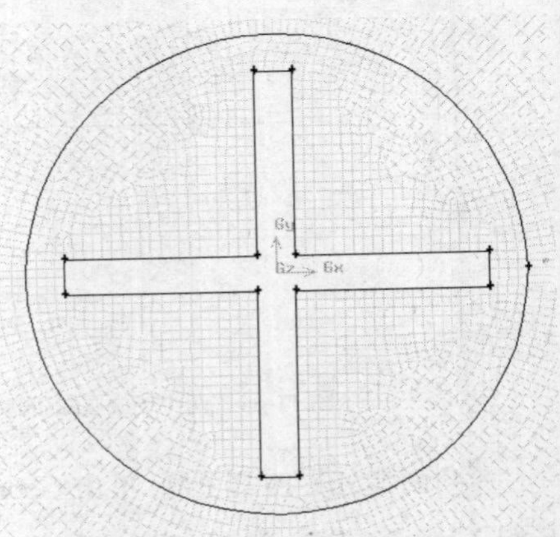

图 11-68　内部面域的网格化分

（5）执行 File→Export→Mesh 命令，在弹出的对话框的文件名中输入 Impeller.msh，并选中 Export 2-D（X-Y）Mesh，确定输出的为二维模型网络文件。

11.3.3　求解计算

（1）双击 FLUENT 14.5 图标，弹出 FLUENT Launcher 对话框，选择二维单精度，单击 OK 按钮启动 FLUENT。

（2）执行 File→Read→Case 命令，读入划分好的网格文件 Impeller.msh。

（3）执行 Grid→Check 命令，检查网格文件。

（4）执行 Define→General 命令，在弹出 General 面板中选择 Transient，其他保持默认值，如图 11-69 所示。

（5）执行 Define→Models→Viscous 命令，在弹出的 Viscous Models 对话框中选择标准 k-epsilon

（2 eqn）(k～ε 模型)，其他保持默认值，如图 11-70 所示。

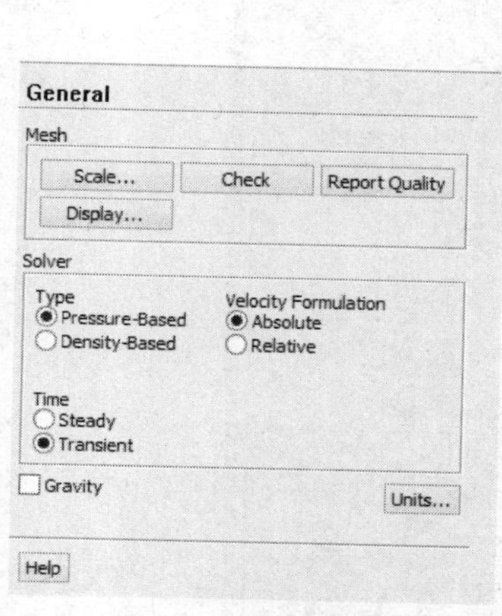

图 11-69　General 面板

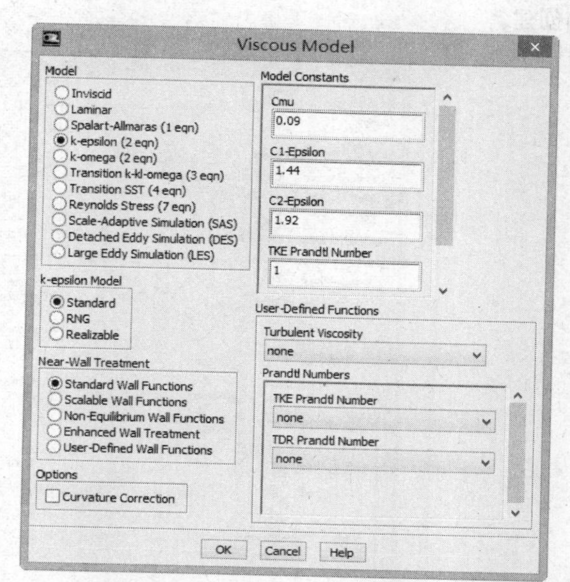

图 11-70　Viscous Models 对话框

（6）执行 Define→Material 命令，从 FLUENT 自带的材料数据库中调用 water-liquid（h2o<1>），依次单击 Copy，Change/Create 和 Close 按钮，完成材料的定义。

（7）执行 Define→Boundary Conditions 命令，弹出 Boundary Conditions 对话框。

1）设置 Fluid 静区域的边界条件

在 Boundary Conditions 对话框的 Zone 列表中选择 jing，单击 set 按钮，弹出 Fluid 对话框，在 Material Name 下拉选项中选择 water-liquid，其他保持默认值，单击 OK 按钮。

2）设置 Fluid 动区域的边界条件

在 Cell Zone Conditions 面板的 Zone 列表中选择 dong，单击 Edit 按钮，弹出 Fluid 对话框，在 Material Name 下拉选项中选择 water-liquid，在 Motion Type 中选择 Mesh Motion，并在 Velocity 的 Speed 中输入 5，如图 11-71 所示。单击 OK 按钮。

3）设置 impeller-w 的边界条件

在 Boundary Conditions 面板的 Zone 列表中选择 impeller-w，单击 Edit 按钮，弹出 Wall 对话框，在 Momentum 中选择 Wall Motion 中的 Moving Wall，选择 Motion 下的 Relative to Adjacent Cell Zone 和 Rotational，数值保持 0，如图 11-72 所示，设置完毕后单击 OK 按钮。

4）定义交界面

执行 Define→Mesh Interfaces 命令，弹出 Mesh Interfaces 对话框，单击 Create/Edit 按钮，弹出 Greate/Edit Mesh Interfaces 对话框，在 Interface Zone 1 中选择 interface-1，Interface Zone 2 中选

择 interface-2，Mesh Interfaces 命名为 interface，如图 11-73 所示，单击 Create 按钮，即完成交界面的创建。

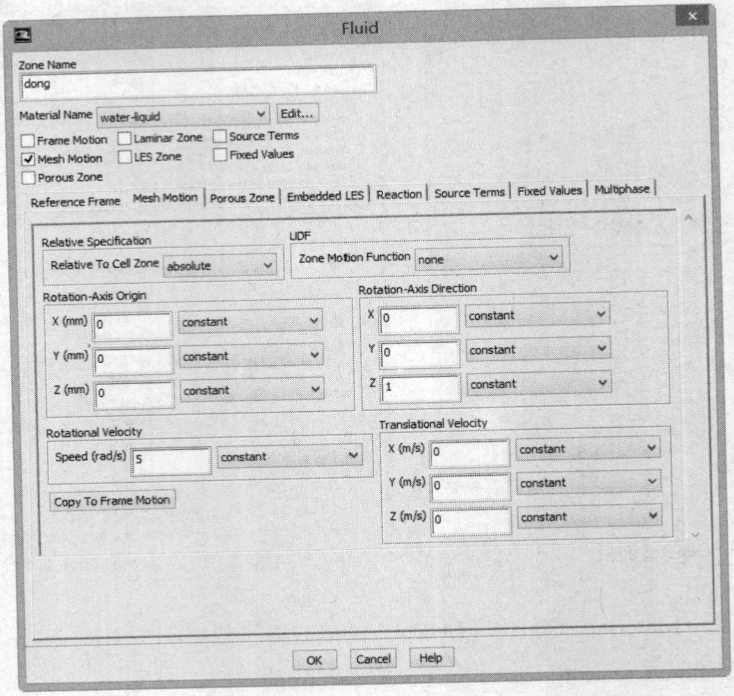

图 11-71　Fluidt 对话框

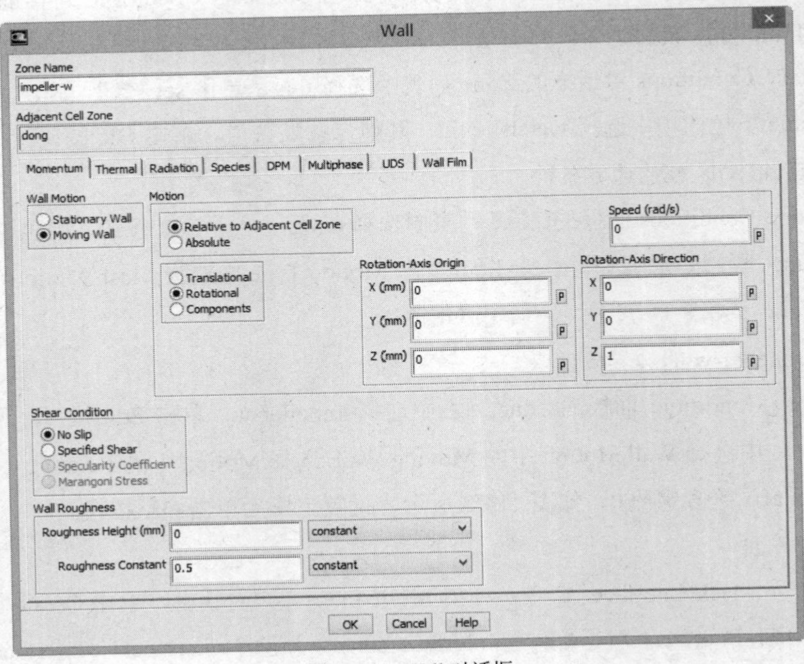

图 11-72　Wall 对话框

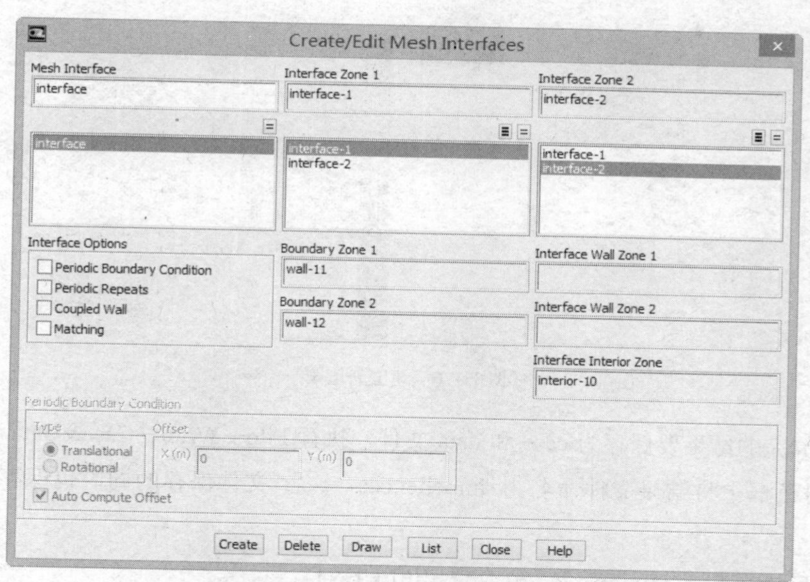

图 11-73 Mesh Interfaces 对话框

（8）执行 Solve→Control 命令，弹出 Solution Controls 面板，保持默认值。

（9）对流场进行初始化。执行 Solve→Initialize 命令，在弹出的 Solution Initialization 面板中选择 all-zones，单击 Initialize 按钮。

（10）执行 Solve→Run Calculation 命令，在弹出的 Run Calculation 面板中设置 Time Step Size 为 0.1，Number of Time Step 为 500，Max Iterations / Time Step 为 40，其他保持默认值，单击 Calculate 按钮即可开始解算。

（11）迭代完成之后，执行 Display→Graphics and Animations→Contours 命令，弹出 Contours 对话框。选择 Contours of 下拉列表中 Velocity 和 Velocity Magnitude，单击 Display 按钮，即出现搅拌区域的流速分布图，如图 11-74 和图 11-75 所示。

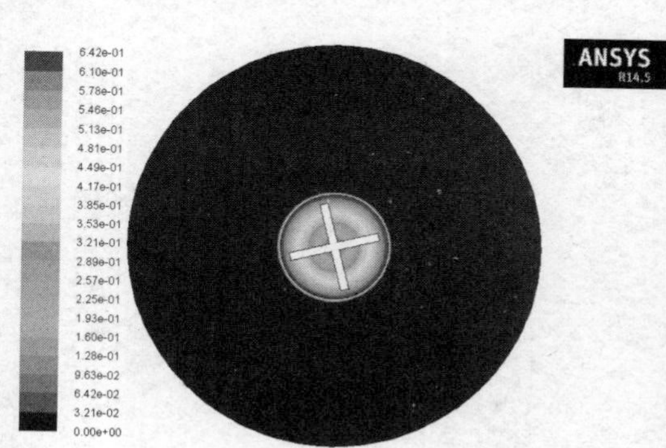

图 11-74 全区域的流量分布图

图 11-75 十字搅拌桨的流速分布图

（12）执行 Display→Graphics and Animations→Vectors 命令，选取 Vectors of 下拉列表中的 Velocity，即出现搅拌区域的速度矢量图，如图 11-76 所示。

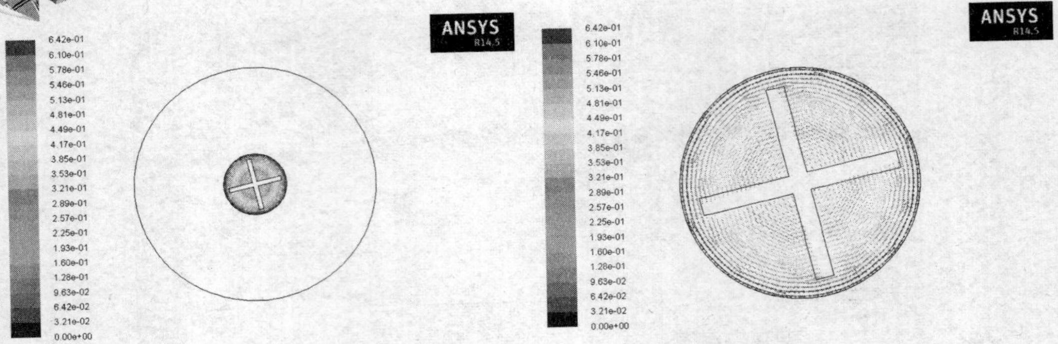

图 11-76 速度矢量图

（13）计算完的结果要保存为 case 和 data 文件，执行 File→Write→Case&Data 命令，在弹出的文件保存对话框中将结果文件命名为 impeller.cas，case 文件保存的同时也保存了 data 文件 impeller.dat。

（14）最后执行 File→Exit 命令，安全退出 FLUENT。

第12章

动网格模型的模拟

这个世界是一个无时不在运动的世界，但在前面提到的所有问题中，都是基于静止状态的，在工程运用中，常常遇到计算区域的几何结构是在运动变化的，如压缩机的汽缸、气球的膨胀等。FLUENT 14.5 提供了可以模拟这类情况的模型，即动网格模型。

通过本章的学习，读者可重点掌握 GAMBIT 建模的基本操作和 FLUENT 中动网格的基本操作和后处理方法。

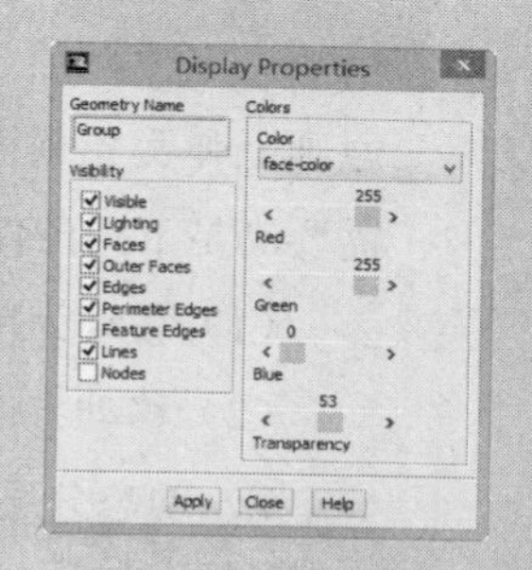

12.1 动网格模型概述

动网格模型用来模拟流场形状由于边界运动而随时间改变的情况。边界的运动形式可以是预先定义的运动，即可以在计算前指定其速度或角速度；也可以是预先未做定义的运动，即边界的运动要由前一步的计算结果决定。

网格的更新过程由 FLUENT 根据每个迭代步中边界的变化情况自动完成。在使用移动网格模型时，必须首先定义初始网格、边界运动的方式并指定参予运动的区域，也可以用边界型函数或 UDF 定义边界的运动方式。FLUENT 要求将运动的描述定义在网格面或网格区域上。如果流场中包含运动与不运动两种区域，则需要将它们组合在初始网格中以对它们进行识别。那些由于周围区域运动而发生变形的区域必须被组合到各自的初始网格区域中。不同区域之间的网格不必是正则的，可以在模型设置中用 FLUENT 软件提供的非正则或滑动界面功能将各区域连接起来。

动网格计算中网格的动态变化过程可以用 3 种模型进行计算，即弹簧光滑模型（spring-based smoothing）、动态分层模型（dynamic layering）和局部重划模型（local remeshing）。

1．弹簧光滑模型

在弹簧光滑模型中，网格的边被理想化为节点间相互连接的弹簧。移动前的网格间距相当于边界移动前由弹簧组成的系统处于平衡状态。在网格边界节点发生位移后，会产生与位移成比例的力，力量的大小根据胡克定律计算。边界节点位移形成的力虽然破坏了弹簧系统原有的平衡，但是在外力作用下，弹簧系统经过调整将达到新的平衡，也就是说由弹簧连接在一起的节点，将在新的位置上重新获得力的平衡。从网格划分的角度说，从边界节点的位移出发，采用胡克定律，经过迭代计算，最终可以得到使各节点上的合力等于零的、新的网格节点位置。原则上弹簧光顺模型可以用于任何一种网格体系，但是在非四面体网格区域（二维非三角形），需要满足下列条件。

（1）移动为单方向。

（2）移动方向垂直于边界。

2．动态分层模型

对于棱柱型网格区域（六面体和或楔形），可以应用动态层模型。动态层模型是根据紧邻运动边界网格层高度的变化，添加或减少动态层，即在边界发生运动时，如果紧邻边界的网格层高度增大到一定程度，就将其划分为两个网格层；如果网格层高度降低到一定程度，就将紧邻边界的两个网格层合并为一个层。动网格模型的应用有如下限制。

（1）与运动边界相邻的网格必须为楔形或六面体（二维四边形）网格。

（2）在滑动网格交界面以外的区域，网格必须被单面网格区域包围。

（3）如果网格周围区域中有双侧壁面区域，则必须首先将壁面和阴影区分割开，再用滑动交界面将二者耦合起来。

（4）如果动态网格附近包含周期性区域，则只能用 FLUENT 的串行版求解，但是如果周期性区域被设置为周期性非正则交界面，则可以用 FLUENT 的并行版求解。

3．局部重划模型

在使用非结构网格的区域上一般采用弹簧光顺模型进行动网格划分，但是如果运动边界的位移远远大于网格尺寸，则采用弹簧光顺模型可能导致网格质量下降，甚至出现体积为负值的网格，或因网格畸变过大导致计算不收敛。为了解决这个问题，FLUENT 在计算过程中将畸变率过大，或尺寸变化过于剧烈的网格集中在一起进行局部网格的重新划分，如果重新划分后的网格可以满足畸变率要求和尺寸要求，则用新的网格代替原来的网格，如果新的网格仍然无法满足要求，则放弃重新划分的结果。

在重新划分局部网格之前，首先要将需要重新划分的网格识别出来。FLUENT 中识别不合乎要求网格的判据有两个，一个是网格畸变率，一个是网格尺寸，其中网格尺寸又分最大尺寸和最小尺寸。在计算过程中，如果一个网格的尺寸大于最大尺寸，或小于最小尺寸，或网格畸变率大于系统畸变率标准，则这个网格就被标志为需要重新划分的网格。在遍历所有动网格之后，再开始重新划分的过程。局部重划模型不仅可以调整体网格，也可以调整动边界上的表面网格。需要注意的是，局部重划模型仅能用于四面体网格和三角形网格。在定义了动边界面以后，如果在动边界面附近同时定义了局部重划模型，则动边界上的表面网格必须满足下列条件。

（1）需要进行局部调整的表面网格是三角形（三维）或直线（二维）。

（2）将被重新划分的面网格单元必须紧邻动网格节点。

（3）表面网格单元必须处于同一个面上并构成一个循环。

（4）被调整单元不能是对称面（线）或正则周期性边界的一部分。

动网格的实现在 FLUENT 中是由系统自动完成的。如果在计算中设置了动边界，则 FLUENT 会根据动边界附近的网格类型，自动选择动网格计算模型。如果动边界附近采用的是四面体网格（三维）或三角形网格（二维），则 FLUENT 会自动选择弹簧光顺模型和局部重划模型对网格进行调整。如果是棱柱型网格，则会自动选择动态层模型进行网格调整，在静止网格区域则不进行网格调整。

12.2 用动网格方法模拟隧道中两车相对行驶的流场

【问题描述】在一个隧道中，有两辆相对行驶的车辆，假设两车的大小相同，其行驶的速度都为10m/s，如图12-1所示。现模拟两车行驶过程中，车辆外部的空气流场变化。

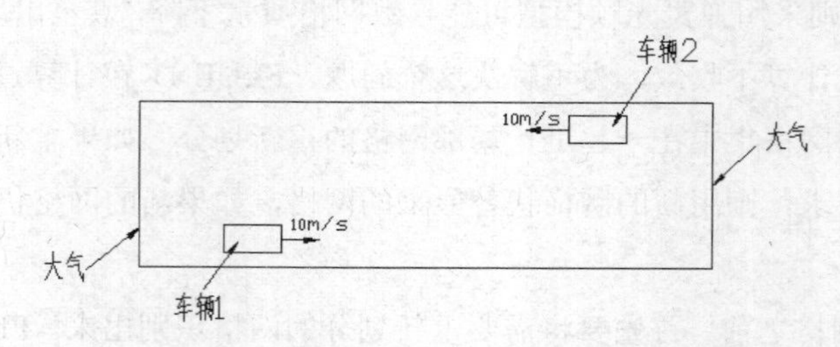

图12-1　两车相对行驶示意图

12.2.1　利用GAMBIT创建几何模型

1. 启动GAMBIT

双击桌面上的GAMBIT图标，启动GAMBIT软件，弹出Gambit Startup对话框。在Working Directory下拉列表框中选择工作文件夹。单击Run按钮，进入GAMBIT系统操作界面。执行菜单栏中的Solver→FLUENT5/6命令，选择求解器类型。

2. 创建两个矩形

（1）创建width=100、height=30的矩形。先单击Operation工具条中的按钮，再单击Geometry工具条中的按钮，接着单击Face工具条中的按钮，弹出如图12-2所示的Create Real Rectangular Face对话框。在Width文本框中输入100，在Height文本框中输入30，其他选项保持系统默认设置，单击Apply，生成width=100、height=30的矩形，其默认名为face.1。

（2）创建width=10、height=5的矩形。重复类似操作，在Width文本框中输入10，在Height文本框中输入5，生成width=10、height=5的矩形，其默认名为face.2。

3. 复制和移动face.2

（1）偏移复制face.2。先单击Operation工具条中的按钮，再单击Geometry工具条中的按钮，接着单击Face工具条中的按钮，弹出如图12-3所示的Move/Copy Faces对话框。选中Copy

和 Translate 选项，单击 Faces 文本框，选择 face.2，在 Global 坐标系的 *x*、*y*、*z* 文本框中，输入需要偏移的量(30,10,0)，其他选项保持系统默认设置，单击 Apply 按钮，face.2 偏移复制生成 face.3。

（2）移动 face.2。选中 Move 选项，重复以上类似的操作，将 face.2 移动（-30, -10,0），通过此操作，得到如图 12-4 所示的图形。

4．从 face.1 中减去 face.2 和 face.3

先单击 Operation 工具条中的▣按钮，再单击 Geometry 工具条中的□按钮，用鼠标右键单击 Face 工具条中的▭按钮，在下拉菜单中单击 Subtract 命令，弹出如图 12-5 所示的 Subtract Real Faces 对话框。单击 Face 文本框，选择 face.1，单击 Faces 文本框，选择 face.2 和 face.3，其他选项保持系统默认设置，单击 Apply 按钮。

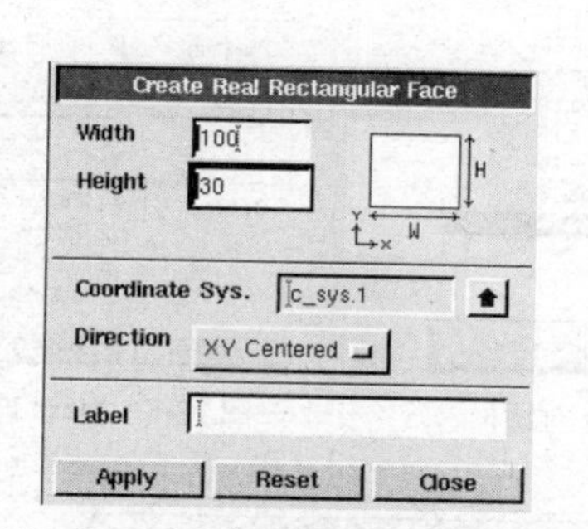

图 12-2 Create Real Rectangular Face 对话框

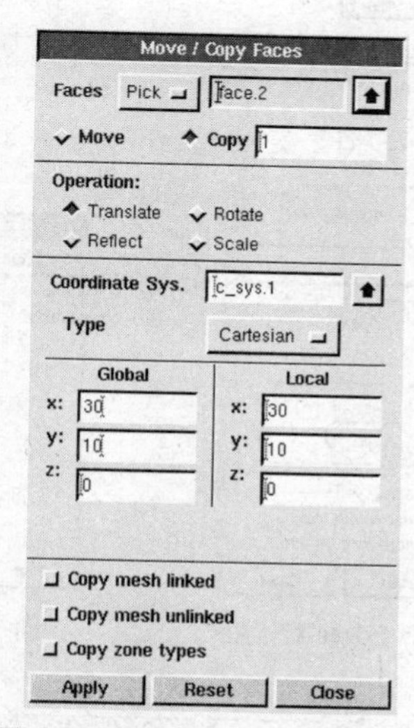

图 12-3 Move/Copy Faces 对话框

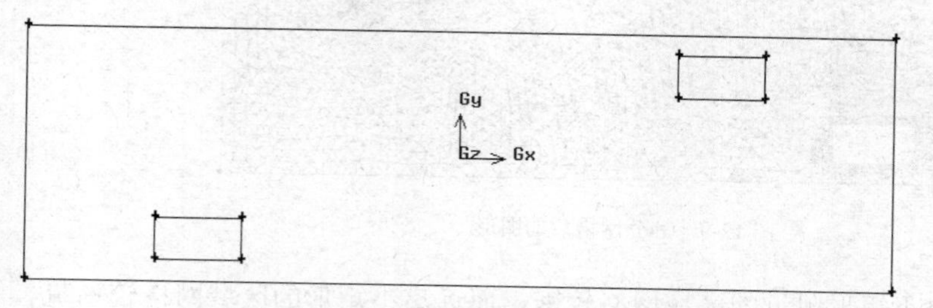

图 12-4 GAMBIT 中显示的图形

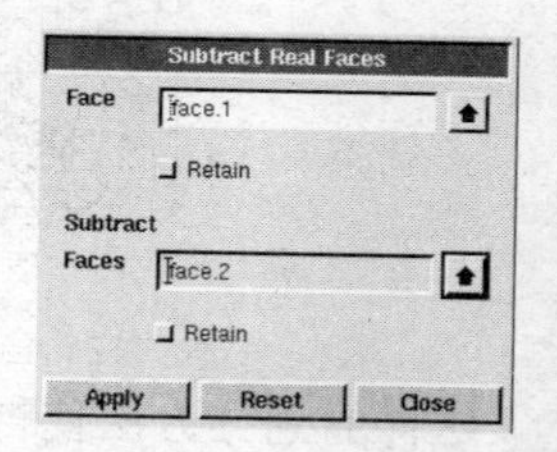

图 12-5 Subtract Real Faces 对话框

12.2.2 利用 GAMBIT 划分网格

（1）划分小矩形所有边的网格。先单击 Operation 工具条中的▣按钮，再单击 Mesh 工具条中的□按钮，接着单击 Edge 工具条中的▨按钮，弹出如图 12-6 所示的 Mesh Edges 对话框。单击 Edges

文本框，选择两个小矩形的 8 条边，如图 12-7 所示的 Edge List 对话框中列出了这些边的名称，在 Spacing 文本框中输入 0.5，其他选项保持系统默认设置，单击 Apply 按钮。

（2）划分面网格。先单击 Operation 工具条中的按钮，再单击 Mesh 工具条中的按钮，接着单击 Face 工具条中的按钮，弹出如图 12-8 所示的 Mesh Faces 对话框。单击 Faces 文本框，选择 face.1，Elements 和 Type 对应的选项分别为 Tri 和 Pave，在 Spacing 文本框中输入 2，其他选项保持系统默认设置，单击 Apply 按钮，进行面网格划分，划分网格后的图形如图 12-9 所示。

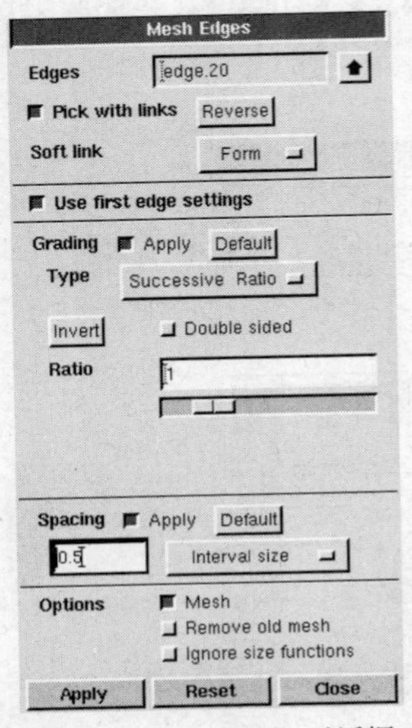

图 12-6　Mesh Edges 对话框

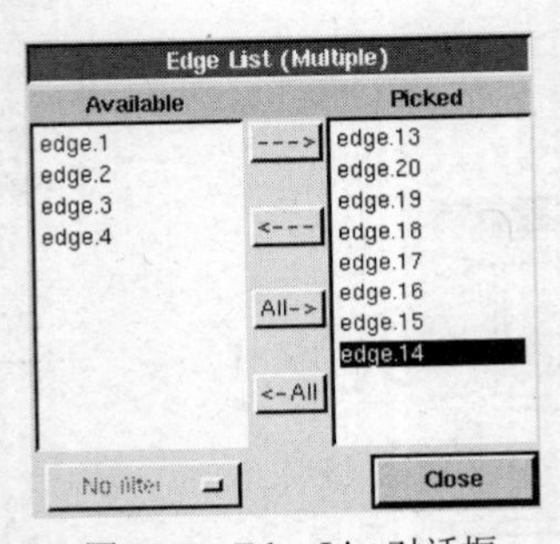

图 12-7　Edge List 对话框

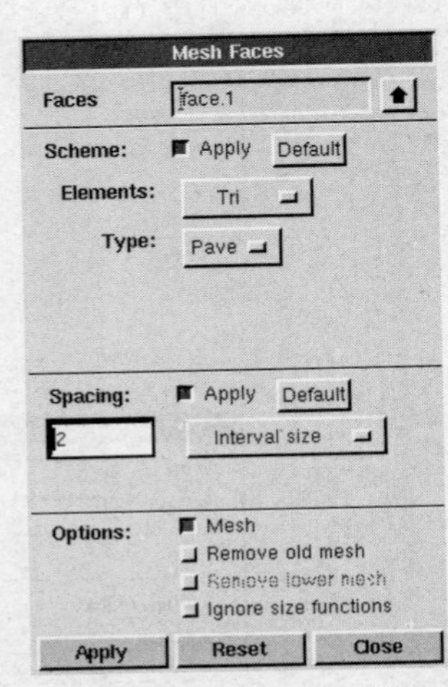

图 12-8　Mesh Faces 对话框

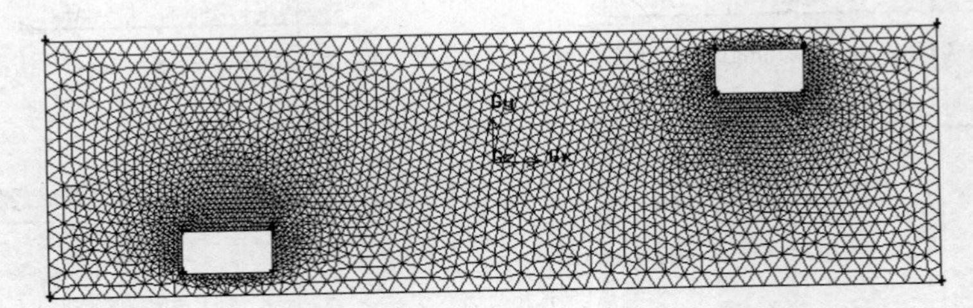

图 12-9　划分网格后的图形

这样的划分方法使得小矩形附近的区域网格较密，而远离小矩形的区域网格较稀疏。

12.2.3　利用 GAMBIT 初建边界条件

（1）指定压力入、出口边界。在本模型的计算中，入口和出口都有大量的回流，所以入口和出口只要是压力边界即可，无所谓哪个是入口，哪个是出口。

先单击 Operation 工具条中的按钮，再单击 Zones 工具条中的按钮，弹出如图 12-10 所示的 Specify Boundary Types 对话框。单击 Edges 文本框，选择大矩形最左侧的边，即 edge.4，对应的 Type 选项为 PRESSURE_INLET，在 Name 文本框中输入 in，其他选项保持系统默认设置，单击 Apply 按钮。继续单击 Edges 文本框，选择大矩形最右侧的边，即 edge.2，对应的 Type 选项为 PRESSURE_OUTLET，在 Name 文本框中输入 out，其他选项保持系统默认设置，单击 Apply 按钮。

（2）指定运动实体。继续在 Specify Boundary Types 对话框中进行操作，单击 Edges 文本框，选择左下方小矩形的所有 4 条边，即 edge.17、edge.18、edge.19、edge.20，在 Name 文本框中输入 car1，对应的 Type 选项为 WALL，如图 12-11 所示，单击 Apply 按钮。

重复类似操作，把右上方小矩形的所有 4 条边定义为 WALL，命名为 car2。

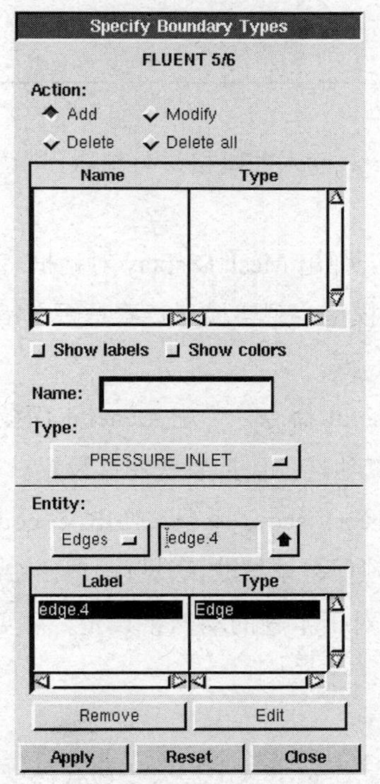

图 12-10 Specify Boundary Types 对话框 1

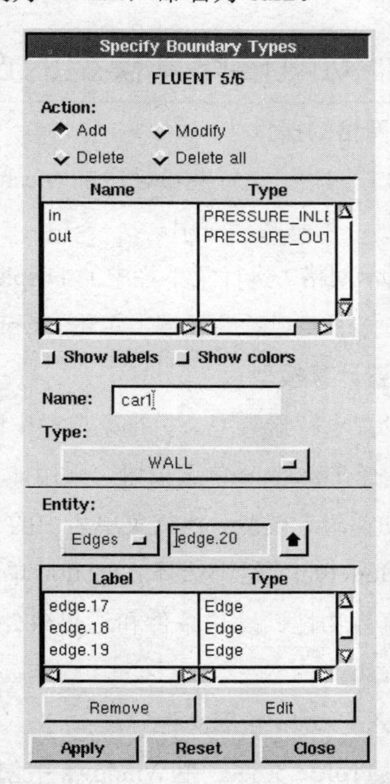

图 12-11 Specify Boundary Types 对话框 2

12.2.4 利用 GAMBIT 导出 Mesh 文件

（1）执行菜单栏中的 File→Export→Mesh 命令，弹出 Export Mesh File 对话框。在 File Name 文本框中输入 move-car.msh，选中 Export 2-D(X-Y) Mesh 选项，单击 Accept 按钮，这样 GAMBIT 就能在启动时在指定的文件夹中，导出该模型的 Mesh 文件。

（2）执行菜单栏中的 File→Save as 命令，弹出 Save Session As 对话框，在 ID 文本框中输入 move-car，单击 Accept 按钮，则文件会以 move-car 为文件名保存。

至此 GAMBIT 前处理完成，关闭软件。

12.2.5 利用 FLUENT 14.5 导入 Mesh 文件

1. 启动 FLUENT

启动 FLUENT 14.5，采用 2D 单精度求解器。

2. 读入 Mesh 文件

执行菜单栏中的 File→Read→Case 命令，选择刚创建好的 move-car.msh 文件，读入到 FLUENT 中，当 FLUENT 主窗口显示 Done 的提示，则表示读入成功。

12.2.6 动网格计算模型的设定过程

1. 对网格的操作

（1）检查网格。执行菜单栏中的 Mesh→Check 命令，对读入的网格进行检查，当主窗口显示 Done 的提示，表示网格可用。

（2）显示网格。执行菜单栏中的 Display→Mesh 命令，弹出 Mesh Display 对话框。在 Surfaces 列表框中选择所要观看的区域，单击 Display 按钮，显示模型，观察模型查看是否有错误。

2. 设置计算模型

（1）设置求解器类型。执行菜单栏中的 Define→General 命令，弹出 General 面板。在 Time 选项组中选择 Transient 单选按钮，采用非定常求解器，其他选项保持系统默认设置。

（2）设置湍流模型。执行菜单栏中的 Define→Models→Viscous 命令，弹出 Viscous Model 对话框。在 Model 选项组中选择 k-epsilon 单选钮，其他选项保持系统默认设置，单击 OK 按钮。

对于流体物性、操作条件和边界条件均保持默认，对于本题的动网格设定，主要是要设定 Dynamic Mesh。

3. 读入 Profile 轮廓文件

（1）写 Profile 文件。在 Windows 中创建记事本文件，在记事本中写入一段代码，如图 12-12 所示，这段代码表示这个 Profile 的名称是 car1，从 t=0s 到 t=15s 这段时间里，V_x 速度一直是 10m/s。

在 Windows 记事本里再创建一个 car2 的 Profile，如图 12-13 所示。这两个文件分别以 car1.txt 和 car2.txt 为文件名保存。

```
((car1 2 point)
(time 0 15.0)
(v_x 10 10)
)
```

图 12-12 car1 的 Profile 代码

```
((car2 2 point)
(time 0 15.0)
(v_x -10 -10)
)
```

图 12-13 car2 的 Profile 代码

（2）读入 Profile 文件。执行菜单栏中的 File→Read→Profile 命令，弹出如图 12-14 所示的 Select

File 对话框，在文件类型下拉列表框中选择 All Files 选项，分别选择 car1.txt 和 car2.txt 文件，单击 OK 按钮，读取文件。

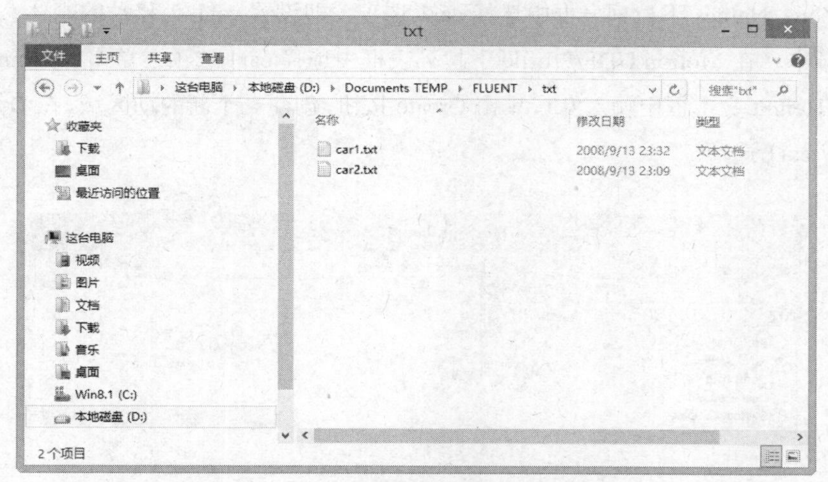

图 12-14　Select File 对话框

4．设置动网格

（1）设置动网格参数。执行菜单栏中的 Define→Dynamic Mesh 命令，弹出 Dynamic Mesh 面板。勾选 Dynamic Mesh 复选框，在 Mesh Methods 选项组中勾选 Smoothing 和 Remeshing 复选框，单击 Settings 按钮，进入 Smoothing 选项卡，在 Spring Constant Factor 文本框中输入 0.05，其他设置如图 12-15 所示。

单击 Remeshing 选项卡，如图 12-16 所示，勾选 Size Function 选项组中的 On，其他选项保持系统默认设置，单击 OK 按钮，完成网格参数的设定。

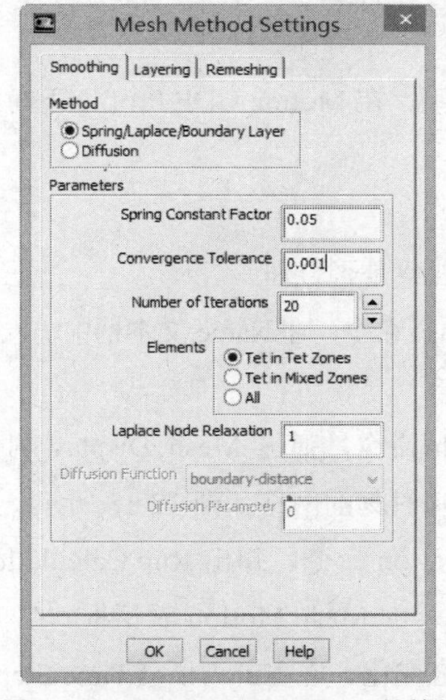

图 12-15　Mesh Methods Setting 对话框

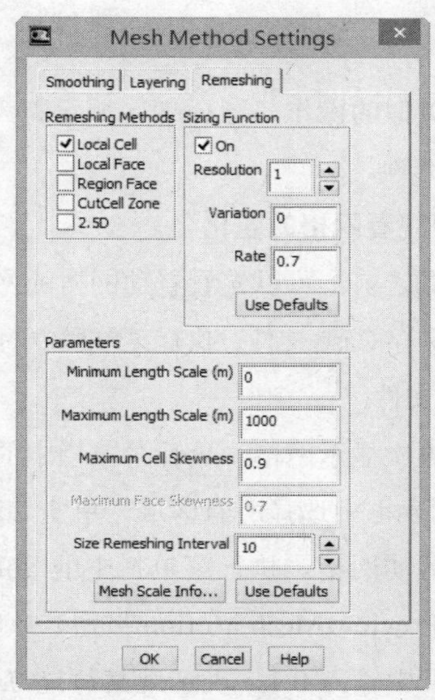

图 12-16　Remeshing 选项卡

（2）设置动网格区域。在 Dynamic Mesh 面板中，单击 Dynamic Mesh Mesh 列表下的 Create/Edit 按钮，弹出如图 12-17 所示的 Dynamic Mesh Zones 对话框。在 Type 选项组中选择 Rigid Body 单选按钮，在 Zone Names 下拉列表框中选择 car1 选项，即设置 car1 为移动的刚体；单击 Motion Attributes 选项卡，在 Motion UDF/Profile 下拉列表框中选择 car1 选项；单击 Meshing Options 选项卡，在 Cell Height 文本框中输入 0.1，单击 Create 按钮，创建一个新的动区域，在 Dynamic Zones 列表框中出现 car1 选项。

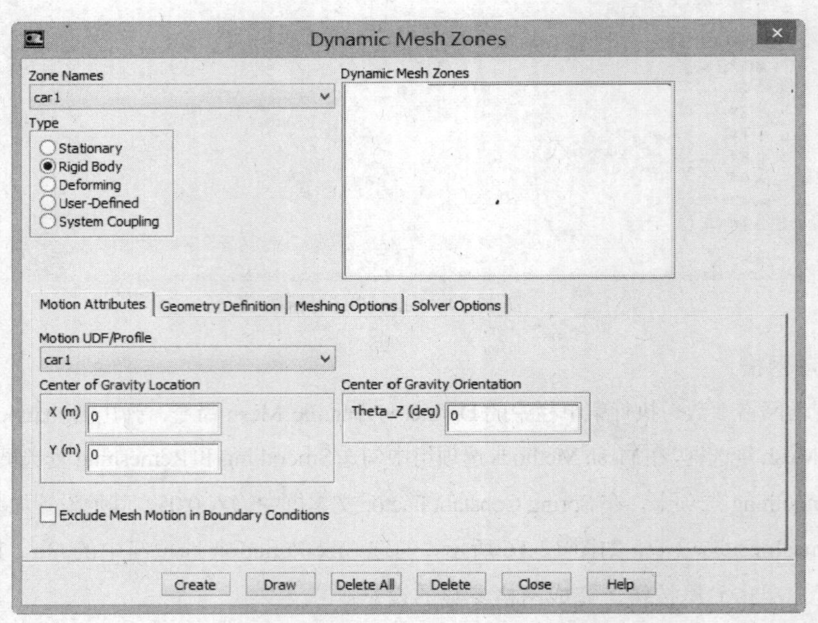

图 12-17　Dynamic Mesh Zones 对话框

重复类似的操作，将 car2 区域设置为 Rigid Body 类型，在 Motion UDF/Profile 下拉列表框中选择 car2 选项。

5．预观看网格的变化

在计算之前，可以先看看动网格的网格变化情况，观察是否合理。

（1）保存 Case 文件。执行菜单栏中的 File→Write→Case 命令，在 Name 文本框中输入 mov-car，保存 Case 文件。

（2）再次显示网格。执行菜单栏中的 Display→Mesh 命令，弹出 Mesh Display 对话框。在 Surfaces 列表框中选择所有区域，单击 Display 按钮，t=0s 时刻的网格如图 12-18 所示。

（3）运动网格。执行菜单栏中的 Solve→Run Calculation 命令，弹出 Run Calculation 面板，然后单击 Preview Mesh Motion 按钮，弹出如图 12-19 所示的 Mesh Motion 对话框。在 Time Step Size 文本框中输入 0.1，表示观察每过 0.1s 时间段的网格变化，在 Number of Time Steps 文本框

中输入 10，在 Options 选项组中勾选 Display Mesh 复选框，并且将 Display Frequency 文本框中的数值设为 1，单击 Preview 按钮，开始观察网格的变化，t=1s 时刻和 t=2s 时刻的网格分别如图 12-20 和图 12-21 所示。

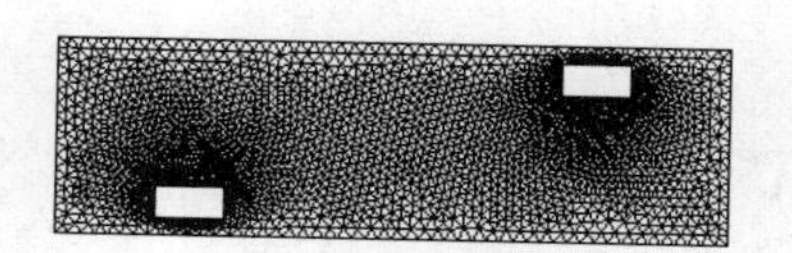

图 12-18　t=0s 时刻的网格

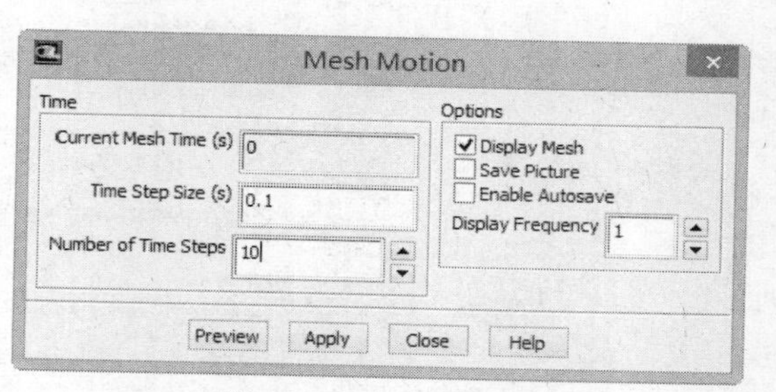

图 12-19　Mesh Motion 对话框

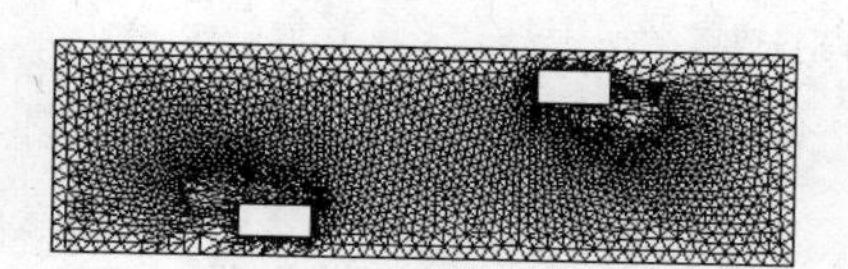

图 12-20　t=1s 时刻的网格

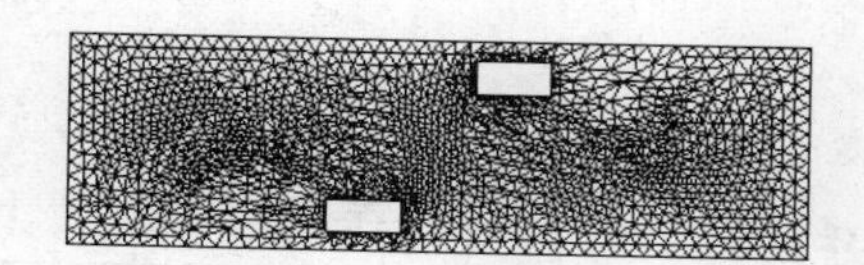

图 12-21　t=2s 时刻的网格

（4）读取 case 文件。由于网格的运动改变了网格，所以需要读取保存好的 move-car.cas 文件。

执行菜单栏中的 File→Read→Case 命令，选择 move-car.cas 文件，读入到 FLUENT 中，当 FLUENT 主窗口显示 Done 的提示，则表示读入成功。

6．设置求解策略

（1）设定求解参数。保持所有求解参数为默认设置。

（2）定义求解残差监视器。执行菜单栏中的 Solve→Moniors→Residual 命令，弹出 Residual Monitors 对话框。在 Options 选项组中勾选 Plot 复选框，其他选项保持系统默认设置，单击 OK 按钮，完成残差监视器的定义。

12.2.7　模型初始化

（1）执行菜单栏中的 Solve→Initialization 命令，弹出 Solution Initialization 面板。在 Compute From 下拉列表框中选择 in 选项，单击 Initialize 按钮，完成初始化操作。

（2）保存 Case 和 Data 文件。执行菜单栏中的 File→Write→Autosave 命令，弹出如图 12-22 所示的 Autosave 对话框，将 Save Data File Every 文本框中的数值设为 10，表示每计算 10 个时间步自动保存一次 Case 和 Data 文件，在 File Name 文本框中输入保存文件的路径，单击 OK 按钮，完成自动保存设置。

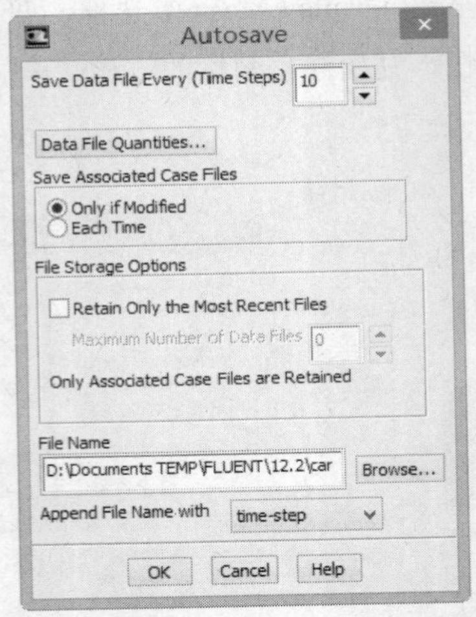

图 12-22　Autosave Case/Data 对话框

12.2.8　迭代计算

执行菜单栏中的 Solve→Run Calculation 命令，弹出 Run Calculation 面板，如图 12-23 所示。在 Time Step Size 文本框中输入 0.1，表示每个时间步长是 0.1s；在 Number of Time Steps 文本框中输入 30，表示计算 30 个时间步长，即模拟 3s 中的流动；在 Max Iterations / Time Step 文本框中输入 100，表示每个时间步最多迭代 100 步，单击 Calculate 按钮，开始迭代计算，得到如图 12-24 所示的残差图。

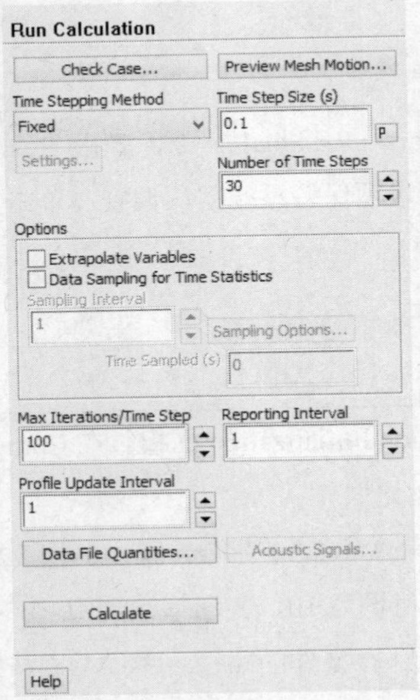

图 12-23　Run Calculation 面板

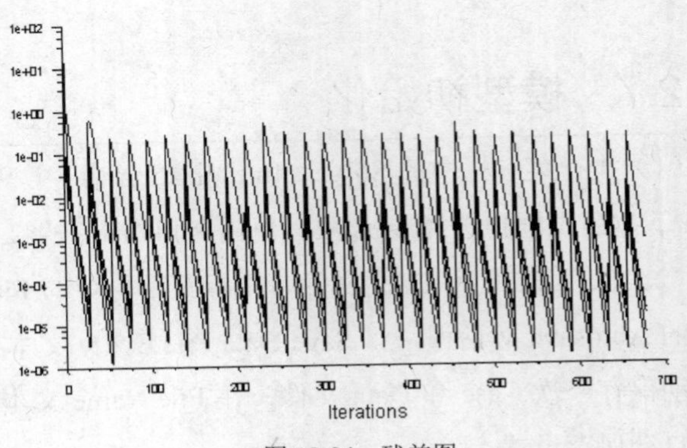

图 12-24　残差图

12.2.9 FLUENT 14.5 自带后处理

在迭代计算过程中，FLUENT 14.5 自动保存了 1s、2s 和 3s 时刻的 case 和 data 文件，在以下的后处理过程中，当需要用到其中某一时刻的数据时，可以执行菜单栏中的 File→Read→Case & Data 命令，读取某一时刻的 Case & Data 文件，如 move-car-0010.cas 文件。

（1）显示速度分布图。执行菜单栏中的 Display→Contours 命令，弹出 Contours 对话框。在 Contours of 选项组的两个下拉列表框中分别选择 Velocity 和 Velocity Magnitude 选项，在 Options 选项组中勾选 Filled 复选框，其他选项保持系统默认设置，单击 Display 按钮，显示的速度分布图如图 12-25、图 12-26 和图 12-27 所示。

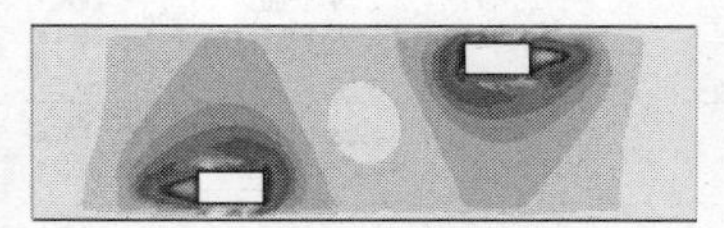

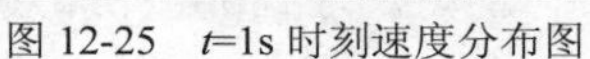

图 12-25 t=1s 时刻速度分布图

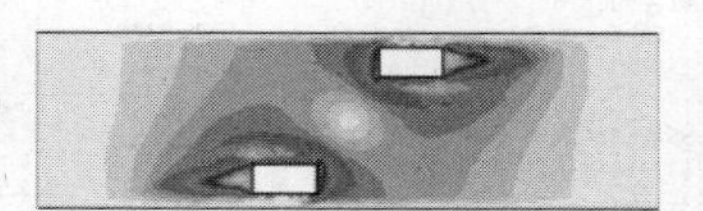

图 12-26 t=2s 时刻速度分布图

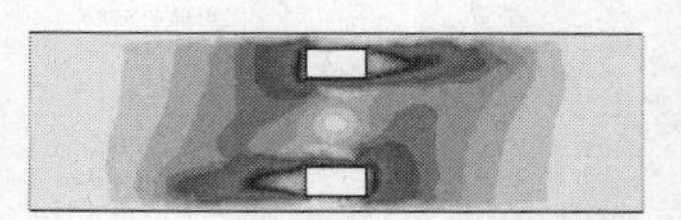

图 12-27 t=3s 时刻速度分布图

（2）显示压力分布图。在 Contours 对话框 Contours of 选项组的两个下拉列表框中分别选择 Pressure 和 Static Pressure 选项，在 Options 选项组中勾选 Filled 复选框，其他选项保持系统默认设置，单击 Display 按钮，显示的压力分布图如图 12-28 和图 12-29 所示。

图 12-28 t=1s 时刻压力分布图

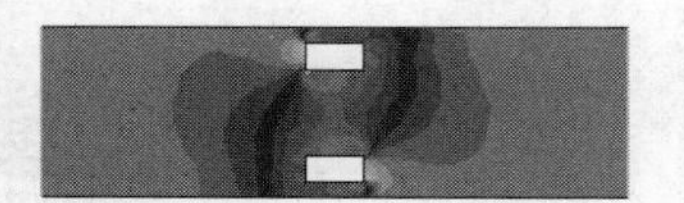

图 12-29 t=3s 时刻压力分布图

（3）读取小车所受的力。执行菜单栏中的 Report→Result Reports→Forces 命令，弹出 Force Reports 对话框。设置如图 12-30 和图 12-31 所示，在 Options 选项组中选择 Forces 单选按钮，在 Force Vector 选项组中输入（1,0,0），代表显示径向力，在 Force Vector 选项组中输入（0,1,0），代表显示轴向力，在 Wall Zones 列表框中选择 car1 和 car2 选项，单击 Print 按钮，显示的 x 和 y 方向力信息分别如图 12-32～图 12-37 所示。

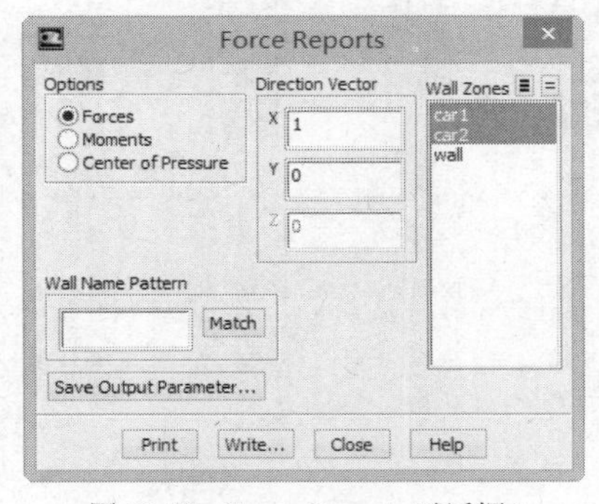

图 12-30 Force Reports 对话框 1

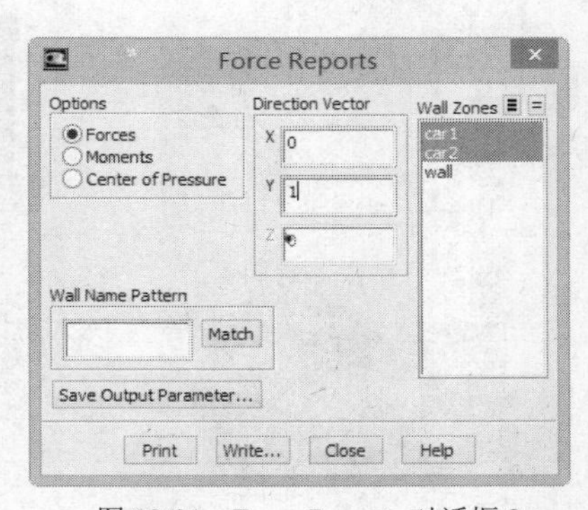

图 12-31 Force Reports 对话框 2

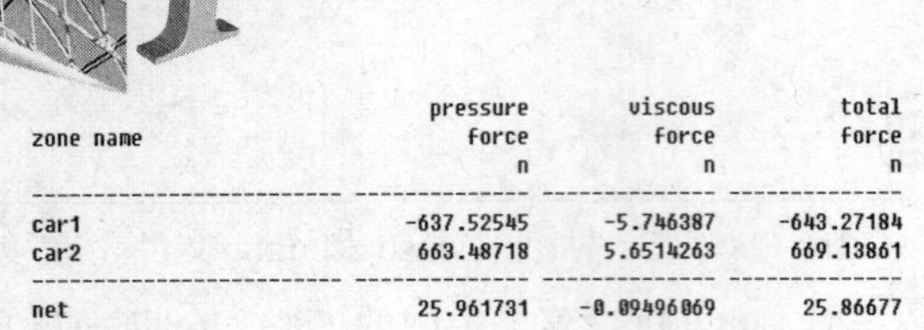

zone name	pressure force n	viscous force n	total force n
car1	-637.52545	-5.746387	-643.27184
car2	663.48718	5.6514263	669.13861
net	25.961731	-0.09496069	25.86677

图 12-32　t=1s 时刻两车 x 方向受力

zone name	pressure force n	viscous force n	total force n
car1	154.99129	0.31353882	155.30483
car2	-172.06131	-0.37838849	-172.4397
net	-17.070023	-0.064849675	-17.134872

图 12-33　t=1s 时刻两车 y 方向受力

zone name	pressure force n	viscous force n	total force n
car1	-480.3092	-4.5489311	-484.85814
car2	494.34564	4.4048033	498.75045
net	14.036438	-0.14412785	13.89231

图 12-34　t=2s 时刻两车 x 方向受力

zone name	pressure force n	viscous force n	total force n
car1	232.38626	0.18209729	232.56836
car2	-226.98663	-0.22559975	-227.21223
net	5.3996277	-0.043502465	5.3561252

图 12-35　t=2s 时刻两车 y 方向受力

zone name	pressure force n	viscous force n	total force n
car1	-364.96109	-3.5548127	-368.5159
car2	370.19775	3.6377461	373.8355
net	5.2366638	0.082933426	5.3195972

图 12-36　t=3s 时刻两车 x 方向受力

zone name	pressure force n	viscous force n	total force n
car1	212.49225	0.26199618	212.75424
car2	-261.78857	-0.30514011	-262.09371
net	-49.296326	-0.043143928	-49.33947

图 12-37　t=3s 时刻两车 y 方向受力

12.3 三维活塞在汽缸中的运动模拟实例

已知一个冲程 25mm，直径 25mm 的汽缸，活塞从其顶部向下运动。活塞在汽缸内的运动如图 12-38 所示。现在用 FLUENT 动网格来模拟活塞在气缸中的运动。

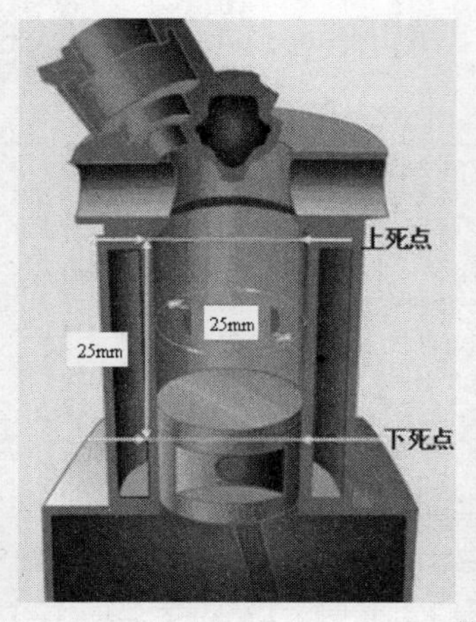

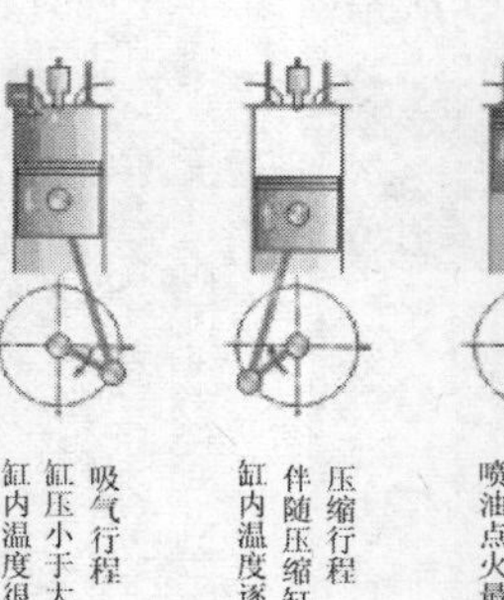

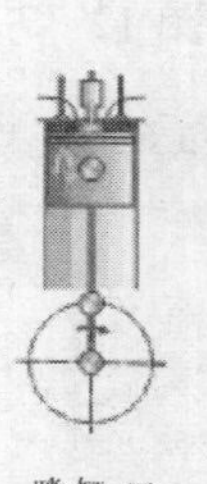

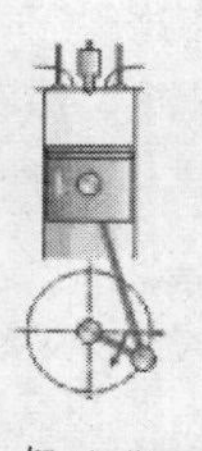

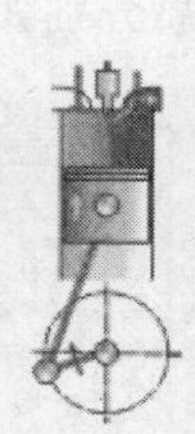

图 12-38　活塞在汽缸内活动示意图

12.3.1 建立模型

（1）双击桌面 GAMBIT 图标，启动 GAMBIT 软件，弹出 Gambit Startup 对话框，在 working directory 下拉列表框中选择工作文件夹，在 Session Id 文本框中输入 penguanliudong。单击 Run 按钮，进入 GAMBIT 系统操作界面。执行菜单栏中的 Solver→FLUENT5/6 命令，选择求解器类型。

（2）单击 Geometry→Volume→Create Real Cylinder按钮，弹出 Create Real Cylinder 对话框，在 Height 和 Radius 中分别输入 34.5 和 12.5，单击 Apply 按钮，生成汽缸模拟体。然后输入 8 和 12.5，生成活塞模拟体。接着输入 1.5 和 12.5，单击 Apply 按钮，在活塞与汽缸交界处再设置一薄面，在网格化分时可以平和过渡。

（3）单击 Geometry→Volume→Move/Copy Volume按钮，选中 Volume.3，输入（0，0，8），单击 Apply 按钮，如图 12-39 所示。

（4）单击 Geometry→Volume→Subtract Real Volume按钮，在弹出的 Subtract Real Volume 面板中先选择 volume.1，再在下一行中选择 volume.2 和 Volume.3，并选择 Retain，单击 Apply 按钮，即将大圆柱分成 3 个小圆柱体，除去了不需要计算的区域。

（5）单击 Geometry→Face→Connect Faces按钮，弹出如图 12-40 所示的 Connect Faces 面板，选择 Volume.2 和 Volume.3 重合的两个面，单击 Apply 按钮，合成一个面。然后选择 Volume.3 和 Volume.1 重合的两个面，单击 Apply 按钮，合成一个面。

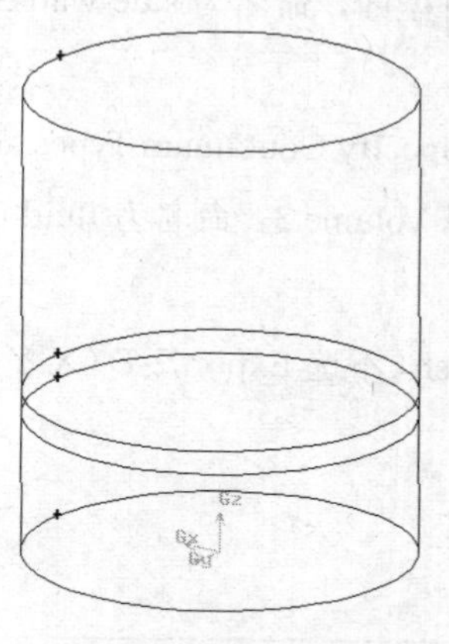

图 12-39 几何体简图

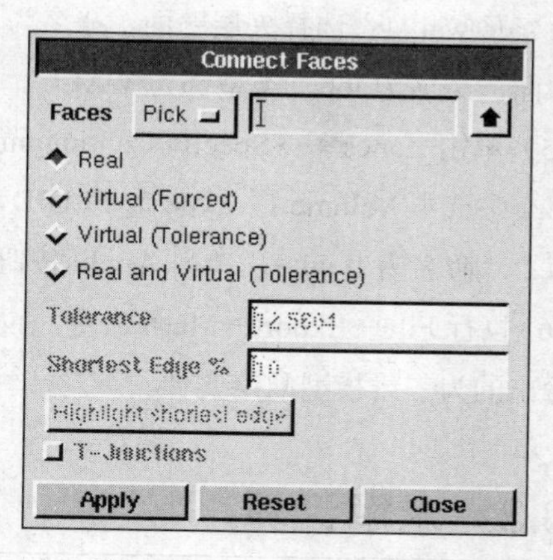

图 12-40 Connect Faces 面板

12.3.2 网格的划分

（1）单击 Mesh→Volume→Mesh Volume按钮，选中 volume.1，采用 Tet/Hybrid 和 TMesh 的划分方式，Interval count 的分段方式，分成 50 段，单击 Apply 按钮，得到 Volume.1 的体网格，如图 12-41 所示。

（2）选中 Volume.2，采用 Hex 和 Cooper 的划分方式，分成 50 段，如图 12-42 所示。

（3）选择 Volume.3，采用 Tex/Hybrid 和 Hex Core 的划分方式，分成 50 段，如图 12-43 所示。

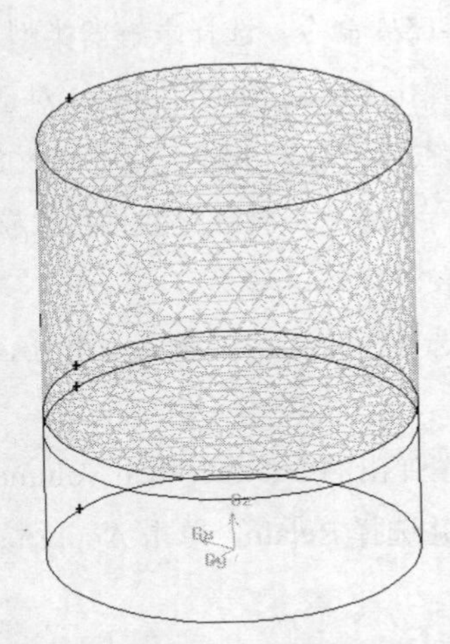

图 12-41　Volume.1 的体网格划分

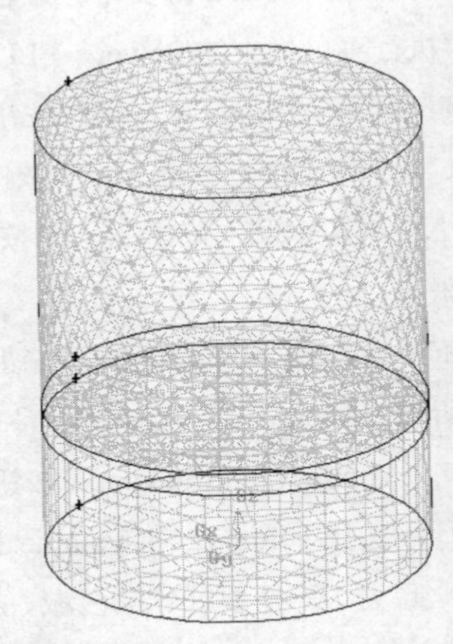

图 12-42　Volume.2 的体网格划分

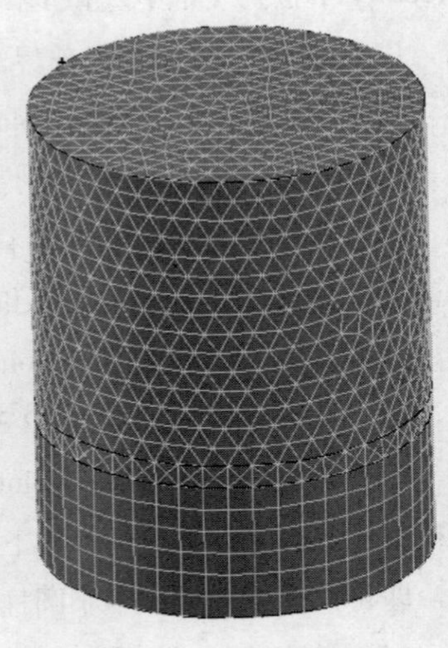

图 12-43　汽缸网格模型

（4）单击 Zones→Specify Boundary Types 按钮，在 Specify Boundary Types 面板中选择活塞上顶面，命名为 moving-wall，类型为 WALL；选择活塞下底面，命名为 bottom；选择活塞壁面，命名为 side-wall-1；选择夹层壁面，命名为 side-wall-2；选择汽缸壁面，命名为 side-wall-3；选择汽缸顶面，命名为 top，类型都为 WALL。

（5）单击 Zones→Specify Continuum Types 按钮，出现 Specify Continuum Types 对话框，在 Entity 中选中 Volume.1，Type 为 FLUID，命名为 fluid-1；选择 Volume.3，命名为 fluid-2；选择 Volume.2，命名为 fluid-3，单击 Apply 按钮，完成对流体的定义。

（6）执行 File→Export→Mesh 命令，在文件名中输入 valve.msh，不选 Export 2-D（X-Y）Mesh，确定输出的为三维模型网络文件。

12.3.3　求解计算

（1）启动 FLUENT 14.5，在弹出的 FLUENT Launcher 对话框中选择 3D 计算器，单击 OK 按钮。

（2）执行 File→Read→Case 命令，读入划分好的网格文件 valve.msh。然后进行检查，执行菜单栏中的 Mesh→Check 命令。

（3）执行菜单栏中的 Mesh→Scale 命令，调节网格尺寸。

（4）执行菜单栏中的 Define→General 命令，弹出 General 面板，在 General 面板中的 Time 选项中选择 Transient，如图 12-44 所示。

（5）执行菜单栏中的 Define→Models→Energy 命令，勾选能量方程，如图 12-45 所示。

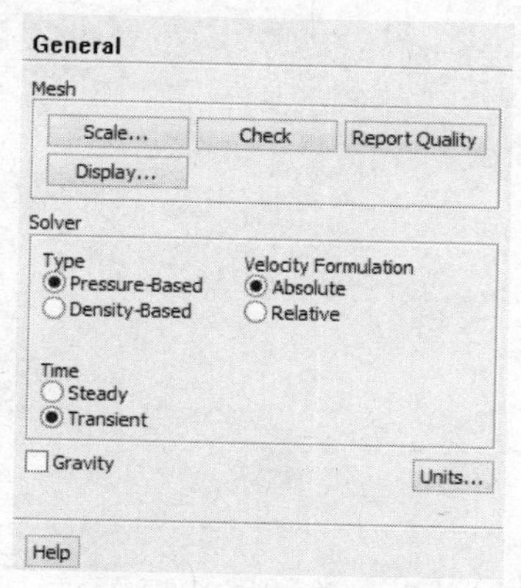

图 12-44 General 面板

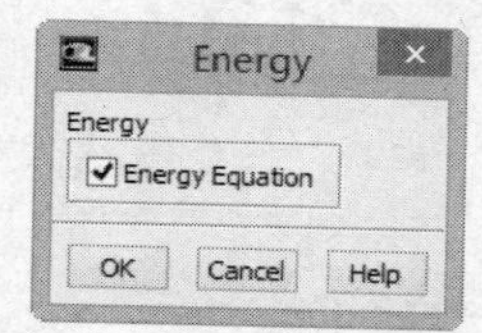

图 12-45 能量方程

（6）执行菜单栏中的 Define→Materials 命令，弹出 Materials 面板。单击其中的 Create/Edit 按钮，弹出 Create/Edit。Materials 对话框，如图 12-46 所示。Density 项选择 ideal-gas，其他项保留默认值，单击 Change/Create 按钮。

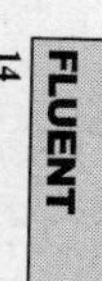

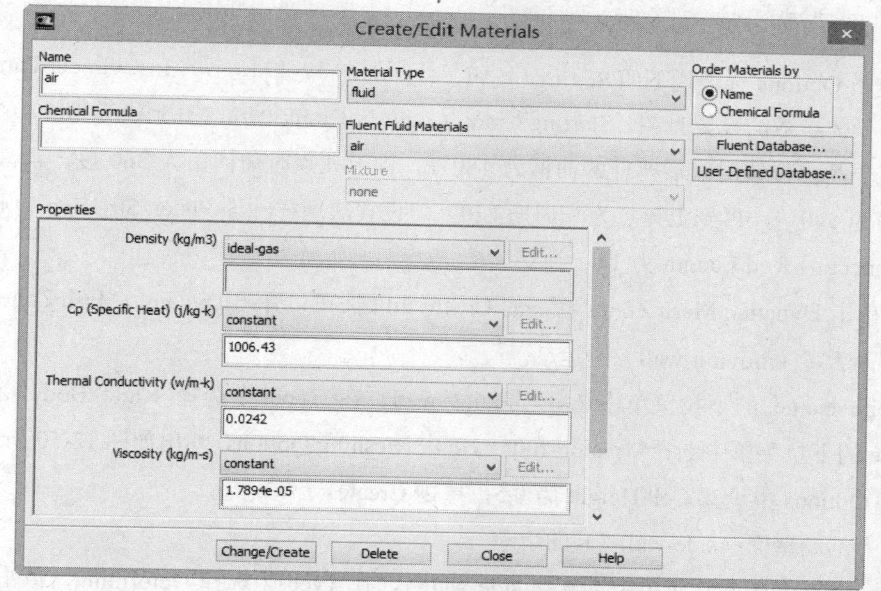

图 12-46 材料设置对话框

（7）执行菜单栏中的 Define→Dynamic Mesh 命令，在弹出的 Dynamic Mesh 面板中勾选 Dynamic Mesh 选项，在 Mesh Methods 复选框中选中 Smoothing、Layering、Remeshing 和 In-Cylinder。单击 Mesh Methods 选项栏下的 Settings 按钮，其中各项参数的设置如图 12-47 所示。

（8）单击 Remeshing，打开 Remeshing Parameters 的设置对话框，如图 12-48 所示。

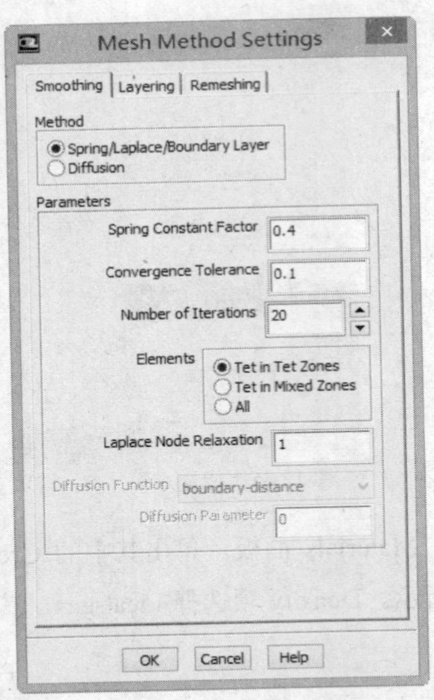

图 12-47　动网格参数设置/Smoothing

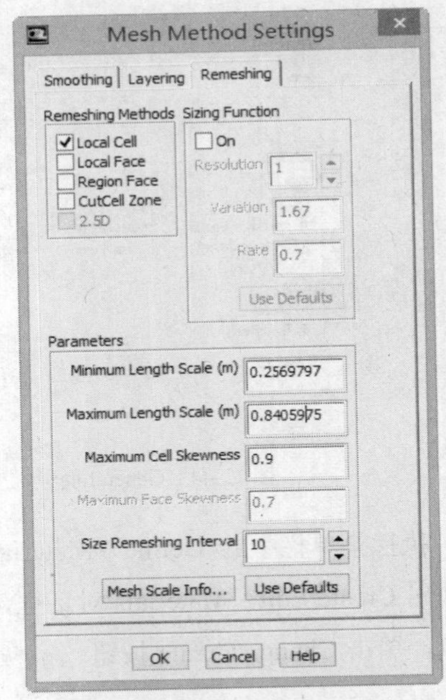

图 12-48　动网格参数设置/Remeshing

（9）单击 Options 选项栏下的 Settings 按钮，打开如图 12-49 所示的 In-Cylinder Parameters 设置对话框，具体参数的设置见图。Starting Crank Angle 与 Crank Period 分别设为 180 和 720，表示当活塞处在下死点位置时，活塞杆的曲柄为 180°，到上死点时曲柄角为 360 度，再次回到下死点时曲柄角为 540°，再到上死点为一周期 720°。设置活塞杆冲程 Piston StrOKen 为 8，设置连杆长度 Connecting Rod Length 为 14。

（10）单击 Dynamic Mesh Zones 栏下的 Create/Edit 按钮，弹出 Dynamic Mesh Zone 对话框。

1）设置活塞（moving-wall）的运动

在 Zone Name 的下拉菜单中选择 moving-wall，在 Type 中选择 Rigid Body，在 Motion UDF/Profile 的下拉菜单中选择**piston-full**。单击 Meshing Options，弹出如图 12-50 所示对话框，在 Meshing Options 中设置 Cell Height 为 0.5，单击 Create。

2）设置活动壁面（side-wall-1）的运动

在 Zone Name 的下拉菜单中，选择 side-wall-1，在 Type 中选择 Deforming，单击 Geometry Definition，弹出如图 12-51 所示的对话框。在 Definition 的下拉菜单中选择 cylinder，Cylinder Radius 选择 4，Cylinder Origin 的坐标为（0，0，0），Cylinder Axis 的坐标为（1，0，0），如图 12-51 所示，单击 Create 按钮。

3）设置活塞上部区域的运动

图 12-52 所示，在 Zone Names 的下拉菜单中，选中 fluid-3，Type 下选择 Rigid Body，在 Motion

UDF/Profile 的复选框中选择**piston-full**，单击 Create 按钮。同理设置 fluid-2。

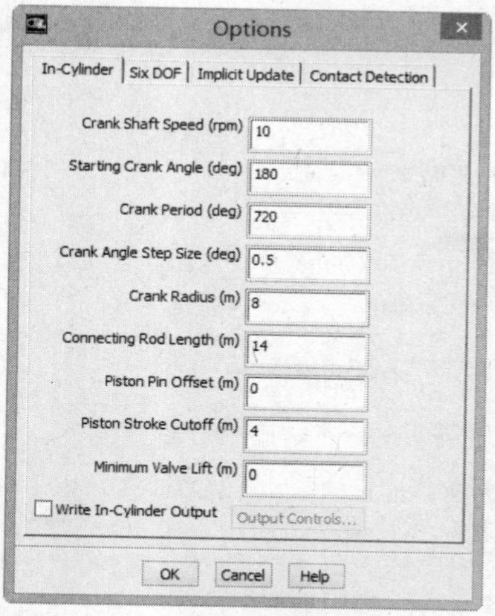

图 12-49　动网格参数设置/In-Cilinder

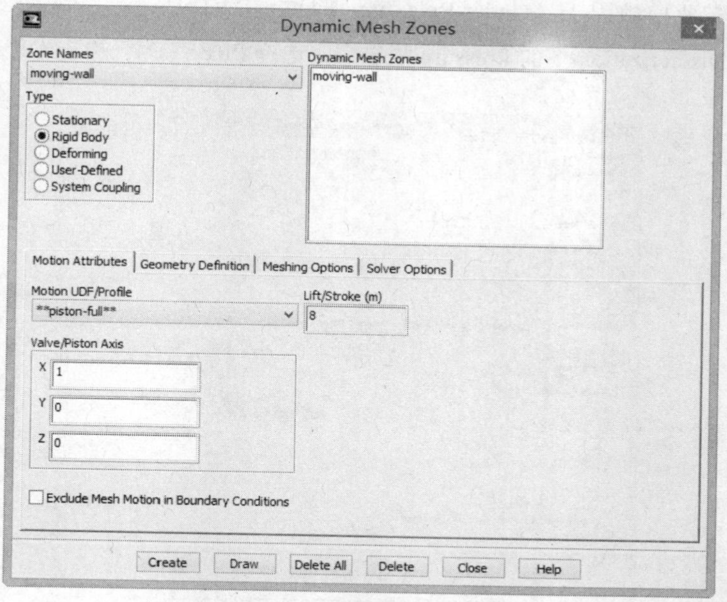

图 12-50　Dynamic Mesh Zones 对话框

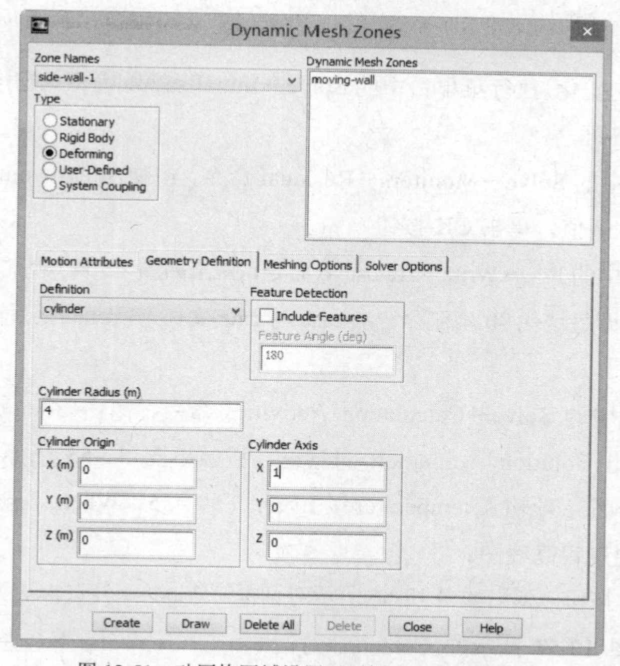

图 12-51　动网格区域设置对话框—活动壁面设置

（11）执行菜单栏中的 Solve→Methods 命令，弹出 Solution Methods 面板。在压力-速度耦合（Pressure-Velocity Coupling）的复选框选中 PISO。

（12）执行菜单栏中的 Solve→Controls 命令，弹出 Solution Controls 面板，如图 12-53 所示。在亚松驰因子（Under-Relaxtion Factors）的设置中，Pressure 为 0.6，Momentum 为 0.9，在 Discretization 下的 Pressure 复选框中选择 PRESTO!，单击 OK 按钮。

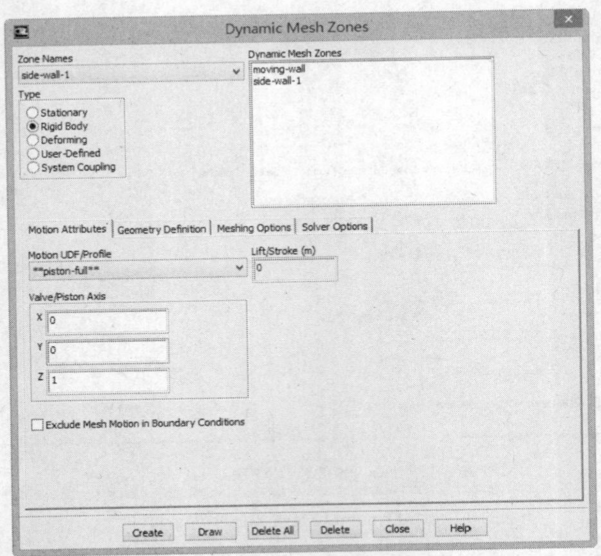

图 12-52　动网格区域设置对话框—活塞上部区域的设置

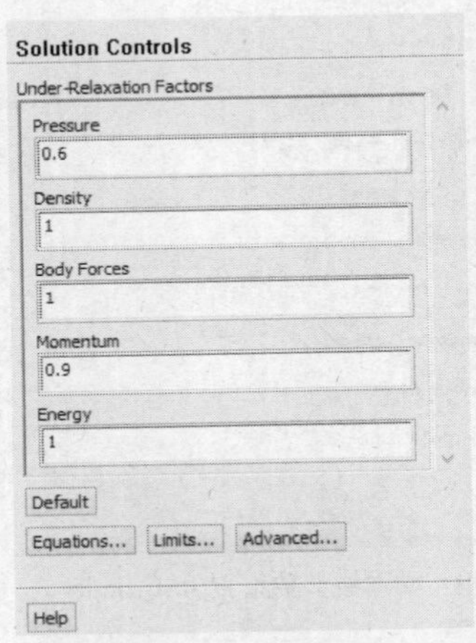

图 12-53　Solution Controls 面板

（13）对流场进行初始化。执行菜单栏中的 Solve→Initialization 命令，弹出 Solution Initialization 面板，单击 Initialize 按钮。

（14）执行菜单栏中的 Solve→Monitors→Residual 命令，在弹出的 Residual Monitors 对话框中选择 Plot，其他保持默认值，单击 OK 按钮。

（15）执行菜单栏中的 File→Write→Autosave 命令，弹出如图 12-54 所示的对话框，在 Save Data File Every 中输入 90，即每迭代 90 步保存一次 case 与 data 文件，Filename 下输入文件名与保存文件的路径。

（16）执行菜单栏中的 Solve→Calculation Activities 命令，单击 Solution Animations 栏下的 Create/Edit 按钮，弹出 Solution Animation 对话框，按照下图 12-55 所示设置参数，Animation Sequences 项输入 1，Name 项输入 temperature，Every 下输入 5，When 下输入 Time Step，即每隔 5 个时间步保存一次温度等高线图。

（17）单击 Define 按钮，弹出如图 12-56 所示对话框，Window 复选框选为 2，Display Type 下选择 Contours，弹出如图 12-57 所示的 Contours 对话框，在 Contours 下选择 Temperature 和 Static Temperature，去掉 Auto Range，在 Min 与 Max 中分别输入 300 与 600，在 Surfaces 项同时选中 moving-wall、side-wall-1、side-wall-2、side-wall-3、top-wall，单击 Display 按钮，弹出如图 12-58 所示的 t=0s 时的静温云图。

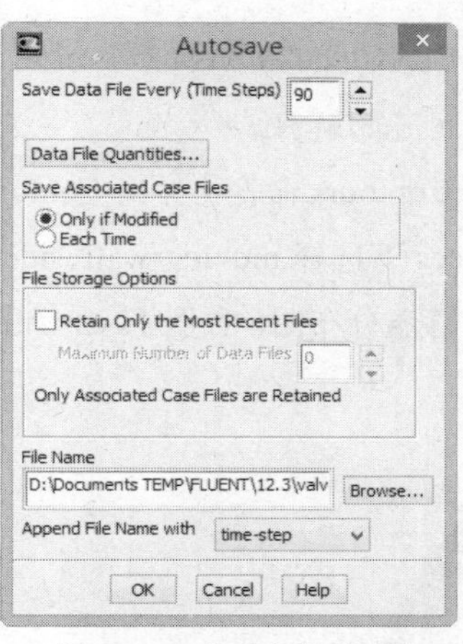

图 12-54 自动存盘对话框

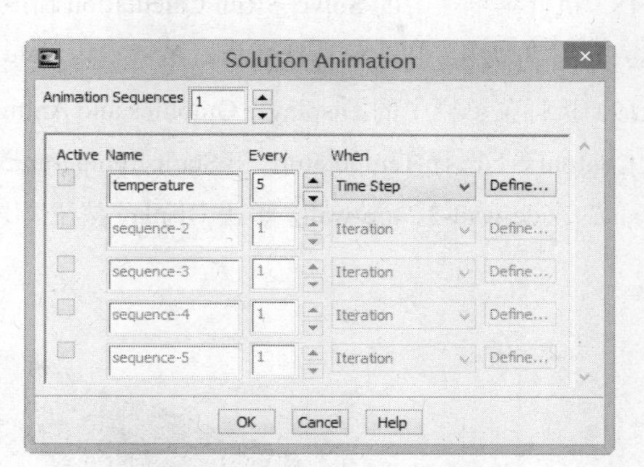

图 12-55 创建温度云图动画

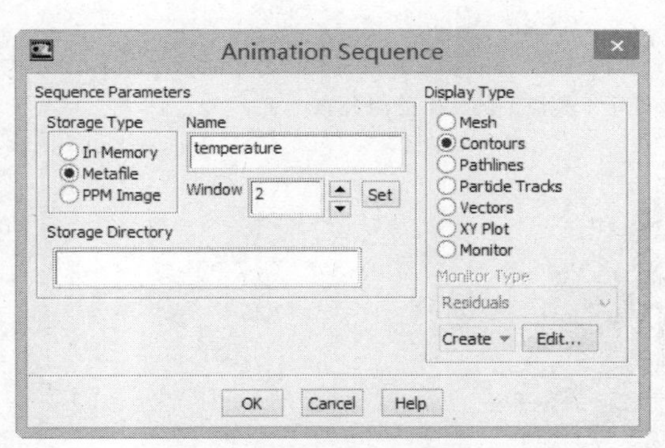

图 12-56 动画定义对话框

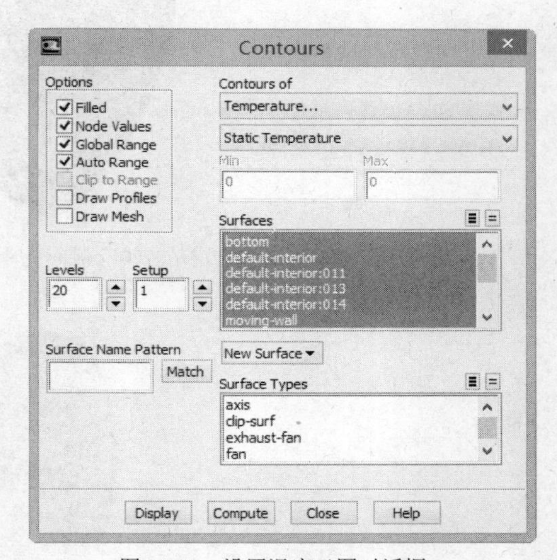

图 12-57 设置温度云图对话框

图 12-58 t=0s 时静温云图

（18）执行菜单栏中的 Solve→Run Calculation 命令，弹出 Run Calculation 面板，设置 Number of Time Steps 为 720，其他保持默认值，单击 Calculate 按钮即可开始解算。

（19）执行菜单栏中的 Display→Graphics and Animations→Contours 命令，弹出 Contours 对话框，在 Contours 下选择 Temperature 和 Static Temperature，Surfaces 下选择 moving-wall、side-wall-1、side-wall-2、side-wall-3、top-wall，单击 Display 按钮，出现气缸静温分布图，如图 12-59 和图 12-60 所示。

图 12-59　在 720 个时间步时（活塞处于下死点）的气缸静温分布

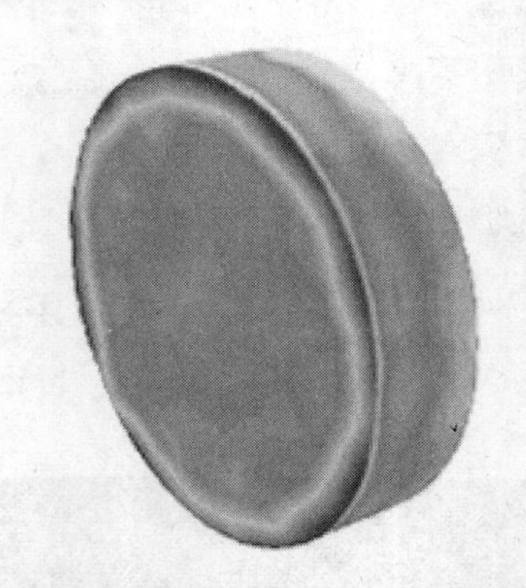

图 12-60　在 360 个时间步时（活塞处于上死点）的气缸静温分布

（20）执行菜单栏中的 Display→Graphics and Animations→Solution Animations Playback 命令，弹出如图 12-61 所示的 Playback 对话框。在 Playback Mode 的复选框中选择 Play Once，End Frame 下选择 720，在 Sequences 下的列表中选择 temperature，动画播放控键同时被激活，单击播放键后即开始播放动画。

（21）执行菜单栏中的 Surface→Iso-Surface 命令，弹出如图 12-62 所示的 Iso-Surface 对话框。从 Surface of Constant 下的复选框中选择 Mesh/X-Coordinate，单击 Compute 将在 Min 与 Max 中分别显示 x 坐标的最小与最大值，在 Iso-Values 下选取 0，在 New Surface Name 下选取 x=0。单击

reate 即创建 x=0 处的截面。

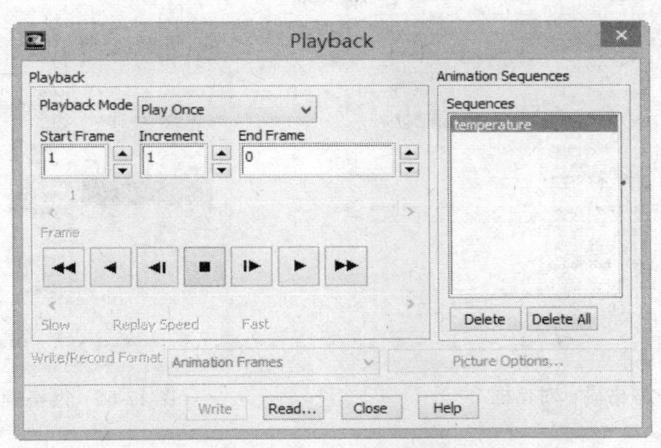

图 12-61　设置动画播放

（22）执行菜单栏中的 Display→Graphics and Animations→Vector 命令，弹出如图 12-63 所示的 Vectors 对话框。在 Vectors of 下选择 Velocity 和 Velocity Magnitude，Surfaces 下选择 x=0，Style 选择 arrow，Scale 为 1.2。

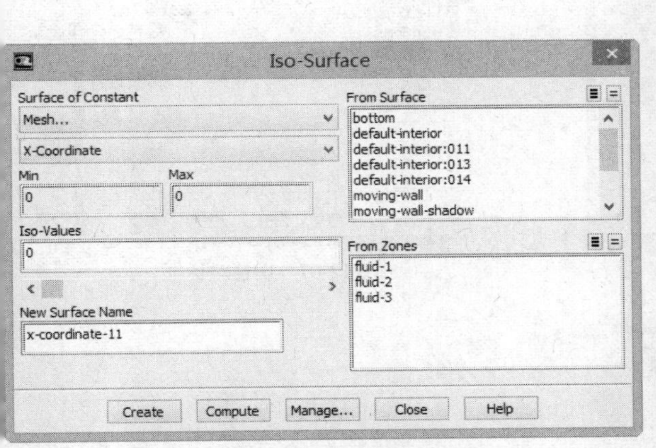

图 12-62　创建缸内 x=0 处截面的对话框

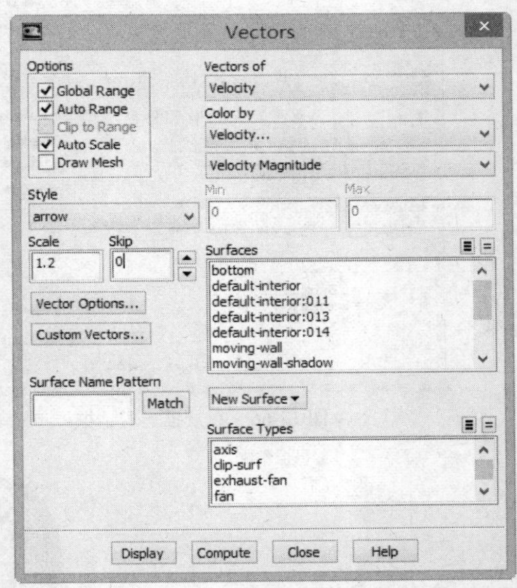

图 12-63　截面矢量设置对话框

（23）执行菜单栏中的 Display→Mesh 命令，弹出如图 12-64 所示的网格显示对话框。在 Options 下选择 Faces，在 Surfaces 下选择 moving-wall、side-wall-1、side-wall-2、side-wall-3、top-wall。

如果想要变化网格颜色，可以单击 Colors 按钮，弹出如图 12-65 所示网格颜色对话框。在 Types 下选择 wall，Colors 下选择 yellow，单击 Close 按钮关闭对话框。

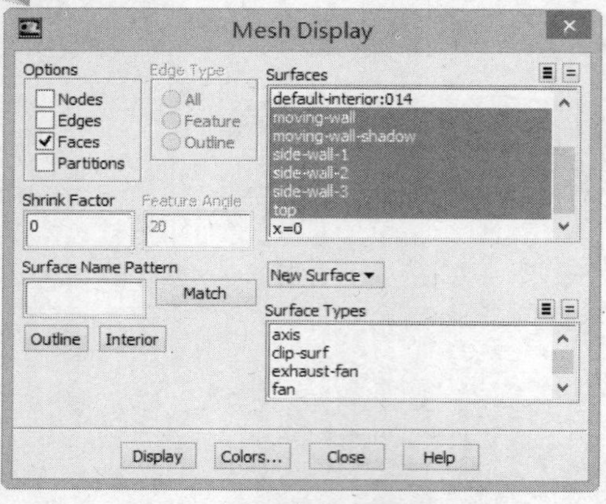

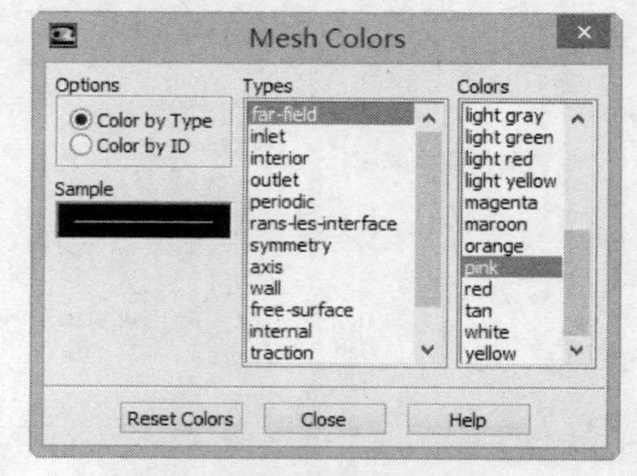

图 12-64　网格显示对话框

图 12-65　网格颜色对话框

（24）执行菜单栏中的 Display→Scene 命令，弹出如图 12-66 所示的 Scene Description 对话框。Names 下选择 side-wall-1、side-wall-2、side-wall-3、top-wall。单击 Display 按钮，打开如图 12-67 所示的 Display Properties 对话框，调整 Transparency 的滚动条为 56，单击 Apply 按钮。此时上死点位置截面的速度矢量如图 12-68 所示。

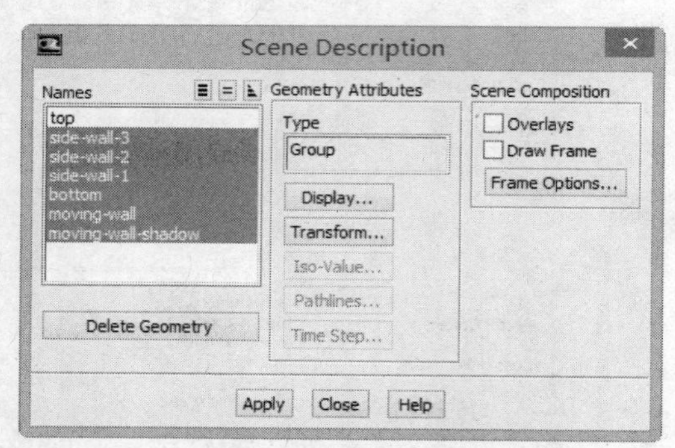

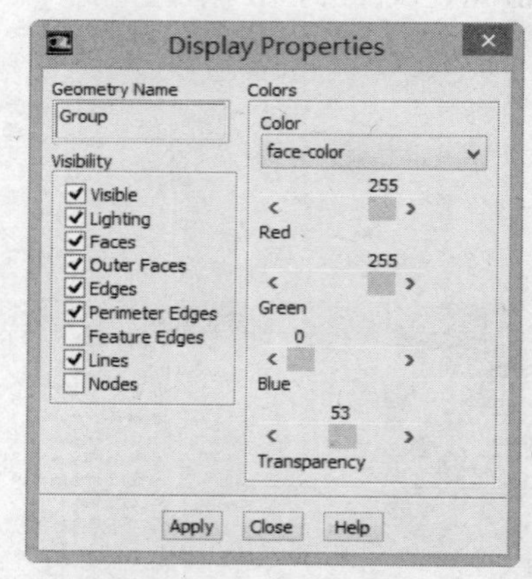

图 12-66　布景描述对话框

图 12-67　属性对话框

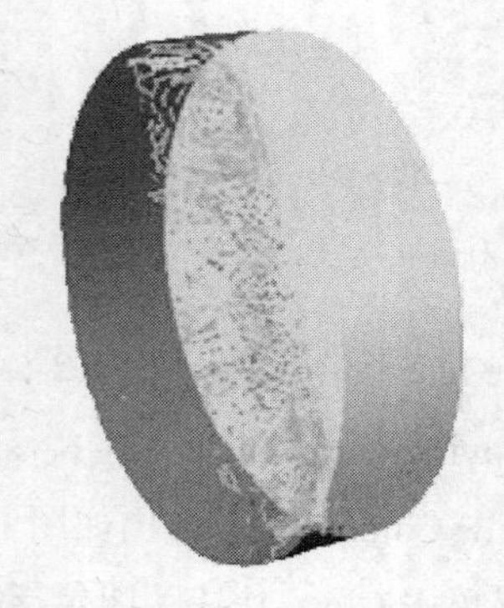

图 12-68　上死点位置截面的速度矢量图

（25）计算完的结果要保存为 case 和 data 文件，执行 File→Write→Case&Data 命令，在弹出的文件保存对话框中将结果文件命名为 valve.cas，case 文件保存的同时也保存了 data 文件 jump.dat。

（26）最后执行 File→Exit 命令，安全退出 FLUENT。

第 13 章

物质运输和有限速率化学反应模型模拟

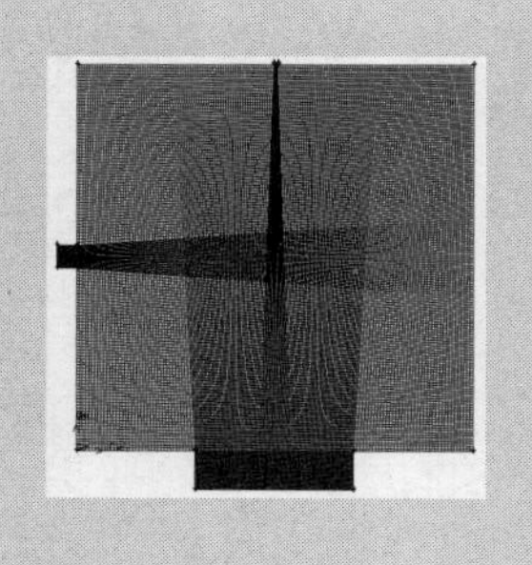

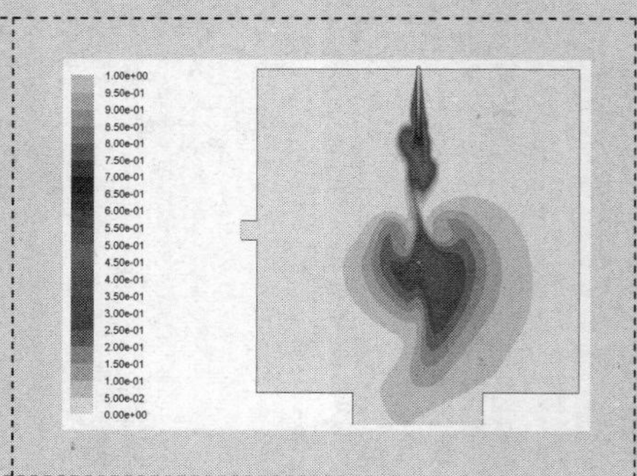

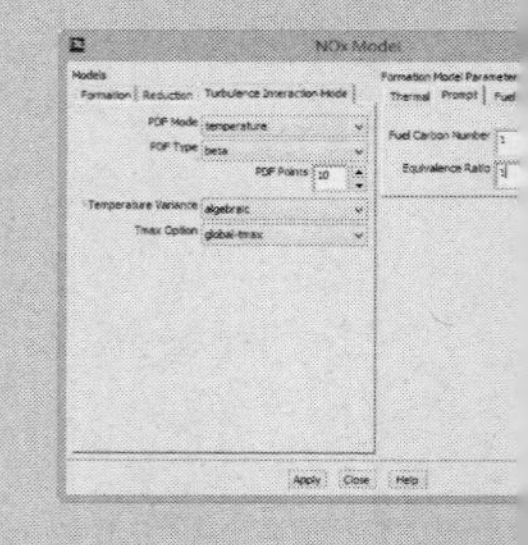

13.1 有限速率化学反应

13.1.1 化学反应模型概述

1. 层流有限速率模型

层流有限速率模型使用 Arrhenius 公式计算化学源项，忽略湍流脉动的影响。这一模型对于层流火焰是准确的，但在湍流火焰中 Arrhenius 化学动力学的高度非线性，这一模型一般不精确。对于化学反应相对缓慢、湍流脉动较小的燃烧，如超音速火焰可能是可以接受的。

化学物质 i 的化学反应净源项通过有其参加的 N_R 个化学反应的 Arrhenius 反应源的和计算得到。

$$R_i = M_{w,i} \sum_{i=1}^{N_r} \hat{R}_{i,r} \tag{13-1}$$

式中，$M_{w,i}$ 是第 i 种物质的分子量，$\hat{R}_{i,r}$ 为第 i 种物质在第 r 个反应中的产生分解速率。反应可能发生在连续相反应的连续相之间，或是在表面沉积的壁面处，也可以是发生在一种连续相物质的演化中。

考虑以如下形式写出的第 r 个反应：

$$\sum_{i=1}^{N} v'_{i,r} M_i \xrightarrow[k_{b,r}]{} \sum_{i=1}^{N} v''_{i,r} M_i \tag{13-2}$$

式中：

N——系统中化学物质数目；

$v'_{i,r}$——反应 r 中反应物 i 的化学计量系数；

$v''_{i,r}$——反应 r 中生成物 i 的化学计量系数；

M_i——第 i 种物质的符号；

$k_{f,r}$——反应 r 的正向速率常数；

$k_{b,r}$——反应 r 的逆向速率常数。

方程（13-2）对于可逆和不可逆反应都适用。对于不可逆反应，逆向速率常数 $k_{b,r}$ 简单地被忽略。

方程（13-2）中的和是针对系统中的所有物质，但只有作为反应物或生成物出现的物质才有非零的化学计量系数。因此，不涉及到的物质将从方程中清除。

反应 r 中物质 i 的产生/分解摩尔速度以如下公式给出：

$$\hat{R}_{i,r}=\Gamma\left(\nu''_{i,r}-\nu'_{i,r}\right)\left(k_{f,r}\prod_{j=1}^{N_r}\left[C_{j,r}\right]^{\eta'_{j,r}}-k_{b,r}\prod_{j=1}^{N_r}\left[C_{j,r}\right]^{\eta''_{j,r}}\right) \tag{13-3}$$

式中：

N_r——反应 r 的化学物质数目；

$C_{j,r}$——反应 r 中每种反应物或生成物 j 的摩尔浓度；

$\eta'_{j,r}$——反应 r 中每种反应物或生成物 j 的正向反应速度指数；

$\eta''_{j,r}$——反应 r 中每种反应物或生成物 j 的逆向反应速度指数。

Γ 表示第三体对反应速率的净影响。这一项由下式给出：

$$\Gamma=\sum_{j}^{N_r}\gamma_j,rC_j \tag{13-4}$$

式中，$r_{j,r}$ 为第 r 个反应中第 j 种物质的第三体影响。默认状态下，FLUENT 在反应速率计算中不包括第三体影响；但是当有它们的数据时，可以选择包括第三体影响。

反应 r 的前向速率常数 $k_{f,r}$ 通过 Arrhenius 公式计算：

$$k_{f,r}=A_rT^{\beta r}e^{-Er/RT} \tag{13-5}$$

式中：

A_r——指数前因子（恒定单位）；

β_r——温度指数（无量纲）；

E_r——反应活化能(J / kmol)；

R——气体常数（J / kmol · ssK）。

对于 FLUENT 问题，数据库可以确定提供 $\nu'_{i,r},\nu''_{i,r},\eta'_{j,r},\eta''_{j,r},\beta_r,A_r,E_r$ 并选择提供 $r_{j,r}$。

如果反应是可逆的，逆向反应常数 $k_{b,r}$ 可以根据以下关系从正向反应常数计算：

$$k_{b,r}=\frac{k_{f,r}}{K_r} \tag{13-6}$$

式中，K_r 为平衡常数，从下式计算：

$$K_r=\exp\left(\frac{\Delta S_r^0}{R}-\frac{\Delta H_r^0}{RT}\right)\left(\frac{P_{atm}}{RT}\right)^{\sum_{r=1}^{N_R}(\upsilon''_{j,r}-\upsilon'_{j,r})} \tag{13-7}$$

式中，p_{atm} 表示大气压力（101325Pa）。指数函数中的项表示 Gibbs 自由能的变化，其各部分按下式计算：

$$\frac{\Delta S_r^0}{R}=\sum_{i=1}^{N}(\upsilon''_{i,r}-\upsilon'_{i,r})\frac{S_i^0}{R} \tag{13-8}$$

$$\frac{\Delta H_r^0}{RT}=\sum_{i=1}^{N}(\upsilon''_{i,r}-\upsilon'_{i,r})\frac{h_i^0}{RT} \tag{13-9}$$

式中，S_i^0 和 h_i^0 是标准状态的熵和标准状态的焓（生成热）。这些值在 FLUENT 中作为混合物材料的属性指定。

2．涡耗散模型

燃料迅速燃烧，反应速率由混合湍流控制。在非预混火焰中，湍流缓慢地通过对流/混合燃料和氧化剂进入反应区，在反应区它们快速地燃烧。在预混火焰中，湍流对流/混合冷的反应物和热的生成物进入反应区，在反应区迅速地发生反应。在这样的情况下，燃烧受到混合限制，过程变得复杂，其中可以忽略掉未知化学反应的动力学速率。

FLUENT 提供的湍流-化学反应相互作用的模型，基于 Magnussen 和 Hjertager 工作，称为涡耗散模型。

反应 r 中物质 i 的产生速率 $R_{i,r}$ 由下面两个表达式中较小的一个给出：

$$R_{i,r} = \upsilon'_{i,r} M_{w,i} A\rho \frac{\in}{k} \min_R \left(\frac{Y_R}{\upsilon'_{R,r} M_{w,R}} \right) \tag{13-10}$$

$$R_{i,r} = \upsilon'_{i,r} M_{w,i} AB\rho \frac{\in}{k} \frac{\Sigma_P Y_P}{\Sigma_j^N \upsilon''_{j,r} M_{w,j}} \tag{13-11}$$

在方程（13-10）和（13-11）中，化学反应速率由大涡混合时间尺度 k/ε 控制，如同 Splading 的涡破碎模型一样。只要湍流出现（$k/\varepsilon>0$），燃烧即可进行，不需要点火源来启动燃烧，这通常对于非预混火焰是可接受的；但在预混火焰中，反应物一进入计算区域（火焰稳定器上游）就开始燃烧。实际上，Arrhenius 反应速率作为一种动力学开关，可以阻止反应在火焰稳定器之前发生。一旦火焰被点燃，涡耗散速率通常会小于 Arrhenius 反应速率，并且反应是混合限制的。

尽管 FLUENT 允许采用涡耗散模型和有限速率/涡耗散模型的多步反应机理（反应数>2），但可能会产生不正确的结果。原因是多步反应机理基于 Arrhenius 速率，每个反应都不一样。在涡耗散模型中，每个反应都有同样的湍流速率，因而模型只能用于单步（反应物-产物）或是双步（反应物-中间产物，中间产物-产物）整体反应。模型不能预测化学动力学控制的物质，如活性物质。为合并湍流流动中的多步化学动力学机理，可以使用 EDC 模型。

3．LES 的涡耗散模型

当使用 LES 湍流模型时，湍流混合速率（方程 11-10 和 11-11 中的 k/ε）被亚网格尺度混合速率替代。计算公式为：

$$|\overline{S}| \equiv \sqrt{2\overline{S}_{ij}\overline{S}_{ij}} \tag{13-12}$$

4．涡-耗散-概念（EDC）模型

涡-耗散-概念（EDC）模型是涡耗散模型的扩展，以在湍流流动中包括详细的化学反应机理。它假定反应发生在小的湍流结构中，称为良好尺度。良好尺度的容积比率按下式模拟：

$$\xi^* = C_\zeta \left(\frac{ve}{k^2}\right)^{3/4} \tag{13-13}$$

式中：

*表示良好尺度数量；

C_ξ——容积比率常数=2.1377；

ν——运动黏度。

假设物质在理想化的结构中，经过一个时间尺度

$$\tau^* = C_\tau \left(\frac{\nu}{\epsilon}\right)^{1/2} \tag{13-14}$$

后开始反应。

式中，C_τ 为时间尺度常数，等于 0.4082。

在 FLUENT 中，良好尺度中的燃烧视为发生在定压反应器中，初始条件取为单元中当前的物质和温度。经过一个 τ^* 时间的反应后物质状态记为 Y_i^*

物质 i 的守恒方程中的源项计算公式为：

$$R_i = \frac{\rho(\xi^*)^2}{\tau^*[1-(\xi^*)^3]}(Y_i^* - Y_i) \tag{13-15}$$

EDC 模型能在湍流反应流动中合并详细的化学反应机理。但是，典型的机理具有不同的刚性，它们的数值积分计算开销很大。因而，只有在快速化学反应假定无效的情况下才能使用这一模型，如在快速熄灭火焰中缓慢的 CO 烧尽、在选择性非催化还原中的 NO 转化。

推荐使用双精度求解器，以避免刚性机理中固有的大指数前因子和活化能产生的舍入误差。

（1）壁面表面反应和化学蒸汽沉积

对于气相反应，反应速率是在容积反应的基础上定义的，化学物质的形成和消耗成为物质守恒方程中的一个源项。沉积的速率由化学反应动力和流体到表面的扩散速率控制。壁面表面反应因此在丰富相中创建了化学物质的源（和容器），并决定了表面物质的沉积速率。

FLUENT 把沉积在表面的化学物质与气体中的相同化学物质分开处理。类似地，涉及沉积的表面反应定义为单独的表面反应，因而其处理也与涉及相同化学物质的丰富相反应不同。表面反应采用的连续方法在高 Knudsen 数（非常低压力下的流动）下不适用。

（2）颗粒表面反应

颗粒反应速率 R 可以表示为：

$$R = D_0(C_g - C_s) = R_c(C_s)^N \tag{13-16}$$

式中：

D_0-bulk——扩散系数；

C_g——大量物质中的平均反应气体物质浓度（kg/m^3）；

C_s——颗粒表面的平均反应气体物质浓度（kg/m^3）；

R_c——化学反应速率系数；

N-显式反应级数（无维）。

在方程（13-16）中，颗粒表面处的浓度 C_s 是未知的，因此需要消掉，表达式改写为如下形式：

$$R = R_c\left[C_g - \frac{R}{D_0}\right]^N \tag{13-17}$$

这一方程需要通过一个迭代过程求解，除去 $N=1$ 或 $N=0$ 的特例。当 $N=1$ 时，方程（13-17）可以写为：

$$R = \frac{C_g R_c D_0}{D_0 + R_c} \tag{13-18}$$

在 $N=0$ 情况下，如果在颗粒表面具有有限的反应物浓度，固体损耗速度等于化学反应的速度。如果在表面没有反应物，固体损耗速度根据扩散控制速率突然变化。在这种情况下，出于稳定性的原因，FLUENT 会采用化学反应速率。

13.1.2 有限速率化学反应的设置

1．选定物质输送和反应，并选择混合物材料

执行菜单栏中的 Define→Models→Species 命令，弹出 Species Model 面板，如图 13-1 所示。

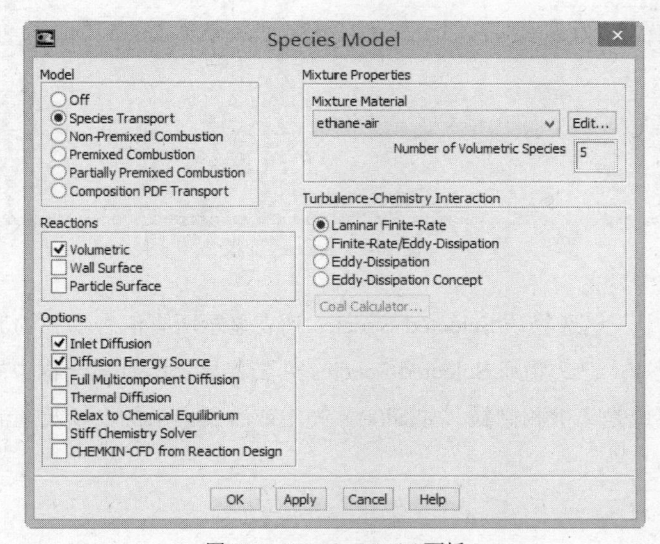

图 13-1 Species Model 面板

（1）在 Model 下，选择 Species Transport。

（2）在 Reactions 下，选择 Volumetric

（3）在 Mixture Properties 下的 Mixture Material 下拉列表中选择问题中希望使用的混合物材料。下拉列表包括所有在当前数据库中定义的混合物。为检查一种混合物材料的属性，可选择它，并单击 Edit 按钮。如果希望使用的混合物不在列表中，选择混合物模板（Mixture-Template）材料。

（4）在 Turbulence-Chemistry Interaction 下选择湍流-化学反应相互作用模型，可以使用以下 4 种模型。

- 层流有限速率：只计算 Arrhenius 速率，并忽略湍流-化学反应相互作用。
- 涡耗散模型（针对湍流流动）：只计算混合速率。
- 有限速率/涡耗散模型（针对湍流流动）：计算 Arrhenius 速率和混合速率，并使用其中较小的一个。
- EDC 模型（湍流流动）：使用详细的化学反应机理模拟湍流-化学反应相互作用。

2．定义混合物的属性

执行菜单栏中的 Define→Materials 命令，在 Materials 面板中，选择 Material Type 为混合物。单击 Mixture Species 右边的 Edit 按钮，打开 Species 面板，如图 13-2 所示。

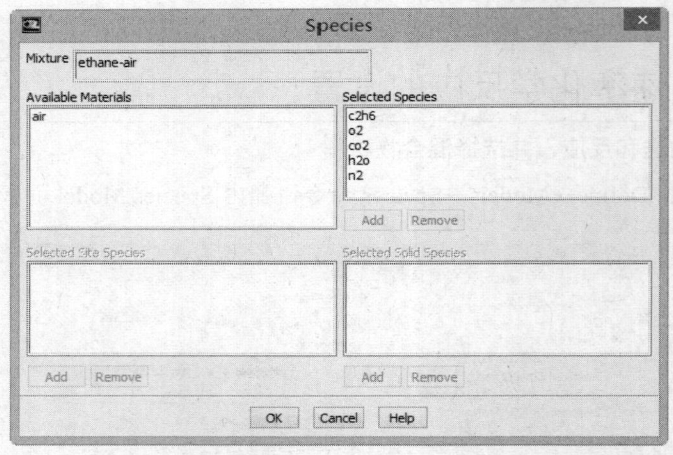

图 13-2　Species 面板

在 Species 面板中，已选物质 Selected Species 列表显示所有混合物中的流体相物质。如果模拟壁面或微粒表面反应，已选物质 Selected Species 列表将显示所有混合物中的表面物质。表面物质是那些从壁面边界或是离散相微粒（如 Si(s)）产生或散发出来的，以及在流体相物质中不存在的物质。

3．定义反应

如果 FLUENT 模型中涉及化学反应，可以接着定义参与的已定义物质的反应。在 Materials

面板的 Reactions 下拉列表中显示适当的反应机理，依赖于在 Species Model 面板中选择的湍流-化学反应相互作用模型。如果使用层流有限速率或 EDC 模型，反应机理将是有限速率的，如果使用涡耗散模型，反应机理将是涡耗散的；如果使用有限速率/涡耗散模型，反应机理将是有限速率/涡耗散的。

为定义反应，单击 Reactions 右侧的 Edit 按钮，将打开 Reactions 面板，如图 13-3 所示。

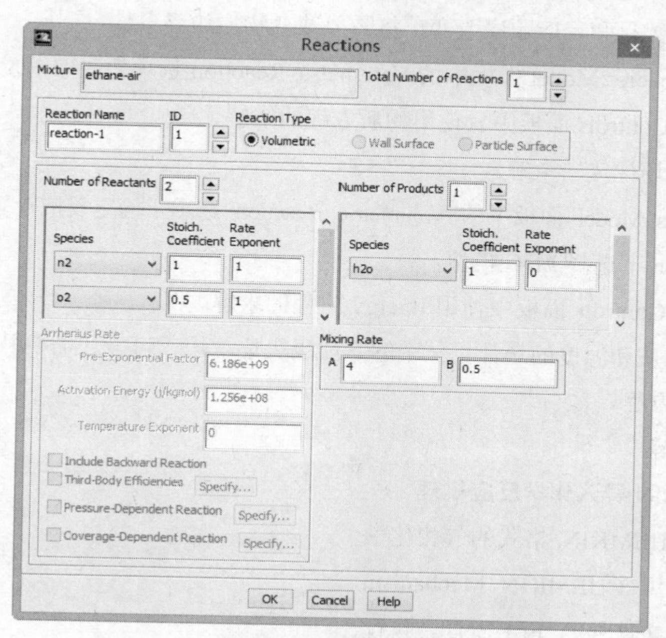

图 13-3　Reactions 面板

定义反应的步骤如下：

（1）在 Total Number of Reactions 区域中设定反应数目（容积反应、壁面反应和微粒表面反应），可以使用箭头改变数值或键入值并按回车键。

（2）如果是流体相反应，保持默认选项 Volumetric 作为反应类型。如果是壁面反应或颗粒表面反应，选择 Wall Surface 或 Particle Surface 作为反应类型。

（3）通过增加 Number of Reactants 和 Number of Products 的值指定反应中涉及的反应物和生成物的数量。在 Species 下拉列表中选择每一种反应物或生成物，然后在 Stoich. Coefficient 和 Rate Exponent 区域中设定它的化学计量系数和速率指数。

4．定义化学物质的其他源项

（1）刚性层流化学反应系统的求解

当使用层流有限速率模型模拟层流反应系统时，可能需要在反应机理是刚性的时候使用耦合求解器。另外，可以通过使用 stiff-chemistry 文本命令为耦合求解器提供进一步的求解稳定性。

注意:非耦合求解器没有 stiff-chemistry 选项；stiff-chemistry 选项只能用于耦合求解器（隐式的或显式的）。

（2）EDC 模型求解

1）用涡耗散模型和简单的单步或两步放热机理计算一个初始解。

2）用适当的物质使用 EDC 化学反应机理。

3）如果物质的数目和反应顺序改变，将需要改变物质边界条件。

4）通过关闭 Species Model 面板中的 Volumetric Reaction 选项暂时取消反应计算。

5）在 Solution Controls 面板中只使用物质方程的求解。

6）对物质混合场计算一个解。

7）打开 Species Model 面板中的 Volumetric Reaction 选项，选定反应计算，并在 Turbulence -Chemistry Interaction 下选择 EDC 模型。

8）在 Solution Controls 面板中使用 Energy 方程的求解。

9）对复合了物质和温度的场计算一个解。如果火焰吹熄，可能还需要补缀一个高温区域。

10）打开所有方程。

11）计算最终解。

5. 从 CHEMKIN 导入化学反应机理

如果有一个 CHEMKIN 格式的气相化学反应机理，可以使用 CHEMKIN Mechanism Import 面板将机理文件导入 FLUENT。执行 File→Imput→CHEMKEN Mechanism 命令，打开 CHEMKIN Mechanism Import 面板，如图 13-4 所示。在 CHEMKIN Mechanism Flie 下输入 CHEMKIN 文件的路径（如路径 /file.che），并指定 Thermodynamic Data base File(THERMO.DB)的位置。

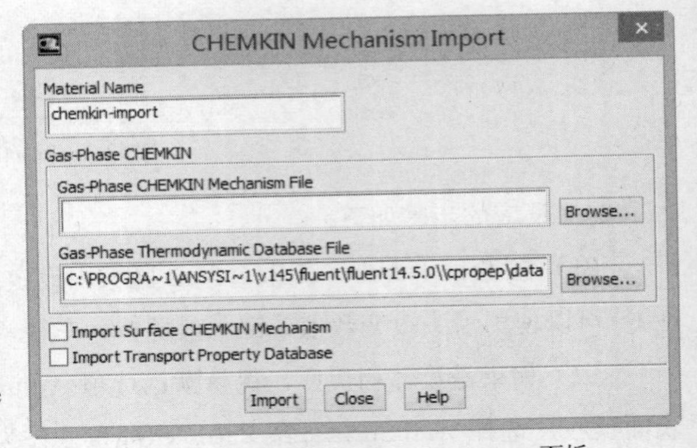

图 13-4　CHEMKIN Mechanism Import 面板

13.1.3　PDF 输运模型

PDF 输运模型用有限速率化学反应模型计算湍流火焰。PDF 输运模型用概率密度函数法模拟湍流流动，可以模拟火焰的点火过程和火焰的消失过程，但是 PDF 输运模型消耗的系统资源很大，因此计算中不应该使用太多的网格点，最好将计算限于二维情况。PDF 输运模型计算仅能用分离算法进行，并且不能用于模拟变化的热传导过程。

PDF 输运模型的设置和计算过程如下：

（1）在 CHEMKIN Mechanism（CHEMKIN 反应机制）面板中，读入 CHEMKIN 文件中的气相反应模型。CHEMKIN Mechanism（CHEMKIN 反应机制）面板的启动方法为：File→Import→CHEMKIN Mechanism

（2）启用湍流模型。在 Viscous Model（黏性模型）面板中，选择计算中使用的湍流模型。Viscous Model（黏性模型）面板的启动方法为：Define→Models→Viscous

（3）启用 PDF 输运模型并设置相关参数。首先启动 Species Model（组元模型）面板：Define→Models→Species

然后选择 Composition PDF Transport（组合物 PDF 输运）模型。选中后，Species Model（组元模型）面板会扩展显示与 PDF 模型相关的输入选项。在 Species Model（组元模型）上的 Reactions（反应）选项组中，选择 Volumetric（体积），单击 Integration Parameters（积分参数）打开 Integration Parameter（积分参数）面板。在这个面板上设置 ODE 积分容限和 ISAT 积分参数。默认设置的积分参数可以满足大部分计算的要求，因此如果对积分过程没有特殊的要求，可以保持默认值不变。最后在 Species Model（组元模型）面板上，选择粒子混合模型，即选择 Modified Curl（改进的卷曲）模型，或 IEM（Interaction by Exchange with the Mean，与平均流进行交换的相互干扰）模型。

（4）在 Materials（材料）面板中检查材料性质，并在 Reactions（反应）面板中检查反应参数。

（5）设置操作条件（Operating Conditions）和边界条件（Boundary Conditions）。

（6）检查求解器设置。在 Solution Controls（求解过程控制）面板中的 PDF Transport Parameters（PDF 输运参数）下面，设置 Particles Per Cell（每个网格中的粒子数量）和 Local Time Stepping（当地时间步长）参数。

（7）初始化流场，在需要的时候可以用补丁（Patch）的方式在流场中定义一个高温区用于点火。

（8）设置求解过程监视器，然后开始迭代求解。在低速流中，燃烧通过密度与流场流动耦合起来。蒙特卡罗（Monte Carlo）PDF 输运算法给予密度场随机扰动，并进而形成对整个流场的扰动。在定常流计算中，随机扰动对稳定性的破坏作用可以通过预迭代过程的平均作用予以减弱。在计算中，流场经常在温度场和组元浓度场收敛之前就已经收敛。为了解决这个问题，可以适当调整流场收敛判据，同时在 Flux Reports（通量报告）面板中确认 Total Heat Transfer Rate（总的热交换速率）已经达到平衡。同时建议在出口边界上监视温度场和组元浓度场的变化，保证温度和组元浓度在出口边界上也已经达到稳定状态。

默认设置中，FLUENT 每进行一次有限体积迭代就会进行一次 PDF 计算。在实际计算过程中，有限体积迭代和 PDF 计算的步数都可以进行调整。增加 Iterations in Time Average（时间平均计算的迭代步数），流场的扰动会被光滑掉。默认设置的 50 步迭代可以适用于多数算例。如果需要逐步减少残差，可以将 Time Average Increment（时间平均增量）设为 0~1 的一个数（推荐设置为 0.2），后续计算将根据这项设置增加时间平均计算的迭代步数。

（9）对计算结果进行后处理。在计算结束后，除了能对静温、组元质量浓度等变量进行文字和图像的后处理外，还可以跟踪 PDF 计算过程中的粒子，即在 Particle Tracks（粒子跟踪）面板中，选择 Track PDF Transport Particles（跟踪 PDF 输运粒子），然后单击 Display（显示）按钮，就可以观察 PDF 输运粒子的运动轨迹。

13.2 乙烷燃烧模拟实例

图 13-5 所示为燃烧器的几何尺寸图，上面有一个乙烷的入口，乙烷的入口流速为 50m/s，左侧为空气的入口，空气的流速为 1m/s，下面为出口，高速的乙烷和低速的空气混合后在燃烧器中燃烧。

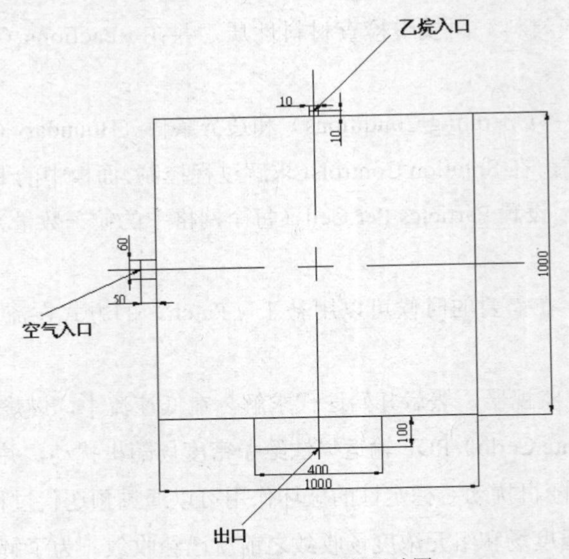

图 13-5　燃烧器的几何尺寸图

在本节中，主要使用 finite-rate 化学模型分析乙烷和空气的燃烧系统，反应的化学方程式为：

$$CH_4+2O_2 \longrightarrow CO_2+2H_2O$$

本节将通过一个较为简单的二维算例——二维燃烧器的数值模拟，来讲解如何使用 GAMBIT 与 FLUENT 解决一些较为简单的二维燃烧问题。本例涉及的内容有以下 3 个方面。

- 利用 GAMBIT 创建型面。
- 利用 GAMBIT 划分面网格。
- 利用 FLUENT 进行二维燃烧的模拟与后处理。

13.2.1 利用 GAMBIT 创建模型

1．启动 GAMBIT

双击 GAMBIT 图标，启动 GAMBIT 软件，弹出 Gambit Startup 对话框。在 Working Directory 下拉列表框中选择工作文件夹，在 Session Id 文本框中输入 ranshao。单击 Run 按钮，进入 GAMBIT 系统操作界面。单击菜单栏中的 Solver→FLUENT5/6 命令，选择求解器类型。

2．创建燃烧器的几何模型

（1）创建边界线的节点。单击 Geometry 工具条中的按钮，弹出如图 13-6 所示的 Vertex 对话框。在 Global 坐标系的文本框中按模型尺寸输入各点坐标，创建平面所有控制点，如图 13-7 所示。

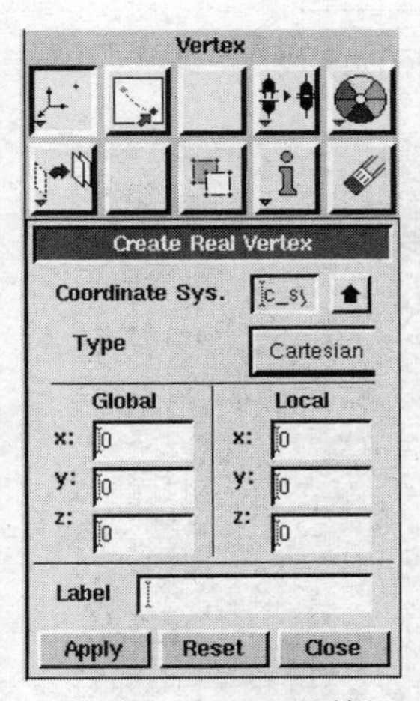

图 13-6 Vertex 对话框

图 13-7 创建平面所有控制点

（2）创建边界线。单击 Geometry 工具条中的按钮，弹出如图 13-8 所示的 Create Straight Edge 对话框，利用它可以创建线。单击对话框中的 Vertices 文本框，使文本框呈现黄色后，选择创建线需要的点，依次创建各条边界线，如图 13-9 所示。

（3）创建面。单击 Geometry 工具条中的按钮，弹出如图 13-10 所示的 Create Face from Wireframe 对话框，利用它可以创建面。单击对话框中的 Edges 文本框，使文本框呈现黄色后，选择创建面需要的几何单元。本例中要通过刚创建的直线创建 4 个平面，创建 4 个平面后，单击 Global Control

控制区的按钮，得到如图 13-11 所示的二维平面示意图，用鼠标右键单击按钮，在下拉菜单中单击按钮，取消阴影。

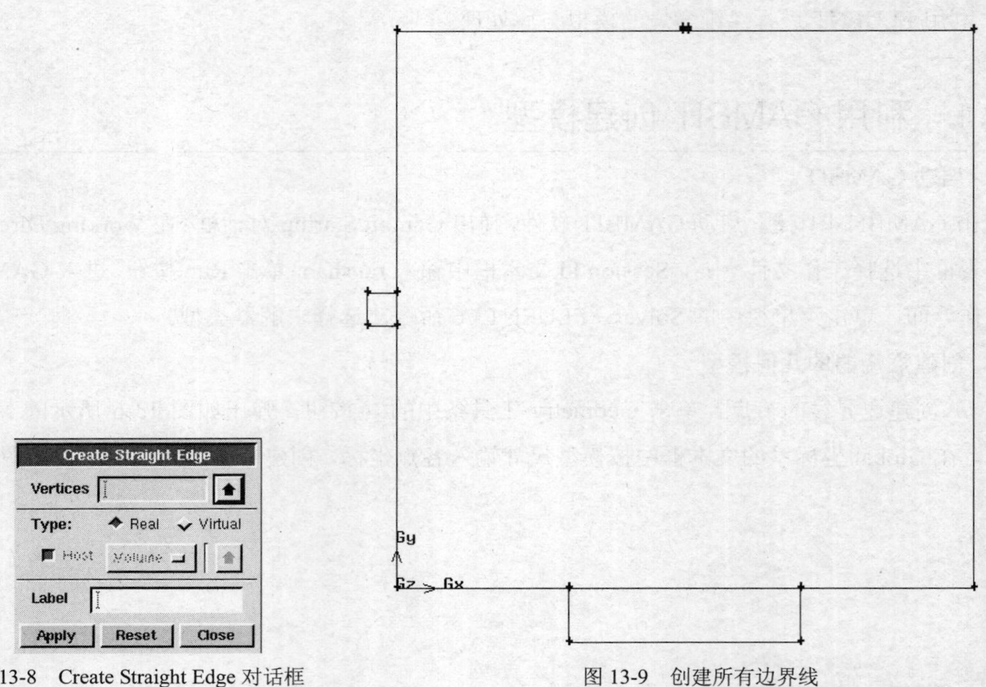

图 13-8　Create Straight Edge 对话框

图 13-9　创建所有边界线

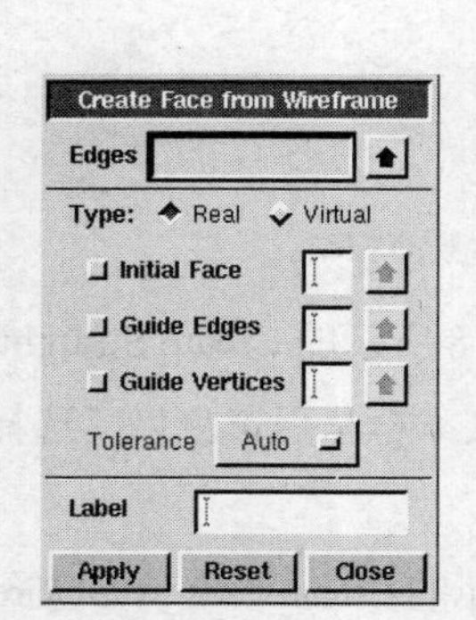

图 13-10　Create Face from Wireframe 对话框

图 13-11　二维平面示意图

13.2.2 网格的处理

1. 网格的划分

先单击 Mesh 工具条中的□按钮，再单击 Face 工具条中的按钮，弹出如图 13-12 所示的对话框。单击 Faces 文本框，使文本框呈现黄色后，选择要 Mesh 的几何单元，然后分别对 4 个面划分网格，不同的是，划分乙烷入口面时在 Spacing 文本框中输入 0.5，划分空气入口面时在 Spacing 文本框中输入 1，划分出口面时在 Spacing 文本框中输入 2，划分燃烧器面时在 Spacing 文本框中输入 3，其他选项保持系统默认设置，分别单击 Apply 按钮，面网格划分完毕，得到如图 13-13 所示的面网格划分结果。

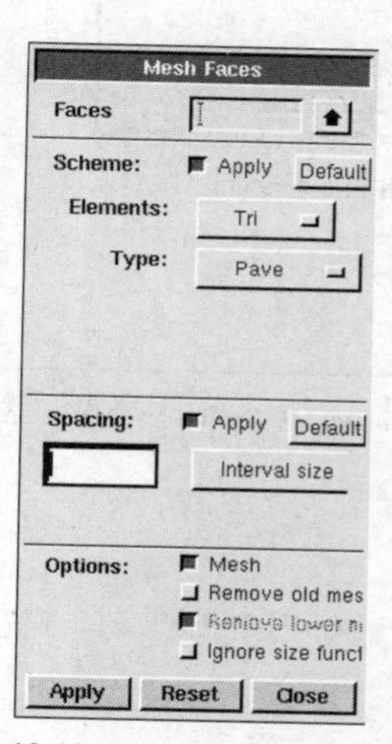

图 13-12 Mesh Faces 对话框

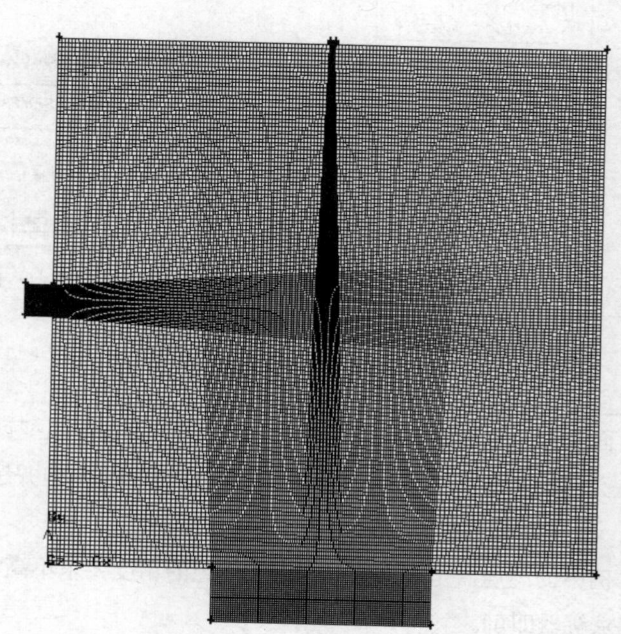

图 13-13 面网格划分结果

2. 设定边界条件

先单击 Operation 工具条中的□按钮，再单击 Zones 工具条中的按钮，弹出如图 13-14 所示的 Specify Boundary Types 对话框。在 Name 文本框中输入 fuinlet，其对应的 Type 选项为 VELOCITY_INLET，然后单击 Edges 文本框，使文本框呈现黄色后，选择要设定的边，然后选择乙烷的入口边作为速度入口，单击 Apply 按钮，速度入口设定完毕，设定空气的入口边也为速度入口，出口为压力出口，其他边类型默认为 WALL。

3. 网格的输出

执行菜单栏中的 File→Export→Mesh 命令，弹出如图 13-15 所示的 Export Mesh File 对话框。选中 Export 2-D（X-Y）Mesh 选项，然后单击 Accept 按钮，等待网格输出完毕后，执行菜单栏中的 File→Save 命令，关闭 GAMBIT。

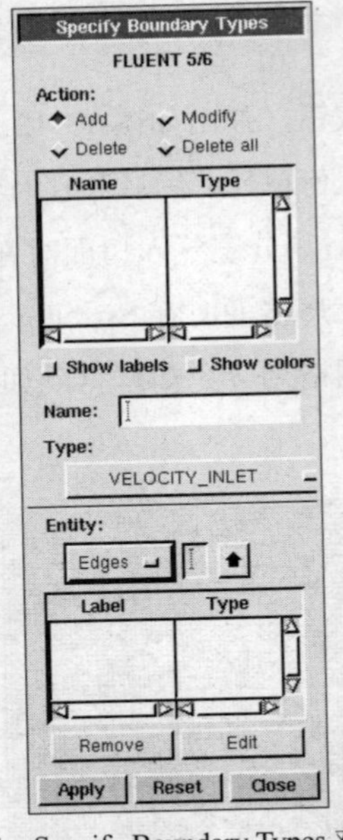

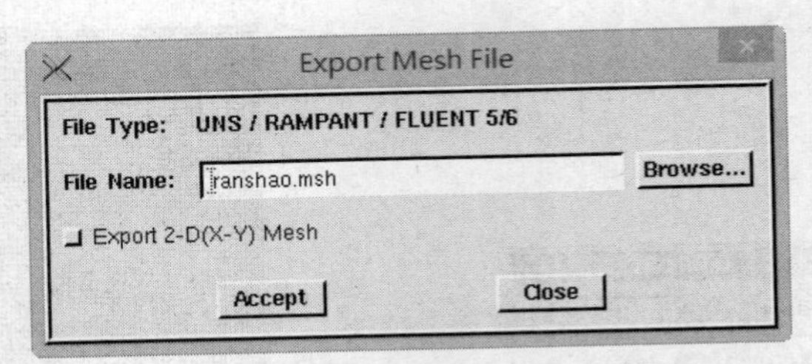

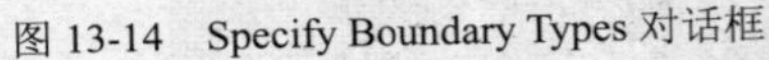
图 13-14　Specify Boundary Types 对话框

图 13-15　Export Mesh File 对话框

13.2.3　利用 FLUENT 求解器求解

上面是利用 GAMBIT 软件对计算区域进行几何模型创建，并制定边界条件类型，然后输出.msh 文件的操作，下面将.msh 文件导入到 FLUENT 中并进行求解。

1．FLUENT 求解器的选择

本例中的燃烧器是一个二维问题，问题的精度要求不高，所以在启动 FLUENT 时，选择二维单精度求解器即可。

2．读入网格文件

执行菜单栏中的 File→Read→Case 命令，弹出文件导入对话框，找到 ranshao.msh 文件，单击 OK 按钮，Mesh 文件就被导入到 FLUENT 求解器中。

3．检查网格文件

读入网格文件后，一定要对网格进行检查。执行菜单栏中的 Mesh→Check 命令，FLUENT 求解器检查网格的部分信息：Domain Extents: x.coordinate: min (m) = -5.000000e+001, max (m) = 1.000000e+003　y.coordinate: min (m) = -1.000000e+002, max (m) = 1.005000e+003　Volume statistics: minimum volume (m3): 2.500000e-001 maximum volume (m3): 2.497876e+001 total volume (m3): 1.043050e+006。

从这里可以看出网格文件几何区域的大小。注意这里的最小体积（minimum volume）必须大于零，否则不能进行后续的计算，若是出现最小体积小于零的情况，就要重新划分网格，此时可以适当减小实体网格划分中的 Spacing 值，必须注意这个数字对应的项目为 Interval size。

4．设置计算区域尺寸

执行菜单栏中的 Mesh→Scale 命令，弹出如图 13-16 所示的 Scale Mesh 对话框，对几何区域尺寸进行设置，从检查网格文件步骤可以看出，GAMBIT 导出的几何区域默认的尺寸单位都是 m，对于本例，在 Mesh Was Created In 下拉列表框中选择 mm 选项，然后单击 Scale 按钮，即可满足实际几何尺寸，最后单击 Close 按钮，关闭对话框。

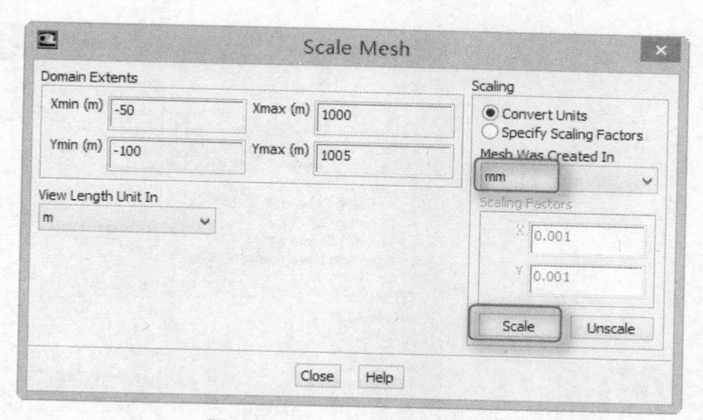

图 13-16　Scale Mesh 对话框

5．显示网格

执行菜单栏中的 Display→Mesh 命令，弹出如图 13-17 所示的 Mesh Display 对话框，当网格满足最小体积的要求以后，可以在 FLUENT 中显示网格。要显示文件的哪一部分可以利用如图 13-17 对话框中的 Surfaces 列表框进行选择，单击 Display 按钮，即可看到如图 13-18 所示的 FLUENT 中的网格。

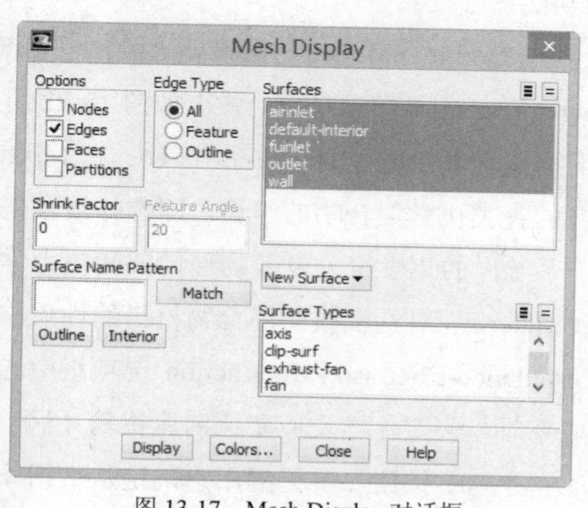

图 13-17　Mesh Display 对话框

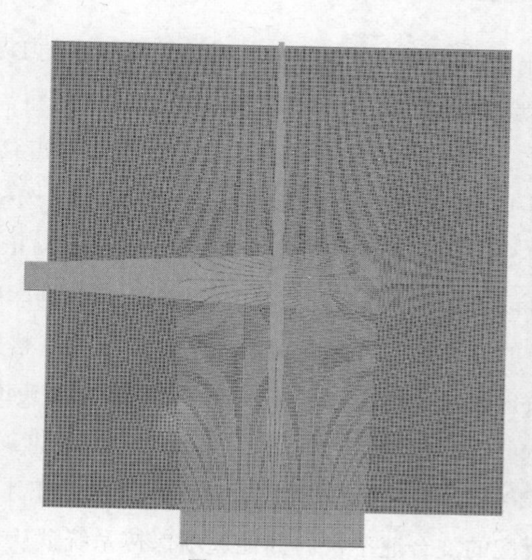

图 13-18　显示网格

6．选择计算模型

（1）定义基本求解器。执行菜单栏中的 Define→General 命令，弹出 General 面板，本例采用系统默认设置即可满足要求。

（2）指定其他计算模型。执行菜单栏中的 Define→Models→Viscous 命令，弹出如图 13-19 所示的 Viscous Model 对话框 1，此燃烧器中的流动形态为湍流，选择 k-epsilon 单选按钮，弹出如图 13-20 所示的 Viscous Model 对话框 2，本例采用系统默认参数设置即可满足要求，单击 OK 按钮。

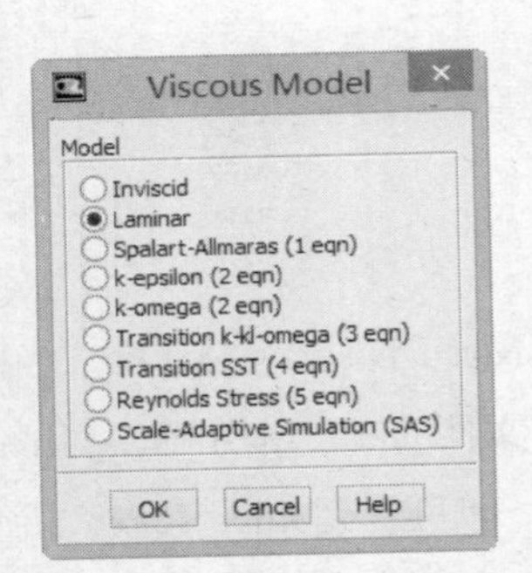

图 13-19 Viscous Model 对话框 1

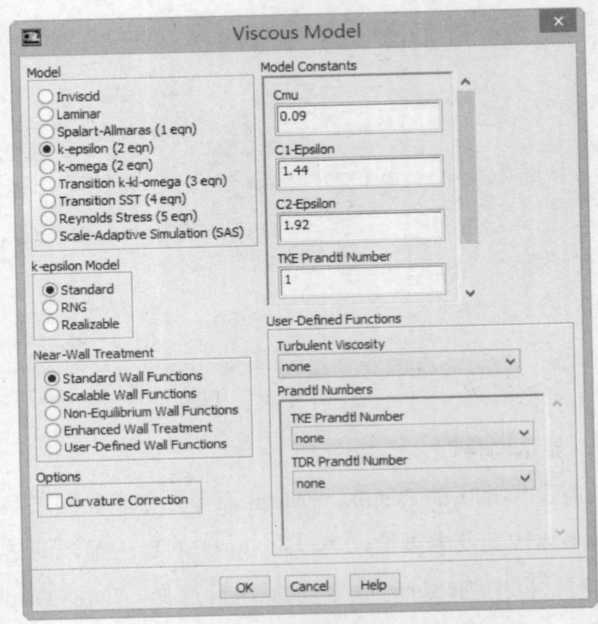

图 13-20 Viscous Model 对话框 2

（3）启动能量方程。单击菜单栏中的 Define→Models→Energy 命令，弹出 Energy 对话框。勾选 Energy Equation 复选框，单击 OK 按钮，即启动能量方程。

（4）启动化学组分传输与反应。单击菜单栏中的 Define→Models→Species 命令，弹出如图 13-21 所示的 Species Model 对话框 1。选择 Species Transport 单选按钮，弹出如图 13-22 所示的 Species Model 对话框 2。在 Mixture Material 下拉列表框中选择 ethane-air 选项；在 Mixture Material 下拉列表框中包含 FLUENT 数据库中存在的各类化学混合物的组合，即选择被预先定义的混合物，可以获得一个化学反应的完整描述。系统内的化学组分及其物理性质和热力学性质也在混合物中定义，还可以通过使用 Create/Edit Materials 对话框改变混合物材料的性质。在 Reactions 选项组中勾选 Volumetric 复选框，在 Turbulence-Chemistry Interaction 选项组中选择 Eddy-Dissipation 单选按钮，涡耗散模型在计算反应率时，假定化学反应要比湍流扰动（涡）对反应的混合速率快。其他选项保持系统默认设置，单击 OK 按钮，将提醒用户确定从数据库中提取属性值，单击 OK 按钮。

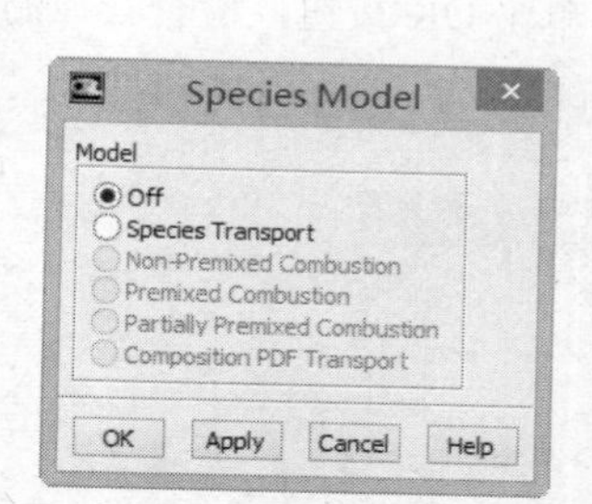

图 13-21 Species Model 对话框 1

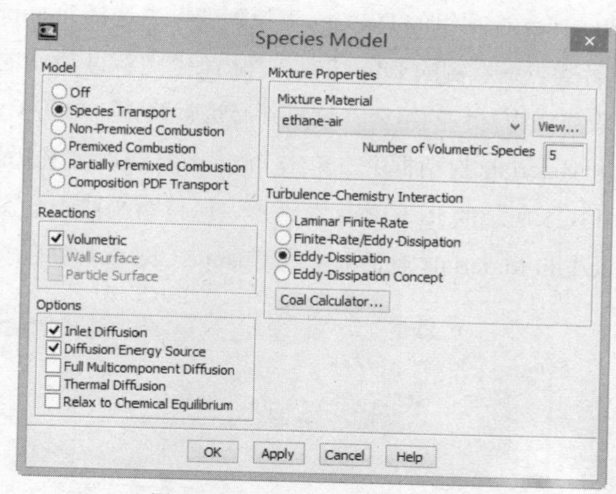

图 13-22 Species Model 对话框 2

7. 设置流体材料

执行菜单栏中的 Define→Materials 命令，弹出 Materials 面板。单击其中的 Create/Edit 按钮，弹出如图 13-23 所示的 Create/Edit Materials 对话框，在对话框的 Material Type 下拉列表框中已经选择了 mixture 选项，Fluent Mixture Materiols 下拉列表框中选择了乙烷和空气。此混合物的物性已经从 FLUENT 数据库中复制出来，也可以对其进行修正。还可以通过启动气体的准则方程，来修正混合物的默认设置值。默认情况下，混合物使用不变的物性，保持现有的常物性假设，只允许混合物的密度随温度和成分而改变。

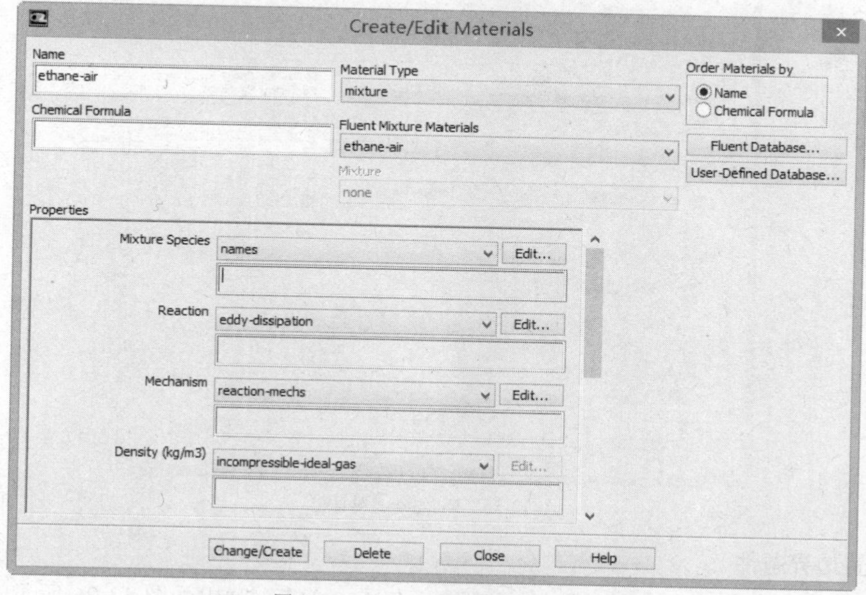

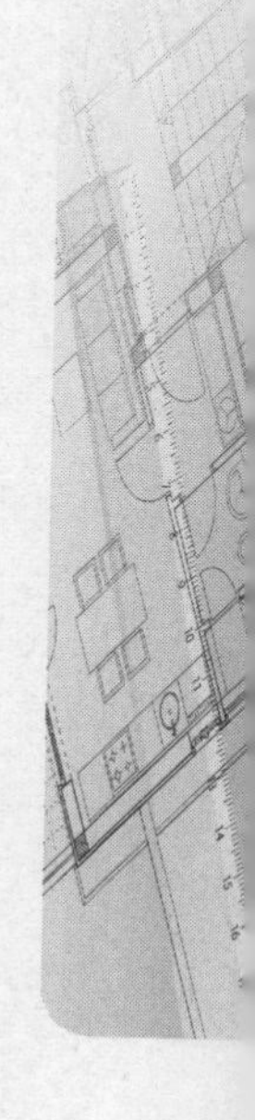

图 13-23 Create/Edit Materials 对话框

在 Properties 选项组的 Density 下拉列表框中选择 incompressible-ideal-gas 选项，单击 Mixture Species 下拉列表框右侧的 Edit 按钮，弹出如图 13-24 所示的 Species 对话框。可以在该对话框中添加和删除混合物材料的组分，这里不必进行修正，单击 Cancel 按钮，关闭 Species 对话框。在 Create/Edit Materials 对话框中，单击 Properties 选项组中 Reaction 下拉列表框右侧的 Edit 按钮，弹出如图 13-25 所示的 Reactions 对话框，保持系统默认设置，单击 OK 按钮，检查其他的物性。单击 Create/Edit Materials 对话框中的 Change/Create 按钮保持材料设置，关闭对话框。

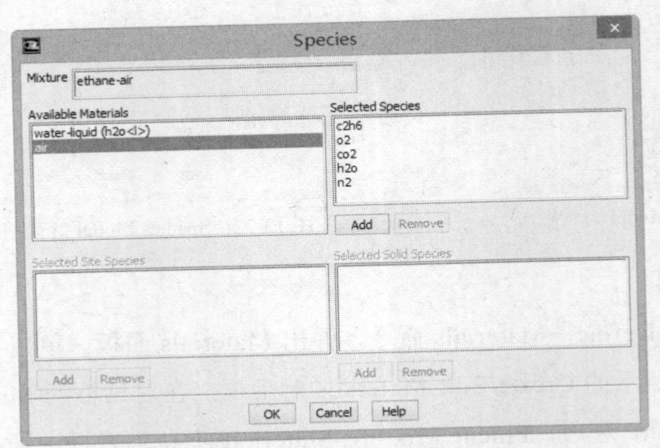

图 13-24　Species 对话框

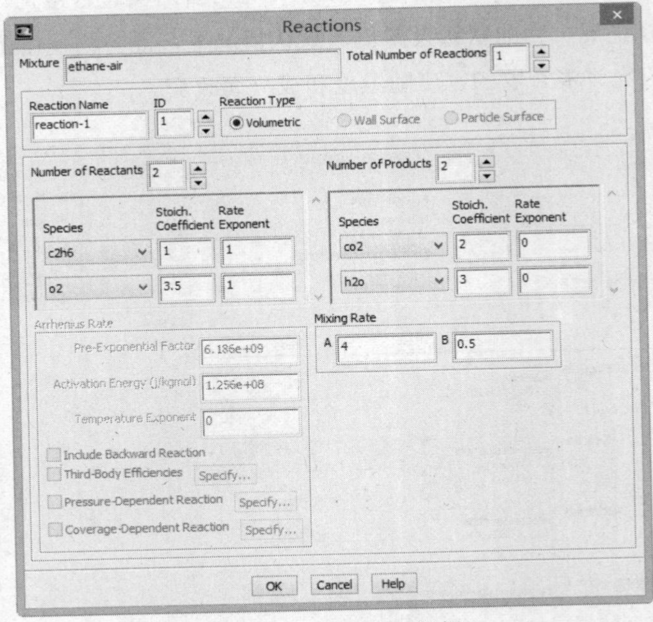

图 13-25　Reactions 对话框

8．设置边界条件

（1）执行菜单栏中的 Define→Boundary Conditions 命令，弹出如图 13-26 所示的 Boundary

Conditions 面板。

（2）设置空气入口边界条件。在 Zone 列表框中选择 airinlet 选项，也就是空气的入口，可以看到对应的 Type 选项为 Velocity-Inlet，单击 Edit 按钮，弹出如图 13-27 所示的 Velocity Inlet 对话框 1。在 Velocity Magnitude 文本框中输入 1，在 Specification Method 下拉列表框中选择 Intensity and Hydraulic Diameter 选项，在 Turbulent Intensity 文本框中输入 5，在 Hydraulic Diameter 文本框中输入 0.06。单击 Species 选项卡，如图 13-28 所示，在 02 文本框中输入 0.22，其他选项保持系统默认设置，单击 OK 按钮，空气入口边界条件设定完毕。

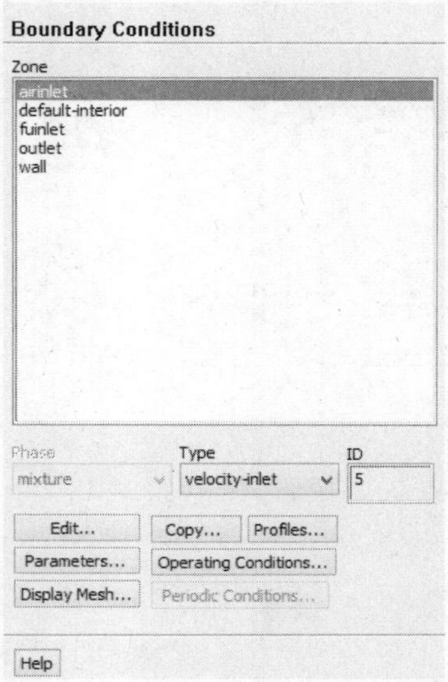

Boundary Conditions
Zone
airinlet
default-interior
fuinlet
outlet
wall
Phase　Type　ID
mixture　velocity-inlet　5
Edit...　Copy...　Profiles...
Parameters...　Operating Conditions...
Display Mesh...　Periodic Conditions...
Help

图 13-26　Boundary Conditions 面板

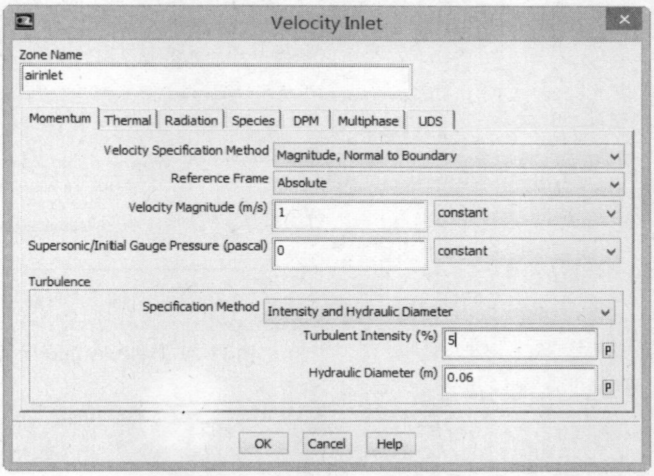

Velocity Inlet
Zone Name
airinlet
Momentum | Thermal | Radiation | Species | DPM | Multiphase | UDS
Velocity Specification Method　Magnitude, Normal to Boundary
Reference Frame　Absolute
Velocity Magnitude (m/s)　1　constant
Supersonic/Initial Gauge Pressure (pascal)　0　constant
Turbulence
Specification Method　Intensity and Hydraulic Diameter
Turbulent Intensity (%)　5　P
Hydraulic Diameter (m)　0.06　P
OK　Cancel　Help

图 13-27　Velocity Inlet 对话框 1

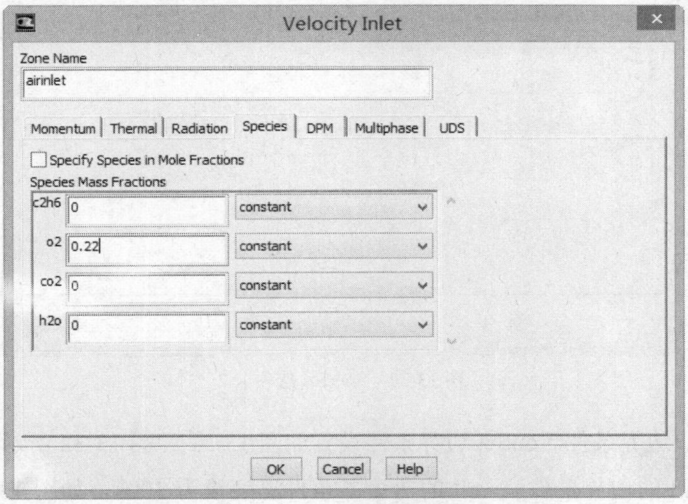

Velocity Inlet
Zone Name
airinlet
Momentum | Thermal | Radiation | Species | DPM | Multiphase | UDS
Specify Species in Mole Fractions
Species Mass Fractions
c2h6　0　constant
o2　0.22　constant
co2　0　constant
h2o　0　constant
OK　Cancel　Help

图 13-28　Species 选项卡 1

（3）设置燃料入口边界条件。在图 13-26 的 Zone 列表框中选择 fuinlet 选项，也就是燃料的入口，可以看到对应的 Type 选项为 Velocity-Inlet，然后单击 Edit 按钮，弹出如图 13-29 所示的 Velocity Inlet 对话框 2。在 Velocity Magnitude 文本框中输入 50，在 Turbulent Intensity 文本框中输入 10，在 Hydraulic Diameter 文本框中输入 0.01，单击 Species 选项卡，如图 13-30 所示。在 c2h6 文本框中输入 1，单击 OK 按钮，燃料入口边界条件设定完毕。

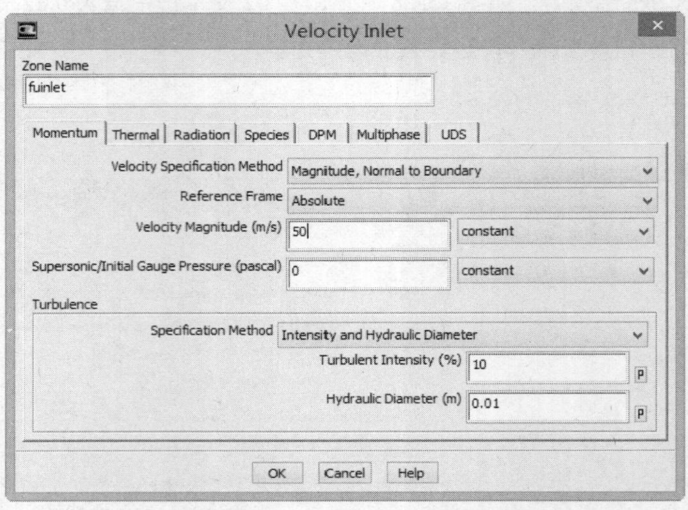

图 13-29　Velocity Inlet 对话框 2

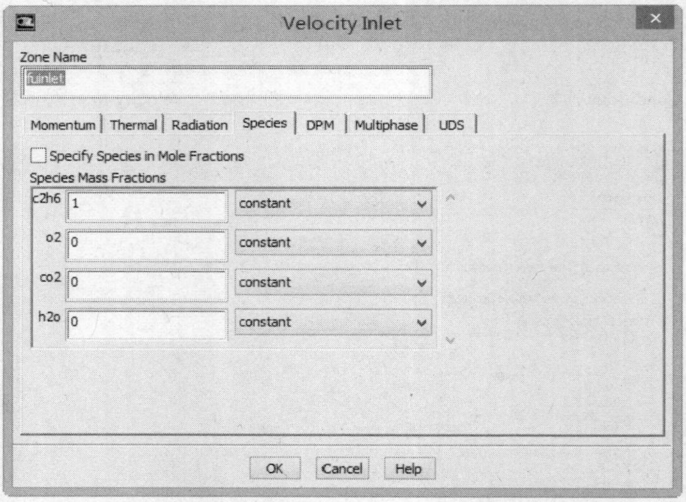

图 13-30　Species 选项卡 2

（4）设置出口边界条件。outlet 边界条件设置如图 13-31 和图 13-32 所示。

（5）设置 wall 的边界条件。wall 的热边界条件温度设为 300k，如图 13-33 所示的 Wall 对话框。

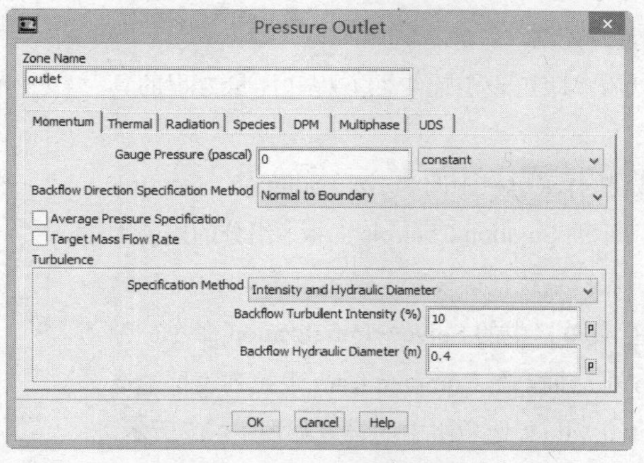

图 13-31　Pressure Outlet 对话框 1

图 13-32　Pressure Outlet 对话框 2

图 13-33　Wall 对话框

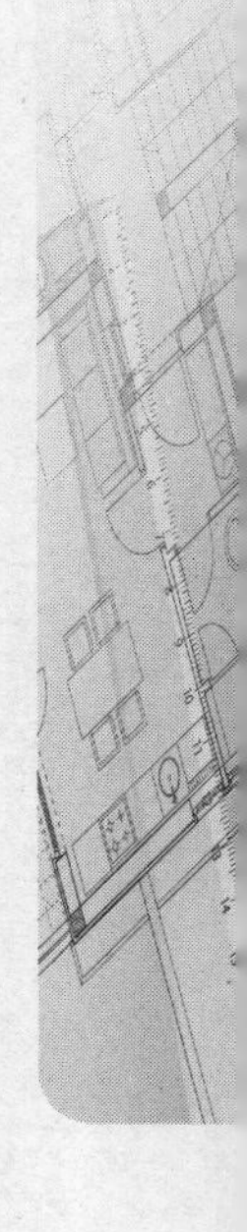

9. 求解方法的设置及控制

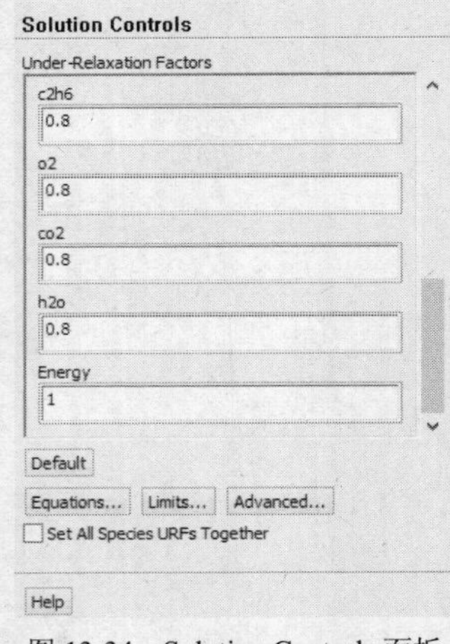

图 13-34 Solution Controls 面板

边界条件设定好以后，即可设定连续性方程和能量方程的具体求解方式。

（1）设置求解参数。执行菜单栏中的 Solve→Solution Controls 命令，弹出如图 13-34 所示的 Solution Controls 面板。组分的松弛因子都改为 0.8，其他选项保持系统默认设置，最后单击 OK 按钮。

（2）初始化。执行菜单栏中的 Solve→Initialization 命令，弹出 Solution Initialization 对话框。在 Compute from 下拉列表框中选择 all-zones 选项，在 Initial Values 选项组中的设置如图 13-35 所示，单击 Initialize 按钮。

（3）打开残差图。执行菜单栏中的 Solve→Monitors→Residual 命令，弹出 Residual Monitors 对话框。勾选 Options 选项组的 Plot 复选框，从而在迭代计算时动态显示计算残差，其他选项设置如图 13-36 所示，最后单击 OK 按钮。

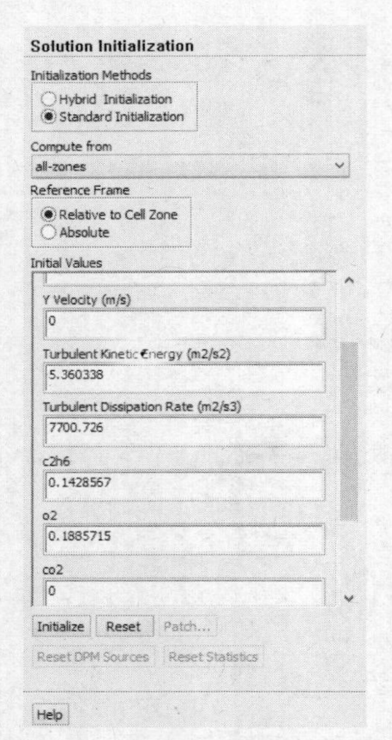

图 13-35 Solution Initialization 面板

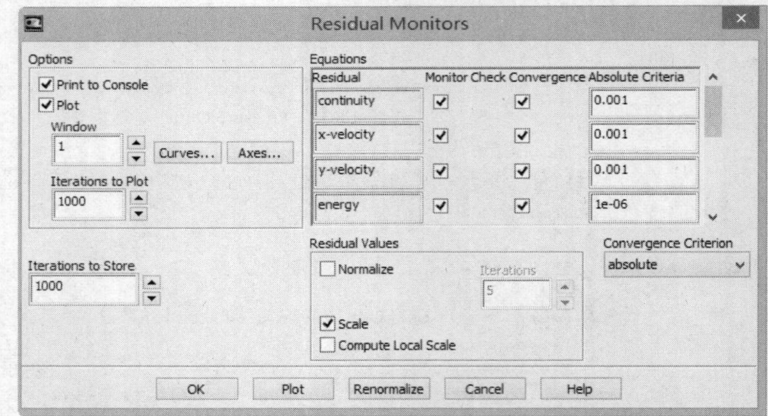

图 13-36 Residual Monitors 对话框

（4）保存 Case 和 Data 文件。执行菜单栏中的 File→Write→Case & Data 命令，保存前面所做的所有设置。

10. 迭代

保存好所做的设置以后，即可进行迭代求解了。执行菜单栏中的 Solve→Run Calculation 命令，弹出 Run Calculation 面板，迭代设置如图 13-37 所示，单击 Calculate 按钮，FLUENT 求解器开始求解，得到的残差图如图 13-38 所示，在迭代到 780 步时计算收敛。

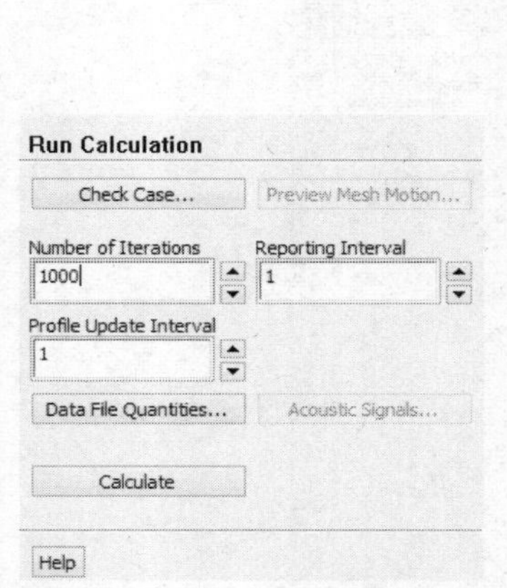

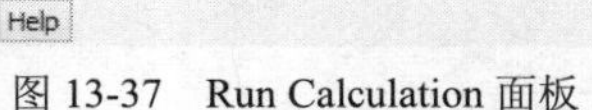

图 13-37 Run Calculation 面板

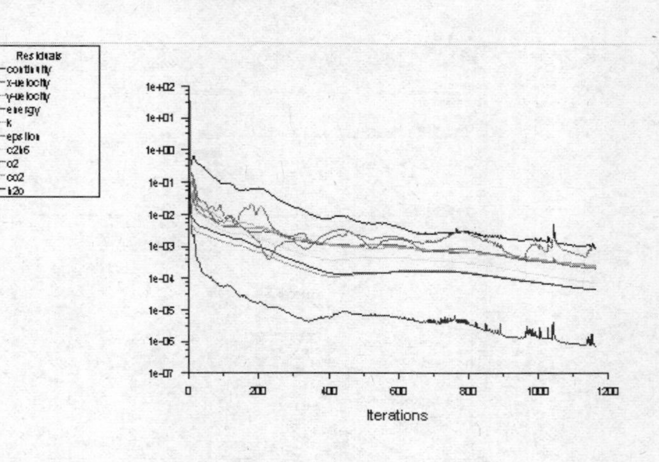

图 13-38 残差图

11. 显示温度等高线

迭代收敛后，执行菜单栏中的 Display→Graphics and Animations→Contours 命令，弹出如图 13-39 所示的 Contours 对话框。单击 Surfaces 列表框上方的按钮，选中所有可以显示的部分，单击 Display 按钮，即可显示如图 13-40 所示的常热容时的温度等值线图。

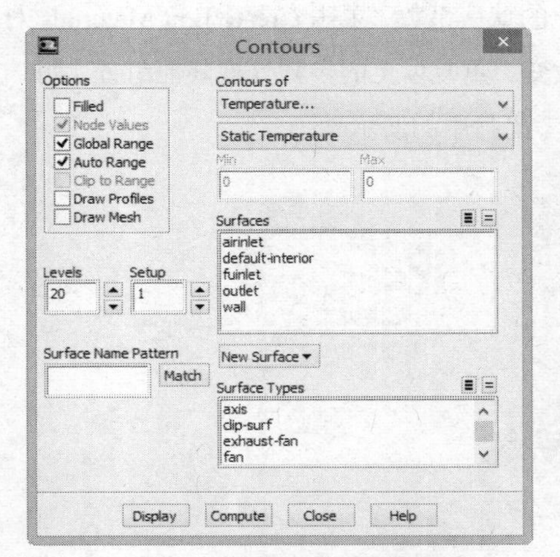

图 13-39 Contours 对话框

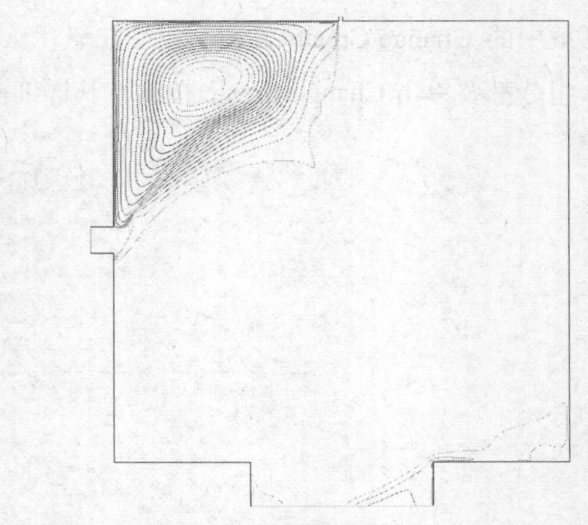

图 13-40 常热容时的温度等值线图

13.2.4 采用变比热容的解法

由于物性对温度有依赖性，本步将使用数据库中随温度变化的物性数据来进行计算。

（1）启动比热对组分变化的特性。执行菜单栏中的 Define→Materials 命令，单击 Materials 面板中的 Create/Edit 按钮，弹出 Create/Edit Materials 对话框 1，如图 13-41 所示，在 Properties 选项组的 Cp 下拉列表框中选择 mixing-law 为比热计算方法，单击 Change/Create 按钮，产生基于全

部组分质量分数加权的混合比热。

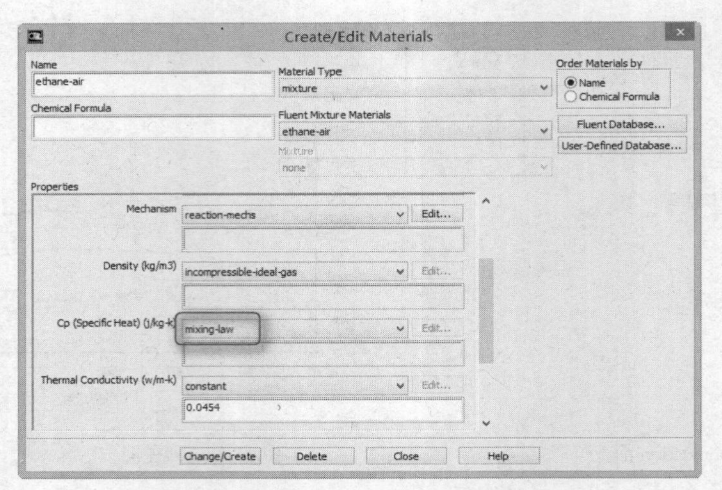

图 13-41　Create/Edit Materials 对话框 1

（2）启动组分比热随温度变化的特性。在图 13-41 所示的 Material Type 下拉列表框中选择 fluid 选项，如图 13-42 所示，在 Fluent Fluid Materials 下拉列表框中选择 carbon-dioxide 选项，在 Properties 选项组的 Cp 下拉列表框中选择 piecewise-polynomial 选项，弹出如图 13-43 所示的 Piecewise-Polynomial Profile 对话框。该对话框描述了二氧化碳的比热随温度变化的默认系数。单击 Create/Edit Materials 对话框中的 Change/Create 按钮，接受二氧化碳物性方面的改变。重复以上的步骤处理其他组分，每一个组分都要单击 Change/Create 按钮。其详细操作方法可参考光盘中的演示动画。

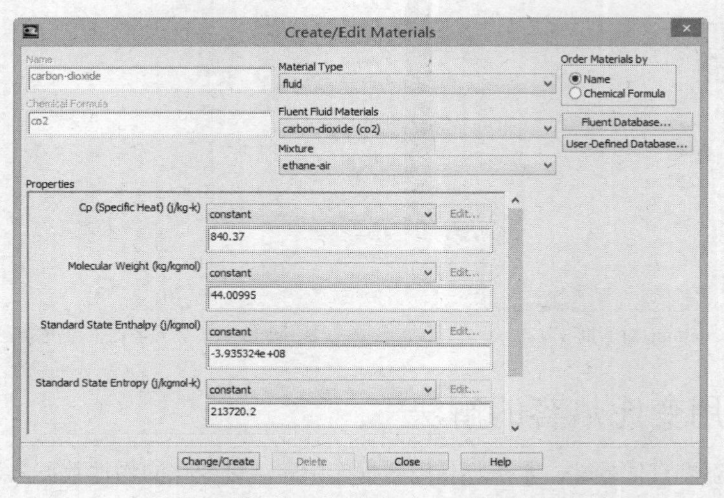

图 13-42　Create/Edit Materials 对话框 2

（3）进行重新计算。执行菜单栏中的 Solve→Run Calculation 命令进行求解，当迭代到 1100 步时，计算收敛。

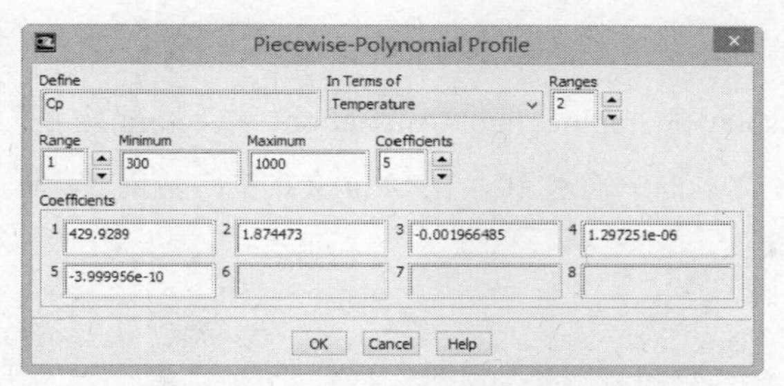

图 13-43　Piecewise-Polynomial Profile 对话框

（4）保存新的 Case 和 Data 文件。执行菜单栏中的 File→Write→Case&Data 命令，保存修改的设置。

13.2.5　后处理

由结果的图形显示和燃烧器出口的面积分数据来检查求解情况。

1．显示温度等高线

执行菜单栏中的 Display→Graphics and Animations→Contours 命令，弹出如图 13-44 所示的 Contours 对话框。单击 Surfaces 列表框上方的≡按钮，选中所有可以显示的部分，单击 Display 按钮，显示的温度等值线图如图 13-45 所示。

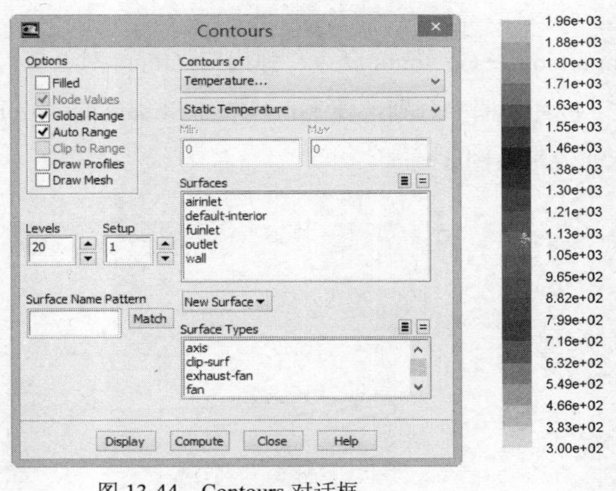

图 13-44　Contours 对话框

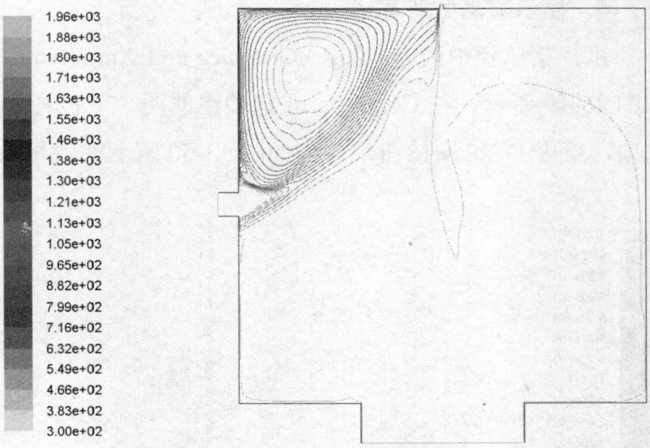

图 13-45　温度等值线图

2．显示混合比热等高线

混合比热的等高线显示计算区域中比热的变化。

执行菜单栏中的 Display→Graphics and Animations→Contours 命令，在弹出对话框 Contours of 选项组的两个下拉列表框中分别选择 Properties 和 Specific Heat 选项，单击 Display 按钮，得到如图 13-46 所示的混合比热等高线图，可以看出在乙烷和生成物浓度大的地方混合比热较大。

3．显示速度矢量

执行菜单栏中的 Display→Graphics and Animations→Vectors 命令，弹出如图 13-47 所示的 Vectors 对话框。在 Scale 文本框中输入 10，在 Skip 文本框中输入 3，单击 Display 按钮，得到如图 13-48 所示的矢量图。

图 13-46　混合比热等高线图

Vectors
Options
Global Range
Auto Range
Clip to Range
Auto Scale
Draw Mesh
Vectors of
Velocity
Color by
Velocity...
Velocity Magnitude
Min
0
Max
0
Style
arrow
Scale
10
Skip
3
Vector Options...
Custom Vectors...
Surfaces
airinlet
default-interior
fuinlet
outlet
wall
Surface Name Pattern
Match
New Surface
Surface Types
axis
clip-surf
exhaust-fan
fan
Display
Compute
Close
Help

图 13-47　Vectors 对话框

4．显示流函数等高线

执行菜单栏中的 Display→Graphics and Animations→Contours 命令，弹出 Contours 对话框。如图 13-49 所示，在 Contours of 选项组的两个下拉列表框中分别选择 Velocity 和 Stream Function 选项，单击 Display 按钮，得到如图 13-50 所示的流函数图线。

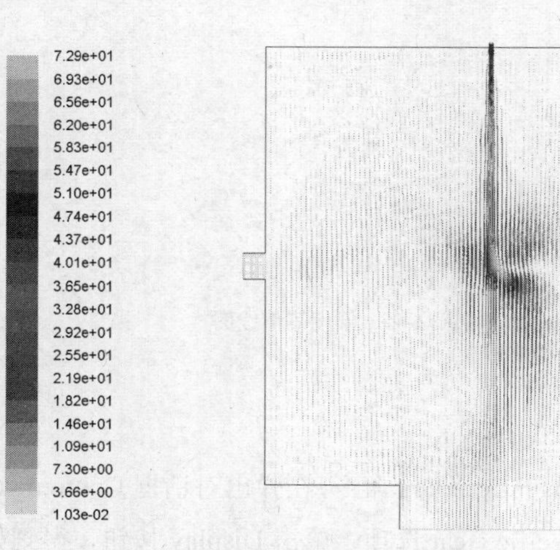

图 13-48　矢量图

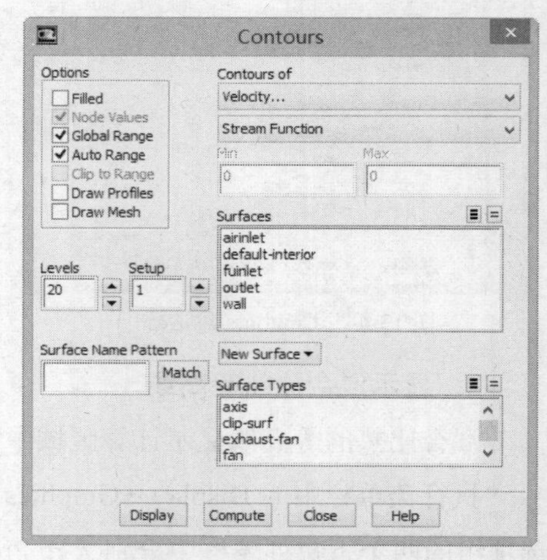

图 13-49　流函数显示设置

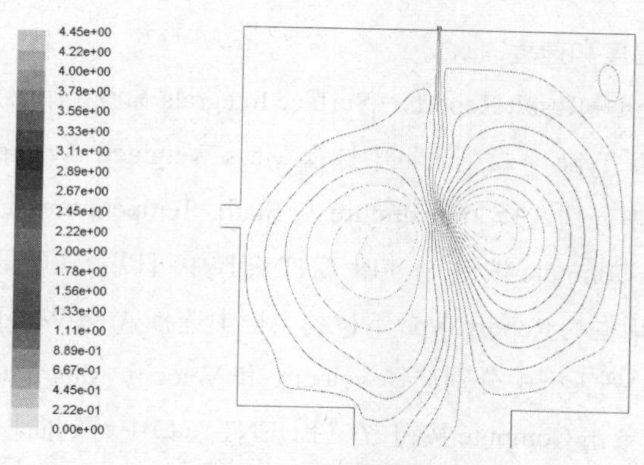

图 13-50　流函数图线

5．显示每个组分的质量分数等高线

在 Contours 对话框 Contours of 选项组的两个下拉列表框中分别选择 Species 和 Mass Fraction of c_2h_6 选项，在 Option 选项组中勾选 Filled 复选框，单击 Display 按钮，得到如图 13-51 所示的 C_2H_6 的质量分数等高线。

重复以上操作，可以看到如图 13-52、图 13-53 和图 13-54 所示的 O_2、CO_2 和 H_2O 的质量分数等高线。

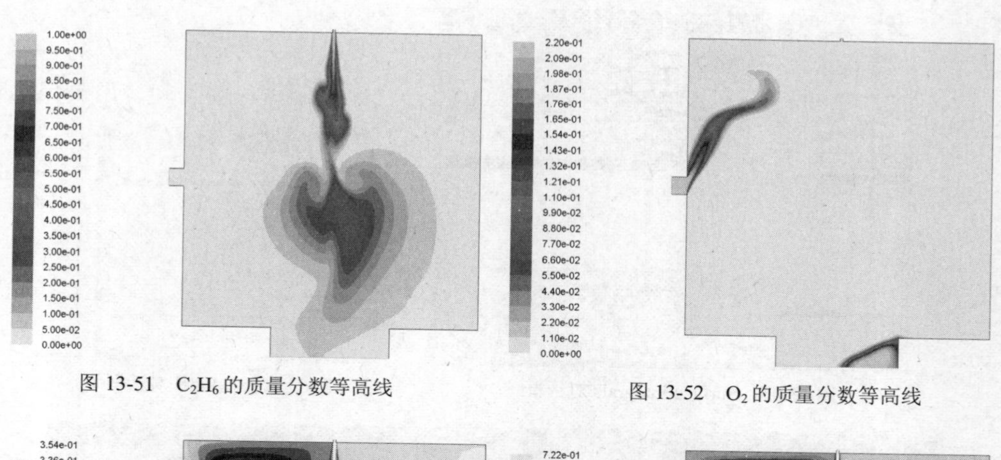

图 13-51　C_2H_6 的质量分数等高线　　图 13-52　O_2 的质量分数等高线

图 13-53　CO_2 的质量分数等高线

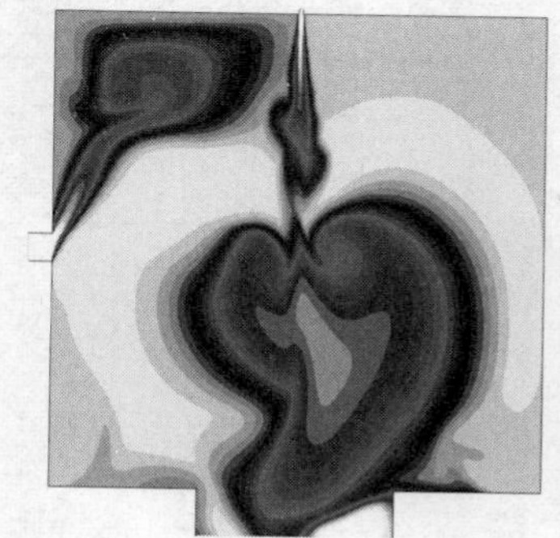

图 13-54　H_2O 的质量分数等高线

6．确定出口的平均温度和速度

执行菜单栏中的 Report→Result Reports→Surface Integrals 命令，弹出如图 13-55 所示的 Surface Integrals 对话框。在 Report Type 下拉列表框中选择 Mass-Weighted Average 选项，在 Field Variable 选项组的两个下拉列表框中分别选择 Temperature 和 Static Temperature 选项，在 Surfaces 列表框中选择 outlet 为积分面，单击 Compute 按钮，在 FLUENT 窗口中可以看到质量加权平均温度为 494.9K。

在如图 13-55 所示对话框的 Report Type 下拉列表框中选择 Area-Weighted Average 选项，在 Field Variable 选项组的两个下拉列表框中分别选择 Velocity 和 Velocity Magnitude 选项，在 Surfaces 列表框中选择 outlet 为积分面，单击 Compute 按钮，在 FLUENT 窗口中看到面积加权平均速度为 5.51m/s。

7．NOx 预测

（1）启动 NOx 模型。执行菜单栏中的 Define→Models→Species→NOx 命令，弹出如图 13-56 所示的 NOx Model 对话框 1。勾选 Thermal NO 和 Prompt NO 复选框，弹出如图 13-57 所示的 NOx Model 对话框 2。单击 Turbulence Interaction 选项卡，如图 13-58 所示，在 PDF Mode 下拉列表框中选择 Temperature 选项，在[O] Model 下拉列表框中选择 equilibrium 选项，单击图 13-58 中的 Prompt 选项卡，如图 13-59 所示，在 Equivalence Ratio 文本框中输入 1，其他选项保持系统默认设置，单击 OK 按钮。

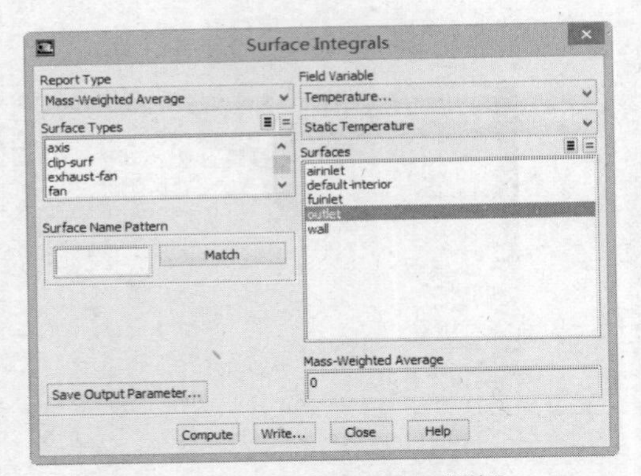

图 13-55　Surface Integrals 对话框

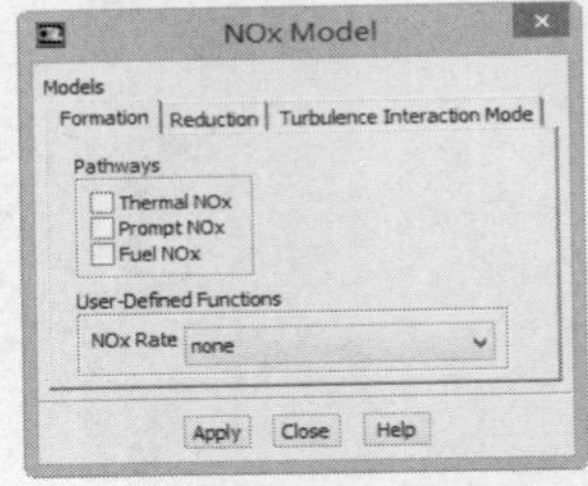

图 13-56　NOx Model 对话框 1

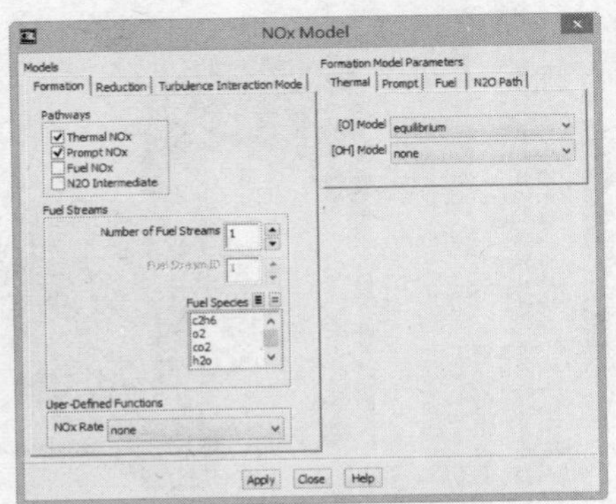

图 13-57　NOx Model 对话框 2

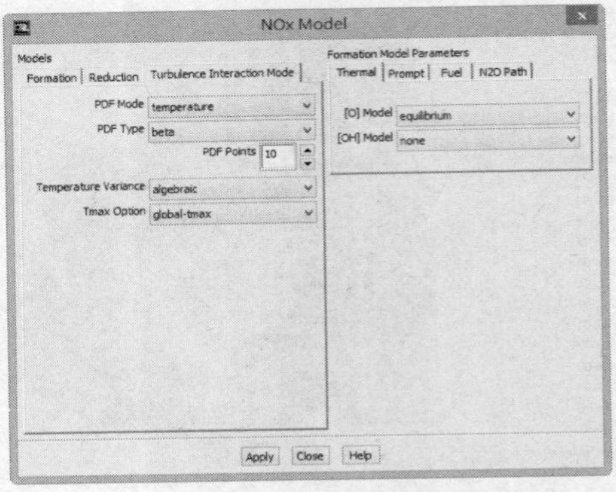

图 13-58　NOx Model 对话框 3

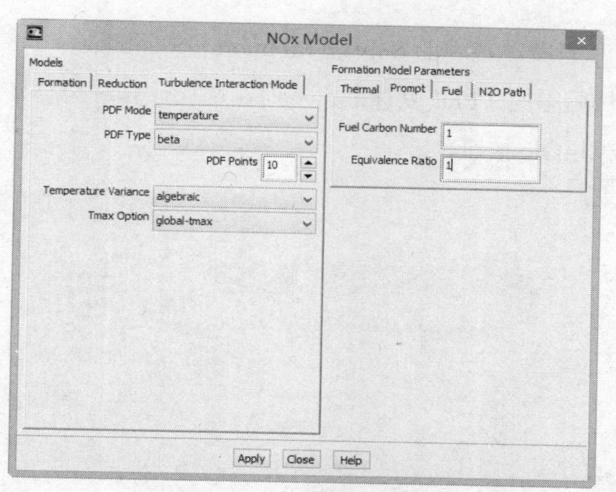

图 13-59　NOx Model 对话框 4

（2）计算 NO 组分反应，设置松弛因子。执行菜单栏中的 Solve→Solution Controls 命令，弹出如图 13-60 所示的 Solution Controls 对话框，其他组分的松弛因子不变，设置 Pollutant no 的松弛因子为 1，其他选项保持系统默认设置，最后单击 OK 按钮。

（3）初始化。单击菜单栏中的 Solve→Initialization 命令，弹出如图 13-61 所示的 Solution Initialization 面板。在 Compute From 下拉列表框中选择 all-zones 选项，单击 Initialize 按钮。

图 13-60　Solution Controls 面板

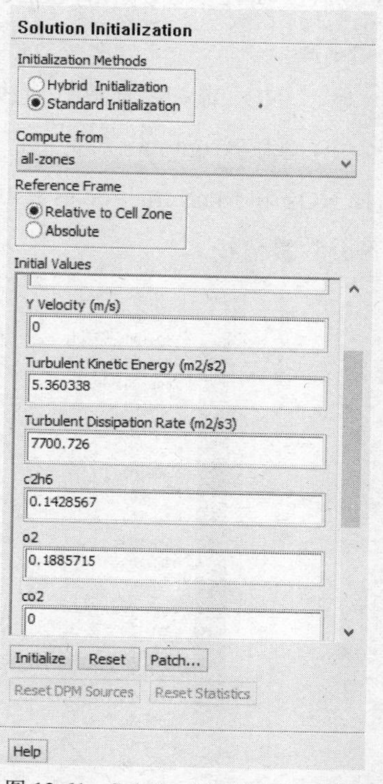

图 13-61　Solution Initialization 面板

（4）打开残差图。执行菜单栏中的 Solve→Monitors→Residual 命令，弹出 Residual Monitors 对话框。勾选 Options 选项组中的 Plot 复选框，从而在迭代计算时动态显示计算残差，其他设置如图 13-62 所示，最后单击 OK 按钮。

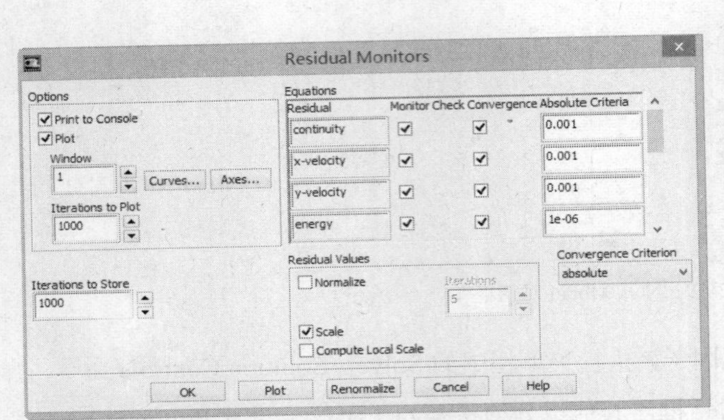

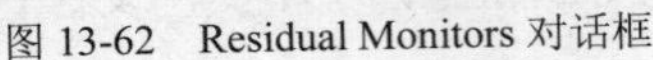
图 13-62　Residual Monitors 对话框

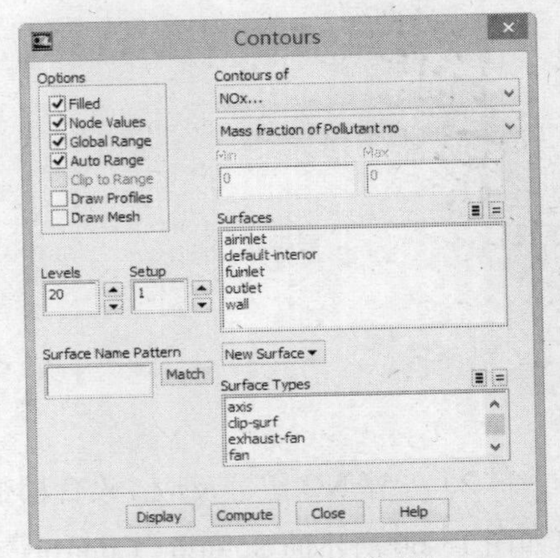

图 13-63　Contours 对话框

（5）保存 Case 和 Data 文件。执行菜单栏中的 File→Write→Case&Data 命令，保存前面所做的所有设置。

（6）迭代。执行菜单栏中的 Solve→Run Calculation 命令，单击 Calculation 按钮，FLUENT 求解器开始求解。

（7）显示 NO 的质量分数等值线。执行菜单栏中的 Display→Graphics and Animations→Contours 命令，弹出 Contours 对话框，如图 13-63 所示，在 Contours of 选项组的两个下拉列表框中分别选择 NOx 和 Mass fraction of Pollutant no 选项，单击 Display 按钮，得到如图 13-64 所示的 NO 的质量分数等值线。

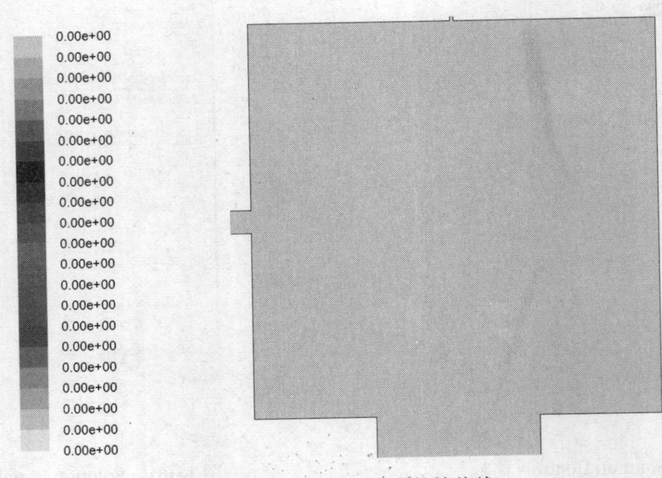

图 13-64　NO 的质量分数等值线